Mathematik im Kontext

Die Buchreihe Mathematik im Kontext publiziert Werke, in denen mathematisch wichtige und wegweisende Ereignisse oder Perioden beschrieben werden. Neben einer Beschreibung der mathematischen Hintergründe wird dabei besonderer Wert auf die Darstellung der mit den Ereignissen verknüpften Personen gelegt sowie versucht, deren Handlungsmotive darzustellen. Die Bücher sollen Studierenden, Mathematikerinnen und Mathematikern sowie an Mathematik Interessierten einen tiefen Einblick in bedeutende Ereignisse der Geschichte der Mathematik geben.

Weitere Bände dieser Reihe finden Sie unter http://www.springer.com/series/8810.

Mechthild Koreuber

Emmy Noether, die Noether-Schule und die moderne Algebra

Zur Geschichte einer kulturellen Bewegung

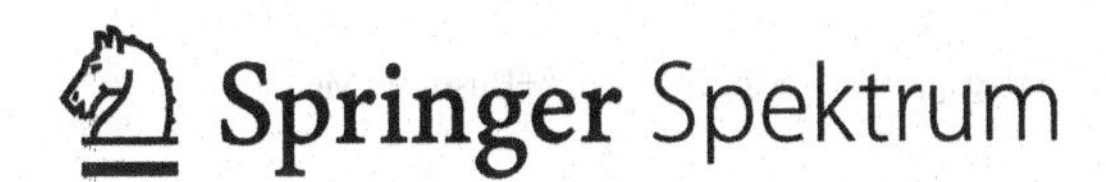

Dr. Mechthild Koreuber
Freie Universität Berlin
Berlin
Deutschland

ISSN 2191-074X ISSN 2191-0758 (electronic)
Mathematik im Kontext
ISBN 978-3-662-44149-7 ISBN 978-3-662-44150-3 (eBook)
DOI 10.1007/978-3-662-44150-3

Die Deutsche Nationalbibliothek verzeichnet diese Publikation in der Deutschen Nationalbibliografie; detaillierte bibliografische Daten sind im Internet über http://dnb.d-nb.de abrufbar.

Mathematics Subject Classification (2010): 01A60, 01A70, 01A72, 01A80

Springer Spektrum

Gedruckt auf säurefreiem und chlorfrei gebleichtem Papier.

Springer-Verlag Berlin Heidelberg ist Teil der Fachverlagsgruppe Springer Science+Business Media (www.springer.com).

Inhaltsverzeichnis

Einleitung ... IX

1 Emmy Noether: Biografische Annäherungen ... 1
1.1 Die Nachrufe ... 2
1.2 Ein Curriculum Vitae ... 7
1.3 Erlangen: Geburts- und Ausbildungsort ... 11
1.4 Göttingen: Zwischen Ausgrenzung und Anerkennung ... 18
1.4.1 Die ersten Jahre: Der Weg zur Habilitation und die Noethertheoreme ... 19
1.4.2 Zeit der Etablierung ... 39
1.4.3 Zeit der Anerkennung ... 49
1.4.4 „Beurlaubung“ und Entlassung ... 56
1.5 Bryn Mawr und Princeton: In der Emigration ... 60

2 Begriffliche Mathematik ... 71
2.1 Zur begrifflichen Auffassung ... 73
2.2 Die begriffliche Methode ... 81
2.2.1 Die Bestimmung von Begriffen ... 81
2.2.2 Zum Umgang mit Begriffen ... 86
2.3 Dialogizität als konstitutives Element der begrifflichen Methode ... 89
2.4 Vom Nutzen der begrifflichen Mathematik ... 95
2.5 Vom begrifflichen Denken zur strukturellen Mathematik ... 102
2.5.1 Über Strukturen schreiben ... 103
2.5.2 Strukturelles Beweisen ... 107

3 Entstehung und Entwicklung einer mathematischen Tatsache: Das Hasse-Brauer-Noether-Theorem ... 113
3.1 Denkkollektive ... 115
3.2 Denkgebilde hyperkomplexe Klassenkörpertheorie ... 121
3.3 Der „Beweis eines Hauptsatzes in der Theorie der Algebren“ ... 130
3.4 Der Weg vom epistemischen Ding zum technologischen Objekt ... 135

4 Die Noether-Schule: Versuch einer dichten Beschreibung ... 139
4.1 Zwischen Beschreibung und Konstruktion ... 141
4.1.1 In zeitgenössischen Beschreibungen ... 142
4.1.2 Im Spiegel der Wissenschaftsgeschichte ... 151
4.2 Die Noether-Schule: Eine Biografie ... 159
4.2.1 Eine personelle Bestimmung ... 160
4.2.2 Die Noether-Schule als Wissenschaftsschule: Ein formales Fazit ... 185
4.3 Zur Geschichte einer kulturellen Bewegung ... 196
4.3.1 Denkraum „Noethergemeinschaft" ... 197
4.3.2 Zur kulturellen Bewegung ... 210

5 Modernisierung und Algebraisierung: Von der Zeitschrift- zur Handbuchwissenschaft ... 225
5.1 Moderne Algebra: Auffassung und Methode ... 229
5.1.1 „Zur modernen algebraischen Methode" – Ein Plädoyer ... 229
5.1.2 „Moderne Algebra" – Das Manifest ... 232
5.2 Zum Wandel des Wissenskorpus: Vier Bücher ... 245
5.2.1 „Algebren" ... 245
5.2.2 „Idealtheorie" ... 258
5.2.3 „Topologie" ... 270
5.2.4 „Categories for the Working Mathematician" ... 281

Resümee ... 293

Anhang ... 301
A.1 Fotografien von Emmy Noether ... 301
A.2 Kurzbiografien der Mitglieder des Denkraums Noether-Schule ... 310

Archivmaterialien ... 337

Literaturverzeichnis ... 343

Personenregister ... 361

Abbildungsverzeichnis

Abb. 1.1 Auszug aus Noethers Beantwortung des „Fragebogen[s] zur Durchführung des Gesetzes zur Wiederherstellung des Berufsbeamtentums“ vom 19. April 1933 23

Abb. 1.2 Auszug aus einem Brief Noethers an Hasse vom 6. März 1934 über ihre Arbeitssituation in Bryn Mawr und Princeton 63

Abb. 2.1 Auszug aus einem Brief Noethers an Hasse vom 12. November 1931 im Zusammenhang mit dem Beweis des Hasse-Brauer-Noether-Theorems 72

Abb. 2.2 Noethers Gutachten über Levitzkis Doktorarbeit vom 30. Juni 1931 . . . 105

Abb. 4.1 Van der Waerdens Gutachten über Noether, zur Rücknahme der „Beurlaubung“ verfasst, vom 8. Juni 1933 146

Abb. 4.2 Weyls Gutachten über Noether, zur Rücknahme der „Beurlaubung“ verfasst, vom 12. Juli 1933 209

Abb. 5.1 Titelblatt des 1930 erschienenen Buchs „Moderne Algebra I“ 233

Abb. 5.2 Der als Orientierungshilfe zu lesende Leitfaden der „Moderne[n] Algebra“ (van der Waerden 1930) 241

Abb. 5.3 Algebraische Arbeiten (quantitative Auswertung), benannt in der „Idealtheorie“ (Krull 1935) 269

Abb. A.1 Emmy Noether um 1907 in Erlangen. 302

Abb. A.2 Emmy Noether um 1920 302

Abb. A.3 Bartel L. van der Waerden und Emmy Noether 1929 in Göttingen 303

Abb. A.4 Emmy Noether um 1929 in Göttingen (fotografiert von Hanna Kunsch) 303

Abb. A.5 Emmy Noether im September 1930 auf dem Weg von Swinemünde nach Königsberg zur Jahrestagung der Deutschen Mathematikervereinigung (fotografiert von Helmut Hasse) 304

Abb. A.6 Emmy Noether um 1930 304

Abb. A.7 Emmy Noether, Howard Engstrom, Stephan Pjetrowski, Hans Heilbronn, Kurt Mahler, Paul Dubreil, Helmut Ulm, Marie-Luise Dubreil-Jacotin, Max Zorn sowie mehrere unbekannte Personen 1931, vermutlich in Göttingen 305
Abb. A.8 Emmy Noether und Helmut Hasse sowie eine unbekannte Person um 1931 305
Abb. A.9 Hans Heilbronn, Emmy Noether, Marie-Luise Dubreil-Jacotin und Paul Dubreil 1931, vermutlich in Göttingen 306
Abb. A.10 Max Deuring, Emmy Noether, Gottfried Köthe und Jacques Herbrand im Februar 1931 während des „Schiefkongresses", der Marburger Vortragsreihe über hyperkomplexe Systeme 306
Abb. A.11 Gottfried Köthe, Emmy Noether und Emil Artin um 1931 vor dem 1929 eröffneten Neubau des mathematischen Instituts der Göttinger Universität 307
Abb. A.12 Ernst Witt, Paul Bernays, Helene Weyl, Hermann Weyl, Joachim Weyl, Emil Artin, Emmy Noether, Ernst Knauf, unbekannte Person (möglw. Natascha Artin), Chiungtze Tsen und Erna Bannow 1932 im Göttinger Ortsteil Nikolausberg 307
Abb. A.13 Emmy Noether um 1932 in Göttingen 308
Abb. A.14 Regine Noether, Fritz Noether, Emmy Noether, F. Noethers Freund Herbert Heisig und Lotte Heisig im Sommer 1933 auf Sylt 308
Abb. A.15 Emmy Noether im Oktober 1933 auf dem Göttinger Hauptbahnhof auf dem Weg in die USA (fotografiert von Otto Neugebauer) 309
Abb. A.16 Emmy Noether im April 1935 in Bryn Mawr, Philadelphia, USA 309

Einleitung

> Es ist sehr schwer, wenn überhaupt möglich, die Geschichte eines Wissensgebietes richtig zu beschreiben. Sie besteht aus vielen sich überkreuzenden und wechselseitig sich beeinflussenden Entwicklungslinien der Gedanken, die alle erstens als stetige Linien und zweitens in ihrem jedesmaligen Zusammenhange miteinander darzustellen wären. Drittens müsste man die Hauptrichtung der Entwicklung, die eine idealisierte Durchschnittslinie ist, gleichzeitig separat zeichnen. Es ist also, als ob wir ein erregtes Gespräch, wo mehrere Personen gleichzeitig miteinander und durcheinander sprachen, und es doch einen gemeinsamen herauskristallisierenden Gedanken gab, dem natürlichen Verlauf getreu, schriftlich wiedergeben wollten. Wir müssen die zeitliche Stetigkeit der beschriebenen Gedankenlinien immer wieder unterbrechen, um andere Linien einzuführen; die Entwicklung aufhalten, um Zusammenhänge besonders darzustellen; vieles weglassen, um die idealisierte Hauptlinie zu erhalten. (Fleck 1935: 23)

Moderne Algebra ist das Wissensgebiet, von dessen Geschichte dieses Buch handelt. Algebra ist zugleich mathematische Disziplin und, in ihrer modernen Fassung, eine Perspektive auf die Mathematik in ihrer Gesamtheit. Die Geschichte ihrer Modernisierung beginnt mit zahlentheoretischen Überlegungen in der zweiten Hälfte des 19. Jahrhunderts; rund 100 Jahre später fand die mit moderner Algebra verbundene Sichtweise in einem Verständnis von Mathematik als Strukturwissenschaft ihren Niederschlag. Mathematik als Strukturwissenschaft aufzufassen ist das Ergebnis eines Kulturwandels mathematischer Denkweisen. Die vorliegenden Untersuchungen leisten einen Beitrag zur Geschichte dieser Auffassung von Mathematik, zu ihrem Entstehungs- und Etablierungsprozess. Es ist die Geschichte einer kulturellen Bewegung, deren Intention die Modernisierung der Algebra und die Algebraisierung der Mathematik war. Die Noether-Schule und ihre Namensgeberin Emmy Noether sind Teil dieser Geschichte, sie stehen im Zentrum der Forschungen.

Mit moderner Algebra wurden in den 1920er Jahren die von Noether entwickelten mathematischen Konzepte und die sich daraus ableitenden Methoden bezeichnet. Noethers Forschungsarbeiten lagen in der Algebra; zugleich war sie das Material, um mathematische Auffassungen zu entwickeln und vorzustellen. Mit begrifflicher Mathematik lassen sich diese Auffassungen und Methoden charakterisieren, deren Abstraktheit und Modernität den meisten ihrer Kollegen[1] als zu radikal und wenig fruchtbar galten. Von etablierten Mathematikern mit großer Distanz und Ablehnung betrachtet, entwickelten Noethers Ansätze eine Strahlkraft für die auf der Suche nach neuen methodischen Zugängen befindliche jüngere Generation.

Als Noether-Schule wurde bereits Mitte der 1920er Jahre die Noether umgebende Gruppe von Mathematikern und einigen Mathematikerinnen bezeichnet. Es waren nicht nur ihre Doktorand/inn/en, sondern ebenso bereits ausgebildete Wissenschaftler/innen unterschiedlichster mathematischer Disziplinen, die sich für eine Kultur des abstrakten mathematischen Denkens begeisterten. Sie sahen in den modernen algebraischen Methoden Möglichkeiten der Neukonzeption oder Grundlegung ihrer angestammten Forschungsfelder, sei es die Modernisierung von Teildisziplinen innerhalb der Algebra oder die Algebraisierung anderer mathematischer Disziplinen. Idealtheorie und Algebrentheorie erhielten durch die Noether-Schule ihre moderne Gestalt, die algebraischen Formungen von Geometrie, Topologie und Zahlentheorie hatten dort ihre Anfänge.

Die Noether-Schule war mehr als eine Gruppe in formaler Beziehung zu Noether stehender junger Wissenschaftler/innen. Sie war ein Ort, der erlaubte und einforderte, alte Traditionen zu verlassen, sich über Denkverbote hinwegzusetzen und neue mathematische Zugänge und Methoden zu wagen, ein Denkraum. Noether schuf diesen Denkraum, und die Noether-Schule gestaltete ihn in seinem inneren Gefüge und in seiner äußeren Wirksamkeit. Kaum etwas kann diesen Denkraum besser beschreiben als das Bild des „erregten Gesprächs, wo mehrere Personen gleichzeitig miteinander und durcheinander" sprachen und es dennoch einen gemeinsamen, sich „herauskristallisierenden Gedanken" gab: die Modernisierung der Algebra und die Algebraisierung der Mathematik. Die Entstehung der Gedanken beim Reden und im Dialog war charakteristisch für die Arbeitsweise Noethers und der Noether-Schule. Um ihr Werden, um das Entstehen von Mathematik zu rekonstruieren, gilt es, die Spuren dieser Gespräche in den mathematischen Dokumenten, seien es Bücher, Aufsätze, Vorträge, Briefwechsel oder Gutachten, zu finden.

Mathematische Texte sind gerade dadurch gekennzeichnet, dass sie im höchsten Maße entpersonalisiert sind, ihren Entstehungsprozess verschwinden lassen und die zugrunde liegenden mathematischen Positionierungen nicht expliziert werden. So ist es Herausforderung und Notwendigkeit, sie gewissermaßen gegen den mathematischen Strich zu lesen, um die hinter ihnen liegenden mathematischen Überzeugungen und ihren programmatischen Gehalt sichtbar werden zu lassen. Damit eröffnet sich zugleich die Möglichkeit, das Entstehen mathematischer Erkenntnisse auch einer mit Mathematik kaum vertrauten Leserschaft zu präsentieren.

[1] Zur Sprachregelung: Die männliche Form ist nicht als generisches Maskulinum zu lesen. Vielmehr verweist sie darauf, dass es sich im jeweiligen Kontext tatsächlich nur um männliche Personen handelt. Die feminine Form wird dann verwendet, wenn ausschließlich Frauen gemeint sind. Der Schrägstrich erlaubt in seiner konsequenten Anwendung die Bezeichnung der Geschlechter bei relativ guter Lesbarkeit.

Die moderne Algebra und die Algebraisierung der Mathematik als Kulturwandel innerhalb der Mathematik zu bezeichnen, erfordert ein Verständnis von Mathematik als Teil der Kultur einer Gesellschaft und als Ort kultureller Produktion. Von der Noether-Schule als Teil einer kulturellen Bewegung zu sprechen bedeutet, ihren Gestaltungsmöglichkeiten innerhalb der Mathematik nachzugehen. Wie aber die Geschichte einer kulturellen Bewegung schreiben, deren Inhalte hoch komplex sind und deren Diskussionsprozesse sich kaum in Dokumenten niederschlagen? Mathematische Texte sind, auch in ihrer den Anforderungen des mathematischen Kanons entsprechenden geglätteten Gestalt, Abbildungen mathematischer Diskurse über neue Denkweisen und der Reichweite sich daraus ableitender Methoden. Mathematische Texte zu kontextualisieren bedeutet nicht nur die mathematischen Kontexte, sondern ebenso den größeren Rahmen ihres Entstehens und ihrer Wirksamkeit zu benennen. Hierzu gehören die Lebens- und Arbeitssituation Noethers in Deutschland und insbesondere an der Göttinger Universität, ihre Emigration in die USA sowie die beruflichen Entwicklungen der mit dem Denkraum Noether-Schule verbundenen Mathematiker/innen.

Die vorliegenden Forschungen sind in Fragestellungen wie methodischen Ansätzen interdisziplinär angelegt. Mathematische, mathematikhistorische und historiografische Anforderungen, wissenschaftstheoretische, erkenntnistheoretische und wissenschaftssoziologische Fragestellungen sowie die Perspektive einer historischen Frauen- und Geschlechterforschung begleiten die Untersuchungen. Der Schwierigkeit der eigenen Verortung in dieser interdisziplinären Verflechtung steht der Vorzug des methodischen Schweifens in disziplinären Zwischenräumen gegenüber. Mit Michail Bachtin, Ernst Cassirer, Yehuda Elkana, Ludwik Fleck, Clifford Geertz und Hans-Jörg Rheinberger seien diejenigen genannt, deren Konzepte je nach Untersuchungsperspektive zur Unterstützung und theoretischen Fundierung herangezogen werden.

Mit Bachtins literaturtheoretischem Ansatz der Dialogizität von Texten gelingt es, mathematische Publikationen gegen den Strich zu lesen und Noethers mathematischen Schreibstil sowie ihre spezifischen Argumentationsfiguren als Teil ihrer Auffassung über Mathematik herauszuarbeiten. Auf Grundlage der philosophischen Untersuchungen Cassirers zu Substanzbegriff und Funktionsbegriff als unterschiedliche Vorstellungen über wissenschaftliche Begriffe können die begrifflichen Auffassungen und die sich daraus ableitenden Methoden aus den Arbeiten Noethers extrahiert werden. Die von Elkana in die Kulturwissenschaften eingeführten Begriffe der Wissensvorstellungen und des Wissenskorpus ermöglichen, Prozesse der Veränderungen und Verschiebungen innerhalb des mathematischen Kanons sichtbar werden zu lassen. Flecks wissenschaftstheoretische Überlegungen zur Entstehung und Entwicklung wissenschaftlicher Tatsachen und sein Konzept von Denkstil und Denkkollektiv begleiten einen Großteil der Untersuchungen. Sie erlauben, in einer mikrohistorischen Perspektive den Entwicklungsprozess einer mathematischen Tatsache zu untersuchen sowie, eine Makroperspektive einnehmend, die Noether-Schule als Denkraum und kulturelle Bewegung innerhalb der Mathematik zu erkennen. Geertz' auf ethnologische Forschungen bezogenes Konzept einer dichten Beschreibung bietet die theoretische Grundlage, die Noether-Schule aus unterschiedlichen Perspektiven zu betrachten, sich überlagernde und kreuzende Bedeutungsebenen als unterschiedliche Analysekategorien zu sehen und zu nutzen. Rheinbergers epistemologische Überlegungen ermöglichen es, den mathematischen Forschungsprozess als Bewegungen zwischen dem sich im Entstehen befindlichen mathematischen Gegenstand als epistemischem Ding und seiner Nutzung als Werkzeug, als technologischem Objekt, zu erkennen. Sind die vorgestellten theoretischen Konzepte zumeist auf empirische Wissenschaften bezogen, so entfalten sie in ihrer transdisziplinären Verbindung neues Potenzial und erweisen sich als geeignet, sich der Mathematik als einer gerade nicht-empirischen Wissenschaft wissenschaftsgeschichtlich, wissenschaftstheoretisch und erkenntnistheoretisch zu nähern.

In fünf Kapiteln verfolge ich die oben skizzierten Themenkomplexe sowie die damit aufgeworfenen Fragestellungen nach der Verbindung von Leben und Werk, dem Gehalt begrifflicher Mathematik und Methodik sowie dem inneren Gefüge der Noether-Schule und ihrem formenden Einfluss auf mathematische Wissensvorstellungen.[2] Die Entstehung der modernen Algebra und ihre Wirkmächtigkeit auf die Gestalt von Mathematik lassen sich als ein „erregtes Gespräch" zwischen Mitgliedern des Denkraums Noether-Schule und als Geschichte einer kulturellen Bewegung zeichnen. Unterschiedliche Gedankenlinien sind zu verfolgen, Nebenlinien aufzugreifen, die Entstehung von mathematischem Wissen und die Etablierung von Forschungsfeldern zu skizzieren. Moderne Algebra stellt sich als Wissensgebiet und Denkweise heraus, gestaltete Wissensvorstellungen neu und veränderte den Wissenskorpus. Produktionsbedingungen mathematischen Wissens, Fragen nach dem analytischen Gehalt der Bezeichnung Wissenschaftsschule, die Einführung des Konzepts des Denkraums sowie die Überprüfung der Verwendbarkeit des Begriffs der kulturellen Bewegung konturieren die Untersuchungen ebenso wie der Zusammenhang zwischen lebens- und werksbiografischen Linien. Es geht also um das Werden von Mathematik in wissenschaftssoziologischer, wissenschaftsgeschichtlicher und wissenschaftstheoretischer Perspektive.

Liegt in biografischen Arbeiten zu Noether der Schwerpunkt auf ihrer Lebensgeschichte, die exemplarisch für das Ringen um die wissenschaftliche Betätigung und Berufstätigkeit von Frauen Anfang des 20. Jahrhunderts steht, so erscheint in Forschungen zur Geschichte der modernen Algebra und zur Rolle Noethers in dieser Geschichte ihre Diskriminierung eher als biografische Randnotiz. Noether vorzustellen, ihre berufliche und ihre mathematische Position als marginalisiert zu erkennen und die Rahmenbedingungen zu skizzieren, unter denen ihr mathematisches Wirken stattfand und sich ihre mathematische Wirkungskraft entfaltete, ist Aufgabe des *ersten Kapitels*. In der Analyse ihrer Habilitationsschrift, deren zentrale Ergebnisse grundlegend zur mathematischen Fassung der Relativitätstheorie beitrugen und als Noethertheoreme Eingang in die theoretische Physik

[2] Erste Gedanken wurden 1999 im Rahmen der Ringvorlesung „Frauen- und Geschlechterforschung in Mathematik und Naturwissenschaften" an der Universität Hamburg vorgestellt (Koreuber 2001). Von einem wissenschaftssoziologischen Ansatz ausgehend lag der Fokus auf einer Skizzierung von Verbindungen Noethers und ihrer Doktorand/inn/en mit dem Lehrbuch „Moderne Algebra" (van der Waerden 1930/31).

gefunden haben, zeigt sich bereits exemplarisch die Notwendigkeit der Verbindung lebens- und werksbiografischer Knotenpunkte. Biografische Elemente wie die Grenzüberschreitung tradierter Geschlechterrollen sowie die Bewegung und Entstehung der Gedanken im Dialog korrelieren mit Noethers Fähigkeit, festgeschriebene mathematische Wege zu verlassen und Problemstellungen von einem allgemeinen Standpunkt aus zu erfassen, und lassen sich als biografische Muster festhalten.

Noethers Mathematik ist häufig als axiomatisch oder abstrakt charakterisiert worden, Bezeichnungen, deren mathematische Konnotierungen eine genauere Analyse ihrer Texte zu verhindern scheinen. Von Noethers Auffassungen und Methoden als begrifflicher Mathematik zu sprechen, erlaubt, einen ungetrübten Blick auf ihre spezifischen Arbeitsweisen zu werfen. Im *zweiten Kapitel* wird anhand der „Idealtheorie in Ringbereichen“ (Noether 1921) und weiterer Originalarbeiten Noethers begriffliches Verständnis von Mathematik entwickelt und gezeigt, wie sich diese Auffassung in einer spezifischen und überaus erfolgreichen Methodik niederschlug. Noethers Veröffentlichungen gegen den mathematischen Strich und aus einer wissenschaftstheoretisch-literaturwissenschaftlichen Perspektive zu lesen, ermöglicht die Dialogizität ihres Schreibens zu erkennen. Sie leitete sich aus Noethers begrifflicher Auffassung ab und führte zu methodischen Ansätzen, deren Allgemeinheit die Anwendbarkeit über die Algebra hinaus in anderen mathematischen Disziplinen erlaubt. Forschungsobjekte einer begrifflichen Mathematik sind die mathematischen Begriffe selbst, die es zu schärfen gilt, und die zwischen ihnen bestehenden Zusammenhänge, die begrifflich zu fassen sind. Damit verbunden ist eine Abstraktheit, die nicht Abstraktion ist, sondern Loslösung von einer wie auch immer gearteten Substanz. Es ist ein Denken in Strukturen und bereitete ein Verständnis von Mathematik als Strukturwissenschaft vor. Noethers Veröffentlichungen zeigen sich als Streitschriften für einen neuen, einen strukturellen Zugang zur Mathematik, die Dialogizität ihres Schreibens als Analogon zu der auf das Gespräch angelegten und den Dialog benötigenden Arbeitsweise.

Mit dem Konzept zur Entstehung und Entwicklung einer wissenschaftlichen Tatsache als theoretischem Hintergrund wird im *dritten Kapitel* das Entstehen des Hasse-Brauer-Noether-Theorems in den Blick genommen (Hasse, Brauer, Noether 1932). Grundlage bildet neben den in diesem Kontext entstandenen Veröffentlichungen die Korrespondenz zwischen Noether und ihrem Kollegen Helmut Hasse. Labortagebüchern gleich entfaltet sich in den Briefen der Spannungsbogen des Ringens um mathematische Erkenntnis, zeigt sich der Entstehungsprozess des Beweises als Zusammentreffen unterschiedlicher Denkstile und mathematisches Forschen als gedankliche Bewegungen zwischen epistemischem Ding und technologischem Objekt. Verweise auf Forschungsergebnisse Richard Brauers, Hasses, Noethers, ihrer Schüler und einzelner Kollegen leiten in einen mathematischen Diskurs hinein, der zur Schaffung eines neuen Forschungsgebiets, der Algebrentheorie, führte. Die Produktivität der begrifflichen Mathematik und des Denkraums Noether-Schule wird sichtbar.

Moderne Algebra kann als ein kultureller Aufbruch, als ein Kulturwandel in den Auffassungen über Mathematik, die Noether-Schule als Teil dieser kulturellen Bewegung verstanden werden. In dem Konzept der dichten Beschreibung, das im *vierten Kapitel* verfolgt wird, liegt die Möglichkeit, sich auf unterschiedlichen Bedeutungsebenen der Noether-Schule anzunähern, ihr Entstehen, ihren inneren Zusammenhang, ihre Ausdehnung und ihre Gestaltungskraft mathematischer Wissensvorstellungen zu fassen. Von der Noether-Schule als mathematischer Schule zu sprechen ist zeitgenössisch begründet. Doch hat in der Forschung die Noether-Schule, wenn überhaupt, nur als biografische Konstruktion und Beschreibung formaler Beziehungen zu Noether ihren Niederschlag gefunden. Diese Perspektive einzunehmen reicht nicht aus, um das innere Gefüge der Noether-Schule zu durchdringen sowie ihre Wirkungsgeschichte nachzuzeichnen, sondern simplifiziert, was sich bei genauerer wissenschaftssoziologischer und wissenschaftstheoretischer Betrachtung als eigenständiges und eigenständig zu behandelndes historisches Phänomen herauskristallisiert. Die Noether-Schule war nicht durch eine materielle noch durch eine institutionelle Basis getragen und ist durch die Beschreibung formaler Beziehungen allein nicht zu fassen. Sie war ein Denkraum, entstanden und befördert durch Noethers begriffliche Auffassung und Methodik in ihren Anwendungsmöglichkeiten auf unterschiedlichste mathematische Problemstellungen und verschiedenste Disziplinen. Das Dialogische als Charakteristikum der Arbeitsweise Noethers und der begrifflichen Mathematik erweist sich als konstitutiv für die Noether-Schule.

Die Modernisierung der Algebra und die Algebraisierung der Mathematik waren die Intentionen der Noether-Schule. Mit zahlreichen Publikationen in Zeitschriften und vielfältigen Vorträgen auf Konferenzen wurde hierfür gestritten und geworben. Mit der Analyse einer dieser Vorträge, gehalten von Hasse und gleichsam ein Plädoyer für die moderne algebraische Zugangsweise, wird das *fünfte Kapitel* eröffnet (Hasse 1930). Hasses Rede bereitete den Übergang von der Zeitschrift- zur Handbuchwissenschaft des Wissensgebiets der modernen Algebra vor. Die zwei Jahre später erschienene Monografie „Moderne Algebra“, verfasst von Bartel L. van der Waerden, kann als das Manifest der Noether-Schule gelesen werden; damit wurde die Definitionshoheit über die moderne Algebra beansprucht und gewonnen (van der Waerden 1930/31). Mit der Vorstellung von Handbüchern zur Idealtheorie und zur Algebrentheorie, zur Topologie sowie zur Kategorientheorie werden vier „Gedankenlinien“ innerhalb des Denkraums Noether-Schule verfolgt (Krull 1935; Deuring 1935; Alexandroff, Hopf 1935; Mac Lane 1971). Sie stehen exemplarisch für seine Produktivität und den Erfolg der kulturellen Bewegung in der Formung mathematischer Wissensvorstellungen und der Erweiterungen des mathematischen Wissenskorpus.

In einem *Resümee* nehme ich Flecks Überlegungen zum Schreiben der Geschichte eines Wissensgebiets wieder auf. Exemplarisch werden einige der die Kapitel überschreitenden und sie verbindenden „Entwicklungslinien“, verstanden als Leselinien, vorgestellt, deren „zeitliche Stetigkeit“ in den Einzeluntersuchungen unterbrochen werden muss, um „andere Linien einzuführen, die Entwicklung aufhalten, um Zusammenhänge“ darzustellen. In Zusammenspiel von Kapiteln und Leselinien vervielfältigen sich die Facetten, wird eine Multiperspektivität gezeichnet, an dessen Herstellung ganz im Sinne der Dialogizität begrifflicher Mathematik die Lesenden beteiligt sind. Aus ihr hebt sich als „idealisierte

Hauptlinie“ des „erregten Gesprächs“ die moderne Algebra heraus, deren Gestalt wesentlich durch die Noether-Schule, verstanden als Denkraum und kulturelle Bewegung, geformt wurde.

Mathematik entsteht, mathematische Gegenstände sind Produkte eines Gedankenaustausches zwischen Menschen. Diese Untersuchungen sind auch ein Versuch, Brücken zu bauen zwischen der Mathematik, deren Studium mir Herausforderung und Freude zugleich war, und all jenen, die Mathematik als einen Archipel mit ganz eigener Sprache und zumeist unverständlichen Regeln betrachten. Die Geschichte Emmy Noethers und der Noether-Schule hat mich über viele Jahre beschäftigt. In dieser Zeit haben mich zahlreiche Hinweise von Kolleg/inn/en erreicht, immer wieder waren Freund/inn/e/n bereit, sich auf eine Reise in die Mathematik einzulassen. Ihnen allen gilt mein Dank. Herbert Mehrtens und Karin Hausen kennen das Projekt von Beginn an, sie haben nie einen Zweifel geäußert, dass es erfolgreich zu Ende gebracht werden kann. Dafür möchte ich ihnen herzlich danken. Ohne sie hätte mir manches Mal der Mut gefehlt, meine Forschungen weiterzuführen. Bei Bettina Wahrig bedanke ich mich für ihre Unterstützung, das Vorhaben zu seinem akademischen Abschluss gebracht zu haben. Den Herausgebern dieser Reihe, David Rowe und Klaus Volkert, sei für die zahlreichen Anmerkungen bei der Vorbereitung der Publikation gedankt. Insbesondere aber danke ich den Menschen, die mir nahe stehen und deren Unterstützung und Geduld halfen, dieses Buch zu verfassen.

Emmy Noether: Biografische Annäherungen 1

Zahlreiche biografische Arbeiten unterschiedlichen Charakters und unterschiedlicher Intentionen sind in den letzten Jahrzehnten zu Noether verfasst worden. Sie reichen von Kinderbüchern über Kurzbiografien in mathematikhistorischen Untersuchungen, Essays und Jubiläumsbänden bis hin zu längeren Aufsätzen in wissenschaftlichen Journalen.[1] Es sind literarische oder wissenschaftliche Biografien,[2] Würdigungen einzelner wissenschaftlicher Leistungen oder lebensgeschichtliche Erzählungen; es sind jedenfalls und unausweichlich, da dem biografischen Schreiben inhärent, Konstruktionen zu Leben und Werk.[3] Eine dieser Konstruktionen besteht in der Annahme einer Trennbarkeit der Betrachtungen von Leben und Werk; weitere sind die Reduktion der die Mathematik gestaltenden Wirkung Noethers auf ihre Publikationstätigkeit sowie der Versuch einer teleologischen Präsentation ihrer Lebensgeschichte.[4]

Wie aber sich Noether biografisch annähern, ohne in eine die Folgerichtigkeit ihres Lebens behauptende Darstellung zu geraten, wie die Vielfältigkeit von Lebensentwürfen und -realisierungen aufzeigen, biografische Muster aufspüren und die Verbindungen von Leben, Werk und Wirkung erkennbar werden lassen? Nachrufe als retrospektive Konstruktionen von Leben und Werk, die Fiktion eines Curriculum Vitae in seiner berufliche Linearität behauptenden Gestalt sowie autobiografische Texte als Herstellung einer lebensgeschichtlichen Stringenz werden in diesen Annäherungen ineinander verwoben und mit wissenschaftstheoretischen Zugängen zu mathematischen Texten sowie einer durch

[1] Hierzu gehören etwa Bohn 2005; Brewer und Smith 1981; Dick 1970; Feyl 1981; Hirzebruch 1999; Koreuber 2004; Koreuber und Tobies 2002; Kosmann-Schwarzbach 2010; Lemmermeyer und Roquette 2006; Sassenberg 1993; Rowe 1999; Tent 2008; Tollmien 1990.

[2] Zu der Differenz zwischen literarischer und wissenschaftlicher Biografik vgl. Runge 2009, 2009a.

[3] Zu den Konstruktionen zu Leben und Werk in den biografischen Arbeiten über Noether vgl. Koreuber 2010.

[4] Zum Problem der Alltagsvorstellung einer linearen Biografie vgl. Bourdieu 1990.

M. Koreuber, *Emmy Noether, die Noether-Schule und die moderne Algebra*,
Mathematik im Kontext, DOI 10.1007/978-3-662-44150-3_1

örtliche und zeitliche Knotenpunkte strukturierten biografischen Erzählung verbunden. In ihrem Zusammenspiel, das literarische Elemente etwa der Fiktionalität oder des Erzählens nutzt ohne sich in ihnen zu verlieren, entfaltet sich, gestützt auf die Faktizität der Quellen, einer dichten Beschreibung gleich das Leben Noethers mit seinen örtlichen, zeitlichen, beruflichen und fachlichen Schichten und Brüchen. Zugleich sind die sich in dieser, verschiedene Textgattungen miteinander verschränkenden und so auch mit der Spannung unterschiedlicher Sprachstile arbeitenden Darstellung der Lebensgeschichte Noethers herauskristallisierenden biografische Muster wesentliche Elemente einer wissenschafts- und erkenntnistheoretisch motivierten Analyse der Noether-Schule und ihrer Wirkungsgeschichte.

1.1 Die Nachrufe

Ein besonderes Genre sind Nachrufe in ihrem Bemühen um Authentizität, im gemeinhin positiven Gedenken an die Verstorbenen und in der persönlichen Verbundenheit der Verfasserin oder des Verfassers nicht nur mit diesem Menschen, sondern auch mit ihrer oder seiner Lebenswelt. Zugleich präformieren Nachrufe die zukünftige Auseinandersetzung mit dem Leben und Werk der Gewürdigten. Mit diesem Genre zu beginnen bietet die Möglichkeit, von Beginn an kritisch-reflektierende Fragen aufzuwerfen.

Prof. Dr. Emmy Noether, geb. 1882 in Erlangen, gest. 1935 in Bryn Mawr, Pennsylvania/USA, Mathematikerin. „The biography of Emmy Noether is not very complicated", sagte ihr russischer Kollege und enger Freund Pawel Alexandroff 1935 in seiner Gedenkrede (Alexandroff 1936a, S. 100).[5] Dieser Satz ist eine Provokation, wissen wir doch dank der Ergebnisse der Frauenforschung einiges über die Berufsverläufe von Frauen Anfang des vergangenen Jahrhunderts, über die Hürden und Hindernisse, die ihnen im Verlauf ihres Bemühens um Ausbildung und Berufstätigkeit als Wissenschaftlerinnen errichtet wurden. Und doch ist dieser Satz Alexandroffs ernst zu nehmen, will er diese Schwierigkeiten in der Biografie Noethers, um die er wusste, nicht verschleiern, sondern vielmehr auf ihren allen Widerständen zum Trotz klaren Weg als Mathematikerin hinweisen. Noether selbst schrieb 1934: „I always went my own way in education and research work" (Noether an Murrow 30. 1. 1934, zitiert nach Siegmund-Schultze 1998, S. 316), eine Aussage, die rückblickend wie ein Nachruf auf das eigene Leben wirkt.

„Meeting Emmy Noether was one of the great things of my life", erinnerte sich 1983 Olga Taussky (Taussky 1983, S. 145), eine der bedeutendsten amerikanischen Mathematikerinnen und als eine der ersten Wissenschaftlerinnen als Professorin am California

[5] Alexandroffs Gedenkrede wurde 1936 in „Uspechi matematiceskich nauk" veröffentlicht (Alexandroff 1936). Im Folgenden wird nach der englischen Übersetzung von 1981 in Brewer, Smith 1981 zitiert (Alexandroff 1936a). Diese Übersetzung ist präziser als die in Dick 1981 publizierte Version (Alexandroff 1936b).

Institute of Technology tätig gewesen.[6] Taussky hatte Noether Ende der 1920er Jahre in Göttingen, als sie für David Hilbert im Zusammenhang mit der Herausgabe seiner „Gesammelten Abhandlungen" tätig war, kennengelernt, folgte ihr 1934 nach Bryn Mawr und arbeitete während des letzten Jahres bis zu Noethers plötzlichem Tod 1935 mit ihr zusammen. Doch auch Mathematiker/innen, die weniger vertraut mit Noether waren, erinnern sich voller Hochachtung und Respekt an Noethers mathematische Leistungen. So äußerte sich Albert Einstein Anfang Mai 1935 in der „New York Times" zu Noether[7], die wenige Tage zuvor an den Folgen einer Operation in Bryn Mawr gestorben war:

> In the judgement of the most competent living mathematicians, Fraeulein Noether was the most significant creative mathematical genius thus far produced since the higher education of women began. In the realm of algebra, in which the most gifted mathematicians have been busy for centuries, she discovered methods which have proved of enormous importance in the development of the present-day younger generation of mathematicians. (Einstein 1935, S. 1)

Eine ähnliche Bewertung findet sich auch in den drei bekanntesten Nachrufen. Noethers Kollege Hermann Weyl schrieb in seinem vielfach zitierten Nachruf von einem „extreme and grandiose example of conceptual axiomatic thinking in mathematics." (Weyl 1935, S. 205) Bereits in seiner sehr emotional gehaltenen Rede[8] auf der Trauerfeier in Bryn Mawr sagte er:

> Denn Du warst eine große Mathematikerin, ich trage keine Bedenken zu sagen, die größte, von der die Geschichte zu berichten weiß. Die Algebra hat ein anderes Gesicht bekommen durch Dein Werk. (Weyl 1935a, zitiert nach Roquette 2007, S. 19)

Alexandroff hielt auf der zu Ehren Noethers veranstalteten Sondersitzung der Moskauer Mathematischen Gesellschaft im September 1935 eine Gedenkrede.[9] Van der Waerdens Nachruf wurde in den „Mathematischen Annalen" publiziert[10] – keine Selbstverständlichkeit mehr in Deutschland, sondern vielmehr ein Akt der Widerständigkeit gegen die Diffamierung Noethers und ihrer modernen Algebra durch die Nationalsozialisten.[11]

---

[6] 1980 wurden die „Noether Lectures" als Würdigung Noethers und zur Ehrung von Mathematikerinnen, die fundamentale und nachhaltige Beiträge zur Mathematik geleistet haben, von der US-amerikanischen Association for Women in Mathematics eingeführt. Sie sind mit einer einstündigen Vorlesung, gehalten an den Jahrestagungen der American Mathematical Society, verbunden. Taussky war die zweite Preisträgerin.

[7] Zu einer ausführlichen Analyse des Nachrufs Einsteins vgl. Siegmund-Schultze 2007.

[8] Die Grabrede wurde erst vor wenigen Jahren von Peter Roquette publiziert. Sie ist nicht nur auf Deutsch gehalten worden, sondern in ihrer Differenz zum Nachruf ein Dokument des komplexen Verhältnisses Weyls zu Noether und damit zur begrifflichen Mathematik. Zu Weyls persönlichem und mathematischem Werdegang vgl. Sigurðsson 1991.

[9] Vgl. Alexandroff 1936.

[10] Vgl. van der Waerden 1935.

[11] Entsprechend äußerte sich van der Waerden im Interview (van der Waerden 1995).

Alle Nachrufe setzen sich mit Noethers Leben und Werk in umfangreicher und sehr persönlich gehaltener Weise auseinander, sie sind durch die jeweilige Beziehung des Autors zu Noether geprägt. Ihre Rezeptionen in der mathematischen wie mathematikhistorischen Community verliefen aufgrund ihrer unterschiedlichen Veröffentlichungsgeschichten sehr different. Alexandroffs auf Russisch gehaltene und publizierte Rede wurde erst 1981 ins Englische übersetzt, van der Waerdens deutschsprachiger Text im Ausland kaum zur Kenntnis genommen. Weyls Rede in Bryn Mawr dagegen hatte bereits bei den Trauergästen, zu denen zahlreiche in- und ausländische Mathematiker/innen gehörten, einen tiefen Eindruck hinterlassen.[12] Der Nachruf selbst wurde 1935 in „Scripta Mathematica" publiziert, erreichte große Verbreitung und wird vielfach auch in aktuellen biografischen Arbeiten zu Noether rezipiert.[13] Drei weitere Nachrufe, geschrieben in Madrid, La Plata und Prag, dokumentieren, dass Noethers mathematisches Werk in den 1930er Jahren international breit gewürdigt wurde.[14]

Biografische Arbeiten zu Wissenschaftler/inne/n sollten, so die Erwartungshaltung der Leserschaft, nicht nur ein Leben präsentieren, sondern sich ebenso dem Werk zuwenden. Das ist gerade im mathematisch-naturwissenschaftlichen Bereich ein hoher Anspruch, da Publikationen dort anders als beispielsweise in der Literaturwissenschaft jenseits der Fachwissenschaft inhaltlich schwer zugänglich sind. So sind Biograf/inn/en in der Darstellung des Werks Noethers in der Regel auf die Interpretation von Mathematiker/inne/n angewiesen. Damit kommt Nachrufen eine besondere Bedeutung zu. Den Nachrufen Alexandroffs, Weyls und van der Waerdens ist eine ausführliche Präsentation der Arbeiten und mathematischen Entwicklung Noethers gemeinsam, doch unterscheiden sich ihre Analysen erheblich. Deutlich erkennbar führten der unterschiedliche fachliche Hintergrund[15] und die jeweilige berufliche und persönliche Beziehung der Verfasser zu Noether zu unterschiedlichen Ergebnissen und Bewertungen.

Häufig ist Weyls Nachruf die Grundlage biografischer Arbeiten gewesen und gestaltete die Interpretation der mathematischen Texte Noethers. So kommt ihm im Hinblick auf eine nicht nur mathematische, sondern auch und gerade wissenschaftshistorische und wissenschaftstheoretische Rezeption des Noether'schen Werks eine besondere Bedeutung zu. Als Einstieg seiner Analyse wählte Weyl den klassischen und häufig hilfreichen, aber nicht unproblematischen Ansatz einer Periodisierung:

---

[12] So gehörte etwa der Algebraiker Nathan Jacobson und spätere Herausgeber der „Gesammelten Abhandlungen" Noethers zur Trauergemeinde (Noether 1983).

[13] Vgl. z. B. Dick 1970, Kimberling 1981, Tollmien 1990 und, aktueller, Kosmann-Schwarzbach 2010, S. 53.

[14] Vgl. Barinaga 1935, Berra 1935 sowie Kořínek 1935. Vgl. hierzu Dick 1970, S. 43, die insgesamt acht Nachrufe listet und noch eine Notiz in „The New York Herald Tribune" vom 15. 4. 1935 erwähnt.

[15] Zugegebenermaßen etwas pauschalisiert, aber in diesem Kontext hilfreich kann bei Alexandroff von Topologie, bei van der Waerden von Algebra und bei Weyl von Analysis als hauptsächlichster Forschungsrichtung gesprochen werden, doch haben alle drei auch zu anderen mathematischen Feldern bedeutende Beiträge geliefert.

Emmy Noether's scientific production seems to me to fall into three clearly distinct epochs:

(1) the period of relative dependence, 1907–19;
(2) the investigations grouped around the general theory of ideals, 1920–26;
(3) the study of the non-commutative algebras, their representations by linear transformations, and their application to the study of commutative number fields and their arithmetics; from 1927 on. (Weyl 1935, S. 215)[16]

Mit dieser Darstellung konstruierte Weyl eine mathematische Entwicklung Noethers, die im Wechsel von Forschungsfeldern mit klaren Grenzziehungen bestand. Dieser Versuch oder auch die Versuchung, eine Periodisierung des Werks vorzunehmen, erleichtert die biografische Arbeit, führt aber in seiner Vereinfachung zu Konstruktionen, die den Blick für andere Lesarten verstellen. Alexandroff und van der Waerden ordneten Noethers Arbeiten nicht bestimmten Forschungsgebieten zu, sondern beschrieben Noethers spezifische Auffassungen über Mathematik und ihr sich daraus ableitendes methodisches Vorgehen. Auch Weyl setzte sich mit ihrem mathematischen Konzept auseinander, seine Interpretation ihres mathematischen Ansatzes und methodischen Vorgehens, den er als axiomatisch bezeichnete, sei zitiert:

> When speaking of axiomatics, I was referring to the following methodical procedure: One separates in a natural way the different sides of a concretely given object of mathematical investigation, makes each of them accessible from its own relatively narrow and easily surveyable group of assumptions, and then by joining the partial results after appropriate specialization, returns to the complex whole. The last synthetic part is purely mechanical. ... Hence, axiomatics is today by no means merely a method for logical clarification and deepening of the foundations, but it has become a powerful weapon of concrete mathematical research itself. This method was applied by Emmy Noether, with masterly skill, it suited her nature, and she made algebra the Eldorado of axiomatics. (Weyl 1935, S. 214)

Weyl unterstrich Noethers außergewöhnliche mathematische Kompetenzen und brachte dennoch seine äußerst skeptische Haltung gegenüber einer axiomatischen Mathematik, die die Gefahr der Substanzlosigkeit berge, zum Ausdruck:[17]

> Before you can generalize, formalize and axiomatize, there must be a mathematical substance. (Ebenda, S. 215)

Wiewohl Weyl im weiteren Verlauf seines Nachrufs schrieb, dass Noether starke Argumente für ihre Position und ihre Auffassung vorbrächte, hatte sich an seiner ablehnenden

---

[16] Die von Weyl behauptete Abhängigkeit bezieht sich auf Paul Gordan sowie ab 1915 auf Hilbert und inhaltlich auf die Invariantentheorie.

[17] Weyl zitierte an dieser Stelle, wie er selbst schrieb, einen eigenen Beitrag zu einer Konferenz von 1931, auf der er diese Diskussion mit Noether, die unter den Hörer/inne/n war, öffentlich führte.

Haltung gegenüber einer axiomatischen Methodik nichts geändert, wie durch einen kurze Zeit später an einen Kollegen gerichteten Brief deutlich wird:

> Im Ganzen wog hier im vergangenen akademischen Jahr die Topologie noch stärker als sonst. Zu ihrer wachsenden Abstraktheit, die die Gefahr einer Entartung in ein axiomatisches Spiel birgt, stehe ich in einiger Opposition. Schade, dass Siegel nicht hergekommen ist, er hätte durch Persönlichkeit und Lehre kräftig für eine substantielle Mathematik gewirkt. (Weyl an Hecke 21. 4. 1936, zitiert nach Siegmund-Schultze 2001, S. 263)[18]

Es scheint, dass Weyl einen anderen Disput in seinem Nachruf auf Noether fortsetzte, einen Diskurs, in dem der eigentliche Protagonist Hilbert hieß und einer der zentralen Streiter für einen axiomatischen und formalistischen Zugang zur Mathematik war. Diese Auseinandersetzung verstellt den Blick für die Spezifik der Auffassungen Noethers und ihrer Methoden. Van der Waerdens Darstellung ist deutlich anders:

> Die Maxime, von der sich Emmy Noether immer hat leiten lassen, könnte man folgendermaßen formulieren: *Alle Beziehungen zwischen Zahlen, Funktionen und Operationen werden erst dann durchsichtig, verallgemeinerungsfähig und wirklich fruchtbar, wenn sie von ihren besonderen Objekten losgelöst und auf allgemeine begriffliche Zusammenhänge zurückgeführt sind.* Dieser Leitsatz war für sie nicht etwa ein Ergebnis ihrer Erfahrung über die Tragweite wissenschaftlicher Methoden, sondern ein apriorisches Grundprinzip ihres Denkens. Sie konnte keinen Satz, keinen Beweis in ihren Geist aufnehmen und verarbeiten, der nicht abstrakt gefasst und dadurch für ihr Geistesauge durchsichtig gemacht war. Sie konnte nur in Begriffen, nicht in Formeln denken, und darin lag gerade ihre Stärke. … Als charakteristische Wesenszüge haben wir gefunden: Ein unerhört energisches und konsequentes Streben nach begrifflicher Durchdringung des Stoffes bis zur restlosen methodischen Klarheit; ein hartnäckiges Festhalten an einmal als richtig erkannten Methoden und Begriffsbildungen, auch wenn diese den Zeitgenossen noch so abstrakt und unfruchtbar vorkamen; ein Streben nach Einordnung aller speziellen Zusammenhänge unter bestimmte allgemeine begriffliche Schemata. … Als Material für diese Denkmethode boten sich ihr die Algebra und die Arithmetik dar. (Van der Waerden 1935, S. 489) (Hervorhebung i. O.)

Zum Verständnis der Noether'schen Mathematik, so van der Waerdens Position, ist die Auseinandersetzung mit ihren Auffassungen und ihrer Methode notwendig, die Frage der Forschungsgebiete dagegen zweitrangig, da es sich hierbei nur um das „Material für diese Denkmethode" handle. Die Parallelität unterschiedlicher Fachrichtungen und die Orientierung auf ein rein begriffliches Vorgehen sind die Ergebnisse seiner Analyse. Auch Alexandroff unterstrich die Bedeutung von Noethers Auffassungen und methodischem Zugang im Verständnis ihres Werks, er führte als Charakterisierung die bisher nicht verwendete Bezeichnung „begriffliche Mathematik" ein:

> She then appeared as the creator of a new direction in algebra and became the leader, the most consistent and brilliant representative, of a particular mathematical doctrine – of all that is characterized by the term ‚Begriffliche Mathematik'. (Alexandroff 1936a, S. 101)

[18] Weyl bezog sich auf Princeton und das Institute for Advanced Study, an dem sich zu dieser Zeit u. a. der bedeutende, einen algebraischen Zugang vertretenden Topologe Solomon Lefschetz aufhielt.

Weyls Nachruf hat die biografische Forschung zu Noether am stärksten beeinflusst. Seine Schilderung ihrer Persönlichkeit, seine Vorstellungen über Noethers mathematisches Werk und ihr methodisches Vorgehen wurden und werden bis heute in den biografischen Arbeiten rezipiert. Er hat mit seinen Vorstellungen über die Mathematik und über Noether wesentlich gestaltet, wie ihre mathematische Bedeutung über Jahrzehnte wahrgenommen wurde. Seine Interpretation der Arbeiten Noethers in der Orientierung auf Forschungsgebiete und seine These eines axiomatischen Ansatzes ihres methodischen Vorgehens erwiesen sich als äußerst stabil.[19] Sie zu hinterfragen und andere Lesarten wie etwa Alexandroffs und van der Waerdens zu verfolgen, wird Aufgabe des zweiten Kapitels sein. Jetzt gilt es, Noethers beruflichen und mathematischen Werdegang darzustellen und damit die Grundlagen dafür zu schaffen, tiefere Einsichten in ihr mathematisches Tun gewinnen zu können.

1.2 Ein Curriculum Vitae

Die Form eines tabellarischen Lebenslaufs bietet sich als Möglichkeit an, die Biografie Noethers anhand der Eckdaten ihres Lebens in einer sehr verdichteten Form vorzustellen. Ein solches oder ähnliches Curriculum Vitae wäre zu schreiben, reichte Noether eine Bewerbung in der heute üblichen Gestalt ein.[20] Dazu gehören, ganz formal gedacht, die Listungen der Publikationen, der Vorträge, der Doktorand/inn/en und der Lehrveranstaltungen. Vieles ist recherchiert und so sei auf die entsprechende Literatur verwiesen. Eine Zusammenstellung ihrer Veröffentlichungen einschließlich der Abstracts zu Vorträgen, der von Noether editierten Werke anderer Mathematiker sowie ihrer Rezensionen mathematischer Publikationen ist anlässlich des Symposiums zu ihrem hundertsten Geburtstag publiziert worden.[21] Eine ausführlich kommentierte Liste des Denkraums[22] Noether-Schule, die auch die Doktorand/inn/en Noethers enthält, findet sich im Anhang.[23] Eine Zusammenstellung der von Noether in Göttingen gehaltenen Lehrveranstaltungen wird erstmalig in diesem Buch im laufenden

[19] Vgl. Dick 1970; Mac Lane 1981; Jacobson 1983; Tollmien 1990.

[20] Bei dem hier vorgestellten Curriculum Vitae handelt es sich um eine Aktualisierung und Überarbeitung der 2010 publizierten Version (Koreuber 2010, S. 135 ff.). Grundlage für seine Erstellung bilden u. a. die Promotions- und die Personalakte Noethers einschließlich der dort im Zusammenhang mit den Anträgen auf Promotion bzw. Habilitation verfassten Lebensläufe mit den von ihr verwendeten Bezeichnungen „israelitische Konfession“ sowie „Absolutorium“ für Reifeprüfung. Hinzu kommen der Briefwechsel zwischen Helmut Hasse und Noether sowie der von Noether beantwortete „Fragebogen zur Durchführung des Gesetzes zur Wiederherstellung des Berufsbeamtentums“ (Noether 19. 4. 1933).

[21] Vgl. Merzbach 1983.

[22] Der Begriff des Denkraums wird hier und in den folgenden Kapiteln zunächst in einem eher intuitiven Sinne als einem von Noether geschaffenem Ort des Denkens und der Produktion mathematischer Erkenntnis verwendet. Seine begriffliche Schärfung ist Teil des Forschungsprozesses und findet mit einer theoretischen Präzisierung im vierten Kapitel ihren Abschluss.

[23] Eine nach aktuellem Forschungsstand vollständige Liste der Doktorand/inn/en Noethers wurde erstmalig veröffentlicht in Koreuber und Tobies 2008.

Text publiziert.[24] Ausdrücklich sei betont, dass es sich bei diesem Curriculum Vitae um eine fiktive Darstellung handelt, die sich sprachlich an den von Noether geschriebenen, damals üblichen handschriftlich und in geschlossener Form verfassten Lebensläufen orientiert.

Curriculum Vitae

Amalie Emmy Noether

Persönliche Daten

geboren	23. 3. 1882 in Erlangen
Eltern	Max Noether, Professor für Mathematik an der Universität Erlangen Ida Noether, geb. Kaufmann
Religion	israelitischer Konfession, im Dezember 1920 ausgetreten

Ausbildung

1897	Abschluss der städtischen Höhere-Töchter-Schule Erlangen
1900	Bayerische Staatsprüfungen für Lehrerinnen der französischen und englischen Sprache, Ansbach, Note: sehr gut
1900–03	Hospitantin an der Friedrich-Alexander-Universität Erlangen, Absolutorium am Königlichen Realgymnasium Nürnberg

Wissenschaftliche Ausbildung

1903/04	Hospitantin an der Georg-August-Universität Göttingen
1904/05–07	Eingeschrieben als Studentin der Mathematik an der Friedrich-Alexander-Universität Erlangen
1907	Promotion „Über die Bildung des Formensystems der ternären biquadratischen Form", Bewertung: summa cum laude, Gutachter Paul Gordan
1915	Erster Antrag auf Habilitation an der mathematisch-naturwissenschaftlichen Fakultät der Universität Göttingen mit der Schrift „Körper und Systeme rationaler Funktionen", unterstützt und begutachtet u. a. von David Hilbert und Felix Klein, durch das Ministerium für geistliche und Unterrichtsangelegenheiten nicht abschließend behandelt
1917	Wiederholung des Antrags auf Habilitation mit der gleichen Schrift, abschließend durch das Ministerium abgelehnt
1919	Dritter Antrag auf Habilitation mit der Schrift „Invariante Variationsprobleme", unterstützt seitens der Obengenannten sowie Albert Einsteins, durch das Ministerium mit Sondererlass genehmigt

Berufliche Tätigkeit

1908–15	Unterstützung von Max Noether, Erhard Schmidt (1910/11) und Ernst Fischer (ab 1911) in Lehr- und Forschungstätigkeiten an der Friedrich-Alexander-Universität Erlangen, ohne Entgelt

[24] Über die in Erlangen, Bryn Mawr und Princeton gehaltenen Veranstaltungen sowie ihre Gastsemester in Moskau und Frankfurt a. M. geben bisher und auch nur in Ansätzen Noethers Lebensläufe sowie ihre Briefe an Hasse Auskunft.

1915–19	Unterstützung von David Hilbert und Felix Klein in Lehr- und Forschungstätigkeit, ab 1916/17 eigene Veranstaltung, unter Hilberts Namen angekündigt; ohne Entgelt
1919–23	Privatdozentin an der Georg-August-Universität Göttingen; Lehrveranstaltungen; ohne Entgelt
1923–33	semesterweise Lehraufträge für Algebra an der Georg-August-Universität Göttingen; mit Vergütung
1928/29	Gastprofessur an der Lomonossow-Universität in Moskau
1930	Lehrstuhlvertretung Carl Ludwig Siegel an der Johann Wolfgang Goethe-Universität Frankfurt a. M.
1933	„Beurlaubung" (25. 4.) und Entlassung (2. 7.) auf Grundlage des „Gesetzes zur Wiederherstellung des Berufsbeamtentums"; private Fortführung der Lehrveranstaltungen, Einladungen nach Oxford, Bryn Mawr und (informell) Moskau
1933/34–35	Gastprofessur am Women's College Bryn Mawr
1934–35	Lehrauftrag für Algebra am Institute for Advanced Study, Princeton

Würdigungen

1922	Verleihung des Titels „nicht beamteter außerordentlicher Professor"
1932	Ackermann-Teubner-Gedächtnispreis für die Leistungen in Algebra und Arithmetik (mit Emil Artin)
1932	Eingeladener Hauptvortrag auf dem Internationalen Mathematikerkongress in Zürich, Thema „Hyperkomplexe Systeme in ihrer Beziehung zur kommutativen Algebra und zur Zahlentheorie"
1933/34	Einrichtung der Stipendienprogramme „Emmy Noether Fellowship" (Inhaberin Marie Weiss) und „Emmy Noether Scholarship" (Inhaberin Grace Shover) in Bryn Mawr

Mitgliedschaften

seit 1908	Mitglied des Circolo matematico di Palermo
seit 1909	Mitglied der Deutschen Mathematikervereinigung (DMV)
1919–22	Mitglied der Unabhängigen Sozialdemokratischen Partei Deutschlands (USPD)
1922–24	Mitglied der Sozialdemokratischen Partei Deutschlands (SPD)
seit ca. 1923	Redaktionsmitglied der Mathematischen Annalen (informell)
seit ca. 1925	Mitglied der Moskauer Mathematischen Gesellschaft
seit 1934	Mitglied der Amerikanischen Mathematischen Gesellschaft

Ein Curriculum Vitae ist die professionelle Form einer Berufsbiografie, die den Zwängen von Chronologie und Sukzession unterliegt. Die damit verbundene Anforderung, Brüche zu kaschieren, lässt existierende Brüche oft umso deutlicher hervortreten. Schnörkellos präsentiert sich die Lebensgeschichte Noethers in dieser tabellarischen Gestalt und wirft doch bei genauerem Lesen zahlreiche Fragen auf: der Studienbeginn in Göttingen, der Abbruch nach einem Semester, der Neubeginn in Erlangen, der Wechsel zurück nach Göttingen, die Langwierigkeit des wissenschaftlichen Qualifizierungswegs, die Bemühung darum, als Wissenschaftlerin beruflich tätig zu sein. Die Schwierigkeiten stehen exemplarisch für die durch formale Hindernisse und konkrete Ausgrenzungen bestimmte Auseinandersetzung um die akademische Berufstätigkeit von Frauen in den ersten 20 Jahren des vergangenen Jahrhunderts.[25] Und zugleich zeigt sich auch schon in dieser Darstellung die Anerkennung, die Noether fachlich erfuhr.

Noethers Karriere ist durch prekäre Arbeitsbedingungen und, beginnend mit der Gastprofessur in Moskau, hohe nationale und internationale wissenschaftliche Anerkennung gekennzeichnet. Mit der Habilitation erfüllte Noether die formalen Voraussetzungen, auf eine Professur berufen zu werden; mehrere Lehrstühle für Algebra wurden in den 1920er Jahren neu besetzt, so etwa in Erlangen und Kiel. Doch Noether erhielt nie einen Ruf oder wenigstens einen Listenplatz. Die einzigen Vergütungen für ihre berufliche Tätigkeit als Mathematikerin waren die Lehraufträge und die jeweiligen Honorierungen ihrer Gasttätigkeit in Moskau, Frankfurt und Bryn Mawr. Die nationale Anerkennung kommt in der Zuerkennung des renommierten Ackermann-Teubner-Gedächtnispreises zum Ausdruck; als Zeichen ihrer internationalen Anerkennung ist die Einladung, 1932 einen der Hauptvorträge auf dem Internationalen Mathematikerkongress in Zürich zu halten, zu verstehen. Die nach ihr benannten Stipendien drückten die Bedeutung aus, die das Bryn Mawr College damals im Gastaufenthalt Noethers sah. Mit ihnen sollten exzellente Nachwuchswissenschaftlerinnen gewonnen und so in Bryn Mawr ein für Noether mathematisch interessantes Umfeld geschaffen werden.[26]

Eine weitere Anmerkung gilt den Mitgliedschaften: Erscheinen heute Noethers Mitgliedschaften in den verschiedenen mathematischen Gesellschaften wenig überraschend, so darf nicht außer Acht gelassen werden, dass Noether unter den ersten Wissenschaftlerinnen oder die erste Wissenschaftlerin war, der man die jeweilige Mitgliedschaft angeboten hatte. Die frühe Mitgliedschaft im Circolo matematico di Palermo ergab sich noch über den engen Kontakt ihres Vaters zu den italienischen Algebraikern.[27] Bereits kurz nach ihrer Promotion wurde Noether Mitglied der Deutschen Mathematikervereinigung (DMV), darin liegt eine Würdigung ihrer mathematischen Leistung.[28] Die anderen beiden Mitgliedschaften ergaben sich durch ihre jeweiligen Gastaufenthalte. Bemerkenswert ist allerdings, dass sie nicht Mitglied der Königlichen Gesellschaft der Wissenschaften zu Göttingen wurde, eine offene Diskriminierung, an der sich trotz eigener Bemühungen und der Unterstützung renommierter Kollegen wie etwa Weyl bis zu ihrer Emigration nichts änderte.[29] Gleiches gilt für ihre Tätigkeit in der Redaktion der „Mathematischen

[25] Vgl. Tollmien 1990; Tobies 1997; Costas 2000.

[26] Beide Stipendienprogramme wurden nach Noethers Tod nicht fortgeführt. Die Deutsche Forschungsgemeinschaft würdigt Noether durch die Benennung des 1997 eingeführten Programms „Emmy-Noether-Nachwuchsgruppe".

[27] Vgl. Martini 2004.

[28] Vor Noether wurden 1898 die Engländerin Charlotte Angas Scott, 1901 die Russin Nadjeschda von Gernet, eine Doktorandin Hilberts, und 1905 die Italienerin Laura Pisati als erste Mathematikerinnen DMV-Mitglieder (vgl. Toepell 1991).

[29] Vgl. Weyl 1935, S. 208.

Annalen". Wiewohl sie umfangreich für die Annalen tätig war und zahlreiche Arbeiten begutachtet und redigiert hatte, wurde sie nie offiziell als Mitglied genannt.

Noethers Mitgliedschaft zunächst in der SPD und dann in der USPD weisen auf ihr Interesse am politischen Geschehen hin, doch gibt es keine bisher bekannten Quellen, aus denen ein größeres Engagement hervorgeht. Van der Waerden erzählte mir im Gespräch, dass er sich erinnere, Noether habe ihn zu einer politischen Veranstaltung, einer Art Diskussionszirkel, mitgenommen und dort auch selbst das Wort ergriffen.[30] Vielleicht stand diese Veranstaltung im Zusammenhang mit der politischen Arbeit Grete Hermanns, die zur gleichen Zeit wie van der Waerden bei Noether studiert und sich schon während der Promotion der politischen Philosophie Leonard Nelsons zugewendet hatte.[31] Nachgewiesen ist Noethers Engagement und ihre Unterschrift unter eine Protestnote von 1931, als es gegen die Ernennung des Privatdozenten und Statistikers Emil Julius Gumbel zum außerordentlichen nichtbeamteten Professor durch die badische Landesregierung massive nationalsozialistische Aktivitäten an der Universität Heidelberg gab.[32]

Zusammengefasst vermittelt dieses formale Curriculum Vitae einen ersten Eindruck von den Brüchen in der beruflichen Entwicklung Noethers. Ihre marginalisierte und dennoch gestaltende Position in der Mathematik, in der mathematischen Gemeinschaft und im Wissenschaftssystem zu skizzieren, ist Aufgabe der nächsten Unterkapitel. Lebensläufe, auch wenn sie verfasst wurden, um der Formalie eines Antrages zu genügen, sind autobiografische Zugänge, zeigen, wie die biografierte Person selbst Teile ihrer Lebensgeschichte – hier die mathematisch-beruflichen Entwicklungen – ordnete und einordnet, und so wird Noether durch eingeschobene Passagen aus autobiografischen Texten, in denen sie ihr wissenschaftliches Tun reflektierte, selbst zu Wort kommen. Die räumlichen und zeitlichen Einteilungen bilden lediglich strukturierende Hilfestellungen in dieser Annäherung und sollen als Knotenpunkte, nicht als Grenzziehungen oder thematische Bruchlinien verstanden werden.

1.3 Erlangen: Geburts- und Ausbildungsort

Noethers Geburtsstadt Erlangen war Ende des 19. Jahrhunderts durch ein wohlsituiertes Bürgertum, eine florierende Wirtschaft und insbesondere durch die Universität geprägt. Zu den Mitgliedern des Lehrkörpers gehörten die Mathematiker Paul Gordan und Max Noether. Gordan war 1874 auf ein neu eingerichtetes Extraordinariat berufen worden und wechselte nach Felix Kleins Berufung an die Münchner Universität auf dessen Lehrstuhl für Algebra; M. Noether wurde 1875 als Nachfolger Gordans zum außerordentlichen Professor berufen und 1888 zum ordentlichen Professor ernannt. Seine Forschungsschwerpunkte lagen in der algebraischen Geometrie. Er hatte engen wissenschaftlichen Kontakt zu Klein, mit dem er gemeinsam publizierte, zu den italienischen Geometern und Algebraikern und war Mitglied des Circolo matematico di Palermo.

[30] Vgl. van der Waerden 1995.

[31] Vgl. zur Lebensgeschichte Hermanns Kersting 1995.

[32] Vgl. zu der Unterstützung Gumbels durch Mathematikkolleg/inn/en Jansen 1981, S. 59–61.

Emmy Noether kam im April 1882 als ältestes Kind von Max und Ida Noether, geb. Kaufmann, zur Welt, ihr folgten drei Brüder. Der ein Jahr jüngere Alfred studierte und promovierte in Chemie, starb aber bereits 1918, bevor er eine wissenschaftliche Karriere einschlagen konnte. Fritz, geboren 1884, studierte Mathematik und wurde 1921 Ordinarius an der Technischen Hochschule Breslau. Er emigrierte 1934 nach Tomsk und hatte bis zu seiner Verhaftung 1937 als angeblicher deutscher Spion eine Professur an der Universität Tomsk inne. 1941 wurde F. Noether zum Tode verurteilt und hingerichtet.[33] E. Noethers jüngster Bruder Robert kam 1889 zur Welt. Er war geistig stark behindert und bis zu seinem Tod 1928 in Heimen untergebracht. E. Noether kümmerte sich um ihn und wurde nach dem Tod ihres Vaters sein Vormund. Die Geschwister wuchsen in einer assimilierten, gutbürgerlich-jüdischen Familie auf, deren Atmosphäre durch die berufliche Stellung ihres Vaters geprägt war. Über eine Pflege jüdischer Traditionen, wenngleich Noether als Schülerin noch zum Religionsunterricht ging, ist bisher nichts bekannt. M. Noether konvertierte wie viele Juden des gehobenen Bürgertums zum Protestantismus, vielleicht als ein Akt der Anpassung mit Hinblick auf eine akademische Karriere unternommen, doch erst mit 44 Jahren erhielt er schließlich, anders als die meisten seiner nichtjüdischen Kollegen, ein Ordinariat.

Im assimilierten jüdischen Bürgertum spielte Bildung eine herausragende Rolle, und die üblicherweise geringe Kinderzahl ermöglichte es, auch Töchtern eine Ausbildung zu finanzieren.[34] So überrascht es nicht, dass Noether nach dem Besuch der Höheren Töchterschule nach zweijähriger privater Vorbereitung 1900 die Staatsprüfung für Lehrerinnen in französischer und englischer Sprache ablegte. Diese Berufsausbildung beinhaltete jedoch schon eine erste Entscheidung gegen die traditionelle Rolle als Hausfrau und Mutter, da das Beamtinnenzölibat den Lehrerinnenberuf mit Ehe und Familie unvereinbar machte. Noethers berufliche Pläne aber gingen über eine Tätigkeit als Lehrerin an einem Lyzeum hinaus. Ihr Bestreben, die Reifeprüfung und damit – da sich Frauen in Bayern seit 1902 immatrikulieren konnten – die formale Voraussetzung zum Studium zu erhalten, war selbst im jüdischen Bürgertum nicht selbstverständlich, wenngleich prozentual gesehen ein hoher Anteil der ersten Studentinnen in Bayern und auch in den anderen, Frauen erst deutlich später zum Studium zulassenden deutschen Ländern Jüdinnen waren.[35] Gefördert hat diese Entscheidung sicherlich neben einer auf Bildung bedachten Familientradition der Studienbeginn der Brüder Alfred und Fritz sowie die Unterstützung durch ihre Eltern.[36] Noethers Entschluss, Mathematik zu studieren, wurde möglicherweise durch ihren jüngeren Bruder Fritz angestoßen, der sich hierfür entschied und dem sie sich vermutlich mathematisch wenigstens ebenbürtig fühlte.[37]

[33] Seine Frau Regine und seine Söhne Hermann und Gottfried E. konnten 1937 mit der Unterstützung des Direktors der Federation of Jewish Charities, Jacob Billikopf, in die USA emigrieren, wie in einem Brief G. Noethers an Billikopf hervorgeht (G. Noether an Billikopf 19. 6. 1949). Vgl. zur Biografie F. Noethers Schlote 1991.

[34] Vgl. Kaplan 1997.

[35] Vgl. Huerkamp 1996, S. 24–31.

[36] Vgl. zur Familientradition die Erinnerungen von Noethers Neffen Gottfried Noether (G. E. Noether, E. P. Noether 1983).

[37] Noether selbst hat sich in keiner der bisher bekannten Quellen dazu geäußert, warum sie sich zum Studium und zur Mathematik entschloss.

Mathematik war im Haus der Familie Noether stets präsent und Gordan als enger Freund M. Noethers ein häufiger Gast des Hauses. Mathematische Diskussionen und intensive mathematische Gespräche zwischen den beiden haben E. Noether in ihrer Kindheit und Jugend begleitet. Gordan war berüchtigt dafür, mathematische Fragestellungen bis zur endgültigen Lösung verbal zu verfolgen und dann veröffentlichungsreif aufzuschreiben. M. Noether schrieb in seinem Nachruf auf Gordan:

> 38 Jahre von 1874 an hat Gordan in Erlangen verbracht. Sie sind für ihn gleichmäßig verlaufen: täglich Vorlesungen, Arbeit, und die unentbehrlichen Spaziergänge entweder mit Mitarbeitern ... in drastisch lebhaften Zwiegesprächen, unbekümmert um alle Umgebung, oder allein in tiefem Nachdenken und seine Gedanken im Kopfe so fertig verarbeitend, dass er seine Rechnungen zuhause fast ohne Striche [Streichungen] ausführen konnte. (Noether 1914, S. 35)

Das Sprechen über Mathematik, die Begeisterung und Leidenschaft in der mündlichen Entwicklung mathematischer Probleme, der mathematische Dialog als erfolgreiche mathematische Methode zur Annäherung an Lösungen, so lässt sich die mathematische Arbeitsweise Gordans charakterisieren. Sie hat E. Noether bereits als Jugendliche erlebt und geprägt.

Noether hospitierte als externe Vorbereitung zum Absolutorium von 1900 bis 1902 an der Universität Erlangen als eine von zwei Frauen unter rund 1000 Studierenden. Nach der Reifeprüfung begann sie im Wintersemester 1903/04 als Hospitantin in Göttingen ihr Studium, ein ungewöhnlicher Schritt, da Frauen in Preußen, anders als in Bayern, noch kein Immatrikulationsrecht besaßen und auf das Wohlwollen und die Zustimmung der einzelnen Professoren angewiesen waren, um Vorlesungen besuchen zu dürfen.[38] Ihre Entscheidung war vielleicht durch den beträchtlichen Ruf motiviert, den Göttingen besaß, und durch die Freundschaft ihres Vaters mit Klein. Noether besuchte Lehrveranstaltungen bei Hilbert und Klein und lernte so ihre späteren Förderer früh persönlich kennen; sie kehrte am Ende des ersten Semesters aufgrund einer Erkrankung nach Hause zurück.[39] Und erst im darauf folgenden Wintersemester nahm sie ihr Studium, jetzt in Erlangen, wieder auf und besuchte Veranstaltungen bei ihrem Vater und bei ihrem zukünftigen Doktorvater Gordan. Noether promovierte 1907 „Über die Bildung des Formensystems der ternären biquadratischen Form" mit summa cum laude.[40] Das Rigorosum fand am 13. Dezember 1907 statt; die Arbeit wurde im „Journal für die reine und angewandte Mathematik" publiziert (Noether 1908).

Dem Antrag auf Promotion ist ein handschriftlich verfasster Lebenslauf beigefügt, einer der beiden als autobiografisch zu bezeichnenden Texte Noethers. Bei dem anderen

[38] Erst 1908 ließ Preußen Frauen zum Studium zu.

[39] Vgl. Tollmien 1990, S. 159.

[40] Die erste in Deutschland promovierte Mathematikerin war Sonja Kowalewskaja 1874 bei Karl Weierstraß, die in Göttingen in absentia promoviert wurde. Im Jahre 1895 erwarb Marie Gernet als erste Deutsche den Doktortitel bei Leo Koenigsberger in Heidelberg. Nach weiteren sechs ausländischen Doktorandinnen Kleins bzw. Hilberts im Zeitraum von 1895 bis 1906 in Göttingen folgte Noethers Promotion in Erlangen (vgl. Tobies 1997, 1999).

handelt es sich um den dem Antrag auf Habilitation beigelegten, ebenfalls in der damals üblichen Form eines Fließtextes verfassten Lebenslauf. Die Intention der Texte ist vergleichbar und erlaubt eine komparative Analyse. Je handelt es sich um eine Präsentation des eigenen Lebens im Hinblick auf ein spezielles Vorhaben, die Zulassung zur Promotion beziehungsweise zur Habilitation, und damit ein Unterwerfen der Darstellung unter formale Regeln. Zugleich wird eine Bewertung der eigenen Forschung und, durch die Benennung von Lehrern, eine Einordnung in die wissenschaftliche Gemeinschaft vorgenommen. Noethers dem Promotionsantrag beigefügter Lebenslauf von 1907 hat folgenden Wortlaut:

> Ich, Amalie Emmy Noether, bayrischer Staatsangehörigkeit und israelitischer Konfession, bin geboren zu Erlangen am 23. März 1882, als Tochter des Kgl. Universitätsprofessors Dr. Max Noether und seiner Ehefrau Ida, geb. Kaufmann. Nach Ausbildung in Erlangen und Stuttgart legte ich 1900 die beiden „Prüfungen für Lehrerinnen der französischen und englischen Sprache" in Ansbach ab und erwarb 1903 als Privatstudentin das Absolutorium des Kgl. Realgymnasiums Nürnberg. Ich studierte von 1900 bis 1903 an der Universität Erlangen, das Wintersemester 1903/04 in Göttingen und war seit Herbst 1904 in Erlangen immatrikuliert. Meine Lehrer waren in Erlangen die Herren Professoren: Gordan, Noether, Reiger, Wehnelt, Wiedemann, Pirson, Bulle, Fester, Fischer; in Göttingen: Blumenthal, Hilbert, Klein, Minkowski, Schwarzschild. Ihnen allen bin ich für die wissenschaftliche Förderung zu Dank verpflichtet; meinen besonderen Dank spreche ich Herrn Geh. Hofrat Gordan aus für die Anregung zu vorliegender Arbeit und für sein Interesse während ihrer Durchführung. (Promotionsakte Noether)

Mit diesem Lebenslauf werden die wichtigsten Daten – Geburt, Staatsangehörigkeit, Religionszugehörigkeit, Ausbildungsverlauf – genannt und so der Anspruch auf Zulassung erhoben. Über die Lücke des Sommersemesters 1904 wird nicht gesprochen. Durch die Aufzählung ihrer Lehrer dokumentierte Noether ihre breite, Physik und Astronomie einschließende mathematische Allgemeinbildung. Das eine Semester in Göttingen erhält durch Nennung zahlreicher bedeutender Mathematiker besonderes Gewicht; schließlich war Noether dort, wo relevante Impulse mathematischer Forschung gesetzt wurden.[41] Abschließend dankte sie ihrem Doktorvater für die Unterstützung und zeigt sich als Schülerin Gordans, seinem auf das symbolische Rechnen orientierten Ansatz verbunden. Entsprechend verwies sie bereits in der Einleitung zu ihrer Arbeit auf Gordan und schrieb:

> Die Arbeit schließt sich eng an die *Gordan*sche Arbeit an; doch waren die dort nur ganz im allgemeinen gegebenen Prinzipien erst im einzelnen auszuarbeiten. Mit Hilfe eines Satzes über den Zusammenhang der Faltungen und durch Einführung der ‚Formenreihe' (§ 1) werden die Reduktionsätze scharf formuliert und vervollständigt (§ 3), während die rekurrierende Aufstellung spezieller Reihenentwicklungen (§ 2) das rechnerische Mittel zur wirklichen Durchführung der Reduktionen gibt. (Noether 1908, S. 31 f.) (Hervorhebung i. O.)

[41] Der mit der Publikation ihrer Doktorarbeit veröffentlichte Lebenslauf unterscheidet sich von dem handschriftlichen nur in einem einzigen relevanten Punkt, der Reihenfolge ihrer Lehrer in Göttingen. In der Veränderung der Liste zu „Hilbert, Klein, Minkowski, Blumenthal, Schwarzschild" wird stärker noch als im handschriftlichen Text betont, dass sie bei den relevanten deutschen Mathematikern dieser Zeit studiert hat.

Scharfe Formulierungen und Vervollständigungen werden weiterhin Ziele mathematischen Forschens bei Noether sein, Rechnerisches wird sie nicht mehr interessieren. Weitere Bezugspunkte ihrer Arbeit sind Publikationen der beiden italienischen Mathematiker G. Maisano und Ernesto Pascal, mit denen Noether vermutlich in persönlichem, vielleicht über ihren Vater hergestelltem Kontakt stand. Diese Art einer Kommentierung und Bewertung wird zukünftige Publikationen Noethers charakterisieren, denn in allen ihren Texten skizzierte sie den mathematischen Diskurs, in den ihre Arbeit einzuordnen war, in aller Ausführlichkeit und Sorgfalt.

Nach dem Studium arbeitete Noether am mathematischen Institut der Universität Erlangen, unterstützte ihren Vater bei den Lehrveranstaltungen und hielt auch selbst Vorlesungen. In der Erlanger Zeit betreute sie, so Noether selbst in ihrem Lebenslauf zur Habilitation, zwei Promotionen: 1912 Hans Falckenberg mit „Verzweigungen von Lösungen nichtlinearer Differentialgleichungen" (Falckenberg 1912) und 1916 Fritz Seidelmann mit der Arbeit „Algebraische Gleichungen mit vorgeschriebener Gruppe" (Seidelmann 1916). Als offizieller Referent Falckenbergs wirkte Ernst Fischer, der zweite Nachfolger Gordans; Seidelman promovierte offiziell bei M. Noether. Auch Kurt Hentzelt, der von Fischer begutachtet wurde, ist vermutlich von Noether betreut worden. Er hatte seine Arbeit 1913 eingereicht und im März 1914 die Prüfung erfolgreich abgelegt; die Veröffentlichungsauflagen Fischers[42] hatte Hentzelt nicht mehr erfüllt, da er bereits wenige Monate später im Ersten Weltkreig getötet wurde. Noether publizierte die Schrift nach Überarbeitung posthum unter dem Titel „Bearbeitung von K. Hentzelt: Zur Theorie der Polynomideale und Resultanten" (Noether 1923).

Noether gehörte in Deutschland damit zu den wenigen Frauen dieser Zeit, die nicht nur eine Ausbildung in Mathematik besaßen, sondern nach ihrer Promotion weiter wissenschaftlich tätig blieben. Allerdings erhielt sie für ihre berufliche Tätigkeit kein Salär. Ihr Forschungsfeld blieb zunächst die Invariantentheorie, und ihre Publikationen wiesen sie bereits als herausragende Mathematikerin aus. In Anerkennung dieser Leistungen wurde sie bereits 1909, vor ihrem Bruder Fritz, in die DMV aufgenommen. Noethers mathematische Ausbildung war durch die in Erlangen vertretenen klassischen, d. h. auf das symbolische Rechnen orientierten Auffassungen geprägt. Ihr Gastsemester in Göttingen blieb ohne erkennbare Spuren in mathematischen Fragestellungen und methodischen Ansätzen. Ihre Doktorarbeit mit ihren über 300 im Anhang enthaltenen, konkret bestimmten Invarianten dokumentiert den starken Einfluss Gordans. M. Noether schrieb über Gordan:

> Kein Neuerer in der Wissenschaft ergriff er nur, was seiner Art gemäß war. … Aus dem Stoff selbst heraus neue kombinatorische Methoden zu schaffen und seine Instrumente kräftig zu handhaben, das war sein mächtiges Können: er war ein *Algorithmiker*. (Noether 1914, S. 37) (Hervorhebung i. O.)

---

[42] Vgl. das Gutachten Fischers, in dem er eine „durchgreifende stylistische Umgestaltung vor Drucklegung" verlangte (Promotionsakte Hentzelt).

E. Noethers weitere Forschungstätigkeit in Erlangen stand zunächst ganz im Zeichen der Gordan'schen Mathematik, und die von ihm erworbene Begeisterung für exakte Berechnungen fand ihren Niederschlag in den Anfang der 1910er Jahre erschienenen Publikationen. Noch zeigten ihre Arbeiten nicht die herausragende Theoretikerin, der jedes Rechnen ein Gräuel war.[43] Allerdings lassen sich in dem mit Unterstützung von E. Noether durch ihren Vater auf Gordan verfassten Nachruf die folgenden kritischen und zugleich eine andere mathematische Auffassung schon andeutenden Sätze lesen:

> Aber den auf die Grundlagen gehenden Begriffsentwicklungen ist Gordan nie gerecht geworden: auch in seinen Vorlesungen hat er alle Grunddefinitionen begrifflicher Art ... vollständig gemieden. (Noether 1914, S. 36)

Gordan starb im Dezember 1912, nachdem er bereits zum Sommersemester 1910 von seinem Lehrstuhl zurückgetreten war. Für drei Semester hatte Erhard Schmidt die Professur inne, 1911 wurde Fischer berufen[44]. Diese Berufung war für Noethers weitere mathematische Entwicklung von besonderer Bedeutung; sie wurde nun mit anderen algebraischen Konzepten konfrontiert. Blieb ihr Forschungsgebiet weiterhin die Invariantentheorie und deren angrenzende Gebiete, so zeigten sich in den folgenden Arbeiten immer stärker ihre herausragenden mathematischen Fähigkeiten ebenso wie ihr Drang nach größtmöglicher Allgemeinheit und begrifflicher Klarheit. Sie selbst schrieb 1919 in ihrem dem Habilitationsantrag beigefügten Lebenslauf:

> Vor allem bin ich Herrn E. Fischer zu Dank verpflichtet, der mir den entscheidenden Anstoß zu der Beschäftigung mit abstrakter Algebra in arithmetischer Auffassung gab, was für all meine späteren Arbeiten bestimmend blieb. (Personalakte Noether)

Mit Fischer verband Noether eine enge gemeinsame Forschungstätigkeit, und Postkarten belegen die intensive Kommunikation zwischen beiden.[45] Diese Postkarten sind als Fortsetzung von Gesprächen zu lesen, rein mathematischen Inhalts, Ideen, die im Anschluss an vorhergehende mündliche Überlegungen vielleicht auf einem gemeinsamen Fußweg nach einem Seminar entstanden und noch rasch die schriftliche Niederlegung im Sinne der

---

[43] Noch in dem 1918 verfassten Bericht „Die arithmetische Theorie der algebraischen Funktionen einer Veränderlichen, in ihrer Beziehung zu den übrigen Theorien und zu der Zahlkörpertheorie", den sie als eine „Ergänzung zu dem Bericht von Brill-Noether" bezeichnete, zeigt sich ihre ausgezeichnete Kenntnis der Arbeiten ihres Vaters und die Beherrschung symbolischen Rechnens (Noether 1919, S. 182).

[44] Fischer promovierte 1899 bei Leopoldt Gegenbauer in Wien „Zur Theorie der Determinanten" (Fischer 1899) und ging danach für ein Studienjahr nach Göttingen. In seinen mathematischen Auffassungen war er durch sein Studium bei Hilbert geprägt worden und vertrat anders als Gordon eine abstrakte Zugangsweise zur Mathematik.

[45] Eine dieser Postkarten ist in der 1970 publizierten Biografie von Dick abgedruckt (Dick 1970, S. 11). Leider sind die Postkarten bisher nicht archiviert worden und möglicherweise nicht mehr auffindbar. Sie böten die Möglichkeit, den Veränderungen in den mathematischen Auffassungen Noethers, die sich ja nach eigenem Bekunden bereits in Erlangen herauskristallisierten, wissenschaftstheoretisch näherzukommen.

Fortführung des Gesprächs brauchten. So schrieb Noether in der 1913 publizierten Arbeit „Rationale Funktionenkörper“:

> Die folgenden Fragestellungen gehen ursprünglich auf Gespräche mit E. Fischer zurück. (Noether 1913, S. 316)

Über ihren Vater hatte Noether Kontakte zu Klein, und es entwickelte sich eine rege Korrespondenz über mathematische Fragestellungen. M. und E. Noether schrieben gemeinsam mit Klein den Nachruf auf Gordan, der 1914 in den „Mathematischen Annalen“ veröffentlicht wurde. Bezüglich der Autorschaft äußerte sich M. Noether in folgender Weise:

> Von Max Noether in Erlangen. (Mit Unterstützung von Felix Klein in Göttingen und von Emmy Noether in Erlangen.) Fußnote: Von Ersterem wurde ich in der Gesamtwürdigung, von Letzterer in der Würdigung der algebraischen Arbeiten wesentlich unterstützt. (Noether 1914, S. 1)

Durch diesen persönlichen Kontakt lernte Klein seinerseits E. Noethers mathematische Kenntnisse und Fähigkeiten zu schätzen. Zudem hatte sie sich mit ihrer Promotion sowie den anschließenden Arbeiten als eine der führenden Vertreter/innen der Invariantentheorie etabliert und auch Hilberts Aufmerksamkeit geweckt. Noethers nächste große Arbeit „Körper und Systeme rationaler Funktionen“ (Noether 1915) bezog sich u. a. auf das Problem 14 der berühmten auf dem II. Internationalen Mathematiker-Kongress 1900 von Hilbert vorgetragenen Problemliste.[46] Noether berichtete erstmals auf der Jahresversammlung der DMV 1913 in Wien von ihren Forschungen und schickte die ausgearbeiteten Ergebnisse an Hilbert:

> Sehr geehrter Herr Geheimrat.
>
> Ich schicke Ihnen gleichzeitig eine Arbeit ‚Körper und Systeme rationaler Funktionen‘ mit der Bitte um Aufnahme in die Annalen.
>
> Über den Inhalt der Arbeit soll die Einleitung orientieren; einen Überblick über Fragestellungen und Resultate habe ich auch in meinem Wiener Vortrag über ‚Rationale Funktionenkörper‘ (Nov.-Dezemberheft des Jhrber. d. Mathver. 1913) gegeben. Die Arbeit knüpft an Kapitel I Ihrer Arbeit ‚über die vollen Invariantensysteme‘ und an das Problem der ‚relativganzen Funktionen‘, Problem 14 Ihrer mathematischen Probleme, an. Sonst finden Sie noch Berührpunkte mit der ‚algebraischen Theorie der Körper‘ von E. Steinitz.
>
> Ich habe versucht, die Fragen der *rationalen* Darstellbarkeit der Funktionen eines abstrakt definierten Systems durch eine Basis (Rationalbasis) erschöpfend zu behandeln, und von da aus neue Angriffspunkte zur Behandlung des Endlichkeitsproblems zu gewinnen. Es haben sich so neue Endlichkeitssätze ergeben; bei Voraussetzungen anderer Art als die, die man bis jetzt beherrschen konnte. Allerdings ist mir die Behandlung der ‚relativ-ganzen Funktionen‘ nur für eine spezielle Klasse gelungen; hier kann ich dafür aber die Integritäts-Basis abstrakt durch den Bereich definieren.

[46] Zu der Bedeutung der Rede Hilberts für die Wissenschaft Mathematik vgl. Mehrtens 1990, S. 108 ff.

> Die in dem Vortrag erwähnten Anwendungen auf die ‚Konstruktion von Gleichungen mit vorgeschriebener Gruppe' habe ich fortgelassen, um sie für sich zu veröffentlichen; da sie doch wieder neue Begriffe erfordern.
> Mit besten Empfehlungen
> Ihre sehr ergebene Emmy Noether (Noether an Hilbert 4. 5. 1914) (Hervorhebung i. O.)

Die eingereichte Arbeit „Körper und Systeme rationaler Funktionen" erschien tatsächlich in den „Mathematischen Annalen" und war ihre erste Publikation dort (Noether 1915).

1.4 Göttingen: Zwischen Ausgrenzung und Anerkennung

Fast 20 Jahre war Noether in Göttingen als Mathematikerin tätig und trug in dieser Zeit zum Ruf Göttingens als bedeutendem mathematischem Zentrum bei. Sie folgte 1915 einer Einladung Hilberts und Kleins nach Göttingen, die mit dem Angebot zur Habilitation verbunden war, ein Vorhaben, dessen Umsetzung unter den gegebenen rechtlichen Bestimmungen und bestehenden akademischen Vorbehalten erst 1919 ihren Abschluss fand. Werden mit der Skizzierung des Habilitationsprozesses zugleich die Rahmenbedingungen und Arbeitsmöglichkeiten der ersten Jahre Noethers in Göttingen benannt, so liegt der Fokus auf einer wissenschaftstheoretischen Analyse ihrer zweiten Habilitationsschrift „Invariante Variationsprobleme" (Noether 1918a), deren mathematischer Kontext der zwischen Einstein, Hilbert und Klein geführte Diskurs zur Relativitätstheorie war. Deutlich zeigt sich in der Entstehungsgeschichte der Schrift und insbesondere der Rezeption ihrer Forschungsergebnisse, wie lebens- und werksbiografische Elemente miteinander verbunden sind. Die erste Hälfte der 1920er Jahre ist durch eine beginnende Etablierung als Wissenschaftlerin und durch schwierige materielle Rahmenbedingungen gekennzeichnet. Mit der Erteilung der Venia Legendi und zwei Jahre später dem Titel „nichtbeamteter außerordentlicher Professor" war Noether in das professorale Kollegium der Universität aufgenommen, ohne jedoch über ein gesichertes Einkommen oder weitere institutionelle Unterstützung zu verfügen. Doch begann ihre unkonventionelle Art des Denkens und des Unterrichtens junge Mathematiker/innen anzuziehen, lässt sich die Entstehung der Noether-Schule erkennen. Ab Mitte der 1920er Jahre kann von einer zunehmenden Akzeptanz ihrer begrifflichen Auffassungen und Methoden gesprochen werden, die Noether-Schule als Denkraum und Teil einer kulturellen Bewegung sowie ihre Relevanz für Änderungen in den mathematischen Wissensvorstellungen werden sichtbar. In beruflicher Hinsicht bedeutete dieser Prozess jedoch kaum eine Veränderung für Noether. Mit der „Machtergreifung" durch die Nationalsozialisten änderte sich die Situation in Göttingen radikal. Noether gehörte zu den ersten „beurlaubten" und kurze Zeit später entlassenen Mitgliedern der Fakultät. Sie erfuhr vielfache Solidarität und war dennoch gezwungen, bereits im Oktober 1933 Göttingen und Deutschland zu verlassen, da für sie keine Arbeits- und Wirkungsmöglichkeiten mehr bestanden.

1.4.1 Die ersten Jahre: Der Weg zur Habilitation und die Noethertheoreme

Zum Sommersemester 1915 war Noether nach Göttingen von den „hiesigen Mathematikern", wie sie selbst es 1919 im Lebenslauf zum Habilitationsantrag formulierte (Personalakte Noether), eingeladen worden. Klein hatte Noethers Kompetenzen über die Zusammenarbeit mit M. Noether und den mit Noethers Unterstützung verfassten Nachruf für seinen engen Kollegen Gordan kennen- und schätzen gelernt. Hilbert hatte vermutlich Interesse an Noethers Mitarbeit als führender Invariantentheoretikerin, eine Forschungsrichtung, die er zu dieser Zeit intensiv verfolgte. Beiden dürfte daran gelegen gewesen sein, sich mathematischen Nachwuchs zu sichern, denn ihre Assistenten hatten nach Beginn des Ersten Weltkriegs, sofern noch nicht geschehen, jederzeit mit der Einberufung zu rechnen. Doch hätte Noether auch als Vertretung einberufener Privatdozenten nur als Habilitierte beschäftigt werden können, und so war eine Habilitation Noethers für ihre Tätigkeit in Göttingen wünschenswert.

Die Habilitation

In der mathematischen Öffentlichkeit Göttingens trat Noether erstmals und erfolgreich Anfang Juli 1915 mit einem Vortrag über „Endlichkeitsfragen der Invariantentheorie" in der Göttinger Mathematischen Gesellschaft auf, ein Thema, das der Zusammenarbeit mit Hilbert entsprungen war. Eine Woche später, am 20. Juli, reichte sie ihren Antrag auf Habilitation und ihre bereits 1914 Hilbert vorgestellte Arbeit als Habilitationsschrift ein.[47] Die mathematisch-inhaltlichen wie formalen Voraussetzungen zur Habilitation waren damit erfüllt. Doch in Göttingen galt immer noch der Erlass des preußischen Ministeriums für geistliche und Unterrichtsangelegenheiten vom 29. 5. 1908, der eine Habilitation von Frauen grundsätzlich ausschloss. Das Habilitationsverfahren Noethers zog sich vier Jahre hin und führte zu heftigen Auseinandersetzungen in der mathematischen Abteilung der Fakultät, innerhalb der Fakultät sowie zwischen der Universität und dem preußischen Ministerium. Es ist exemplarisch für die Kämpfe um die akademische Berufstätigkeit von Frauen. Klein, Hilbert und später auch Einstein unterstützten Noethers Habilitationsantrag, doch auch ihnen gelang es nicht, innerhalb der bestehenden Strukturen eine Akzeptanz der wissenschaftlichen Betätigung von Frauen oder wenigstens Noethers und damit ihre Aufnahme in die Scientific Community zu erreichen. Erst die tiefgreifenden gesellschaftlichen Wandlungen der Weimarer Republik veränderten die rechtliche Situation und die akademische Kultur. Im Kontext dieser Arbeit gilt der Blick den spezifischen Rahmenbedingungen, unter denen Noether ihre akademische Laufbahn in Göttingen begann, und hierzu gehört auch die Atmosphäre an der Fakultät und an der Universität. Hatte Preußen als letzter deutscher Staat erst im August 1908 den Frauen die Zulassung zur Universität

[47] Vgl. hierzu und zu weiteren Details der Habilitationsversuche 1915 und 1917 Tollmien 1990. Cordula Tollmien hat in ihrer sehr genau recherchierten und detailreichen biografischen Arbeit zu Noether den Schwerpunkt auf die Geschichte der Habilitation gelegt.

gestattet, so war sieben Jahre später von einer beginnenden Liberalisierung an der Universität Göttingen und auch an der Philosophischen Fakultät, folgt man den vielen Gutachten, Sondervoten, Briefen und Protokollnotizen, die im Verlaufe der Habilitationsverfahren verfasst wurden, bezogen auf die wissenschaftliche Tätigkeit von Frauen noch wenig zu spüren.

Der dem Promotionsantrag beigelegte Lebenslauf von 1907 ist bereits zitiert, auf den 1919 verfassten Lebenslauf zur Habilitation sei im Folgenden ausführlich eingegangen. Aufgrund ihres autobiografischen Charakters geben beide Texte gerade in einer komparativen Analyse Auskunft über die von Noether als wesentlich betrachteten Linien ihrer mathematischen Entwicklung. Ist der Lebenslauf zur Promotion kurz gehalten und verweist wesentlich darauf, dass den formalen Regeln Genüge getan wurde, so zeigt sich der Lebenslauf zum Habilitationsantrag von 1919 völlig anders. Der erste Absatz ist noch weitgehend wortidentisch (und deshalb hier nicht abgedruckt), danach ändert sich der Charakter ihres Textes völlig: Mit der Benennung von Namen, Betreuern, Schülern sowie Kollegen und der Skizzierung des eigenen wissenschaftlichen Werdegangs konstruierte Noether ihre mathematische Abstammungslinie, wird eine Einordnung in die mathematische Gemeinschaft präsentiert:

> Während meiner Studienzeit waren meine mathematischen Lehrer die Herren Gordan und Noether in Erlangen, Hilbert, Minkowski und Blumenthal in Göttingen. Dezember 1907 promovierte ich mit einer Arbeit ‚Über die Bildung des Formsystems der ternären biquadratischen Form' in der Philosophischen Fakultät der Universität Erlangen summa cum laude.
>
> Nach der Promotion arbeitete ich wissenschaftlich mathematisch weiter und wurde von den Leitern des Erlanger mathematischen Seminars, den Herren M. Noether, E. Schmidt, E. Fischer privatim zur Unterstützung bei den seminaristischen Vorträgen und Übungen beigezogen. Im Sommersemester 1915 kam ich, aufgefordert von den hiesigen Mathematikern, nach Göttingen. Mit dem Wintersemester 1916 habe ich zur Unterstützung von Herrn Hilbert regelmäßig im hiesigen mathematischen Seminar vorgetragen und zwar über algebraische Fragen, insbesondere Invariantentheorie, Differentialinvarianten, abstrakte Mengentheorie, Differential- und Integralgleichungen. An der mathematischen Gesellschaft beteiligte ich mich durch eine Reihe von Vorträgen.
>
> Wissenschaftliche Anregung verdanke ich wesentlich dem persönlichen mathematischen Verkehr in Erlangen und in Göttingen. Vor allem bin ich Herrn E. Fischer zu Dank verpflichtet, der mir den entscheidenden Anstoß zu der Beschäftigung mit abstrakter Algebra in arithmetischer Auffassung gab, was für all meine späteren Arbeiten bestimmend blieb und für solche nicht rein algebraischer Natur. Meine Dissertation und eine weitere Arbeit ‚Zur Invariantentheorie der Formen von n Variablen' gehören noch dem Gebiet der formalen Invariantentheorie an, die mir als Schülerin Gordans nahe lag. Die große Arbeit ‚Körper und Systeme rationaler Funktionen' beschäftigt sich mit allgemeinen Basisfragen, erledigt vollständig das Problem der rationalen Darstellbarkeit und gibt Beiträge zu den übrigen Endlichkeitsfragen. Eine Anwendung dieser Resultate ist enthalten in der Arbeit ‚Invarianten endlicher Gruppen', die einen ganz elementaren Endlichkeitsbeweis dieser Invarianten bringt mit wirklicher Angabe der Basis. In diese Gedankenreihe gehört weiter die Arbeit ‚Algebraische Gleichungen mit vorgeschriebener Gruppe', die einen Beitrag zu der Konstruktion solcher Gleichungen bei beliebigem Rationalitätsbereich liefert. Für Gleichungen dritten und vierten Grades ist diese Parameterkonstruktion als Erlanger Dissertation im einzelnen durchgeführt worden von F. Seidelmann.

Die Arbeit über ‚Ganze rationale Darstellung von Invarianten' weist eine von D. Hilbert ausgesprochene Vermutung als zutreffend nach und gibt zugleich einen rein begrifflichen Beweis für die Reihenentwicklungen der Invariantentheorie, die auf der Äquivalenz linearer Formenscharen beruht und teilweise Gedankengängen von E. Fischer nachgebildet ist. Diese Arbeit gab dann ihrerseits wieder E. Fischer den Anstoß zu einer größeren Arbeit über ‚Differentiationsprozesse der Algebra'.

Zu diesen rein algebraischen Arbeiten gehören auch zwei noch unveröffentlichte: ein Endlichkeitsbeweis für die ganzzahligen binären Invarianten, über den ich in der math. Gesellschaft berichtet habe, und eine gemeinsame mit W. Schmeidler verfaßte Untersuchung über nicht-kommutative, einseitige Moduln, die durch gelegentliche Frage von E. Landau angeregt wurde. Hierher gehört auch die Beschäftigung mit Fragen der Algebra und Modultheorie mod g und mit der Frage nach der ‚Alternative bei nicht linearen Gleichungssystemen', über deren Resultate ich gleichfalls in der math. Gesellschaft berichtet habe. Die größere Arbeit ‚Die allgemeinsten Bereiche aus ganzen transzendenten Zahlen' benutzt neben den algebraisch-arithmetischen Prinzipien auch solche der abstrakten Mengentheorie. Nachdem Zermelo gelungen war, überhaupt einen Bereich der ganzen transzendenten Zahlen zu konstruieren, wird hier ein Überblick gegeben; und zugleich die Konstruktion der ganzen Größen auf beliebige, abstrakt definierte Körper ausgedehnt. Derselben Richtung gehört die Arbeit ‚Funktionengleichungen der isomorphen Abbildungen' an, die die allgemeinste isomorphe Abbildung eines beliebig abstrakt definierten Körpers angibt.

Schließlich sind noch zwei Arbeiten über Differentialinvarianten und Variationsprobleme zu nennen, die dadurch mit veranlaßt sind, daß ich die Herren Klein und Hilbert bei ihrer Beschäftigung mit der Einsteinschen allgemeinen Relativitätstheorie unterstützte. Die vorläufige Note ‚Invarianten beliebiger Differentialausdrücke' gibt für die Differentialausdrücke die Zurückführung der Fragen nach den allgemeinsten Invarianten gegenüber der Gruppe aller analytischen Transformationen auf eine Frage der linearen Invariantentheorie. Die zweite Arbeit ‚Invariante Variationsprobleme', die ich als Habilitationsschrift bezeichnet habe, beschäftigt sich mit beliebigen endlich oder unendlich konstruierten Gruppen im Lie'schen Sinne und zieht die Folgerungen aus der Invarianz eines Variationsproblems gegenüber einer solchen Gruppe. In den allgemeinen Resultaten sind als Spezialfälle, die in der Mechanik bekannten Sätze über erste Integrale, die Erhaltungssätze und die in der Relativitätstheorie aufgetretenen Abhängigkeiten zwischen den Feldgleichungen enthalten, während andererseits auch die Umkehrung dieser Sätze gegeben wird. Ferner möchte ich noch erwähnen, daß außer der oben genannten noch eine weitere Erlanger Dissertation von mir angeregt worden ist: ‚Über Verzweigungen von Lösungen nichtlinearer Differentialgleichungen' von H. Falckenberg. Es handelt sich dort um Realitätsuntersuchungen im Anschluß an die Schmidtsche Arbeit über nichtlineare Integralgleichungen. (Personalakte Noether)

In diesem zweiten wissenschaftlichen Lebenslauf sind nur noch wenige Personen genannt, die Noether als relevant für ihre mathematische Ausbildung sah. Gordan, dessen Bedeutung für ihre Promotion sie noch in ihrem Lebenslauf von 1907 und in der Doktorarbeit selbst gewürdigt hatte, ist einer unter mehreren geworden. Auch wenn Noether sich im Verlauf des Textes noch als seine Schülerin bezeichnete, so klingt diese Formulierung doch zurückhaltend, beinahe distanzierend. Fischer, Gordans Nachfolger, mit dem sie in Erlangen eng zusammengearbeitet hatte, ist nun derjenige, den sie als wesentlich für ihre mathematische Entwicklung nannte, denn er habe ihr den „entscheidenden Anstoß zur Beschäftigung mit abstrakter Algebra" gegeben. Deutlich unterschied Noether in ihrem Lebenslauf zwischen der Studienzeit und ihrer weiteren wissenschaftlichen Tätigkeit als

Mathematikerin. Hierzu gehörte ihre Lehrerfahrung in Seminaren und Übungen ebenso wie die Betreuung zweier Promotionen. Mit der Nennung bekannter Mathematiker wie E. Schmidt, Fischer, aber auch M. Noether in Erlangen sowie Hilbert, Klein und Landau verwies Noether auf bestehende wissenschaftliche Kooperationen und daraus entstandene Publikationen. Noether präsentierte sich als Mitglied einer wissenschaftlichen Gemeinschaft.

Mit einer ausführlichen Kommentierung stellte Noether ihre bisherigen Veröffentlichungen und die bereits eingereichten Arbeiten vor. Sie formulierte die ihre Forschungen strukturierenden Fragestellungen und ordnete sie in größere mathematische Zusammenhänge, „Gedankenreihen" genannt, ein. Noether verstand darunter methodische Zugänge, etwa, wenn sie vermerkte, sie habe neben „algebraisch-arithmetischen Prinzipien auch solche der abstrakten Mengentheorie" verwendet. Zeitlich parallel beziehen sie sich auf unterschiedliche mathematische Forschungsfelder, doch ihr methodischer Schwerpunkt liegt bereits deutlich im Bereich des rein algebraischen, sich vom arithmetisch-rechnerischen abgrenzenden Zugangs. Oder wie Noether selbst mit Bezug auf ihre unter dem Titel „Ganze rationale Darstellung von Invarianten eines Systems von beliebig vielen Grundformen" veröffentlichte Arbeit von 1916 schrieb, sei einer der zentralen Beweise dieser Arbeit „rein begrifflich" geführt. Mit der Ergänzung durch das Wort „rein" unterstrich Noether bereits, dass sich ihr methodischer Ansatz gegenüber ihrer Promotion grundsätzlich verändert hatte.

Ihre erste Habilitationsschrift wurde von Noether im Kontext ihrer gesamten Veröffentlichungen vorgestellt, das Scheitern des ersten Antrags auf Habilitation nicht erwähnt. Doch mit der Bewertung, die große Arbeit ‚Körper und Systeme rationaler Funktionen' beschäftige sich mit allgemeinen Basisfragen, erledige vollständig das Problem der rationalen Darstellbarkeit und gäbe Beiträge zu den übrigen Endlichkeitsfragen, und insbesondere mit der Wortwahl „groß" und „vollständig" geht eine Einordnung der Publikation einher, die diese als außergewöhnlich heraushebt. Über die zur Habilitation eingereichte Arbeit schrieb sie, „die zweite Arbeit ‚Invariante Variationsprobleme', die ich als Habilitationsschrift bezeichnet habe" und deutete mit dem Nebensatz an, dass auch eine andere Arbeit als Habilitationsschrift hätte bezeichnet werden können. Hatte Noether und wie hatte sie die Diskriminierung als Wissenschaftlerin durch das seit vier Jahren laufende Verfahren als solche wahrgenommen? 15 Jahre später findet sich in Noethers Beantwortung des „Fragebogen[s] zur Durchführung des Gesetzes zur Wiederherstellung des Berufsbeamtentums vom 7. April 1933" eine klare und eindeutige Bewertung der damaligen Situation. Unter § 3 (b) wurde danach gefragt, ob die Voraussetzungen zur Beamtung bereits 1914 vorgelägen hätten und Noether schrieb (Abb. 1.1):

> Im wesentlichen; nicht alle. Wissenschaftliche Anerkennung lag vor; von F. Klein und D. Hilbert wurde ich Frühjahr 1915 nach Göttingen geholt, da die Privatdozenten im Felde waren. Die Habilitation erwies sich aus formalen Gründen – als Frau – nicht durchführbar. Ich habe aber F. Klein und D. Hilbert bei Vorlesungen unterstützt. (Noether 19. 4. 1933) (Hervorhebung i. O.)

Fragebogen

zur Durchführung des Gesetzes zur Wiederherstellung des Berufsbeamtentums vom 7. April 1933 (Reichsgesetzbl. I S. 175).

Name	Noether
Vorname	Emmy
Wohnort und Wohnung	Göttingen, Stegemühlenweg 51
Geburtsort, -tag, -monat und -jahr	Erlangen, 23. März 1882
Konfession (auch frühere Konfession)	Konfessionslos, früher israelitisch
Amtsbezeichnung	Nichtbeamteter außerordentlicher Professor
§ 2 des Gesetzes:	
a) Wann sind Sie in das Beamtenverhältnis eingetreten?	1922 ... 1923
Durch Ernennung zum	n.b. a.o. Professor, ... Lehrauftrag
Falls seit 9. November 1918: b) Haben Sie die für Ihre Laufbahn vorgeschriebene oder übliche Vorbildung *)	Ja; Promotion 1907, Habilitation 1919, wissenschaftliche Arbeiten
oder c) sonstige Eignung *) besessen?	Ja. Wissenschaftliche Arbeiten und zahlreiche Schüler. Vor 1922 schon Prof. Artin-Hamburg, Prof. Krull-Erlangen, Prof. Schmeidler-Breslau, Prof. Falckenberg-Giessen, später eine Reihe weiterer heutiger Professoren und Privatdozenten. Ackermann-Teubner-Preis 1932.
§ 3 des Gesetzes: a) Sind sie bereits am 1. August 1914 Beamter gewesen und seitdem geblieben?	Nein
In welcher Stellung? oder b) Lagen am 1. August 1914 bei Ihnen die Voraussetzungen der Dritten Verordnung zur Durchführung des Gesetzes zur Wiederherstellung des Berufsbeamtentums vor?	b) ... Eine außerordentliche wissenschaftliche Anerkennung lag vor; von F. Klein und D. Hilbert wurde ich Frühjahr 1915 nach Göttingen geholt, da die Privatdozenten im Felde waren. Die Habilitation verzögerte sich aus formalen Gründen –

*) Vorbildung und Eignung sind kurz zu begründen.

Abb. 1.1 Auszug aus Noethers Beantwortung des „Fragebogen[s] zur Durchführung des Gesetzes zur Wiederherstellung des Berufsbeamtentums" vom 19. April 1933

amtentums vom 6. Mai 1933 (Reichsgesetzbl. I S. 245) zu § 3, Nr. 2 Satz 2, vor?

als Frau – nicht [illegible]. habe aber F. Klein und D. Hilbert bei Vorlesungen und Übungen unterstützt. Habilitation 1919, 4. Juni

oder

c) Haben Sie im Weltkrieg an der Front für das Deutsche Reich oder für seine Verbündeten gekämpft? — *Nein*

oder

d) Sind Sie Sohn (Tochter) oder Vater eines im Weltkrieg Gefallenen? — *Nein*

Falls nein zu a bis d:

e) Sind Sie arischer Abstammung im Sinne der Ersten Verordnung zur Durchführung des Gesetzes zur Wiederherstellung des Berufsbeamtentums vom 11. April 1933 (Reichsgesetzbl. I S. 195) zu § 3, Nr. 2 Abs. 1? — *Nein*

(Nachweise zu 4c bis e gemäss der Ersten Verordnung zur Durchführung des Gesetzes zur Wiederherstellung des Berufsbeamtentums vom 11. April 1933 – Reichsgesetzbl. I S. 195 – zu § 3, Nr. 2 Abs. 2, sind beizufügen.)

Nähere Angaben über die Abstammung:

Eltern:

Name des Vaters	*Noether*
Vornamen	*Max*
Stand und Beruf	*Universitätsprofessor† [illegible] Erlangen*
Wohnort und Wohnung	*Erlangen † (Nürnbergerstr. 32)*
Geburtsort, -tag, -monat und -jahr	*Mannheim, 24. Sept. 1844*
Sterbeort, -tag, -monat und -jahr	*Erlangen, 13. Dez. 1921*
Konfession (auch frühere Konfession)	*konfessionslos, früher israelitisch*
Verheiratet in	*Wiesbaden*
Verheiratet am	*28. August 1880*
Geburtsname der Mutter	*Kaufmann*
Vornamen	*Ida*
Geburtsort, -tag, -monat und -jahr	*Köln, 13. Juni 1852*
Sterbeort, -tag, -monat und -jahr	*Erlangen, 9. Mai 1915*
Konfession (auch frühere Konfession)	*israel.*

...osseltern: / ...me des Grossv... / ...rnamen / ...and und Beruf / ...hnort / ...burtsort, -tag / ...erbeort, -tag, / ...nfession (au... / ...burtsname ... ...cherseits) / ...rnamen / ...burts-ort, -t... / ...erbeort, -tag / ...nfession (au... / ...me des Gross... / ...rnamen / ...and und Ber... / ...hnort / ...burtsort, -t... / ...erbeort, -ta... / ...nfession (a... / ...burtsname d... / ...rnamen / ...burtsort, -... / ...erbeort, -... / ...nfession (...

§ 4 des G... Ersten D... vom 11. Ap...

a) welche... haben ... wann ...

b) Waren ... banne... repub... Beamt... für M... ja, v... *) Die ... beig...

Abb. 1.1 Fortsetzung

In dem von Juli 1915 bis Dezember 1919 laufenden Habilitationsverfahren sind eine Vielzahl von Argumenten und Bewertungen ausgetauscht worden, die sich am wenigsten inhaltlich mit der Qualität der Habilitationsschrift und der mathematischen Befähigung Noethers auseinandersetzten. Offenbar waren schon in dieser Zeit Noethers mathematische Kompetenzen unumstritten und wurden als überragend wahrgenommen. So überrascht es nicht, dass alle mathematischen Mitglieder der Fakultät für ihre Habilitation stimmten, doch zeigen die Gutachten und Notizen zu dem Vorgang, wie verschieden der emotionale Umgang mit dieser Frage war.

Hilbert bewertete als Einziger in seinem Gutachten ausschließlich Noethers mathematische Befähigung, wie sie sich für ihn in der eingereichten Arbeit und aus persönlicher Kenntnis darstellte, und zeigte keine Notwendigkeit, sich mit ihrem Geschlecht auseinanderzusetzen, geschweige denn die Frage der „akademischen Frau" an dieser Stelle zu diskutieren.[48] Dass keiner seiner Kollegen diese auf die fachwissenschaftliche Frage beschränkte Position einnehmen wollte und konnte, bildete den Hintergrund der berühmten, aber nicht belegten Äußerung Hilberts, es handle sich hier um eine Universität und nicht um eine Badeanstalt. Dokumentiert ist ein Eklat in einer Fakultätssitzung, an dem Hilbert und die Philologen Max Pohlenz und Richard Reitzenstein beteiligt waren; Hilbert schrieb drei Tage nach der Sitzung an Edmund Landau, zu dieser Zeit Dekan:

> Es hat mir in der letzten Fakultätssitzung durchaus ferngelegen, irgendeinen der Herren Kollegen, insbesondere die Herren Reitzenstein und Pohlenz persönlich beleidigen zu wollen und ihnen echte Wissenschaftlichkeit abzusprechen. Ebenso wenig konnte es auch nur in meinen Gedanken sein, irgend ein Fakultätsmitglied ‚auszuweisen'. Der Gedanke, den ich aussprechen wollte, war der, daß in jenen Räumen die Rücksicht auf die Wissenschaft allein den Ausschlag geben sollte und soziale und politische Ziele außerhalb zu verfolgen seien. (Hilbert an Landau 21. 11. 1915, zitiert nach Tollmien 1990, S. 178)

Die anderen drei mathematischen Mitglieder der Fakultät, Klein, Landau und Constantin Caratheodory, befürworteten ebenfalls die Habilitation Noethers, doch befanden sie sich in der Argumentationsnot, einerseits Noethers Habilitation zu rechtfertigen, andererseits nicht prinzipiell für eine Öffnung der akademischen Laufbahn für Frauen einzutreten zu wollen. So schrieb Landau in seinem Votum:

> Ich habe bisher, was produktive Leistungen betrifft, die schlechtesten Erfahrungen in Bezug auf studierende Damen gemacht und halte das weibliche Gehirn für ungeeignet zur mathematischen Produktion; Frl. Noether halte ich aber für eine der seltenen Ausnahmen." (Landau 1. 8. 1915, zitiert nach Tollmien 1990, S. 176)

Die Konstruktion von Noether als Ausnahmeerscheinung unter den Frauen ist die zentrale Argumentationsfigur auch der nichtmathematischen Befürworter. Verdeckt wird dadurch, dass sie auch im Vergleich mit Mathematikern eine Ausnahme bildete. Volle wissenschaft-

[48] Zu der 1897 von Arthur Kirchhoff herausgegebenen Sammlung mit dem Titel „Die akademische Frau. Gutachten hervorragender Universitätsprofessoren, Frauenlehrer und Schriftsteller über die Befähigung der Frau zum wissenschaftlichen Studium und Beruf" vgl. Hausen 1986, S. 32 ff.

liche Anerkennung aber konnte ihr nur bei Ignorieren ihres Geschlechts gewährt werden. Diese beiden sich 1915 schon abzeichnenden Auseinandersetzungsformen mit ihrer Person werden sie trotz aller Anerkennung bis zuletzt begleiten. Gab es in der mathematisch-naturwissenschaftlichen Abteilung starke Befürworter der Habilitation Noethers, so gab es in der Fakultät insgesamt auch starke Stimmen gegen die Habilitation von Frauen. Bereits bei einer Befragung der Universitäten durch das Ministerium zur Habilitation von Frauen im Jahr 1907 hatte sich der Historiker Karl Brandi sehr deutlich geäußert:

> … daß sehr viele von uns den Eintritt der Frauen in den Organismus der Universität als eine Beeinträchtigung des menschlichen und moralischen Einflusses des männlichen Universitätslehrers auf ihre bis dahin leidlich homogene Zuhörerschaft betrachten. … Unser Unterricht soll ein persönlicher sein und deshalb liegt in der Einheit des Geschlechts nach meiner Überzeugung eine Bedingung seiner vollen Wirkung. (Brandi 12. 2. 1907, zitiert nach Tollmien 1990, S. 168)

Ebenfalls eindrucksvoll ist die ablehnende Haltung des Philosophen Edmund Husserl, dessen Erregung sich in dem Zirkelschluss einer scheinbar sachlichen Argumentation verbirgt:

> Bei dem jetzigen Stande unserer erfahrungsmäßigen Kenntnis der weiblichen Charakteranlagen in der fraglichen Hinsicht können also junge Damen als aussichtsvoller Nachwuchs für den akademischen Lehrkörper noch nicht gelten. … Mag sein, daß umfassende künftige Erfahrungen uns auch bei Damen die noch vermißte positive Zuversicht verschaffen. (Husserl 1907, zitiert nach Tollmien 1990, S. 169)

Derartige Positionen schlugen sich auch im Sondervotum der Fakultät zu dem Habilitationsantrag Noethers, das im November 1915 verfasst wurde, nieder:

> Zahlreichen studierenden Frauen würde sich hiermit ein neuer Lebensweg eröffnen und die wissenschaftliche Höhe der deutschen Universitäten würde durch die fortschreitende Verweiblichung zweifellos sinken. … Besonders aber zur ununterbrochenen Lehrtätigkeit vor unseren Studenten ist eine Frau wegen der mit dem weiblichen Organismus zusammenhängenden Erscheinungen überhaupt nicht geeignet. (Sondervotum der Fakultät 19. 11. 1915, Personalakte Noether)

Um die fast schon hysterisch anmutende Stimmung der Auseinandersetzung zu vermitteln, sei aus der dem Sondervotum zugefügten eigenen Stellungnahme des Astronomen Johannes Hartmann zitiert:

> Jeder Schritt, der die Gleichberechtigung der Frau erweitert, ihre selbständige Haltung u[nd] Lebensführung erleichtert, bringt gewisse Gefahren für das Familienleben. … Im Interesse unseres Nachwuchses wäre es daher sicherlich nicht zu wünschen, wenn gerade die geistig besonders hochstehenden Frauen dem Familienleben mehr und mehr entzogen würden. (Hartmann 5. 8. 1915, Personalakte Noether)

Waren die Gegner innerhalb der Göttinger Gesamtfakultät auch nicht unmittelbar erfolgreich – der Antrag wurde am 9. Dezember 1915 an das Ministerium weitergereicht –, so erhielten sie am Ende doch das gewünschte Ergebnis. Nach etwa zwei Jahren ohne offizielle Äußerung entschied das Ministerium, vielleicht durch einen Wiederholungsantrag der Fakultät vom 14. Juni 1917 veranlasst, am 5. November 1917:

> Die Zulassung von Frauen zur Habilitation als Privatdozent begegnet in akademischen Kreisen nach wie vor erheblichen Bedenken. Da die Frage nur grundsätzlich entschieden werden kann, vermag ich auch die Zulassung von Ausnahmen nicht zu genehmigen. (Brief des Ministeriums, zitiert nach Tollmien 1990, S. 181)

In diesem Brief an den Kurator der Göttinger Universität wurde allerdings nicht Bezug auf den erneuten Antrag genommen, sondern auf einen Brief Hilberts vom 4. Dezember 1915, in dem Hilbert im Falle der Ablehnung der Habilitation um ein persönliches Gespräch bat. Das Ergebnis dieses Gesprächs waren Veranstaltungsankündigungen mit Hilberts und Noethers Namen. Zum ersten Mal findet man in den Göttinger Vorlesungsverzeichnissen den Namen Noether im Wintersemester 1916/17:

> Mathematisch-physikalisches Seminar: Prof. Hilbert mit Unterstützung durch Frl. Dr. E. Noether: Invariantentheorie, Montag 4–6 Uhr, gratis. (Vorlesungsverzeichnis der Universität Göttingen 1916/17)

Dahinter verbirgt sich ein von Hilbert mit dem Unterrichtsministerium ausgehandelter Kompromiss, der es ermöglichte, Noether, wenn auch nicht als Privatdozentin, so doch in anderer Weise in die Lehre einzubeziehen. Der Physiker Woldemar Voigt als Vertreter der mathematisch-naturwissenschaftlichen Abteilung schrieb auf eine Anfrage des Ministeriums hin:

> Demgemäß nimmt Fräulein Noether jetzt eine Assistentenstelle bei Kollege Hilbert ein und bewährt sich in derselben ganz außerordentlich. (Voigt an Naumann 17. 6. 1917, zitiert nach Tollmien 1990, S. 179)

Diese erste Veranstaltung lag ebenso wie die „Übungen zu Differential- und zu Integralgleichungen" im Sommersemester 1918 in beider Arbeitsgebiet, das sich zu dieser Zeit um mathematische Fragen im Kontext der allgemeinen Relativitätstheorie drehte. Mit Noethers zweiter Veranstaltung „Vorträge über Algebra" im Sommersemester 1917 zeigt sich ihre Unabhängigkeit von Hilbert, da sie zur gleichen Zeit mit der Möglichkeit eines gruppentheoretischen Zugangs in Auseinandersetzung mit Kleins Konzepten zur Relativitätstheorie beschäftigt war. Die Vorlesung „Vorträge über mathematische Prinzipien" im darauffolgenden Semester trug dagegen deutlich Hilberts Handschrift, da Noether sich nie explizit in öffentlichen Vorträgen, Arbeiten oder Briefen zu Fragen der Fundierung der Mathematik geäußert hatte.[49] Die weiteren Veranstaltungen bis zum Sommersemester

[49] Nur in den Nachrufen von Weyl und Alexandroff gibt es Verweise darauf, dass Noether auch hierzu in Diskussionen Position ergriff (Alexandroff 1936a, S. 103 f.; Weyl 1935, S. 215).

1919 hatten die Titel „Übungen über Differentialgleichungen“ (1918), „Partielle Differentialgleichungen und Integralrechnungen sowie die entsprechenden Übungen“ (1918/19) und „Integralgleichungen“ (1919). Diese Konstruktion, Lehre unter Hilberts Namen anzubieten, mag der Hintergrund für die sich in der mathematischen Fachwelt hartnäckig haltende Vorstellung und in manchen älteren biografischen Arbeiten formulierte Behauptung sein, Noether sei zu dieser Zeit Hilberts Assistentin gewesen. Tatsächlich hatte Noether keine entsprechende Anstellung an der Göttinger Universität. Vielmehr ist die Eigenständigkeit Noethers von Beginn ihrer Lehrtätigkeit an zu konstatieren, zeigen sich ihre Unterrichtsthemen unabhängig von Hilberts aktuellen Forschungsfragen, wenngleich Noether 1919 in ihrem Lebenslauf schrieb:

> Mit dem Wintersemester 1916 habe ich zur Unterstützung von Herrn Hilbert regelmäßig im hiesigen mathematischen Seminar vorgetragen. (Personalakte Noether)

Schließlich war es Einstein, der Ende 1918 mit einem Schreiben an Klein das Thema erneut aufwarf:

> Bei Empfang der neuen Arbeit von Frl. Nöther empfand ich es wieder als große Ungerechtigkeit, dass man ihr die Venia Legendi vorenthält. Ich wäre sehr dafür, dass wir beim Ministerium einen energischen Schritt unternehmen. Halten Sie dies aber nicht für möglich, so werde ich mir allein Mühe geben. Leider muss ich für einen Monat verreisen. Ich bitte Sie aber sehr, mir kurz Nachricht zu geben bis zu meiner Rückkehr. Wenn vorher etwas gemacht werden sollte, so bitte ich Sie über meine Unterschrift zu verfügen. (Einstein an Hilbert 27. 12. 1918)

Klein ergriff nun die Initiative, fühlte im Ministerium vor, ob die Situation mit Veränderung der politischen Lage anders gesehen würde, und schrieb am 5. Januar 1919 an Ministerialdirektor Naumann in Berlin:

> Bei den heutigen Zeitumständen kann es in der Tat nicht fehlen, dass die jetzige Stellung von Frl. Noether von vielen Seiten als eine unbillige Einengung empfunden wird, zumal die wiss. Leistung von Frl. Noether alle von uns gehegte Voraussicht weit übersteigt. Sie hat im letzten Jahre eine Reihe theoretischer Untersuchungen abgeschlossen, die oberhalb aller im gleichen Zeitraum von anderen hierorts realisierten Leistungen liegen (die Arbeiten der Ordinarien mit eingeschlossen). (Klein an Naumann 5. 1. 1919, zitiert nach Tobies 1991/92, S. 162)

Am 18. Januar 1919 stellte Noether wiederum einen Antrag auf Habilitation. Diesmal reichte sie als Habilitationsschrift „Invariante Variationsprobleme“ ein, und am 15. Februar 1919 beantragte die Fakultät erneut und mit Bezug auf das erste Gesuch eine Ausnahmegenehmigung für die Habilitation Noethers. Knapp drei Monate später, am 8. Mai 1919, erging der Bescheid, dass das Ministerium keine Einwände erheben werde. Zu dem Verfahren gehörte ein wissenschaftliches Kolloquium am 28. Mai 1919, und am 4. Juni 1919 hielt Noether in einer öffentlichen Abteilungssitzung ihre Probevorlesung „Fragen der Modultheorie“. Als Habilitationsschrift wurde ihre 1918 beendete Arbeit „Invariante Variationsprobleme“, deren beiden Hauptsätze heute als Noethertheoreme in der theoretischen Physik bekannt sind und einen wesentlichen Beitrag zur mathematischen Fassung der Relativitätstheorie bildeten, angenommen.

Die tiefen Gräben zwischen einer auf Umstrukturierung und universitären Wandel orientierten Position, wie Klein und Hilbert sie vertraten, und einer konservativen Sicht wie etwa bei Brandi hatten bereits 1910 zur Trennung in zwei Abteilungen, die mathematisch-naturwissenschaftliche und die historisch-philologische, innerhalb der Fakultät geführt. Vergegenwärtigt man sich noch einmal die in den Gutachten deutlich gewordenen Aversionen gegen die Anwesenheit von Frauen in der Fakultät und die massive Ablehnung von Wissenschaftlerinnen, so dürfte die Arbeitsatmosphäre für Noether nicht immer angenehm gewesen sein, doch haben diese Ressentiments sie offensichtlich nicht davon abgehalten, sich als Mitglied der Fakultät zu begreifen und mathematische Forschung und Lehre zu betreiben.[50] Mit dem Ende des Krieges und der politischen Umgestaltung Deutschlands hatten die Widerstände ihrer Kollegen im Lehrkörper an Bedeutung verloren. Dennoch waren sie vorhanden, und Noether war mit dieser ablehnenden Haltung noch beim Promotionsverfahren ihrer ersten Doktorandin Hermann im Jahr 1925 direkt konfrontiert, deren Arbeit sie nicht offiziell begutachten durfte.

Seit ihrem Wechsel nach Göttingen hatte Noether bis 1920 sechs Arbeiten in den „Mathematischen Annalen" und nahezu jährlich Mitteilungen in den „Jahresbericht[en] der DMV" veröffentlicht. Weitere Forschungsergebnisse wurden in den „Nachrichten von der Königlichen Gesellschaft der Wissenschaften zu Göttingen" publiziert. Als Forscherin akzeptiert wurde sie zunehmend auch als Lehrende beziehungsweise Betreuerin von Qualifikationsarbeiten wahrgenommen. So vermerkte etwa Landau 1919 im Gutachten über die Habilitationsschrift Werner Schmeidlers:

> Zum Teil arbeitete er unter dem Einfluß von Frl. Noether, unserer Hauptsachverständigen auf diesem Gebiete, die auch so freundlich war, mich bei dem sachlichen Teil dieses Gutachtens zu unterstützen. (Habilitationsakte Schmeidler)

Mit ihrer Habilitationsschrift war Noether als eigenständig agierende und unabhängige Wissenschaftlerin sichtbar geworden. Sie war Teil der Göttinger mathematischen Gemeinschaft, akzeptiert, aber nicht etabliert. Ihre Forschungen wurden als exzellent erachtet, waren für die mathematische Grundlegung der allgemeinen Relativitätstheorie von großer Relevanz und sind dennoch nur randständig rezipiert worden.

Die Noethertheoreme

Schlägt man heute Lehrbücher zur theoretischen Physik auf, so finden sich unter dem Stichwort Noethertheoreme zwei Sätze, die wesentlich zur mathematischen Fassung der

[50] Auch möglicherweise vorhandene gesellschaftliche Erwartungen, nach dem Tod ihrer Mutter im Mai 1915 nach Erlangen zurückzukehren, um ihrem Vater den Haushalt zu führen, wie es dem Bild einer Tochter aus gutem Hause entsprochen hätte, war Noether bereits nicht gefolgt; dies hätte auch nicht den Vorstellungen ihres Vaters entsprochen, der vielmehr ihren Göttinger Aufenthalt finanzierte.

allgemeinen Relativitätstheorie beitrugen. Es sind die beiden zentralen Sätze ihrer Habilitationsschrift:

> I. Ist das Integral I invariant gegenüber einer $\mathfrak{G}_\varrho$, so werden ϱ linear-unabhängige Verbindungen der Lagrangeschen Ausdrücke zu Divergenzen – umgekehrt folgt daraus die Invarianz von I gegenüber einer $\mathfrak{G}_\varrho$. Der Satz gilt auch noch im Grenzfall von unendlich vielen Parametern.
>
> II. Ist das Integral I invariant gegenüber einer $\mathfrak{G}_{\infty\varrho}$, in der die willkürlichen Funktionen bis zur σten Ableitung auftreten, so bestehen ϱ identische Relationen zwischen den Lagrangeschen Ausdrücken und ihren Ableitungen bis zur σten Ordnung; auch hier gilt die Umkehrung. (Noether 1918a, S. 238 f.)

Wenige Absätze weiter schrieb Noether, ihre Ergebnisse kommentierend, dass mit diesen Ergänzungen Satz I alle in der Mechanik und anderen Gebieten bekannten Sätze über erste Integrale enthalte und Satz II als größtmögliche gruppentheoretische Verallgemeinerung der allgemeinen Relativitätstheorie zu bezeichnen sei (ebenda, S. 240). Dieser Bewertung ihrer Resultate ist von keiner Seite widersprochen worden. Warum aber gelang es Noether, anders als Hilbert, Klein und auch Einstein, zu diesen mathematischen Ergebnissen zu kommen? Mit der Kommentierung deutet sich bereits ihr methodischer Ansatz an: die Verwendung algebraischer Ansätze aus einer verallgemeinernden Perspektive. Waren Hilbert und Klein in ihren Auffassungen von Mathematik zu befangen, um diese Position einnehmen zu können?

Von der Formulierung der Sätze in den Jahren 1917/18 dauerte es bis in die 1950er Jahre, bis Noethers Theoreme in angemessener Weise rezipiert wurden. Heute sind die Theoreme nicht nur selbstverständliches Werkzeug in der theoretischen Physik, sondern auch mit ihrem Namen verbunden.[51] Welche Gründe hatte diese rund 40 Jahre ausgebliebene Würdigung? Hat der Schatten der großen Namen Hilbert und Klein, aber auch Einstein zu einer verschobenen Wahrnehmung geführt? Welche Rolle hat Weyl mit seiner Darstellung der Verbindung von Mathematik und Physik in seinem Buch „Raum, Zeit, Materie“ (Weyl 1919) und damit bei der Rezeption der Auseinandersetzungen zu den mathematischen Grundlagen der Relativitätstheorie im Zeitraum von 1915 bis 1918 gespielt? Haben sich die physikalischen Kontexte in den 1950er Jahren gewandelt, sodass Noethers Beitrag dann nicht mehr übersehen werden konnte? Den fachlichen Hintergrund der Entstehung der Noethertheoreme bildeten die Diskussionen zwischen Einstein, Hilbert und Klein sowie Noether über eine mathematische Fassung der Relativitätstheorie in der Zeit von 1915 bis 1918.[52] Im Focus meiner Analyse stehen die unterschiedlichen methodi-

[51] Vgl. z. B. Kuypers 2008, S. 88.

[52] Vgl. zu den mathematischen und physikalischen Details zwei erst in jüngster Zeit erschienene umfangreiche Publikationen, die die Bedeutung der Noethertheoreme aus physikhistorischer bzw. physikalischer Perspektive würdigen (Kosmann-Schwarzbach 2010, Neuenschwandner 2011). Zum Verhältnis von Mathematik und Physik vgl. Sigurðsson, der sich wesentlich mit Weyls Rolle auseinandersetzt (Sigurðsson 1991). Eine andere Perspektive nimmt Tobies in ihrem Artikel „Albert Einstein und Felix Klein“ ein (Tobies 1994). Ihr geht es darum, anhand der Korrespondenz zwischen Klein und Einstein zu zeigen, warum Mathematiker eher als Physiker den Ideen Einsteins folgten.

schen Zugänge der Protagonist/inn/en sowie die Rezeption der Ergebnisse Noethers durch die mathematische Community. Unterstützung bieten hierzu die mathematikhistorischen Untersuchungen David E. Rowes zur Beteiligung der Göttinger Mathematiker/innen an diesem Diskurs in seiner Publikation „The Göttingen Response to General Relativity and Emmy Noether's Theorems" (Rowe 1999).

Kurz nachdem Noether im Frühjahr 1915 in Göttingen eingetroffen war, hielt Einstein, einer Einladung Hilberts aus dem Jahr 1912 folgend, sechs Vorträge zur allgemeinen Relativitätstheorie. Eine Folge dieser Vortragsreihe war eine Intensivierung der Forschungen Einsteins und Hilberts zu einer mathematischen Fassung der Gravitationsfeldtheorie, die, liest man die damals ausgetauschten Briefe, als freundschaftlicher Wettstreit – Rowe spricht von einem „friendly duel" (Rowe 1999, S. 202) – beschrieben werden kann. So schrieb Einstein, „Ich danke herzlich für Ihren freundschaftlichen Brief. [Das] Problem hat unterdessen einen neuen Fortschritt gemacht." Und er verabschiedete sich mit den Worten „Herzliche Grüße von Ihrem Einstein" (Einstein an Hilbert 12. 11. 1915). Hilbert antwortete am nächsten Tag:

> Lieber Herr Kollege. Ich wollte eigentlich erst nur für die Physiker eine ganz handgreifliche Anwendung, nämlich treue Beziehung zwischen den physikalischen Konstanten überlegen, ehe ich meine axiomatische Lösung Ihres großen Problems zum Besten gebe. Da Sie aber so interessiert sind, möchte ich am kommenden Dienstag, also übermorgen (d. 16. d. M.) meine Th. ganz ausführlich entwickeln. Ich halte sie für math. ideal schön auch insofern, als Rechnungen, die nicht ganz durchsichtig sind, gar nicht vorkommen, und absolut zwingend nach axiom. Meth., und baue deshalb auf ihre Wirklichkeit. (Hilbert an Einstein 13. 11. 1915)

Beide veröffentlichten ihre Überlegungen im November 1915: Einstein über „Die Feldgleichungen der Gravitation" (Einstein 1915), Hilbert über „Die Grundlegung der Physik (Erste Mitteilung)" (Hilbert 1915). Deutlich sind die unterschiedlichen Perspektiven schon in den Titeln der beiden Papiere erkennbar. Einstein ging es um konkrete physikalische Fragestellungen, die es galt, mathematisch zu fassen, Hilbert um einen grundlegenden Lösungsansatz. Rowe bemerkt zu Einsteins Ansatz:

> He took a pragmatic, open-ended view in approaching the tasks that lay ahead. For him, the laws of physics had to be generally covariant, but he was willing to tinker with almost everything else. This attitude stood in sharp contrast with Hilbert's more dogmatic approach. (Rowe 1999, S. 212)

Hilbert, der seine Überzeugung von der Mächtigkeit der axiomatischen Methode in dem Brief an Einstein so sehr hervorhub, war dagegen eingebunden und beschränkt durch diese Auffassung. Zwar gelang es ihm, ausgehend von zwei Axiomen, mit seinem Theorem I in seiner ersten Mitteilung 1915 wesentliche Aspekte zu fassen, doch blieb er – auch in seiner zweiten Mitteilung im Jahr 1916 (Hilbert 1917) – den Beweis schuldig. Ein Zitat aus Hilberts erster Mitteilung unterstreicht noch einmal, wie hoch er die axiomatische Methode bewertete und dadurch zugleich in seinem Blick begrenzt war:

> Ich möchte im Folgenden – im Sinne der axiomatischen Methode – wesentlich aus zwei einfachen Axiomen ein neues System von Grundgleichungen der Physik aufstellen, die von idealer Schönheit sind, und in denen, wie ich glaube, die Lösung der Probleme von Einstein und Mie gleichzeitig enthalten ist. Die genauere Ausführung sowie vor allem die speziellen Anwendungen meiner Grundgleichungen auf die fundamentalen Fragen der Elektrizitätslehre behalte ich späteren Mitteilungen vor. (Hilbert 1915, S. 395)

Hilbert schloss seine Mitteilung mit den Worten:

> Gewiss der herrlichste Ruhm der axiomatischen Methode, die hier, wie wir sehen, die mächtigsten Instrumente der Analysis, nämlich Variationsrechnung und Invariantentheorie, in ihre Dienste nimmt. (Ebenda, S. 407)

Einstein selbst sah sich in scharfem Kontrast zu Hilbert, dessen Auffassung er auf einer Postkarte an den Physiker Paul Ehrenfest als nicht allgemein genug kritisierte:

> Hilberts Darstellung gefällt mir nicht. Sie ist unnötig speziell, was die Materie anbelangt, unnötig kompliziert, nicht ehrlich (= gaußisch) im Aufbau (Vorspiegelung des Übermenschen durch Verschleierung der Methoden). (Einstein an Ehrenfest 24. 5. 1916)

In einem Brief im November des gleichen Jahres an Weyl, mit dem er ebenfalls engen wissenschaftlichen Kontakt pflegte, wurde Einstein noch sehr viel deutlicher:

> Der Hilbertsche Ansatz für die Materie erscheint mir kindlich, im Sinne des Kindes, das keine Tücken der Außenwelt kennt. … Jedenfalls ist es nicht zu billigen, wenn die soliden Überlegungen, die aus dem Relativitätspostulat stammen, mit so gewagten, unbegründeten Hypothesen über den Bau des Elektrons bzw. der Materie verquickt werden. Gerne gestehe ich, dass das Aufsuchen der geeigneten Hypothese bzw. Hamiltonschen Funktion für die Konstruktion des Elektrons eine der wichtigsten heutigen Aufgaben der Theorie bildet. Aber die ‚axiomatische Methode' kann dabei wenig nützen. (Einstein an Weyl 23. 11. 1916)

Noether unterstützte Hilbert seit dem Wintersemester 1915/16 in seinen Seminaren, lehrte u. a. zu Invariantentheorie und Differentialinvarianten und diskutierte mit ihm, so geht es auch aus der an Klein gerichteten, veröffentlichten Notiz Hilberts hervor,[53] über mathematische Ansätze zur Relativitätstheorie. Hilbert sah die Invariantentheorie als fachlichen Ausgangspunkt zur Findung von Lösungsansätzen und hatte mit Noether nicht nur eine exzellente Gesprächspartnerin, sondern, wie aus einem Brief Hilberts an Einstein hervorgeht, eine mathematische Kollegin, die begann, diese Fragen selbstständig und, wie sich zeigen wird, gedanklich unabhängig von ihm zu verfolgen:

> Mein Energiesatz wird wohl mit dem Ihrigen zusammenhängen; ich habe Frl. Nöther diese Frage schon übergeben … Ich lege der Kürze [wegen] den beiliegenden Zettel von Frl. Nöther bei. (Hilbert an Einstein 27. 5. 1916)

[53] Vgl. Hilbert 1918, S. 476.

Doch gab Hilbert weder in seiner ersten noch in seiner zweiten, Ende 1916 vorgestellten Mitteilung (Hilbert 1915, 1917) einen Verweis auf Noethers Arbeiten, und ihre eigenen Veröffentlichungen in dieser Zeit berührten diesen Themenkomplex nicht unmittelbar. Klein begann erst später, sich in die Diskussion einzumischen. Er las bis zum Wintersemester 1915/16 über die Geschichte der Mathematik im 19. Jahrhundert, von Noether unterstützt, da seine Assistenten inzwischen einberufen worden waren. In diesem Sinne war Noether faktisch zur Privatdozentin geworden, ohne Habilitation, allerdings auch ohne offizielle Anstellung und ohne Entgelt. Nach den Veröffentlichungen Einsteins und Hilberts entschied sich Klein, die geschichtlichen Überblicksvorlesungen abzubrechen, und vom Sommersemester 1916 an las er drei Semester lang über die mathematischen Grundlagen der Relativitätstheorie. Sein Ziel war die Verbindung seiner im Erlanger Programm formulierten gruppentheoretischen Auffassung der Geometrie mit den bisherigen Ergebnissen zur Relativitätstheorie.[54] Im Frühjahr 1917 begann Klein einen Briefwechsel mit Einstein, in dem er ihm u. a. darlegte, dass er einen gruppentheoretischen Zugang für den geeigneten Weg halte. Einstein wies diese Auffassung als eine Überschätzung des formalen Standpunktes zurück:

> Es scheint mir doch, dass Sie den Wert rein formaler Gesichtspunkte sehr überschätzen. Dieselben sind wohl wertvoll, wenn es gilt, eine *schon gefundene* Wahrheit endgültig zu formulieren, aber sie versagen fast stets als heuristisches Hilfsmittel. (Einstein an Klein 15. 12. 1917) (Hervorhebung i. O.)

Diese skeptische Position schien Klein nicht zu irritieren, und am 25. Januar 1918 stellte er seine Untersuchungen „Zu Hilberts erster Note über die Grundlagen der Physik" in der Königlichen Gesellschaft der Wissenschaften zu Göttingen vor. Kleins Ergebnisse sind als Teil eines Briefes an Hilbert noch in den „Nachrichten der Königlichen Gesellschaft der Wissenschaften zu Göttingen: mathematisch-physikalische Klasse" von 1917 publiziert. Die Gestalt dieser Veröffentlichung ist ungewöhnlich, denn seinem Beitrag folgt ein Auszug aus einem Brief an Hilbert sowie Kleins Reaktion hierauf, sodass die Publikation insgesamt wie eine Niederschrift der Diskussion in der Gesellschaft der Wissenschaften wirkt. Im Zusammenhang mit den Überlegungen dieses Kapitels ist die Nachbemerkung Kleins am Ende seines ersten Briefs von besonderer Bedeutung:

> Hier habe ich eine wesentliche Einschaltung zu machen. Sie wissen, dass mich Frl. Nöther bei meinen Arbeiten fortgesetzt berät und dass ich eigentlich nur durch sie in die vorliegende Materie eingedrungen bin. Als ich nun Frl. Nöther letzthin von meinem Ergebnis betr. Ihren Energievektor sprach, konnte sie mir mitteilen, dass sie dasselbe aus den Entwicklungen Ihrer

[54] Vgl. hierzu auch Kleins ergänzende Anmerkungen zum Nachdruck seiner Publikation „Zu Hilberts erster Note über die Grundlagen der Physik" in den „Gesammelten mathematischen Abhandlungen" (Klein 1921, S. 565). Kleins Antrittsvorlesung „Vergleichende Betrachtungen über neuere geometrische Forschungen" an der Universität Erlangen aus dem Jahr 1872 wurde mit dem Obertitel „Das Erlanger Programm" 1893 publiziert (Klein 1893). Zur Entstehung des „Erlanger Programm" vgl. Wußing 1974, zu seiner Bedeutung im Grundlagenstreit der Mathematik vgl. Mehrtens 1990, S. 60 ff.

Note (also nicht aus den einfachsten Rechnungen meiner Nr. vier) schon vor Jahresfrist abgeleitet und damals in einem Manuskript festgelegt habe (in welches ich dann Einsicht nahm); sie hatte es nur nicht mit solcher Entschiedenheit zur Geltung gebracht, wie ich kürzlich in der Mathematischen Gesellschaft. (Klein 1918, S. 476)

Auch Hilbert verwies auf seine Zusammenarbeit mit Noether und begann seine Erwiderung mit folgender Bemerkung:

Mit Ihren Ausführungen über den Energiesatz stimme ich sachlich völlig überein: Emmy Nöther, deren Hilfe ich zur Klärung derartiger analytischer meinen Energiesatz betreffenden Fragen vor mehr als Jahresfrist anrief, fand damals, dass die von mir aufgestellten Energiekomponenten (ebenso wie die Einsteinschen) formal mittels der Lagrangeschen Differentialgleichungen (4), (5) in meiner ersten Mitteilung in Ausdrücke verwandelt werden können, deren Divergenz identisch ... verschwindet. (Hilbert 1918, S. 477)

Klein beendete seine ebenfalls in der Note veröffentlichte Replik mit einer kleinen Spitze:

Alles dies ist sachlich in voller Übereinstimmung mit den Darstellungen Ihres Briefes. Es würde mich aber sehr interessieren die Ausführung des mathematischen Beweises zu sehen, den Sie am Ende des ersten Absatzes Ihrer Antwort in Aussicht stellen. (Klein 1918, S. 482)

Diesen Beweis blieb Hilbert weiterhin schuldig, und in den ergänzende Anmerkungen zum Nachdruck seiner Publikation „Zu Hilberts erster Note über die Grundlagen der Physik“ in den „Gesammelten mathematischen Abhandlungen“ verwies Klein noch einmal auf Noether:

Besagte Ausführung ist inzwischen von Frl. E. Nöther geliefert worden, siehe deren Note über ‚Invariante Variationsprobleme‘ in den Göttinger Nachrichten vom 26. 7. 1918. (Klein 1921, S. 565)

Kein Zweifel kann an der Beteiligung Noethers an dem Diskurs zu den mathematischen Fragestellungen der Relativitätstheorie, an den von Hilbert und Klein entwickelten Lösungsansätzen sowie an der Unabhängigkeit ihrer Arbeit von diesen Konzepten bestehen. Klein betonte vielmehr ausdrücklich, dass die Ergebnisse Noethers unabhängig von ihm und vor seinen Überlegungen entstanden sind. Die ungewöhnliche Publikation Kleins, die einen mathematischen Disput dokumentiert, hat den Nachweis des Noether'schen Anteils für Zeitgenossen und Nachwelt erhalten. Noether trug am 15. Januar 1918 in der Mathematischen Gesellschaft über „Invarianten beliebiger Differentialausdrücke“ vor, zehn Tage später präsentierte Klein das oben genannte, bereits 1917 verfasste Manuskript Noethers in der Sitzung der Königlichen Gesellschaft der Wissenschaften zu Göttingen.[55] Die Note wurde unter dem Vortragstitel ebenso wie ihre Anfang Januar noch in Arbeit befindliche Habilitationsschrift „Invariante Variationsprobleme“ im gleichen Heft der „Nach-

[55] Da Noether selbst nicht Mitglied in der Königlichen Gesellschaft der Wissenschaften zu Göttingen war, wurden ihre Forschungsergebnisse durch andere wie etwa Klein oder noch 1926 Courant vorgelegt (Noether 1918, S. 37, 1918a, S. 235, 1926a, S. 28).

richten der Königlichen Gesellschaft der Wissenschaften zu Göttingen: mathematisch-physikalische Klasse" (Noether 1918, 1918a) veröffentlicht. Nach der Januarsitzung der Mathematischen Gesellschaft fuhr Noether nach Erlangen, blieb aber durch einen engen Briefwechsel mit Klein im Gespräch:

> Sehr geehrter Herr Geheimrat!
> Ich danke Ihnen sehr für die Übersendung Ihrer Note und Ihren heutigen Brief, und bin auf Ihre zweite Note sehr gespannt; die Noten werden zum Verständnis der Einstein-Hilbertschen-Theorie sicher beitragen.
> Ich hatte gerade vor, Ihnen über die Energie-Sätze und Ihr Desideratum zu schreiben. Ihr Ansatz, den ich natürlich zuerst auch machte und der wohl auch den inneren Grund für die Nichtexistenz von Energiesätzen darstellt, führt leider nicht zum Ziel. … Ich will das jetzt ausarbeiten; ganz schnell geht es aber nicht! (Noether an Klein 23. 2. 1918, zitiert nach Tollmien 1990, S. 194)

Drei Wochen später konnte Noether Klein mitteilen, dass es ihr gelungen sei, wesentliche Resultate in Bezug auf das Energieerhaltungsgesetz erreicht zu haben. Mitte Juli hatte Noether ihre Arbeit „Invariante Variationsprobleme" beendet, in die die in Erlangen erreichten Ergebnisse einflossen, und stellte ihre Ergebnisse am 23. Juli in der Mathematischen Gesellschaft vor. Drei Tage später berichtete Klein darüber in der Königlichen Gesellschaft der Wissenschaften zu Göttingen (Noether 1918a). Noether beschrieb ihren methodischen Ansatz als eine „Verbindung der Methoden der formalen Variationsrechnung mit denen der Lieschen Gruppentheorie" (Noether 1918a, S. 235). Damit nahm sie den von Klein befürworteten gruppentheoretischen Zugang ebenso wie die Hilbert'schen Orientierungen an der Invariantentheorie auf.[56] Diese Zusammenhänge herstellen zu können, bedeutete gedanklich einen Schritt zurückzutreten, eine Fähigkeit, die Einstein schon bei ihrem Papier „Invarianten beliebiger Differentialausdrücke" (Noether 1918) bemerkte:

> Gestern erhielt ich von Frl. Noether eine sehr interessante Arbeit über Invariantenbildung. Es imponiert mir, dass man diese Dinge von *so allgemeinem Standpunkt* übersehen kann. Es hätte den Göttinger Feldgrauen nichts geschadet, wenn sie zu Frl. Noether in die Schule geschickt worden wären. Sie scheint ihr Handwerk zu verstehen. (Einstein an Hilbert 24. 5. 1918) (Hervorhebung d. A.)

Offensichtlich ist es weder Klein noch Hilbert noch anderen gelungen, die Verbindung in ausreichender Allgemeinheit herstellen zu können, auch wenn Noether in ihrer Arbeit eine ganze Reihe von Namen auflistete, die in speziellen Fällen so gearbeitet hätten. Doch liest sich diese Liste wie eine Rückversicherung, eine Einbettung in die mathematische Gemeinschaft, die das Ungewöhnliche ihres Vorgehens verdeckt:

[56] Rowe kommentiert diese Ergebnisse aus mathematischer Perspektive: „Though still groping her way along, she seems to have recognized two key things: first, that conversation laws correspond to finitely generated Lie groups, and second, that in order for these to express meaningful physical laws a ‚real' conservation law should not be invariant with respect to the full group of induced transformations of the field quantities that arises from the point transformations." (Rowe 1999, S. 212)

> Über diese aus Variationsproblemen entspringenden Differentialgleichungen lassen sich viel präzisere Aussagen machen als über beliebige, eine Gruppe gestattende Differentialgleichungen, die den Gegenstand der Lieschen Untersuchungen bilden. … Für spezielle Gruppen und Variationsprobleme ist diese Verbindung der Methoden nicht neu; ich erwähne Hamel und Herglotz für spezielle endliche, Lorentz und seine Schüler (z. B. Fokker), Weyl und Klein für spezielle unendliche Gruppen. (Noether 1918a, S. 235)

Am auffälligsten im Text ist ihre wiederholte Anbindung an Klein. Bereits in der Einführung schrieb sie:

> Insbesondere sind die zweite Kleinsche Note und die vorliegenden Ausführung gegenseitig durch einander beeinflusst, wofür ich auf die Schlussbemerkung der Kleinschen Note verweisen darf. (Ebenda, S. 235 f.)

Diese Zeilen können wie eine Verbeugung vor ihrem Mentor gelesen werden, zugleich präsentiert sich Noether, die junge, noch nicht habilitierte Mathematikerin als eine sich auf Augenhöhe befindliche Diskussionspartnerin Kleins. Inhaltlich ist die Anmerkung nicht gerechtfertigt, da wesentliche Teile der Klein'schen Arbeit von ihr ebenso und früher geleistet worden waren.

Der erste Paragraf ihrer Habilitationsschrift beginnt mit einer Klärung der Begriffe, ein Beginn, der sich – ohne bereits an dieser Stelle die Charakterisierung ihrer Methode als begrifflich überstrapazieren zu wollen – dennoch als typisch für Noethers zukünftige Arbeiten erweisen wird:

> Unter einer ‚Transformationsgruppe' versteht man *bekanntlich* ein System von Transformationen der Art, … (Ebenda, S. 236) (Hervorhebung d. A.)

Auch das Wort „bekanntlich" ist nicht nur gewissermaßen umgangssprachlich hineingeflossen, sondern wird sich ebenso wie die in die Begriffsdefinition eingefügte Fußnote 1, in der Noether sich noch einmal explizit auf die von Sophus Lie vorgelegte Definition einer Transformationsgruppe bezieht, als Teil eines methodischen Vorgehens Noethers bei der Bestimmung von Begriffen erweisen. Noether verband Bekanntes und Neues, um so die Leserschaft mitzunehmen, ein dialogisches Vorgehen, wozu auch – das leistet hier die Fußnote – die Benennung relevanter Publikationen gehört. Schon in diesem Paragrafen formulierte Noether die beiden bereits zitierten zentralen Theoreme und stellte unmissverständlich den Zusammenhang zur Relativitätstheorie her:

> Ein weiteres Beispiel bietet die ‚allgemeine Relativitätstheorie' der Physiker. (Ebenda, S. 240)

Dieser sprachliche Gestus, die drängendsten Themen der Physik zu einem Beispiel einer mathematischen Theorie werden zu lassen, zeigt ihre Souveränität. Einige Zeilen weiter führte sie aus:

> Mit diesen Zusatzbemerkungen enthält Satz I alle in Mechanik usw. bekannten Sätze über erste Integrale, während Satz II als größtmögliche gruppentheoretische Verallgemeinerung der ‚allgemeinen Relativitätstheorie' bezeichnet werden kann. (Ebenda)

Wieder findet sich derselbe Gestus, der in der abschließenden Beurteilung „größtmögliche gruppentheoretische Verallgemeinerung" ihrer Ergebnisse noch stärker hervortritt. Sie hat das Problem durchdacht und bis zum Ende geführt. Die mathematischen Fragen sind geklärt. Noch im letzten Paragrafen, Hilberts Ansätzen gewidmet, zeigt sich die mathematische Unabhängigkeit von ihrem Mentor Hilbert durch die Distanz in der Wortwahl. Doch zunächst schrieb sie:

> Aus dem Vorhergehenden ergibt sich schließlich noch der Beweis einer Hilbertschen Behauptung über den Zusammenhang des Versagens eigentlicher Energiesätze mit ‚allgemeiner Relativität' … und zwar in verallgemeinerter gruppentheoretischer Fassung. (Ebenda, S. 253 f.)

Sie bewies damit die von Hilbert aufgestellte Behauptung aus der Klein'schen Note. Ihre kritische Position, aber auch ihre Loyalität wird deutlich, wenn sie sich bemühte, seine Behauptung, „dass das Versagen eigentlicher Energiesätze ein charakteristisches Merkmal der allgemeinen Relativitätstheorie sei", zu retten, indem sie vorschlug, „die Bezeichnung ‚allgemeine Relativität' weiter als gewöhnlich zu fassen" (Ebenda, S. 256 f.).

Noether gelang es, von einer algebraischen Perspektive ausgehend, die physikalischen Probleme in mathematische Fragestellungen zu transformieren und darin auch Kleins und Hilberts Lösungsansätze zu integrieren. Deutlich hatte Noether ihre eigenen Auffassungen und Methoden nicht in Abgrenzung zu Klein und Hilbert, sondern unter Verwendung seines axiomatischen Konzepts und Kleins gruppentheoretischem Vorgehen entwickelt, doch scheint nur Einstein die in diesem Ansatz liegende Abstraktionsfähigkeit bemerkt zu haben und sich hierin sein Respekt vor Noethers mathematischer Kompetenz zu begründen. Noether wusste um ihren mathematischen Wert, jedoch wurde ihre Meisterleistung nicht zu einem Wendepunkt in der Wahrnehmung der Fähigkeiten Noethers durch die mathematische Gemeinschaft.

Kleins und Hilberts Arbeiten wurden, teils in korrigierten Versionen, erneut publiziert und vielfach auf sie rekurriert. Noethers Ergebnisse aber waren nur als Einzelarbeiten in den „Nachrichten der Königlichen Gesellschaft der Wissenschaften zu Göttingen: mathematisch-physikalische Klasse" veröffentlicht worden. Sie gerieten ebenso wie ihr Anteil an den von Klein und Hilbert publizierten Texten in Vergessenheit. Selbst Einstein, der noch in seinen Briefen seiner Bewunderung der mathematischen Kompetenz Noethers Ausdruck verliehen hatte, zitierte in seinen eigenen Papieren Noether nicht. Noethers Beitrag, Noethers Lösungen wurden nicht genannt.[57] Rowe interpretiert dieses Schweigen:

> Considering this stoney silence, it should come as no surprise that few mathematicians and even fewer physicists ever read Noether's original article when compared, for example, with those who must have seen the papers published by Klein and Hilbert. (Rowe 1999, S. 235)

[57] Zur Rezeption der Arbeit Noethers in den Texten von Einstein, Klein und Hilbert, vgl. auch Kosmann-Schwarzbach 2010, S. 65–72.

Eine eher physikalisch begründete Interpretation dieser geringen oder auch geringschätzig zu nennenden Rezeption schlägt Nina Byers in ihrer Publikation „The Life and Times of Emmy Noether: Contributions of Emmy Noether to Particle Physics", wenn sie schreibt, „In the 1950's when Langrangian formulations became more prevalent, references to Noether's theorem began to appear in the literature" (Byers 1994, S. 13). Konnten also erst in den 1950er Jahren aufgrund der Weiterentwicklung der theoretischen Physik die Arbeiten Noethers nicht mehr ignoriert werden? In ihrer ausführlichen Analyse der Rezeptionsgeschicht in den 1950er Jahren differenziert Kosmann-Schwarzbach zwischen dem ersten und zweiten Theorem und ihren jeweiligen Bedeutungen für physikalische Konzepte; dies ist umso notwendiger, da, wenn auf Noethers Arbeit rekurriert wurde, zu meist das erste Theorem Beachtung fand.[58]

Ein weiterer Grund für die mangelnde Wahrnehmung der Arbeit Noethers zeitgenössisch ebenso wie noch in den 1950er Jahren war Weyls Buch „Raum, Zeit, Materie", dessen Bedeutung für die Auseinandersetzung mit der Relativitätstheorie sowohl in der mathematischen wie in der physikalischen Welt wesentlich war. In den ersten beiden Auflagen verwies Weyl weder auf Klein noch auf Noether (Weyl 1918). Erst in der dritten, vollständig überarbeiteten Auflage referierte Weyl auf Klein und dies auch im Fließtext, doch findet sich ein Verweis auf Noether nur im Literaturverzeichnis und nur in Verbindung mit dem Hinweis auf die Publikation Kleins:

> 5) F. Klein, Über die Differentialgesetze für die Erhaltung von Impuls und Energie in der Einsteinschen Gravitationstheorie, Nachr. d. Ges. d. Wissensch. zu Göttingen 1918. Vgl. dazu die allgemeinen Formulierungen von E. Noether, Invariante Variationsprobleme, am gleichen Ort. (Weyl 1919, S. 266, 1921, S. 292, 1923, S. 329)

Auch in der englischen Version von 1922 findet sich der entsprechende Verweis, „Cf.; in the same periodical, the general formulations given by E. Noether." (Weyl 1922, S. 322). Obwohl mit den Worten „allgemeine Formulierungen" eine im mathematischen Verständnis hohe Bewertung der Ergebnisse Noethers durch Weyl vorgenommen wurde, sah er irritierenderweise keine Notwendigkeit, auch nicht in den späteren Auflagen, im eigentlichen Text auf Noethers Ergebnisse zu rekurrieren. Aber Byers vermutet wohl zu Recht, dass sich ein Schweigen begründet, „because it may have felt awkward for pre-WWII authors to have credited a woman for an important contribution to their work" (Byers 1994, S. 13). Weyls Nachruf scheint diese Interpretation zu bestätigen, denn auch hier nahm er nur sehr knapp auf Noethers Theoreme Bezug:

> For two of the most significant sides of the general relativity theory she gave at that time the genuine and universal mathematical formulation. (Weyl 1935, S. 207)

Diese Formulierung klingt so selbstverständlich und relativiert gerade durch ihre Kürze das mathematische Gewicht der Ergebnisse. Es mag Weyl als angemesen erschienen sein, hatte er doch selbst einen erheblichen Anteil am Schweigen über Noethers Beitrag, indem

[58] Vgl. Kosmann-Schwarzbach 2010, S. 103–133.

er in seinem für die Rezeption der Relativitätstheorie so wichtigen Buch es unterließ, auf Noethers Ergebnisse explizit im Text zu verweisen.[59] Mehr noch: Mit seiner im Nachruf formulierten biografischen Konstruktion, ihr mathematisches Schaffen lasse sich in drei Phasen einteilen, wird diese Arbeit noch der von Hilberts Auffassungen geprägten Zeit zugeordnet. Damit schrieb Weyl auch im Nachruf sein Ignorieren ihrer Leistung de facto fort. Da Weyls Nachruf die spätere biografische Auseinandersetzung mit Noether stark beeinflusste, ist die Bedeutung seiner Konstruktion in ihrer Rezeptionswirksamkeit nicht zu unterschätzen. Seine Einteilung der Forschungstätigkeit Noethers und insbesondere seine Behauptung, Noether sei in dieser Zeit von Hilbert abhängig gewesen, verstellen noch heute den Blick auf die Leistungen Noethers, auch wenn die Theoreme inzwischen selbstverständlich mit ihrem Namen verbunden werden. Erst das Loslösen von dieser Vorstellung ermöglicht es zu sehen, wie Noether methodisch vorgegangen und mit dem Beweis der „Noethertheoreme" zu einer mathematischen Lösung zentraler Fragestellungen im Kontext der allgemeinen Relativitätstheorie gekommen war.

1.4.2 Zeit der Etablierung

Noether blieb in Göttingen. Sie wurde von ihrem Vater bis zu seinem Tod im Dezember 1921 unterstützt und finanzierte sich danach zunächst von einer kleinen Erbschaft. Sie entfaltete eine rege Lehr- und Publikationstätigkeit, hatte engen wissenschaftlichen Kontakt zu den in Göttingen arbeitenden Mathematikern, bildete Studierende aus und nahm am gesellschaftlichen Leben der Universität teil. Auch politisch war Noether interessiert und machte aus ihren Sympathien für sozialistische und pazifistische Positionen keinen Hehl. So berichtete van der Waerden in einem Interview, dass Noether ihn zu einer politischen Veranstaltung mitnahm,[60] und ihre erste Doktorandin Hermann war Mitglied des Internationalen Sozialistischen Kampfbundes.[61] Noether selbst war Anfang der 1920er Jahre zunächst Mitglied der USPD, dann der SPD. Weiter links habe sie aber nie gewählt, schrieb sie Anfang der 1930er Jahre an Helmut Hasse (Noether an Hasse 21. 7. 1933). Im Dezember 1920 trat sie aus der israelitischen Religionsgemeinschaft aus. Hegte sie die Hoffnungen auf eine Professur? Immerhin konnten infolge der beginnenden Öffnung der Universitäten für Frauen diese auch auf außerordentliche Professuren berufen werden. Anfang der 1920er Jahre stand die Besetzung des zweiten mathematischen Ordinariats in Kiel an. In Briefen an Otto Toeplitz, Professor an der mathematischen Fakultät in Kiel, äußerten sich u. a. Hilbert und Eduard Study zu möglichen Kandidat/inn/en. Während Hil-

[59] Auch in der ersten Auflage seines Buches „Gruppentheorie und Quantenmechanik" von 1928 sucht man Verweise auf Noether vergebens. Überraschenderweise ist aber in der englischen Fassung der ersten Auflage ein allerdings sehr knapp gehaltener Hinweis zu finden, denn Weyl schrieb: „E. Noether has given a generalization of the Jordan-Hölder Theorem." (Weyl 1928a, S. 134)

[60] Vgl. Interview B. L. van der Waerden, C. van der Waerden 1995.

[61] Vgl. Kersting 1995.

bert von Noether nicht sprach, sondern Ernst Steinitz an erster Stelle, Felix Hausdorff und Ludwig Bieberbach als weitere potenzielle Kandidat/inn/en nannte, schlug Study Noether und Arthur Rosenthal für die erste Stelle vor:

> Ihre Frage ist leicht beantwortet, allerdings ausschließlich mithilfe des Alten Testaments. Wen können Sie Besseres gewinnen als Frl. *Emmy Noether* oder Herrn Rosenthal? Ich zweifle nicht, dass beide mit Vergnügen zugreifen würden. Von Jüngeren kämen, in zweiter Linie, vielleicht in Betracht Herr Fränkel (Marburg), Hamburger (Berlin) und Wintner (Prag). (Study an Toeplitz 1. 7. 1920) (Hervorhebung i. O.)

Tatsächlich wurde die Stelle mit Steinitz besetzt.[62]

Ab Herbstzwischensemester 1919 bot Noether Lehrveranstaltungen erstmals unter ihrem eigenen Namen an. Standen die ersten Lehrveranstaltungen „Analytische Geometrie" sowie „Algebraische und Differentialinvarianten" noch in der Tradition der bisherigen Forschungsgebiete Noethers, so wird ab dem Sommersemester 1920 ihr Wechsel in andere mathematische Fachgebiete erkennbar. Die Schwerpunkte waren Algebra und Zahlentheorie, aber auch Gruppentheorie wurde ab Mitte der 1920er Jahre von ihr mit Aufmerksamkeit bedacht. In der Regel lehrte sie vier Semesterwochenstunden.[63] Noether war mathematisch sehr produktiv: Bis 1926 hatte sie sieben umfangreiche Veröffentlichungen in den „Mathematischen Annalen", zwei weitere große Aufsätze in der „Mathematischen Zeitschrift" sowie in dem „Journal für die reine und angewandte Mathematik" publiziert. Hinzu kamen kleinere Beiträge oder Mitteilungen etwa im „Jahresbericht der DMV", den „Nachrichten von der Königlichen Gesellschaft der Wissenschaften zu Göttingen: mathematisch-physikalische Klasse" oder dem „Jahrbuch über die Fortschritte der Mathematik". Insgesamt meldete sie sich in diesen sieben Jahren mit 15 Beiträgen in unterschiedlichster Weise mathematisch zu Wort. Hinzu kam von 1918 bis 1923 die Beteiligung an der Herausgabe der „Gesammelte[n] mathematische[n] Abhandlungen" Kleins (Klein 1921/22/23). Zunächst im ersten Band als eine unter mehreren, die Korrektur gelesen hatten, genannt, wurde Noethers Mitarbeit im dritten Band ausdrücklich gewürdigt:

[62] Nur zwei Frauen wurden, beide 1923, in der Weimarer Republik auf ordentliche Professuren berufen: die Erziehungswissenschaftlerin Mathilde Vaerting in Jena und die Agrarwissenschaftlerin Margarete von Wrangell in Hohenheim. Vgl. zu Vaerting Fellmeth 1998 und zu von Wrangell Wobbe 1991.

[63] Es handelte sich um folgende Lehrveranstaltungen: Analytische Geometrie (Herbstzwischensemester 1919), Algebraische und Differentialinvarianten (Wintersemester 1920), Höhere Algebra (Endlichkeitssätze, Körpertheorie), Elementare Zahlentheorie (1920/21), Algebraische Zahlenkörper (1921), Algebraische und Differentialvarianten (1921/22), Analytische Geometrie mit Übungen (1923), Algebra (1922/23), Elementare Zahlentheorie (1923), Übungen (Vorträge zur Körpertheorie) (1923/24), Invariantentheorie (1924), Gruppentheorie (1924/25), Arithmetische Theorie der algebraischen Funktionen (1925), Algebraische Funktionen II (1925/26), Grundlagen der Gruppentheorie (1926 und 1926/27) (Vorlesungsverzeichnisse der Universität Göttingen Herbstzwischensemester 1919 bis Wintersemester 1926/27).

> Wir möchten ferner einer Anzahl Fachgenossen Dank sagen für die Unterstützung, die sie uns bei der Herausgabe haben zuteil werden lassen. An erster Stelle gebührt unser Dank Frl. E. Noether, die uns in zahlreichen Fällen mit ihrem sachkundigen Rat unterstützte. (Fricke, Vermeil, Bessel-Hagen 1923, S. VII)

Mit der gemeinsam mit Schmeidler geschriebenen Arbeit begann 1920 Noethers Publikationstätigkeit im Bereich der Algebra. Es sollte ihr zukünftiges Forschungsfeld werden, dessen Gestalt sich mit ihrer Tätigkeit als Forschende und Lehrende in erheblicher Weise verändern wird. Kommunikation stand am Anfang, das Ringen um die präzise Bestimmung von Begriffen im mündlichen Dialog und die Verschriftlichung zu einer gemeinsamen Publikation. Spuren dieses Prozesses lassen sich noch in der Veröffentlichung selbst finden, so wenn Noether und Schmeidler schrieben: „Wir sind damit auf einen fundamentalen Begriff geführt worden." (Noether und Schmeidler 1920, S. 327) und Noether in der darauffolgenden Arbeit diese Veröffentlichung reflektierte:

> Die vorliegenden Untersuchungen stellen eine starke Verallgemeinerung und Weiterentwicklung der diesen beiden Arbeiten zugrundeliegenden Begriffsbildungen dar. (Noether 1921, S. 28)

Gespräche bilden einen zentralen Bestandteil mathematischen Forschens,[64] allerdings finden kommunikative Prozesse selten ihren Niederschlag in gemeinsamen Publikationen und lassen sich häufig nur anhand von Briefwechseln u. Ä. rekonstruieren. Das ist jedoch gerade im Kontext von Forschungen zu Noethers mathematischem Wirken und ihrer Wirkung von besonderer Problematik, als sich die Spuren ihres Tuns in den Arbeiten ihrer Schüler/innen und Kollegen nur schwer auffinden lassen. 1931 schrieb sie an ihren Kollegen und Freund Hasse, ihre Methoden seien Arbeits- und Auffassungsmethoden und daher anonym überall eingedrungen (Noether an Hasse 12. 11. 1931), und beschrieb damit in aller Deutlichkeit die Schwierigkeiten, die einer angemessenen Rezeption ihrer mathematischen Leistungen entgegenstanden und noch entgegenstehen.

Die inzwischen klassisch zu nennende Arbeit „Idealtheorie in Ringbereichen" veröffentlichte Noether 1921 in den „Mathematischen Annalen". In dieser mit 42 Seiten ungewöhnlich langen Publikation zeigten sich ihr begrifflicher oder, wie man heute sagen würde, struktureller Zugang und ihre Abwendung vom symbolischen Rechnen erstmals in voller Deutlichkeit. Was uns heute als selbstverständliches, meist strukturell genanntes Denken erscheint und über die Bourbaki-Gruppe[65] unter dem Schlagwort „Neue Mathe-

[64] Vgl. Bettina Heintz' Feldstudie „Die Innenwelt der Mathematik – Zur Kultur und Praxis einer beweisenden Disziplin", in der sie die Bedeutung kommunikativer Prozese herausstreicht. (Heintz 2000, S. 209 ff.) sowie Rowes Ausführungen in „Making mathematics in an Oral Culture: Göttingen in the Era of Klein and Hilbert." (Rowe 2004).

[65] 1933 gründete eine Reihe junger französischer Mathematiker eine Arbeits-, Forschungs- und insbesondere Veröffentlichungsgemeinschaft. Unter dem Pseudonym „Nicolas Bourbaki" wurde insbesondere die zehnbändige Reihe „Éléments de Mathématique" (Bourbaki 1939–98) veröffentlicht, deren strukturelle Auffassung und Terminologie prägend für große Teile der Mathematik wurde. Näheres zur Geschichte der Bourbaki-Gruppe in Beaulieu 1994 sowie zu ihrer Bedeutung in der Entwicklung eines strukturellen Verständnisses der Mathematik vgl. Corry 2004, S. 237–343.

matik" in den 1960er Jahren bis in die Curricula der Grundschulen eindrang, war zu ihrer Zeit befremdlich. Ihr abstrakter, auf allgemeine Zusammenhänge bezogener, zu dieser Zeit höchst unkonventioneller Zugang zur Mathematik wird bereits im Titel deutlich, denn rein auf die mathematischen Aussagen der Arbeit reduziert wären Überschriften wie etwa „Ideale in Ringen" oder „Zerlegungssätze von Idealen" passender. Die von Noether gewählte Überschrift entspricht eher der Formulierung eines Programms und nicht der Information über den Inhalt der vorliegenden Arbeit. Die beiden Worte Theorie und Bereiche beschreiben ihr Vorhaben. Es geht um etwas so Allgemeines wie eine mathematische Theorie, d. h. um eine Sammlung von Aussagen über einen Begriff, die in allgemeinster Form betrachtet werden. Ideale und Ringe sowie die Beziehungen unter ihnen und zueinander sind zugleich der Untersuchungsgegenstand und das Material, mit dem Noether arbeitete, um ihre Auffassungen über mathematisches Arbeiten darzulegen.

Begriffe waren für Noether der Ausgangspunkt mathematischen Forschens geworden. Was sich in ihrer Doktorarbeit nur andeutete, in den kritischen Formulierungen im Nachruf auf Gordan erstmalig seinen Niederschlag fand und in ihrem selbst verfassten Lebenslauf zur Habilitation zum ersten Mal explizit formuliert wurde, war jetzt zur Leitlinie in ihrer mathematischen Arbeit geworden: das rein Begriffliche. Begriffe präzise zu bestimmen und die Zusammenhänge zwischen ihnen begrifflich zu fassen, war wesentlicher Teil ihres mathematischen Tuns. Ihr Vorbild war der Zahlentheoretiker Richard Dedekind, dessen zum besseren Verständnis der Zahlen geschaffenen algebraischen Begriffe Ideal[66], Ordnung (später Ring genannt) und Körper zum begrifflichen Gerüst der modernen Algebra gehören[67] und dessen Texte zur Idealtheorie Noether wiederholt als Lektüre von Lehrveranstaltungen wählte[68]. Van der Waerden unterstrich die Bedeutung Dedekinds für Noether im Vorwort zur 1964 erschienen Neuauflage der Gesammelten mathematischen Abhandlungen Dedekinds:

> Für Emmy Noether war das elfte Supplement eine unerschöpfliche Quelle von Anregungen und Methoden. Bei jeder Gelegenheit pflegte sie zu sagen, ‚es steht schon bei Dedekind'. (Van der Waerden 1964, S. IV)

Noether ging es jedoch anders als Dedekind um die „begriffliche Durchdringung" (van der Waerden 1935, S. 489), um die exakte Erfassung bekannter mathematischer Begriffe; nur wenige wurden von ihr neu gebildet. Vielmehr entwickelte sie unter Rückgriff auf einen axiomatischen Zugang zur Mathematik ein methodisches Vorgehen in der Bestim-

[66] Auf Dedekinds Vorstellungen zur Entwicklung mathematischer Begriffe gehe ich im fünften Kapitel im Kontext der Entstehung des Idealbegriffs genauer ein.

[67] Vgl. Mehrtens 1979.

[68] Vgl. etwa Noethers Literaturangaben zur Vorlesung „Allgemeine Idealtheorie", in denen sie auf Dedekinds „XI. Supplement zu Dirichlets Zahlentheorie" sowie unter dem Stichwort Historisches, jedoch ohne weitere Quellenangaben, auf seine „verallgemeinerungsfähige Grundlegung der Modul- und Idealtheorie" und die „Anwendung der Idealtheorie nur auf endliche algebraischen Zahl- und Funktionenkörper" verwies (Noether 1930/31, S. 5).

mung von Begriffen, das es ermöglichte, sich von alten Assoziationsketten zu lösen, die Orientierung an Vertrautem wie etwa den Zahlen aufzugeben und mathematische Begriffe als rein gedankliche Konstruktionen in einem strukturellen Kontext zu verstehen. Ein Element dieser Methodik lässt sich als Dialogizität charakterisieren, ein Terminus, der sich in den theoretischen Konzepten des zeitgenössischen Literaturwissenschaftlers Bachtin, allerdings beschränkt auf das „künstlerische Wort", findet (Bachtin 1934/35, S. 153). Dieser texttheoretische Begriff lässt sich, wie das nächste Kapitel zeigen wird, auch auf mathematische Veröffentlichungen anwenden und ist geeignet, zu einem genaueren Verständnis des methodischen Vorgehens Noethers zu gelangen.

Noethers mathematische Auffassungen wurden Anfang der 1920er Jahre noch nicht mit einem Adjektiv versehen. Das mag ein Ausdruck der über lange Jahre hinweg geringen Akzeptanz und des Unverständnisses gewesen sein, die ihrem Ansatz seitens der mathematischen Mehrheit entgegengebracht wurde. Diese höchst eigenwillige, wenig fruchtbar wirkende und unbegreifliche Herangehensweise sei zu abstrakt, lautete der in den 1920er Jahren hauptsächlich angemeldete Zweifel. Noether wusste um die Distanz ihrer Kollegen gegenüber diesen neuen Ansätzen und so ging es ihr nicht nur um die Publikation neuester mathematischer Ergebnisse, sondern auch oder vielleicht noch mehr um die Präsentation und den Nachweis der Mächtigkeit ihrer Auffassung und ihres methodischen Vorgehens. So unkonventionell und befremdlich ihr Zugang war, so sehr bemühte sich Noether, ihn gewissermaßen konventionell zu verpacken, indem sie in ihren Texten wiederholt auf, wie sie sich ausdrückte, „Übliches" und „Bekanntes" verwies. Ihre Untersuchung zur Idealtheorie von 1921 war ein Lehrstück, eingebunden in traditionelle Mathematik und, weit darüber hinausweisend, die Eröffnung eines neuen Forschungsfeldes und die Dokumentation neuer Auffassungen und Methoden.

Alexandroffs Charakterisierung der Auffassungen und Methoden als „begriffliche Mathematik" (Alexandroff 1936a, S. 101) ist weder von Zeitgenossen noch kaum von heutigen Biograf/inn/en aufgenommen worden. Vielmehr ist in dem Versuch, Noethers Konzepte und methodische Ansätze zu beschreiben, damals und auch heute noch von moderner, axiomatischer oder abstrakter Algebra die Rede. Damit wird jedoch der Fokus stärker auf ihr Forschungsfeld und kaum auf ihren methodischen Ansatz gelegt. Eine solche Interpretation war bereits mit dem Nachruf von Weyl angelegt worden. Eines hatten die Benennungen durch ihre Zeitgenossen gemeinsam: Sie grenzten Noethers Ansatz gegenüber althergebrachten, konventionellen Zugängen zur Algebra und zur Mathematik ab und brachten zugleich seine Ablehnung durch große Teile der mathematischen Gemeinde insgesamt zum Ausdruck. Noch 1935 verwies van der Waerden in seinem Nachruf auf diesen Konflikt, sprach von „begrifflicher Durchdringung des Stoffes" sowie „abstrakten Methoden" und davon, dass ihr Denken in der Tat in einigen Hinsichten von dem der meisten anderen Mathematiker abwich, „wir stützen uns doch alle so gern auf Figuren und Formeln." (Van der Waerden 1935, S. 476).

Für junge Wissenschaftler/innen dagegen, fasziniert von diesem neuen Zugang, bedeutete die Orientierung an Noether zugleich die Auflehnung gegen tradierte Ansätze und damit einhergehende Denkverbote. Dieser Gedankengang eines Generationenkonflikts wird im Kap. 4.2.1 zur Entstehung und Relevanz der Noether-Schule weiter verfolgt werden. Auch van der Waerden, einer ihrer bekanntesten Schüler und, wie Alexandroff es in seinem Nachruf zum Ausdruck brachte, ein „popularizer" der Ideen Noethers (Alexandroff 1936a, S. 104), gehörte zur Gruppe dieser jungen Mathematiker/innen, und so ist das „wir" nur eine rhetorische Figur, die die Kritiker mit einschließen möchte.

Trotz aller mathematischen Skepsis war Noether mit ihrer grundlegenden Arbeit „Idealtheorie in Ringbereichen" aus Sicht der mathematischen Gemeinschaft endgültig aus dem Schatten der mathematischen Väter Gordan, M. Noether, Klein und Hilbert herausgetreten. Am 9. Februar 1922 beschloss die mathematisch-naturwissenschaftliche Abteilung, den Titel nicht beamteter außerordentlicher (n. b. a. o.) Professor für Noether zu beantragen. Das überrascht insofern, als für eine n. b. a. o. Professur damals in der Regel eine vorausgehende Privatdozentenzeit von mindestens sechs Jahren notwendig war. Dieser Beschluss ist ein Indiz für die Akzeptanz und beginnende Anerkennung, die Noether inzwischen erfuhr. In der Antragsbegründung hieß es:

> Für unseren wissenschaftlichen Betrieb ist sie eine kaum entbehrliche Mitarbeiterin. Weniger geeignet zum Unterricht eines größeren Hörerkreises in elementaren Disziplinen übt sie auf die begabten Studenten eine starke wissenschaftliche Anziehungskraft aus und hat viele von ihnen wesentlich gefördert, darunter auch solche, die inzwischen Ordinariate erreicht haben. (Personalakte Noether)[69]

Noether erhielt den Titel am 6. April 1922. Das war der höchste akademische Grad, den eine Frau zu dieser Zeit an einer preußischen Universität innehatte, ein Einkommen war mit diesem Titel nicht verbunden. Als sich Noethers finanzielle Lage durch die Inflation deutlich verschlechterte, stellte die mathematische Abteilung am 16. November 1922 beim Ministerium einen Antrag auf Erteilung eines Lehrauftrags. In der Begründung hieß es:

> Frl. Noether, die sich als Forscher mit sehr vielen Inhabern von Ordinariaten wohl messen kann, entwickelt hier eine eifrige Lehrtätigkeit, die vor allem auf einen kleineren Kreis interessierter begabter Studenten wirkt, allerdings weniger auf das Gros der Studenten eingestellt ist. Während früher ihre wirtschaftliche Lage ihr eine unabhängige Pflege der Wissenschaft ermöglichte, ist sie seit einiger Zeit durch den Tod ihres Vaters und vor allem durch die Geldentwertung in ernste Schwierigkeiten geraten, die eine Hilfe durch einen Lehrauftrag dringend nötig machen. (Ebenda)

[69] Hier wurde vermutlich auf Schmeidler angespielt, dessen Habilitationsschrift Noether angeregt und betreut hatte. Schmeidler erhielt, obwohl seine Habilitation unter Noethers Einfluss entstanden war, die Venia Legendi fünf Monate vor ihr. Er wurde 1921 auf eine ordentliche Professur an die Technische Hochschule Breslau berufen, wo ab 1922 auch F. Noether ein Ordinariat innehatte. Auch Falckenberg, der offiziell bei Fischer promoviert hatte, aber von Noether während der Promotion begleitet wurde, könnte diese Bemerkung einschließen. Falckenberg trat im Sommer 1922 eine außerordentliche Professur in Gießen an, eine Ruferteilung, die zum Zeitpunkt der Entstehung dieses Schreibens sicherlich bereits bekannt war.

Im Sommersemester 1923 wurde Noether ein halbjährlich zu erneuernder, nicht sehr hoch dotierte Lehrauftrag für Algebra erteilt. Mit diesem Einkommen und einem kleinen Rest ihres Vermögens finanzierte sie einen bescheidenen Haushalt.[70] Doch das einzig aus einem Lehrauftrag bestehende Einkommen bedeutete für Noether nicht nur eine erhebliche finanzielle Beschränkung, sondern war auch eine symbolische Deklassierung. Trotz ihrer unbestrittenen mathematischen Kompetenz, ihrer Bedeutung für die aktuelle Forschung und die Ausbildung des wissenschaftlichen Nachwuchses fand die Fakultät bzw. die Universität keine andere Finanzierungsmöglichkeit. Die Skepsis gegenüber Wissenschaftlerinnen und das Bemühen, Frauen nicht zur akademischen Erstrangigkeit zuzulassen, fanden auch hierin ihren Ausdruck. Darüber hinaus konnte Noether nicht über Personal in Form von Assistenz- oder Hilfskraftstellen verfügen und etwa Arbeitsgruppen zu aktuellen Forschungsfeldern aufbauen. Was also trug die Noether-Schule, ist die sich daraus ergebende Fragestellung, da institutionelle Ressourcen nicht das Gerüst bildeten.

Andererseits war der Lehrauftrag für Algebra ihre einzige universitäre Verpflichtung, und das bot Noether die Möglichkeit und Freiheit, im Rahmen der Lehre ihren aktuellen Forschungsfragen nachzugehen. Ihre Veranstaltungen galten als sehr schwierig und mögen für Außenstehende eher chaotisch und verwirrend gewirkt haben. Sie trug keine fertigen Theorien vor, sondern, so wirkte es auf den kleinen Kreis ihrer Hörer/innen, schien diese erst an Ort und Stelle, gewissermaßen im Dialog mit ihnen zu entwickeln. Damit aber wurden ihre Student/inn/en Beteiligte am Forschungsprozess, und es handelte sich eher um Gesprächskreise als um Vorlesungen. In Noethers Veranstaltungen geschah Mathematik, und die Spannung und Schönheit des Entstehens gelang es ihr zu vermitteln. Waren es anfangs vor allem Studierende, die an ihren Seminaren teilnahmen und in diesen zu Doktorarbeiten angeregt wurden, so wandelte sich das ab Mitte der 1920er Jahre. Viele junge in- und ausländische Mathematiker/innen kamen im Anschluss an ihre Promotion nach Göttingen, um sich hier an einem der bedeutendsten mathematischen Zentren der Welt weiterzubilden und moderne Auffassungen von Mathematik kennenzulernen.[71] Dazu gehörte auch der Besuch Noether'scher Seminare. Auch Weyl verwies auf ihre Bedeutung als Lehrende und legte dennoch das Bild einer exaltierten Mathematikerin, die nicht in der Lage war, solide Vorlesungen zu halten, nahe:

> She had many pupils, and one of the chief methods of her research was to expound her ideas in a still unfinished state in lectures, and then discuss them with her pupils. ... It is obvious that this method sometimes put enormous demands upon her audience. In general, her lecturing was certainly not good in technical respects. For that she was too erratic and she cared too little for a nice and well arranged form. (Weyl 1935, S. 209)

Dieser Hinweis auf mangelnde didaktische Kompetenzen Noethers fand sich bereits im Antrag der mathematisch-naturwissenschaftlichen Abteilung der Universität Göttingen

[70] Zur finanziellen Situation Noethers vgl. Tollmien 1990. Die Lage war teilweise so kritisch, dass Noether sich selbst an das Ministerium wandte und um eine Erhöhung bat (ebenda, S. 187 ff.).

[71] Zur stimulierenden Atmosphäre der Göttinger mathematischen Welt vgl. auch Rowe im „Interview with Dirk Struik" (Rowe 1989, S. 19 ff.).

auf Erteilung des Titels n. b. a. o. Professor und findet sich noch in den letzten Dokumenten von 1935 über mögliche Stellenangebote.[72] Bekannt aus wissenschaftshistorischen Untersuchungen zu akademischen Karrieren von Frauen ebenso wie aus heutigen Studien zu Berufungsverfahren wurden und werden gerne Argumentationsfiguren ohne Überprüfung des Wahrheitsgehaltes genutzt, um Frauen als Kandidatinnen hinauszudrängen, und noch in aktuellen Forschungen zu Noether wird diese biografische Konstruktion Weyls unkritisch übernommen. Gerade vor dem Hintergrund von Untersuchungen zur Noether-Schule ist jedoch ein reflektierterer Umgang erforderlich, um zu einem präziseren Verständnis ihrer Wirkung und dem Entstehen der Schule zu gelangen.

Legendär sind ihre langen Spaziergänge mit Kollegen und Schüler/inne/n, auf denen über mathematische Fragen und Probleme diskutiert wurde. Weyl erinnerte sich:

> I was in Göttingen as a visiting professor in the winter semester of 1926–1927, and lectured on representations of continuous groups. She was in the audience; for just at that time the hypercomplex number systems and their representations had caught her interest and I remember many discussions when I walked home after the lectures, with her and von Neumann, who was in Göttingen as a Rockefeller Fellow, through the cold, dirty, rain-wet streets of Göttingen. (Ebenda, S. 208)

Viele Briefe sind vermutlich im Anschluss an diese mathematischen Spaziergänge gewechselt worden. Bereits in jungen Jahren als Assistentin in Erlangen setzte sie mathematische Diskussionen mit Begeisterung schriftlich fort; die in Dicks Biografie abgedruckte Postkarte zeugt davon.[73] Sie führte, so die Erinnerungen vieler Zeitzeugen, eine umfangreiche Korrespondenz, die weit über Deutschland hinausging. Zu dem wenigen, was neben der Postkarte publiziert ist, gehören Auszüge aus Briefen einer Korrespondenz zwischen Noether, Weyl und Heinrich Brandt[74], fünf an Alexandroff gerichtete Briefe[75] sowie Teile der Korrespondenz Noethers mit Hasse.[76] Im Nachlass Hasses befinden sich 79 Briefe und Postkarten Noethers zuzüglich dreier als Durchschlag vorhandener Antwortbriefe.[77]

[72] Vgl. etwa die Ausführungen des Mathematiker Warren Weaver, verantwortlich für den Bereich Naturwissenschaften bei der Rockefeller Foundation, der in seinem Tagebuch Noether mangelndes Interesse am Unterricht junger Studierender attestiert (Weaver 20. 3. 1935, zitiert nach Kimberling 1981, S. 36 f.).

[73] Vgl. Dick 1981, S. 11.

[74] Vgl. Jentsch 1986.

[75] Vgl. Tobies 2003.

[76] Es gibt keine Hinweise auf weitere, etwa noch nicht archivierte Nachlässe, doch finden sich weitere einzelne Briefe etwa in den Nachlässen Hilberts und Kleins.

[77] Noethers Briefe im Original zu lesen ist jedoch eine Herausforderung. In ausgeschriebener deutscher Schrift verfasst, wesentlich mathematischen Inhalts mit schnell hingeworfen Ideen und einer Reihe von Anmerkungen, die ohne Kenntnis des mathematischen und historischen Kontextes unverständlich bleiben, entziehen sie sich der spontanen Lektüre. Seit 2006 liegt eine ausgezeichnet kommentierte, auch für die nichtmathematische Öffentlichkeit geeignete Ausgabe vor (Lemmermeyer und Roquette 2006).

Dieser Briefwechsel hat für die Analyse der Arbeiten Noethers ein besonderes Gewicht. Er bietet nicht nur einen Einblick in die Freundschaft zwischen Hasse und Noether, sondern ermöglicht, Labortagebüchern gleich, den Entstehungsprozess mathematischer Gedanken und Theorien Noethers nachzuvollziehen. Deutlich wird in eindrucksvoller Weise, dass die Übergänge vom Sprechen zum Schreiben und zum Publizieren für Noether fließend waren. In ihren Briefen erinnerte Noether an Gespräche, Spaziergänge und gemeinsame Konferenzbesuche, erwähnte Diskussionen mit Kollegen, verwies auf entstehende Publikationen und aktuelle Forschungsfragen. So entsteht aus den spontan hingeworfenen Sätzen in der Gesamtheit des Briefwechsels wie bei einem Puzzle ein Bild des Entstehungsprozesses mathematischer Ideen, Sätze und Beweise. Hasse war, mehr als etwa Brandt und auch Alexandroff, ihr mathematisches Gegenüber, ihr Dialogpartner, den sie zur Entwicklung ihrer Kreativität benötigte. Noethers Begeisterung für Mathematik, ihre Lust, über mathematische Themen zu diskutieren, beschränkte sich nicht auf das mathematische Institut. Alexandroff beschrieb die geselligen Beisammensein, die nie ohne mathematischen Inhalt waren, in seinem Nachruf:

> In her home, which is to say in the garret where she lived in Göttingen …, she was an enthusiastic party giver. People of every scientific stature, from Hilbert, Landau, Brauer, and Weyl to quite young students, met there and felt at ease, which was hardly the case in many other European scientific salons. These ‚idle evenings‘ were arranged for the most diverse reasons – in the summer of 1927, for instance, because of frequent visits of her student van der Waerden from Holland. Noether's parties, and likewise her excursions into the country, were a bright and unforgettable feature of the Göttingen mathematical life of the entire decade from 1923 to 1932. (Alexandroff 1936a, S. 110)

So sehr die Leserschaft die berechtigte Anforderung an eine Biografie hat, dass die Person auch als Gestalt sichtbar wird, so sorgfältig muss mit dem Material umgegangen werden, scheinen doch insbesondere Annäherungen an das Leben und Werk von wissenschaftlich oder künstlerisch tätigen Frauen kaum ohne diskreditierende Bezüge auf körperliche Merkmale auszukommen. Die sich in zahlreichen Biografien zu Noether befindenden Hinweise auf ihre äußere Erscheinung scheinen unkritisch aus den Erinnerungen der Zeitzeugen und Nachrufen übernommen worden zu sein. Und wieder kommt der Nachruf Weyls ins Spiel. Er schrieb:

> No one can say that the Graces had stood by her cradle; but if we in Göttingen often chaffingly referred to her as ‚der Noether‘ (with the masculine article), it was also done with a respectful recognition of her power as a creative thinker who seemed to have broken through the barrier of sex. (Weyl 1935, S. 219)

Auch der erste Entwurf Einsteins enthielt eine entsprechende Passage, wie Reinhard Siegmund-Schultze in seinem Aufsatz über die Genese dieses Nachrufs auf Noether ausführt:

> Zunächst gibt es eine Differenz zwischen dem handschriftlichen Original und der … deutschen Maschinenabschrift, von der man nicht weiß, ob sie bereits auf einer Korrektur von

> Flexner beruht. Die Abschrift unterdrückt Einsteins auf Noether gemünzte Formulierung ‚ein unscheinbares Aussehen der Mathematikerin'. Wenn man weiß, welche große Rolle die Diskussion über Noethers ‚unscheinbares', von vielen und selbst von Weyl in seinem Nachruf von 1935 als wenig feminin beschriebenes Aussehen in der letztlich mannzentrierten Sicht auf Noether gespielt hat, wird man in dieser Textänderung die bewusste Absicht erkennen können, unsachliche Gesichtspunkte auszuschalten. (Siegmund-Schultze 2007, S. 224)

Doch was sind diese „unsachlichen Gesichtspunkte"? Die Grabrede sowie der Nachruf Weyls bieten einige Hinweise. In seinem Nachruf äußerte sich Weyl in bemerkenswerter Weise über die mathematischen Kompetenzen Noethers:

> When I was called permanently to Göttingen in 1930, I earnestly tried to obtain from the Ministerium a better position beside her whom I knew to be my superior as a mathematician in many respects. (Weyl 1935, S. 208)

Formulierte er, so scheint es zunächst, seinen Respekt vor der mathematischen Kapazität Noethers, so ist es zugleich eine Auseinandersetzung damit, dass es sich um eine Frau handelt, der er sich mathematisch unterlegen fühlt, wie der Vergleich mit seiner Rede zeigt:

> Die Macht Deines Genies schien insbesondere die Grenzen Deines Geschlechts gesprengt zu haben. Darum nannten wir Dich in Göttingen meist, in ehrfürchtigem Spott, *den* Noether. (Weyl 17. 4. 1935, zitiert nach Roquette 2007, S. 19) (Hervorhebung i. O.)

Ähnliches offenbart der Satz „no one can say that the Graces had stood by her cradle" sowie der Vergleich mit der Mathematikerin Sonja Kowalewskaja, die er als „feminine charm, instincts, and vanity" besitzend beschrieb (Weyl 1935, S. 219 f.). Musste Weyl, um sich seiner eigenen Wissenschaftlichkeit zu versichern, der ihm überlegenen Mathematikerin das Geschlecht absprechen? Ist das von ihm konstruierte Bild einer unattraktiven Frau, deren Leben die Mathematik ist, ein Versuch der Rettung männlicher Identität? Wie etwa Forschungen der Publizistik nachweisen, ist die Beschäftigung mit dem Äußeren von Frauen in Führungspositionen eine spezifische Form der Diskriminierung und eine klassische Disqualifizierungsstrategie.[78] Es findet hier Erwähnung, weil auch dieser Umgang mit Noethers Person, d.h., über die Diskreditierung ihres Äußeren ihr Geschlecht zu negieren, zu den Rahmenbedingungen ihres Wirkens gehört.[79] Mit den Fotografien im Anhang wird heutigen Betrachter/inne/n ein eigener Zugang zu der historischen Person Noether ermöglicht. Ob Produkte professioneller Fotografie oder spontaner Schnappschuss, sind die porträtierten Personen doch je Beteiligte des Entstehungsprozesses und

[78] Vgl. Lünenborg, Röser 2012.

[79] Tollmien nimmt in ihrer biografischen Arbeit zu Noether noch eine etwas andere Bewertung vor: „Niemand der Chronisten scheint auf den Gedanken gekommen zu sein, das Emmy Noethers unweibliche Gleichgültigkeit gegenüber Äußerlichkeiten die eigene Person betreffend und ihre oft gerühmte Bescheidenheit nicht nur darauf schließen lassen, dass sie nur und ausschließlich an Mathematik interessiert war, sondern auch eine durch ihre materielle Lage begründete Notwendigkeit war. Sich für mehr als Mathematik zu interessieren, konnte sie sich gar nicht leisten." (Tollmien 1990, S. 189)

der Inszenierung, und so haftet den Bildern immer auch ein Moment von Authentizität an. In diesem Verständnis erlauben die Fotografien eine weitere biografische Annäherung an Noether und geben Aufschluss über Noethers Haltung zu ihrer eigenen Lebenssituation.

1.4.3 Zeit der Anerkennung

Ende der 1920er Jahre war auch die Bedeutung Noethers über die Grenzen Göttingens und Deutschlands hinaus bekannt geworden, und manch eine/r kam auf Empfehlung ihres oder seines Doktorvaters nicht nur nach Göttingen, sondern ausdrücklich zu Noether. Diese Gruppe engagierter junger, in engem persönlichem und fachlichem Kontakt stehender Mathematiker/innen wurde alsbald von Zeitgenossen als die Noether-Schule bezeichnet.[80] Nicht getragen von der materiellen Basis eines Instituts verband ihre Mitglieder eine gemeinsame Auffassung über Mathematik und die intensive Ausstrahlung, das Charisma Noethers. So ist ein zentraler Aspekt in der Beurteilung der Bedeutung Noethers nicht nur für die Algebra, sondern für die sich insgesamt wandelnde Mathematik, ihre in der Noether-Schule wirksam gewordene inspirative Kraft.

Noether las in den nächsten Jahren ausschließlich zu algebraischen und arithmetischen Fragestellungen.[81] Es war üblich, Mitschriften von Vorlesungen erstellen zu lassen, dies ermöglichte u. a. Mathematikstudierenden, ihr Studium zu finanzieren.[82] Fünf ihrer Vorlesungen sind dokumentiert.[83] Ungewöhnlich war, dass ihre Vorlesung „Hyperkomplexe Größen und Gruppencharaktere" unter dem Titel „Hyperkomplexe Größen und Darstel-

[80] Vgl. Hasse 1927, S. 93; van der Waerden 1933, S. 402.

[81] Es handelte sich um folgende Vorlesungen: Körpertheorie (1927), Hyperkomplexe Größen und Gruppencharaktere (1927/28), Nichtkommutative Algebra (1928), Nichtkommutative Arithmetik (1928/29) (wegen Gastsemesters in Moskau nicht gelesen), Nichtkommutative Arithmetik (1929), Algebra hyperkomplexer Größen (1929/30), Allgemeine Idealtheorie (1930) (wegen Lehrstuhlvertretung in Frankfurt a. M. nicht gelesen), Allgemeine Idealtheorie (1930/31), Seminar über neue algebraische Arbeiten (1931), Darstellungstheorie (1931/32), Nichtkommutative Algebra (1932), Nichtkommutative Arithmetik (1932/33), Hyperkomplexe Methoden in der Zahlentheorie (1933) (wegen „Beurlaubung" privat abgehalten) (Vorlesungsverzeichnisse der Universität Göttingen 1927 bis 1933).

[82] So erzählte Elisabeth Siefkes, geb. Spieker, eine Studentin Noethers, dass sie sich ihr Studium u. a. mit Mitschriften der Vorlesungen Richard Courants, die wenige Tage nach der Veranstaltung zur Einsicht für alle Studierenden ausgelegt wurden, finanzierte. (Interview Siefkes 1995).

[83] Es handelte sich um folgende Vorlesungenmitschriften: Hyperkomplexe Größen und Gruppencharaktere, Ausarbeitung van der Waerden (1927/28), unter dem Titel Hyperkomplexe Größen und Darstellungstheorie publiziert (Noether 1929), Nichtkommutative Algebra, Ausarbeitung Gottfried Köthe (Noether 1929a), Algebra der hyperkomplexen Größen, Ausarbeitung Max Deuring, publiziert (Noether und Deuring 1930), Allgemeine Idealtheorie, Ausarbeitung unbekannt (1930/31), Nichtkommutative Arithmetik, Ausarbeitung unbekannt (Noether 1932/33). Wie allerdings und ob überhaupt die Erstellung dieser Mitschriften etwa durch die Göttinger Universität finanziert wurde, ist bisher nicht bekannt.

lungstheorie“ in der „Mathematischen Zeitschrift“ abgedruckt wurde (Noether 1929).[84] Noethers Forschungen und die ihrer Schüler/innen zeigten, dass mit ihrer begrifflichen Auffassung idealtheoretischer sowie Ende der 1920er Jahre entwickelten algebrentheoretischer Perspektive ein Verständnis struktureller Zusammenhänge gewonnen wurde, das zur Beantwortung von Fragestellungen nicht nur algebraischer oder zahlentheoretischer Natur, sondern weiter entfernt liegender Disziplinen wie Geometrie, Topologie oder auch Analysis dienen konnte. Noethers eigene Forschungen betrafen weiterhin algebraische Fragestellungen vor allem der Modultheorie, der Darstellungstheorie und insbesondere der Algebrentheorie oder, wie sie dieses Forschungsfeld bis in die 1930er Jahre nannte, der Theorie der hyperkomplexen Systeme. Sie publizierte in dieser Zeit neun große Aufsätze, in den „Mathematischen Annalen“, der „Mathematischen Zeitschrift“ und im „Journal für die reine und angewandte Mathematik“. Hinzu kamen 15 kürzere Beiträge, drei waren gemeinsam mit Kollegen beziehungsweise Schülern verfasst. Auf einen sei bereits hier verweisen: den zusammen mit Hasse und Brauer verfassten Artikel „Beweis eines Hauptsatzes in der Theorie der Algebren“ (Hasse et al. 1932). Dieser Aufsatz ist von besonderem wissenschaftstheoretischem Interesse, da die Entwicklung des Beweises als Ergebnis eines gemeinsamen Forschungsprozesses durch die an Hasse gerichteten Briefe Noethers und einige erhalten gebliebene Antwortschreiben dokumentiert ist. Das dritte Kapitel dieses Buches ist dem Nachzeichnen der Entstehung des Beweises, seiner Veröffentlichung und seiner Rezeption gewidmet.

Ebenfalls in dieser Zeit begann die Herausgabe der drei Bände umfassenden „Gesammelte[n] mathematische[n] Werke“ Dedekinds gemeinsamen mit Øystein Ore und Robert Fricke (Dedekind 1930–32).

> Nachwort der Herausgeber. Der Abschluss der Herausgabe von Dedekinds Werken fällt fast genau in das Jahr seines 100. Geburtstags (6. Oktober 1931). Es ist ein Zeichen, wie Dedekind seiner Zeit voraus war, dass seine Werke noch heute lebendig sind, ja daß sie vielleicht erst heute ganz lebendig geworden sind. (Noether und Ore 1932, S. III)[85]

Diesen Gedanken hegte bereits Hasse als Rezensent des ersten Bandes für den „Jahresbericht der DMV“:

> Es ist schon seit langem ein vielseitiger Wunsch gewesen, dass die mathematischen Schöpfungen Dedekinds, die für die moderne Entwicklung der Zahlentheorie, Algebra und Mengenlehre grundlegend geworden sind, in gesammelter Form bequem zugänglich gemacht würden. … Den meisten Abhandlungen ist ein erläuternder Anhang von einem der drei Herausgeber beigegeben, in dem kurz die Bedeutung der Dedekindschen Untersuchungen, ihre Stellung zu verwandten Forschungsergebnissen zeitgenössischer Mathematiker sowie die Weiterentwicklung der betreffenden Fragestellungen bis zur heutigen Zeit geschildert wird. (Hasse 1932, S. 17)

[84] Diese Vorlesung bildete eine der Grundlagen für die von van der Waerden verfasste „Moderne Algebra“ (van der Waerden 1930/31).

[85] Fricke verstarb bereits 1930 noch vor Fertigstellung des zweiten und dritten Bandes.

Für Noether hatte Dedekind eine ganz besondere Bedeutung: Hatte sie sich in dem Antrag zur Promotion noch als Schülerin Gordans bezeichnet und in dem der Habilitation beigelegten Lebenslauf Fischer, aber auch Hilbert und Klein als mathematische Mentoren genannt, so sah sie sich nun in einer mathematischer Abstammungslinie zu Dedekind. Aus Noethers Perspektive war Dedekinds wichtigste Arbeit das Supplement XI in seinen sieben verschiedenen Fassungen[86], das sie in allen Versionen gemeinsam mit ihren Schülern las. Weyl äußerte sich dazu:

> Of her predecessors in algebra and number theory, Dedekind was most closely related to her. For him she felt a deep veneration. She expected her students to read Dedekind's appendices to Dirichlet's ‚Zahlentheorie' not only in one, but in all editions. She took a most active part in the editing of Dedekind's works; here the attempt was made to indicate, after each of Dedekind's papers, the modern development built upon his investigations. (Weyl 1935, S. 218)

Liest man die Erinnerungen ihrer Schüler/innen, so scheint es sich eher um textanalytisch arbeitende Diskussionszirkel gehandelt zu haben, und häufig, so wird berichtet, habe Noether gesagt, es stehe alles schon bei Dedekind. Taussky war zu dieser Zeit in Göttingen und mit der Arbeit an der Herausgabe der „Gesammelte[n] Abhandlungen" Hilberts befasst (Hilbert 1933). In ihren Erinnerungen an diese Zeit schrieb sie:

> Emmy took some interest in my work as an editor of the Hilbert volume in number theory. She herself had been an editor of Dedekind's three volumes, and this work had given her great satisfaction. She came to appreciate Dedekind's work to the utmost, and found many sources of later achievements already in Dedekind. Occasionally she annoyed even her friends by this attitude. She managed to rename the Hilbert subgroups the Hilbert-Dedekind subgroups. … Emmy was truly amazed when I told her that Hilbert's work contained many errors. She said that Dedekind never made any errors. (Taussky 1983, S. 81)

Die Herausgabe der Werke Dedekinds besticht insbesondere durch die sehr präzisen mathematischen Analysen in den hauptsächlich von Noether verfassten Fußnoten, die ihr Verständnis seiner Konzepte in besonderer Weise erhellen. Aus einem Kommentar zu einem Disput zwischen Adolf Hurwitz und Dedekind, der seinen Niederschlag in einer ausführlichen Abhandlung Dedekinds fand, sei zitiert:

---

[86] Dedekind publizierte die von Johann Peter Gustav Lejeune Dirichlet im Wintersemester 1856 gehaltene Vorlesung über Zahlentheorie und ergänzte sie mit einer ganzen Reihe von Supplementen, um, wie er selbst es ausdrückt, „das Gebiet des behandelten Stoffes … abzurunden" (Dedekind 1863, S. 395). Doch sind diese Ergänzungen mehr als Kommentierungen der Vorlesungen Dirichlets, sondern Ergebnisse eigener mathematischer Forschung und bereits Vorläufer seiner elften Ergänzung. In der vierten Auflage von 1894 fügte er das Supplement XI an und stellte damit die von ihm entwickelten Grundlagen einer Idealtheorie vor. In Verbindung mit den vorhergehenden Ergänzungen lässt sich von sieben Versionen dieses Supplements sprechen. Bei der Herausgabe der „Gesammelten mathematischen Abhandlungen" wurden alle Versionen des Supplements publiziert. Das unterstreicht die Bedeutung, die Herausgeberin und Herausgeber in den Dedekind'schen Überlegungen, auch in ihrem Entstehungsprozess, für die Entwicklung der Algebra sahen.

> Erläuterungen zur vorstehenden Abhandlung. Die neueren Entwicklungen haben den hier vertretenen Ansichten Dedekinds voll und ganz rechtgegeben, in der Definition von Ideal und Teilbarkeit wie in der Begründung des Zerlegungssatzes. (Noether 1931, S. 58)

Im weiteren Verlauf nahm Noether eine Einordnung der Ergebnisse Dedekinds in die zeitgenössische Forschung vor, verwies auf Arbeiten von Andreas Speiser, Emil Artin, Wolfgang Krull sowie van der Waerden und belegte damit die Bedeutung Dedekinds für den aktuellen methodischen Diskurs in der Algebra. Am Ende der Erläuterungen vermerkte sie:

> Der Artinsche Beweis wird in der, in der Sammlung Grundlehren der Math. Wissenschaften erscheinenden, ‚Modernen Algebra' von v. d. Waerden gebracht werden. Damit ist dann auch in die Lehrbuch-Literatur, wo bis jetzt der Hurwitzsche Beweis vorherrschte, die Dedekindsche Auffassung eingedrungen; ebenso wie dies für die modernere Vorlesung gilt, wo E. Landau noch 1917, im Nachruf auf Dedekind (Gött. Nachr. 1917), das Gegenteil konstatieren konnte. (Ebenda) (Hervorhebung i. O.)

Auf Dedekinds Auffassung ebenso wie auf das zweibändige Lehrbuch „Moderne Algebra" von van der Waerden, das als ein Manifest der Noether-Schule gelesen werden kann, wird noch genauer einzugehen sein. Doch zeigt dieses Zitat bereits, welche Bedeutung Noether dem Buch van der Waerdens in der Verbreitung der Dedekind'schen oder, man könnte auch sagen, ihrer eigenen Auffassung von Algebra zumaß.

Ebenfalls Anfang der 1930er Jahre begann Noether, gemeinsam mit dem Franzosen Jean Cavaillès, mit der Herausgabe des Briefwechsels zwischen Georg Cantor und Dedekind (Noether und Cavaillès 1937). In der erst nach Noethers Tod erschienenen Publikation finden sich keine Kommentare zu den Briefen, sodass der Schluss nahe liegt, dass Noether zwar die Briefe noch redigiert hatte, aber eine Kommentierung aufgrund der „Beurlaubung" und der Emigration für sie nicht mehr möglich war. Cavaillès würdigte ihre Bedeutung für ihn mit den Worten:

> La présente édition était prête il y a quatre ans. Retardée par diverses circonstances, elle paraît aujourd'hui exactement telle que l'avait revue avec nous Mlle Noether, souvenir vers ces journées de Göttingen où il nous avait été donné après bien d'autre de connaître la bonté joyeuse de son accueil, l'intense rayonnement de son esprit. (Cavaillès 1937, S. 9)

Ende der 1920er Jahre war die Professur für Algebra in Kiel erneut zu besetzen, da Steinitz 1928 verstorben war. In Briefen diskutierten Abraham Adolf Fraenkel, Toeplitz und Hasse im Sommer und Herbst 1928 mögliche Kandidat/inn/en. Dabei war offensichtlich die Platzierung von Hasse selbst auf Rang eins unstrittig. Vielmehr ging es um die fachlich und strategisch richtige Nennung von Personen, möglicherweise bis zu vier Namen, auf den Listenplätzen zwei und drei, sofern Hasse den Ruf nicht annehmen sollte. Bei Toeplitz findet sich kein Verweis auf Noether. Fraenkel dagegen schrieb hierzu an Hasse:

> 1) Rob. Schmidt … 2) Bernays … 3) *Frl. Noether*: Hier liegt die Sache beinahe umgekehrt. Dass sie als Mann längst berufen wäre u. dass sie trotz ihrer für Anfängerunterricht sicher schlechten Begabung wissenschaftlich in Kiel erfolgreich würde, ist wohl außer Zweifel. Per-

sönlich stelle ich mir die Zusammenarbeit mit ihr sehr unerträglich vor. Das dürfte viel. nicht maßgebend sein, wenn nicht Äußerungen von ihr selbst (ernstgemeint?) u. von Dritten es so darstellten (auf die Berufung Krulls gemünzt), als sei ihr die große Wirksamkeit in Göttingen viel lieber als ein auf einen engen Schülerkreis beschränktes Ordinariat an einer kleinen Universität. Kann man es verantworten, sie – wie ich eigentlich möchte – *nicht* auf die Liste zu setzen? (Fraenkel an Hasse 8. 10. 1928) (Hervorhebung i. O.)[87]

Zwei Tage später reagierte er auf eine Antwort von Hasse:

Zu Frl. *Noether* ermutigen mich Ihre Bemerkungen dazu, denen ich mindestens, was *große* Univers. betrifft, zustimme, guten Gewissens von ihrer Nennung abzusehen. (Fraenkel an Hasse 10. 10. 1928) (Hervorhebung i. O.)

Über die Bemerkung Hasses kann an dieser Stelle nur spekuliert werden, da sein Brief nicht zur Verfügung steht. Möglicherweise hatte er mit Noether selbst gesprochen, möglicherweise wurde aber nur angenommen, dass sie eine nicht so bedeutende Professur an einer wenig bedeutenden Universität unattraktiv fände. Das Eigentümliche besteht nur darin, dass Hasse selbst als arrivierter Mathematiker es für sich durchaus in Erwägung zog, nach Kiel zu gehen. Ist hier ein gutes Argument gefunden worden, Noether nicht zu listen? Analysen heutiger Berufungsverfahren zeigen, dass gerne etwas über die Wissenschaftlerinnen angenommen wird, das zur Ablehnung führen kann und führt, ohne es durch Rückfrage zu verifizieren.[88]

Für das Wintersemester 1928/29 erhielt Noether, initiiert durch ihren Moskauer Kollegen Alexandroff, eine Einladung, dort als Gastprofessorin tätig zu sein. Die mathematisch-naturwissenschaftliche Abteilung in Göttingen unterstützte diese internationalen Kontakte sehr, und so schrieb das Dekanat im August 1928 an den Kurator der Göttinger Universität:

Es liegt im Interesse der Fakultät, dass Professor Noether die wissenschaftlichen Möglichkeiten, die sich durch diese Einladung für sie bieten, ausnutzen kann. Die Erfahrung und Anregungen, die sie im Austausch mit den Moskauer Mathematikern sammeln wird, werden ihrem hiesigen Unterricht und ihrer Forschertätigkeit zugutekommen. (Personalakte Noether)

Noether hielt an der Moskauer Universität eine Vorlesung über abstrakte Algebra und ein Seminar über algebraische Geometrie an der Akademie. Diese Zeit muss für Noether eine sehr anregende Erfahrung gewesen sein und nicht nur für sie, sondern auch für ihre russischen Kollegen und Studenten. So schrieb Alexandroff im Januar 1928 an Oswald Veblen:

This winter (as you know) we have Miss Noether here in Moscow as guest professor, and of course her presence enlivens our mathematical life greatly, particularly since algebra notably belongs to those mathematical fields that unfortunately have been cultivated little so far in Moscow. Partly under the influence of Miss Noether, partly also stimulated by my algebraic lectures here in Smolensk, I begin to become very interested in algebra, for the time being only ‚from afar' of course, without trying to work in it myself. The topological lecture which

[87] Krull wurde 1928 nach Erlangen berufen.

[88] Vgl. Engler 2001.

> Hopf is holding in Berlin this winter (and which is very interesting …) is also very algebraically influenced. (Alexandroff an Veblen 1928, undatiert, zitiert nach Merzbach 1983, S. 168)

Im Sommersemester 1930 hatte Noether in Frankfurt a. M. die Vertretung des Lehrstuhls für Algebra inne, der Lehrstuhlinhaber Carl Ludwig Siegel folgte einer Gasteinladung nach Göttingen. Unter den Hörer/inne/n in Frankfurt war u. a. Paul Dubreil, später ein assoziiertes Mitglied der Bourbaki-Gruppe.[89] Dubreil folgte Noether im nächsten Semester nach Göttingen. Man könnte an dieser Stelle spekulieren, welche Rolle ein Studium bei Noether, und sei es nur für zwei Semester, für das strukturelles Verständnis der Mathematik, wie es von der Bourbaki-Gruppe propagiert wurde, gespielt haben mag.

Der Ackermann-Teubner-Gedächtnispreis wurde 1911 aus Anlass des 100-jährigen Jubiläums der Verlagsbuchhandlung B. G. Teubner vom Verlagsinhaber Alfred Ackermann-Teubner gestiftet.[90] Ein Stiftungsvermögen wurde der Universität Leipzig zur Verfügung gestellt und sollte der Förderung der mathematischen Wissenschaften dienen. Ackermann-Teubner, selbst mathematisch ausgebildet und Schatzmeister der DMV, gab folgende Preisgeldverwendung vor:

> Der Preis soll einem Vertreter der mathematischen Wissenschaften nachträglich für bedeutende … Arbeiten, – sei es, dass sie als Monographie oder als Abhandlung oder in sonstiger Weise erschienen sind – die entweder einen hervorragenden wissenschaftlichen oder pädagogischen Fortschritt bedeuten, [verliehen werden]. (Stiftungsurkunde, zitiert nach Tobies 1986)

Der Stifter, mit den unterschiedlichen Disziplinen innerhalb der Mathematik wohlvertraut, gab eine Reihenfolge von insgesamt acht Fachrichtungen vor.[91] Der Preis wurde alle zwei Jahre vergeben, das Preisgeld betrug anfangs 1000 Reichsmark. Der erste Preisträger 1914, noch von Ackermann-Teubner selbst ausgewählt, war Klein, der danach als Preisrichter bis 1922 an der Vergabe beteiligt war. Mit diesem Schachzug, Klein als ersten Preisträger auszuwählen, und der engen Verbindung mit der DMV, die aus ihrem Vorstand zwei der Preisrichter stellen musste, sicherte Ackermann-Teubner von Beginn an das hohe Renommee dieses Preises. Bei der Vergabe wurde die vom Stifter vorgegebene disziplinäre Reihenfolge sorgfältig eingehalten, sodass, nachdem Zermelo 1916 für Leistungen in den Bereichen Arithmetik und Algebra gewürdigt wurde, in dieser Fachrichtung erst

[89] Vgl. Beaulieu 1994, S. 243.

[90] Alle Details zum Ackermann-Teubner-Gedächtnispreis entstammen Tobies 1986, S. 50 ff.

[91] Es handelt sich um folgende Fächer und die jeweiligen Preisträger: Geschichte, Philosophie, Didaktik, Unterricht (Klein 1914), Mathematik, in erster Linie Arithmetik und Algebra (Ernst Zermelo 1916), Mechanik (Ludwig Prandtl 1918), Mathematische Physik (Gustav Mie 1920), Mathematik, in erster Linie Analysis (Paul Koebe 1922), Astronomie, Ausgleichsrechnung und Fehlertheorie (Ernst Kohlschütter 1924), Mathematik, in erster Linie Geometrie (Wilhelm Blaschke 1926), Angewandte Mathematik, soweit noch nicht berücksichtigt, bes. Geodäsie und Geophysik (Albert Defant 1928), Geschichte (Johannes Tropfke 1930), Zahlentheorie und Algebra (Artin und Noether 1932), Mechanik (Erich Trefftz 1934), mathematische Physik (Pascual Jordan 1934), Analysis (Erich Hecke 1938), Astronomie (Paul ten Bruggencate 1941) (Tobies 1986, S. 51).

wieder 1932 der Preis vergeben werden konnte. In den „Mathematischen Annalen" ist zu lesen:

> Der von Herrn Domherr Dr. Dr. Ing. Alfred Ackermann-Teubner in Leipzig im Jahre 1912 bei der Universität Leipzig gestiftete ‚Alfred Ackermann-Teubner-Gedächtnispreis zur Förderung der mathematischen Wissenschaften' in Höhe von RM. 500.– ist für das Jahr 1932 durch das Preisgericht je zur Hälfte Herrn Prof. Dr. Emil Artin in Hamburg und Frl. Prof. Dr. Emmy Noether in Göttingen für ihre gesamten wissenschaftlichen Leistungen zuerkannt worden. (Mathematische Annalen 107: 803)

Damit wurde die Bedeutung der Auffassungen und Methoden Noethers für die Mathematik insgesamt gewürdigt. Ihre Perspektive war nicht mehr exotisch, befremdend und nur in einem kleinen Spezialgebiet der Mathematik von Relevanz. Die Wissenschaftlerin Noether befand sich nicht mehr im Etablierungsprozess, sondern gehörte zu Deutschlands führenden mathematischen Persönlichkeiten. Doch wurde nicht nur ihr, sondern auch Artin der Preis verliehen. Muss hierin eine weiterhin bestehende Skepsis gegenüber ihren Konzepten gesehen werden, oder war es nur schlicht unvorstellbar, dass eine Frau alleinige Preisträgerin war? Jedenfalls lässt sich nicht von einer gleichrangigen Beziehung sprechen. So ist bereits zu dieser Zeit mit Selbstverstänlichkeit von „E. Noether und ihrer Schule" die Rede (Hasse 1927, S. 93), und in dem 1933 im Kontext der „Beurlaubung" auszufüllenden Fragebogen bezeichnete Noether Artin als einen ihrer Schüler (Noether 19. 4. 1933).[92] Auch Weyl sprach 1931 von der durch „E. Noether und ihrem Kreis sowie von E. Artin" betriebenen Förderung der abstrakten axiomatisierenden Algebra (Weyl 1932, S. 358) und nahm damit eine Bedeutungsgewichtung vor. Als Marginalisierung in der Anerkennung lässt sich diese Situation beschreiben: Noether war weithin anerkannt, an ihrer mathematischen Kompetenz gab es keine Zweifel, an der Bedeutung ihrer Forschungen innerhalb der mathematischen Disziplin der Algebra ebenfalls nicht. Sie war zu einem Zentrum innerhalb des mathematischen Diskurses geworden, und doch hatte die Debatte über die Relevanz ihrer Auffassungen und Methoden für die Mathematik in ihrer Gesamtheit gerade erst begonnen.

Im gleichen Jahr fand der Internationale Mathematikerkongress in Zürich statt, rund 700 Mathematiker/innen waren zu Gast. Mit der Einladung, einen der 14 Hauptvorträge zu halten, erfuhr Noether große internationale Anerkennung. In ihrem Vortrag „Hyperkomplexe Systeme in ihren Beziehungen zur kommutativen Algebra und zur Zahlentheorie" sprach sie über zwei klassische, auf Carl Friedrich Gauß zurückgehende algebraische Probleme, und es gelang ihr in eindrucksvoller und überzeugender Weise, nicht nur diese mathematisch tiefliegenden Fragestellungen zu beantworten, sondern insbesondere die Reichweite ihrer Arbeits- und Auffassungsmethoden zu demonstrieren; sie zeigte an Fra-

[92] Artin hatte nach seiner Promotion 1921/22 ein Jahr in Göttingen verbracht und auch Vorträge Noethers gehört, doch ist er in der mathematikhistorischen Forschung bisher als ein von Noether unabhängig wirkender Algebraiker wahrgenommen worden, sodass diese Einordnung durch Noether überrascht und noch zu diskutieren ist.

gen zur Bedeutung des Nichtkommutativen für das Kommutative die Kraft des strukturellen Zugangs zur Mathematik. Sie selbst sprach inzwischen von „Struktureigenschaften", „Struktursätzen" und „strukturgemäßem Zugang" (Noether 1932, S. 190 f.). Wie bereits in ihrer ersten „rein begrifflichen" Arbeit „Idealtheorie in Ringbereichen" lag die Bedeutung des Vortrags sowohl in den mathematischen Ergebnissen selbst als auch in der Dokumentation ihrer Arbeits- und Auffassungsmethode. Der Vortrag wurde zu einem Triumph[93] für den inzwischen auch von ihr selbst als strukturell bezeichneten Zugang zur Mathematik, die modernen algebraischen Methoden und damit für die von ihr vertretenen „Auffassungs- und Arbeitsmethoden".

1.4.4 „Beurlaubung" und Entlassung

> Mein lieber Alexandroff!
> Der Ferienanfang (wir faulenzen ja März und April) gibt die Gelegenheit endlich deinen lieben Weihnachts- und Neujahrsbrief zu beantworten, der ja auch erst hinterher kam. Ich habe seitdem ziemlich von der Hand in den Mund gelebt, zum Teil für die Vorlesung, mehr noch für einen Vortrag in Marburg, wo ich Hasse neueste Resultate versprochen hatte. … Ich freue mich sehr, dass jetzt bei euch im Institut so schön gearbeitet wird; … Schön ist es dass Kolmogoroff im Sommer kommen wird, und du ihm dann doch jedenfalls im Winter darauf hier Gesellschaft leisten wirst. … Mein Noetherdach hat noch allerlei, aber nur kurze, Einquartierung gehabt; das kannst du nächstes Jahr an Hand des Gästebuchs verfolgen, wo sich allerhand mathematische Dichter herausgestellt haben; allen voran Neugebauer mit seiner Widmung. … Dieser Tage war v. d. Waerden hier, zur Habilitation von Schwager Rellich. V. d. Waerden ist jetzt doch wieder sehr viel frischer als er die letzte Zeit war (hat mir auch eine sehr hübsche Arbeit für die Annalen gegeben). … Courants fahren morgen mit Kind und Kegel … nach Arosa; ich fahre Ende des Monats wieder für 2–3 Wochen an die Nordsee. Courant wird ja jetzt wieder für eine Reihe von Jahren vor der Gewissensfrage behütet sein, eine mathematische Berufung nach Göttingen machen zu müssen, nachdem Weyl endgültig Amerika abgelehnt hat. … Weitere mathematische Nachrichten: Hasse hat Riemannsche Vermutung bewiesen. Es ist aber eine unechte; für Funktionenkörper statt Zahlkörper, und dort nur im elliptischen Fall, aber trotzdem ist's schön. Ob Deuring mit der Gaussschen Vermutung zustande gekommen ist, weiß ich noch nicht: neue Ansätze hat er. (Noether an Alexandroff 5. 3. 1933, zitiert nach Tobies 2003)

Der Ton dieses Briefes ist typisch für die bisher bekannten Noether-Briefe aus der Zeit von Ende der 1920er bis Anfang der 1930er Jahre. Voller Schwung schrieb sie über ihre zukünftigen mathematischen Pläne, erzählte über mathematische Entwicklungen und Ergebnisse sowie private Vorhaben der ihr nahestehenden Kollegen und Schüler in einem Atemzug. Noether war auf dem Höhepunkt ihrer Schaffenskraft, sie kannte alle und jeden, war nicht nur ein Knotenpunkt in einem algebraischen Netzwerk, sondern ein mathematisches Zentrum, wie auch ihr Hinweis auf das Gästebuch dokumentiert. Sie bereitete offensichtlich ihre Vorlesung für das nächste Semester vor, im Vorlesungsverzeichnis bereits

---

[93] Vgl. etwa Alexandroff 1936a, S. 105.

angekündigt mit dem Titel „Hyperkomplexe Methoden in der Zahlentheorie". Kein Laut findet sich zu den politischen Veränderungen, der „Machtergreifung" der Nationalsozialisten am 30. Januar 1933, nur der Verweis auf die Verschiebung des Semesterbeginns auf den Mai, nachdem die Universitäten im Zuge der „Machtergreifung" zunächst geschlossen worden waren.

Am 25. April 1933 wurde Noether aufgrund des „Gesetzes zur Wiederherstellung des Berufsbeamtentums" ebenso wie fünf weitere Göttinger Kollegen, darunter auch Courant und Weyl, „beurlaubt". Auch ihr Bruder Fritz, inzwischen Ordinarius für Mathematik in Breslau, war betroffen. Anfang Mai schrieb Noether an Hasse:

> Vielen herzlichen Dank für Ihren guten freundschaftlichen Brief! Die Sache ist aber doch für mich sehr viel weniger schlimm als für sehr viele andere: rein äußerlich habe ich ein kleines Vermögen (ich hatte ja nie Pensionsberechtigung), sodaß ich erst einmal in Ruhe abwarten kann; im Augenblick, bis zur definitiven Entscheidung oder etwas länger geht auch das Gehalt noch weiter. Dann wird wohl jetzt auch einiges von der Fakultät versucht, die Beurlaubung nicht definitiv zu machen; der Erfolg ist natürlich im Moment recht fraglich. Schließlich sagte Weyl mir, daß er schon vor ein paar Wochen, wo alles noch schwebte, nach Princeton geschrieben habe wo er immer noch Beziehungen hat. ... Weyl meinte doch daß mit der Zeit sich etwas ergeben könne, zumal Veblen im vorigen Jahr viel daran lag, mich mit Flexner, dem Organisator des neuen Instituts, bekannt zu machen. ... Dieses ‚bis auf Weiteres nicht lesen' ist ja hier im Institut ziemlich katastrophal; ... Ihre Ausarbeitung lese ich mit viel Freude[94]; ich denke daß ich zwischendurch die ‚Noethergemeinschaft' in der Wohnung versammeln werde um darüber zu sprechen. (Noether an Hasse 10. 5. 1933)

Noether wirkte weniger beunruhigt ob der eigenen Situation als über die ihrer Freunde und Kollegen. Zudem wusste sie um eine Reihe von Initiativen verschiedener Kollegen und Studierender, um eine Veränderung der Situation herbeizuführen. Darin zeigt sich, wie etabliert Noether, wie selbstverständlich in der Wahrnehmung ihrer Kollegen sie Teil der mathematischen Gemeinschaft war. Wie aber war die mathematische Qualität in Göttingen unter dem Diktum „bis auf Weiteres nicht lesen" aufrechtzuerhalten? Noethers Lösung, private Veranstaltungen bei sich in der Wohnung abzuhalten, entsprach ihrem bisherigen beruflichen und mathematischen Werdegang. Nichts hielt sie davon ab, sich mit Mathematik zu beschäftigen und über Mathematik zu sprechen. Der mathematische Dialog, die wissenschaftliche Auseinandersetzung mit anderen, sei es in mündlicher oder schriftlicher Form, waren ein zentrales Element ihrer Lebenskonzeption. Mit der Formulierung „Noethergemeinschaft" wurde dieses Gefühl zum Ausdruck gebracht. Noether selbst sprach nie von einer Schule, doch in zeitgenössischen Texten tauchte diese Bezeichnung bereits Mitte der 1920er Jahre auf.[95] Allerdings war ihre Wortschöpfung sprachlich auch an die nach dem Ersten Weltkrieg gegründete Notgemeinschaft der deutschen Wissenschaft

---

[94] Es handelt sich um die Ausarbeitung der Marburger Vorlesung Hasses aus dem vergangenen Jahr; Noether plante, sie als Grundlage ihrer Veranstaltung zu nutzen.

[95] Vgl. Hasse 1927, S. 93; van der Waerden 1933, S. 402.

angelehnt und verweist damit auf die Sorge, die Noether weniger für die eigene Person als vielmehr für die Weiterführung der mathematischen Arbeit an der Universität empfand.

Das sofortige, als „Beurlaubung" bezeichnete Lehrverbot sowie ihre Entlassung wurden mit ihrer früheren Konfession und mit ihren früheren Parteimitgliedschaften begründet, wie der Vermerk auf dem Deckblatt zu dem von Noether beantworteten „Fragebogen zur Durchführung des Gesetzes zur Wiederherstellung des Berufsbeamtentums" zeigt (Noether 19. 4. 1933).[96] Noether war etwa im Vergleich mit ihrer ersten Doktorandin Hermann kein politisch sehr engagierter Mensch gewesen, doch hatte sie mit sozialdemokratischen und pazifistischen Positionen sympathisiert, hieraus keinen Hehl gemacht und sich, folgt man Alexandroff, nach ihrem Gastaufenthalt in Moskau positiv über die Sowjetunion geäußert. Aber ihre mathematische Arbeit hatte immer Vorrang vor allem Anderen gehabt, und unter denjenigen, mit denen sie zusammenarbeitete, waren sowohl Sozialist/inn/en wie Hermann und Alexandroff als auch aktive Nationalsozialisten wie ihre Doktoranden Witt, Werner Weber und Oswald Teichmüller. Auch ihre langjährige freundschaftliche Zusammenarbeit mit Hasse, der schon früh mit der Deutschnationalen Volkspartei sympathisierte, erfuhr keinen Abbruch, doch hatte Hasse sich auch deutlich für sie stark gemacht und sich damit gegen Positionen der Nationalsozialisten gestellt.

Es gab mehrere unterschiedliche Versuche, ihre Arbeitsmöglichkeiten in Göttingen zu sichern. Hasse war sehr engagiert gewesen und hatte neben einem eigenen Gutachten für Noether noch weitere 13 Mathematiker zu Referenzen veranlasst.[97] Es schrieben Harald Bohr aus Kopenhagen, Philipp Furtwängler und Tonio Rella aus Wien, Godfrey Harold Hardy aus Cambridge, Oskar Perron aus München, Jan Arnoldus Schouten aus Delft, Beniamino Segre aus Bologna, Kenjiro Shoda aus Osaka, Siegel aus Frankfurt a. M., Speiser aus Zürich, Teiji Takagi aus Tokio, van der Waerden aus Leipzig und Weyl aus Göttingen. Die Gutachten wurden bereits im Juli 1933 an den Kurator der Universität Göttingen, Justus Theodor Valentiner, weitergereicht. Hier sei aus Hasses Begleitschreiben zitiert:

> Die beigefügten Gutachten über die wissenschaftliche Bedeutung Emmy Noethers sollen dem Zweck dienen, ihr nach Möglichkeit die weitere Existenz am mathematischen Institut Göttingen in irgendeiner Form zu erhalten. Nicht nur für Göttingen, sondern für die deutsche Mathematik überhaupt, wäre es ein empfindlicher Verlust, wenn sich für Frl. Noether in Deutschland keine weitere Existenzmöglichkeit als lehrende Mathematikerin fände. Da es sich bei ihr nicht so sehr um ein Lehren im großen Rahmen des Ausbildungsplans der Lehramtskandidaten als vielmehr um ein Befruchten eines verhältnismäßig kleinen Kreises fortgeschrittener Schüler handelt, die meist die akademische Laufbahn im Auge haben, so darf ich die Hoffnung hegen, dass sich eine solche Tätigkeit vielleicht doch nicht mit den grundsätzlichen Erwägungen und Prinzipien überkreuzen würde, die zur ihrer vorläufigen Beurlaubung geführt haben. (Hasse an Valentiner 31. 7. 1933)

[96] Darüber hinaus findet sich mehrfach das Symbol „♀" auf einzelnen Blättern des Fragebogens, vielleicht ein Hinweis, dass auch ihr Geschlecht zu dieser sofortigen „Beurlaubung", die ja zunächst nur für Beamte ausgesprochen war, beigetragen hatte.

[97] Vgl. Roquette 2008.

Die Erstellung der Gutachten war außergewöhnlich und keinesfalls selbstverständlich, sondern Ausdruck einer weltweit vorhandenen Anerkennung Noethers, die sich über die beunruhigenden Entwicklungen in Deutschland hinwegsetzte. Am deutlichsten sprach dies Schouten aus:

> Was hier offiziell, durch die Behörden selbst, geschieht, empört uns Freunde Deutschlands aufs Äußerste. ... Sie können meinen Brief überall vorzeigen, obwohl ich damit riskiere gelegentlich als ‚lästiger Ausländer' ausgewiesen zu werden. (Gutachten Schouten 1933)

Die Gutachten führten nicht zu einer Rücknahme der „Beurlaubung" Noethers, doch dass sie verfasst wurden, berührte Noether, und sie schrieb in einem Brief an Hasse:

> Ich habe erst nach meiner Rückkehr vorige Woche ... gehört, daß Sie auch zum Einreichen der Gutachten noch mit einem Brief helfen mussten. Also wirklich recht herzlichen Dank für all Ihre Mühe! Und wenn nicht gleich, so helfen die Gutachten noch vielleicht für später! Und dass sie jetzt vorliegen scheint mir nur richtig zu sein! (Noether an Hasse 6./7. 9. 1933)

Auch Noethers Studierende und Doktorand/inn/en äußerten sich in einer Petition zur Bedeutung Noethers für ihre eigenen Studien und für die Mathematik in Göttingen:[98]

> Frl. Noether hat eine mathematische Schule begründet, aus der die tüchtigsten der jüngeren Mathematiker hervorgegangen sind, die jetzt zum Teil Dozenten, zum Teil Ordinarien an deutschen Universitäten sind. Ihre Tätigkeit hat immer in Spezialvorlesungen bestanden, mit kleiner Hörerzahl, von der aber ein großer Teil sich der akademischen Laufbahn gewidmet hat. Auch die Tatsache, dass ihre Kurse sich durch mehrere Semester erstreckten, hatte zur Folge, dass den Schülern ein tieferer Einblick in die Zusammenhänge gegeben wurde.
>
> Es ist kein Zufall, dass ihre Schüler sämtlich arisch sind, es liegt begründet in ihrer Wesensauffassung der Mathematik, die dem arischen Denken besonders entspricht. Nicht um abgerissene einzelne Sätze und Resultate handelt es sich, sondern um Erkennen, Verstehen des Ganzen, und dies gelingt E. Noether auf Grund der von ihr in den letzten Jahren entwickelten begrifflich inhaltlichen Methode. Das Gebiet, das sie erforscht, die lebendigen Fragestellungen, die sie aufstellt, haben alle ihre Schüler mit Begeisterung und Leidenschaft für die Mathematik erfüllt. (Bannow et al. 1933)

Parallel zu diesen Aktivitäten gab es die in dem Brief an Hasse schon angedeutete Initiative, ihr eine Einladung an das der Universität Princeton angegliederte, neu gegründete Institute for Advanced Study zu verschaffen. Anders als an der Universität selbst wurden hier weibliche Lehrende zugelassen, und Abraham Flexner, der Initiator und erste Direktor des Instituts, hatte Noether 1932 in Zürich persönlich kennengelernt. Hieraus entwickelte sich das Angebot einer wesentlich durch die Rockefeller Foundation finanzierten Gastprofessur an dem Frauen-College in Bryn Mawr[99], nur eine Zugstunde von Princeton ent-

[98] Unterzeichnet wurde die Petition von Erna Bannow, Ernst Knauf, Tsen, Werner Vorbeck, G. Dechamps, Wolfgang Wichmann, Harold Davenport, Helmut Ulm, Ludwig Schwarz, Walter Brandt (Unterschrift nicht eindeutig entzifferbar), Douglas Derry und Wei-Liang Chow.

[99] Vgl. Siegmund-Schultze 2001, S. 305.

fernt. Auch nach Oxford an das Somerville-College, ebenfalls ein Frauen-College, erhielt Noether eine Einladung. In Moskau bestand das Bestreben, für Noether einen Lehrstuhl einzurichten, eine Initiative, die wesentlich auf Alexandroff zurückging. Noch Anfang September schrieb Noether an Hasse:

> Daß ich nach Weihnachten für einen Term nach Oxford gehen will, haben Sie ja durch Davenport gehört. Unterdes bekam ich noch eine Aufforderung für eine Research-Professur in Bryn Mawr für ein Jahr (1933/34), die ich für das folgende 34/35 angenommen habe. Ich habe noch keine Antwort darauf, denke aber dass die Verschiebung – ich kann ja nicht gleichzeitig in England und Amerika sein – keine Schwierigkeiten macht. Das Stipendium kommt gemeinsam von Rockefeller und dem Komitee ‚in Aid of Displaced German Scholars'. Bryn Mawr ist übrigens wieder ein Frauen-College, aber wie Veblen mir nachträglich schrieb, das Beste unter diesen; und außerdem so nahe bei Princeton dass ich oft rüberkommen sollte. ... Nach Würzburg [zur Jahrestagung der DMV] werde ich nach einem mir vernünftig scheinenden Vorschlag von Blaschke, den ich mit Rademacher an der See traf, vermutlich nicht kommen. Blaschke meinte, es käme vor allem darauf an, dass die Mathematikervereinigung in ihren rein wissenschaftlichen, neutralen Charakter bewahrt, und daß die anderen Fragen überhaupt nicht aufgeworfen werden. Das könnte möglicherweise durch meine diesjährige Anwesenheit erschwert werden. Es scheint mir richtiger als der erste Vorschlag von Rademacher, man sollte erst recht alle Beurlaubten auffordern, da es sich um Mathematiker und nicht um Professoren handle. (Noether an Hasse 6./7. 9. 1933)

Zum ersten Mal plante Noether, nicht an der Jahrestagung der DMV teilzunehmen. So vernünftig und gelassen ihr Brief klingt, so dramatisch war die Situation. Sie hatte zwar keinen ihrer mathematischen Bedeutung angemessenen beruflichen Status, doch war sie über viele Jahre selbstverständlich an allen Veranstaltungen beteiligt, war nicht nur Teil eines mathematischen Diskurses, sondern gestaltete ihn. Das war ihr nun genommen, und mit der Entlassung am 13. September 1933 hatte sich die Situation zugespitzt: Sie erhielt kein Gehalt mehr und ihre Zugangsmöglichkeiten zur Universität wurden massiv eingeschränkt. Kollegen wie etwa Weyl und Brauer waren bereits im Princeton. Die Göttinger Mathematik begann sich aufzulösen, und Noether akzeptierte, entgegen ihrem eigentlichen Wunsch, nach Oxford zu gehen, aus finanzieller Notwendigkeit heraus das Angebot aus Bryn Mawr.[100] Sie verließ im Oktober 1933 Deutschland, durch die Entlassung endgültig in Göttingen und Deutschland daran gehindert, dass zu tun, was ihr am meisten bedeutete: gemeinsam mit anderen Menschen mathematisch zu arbeiten.

1.5 Bryn Mawr und Princeton: In der Emigration

Noether fuhr nach Bryn Mawr, so sie selbst im Rückblick in einem Brief an Alexandroff, als handele es sich um eine wissenschaftliche Besuchsreise (Noether an Alexandroff 19. 3. 1934, zitiert nach Tobies 2003, S. 106). Ihr Haushalt in Göttingen blieb bestehen, die

[100] Tatsächlich hatte Noether nicht die Wahl zwischen Bryn Mawr und dem Somerville College, ebenfalls ein Frauen-College, in Oxford, da die Finanzierung dort noch ungeklärt war (vgl. Tollmien 1990, S. 211 f.).

Wohnung wurde möbliert untervermietet. Und warum auch nicht, schließlich hatte sie vor nicht allzu langer Zeit ein Wintersemester in Moskau verbracht, kilometermäßig näher an Göttingen, doch in vielerlei anderer Hinsicht sehr viel weiter entfernt als Bryn Mawr und Princeton. Auch ihr Status war der einer ausländischen Wissenschaftlerin vergleichbar, ein willkommener Gast, der ausgezeichnete Arbeitsbedingungen vorfinden möchte und soll. Ihre Studentin Marguerite Lehr beschrieb in ihrer Ansprache anlässlich der Beerdigung Noethers Ankunft in Bryn Mawr:

> At the opening Convocation on 1933, President Park announced the coming of a most distinguished foreign visitor to the Faculty, Dr. Emmy Noether. Among mathematicians that name always brings a stir of recognition. ... For many reasons it seemed that a slow beginning might have to be made; the graduate students were not trained in Miss Noether's special field – the language might prove a barrier – after the academic upheaval in Göttingen the matter of settling into a new and puzzling environment might have to be taken into account. When she came, all of these barriers were suddenly non-existent, swept away by the amazing vitality of the woman whose fame as the inspiration of countless young workers had reached America long before she did. In a few weeks the class of four graduates was finding that Miss Noether could and would use every minute of time and all the depth of attention that they were willing to give. (Lehr 1935, S. 144 f.)

Auch Noether erlebte die Ankunft so, denn sie schrieb an Hasse:

> Die Leute hier sind alle von großem Entgegenkommen und einer natürlichen Herzlichkeit, die einen direkt bekannt sein lässt, auch wenn es nicht sehr tief geht. Eingeladen wird man beliebig viel. (Noether an Hasse 6. 3. 1934)

Die Gastprofessur in Bryn Mawr bedeutete für Noether nicht nur die Sicherung des Lebensunterhalts, sondern auch die Möglichkeit, weiterhin mathematisch zu arbeiten. Beides wusste sie wohl zu würdigen, und es gelang ihr, innerhalb kürzester Zeit einige engagierte Studentinnen um sich zu versammeln und sich erfolgreich in die Collegewelt zu integrieren.

> Im übrigen mache ich hier ein Seminar mit drei ‚girls' – students werden sie nur selten genannt – und einem Dozenten, und grad lesen sie mit Begeisterung van der Waerdens Bd. I, eine Begeisterung, die bis zum Durcharbeiten aller Aufgaben geht – sicher nicht von mir verlangt.[101] (Ebenda)

---

[101] Noethers Anmerkung „bis zum Durchrechnen aller Aufgaben – sicher nicht von mir verlangt" zeigt ihre kritische Beobachtung der mathematischen Künste ihrer Studentinnen. Um Rechenkünste ging es Noether in der Ausbildung ihrer Studierenden nie. Taussky hat dieses Spannungsverhältnis in einem Gedicht ausgedrückt:

„Es steht die Olga vor der Klasse, Die Olga denkt: weil das so ist
Sie zittert sehr und denkt an Hasse; und weil mich doch die Emmy frißt,
die Emmy kommt von fern hinzu so werd' ich keine Zeit verlieren,
mit lauter Stimm', die Augen gluh. Werd' keine Algebra studieren
Die Trepp hinauf und immer höher und lustig rechnen wie zuvor.
Kommt sie den armen Mädchen näher. Die Olga, dünkt mir, hat Humor."
(Taussky 1934, zitiert nach Wußing und Arnold 1989, S. 521)

Mit der Dekanin des mathematischen Fachbereichs Anna Pell Wheeler, die selbst mehrere Semester in Göttingen studiert hatte, verband Noether eine freundschaftliche Beziehung. Das College war stolz auf seinen hochrangigen Gast und versuchte, ihr eine mathematisch angemessenere Umgebung zu schaffen, und so ging das Bemühen dahin, auch bereits ausgebildete Mathematikerinnen nach Bryn Mawr zu ziehen. Noether war in dieses Vorhaben mit einbezogen und kommentierte mit einem gewissen Amüsement und deutlicher Freude:

> Für nächstes Jahr gibt es aber, echt amerikanisch ein Emmy-Noether-Fellowship, das wohl unter einer Schülerin von M[a]cDuffee und einer von Manning-Blichfeldt-Dickson verteilt wird; die erstere scheint etwas Niveau zu haben. Außerdem kommt wahrscheinlich Frl. Taussky mit einem Bryn Mawr Stipendium her. (Ebenda)

Zu dem Kreis der von Noether in Bryn Mawr unterrichteten Studentinnen gehörten neben Lehr Ruth Stauffer, verh. McKee, Grace Shover, Weiss und Taussky, in unterschiedlicher Weise durch Stipendien finanziert. Die Zusammenarbeit mit diesen engagierten jungen Mathematikerinnen war sehr intensiv. McKee schrieb in ihren Erinnerungen:

> As I remember there were five of us who had never been exposed to any abstract. She started by giving us a short assignment in the first volume of van der Waerden's ‚Moderne Algebra'. A day or two later she stopped by the seminar room and asked me how it was going. ‚Well', said I, ‚I'm having trouble knowing how to translate all these technical terms such as Durchschnitt.' ‚Ah-ha', she said, ‚don't bother to translate, just read the German.' This is the way our strange method of communication begun. Although we students were far from conversant with the German language, it was very easy for us to accept the German technical terms and to think about the concepts behind the terminology. (McKee 1983, S. 142)

So engagiert die Studentinnen auch waren und begeistert davon, durch Noether unterrichtet zu werden, Noether selbst war über die Situation nicht glücklich. Ihre Rahmenbedingungen hatten sich radikal gewandelt. Gerade noch war sie in Göttingen ein Kondensationspunkt mathematischer Forschung, wie es etwa Weyl in seinem Nachruf beschrieb:

> In my Göttingen years, 1930–1933, she was without doubt the strongest center of mathematical activity there, considering both the fertility of her scientific research program and her influence among a large circle of pupils. (Weyl 1935, S. 208)

Jetzt musste sie sich mit einer Gastprofessur an einem College begnügen und den Unterricht auf einem Niveau abhalten, das sie kaum befriedigen konnte. Mehrere ihrer Kollegen, dazu gehörten Brauer und Weyl, hatten im ca. 100 km entfernten Princeton am Institute for Advanced Study Arbeitsmöglichkeiten erhalten, Positionen, die Noethers mathematischer Bedeutung angemessener gewesen wären. Immerhin erhielt sie dort ab Februar 1934 einen Lehrauftrag für eine wöchentlich abzuhaltende zweistündige Veranstaltung. In einem Brief an Hasse Anfang 1934 schrieb sie (Abb. 1.2):

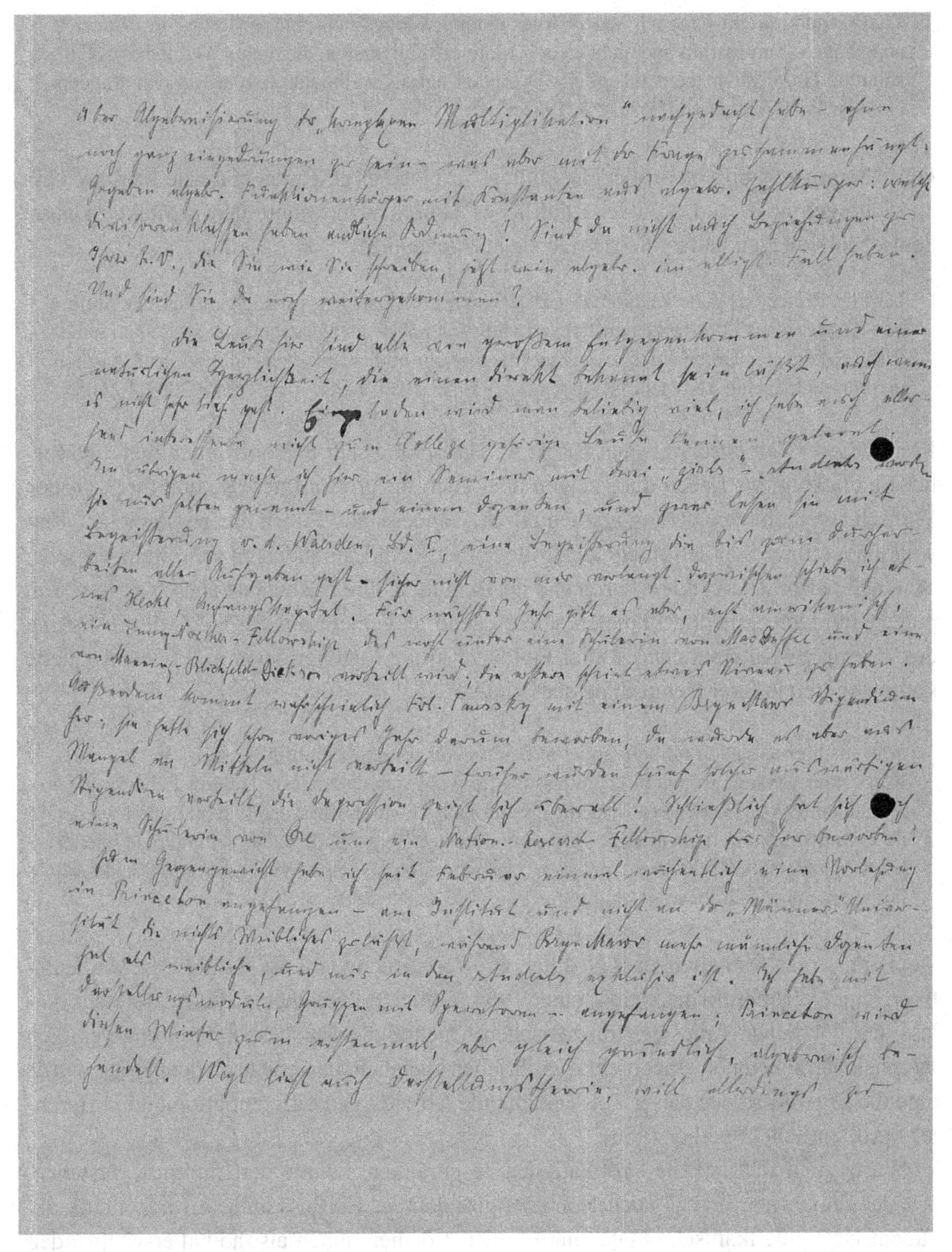

Abb. 1.2 Auszug aus einem Brief Noethers an Hasse vom 6. März 1934 über ihre Arbeitssituation in Bryn Mawr und Princeton

> Zum Gegengewicht habe ich seit Februar einmal wöchentlich eine Vorlesung in Princeton angefangen – am Institut und nicht an der ‚Männer'-Universität, die nichts Weibliches zuläßt, während Bryn Mawr mehr männliche Dozenten hat als weibliche, und nur in den students exklusiv ist. (Noether an Hasse 6. 3. 1934)[102]

Diese Seminare sind von großer Bedeutung für Noether gewesen, hatte sie hier doch ein an Göttingen erinnerndes wissenschaftliches Umfeld und konnte den Kontakt zu ihren deutschen Kollegen halten. So schrieb sie an Alexandroff:

> Dort [in Princeton] gebe ich einmal in der Woche ein Gastspiel; es ist eigentlich ein Göttingen-Rendez-vous! Der Dozentenstand ist natürlich höher als hier: aber was Studenten anbetrifft, scheint der Unterschied zwischen männlichen und weiblichen nicht so groß wie ich ursprünglich dachte. (Noether an Alexandroff 19. 3. 1934, zitiert nach Tobies 2003, S. 105)

Ihre in dieser Zeit geschriebenen Briefe an Hasse sind sehr persönlich gehalten und bieten Einblicke in ihr Leben dort, zeigen aber auch ihr großes Interesse und ihren großen Wunsch, weiterhin nicht nur mathematisch, sondern auch über die persönlichen Entwicklungen ihrer Schüler/innen und Kollegen auf dem Laufenden zu sein. Immer wieder scheint ihre Sorge um andere durch und ihr Bemühen, ihre mathematischen Netzwerke zu nutzen, um Unterstützung zu bieten. Hierzu gehörte, gemeinsam mit Weyl, die Gründung des „German Mathematicians Relief Fund".[103] Franz Lemmermeyer und Peter Roquette kommentieren in ihrer Herausgabe der Briefe:

> Was uns hier und auch in ihren anderen Briefen aus dieser Zeit auffällt, ist das Fehlen einer Klage oder Anklage wegen ihrer Entlassung, obwohl sich dadurch ihr äußeres Leben in einschneidende Weise verändern wird, die ihr durchaus bewusst war. Auch scheint immer wieder ihr Optimismus durch, nämlich das alles nur eine vorübergehende Sache sei und bald wieder ‚normale' Verhältnisse eintreten würden. Und vor allem: Nach wie vor sind ihre Briefe voll mit mathematischen Ideen. (Lemmermeyer und Roquette 2006, S. 205)

Doch muss man festhalten, dass Noether, wie vermutlich viele der emigrierten Mathematiker, kaum veröffentlichte. Außer einer 1934 publizierten mathematischen Note aus Anlass des plötzlichen Todes des französischen Algebraikers Jacques Herbrand und einigen Rezensionen scheint Noether nichts geschrieben zu haben, und erst nach dem Krieg wurde eine die Ergebnisse aus dieser Zeit enthaltende Arbeit „Idealdifferentiation und Differente" veröffentlicht (Noether 1950).

Würde man sich auf die Publikationen beschränken, könnte der Eindruck entstehen, mit der Emigration breche auch Noethers gestaltender Einfluss auf die Mathematik ab, zudem viele amerikanische Mathematiker von Noethers ihnen als radikal erscheinenden mathematischen Auffassungen irritiert waren. So schrieb Noether, die Situation deutlich wahrnehmend, an Hasse:

[102] An der Universität Princeton konnten sich bis 1969 nur Männer einschreiben.

[103] Vgl. Siegmund-Schultze 1998.

> Ich habe mit Darstellungsmoduln, Gruppen mit Operatoren angefangen; Princeton wird in diesem Winter zum erstenmal, aber gleich gründlich, algebraisch behandelt. Weyl liest auch Darstellungstheorie, will allerdings zu kontinuierlichen Gruppen übergehen. Albert … hat vor Weihnachten etwas hyperkomplex nach Dickson vorgetragen. … Ich habe wesentlich Research-fellows als Zuhörer, neben Albert und Vandiver, merke aber daß ich vorsichtig sein muß; sie sind doch wesentlich an explizites Rechnen gewöhnt, und einige habe ich schon vertrieben! (Noether an Hasse 6. 3. 1934)

„Explizites Rechnen", davon hatte Noether sich in den vergangenen 25 Jahren weit entfernt. Nicht nur, dass sie selbst in der Mathematik andere Wege eingeschlagen hatte; es war auch nicht ihr eigentliches Interesse, ihren Hörern alte, unmoderne Methoden und Auffassungen von Mathematik darzulegen, doch klingt zugleich in dem Brief der Wunsch mit, der auch ihre Arbeiten charakterisiert: ihr Gegenüber mitzunehmen, in einen Dialog einzutreten und für ihre Mathematik zu begeistern.

Mit dem in dem oben zitierten Brief erwähnten amerikanischen Algebraiker A. Adrian Albert hatte Noether bereits vor ihrer Emigration schon Kontakt und kannte seine Forschungen. Er spielte im Kontext der Entstehung des Forschungsfeldes der Algebrentheorie eine Rolle, auf die im dritten Kapitel noch genauer eingegangen wird. Auch Hasse kannte seine Arbeiten gut und hatte mit ihm zusammen im Anschluss an die gemeinsame Publikation mit Brauer und Noether „Beweis eines Hauptsatzes in der Theorie der Algebren" einen Artikel veröffentlicht. Albert gehörte zu den an modernen Auffassungen und Arbeitsmethoden, wie sie von Noether jetzt in Princeton unterrichtet wurden, interessierten jungen Amerikanern. Sein 1937 verfasstes Buch „Modern Higher Algebra", das als englischsprachiges Pendant zur „Moderne[n] Algebra" van der Waerdens begriffen werden kann, hat sicherlich dazu beigetragen, Noethers Auffassung in USA zu verbreiten, auch wenn er nicht direkt auf Noether rekurrierte. In seinem Vorwort schrieb Albert:

> During the present century modern abstract algebra has become more and more important as a tool for research not only in other branches of mathematics but even in other sciences. (Albert 1937, S. VII)

Auch auf andere Hörer wie etwa den Algebraiker Nathan Jacobson, den späteren Herausgeber der „Gesammelten Abhandlungen Emmy Noethers", hinterließen ihre Vorträge nachhaltigen Eindruck und prägten deren weitere Forschungsinteressen. Noether selbst war, wie sie im Herbst an Hasse schrieb, mit der Zuhörerschaft des nächsten Terms deutlich zufriedener:

> Es sind dieses Jahr eine Reihe interessierter Leute in Princeton. Ich mache ein Seminar über Klassenkörpertheorie, was allerdings wesentlich Vorlesung ist, aber doch mit gelegentlichem Mitarbeiten der Leute. Wir stecken allerdings einstweilen noch in galoisscher Theorie; aber nächstes Mal soll Frl. Taussky, die zwischendurch mitkommt, einfachste zahlentheoretische Beispiele bringen. (Noether an Hasse 31. 10. 1934)

Einen Monat später berichtete sie Hasse erfreut über die weitere Entwicklung:

> Er [Morgan Ward] gehört mit Zariski zu den Professoren unter den Zuhörern; und letzterer fängt an sich in die arithmetische Theorie der algebraischen Funktionen zu stürzen! Den hyperkomplexen Aufbau werde ich gern ein anderes Jahr bringen – ich konnte ja weder Diskriminantensatz noch sonst etwas voraussetzen – wenn dann nicht die Zuhörer absolut gewechselt haben. (Noether an Hasse 28. 11. 1934)

Oscar Zariski war zu dieser Zeit als Gast in Princeton und damit befasst, sich in moderne algebraische Konzepte einzuarbeiten. Sein Forschungsfeld war die algebraische Geometrie, sein Forschungsinteresse eine neue, mit modernen Methoden entwickelte Grundlegung.[104] Er beschrieb Jahre später die Bedeutung, die Noethers Vorlesungen und der persönliche Kontakt zu ihr für ihn hatten:

> She spoke about ideal theory in algebraic number theory. She was always talking about spots … and a good deal of it was like Chinese to me. But she was very enthusiastic and I was trying to learn ideal theory, so I went faithfully even if I didn't understand everything. Just watching her was fun, and of course, I felt that here is a person who gets enthusiastic about algebra, so there is probably a good deal to get enthusiastic about. … I was especially glad that she was so happy about my conversion to algebra. She must have thought, ‚Here is an algebraic geometer like my father, but who's converted to pure algebra.' She even came to hear me lecture in Philadelphia, like a mother. She was very motherly to me, although I didn't learn ideal theory from her, but from her papers. … I wouldn't underestimate the influence of algebra, … but I wouldn't exaggerate the influence of Emmy Noether. I'm a very faithful man … also in my mathematical tastes. I was always interested in the algebra which throws light on geometry, and I never did develop the sense for pure algebra. (Zariski 1991, zitiert nach Parikh 1991, S. 75 f.)

Noether begann, sich in Princeton und Bryn Mawr mathematisch einzuleben. Sie arbeitete mit alten Kollegen zusammen, hatte in Princeton eine neue Zuhörerschaft und leitete in Bryn Mawr Doktorandinnen an. Mit ihren Kollegen und Schüler/inne/n in Göttingen und in Deutschland, sofern sie nicht schon emigriert waren, hielt sie engen Kontakt und bemühte sich weiterhin, ihnen beruflich und in ihrer mathematischen Entwicklung zur Seite zu stehen. Tatsächlich waren viele der Schüler/innen Noethers zunächst in der Not, ihre Promotion zum Abschluss zu bringen, wobei Hasse mehrmals als Betreuer zur Verfügung stand. Dass Noethers mathematischer Ansatz als „jüdische Mathematik" diffamiert wurde, begann erst Mitte der 1930er Jahre. Ein kleiner Briefwechsel aus dem Jahr 1935 zwischen Hasse und dem Algebraiker Heinrich Kapferer gibt einen beredten Eindruck davon, wie es um die Stimmung stand. Kapferer, der in dieser Zeit außerordentlicher Professor an der Universität Freiburg war und seine Familie durch ein Privatdozentenstipendium finanzierte, kann zu den Noether-Schülern gezählt werden.[105] So ist etwa aus der im Anschluss

[104] Zur Bedeutung Noethers für Zariski vgl. Slembeck 2013.

[105] Vgl. Kapferer autobiografische Notizen „Kurven in meinem Leben" (Kapferer 1938).

an einen Vortrag Kapferers geführte Diskussion[106] eine gemeinsame Publikation entstanden (Kapferer, Noether 1927). Bei der Umstrukturierung an der Universität Freiburg nach 1933 wurde die Algebra auf ein Minimum reduziert, und Kapferers Stipendium wurde gestrichen. Voller Sorge wandte er sich mit folgenden Worten an Hasse:

> Ich möchte um Auskunft bitten über die derzeitigen Aussichten meines Berufs im *Allgemeinen* und bei mir im *Besonderen.* Sie stehen an prominenter Stelle und haben unter den Collegen in Deutschland größtes Ansehen. Sie haben auch sicher schon mitgeholfen, dass der richtige Mann an die richtige Stelle kommt. Ich bin nun hier in Freiburg nicht, oder *nicht mehr*, an der richtigen Stelle. ... Sagen Sie mir bitte offen Ihre Ansicht. (Kapferer an Hasse 1. 2. 1935) (Hervorhebungen i. O.)

Hasse antwortete darauf Mitte Februar:

> Es fällt mir sehr schwer, Ihnen zu raten und viel schwerer, Ihnen zu sagen, dass ich für Sie recht wenig tun kann. Leider ist ja heute von halbamtlicher Seite eine starke Abneigung gegen die moderne Algebra vorhanden und wird sich immer da geltend machen, wo es gilt, einen aus der ‚Vergangenheit' kommenden Algebraiker zu fördern oder auch nur zu verpflanzen. (Hasse an Kapferer 15. 2. 1935)

Noether las in Princeton von Februar bis April 1934 Darstellungstheorie, allerdings, wie sie Hasse schrieb, nicht auf dem Göttinger Abstraktionsniveau. Im Winter 1934 folgte ein Seminar zur Klassenkörpertheorie. Darauf aufbauend sollte im nächsten Term „Hyperkomplexer Aufbau der algebraischen Funktionen" folgen. Es schien sich eine gewisse Normalität abzuzeichnen, die Planungen über mehrere Semester gestattete, auch wenn die weitere Finanzierung für Noether noch unklar war. So schrieb Noether an Alexandroff:

> Ich kann ja aber auch noch absolut nicht übersehen was in zwei Jahren sein wird; ich halte es nicht für ausgeschlossen dass man hier verlängert. ... Ich habe meine Wohnung möbliert vermietet, möchte das am liebsten weitermachen, weiß aber noch nicht ob es geht. Ich bin ja eigentlich im Herbst nur wie Besuchsreise fortgegangen; aber dass Akklimatisieren geht merkwürdig rasch, so dass die ursprünglich unmögliche Idee des Bleibens gar nicht mehr unmöglich scheint. (Noether an Alexandroff 19. 3. 1934, zitiert nach Tobies 2003, S. 105 f.)

Im Mai 1934 nach Ende der Vorlesungszeit in Bryn Mawr reiste Noether nach Deutschland. Sie hatte mit einigen ihrer Kollegen und Studierenden schon Kontakt aufgenommen, so u. a. mit Hasse, den sie hoffte, in Göttingen zu treffen:

> Von den Göttinger Studenten – Witt, Bannow, Tsen – habe ich gehört, daß Sie im nächsten Semester wahrscheinlich schon in Göttingen wären? Stimmt das? Ich würde es mir sehr wünschen, da ich einstweilen vorhabe gegen Anfang Juni für ein paar Wochen nach Göttingen zu kommen. (Noether an Hasse 6. 3. 1934)

[106] Vgl. Jahresbericht der DMV 1926, S. 21.

Doch die Situation am Göttinger mathematischen Institut hatte sich radikal gewandelt. Noether traf kaum einen der ihr vertrauten Mathematiker mehr an; viele waren bereits emigriert oder an andere Universitäten gegangen. Auch mit Hasse kam es zu keinem Treffen. Zugang zur Göttinger mathematischen Bibliothek erhielt sie nur als ausländische Gelehrte. Einige ihrer Doktoranden waren noch am mathematischen Institut und mit dem Abschluss ihrer Promotion befasst. So nahm sich Noether die Zeit, für Wolfgang Wichmann noch das Gutachten zu schreiben. Ihr Bruder Fritz, mit dem sie sich noch einmal traf, bereitete seine Emigration nach Tomsk in die Sowjetunion vor. Dort hatte er einen Lehrstuhl für angewandte Mathematik erhalten. Noether löste ihren Haushalt auf, denn es war offensichtlich geworden, dass ihre Emigration nicht vorübergehend sein würde:

> ... zum Herbst gebe ich die Wohnung auf und nehme Bücher und die guten von meinen Sachen mit hinüber. Man hat mir drüben versichert, dass ich mit Verlängerung rechnen kann; ob in Bryn Mawr oder anderswo, wissen sie wohl selbst noch nicht. (Noether an Hasse 21. 6. 1934)

Deutlich zeichneten sich mehrere, aber noch vage Optionen ab. Alexandroff bemühte sich für sie weiterhin um eine Algebraprofessur an der Lomonossow-Universität, doch Noether schien es nicht so sehr nach Moskau zu ziehen:

> Dies vorausgeschickt zu sagen, dass ich mich einstweilen für überhaupt, trotz viel Verlockendem, für Moskau und für die Algebraprofessur, noch nicht binden will. Bis Herbst 1935 bin ich ja überhaupt noch hier verpflichtet; und für später haben sie mir jetzt im Princeton wieder gesagt dass ich bleiben sollte. In welcher Form – weiter pendelnd oder ganz dort – wissen sie wohl selbst noch nicht. Hier zu bleiben hat natürlich den großen Vorteil dass man ... in alle Himmelsgegenden reisen kann; vielleicht sind in dieser Hinsicht in Amerika meine Ansprüche gestiegen! (Noether an Alexandroff 3. 5. 1934, zitiert nach Tobies 2003, S. 106 f.)

Im April 1934 notierte der Mathematiker Warren Weaver, verantwortlich für den Bereich Naturwissenschaften bei der Rockefeller Foundation, in seinem Tagebuch nach einem Gespräch mit Noether über ihre Arbeitssituation in Bryn Mawr:

> N. seems reasonably satisfied, in her characteristically philosophical fashion, with the situation at Bryn Mawr. She says there are two girls who are really interesting to her, one of them she thinks will do an interesting piece of work. She comes to Princeton one day a week so that she does not lack for scientific contacts. (Weaver 27. 4. 1934)

Ein Jahr später schrieb Weaver über die Zukunftsperspektiven Noethers in den USA und seine Gespräche mit Marion Edwards Park, der Präsidentin des Bryn Mawr College:

> It has become clear, that Noether cannot possibly assume ordinary academic duties in this country. She has no interest in undergraduate teaching, has not made very much progress with the language, and is entirely devoted to her research interests. ... There is no hope whatsoever of absorption at Bryn Mawr, but there appears to be a fair chance for absorption at the Princeton Institute, this being an ideal disposition of the case. (Weaver, 20. 3. 1935, zitiert nach Kimberling 1981, S. 36 f.)

Ihr ganzes Berufsleben hat Noether eine äußerst kritische Bewertung ihrer didaktischen Kompetenz begleitet und in vermutlich entscheidender Weise ihre berufliche Karriere geprägt. Anfang der 1920er Jahre bereits als Argumentationsfigur genutzt, hat sich 15 Jahre später an der Fragwürdigkeit dieser Charakterisierung Noethers nichts geändert. Hier gilt es, zunächst festzuhalten, dass Noether und damit auch ihre Mathematik, ihre Auffassung und Methoden als bedeutend und bedeutsam für die Entwicklung der amerikanischen Mathematik erachtet wurden. Zu dieser Bewertung hat sicherlich Noethers Vorlesungstätigkeit in Princeton beigetragen. Sie sollte, so Weavers Empfehlung, in einer nun formalen Verankerung am Institute for Advanced Study fortgesetzt werden.

Im April 1935 wurde Noether im Krankenhaus von Bryn Mawr operiert. Kaum jemandem hatte sie von der Notwendigkeit dieser Operation erzählt, auch in dem eine Woche zuvor geschriebenen Brief an Hasse findet sich kein Hinweis. Die eigentliche Operation, die Entfernung eines Myoms, ein Routineeingriff, verlief unproblematisch, doch verstarb Noether 53-jährig drei Tage später unerwartet an postoperativen Komplikationen. Ihr plötzlicher Tod am 15. April kam für alle ihre Freund/inn/e/n und Kolleg/inn/en in Deutschland, den USA und der Sowjetunion völlig überraschend. Mit zahlreichen Nachrufen und Trauerreden wurde ihrer weltweit gedacht. Ihre Mathematik wurde gewürdigt, ihre Auffassungen als zukunftsweisend skizziert und ihre gestalterische Kraft in der Mathematik herausgestrichen. In fast pathetischer Manier beendete van der Waerden seinen Nachruf mit den Worten:

> Und heute scheint der Siegeszug der von ihren Gedanken getragenen modernen Algebra in der ganzen Welt unaufhaltsam zu sein. (Van der Waerden 1935, S. 476)

Zu einem wissenschaftstheoretischen Verständnis dieser mit moderner Algebra bezeichneten Auffassungen und Methoden Noethers beizutragen, ist Aufgabe der nächsten beiden Kapitel, im vierten und fünften Kapitel wird ihr „Siegeszug“ aus wissenschaftshistorischer Perspektive skizziert werden.

Begriffliche Mathematik

2

Meine Methoden sind Arbeits- und Auffassungsmethoden, und daher anonym überall eingedrungen. (Noether an Hasse 12. 11. 1931)

Als Noether 1931 diesen Satz an Hasse schrieb (Abb. 2.1), war sie als Mathematikerin etabliert und ihre Forschung anerkannt. Auch wenn sie sich beruflich in einer marginalisierten Position befand, so hatten doch zahlreiche Mathematiker/innen bei ihr studiert und ihr mathematisches Handwerkszeug bei ihr gelernt. Was aber waren ihre Auffassungen von Mathematik, und was waren ihre Methoden? Mit der tradierten, etwa durch Weyls Nachruf eingeübten Fokussierung der Analyse ihres mathematischen Wirkens auf die Algebra als Forschungsgebiet und der Axiomatik als methodischem Ansatz[1] geht eine Einengung einher, die den Blick für andere Lesarten verstellt. Mit einer aus dem Zitat abgeleiteten Untersuchungsstruktur von Auffassung und Arbeitsmethode, kurz Methode, ist es möglich, zu einem tieferen Verständnis der Arbeiten Noethers zu gelangen, ihr Wirken als Lehrende genauer in den Blick zu nehmen und die Anonymität ihres Einflusses aufzuheben.

„Begriffliche Mathematik“ nannte Alexandroff in seiner Gedenkrede zu Ehren Noethers im September 1935 die von ihr vertretene Auffassung (Alexandroff 1936a, S. 101). Diese Benennung lässt sich nur bei Alexandroff finden, in anderen zeitgenössischen Dokumenten wird von begrifflichem Verständnis oder begrifflicher Methode gesprochen.[2] Noch in heutigen Publikationen finden sich zur Charakterisierung der Mathematik Noethers zumeist die Worte *abstrakt*, *modern* oder *axiomatisch*, doch sind diese Bezeichnungen sowohl wegen der Unschärfe ihrer Bedeutungen als auch der mit ihnen verbundenen Positionierung in einem metamathematischen Diskurs und den sich daraus ergebenden Konnotierungen problematisch und für eine genauere Analyse der Arbeits- und Forschungstätig-

[1] Vgl. Weyl 1935, S. 214.

[2] So ist etwa in der im ersten Kapitel zitierten Petition ihrer Studierenden und Doktorand/inn/en von der „begrifflich inhaltlichen Methode“ Noethers die Rede (Bannow et al. 1933).

M. Koreuber, *Emmy Noether, die Noether-Schule und die moderne Algebra*,
Mathematik im Kontext, DOI 10.1007/978-3-662-44150-3_2

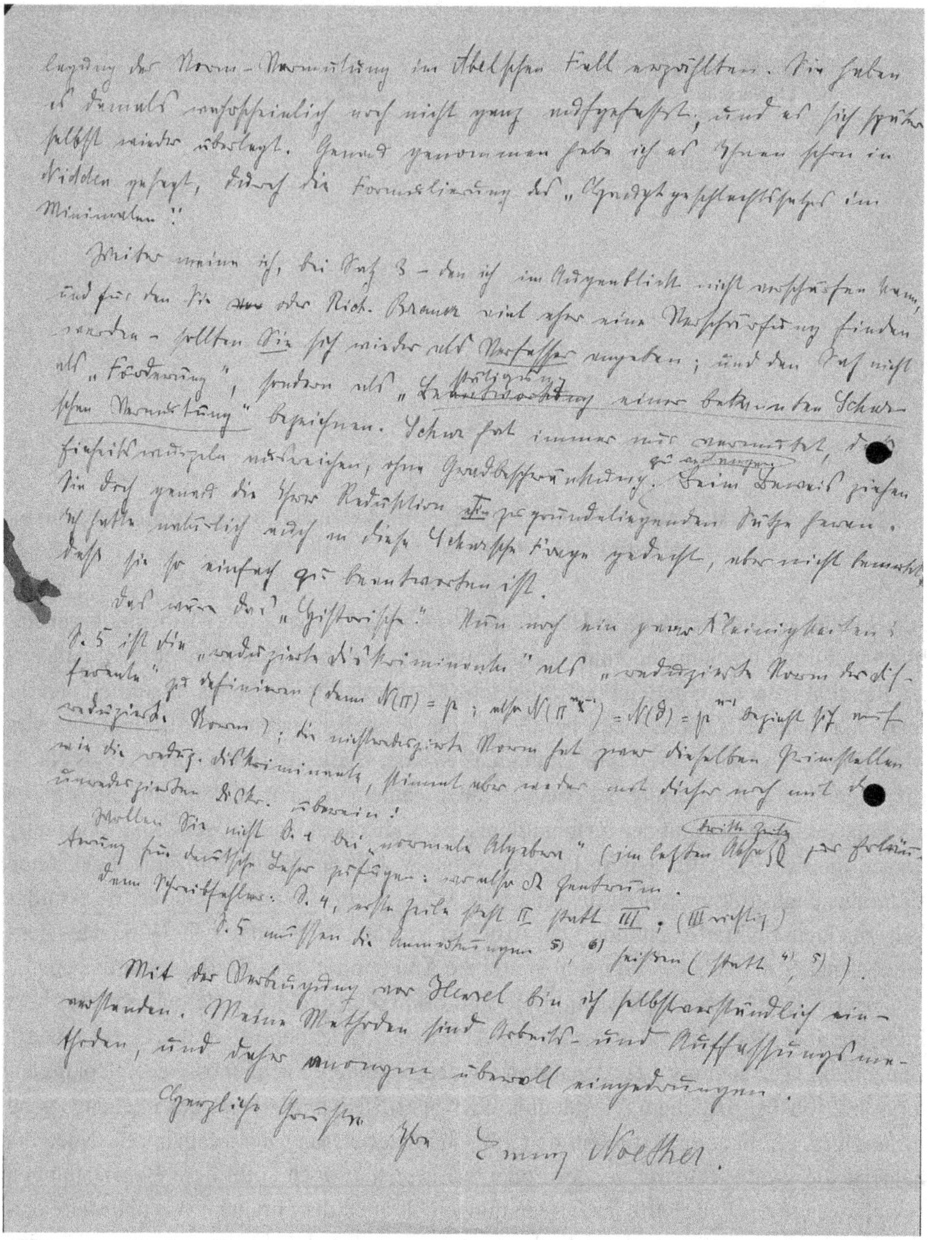

Abb. 2.1 Auszug aus einem Brief Noethers an Hasse vom 12. November 1931 im Zusammenhang mit dem Beweis des Hasse-Brauer-Noether-Theorems

keit Noethers wenig hilfreich. Das Wort *begrifflich* ist in der Mathematik anders als beispielsweise in der Philosophie relativ unbelastet von theoretischen Auseinandersetzungen, vermutlich, da es auch nach seiner Prägung durch Alexandroff kaum Verwendung fand, ein Umstand, der sich für mein Vorhaben als Vorteil erweist.

Zunächst ist zu zeigen, dass sich diese Charakterisierung der Auffassungen und Methoden Noethers aus ihren eigenen Arbeiten speist, und mit Hilfe eines Zeitgenossen Noethers, des Philosophen Cassirers, von außen einen Blick auf die begriffliche Auffassung Noethers zu werfen. Der zweite Teil führt in die mathematischen Details, ohne sich darin zu verlieren, sondern vielmehr, Noethers Publikationen gegen den mathematischen Strich lesend, ihren spezifischen Umgang mit Begriffen, ihre Art der Begriffsbestimmung und deren Nutzung in der Gewinnung mathematischer Erkenntnisse herauszudestillieren. Auf diesen Ergebnissen aufbauend lässt sich die begriffliche Mathematik als ein diskursives Vorhaben erkennen, dessen zentrale Elemente das Denken in Begriffen und die Dialogizität der Texte sind. Welche Leistungsfähigkeit Noether ihrer Auffassung und Methodik zuschreibt und wie sie sich damit zugleich zu den Bewertungskriterien für gute Mathematik *fruchtbar* und *tiefliegend* verhält, wird im vierten Unterkapitel dargestellt. Im letzten Teil werden die Veränderungen im mathematischen Schreiben Noethers untersucht, das sich von der Betonung des Begrifflichen als einem produktiven Zugang zur Mathematik hin zur Hervorhebung des Strukturellen als zentralem Forschungsgegenstand verschiebt.

2.1 Zur begrifflichen Auffassung

Noether schrieb 1921 in der „Idealtheorie in Ringbereichen“:

> Die vorliegenden Untersuchungen stellen eine starke Verallgemeinerung und Weiterentwicklung der diesen beiden Arbeiten zugrundeliegenden Begriffsbildungen dar. (Noether 1921, S. 28)

Mit diesem unspektakulär wirkenden Satz legte Noether die ihre zukünftige Arbeit bestimmenden Auffassungen und Methoden dar. Sich auf die unter Noethers Anleitung geschriebene Habilitation Schmeidlers (Schmeidler 1919) und die gemeinsame Arbeit zu „Moduln in nichtkommutativen Bereichen“ (Noether und Schmeidler 1920) beziehend und zugleich davon abgrenzend wird die neue Forschungsperspektive formuliert. Begriffsbildungen sind wie in den vorhergehenden Arbeiten grundlegend für die gesamte Untersuchung, ihre Bedeutung aber ist gewachsen und qualitativ anders als zuvor. Es wird mit ihnen auf zweifache Weise gearbeitet: „Starke Verallgemeinerung“ der Begriffe und eine präzise Bestimmung des Begriffsumfangs sind das Ziel mathematischen Handelns geworden. Damit sind Begriffe selbst zu Forschungsgegenständen geworden, die durch begriffliche „Weiterentwicklung“ zu untersuchen sind. Für Noether sind Begriffe zugleich Untersuchungsgegenstand und Werkzeug. Mit dieser Auffassung hebt sie sich deutlich von Dedekind ab, dessen inspirative Bedeutung für Noether im vorhergehenden Kapitel angerissen wurde. In seinem Aufsatz „Das Skelett der modernen Algebra. Zur Bildung mathematischer Begriffe bei Richard Dedekind“ schreibt Herbert Mehrtens:

> Es ist die intensive Bemühung um die begrifflich-strukturelle Klärung der mathematischen Gegenstände, die Dedekind und E. Noether verbindet. … Zugrunde liegt die Behauptung,

> daß darin der Kern von Dedekinds Beitrag zur Entstehung der modernen Mathematik im Allgemeinen und der modernen Algebra im Besonderen liegt. ... Es geht vielmehr darum, die starke methodische Orientierung Dedekinds nachzuweisen und ihre inhaltliche Auswirkung in der Bildung gewisser neuer Begriffe zu zeigen. (Mehrtens 1979, S. 26)

Doch ist Dedekinds Umgang mit Begriffen eher als instrumentell, Mehrtens spricht von methodischer Orientierung, zu charakterisieren. Die von ihm entwickelten algebraischen Begriffe wie *Körper*, *Ordnung* und *Ideal* sind Werkzeuge und nicht Objekte seiner Forschung.

Die programmatische Lesart des oben zitierten Satzes wird durch den Titel ihrer Publikation und die ersten Seiten der Einleitung bereits vorbereitet. Ginge es um die mathematischen Aussagen der Untersuchung, könnte der Titel der Veröffentlichung auch „Zerlegungssätze von Idealen" lauten, doch Noether ging es um etwas Allgemeineres und nicht um die Zerlegungssätze. Mit *Theorie* und *Bereiche* ist ihr Vorhaben beschrieben: Eine mathematische Theorie, eine Sammlung von Aussagen, nicht durch einen konkret bezeichneten Geltungsbereich wie etwa den der natürlichen Zahlen beschränkt, sondern in allgemeinster Form wird betrachtet. Hierzu ist eine präzise Bestimmung der für die Untersuchung relevanten Begriffe wie etwa Ideal, aber ebenso der Attribute wie relativprim notwendig. Diese Begriffsklärung führt bis zu der Frage, wie Begriffe im Kontext einer Untersuchung bestimmt sein müssen, ohne unscharf im Sinne eines seine Schärfe verlierenden Werkzeugs zu werden. In diesem Sinne werden Begriffe in ihrer Tiefe und in ihrer Reichweite vollständig ausgelotet.

Bereits in früheren Arbeiten gibt es einzelne Hinweise darauf, dass die Arbeit mit Begriffen aus Noethers Perspektive ein zentrales Element mathematischen Tuns ist. „Rein begrifflich" findet sich bereits 1919 als Bewertung von mathematischen Ergebnissen in ihrem Antrag auf Habilitation (Personalakte Noether). Mit der zwei Jahre später publizierten „Idealtheorie in Ringbereichen" aber wurde das Arbeiten mit Begriffen als Untersuchungsgegenstand und als Werkzeug zentral und auch in ihren weiteren Veröffentlichungen betonte Noether verstärkt die Bedeutung begrifflichen Arbeitens: So ist von „begrifflicher Deutung" als Ziel die Rede (Noether 1923, S. 53); es werden „Grundbegriffe" zusammengestellt (Noether 1926, S. 229); „vermöge" neubestimmter Begriffe können Beweise vereinfacht werden (Noether 1927,S. 27); Begriffe bilden die „Grundlage der Untersuchung" (Noether 1929, S. 641). Diese oft in Nebensätzen oder prädikativen Einschüben formulierte Einforderung begrifflichen Arbeitens erscheint in ihrer Gesamtheit wie eine parallel zur mathematischen Forschung laufende theoretische Diskussion über die Relevanz begrifflicher Auffassung und Methoden für die Mathematik. Wurde die begriffliche Mathematik mit der „Idealtheorie in Ringbereichen" proklamiert, so war es im Laufe der 1920er Jahre Noethers Anliegen, deren Bedeutsamkeit und Produktivität für die Mathematik insgesamt zu erweisen.

Noether setzte Begriffe in den Mittelpunkt mathematischen Arbeitens. Will man zu einem allgemeinen Verständnis ihrer Auffassung, was Begriffe sind, gelangen und damit deren Bedeutung für die Mathematik erfassen, so ist die Auseinandersetzung mit einem von außen auf die Wissenschaft Mathematik geworfenen Blick hilfreich.[3] Cassirer veröffentlichte 1910 das Buch „Substanzbegriff und Funktionsbegriff“:

> Die neue Stellung, die die Philosophie der Gegenwart allmählich zu den Grundlagen des theoretischen Wissens gewinnt, bekundet sich nach außen hin vielleicht nirgends deutlicher als in der Umbildung, die die Hauptlehren der formalen Logik in ihr erfahren haben. In der Logik allein schien die philosophische Gedankenentwicklung endlich zu sicherem Halt gelangt zu sein. (Cassirer 1910, S. 3)

Cassirers Vorbild ist erklärtermaßen die Mathematik. Er spielt in seinem ersten Satz nicht nur auf den Philosophen Gottlob Frege an, sondern ebenso auf Dedekind und Hilbert sowie auf Bertrand Russell und den beginnenden Grundlagenstreit in der Mathematik. Cassirer ist in seiner Auseinandersetzung mit Mathematik ein Zeitzeuge, der die sich um die Jahrhundertwende abspielenden Veränderungen in mathematischen Auffassungen und Zugangsweisen aufmerksam verfolgte, dabei allerdings Teile der Mathematik, so etwa Dedekinds axiomatische Herleitung der Zahlen, für die Mathematik in ihrer Gesamtheit nahm, wie seine Ausführungen in dem Kapitel zum Zahlbegriff zeigen (ebenda, S. 46 ff.). Cassirers Charakterisierung mathematischer Begriffsbildungsprozesse beschreibt eine sich erst ab 1900 deutlich abzeichnende Veränderung in der Mathematik. Dedekinds Umgang mit Begriffen war noch Ende des 19. Jahrhunderts seinen mathematischen Zeitgenossen weitgehend unverständlich geblieben, die Rezeption seiner die Zahlentheorie reflektierenden Arbeiten begann erst mit Hilberts Publikation über algebraische Zahlkörper, auch „Zahlbericht“ genannt, von 1897,[4] seine aus heutiger Sicht algebraischen Begriffsbildungen erst 1909 mit Steinitz' Veröffentlichung zur Körpertheorie[5].

Cassirers Auffassung über Mathematik spiegelt deren moderne Entwicklung wider, seine Kritik an der logischen Lehre vom Begriff geht von dieser modernen Mathematik aus und charakterisiert in ihrer Gegenrede zu traditionellen philosophischen Positionen zugleich den mathematischen Umgang mit Begriffen im 19. Jahrhundert. Substanzbegriff und Funktionsbegriff sind die sich gegenüberstehenden Positionen von Begriffsbildung und -bestimmung. Unter Substanzbegriff versteht Cassirer eine auf die Materialität von Dingen bezogene Art der Begriffsbildung:

> Die logische Form der Begriffsbildung und der Definition kann nur im Hinblick auf diese Grundverhältnisse des Realen festgestellt werden. Die Bestimmung des Begriffs durch seine nächst höhere Gattung und durch die spezifische Differenz gibt den Fortschritt wieder, kraft dessen die reale Substanz sich successiv in ihrer besonderen Seinsweise entfaltet. … Das

[3] Erste Überlegungen hierzu und zum dialogischen Schreiben Noethers sind in dem Vortrag „Möglichkeiten und Grenzen der Kategorie Geschlecht. Zur Dialogizität in den mathematischen Texten Emmy Noethers.“ vorgestellt worden (Koreuber, Krause 2003). Das Anliegen des gemeinsamen Arbeitens war es, das wissenschaftstheoretische Lesen von Texten Noethers mit einer mathematischen Lesart, vertreten durch den Algebraiker Henning Krause, zu kontrastieren.

[4] Vgl. Hilbert 1897.

[5] Vgl. Steinitz 1909.

> vollständige System der wissenschaftlichen Definitionen wäre zugleich der vollständige Ausdruck der substantiellen Kräfte, die die Wirklichkeit beherrschen. (Ebenda, S. 9)

Begriffsbildung erfolgt, so Cassirer, durch den Bezug zur Substanz der realen Welt, auf der Basis „der Grundverhältnisse des Realen" durch das Erkennen der Ähnlichkeit der realen Dinge und der Abstraktion von ihren Besonderheiten. Begriffsbildung und Begriffsdefinition in diesem substanziellen Sinne solle, so die Erwartungshaltung der Vertreter dieser ontologischen Auffassung, zu einer vollständigen wissenschaftlichen Beschreibung von Wirklichkeit führen. Cassirer kritisiert diese Annahme und schreibt:

> Die herkömmliche Vorschrift für die Bildung der Gattungsbegriffe aber enthält in sich keinerlei Gewähr, dass dieses Ziel wahrhaft erreicht wird. In der Tat verbürgt uns nichts, dass die gemeinsamen Merkmale, die wir aus einem beliebigen Komplex von Objekten herausheben, auch die eigentlich charakteristischen Züge enthalten, die die Gesamtstruktur der Glieder des Komplexes beherrschen und nach sich bestimmen. (Ebenda, S. 8) (Hervorhebung i. O.)

Cassirers Gegenentwurf ist der Funktionsbegriff, den er in folgender Weise entwickelt:

> In den Definitionen der reinen Mathematik aber ist … die Welt der sinnlichen Dinge und Vorstellungen nicht sowohl wiedergegeben, als vielmehr umgestaltet und durch eine andersartige Ordnung ersetzt. Verfolgt man die Art und Weise dieser Umbildung, so heben sich hierbei bestimmte Formen der Beziehung, so hebt sich ein gegliedertes System streng unterschiedener gedanklicher Funktionen heraus, die durch das einförmige Schema der ‚Abstraktion' nicht bezeichnet, geschweige begründet werden. (Ebenda, S. 18)

Wenige Seiten zuvor skizziert er bereits sein durch die Mathematik inspiriertes Verständnis dieses Gliederungssystems:

> Der bloßen ‚Abstraktion' tritt daher hier ein eigener Akt des Denkens, eine freie Produktion bestimmter Relationszusammenhänge gegenüber. (Ebenda, S. 15)

Es geht also um Begriffsbildungsprozesse, die nicht als Abstraktion von etwas Realem, mit Substanz Versehenem, sondern als gedankliche Konstruktionen zu beschreiben sind. Cassirers Analyse erlaubt, Noethers Umgang mit Begriffen als „freie Produktion bestimmter Relationszusammenhänge" zu erkennen. Ihre Begriffe sind Gedankenkonstrukte, die die Rückbindung an die Substanz, an die Alltagsvertrautheit etwa mit den natürlichen Zahlen, die diese ontologische Einbindung in die Welt nicht benötigen und auch nicht bekommen werden. Mit Begriffen wird hier die Ähnlichkeit von Dingen erst hergestellt, sie sind das Benennen von Beziehungen zwischen Dingen in einem funktionalen, nicht in einem substanziellen Sinne. Für Cassirer ist die mathematische Begriffsbildung die wissenschaftlich wahre:[6]

[6] Cassirer setzt auch hier, indem er sich u. a. auf die zahlentheoretischen Konzepte Giuseppe Peanos und Dedekinds bezog, moderne Entwicklungen in der Mathematik mit Mathematik in ihrer Gesamtheit gleich.

> Gegen eine derartige Konsequenz aber schützt wiederum die Betrachtung derjenigen Wissenschaft, in welche die Schärfe und Klarheit der Begriffsbildung ihre höchste Stufe erreicht. In der Tat scheidet sich an diesem Punkt aufs deutlichste der mathematische Begriff vom ontologischen Begriff. (Ebenda, S. 24) (Hervorhebung i. O.)

Die Mathematik ist Cassirers Vorbild für eine von Fragen nach der Substanz befreite und deshalb umso präzisere Art der Begriffsbestimmung. Eine Begriffsbildung, die sich an Substanz, Realität, an Vertrautheit mit der Welt bindet und die Begriffe dadurch zu gewinnen sucht, dass die Ähnlichkeit von Objekten benannt und von den jeweiligen Besonderheiten abstrahiert wird, ist aus Cassirers Sicht für wissenschaftliche Begriffe unzureichend. Ähnlich lässt sich auch Noethers Gegenhorizont beschreiben, wenngleich sie auch ein an Substanz orientiertes Vorgehen wie etwa das symbolische Rechnen – ihre Doktorarbeit zeigt dies deutlich – exzellent beherrschte.

Cassirers Bewertung mathematischer Begriffsbildungsprozesse kann als Beschreibung einer Entwicklung von Dedekind zu Noether gelesen werden. Dedekinds Ansatz war methodologischer Natur, und er äußerte sich in seinen mathematischen Publikationen wiederholt zu Fragen des methodischen Vorgehens in der Mathematik. Bereits in seinem Habilitationsvortrag „Über die Einführung neuer Funktionen in der Mathematik" sprach er über die Bedeutung von Begriffen:

> Die Einführung eines solchen Begriffs, als eines Motivs für die Gestaltung des Systems, ist gewissermaßen eine Hypothese, welche man an die innere Natur der Wissenschaft stellt; erst im weiteren Verlauf antwortet sie auf dieselbe; die größere oder geringere Wirksamkeit eines solchen Begriffs bestimmt seinen Wert oder Unwert. ... Diese Wahrheiten wirken aber selbst wieder auf die Bildung der Definition zurück. (Dedekind 1854, S. 429 f.)

Für Dedekind hatten Begriffe den Zweck, als Untersuchungsmittel zu fungieren, wenn es darum geht, die innere Natur eines Gegenstandes oder allgemeine Wahrheiten zu erkennen. Er trennte zwischen dem vom Wissenschaftler geschaffenen Begriff als einem Instrument zur Untersuchung und dem Untersuchungsgegenstand selbst:

> So zeigt sich wohl, dass die aus irgend einem Motiv eingeführten Begriffe, weil sie anfangs zu beschränkt oder zu weit gefaßt waren, eine Abänderung bedürfen, um ihre Wirksamkeit, ihre Tragweite auf ein größeres Gebiet erstrecken zu können. Dieses Drehen und Wenden der Definitionen, den aufgefundenen Gesetzen oder Wahrheiten zuliebe, in denen sie eine Rolle spielen, bildet die größte Kunst des Systematikers. (Ebenda, S. 430)

Für Dedekind hatten Begriffe den Zweck, als Untersuchungsmittel zu fungieren, wenn es darum geht, die innere Natur eines Gegenstandes oder allgemeine Wahrheiten zu erkennen. Er trennte zwischen dem vom Wissenschaftler geschaffenen Begriff als einem Instrument zur Untersuchung und dem Untersuchungsgegenstand selbst (Dedekind 1863–94).[7]

[7] Auf die Entwicklung der mathematischen Bezeichnung Ideal als einem von Dedekind geschaffenen Begriff wird im fünften Kapitel in einem historischen Exkurs ausführlicher eingegangen werden.

In diesem Zeitraum erschien auch seine umfangreiche Erörterung „Was sind und was sollen die Zahlen?“, in denen Dedekind sich zu seinem Verständnis zahlentheoretischer Forschung äußerte:

> Meine Hauptantwort auf die im Titel dieser Schrift gestellte Frage lautet: die Zahlen sind freie Schöpfungen des menschlichen Geistes, sie dienen als ein Mittel, um die Verschiedenheit der Dinge leichter und schärfer aufzufassen. Durch den rein logischen Aufbau der Zahlen-Wissenschaft und durch das in ihr gewonnene stetige Zahlen-Reich sind wir erst in den Stand gesetzt, unsere Vorstellungen von Raum und Zeit genau zu untersuchen. ... Aber ich weiß sehr wohl, dass gar mancher in den schattenhaften Gestalten, die ich ihm vorführe, seine Zahlen, die ihn als treue und vertraute Freunde durch das ganze Leben begleitet haben, kaum wieder erkennen mag. (Dedekind 1888, S. 335)

Die Nähe Noethers zu diesem Verständnis von Mathematik ist unverkennbar, doch ging es ihr um die Begriffe. Noethers Auffassung von und Umgang mit Begriffen ist, ganz im Sinne von Cassirers Funktionsbegriff, eine – im ontologischen Sinne – „freie Produktion bestimmter Relationszusammenhänge“ (Cassirer 1910, S. 15). Ein Rückgriff auf die Substanz, die konkreten Elemente wird nicht nur nicht benötigt, sondern ist zur Herstellung des Begriffszusammenhangs hinderlich. Die so hergeleiteten Begriffe ermöglichen in neuer Perspektive die Untersuchungen des Besonderen, und in diesem Verständnis erhalten auch die Beispiele eine andere Rolle, verlieren ihre motivierende Funktion, ein Aspekt begrifflichen Arbeitens, der an anderer Stelle noch zu vertiefen ist. Cassirer schreibt:

> Der exakte Begriff läßt die Eigentümlichkeiten und die Besonderheiten der Inhalte, die er unter sich faßt, nicht achtlos beiseite, sondern er sucht das Auftreten und den Zusammenhang eben dieser Besonderheiten als notwendig zu erweisen. Was er gibt, ist eine universelle Regel für die Verknüpfungen des Besonderen selbst. (Ebenda, S. 25)

Begriffe sind nicht ontologisch begründet, sondern Beziehungen, die erst die Ähnlichkeit der Dinge herstellen. Sie sind nicht Abstraktionen von untersuchten Gegenständen wie etwa den ganzen rationalen Zahlen; sie sind abstrakt, weil sie nicht darauf angewiesen sind, sich bezogen auf irgendeine Substanz zu erklären. Cassirer formuliert:

> Diese Bestimmtheit kann immer nur in einem synthetischen Akt der Definition, nicht in einer einfachen Anschauung, ihren Ausdruck finden. (Ebenda, S. 34)

Nach diesen Vorüberlegungen wird deutlich, dass diese Auffassung, wenn auch nicht expliziert, dem ersten Satz der Einleitung der „Idealtheorie in Ringbereichen“ und damit der gesamten Arbeit zugrunde liegt:

> Den Inhalt der vorliegenden Arbeit bildet die *Übertragung der Zerlegungssätze der ganzen rationalen Zahlen, bzw. der Ideale in algebraischen Zahlkörpern, auf Ideale in beliebigen Integritäts-, allgemeiner Ringbereichen.* (Noether 1921, S. 25) (Hervorhebung i. O.)

Noethers Vorgehen beinhaltete Umgestaltung und Perspektivwechsel, das wird bereits mit diesem Satz deutlich. Scheint es sich zunächst um eine Formulierung des behandelten mathematischen Problems zu handeln oder präziser seine Herstellung, so wird zugleich mit dem Wort „Übertragung" auch die Methode genannt. Scheint es also zunächst eine algebraische Fragestellung zu sein, so wird beim zweiten Lesen deutlich, dass Noether mit dieser Arbeit auch ein methodisches Konzept vorstellte. Und zwischen welchen Dingen sollte die Übertragung ermöglicht und nachgewiesen werden? Es handelt sich nicht um Übertragungen zwischen qualitativ Gleichem, wie es die im ersten Teil angedeutete Verschiebung der Zerlegungssätze von dem Bereich der ganzen Zahlen in den Bereich der algebraischen Zahlkörper ist, die nur eine Verallgemeinerung oder „Abstraktion von" bedeutet. Die Perspektive verändert sich. Um die Begriffe selbst, hier Ideal und Ring, soll es gehen; gedankliche Konstruktionen, nicht konkrete Zahlen werden in den Blick genommen. Wurden bisher in mathematischen Publikationen die Zerlegungssätze für konkret gegebene Elemente betrachtet, lag also der Ausgangspunkt bei den Eigenschaften z. B. der ganzen rationalen Zahlen, so nahm Noether nun genau die entgegengesetzte Sicht ein: Ihr Ausgangspunkt waren allgemeine Ringbereiche und sie betrachtete in diesen die Eigenschaften bestimmter Ideale, losgelöst von den spezifischen Eigenschaften der in dem einen oder anderen Fall die Ideale bildenden Elemente. Damit werden die Zerlegungssätze für ganze rationale Zahlen im Cassirer'schen Sinne „Besonderheiten der Inhalte", deren „Auftreten und Zusammenhang eben dieser Besonderheiten" sich gemäß den Begriffen Ideal und Ring „als notwendig" (Cassirer 1910, S. 25) erweist. Noch deutlicher wird diese Auffassung Noethers wenige Seiten weiter in der den Ring definierenden Formulierung:

> Der zugrundegelegte Bereich Σ sei ein (kommutativer) *Ring* in abstrakter Definition; … Der Ring und diese sonst ganz willkürlichen Operationen müssen den folgenden Gesetzen genügen:
> 1. *Dem assoziativen Gesetz der Addition:* $(a+b)+c=a+(b+c)$.
> 2. *Dem kommutativen Gesetz der Addition:* $a+b=b+a$.
> 3. *Dem assoziativen Gesetz der Multiplikation:* $(a \cdot b) \cdot c = a \cdot (b \cdot c)$.
> 4. *Dem kommutativen Gesetz der Multiplikation:* $a \cdot b = b \cdot a$.
> 5. *Dem distributiven Gesetz:* $a \cdot (b+c) = a \cdot b + a \cdot c$.
> 6. *Dem Gesetz der unbeschränkten und eindeutigen Subtraktion.* (Noether 1921, S. 29) (Hervorhebung i. O.)

Mit den Worten „abstrakter Definition" und „willkürlichen Operationen" wird betont, dass jeder Bezug auf etwas Konkretes, Vertrautes, auf ein mit Substanz behaftetes Ding nicht gedacht wird und nicht gedacht werden soll.[8] Über ein solches Vorgehen schreibt Cassirer:

> Die mathematischen Begriffe, die durch genetische Definition, durch die gedankliche Feststellung eines konstruktiven Zusammenhangs entstehen, scheiden sich von den empirischen, die lediglich die Nachbildung irgendwelcher tatsächlicher Züge in der gegebenen Wirklichkeit der Dinge sein wollen. Wenn im letzteren Falle die Mannigfaltigkeit der Dinge an und für sich vorhanden ist und nur auf einen abgekürzten, sprachlichen oder begrifflichen Ausdruck zusammengezogen werden soll, so handelt es sich im ersteren umgekehrt darum, die

[8] Die Definition geht auf Fraenkels Habilitationsschrift (vgl. Fraenkel 1916, S. 143) zurück und wurde von Noether abstrakt formuliert. Bedenkt man, dass Fraenkel einer der Begründer der abstrakten Mengenlehre war, so zeigt sich die Nähe dieser Denkrichtungen.

> Mannigfaltigkeit, die den Gegenstand der Betrachtung bildet, erst zu schaffen, indem aus einem einfachen Akt der Setzung durch fortgeschrittene Synthese eine systematische Verknüpfung von Denkgebilden hervorgebracht wird. (Cassirer 1910, S. 15) (Hervorhebung i. O.)

Wird also ein Begriff aus ontologischer Sicht durch Abstraktion aus der Mannigfaltigkeit seiner Daseinsformen gewonnen, so entsteht der mathematische Begriff als „gedankliche Feststellung eines konstruktiven Zusammenhangs", als Definition vermittels abstrakter Beschreibung der Eigenschaften von Elementen und Mengen, die Noether im obigen Beispiel Gesetze nennt. Die Dinge aber, die mit diesem Begriff erfasst werden, sind durch ihn zugleich geschaffen. Cassirer kommentiert dieses Vorgehen:

> Nur darin besteht der Unterschied der ontologischen und der psychologischen Betrachtungsweise, dass die ‚Dinge' der Scholastik das im Denken abgebildete Seiende bedeuten, während die Gegenstände, von denen hier die Rede ist, nicht mehr seien wollen als Vorstellungsinhalte. (Ebenda, S. 14)

Den Begriff als Zusammenhang zu fassen, der vorgestellt ist und qua Konstruktion hergestellt und nicht aus einer wie auch immer vertrauten Wirklichkeit abgeleitet wird, ist die in diesen Überlegungen enthaltene Auffassung. Dieses Verständnis von Begriffen, das in der „Idealtheorie in Ringbereichen" das erste Mal in aller Deutlichkeit erkennbar ist, bestimmt Noethers gesamtes weiteres mathematisches Werk. Und es ging nicht nur um die abstrakt formulierten Begriffe, sondern auch um die Zusammenhänge zwischen ihnen. So wurden die Zusammenhänge zwischen den konstruierten Objekten, den Idealen, durch die Zerlegungssätze gefasst, die Zusammenhänge zwischen den Begriffen in der Betrachtung der Verallgemeinerung von Integritäts- zu Ringbereichen. Auch hierauf wird durch den ersten Satz der Einleitung der Blick gelenkt; die Beziehung zwischen den Begriffen wird den durch die Formulierung der „Ideale in beliebigen Integritäts-, allgemeiner Ringbereichen" in den Untersuchungsfokus gestellt. Dieses begrifflich zu bestimmende Verhältnis von Idealen zu Integritäts- oder Ringbereichen ist eine der Forschungsfragen ebenso wie die Beziehungen der Ideale untereinander. Explizit formulierte Noether:

> Auch der Zusammenhang zwischen primärem Ideal – auch die irreduziblen Ideale sind primär – und zugehörigem Primideal bleibt erhalten. (Noether 1921, S. 26)

Derartige Zusammenhänge präzise zu bestimmen und begrifflich zu fassen, ist Teil des Vorhabens *begriffliche Mathematik*. Begriffsbildungen als Herstellung von Zusammenhängen zwischen Begriffen thematisierte Cassirer in seiner Arbeit von 1910 nicht, und seine Analyse mathematischer Begriffsbildungsprozesse nahm die begriffliche Auffassung Noethers nicht vorweg. Begriffe als Konstruktionszusammenhänge und in einem Netz von begrifflich gefassten Zusammenhängen zwischen Begriffen zu betrachten, beschreibt Noethers „Auffassungsmethoden". Diese Gedanken gilt es im mathematischen Detail zu verfolgen und ihre „Arbeitsmethoden" zu bestimmen.

2.2 Die begriffliche Methode

Versuche, eine Liste der zentralen Begriffe oder Elementarbegriffe in Noethers Arbeiten aufzustellen, scheitern ebenso wie eine Unterscheidung etwa in große Begriffe, die Forschungsgegenstand sind, und kleine Begriffe, die technischen Charakter haben und als Werkzeug fungieren. Mehr noch, solche Zuordnungen behindern in ihrer starren Festlegung die Sicht auf die besondere Qualität ihres Arbeitens mit Begriffen, auf die Beweglichkeit im Umgang mit ihnen. Um diese Überlegungen genauer zu verfolgen, ist es zunächst notwendig, zu entwickeln, wie Noether bei der Einführung und Neubestimmung von Begriffen methodisch vorgeht, und den spezifischen, durch die begriffliche Auffassung bestimmten Umgang mit einem Begriff an Beispielen zu untersuchen.

2.2.1 Die Bestimmung von Begriffen

Grundlegende Begriffe in der „Idealtheorie in Ringbereichen" und für die Idealtheorie konstitutiv sind *Ideal* und *Ring* sowie die Worte *paarweise teilerfremd, relativprim, primär* und *irreduzibel.* Noether schrieb in der Einleitung:

> In diesem allgemeineren Fall gilt noch die Anzahlgleichheit der Komponenten bei zwei verschiedenen Zerlegungen, während die Begriffe prim und primär an Kommutativität und Idealbegriff gebunden sind; dagegen bleibt der Begriff teilerfremd bei Idealen in nichtkommutativen Bereichen erhalten. (Noether 1921, S. 27)

Noethers Vorhaben ist deutlich. Auch die scheinbar vertrauten und deshalb keiner weiteren Erklärung bedürftigen Adjektive haben Begriffsstatus. Auch sie sind von ontologischem Beiwerk zu befreien und – in diesem Fall als technisches Instrument – zu schärfen. Noether hielt 1921, zu einer Zeit, als ihre Auffassung von Mathematik noch als sehr befremdlich empfunden wurde, eine schrittweise Einführung in den Prozess der Begriffsbestimmung für notwendig, die es im Rückblick ermöglicht, die einzelnen Elemente zu rekonstruieren. Sprachlich werden die Begriffe im Inhaltsverzeichnis durch die Überschriften der §§ 2, 5, 6 und 8 eingeführt. So heißt etwa § 5:

> Darstellung eines Ideals als kleinstes gemeinsames Vielfaches von größten primären Idealen. Eindeutigkeit der zugehörigen Primideale. (Noether 1921, S. 24)

Mit der Betonung der Eindeutigkeit als ein im Verständnis der mathematischen Gemeinschaft wertvolles Ergebnis wird die Bedeutung der Begriffe für die Arbeit und damit für die Idealtheorie insgesamt hervorgehoben. Mit der Charakterisierung durch das Wort „Darstellung" wird Noethers begriffliche Auffassung unterstrichen, denn Darstellung lässt sich etwa im Sinne eines Terminus technicus der Chemie als Herstellung eines Objekts verstehen. Diese Interpretation, die Rheinberger in seinem Buch „Experiment. Differenz.

Schrift.“ anbietet[9], bestätigt noch einmal die funktional-begriffliche und gerade nicht ontologische Auffassung Noethers. Rheinberger schreibt:

> Man wird sehen, daß eine derartige Verwendung des Begriffs dazu führt, seine klassische Konnotation, nämlich etwas zu sein, das für etwas anderes steht, gründlich unterminiert. (Rheinberger 1992, S. 29)

Noether beginnt bereits im zweiten Satz der Einleitung mit der Bestimmung der Begriffe, und alle wesentlichen Elemente des Prozesses formuliert sie in den nachfolgenden Zeilen:

> Einleitung.
>
> Den Inhalt der vorliegenden Arbeit bildet die *Übertragung der Zerlegungssätze der ganzen rationalen Zahlen, bzw. der Ideale in algebraischen Zahlkörpern, auf Ideale in beliebigen Integritäts-, allgemeiner Ringbereichen.* Zum Verständnis dieser Übertragung seien vorerst für die ganzen rationalen Zahlen die Zerlegungssätze etwas abweichend von der üblichen Formulierung angegeben.
>
> Faßt man in
>
> $$a = p_1^{p_1} p_2^{p_2} \dots p_\sigma^{p_\sigma} = q_1 q_2 \dots q_\sigma$$
>
> die Primzahlpotenzen q_i als Komponenten der Zerlegung auf, so kommen diesen Komponenten die folgenden charakteristischen Eigenschaften zu:
>
> 1. Sie sind *paarweise teilerfremd;* aber kein q ist als Produkt paarweise teilerfremder Zahlen darstellbar, also besteht in diesem Sinne Irreduzibilität. Aus der paarweisen Teilerfremdheit folgt noch, daß das Produkt $q_1 \dots q_\sigma$ gleich dem kleinsten gemeinsamen Vielfachen $[q_1 \dots q_\sigma]$ wird.
> 2. Je zwei der Komponenten, q_i und $q_{k'}$ sind *relativprim*; d. h. ist $b \cdot q_i$ durch q_k teilbar, so ist b durch q_k teilbar. Auch in diesem Sinne besteht Irreduzibilität.
> 3. Jedes q ist *primär*; d. h. ist ein Produkt $b \cdot c$ durch q teilbar, aber b nicht teilbar, so ist eine Potenz von c teilbar. Die Darstellung ist ferner eine solche durch *größte primäre Komponenten,* da das Produkt zweier verschiedener q nicht mehr primär ist. Auch in bezug auf die Zerlegung in größte primäre Komponenten sind die q irreduzibel.
> 4. Jedes q ist *irreduzibel* in dem Sinne, daß es sich nicht als kleinstes gemeinsames Vielfaches von zwei echten Teilern darstellen läßt.
>
> Der Zusammenhang dieser primären Zahlen q mit den Primzahlen p besteht darin, dass es zu jedem q ein und (vom Vorzeichen abgesehen) nur ein p gibt, das Teiler von q ist und von dem eine Potenz durch q teilbar ist: die zugehörige Primzahl. Ist p^ρ die niedrigste derartige Potenz $-\rho$ der Exponent von q –, so wird hier insbesondere p^ρ gleich q. Der *Eindeutigkeitssatz* läßt sich nun so aussprechen:
>
> *Bei zwei verschiedenen Zerlegungen einer ganzen rationalen Zahl in die irreduziblen, größten primären Komponenten q stimmen die Anzahl der Komponenten, die zugehörigen Primzahlen (bis auf das Vorzeichen) und die Exponenten überein. Wegen $p^\rho = q$ folgt hieraus auch das Übereinstimmen der q selbst (bis auf das Vorzeichen).*“ (Noether 1921, S. 25) (Hervorhebungen i. O.)

---

[9] In seinem 1992 erschienenen Buch „Experiment. Differenz. Schrift. Zur Geschichte epistemischer Dinge“ entwickelt Rheinberger ein erkenntnistheoretisches Konzept, dessen Grundlage die Experimentalstruktur der empirischen Wissenschaften ist, doch lassen sich seine zentralen Begriffe „epistemisches Ding“ und „technologisches Objekt“ (Rheinberger 1992, S. 67 ff.), wie die vorliegende Untersuchung zeigt, auch für die Analyse mathematischer Entwicklungen nutzen.

Nach einer Formulierung des Untersuchungsvorhabens im ersten Satz erinnert Noether an Vertrautes, die Zerlegung einer ganzen Zahl in Primzahlen, die, das sagt der Zerlegungssatz aus, bis auf Vorzeichen und Reihenfolge eindeutig ist. Doch in dem Appellieren an Bekanntes bereitet sie die Leserschaft schon vor, Neues, Unvertrautes zu akzeptieren. Gleichzeitig unterstreicht Noether mit den Worten „zum Verständnis“, „vorerst“ und „etwas abweichend von der üblichen Formulierung“, dass sie sich eines Gegenübers bewusst ist und die lesende Person in den Prozess ihrer Gedankenbildung mit einbeziehen möchte. Noether kennt die Kritik an ihrem abstrakten Vorgehen. Sie weiß um das Ungewöhnliche ihrer Methoden und nimmt mit Worten wie „etwas abweichend“ bereits mögliche Einwendungen vorweg. Sie tritt in ein Gespräch mit der lesenden Person ein; ihr Schreiben kann als das Schreiben eines Dialogs gelesen werden. Sprechen und Schreiben scheinen ineinanderzufließen, ein Muster, das sich bereits in den biografischen Annäherungen als ein Aspekt ihres mathematischen Arbeitens herauskristallisierte. Der zweite Satz der Einleitung, der für ein mathematisches Verständnis des Textes bedeutungslos ist, zeigt sich für eine erkenntnistheoretische Lesart des Textes von großer Relevanz.

Abweichend von der üblichen Perspektive lenkt Noether im dritten Satz nun die Aufmerksamkeit von den Primzahlen auf die Komponenten der Primzahlzerlegung. Hinter dieser Verschiebung liegt das grundsätzlich andere Vorgehen in dem Prozess der Begriffsbildung. Cassirer beschrieb diesen Vorgang mit folgenden Worten:

> Die Einheit des Begriffsinhaltes kann somit aus den besonderen Elementen des Umfanges nur in der Weise ‚abstrakt‘ werden, daß wir uns *an* ihnen der spezifischen Regel, durch die sie in Beziehung stehen, bewußt werden: nicht aber derart, daß wir diese Regel *aus* ihnen, durch bloße Summierung oder Fortlassen von Teilen zusammensetzen. (Cassirer 1910, S. 22) (Hervorhebungen i. O.)

In dieser Verschiebung der Perspektive, dem Abweichen vom Üblichen zeigt sich Noethers Vorgehen bei der Bestimmung von Begriffen. Sie betrachtet nicht die vertrauten Primzahlen 2, 3, 5, 7, 11, … und die damit verbundenen Primzahlzerlegungen – hier klänge noch die Suche nach dem Substanziellen, den sich notwendig aus ihrer realen Existenz ergebenden Eigenschaften mit. Noether untersucht die Zerlegungskomponenten, die als Konstrukte deutlich sind; sie sind abstrakt, nicht Abstraktionen der vertrauten Primzahlen und damit ohne Anklang an Substanz. Mit diesem Kunstgriff gelingt es Noether, alte Denkgewohnheiten zu brechen und „an ihnen die spezifischen Regeln, durch die sie in Beziehung stehen, bewußt werden“ zu lassen (ebenda). Die charakteristischen Eigenschaften, auf die Noether im dritten Satz der Einleitung verweist und unter Punkt 1 bis 4 mit *paarweise teilerfremd*, *relativprim*, *primär* und *irreduzibel* benennt, sind die spezifischen Regeln, die „bewusst werden“, d. h. untersucht werden sollen.

Auch die Beschreibung der Eigenschaften des Begriffs ist durch Noethers begriffliche Auffassung gestaltet, wie das Beispiel *primär* zeigt. Zunächst wird *primär* als eine Eigenschaft von q formal, d. h. unter Verwendung mathematischer Symbolik definiert, indem die Relationen, in denen q zu anderen Elementen steht, in formaler mathematischer Notation beschrieben werden. Das erfolgt ohne Rückgriff auf Eigenschaften von Primzahlen oder ganzen Zahlen, sondern ausschließlich durch Bezugnahme auf die Teilbarkeitsrelation. Diese Definition wird im Folgenden diskutiert, indem Noether auslotet, welche Konsequenzen sich daraus für die weiteren Untersuchungen ergeben können. Dabei greift sie auf andere Begriffe zurück und stellt begriffliche Zusammenhänge her. Noethers Vorgehen ist diskursiv, ein Denken in Begriffen, und ihre Denkbewegungen spiegeln sich in ihrem mathematischen Schreiben wider. Damit lädt sie die Leser/innen zur Teilhabe ein. Noether antizipiert einen durch Distanz, Unverständnis und Skepsis gegenüber ihrem methodischen Ansatz gekennzeichneten mathematischen Hintergrund ihrer Leserschaft und bezieht sie durch ihr dialogisches Schreiben in das Nachdenken über Begriffe ein. So ist auch die aus mathematischer Sicht in ihrer Aussage triviale und deshalb überflüssige Fußnote auf der ersten Seite der Einleitung zu begreifen und als Ausdruck dieses Kommunikationsbemühens zu verstehen:

> Ist diese Potenz stets die erste, so handelt es sich *bekanntlich* um Primzahlen. (Noether 1921, S. 25) (Hervorhebung d. A.)

Noether stellt mit dem Wort „bekanntlich" explizit den Bezug zur lesenden Person und den angenommenen Verständnisschwierigkeiten her und fordert dazu auf, sich auf die Denkbewegungen, die zu neuen Ergebnissen führen werden, einzulassen. Zwei Seiten weiter führt sie den diskursiven Teil der Begriffsbestimmung fort, verweist auf Literatur, in der die Begriffe verwendet wurden, und bewertet unterschiedliche Definitionen in ihrem jeweiligen mathematischen Kontext und ihrer methodischen Reichweite:

> Über die vorhandene Literatur ist das Folgende zu bemerken: Die Zerlegung in *größte primäre Ideale* ist für den Polynombereich mit beliebigen komplexen, bzw. ganzzahligen Koeffizienten von Lasker gegeben, von Macaulay in einzelnen Punkten weitergeführt. Beide stützen sich auf die Eliminationstheorie, benutzen also die Tatsache, daß ein Polynom sich eindeutig als Produkt von irreduziblen Polynomen darstellen läßt. Tatsächlich sind die Zerlegungssätze für Ideale von dieser Voraussetzung unabhängig." (Ebenda, S. 27) (Hervorhebung i. O.)

Noether bettet ihre Überlegungen in einen mathematischen Diskurs, den sie aufnimmt und zugleich vor dem Hintergrund ihrer begrifflichen Auffassung bewertet und neu gestaltet. Nachdem Noether in der Einleitung noch motivierend und beschreibend die Begriffe einführt und dabei anbietet, sich beim Nachdenken darüber an den vertrauten ganzen Zahlen und Primzahlen zu orientieren, sind in der eigentlichen Arbeit keine solchen noch an Substanz, und sei es nur als „Abstraktion von", sich anlehnenden Gedanken enthalten. Noether definiert:

> Definition III. *Ein Ideal* $\mathfrak{Q}$ heißt primär,wenn aus $a \cdot b \equiv 0(\mathfrak{Q}); a \not\equiv 0(\mathfrak{Q})$ notwendig folgt: $b^k \equiv 0(\mathfrak{Q})$, wo der Exponent k eine endliche Zahl ist. (Ebenda, S. 37) (Hervorhebung i. O.)

Damit ist der formale Teil abgeschlossen, doch sie schreibt weiter: „Die Definition läßt sich auch so aussprechen" (ebenda) und setzt, wie schon in der Einleitung, die Definition mit einem umfangreichen argumentativen Teil fort. Dieser diskursive, in verschiedene

Richtungen die Definition wendende Teil geht in Sätze über den Zusammenhang zwischen *primär* und *Primideal* sowie *primär* und *irreduzibel* über. Damit verdeutlicht sie neben den mathematischen Aussagen der Sätze noch einmal abschließend die Stellung des Begriffes *primär* als Teil eines Netzes von Zusammenhängen zwischen Begriffen, das unabhängig davon, welche Elemente diese Ideale genannten Mengen bilden, Gültigkeit hat.

Drei Elemente der Begriffsbestimmung sind in nahezu allen Veröffentlichungen Noethers, wenn auch selten so ausführlich, zu finden. Mit einer Verschiebung der Blickrichtung, hier von Primzahlen zu Zerlegungskomponenten, die althergebrachten Seh- und Denktraditionen infrage stellt, wird die Bestimmung des Begriffs eröffnet. Dieses Aufbrechen von Denkbarrieren führt dazu, dass die Konstrukthaftigkeit mathematischer Objekte ganz im Sinne von Cassirers Funktionsbegriff sichtbar wird und ihre charakteristischen Eigenschaften bestimmt werden können. Diese Eigenschaften werden formal beschrieben als Teile innerhalb der Neubestimmung eines Begriffs oder als eigenständig zu untersuchende Begriffe wie in obigem Beispiel.

Den formalen Teil der Begriffsbestimmung leitet Noether mit „Definition:", aber auch mit Worten wie „heißt", „d. h.", „sei definiert", „bezeichne", „wird verstanden" ein. Die im üblichen mathematischen Verständnis eigentliche Definition wird durch ihren formalsprachlichen Charakter, zuweilen auch durch kursive Schreibweise, von anderen Textpassagen abgegrenzt. In dieser formalen Beschreibung greift Noether auf axiomatisches Vorgehen zurück, verwendet mathematische Symbolik als eine Technik zur präzisen Darstellung der Untersuchungsgegenstände, auf das Wesentliche beschränkend, ohne ontologisches Beiwerk.[10] Umso schärfer erkennbar und für die lesende Person unübersehbar ist die Konstruktion der Forschungsobjekte, es existiert kein Bezug auf eine wie auch immer verstandene Substanz.

Einen dritten in der Textgestaltung häufig noch dem formalen Teil zugehörig scheinenden, von mir diskursiv genannten Teil fängt Noether zumeist mit „mit anderen Worten", „m. a. W." oder „läßt sich auch so aussprechen" an. Mathematisch formal argumentiert wäre hier ein Beweis der Äquivalenz dieser unterschiedlichen Definitionen eines Begriffes zu erwarten. Noether jedoch führt keinen derartigen Beweis durch, sondern eröffnet vielmehr ein Nachdenken über den Begriff aus verschiedenen Richtungen, das zu einem tieferen Verständnis oder, wie van der Waerden es in seinem Nachruf beschrieb, zu „einer begrifflichen Durchdringung des Stoffes bis zur restlosen methodischen Klarheit" führt (van der Waerden 1935, S. 475). Andere formale Definitionsmöglichkeiten, die Einbettung in den mathematischen Kontext, die Benennung historischer Bezüge, die Herstellung und Bewertung der Verbindungen zu der Definition des Begriffs durch andere Autor/inn/en sowie die Benennung der Zusammenhänge zu anderen Begriffen ihrer eigenen Untersuchung sind wichtige Elemente dieser diskursiven Begriffsbestimmung.

[10] Die zu ihrer Zeit nicht selbstverständliche Verwendung der Axiomatik als Arbeitstechnik mag die Ursache der Charakterisierung Noether'scher Mathematik als axiomatisch sein, wie sie etwa von Weyl in seinem Nachruf vorgenommen wurde (vgl. Weyl 1935, S. 214) und sich in biografischen Arbeiten wiederfindet (vgl. Dick 1970, Kimberling 1981 und, in Ansätzen, in Tollmien 1990 und McLarty 2006).

Dieses Vorgehen gleicht dem Niederschreiben einer Diskussion mit einem fiktiven Gegenüber, dessen Verständnisschwierigkeiten, Einwendungen und Anmerkungen, ohne sie als Fragen zu explizieren, Noether in einer vielfach die Perspektive wechselnden und Multiperspektive herstellenden, gewissermaßen verschriftlichten Rede entgegentritt. Mit Dialogizität lässt sich dieses Schreiben bezeichnen, das in den diskursiven Teilen der Begriffsbestimmung je seinen stärksten Ausdruck findet.[11]

An diese Überlegung schließt sich die Frage an, ob es sich bei dem dialogischen Schreiben Noethers lediglich um ein didaktisches Konzept handelt, das sich aus der Randständigkeit ihrer mathematischen Forschung begründet. Oder handelt es sich um ein zentrales methodisches Element begrifflichen Arbeitens? Im Folgenden wird eine Antwort skizziert.

2.2.2 Zum Umgang mit Begriffen

Bei der Herausarbeitung der zentralen Elemente begrifflicher Begriffsbestimmung am Beispiel der „charakteristischen Eigenschaften“ der Zerlegungskomponenten deutete sich bereits ein besonderer Umgang mit Begriffen an, der im Folgenden an den Beispielen *relativprim* und *isomorph* untersucht wird.

Relativprim wird von Noether zunächst als eine der vier Eigenschaften der Zerlegungskomponenten in der Einleitung bestimmt:

> Je zwei der Komponenten, q_i und $q_{k'}$ sind *relativprim*; d. h. ist $b \cdot q_i$ durch q_k teilbar, so ist b durch q_k teilbar. Auch in diesem Sinne besteht Irreduzibilität. (Ebenda, S. 25) (Hervorhebung i. O.)

Hierbei handelt es sich, anders als bei den anderen drei Begriffen, um eine Wortschöpfung Noethers, die Begriffe grundsätzlich in strikt kanonischer Weise, d. h. basierend auf bis dato vorhandenen Begriffen, bildete. Im Fall des Begriffs *relativprim* bedeutet es, dass sich die Eigenschaft der Primzahlpotenzen q_i und $q_{k'}$ paarweise teilerfremd zu sein, in Verbindung mit einem Multiplikator b relativiert. Ein ähnliches Vorgehen findet sich etwa bei dem Wort *hyperkomplexes System*, einem der zentralen mathematischen Begriffe in der Entstehung des Hasse-Brauer-Noether-Theorems, wie das dritte Kapitel zeigen wird. Insgesamt aber lassen sich kaum neu geschaffene Begriffe bei Noether finden, obwohl die Charakterisierung ihrer Auffassung als begriffliche Mathematik das bei flüchtiger Überlegung erwarten lassen würde. Ihr mathematisches Vorbild Dedekind dagegen war in seiner Begriffswahl inspiriert durch die Alltagswelt. So schrieb er zur Begründung der Wahl des Wortes *Körper*:

> Dieser Name soll, ähnlich wie in den Naturwissenschaften, in der Geometrie und im Leben der menschlichen Gesellschaft, auch hier ein System bezeichnen, das eine gewisse

[11] Dieser texttheoretische Begriff wurde von Bachtin in den 1930er Jahren entwickelt und von ihm auf literarische Texte bezogen gedacht (vgl. Bachtin 1934/35, S. 154).

Vollständigkeit, Vollkommenheit, Abgeschlossenheit besitzt, wodurch es als ein organisches Ganzes, als eine natürliche Einheit erscheint. (Dedekind 1863–94, S. 20)

Doch Noether ging es, anders als Dedekind nicht um die Schaffung von Begriffen, sondern um den präzisen Umgang mit ihnen. Dazu gehört die spezifische Weise der Begriffsbestimmung, nach der sie auch bei *relativprim* ohne Kommentierung der Wortwahl vorgegangen ist.

Der formalen Definition in § 6, die mittels Fußnote und Anmerkungen in einen diskursiven Teil eingebettet wurde, folgt eine Reihe von Sätzen über Ideale mit der Eigenschaft, *relativprim* zu sein. Doch ist der Untersuchungsgegenstand nicht das Ideal. Dem Substantiv gewissermaßen den begrifflichen Vorrang gegenüber dem Adjektiv zu geben würde die Sicht auf Noethers Anliegen versperren. *Relativprim* wird als Begriff ausgelotet; es wird gefragt, wo diese Eigenschaft greift und was sich aus ihr ableiten lässt. *Relativprim* hat hier, um Rheinbergers Terminologiezu verwenden, noch den Charakter eines epistemischen Dinges (Rheinberger 1992, S. 67 ff.), dessen Vagheit es aufzulösen und in Präzision, in begriffliche Schärfe zu überführen gilt. Noether selbst sprach häufig von begrifflicher Klarheit, die es zu erreichen gelte. *Relativprim* wird im Verlauf der Untersuchung zu einem technologischen Objekt (ebenda, S. 70 ff.), zum geschärften Werkzeug, das in dem letzten mathematischen Satz und Höhepunkt des letzten Paragrafen ihrer Arbeit seine Verwendung findet.

Der Wechsel im Charakter der Begriffe, die Möglichkeit Forschungsgegenstand und Forschungswerkzeug zu sein, ist für ein Verständnis begrifflichen Arbeitens wesentlich. Ist für die Untersuchung des Begriffs *relativprim* ein zielgerichtetes, auf seine zu erwartende Funktion als Werkzeug ausgerichtetes Handeln anzunehmen, so wäre es fatal und eine Fehlinterpretation des Rheinberger'schen Konzeptes, beim Übergang zum technologischen Objekt grundsätzlich von dem Abschluss einer Entwicklung auszugehen. Dieser Wechsel des Status zwischen technologischem Objekt und epistemischem Ding gilt insbesondere für Begriffe, die wie etwa *Ideal* und *Algebren* vielfach in Noethers Arbeiten und auch denen ihrer Schüler/innen in den Blick genommen werden. Dieser Gedanke wird in den Untersuchungen zur Algebrentheorie als Forschungsfeld und methodischem Ansatz wieder aufgenommen werden.

Ein erstes Verständnis des Begriffs *Isomorphie* entstand vermutlich im Zusammenhang mit der Entstehung des abstrakten Gruppenbegriffs Mitte des 19. Jahrhunderts.[12] So verwendet ihn beispielsweise Heinrich Weber im zweiten Band seines 1896 erschienenen „Lehrbuch der Algebra" in seinen gruppentheoretischen Überlegungen mit einer Selbstverständlichkeit (Weber 1896, S. 19), die darauf schließen lässt, dass er als technologisches Objekt, als Werkzeug, bereits eingeführt worden war. Noether verwies das erste Mal ausdrücklich auf den Begriff in der gemeinsam mit Schmeidler verfassten Arbeit „Moduln in nichtkommutativen Bereichen":

[12] Vgl. Wußing 1969, S. 171 ff.

> Wir sind damit auf einen fundamentalen Begriff geführt worden, den wir folgendermaßen definieren: *Eine eineindeutige Zuordnung zwischen zwei Systemen* $\mathfrak{A}$ *und* $\overline{\mathfrak{A}}$ *von Restklassen heißt isomorph,wenn der Summe zweier Restklassen von* $\mathfrak{A}$ *die Summe der entsprechenden Restklassen von* $\overline{\mathfrak{A}}$ und dem Produkte einer beliebigen Restklasse von $\mathfrak{A}$ *mit einem Polynom das Produkt der entsprechenden Restklasse von* $\overline{\mathfrak{A}}$ *mit demselben Polynom zugeordnet ist.* (Noether und Schmeidler 1920, S. 10) (Hervorhebungen i. O.)

Diese formale Definition wird aus einer diskursiven Textpassage über den Modulbegriff, dem zentralen Begriff der Untersuchung, abgeleitet, allerdings durch die daraus notwendig sich ergebende Orientierung auf Restklassen auch beschränkt. *Isomorph* wird als „fundamentaler Begriff" eingeführt, doch hat die Definition keinen über den Text hinausweisenden Allgemeinheitscharakter, wie es bei der Ankündigung „fundamental" zu erwarten wäre. Vielmehr ist die formale Definition durch die Erfordernisse der Untersuchung bestimmt und ist in dem Sinne fundamental, als wesentlichen Teilen der mathematischen Ergebnisse die Untersuchung isomorpher Beziehungen zugrunde liegt. Analog zu dem im vorherigen Abschnitt erörterten Beispiel wird die Aufmerksamkeit bereits durch das Inhaltsverzeichnis auf die Isomorphieuntersuchungen gelenkt, in dem diese gleich in zwei Paragrafen angekündigt werden. Ihr Vorgehen erläutern Noether und Schmeidler in § 9:

> Wir zeigen in diesem Paragraphen, daß der bei Differentialausdrücken einer Variablen bekannte Begriff ‚der gleichen Art', wenn er sinngemäß verallgemeinert wird, auf die Isomorphie der zugehörigen Restgruppen führt. (Ebenda, S. 20)

Am Ende der Untersuchung nehmen Noether und Schmeidler die Überlegungen noch einmal auf:

> Wir zeigen zum Schluß dieses Paragraphen, daß der Begriff der Isomorphie oder, was dasselbe ist, der gleichen Art, bei zwei Moduln aus Differentialausdrücken für die Integrale der zugeordneten Systeme von Differentialgleichungen dieselbe Bedeutung hat wie der von Poincaré benutzte Artbegriff für eine Variable. (Ebenda, S. 30)

Das Vorgehen ist diskursiv im doppelten Sinne: Der als technisches Werkzeug vorhandene Begriff der Isomorphie wird einerseits als bekannt vorausgesetzt; eine umfangreiche Einführung wie im vorhergehenden Abschnitt am Beispiel *primär* beschrieben, unterbleibt. Doch verwendeten Noether und Schmeidler keine statische, über jeder konkreten Forschungsintention stehende Definition im Sinne einer radikal axiomatischen Position. Vielmehr zeigt sich die zunächst überraschend eingeschränkte Definition von *isomorph* als Teil des Forschungsprozesses; es werden in den auf die behandelten Beziehungen abgestimmten Formulierungen die für die vorgelegte Untersuchung wesentlichen Aspekte betont. Damit sind untrennbar gedankliche Bewegungen und die Beweglichkeit von Begriffen verbunden, die Noethers Umgang mit Begriffen charakterisiert. In diesen Denkbewegungen wird die lesende Person mit einbezogen und aufgefordert, sich von statischen Vorstellungen über Definitionen zu lösen, das Bewegen von Begriffen als Teil des mathematischen Forschungsprozesses zu sehen. Damit zeigt sich die Dialogizität des Textes, die zunächst nur als Mitdenken eines Gegenübers erschien, als Element begrifflichen Arbeitens.

Ähnlich lässt sich Noethers Untersuchung „Idealtheorie in algebraischen Zahl- und Funktionskörpern" (Noether 1927) lesen. Ringe bzw. Modulbereiche stehen im Mittelpunkt der Forschung. Es geht darum, Beziehungen herzustellen und so Ergebnisse der allgemeinen Idealtheorie auf andere Forschungsobjekte – hier algebraische Zahl- und Funktionskörper – zu übertragen. Isomorphien charakterisieren die Beziehungen; insgesamt vier Isomorphiesätze formulierte und bewies Noether in dieser Arbeit. Der dabei verwendete Isomorphiebegriff wurde von ihr diesmal entsprechend den allgemeinen Eigenschaften von Moduln und Ringen, d. h. bezogen auf die Ring bzw. Modul konstituierenden Verknüpfungen, definiert. Auch hier zielten ihre Untersuchungen auf die Feststellung von Strukturgleichheit mittels Isomorphie. Die auf die Untersuchung bezogene Begriffsbestimmung ermöglichte es Noether, diese Beziehungen sichtbar und formulierbar zu machen. Die Frage nach isomorphen Beziehungen oder, wie Noether es auch häufig formulierte, die Frage nach Übertragungen von Eigenschaften bzw. Erkenntnissen war bereits für Noethers Habilitationsschrift von großer Bedeutung und zieht sich wie ein roter Faden durch ihre Publikationen. Zugleich aber wird mit der Arbeit von 1927 das allgemeine Verständnis der Isomorphiebeziehung als Strukturgleichheit, als Gleichheitsbeziehung zwischen algebraischen Strukturen, um es in heutiger Terminologie zu formulieren, vorbereitet. 1935 schrieb Noethers Schüler Wolfgang Krull, eine Publikation Noethers von 1933 kommentierend:

> … eine Arbeit, in der der Noethersche Grundsatz, die gesamte Algebra so weit als möglich auf Isomorphiebetrachtungen aufzubauen, wohl seinen schärfsten Ausdruck gefunden hat. (Krull 1935, S. 8)

Isomorph erweist sich als fundamentaler Begriff für Noethers methodisches Vorgehen, wie sie es bereits 1920 formulierte, der dennoch von Untersuchung zu Untersuchung je neu zu bestimmen, auf das Vorhaben auszurichten, zu schärfen ist.

2.3 Dialogizität als konstitutives Element der begrifflichen Methode

Begriffe stehen bei Noether im Mittelpunkt ihres mathematischen Arbeitens. Die ersten an diese Feststellung sich anschließenden Überlegungen führten zu Erkenntnissen über die Auffassungen, die Noether von Begriffen hatte. Begriffe sind Benennungen von Beziehungen, die die Ähnlichkeit von Dingen erst herstellen. Sie sind gedankliche Konstruktionen, die keinen wie auch immer gearteten Rückgriff auf irgendeine Substanz benötigen, Regeln *zur* Verknüpfung von Dingen und nicht Regeln, die sich *aus* der Verknüpfung von Dingen ableiten. In dieser Weise sind sie abstrakt, ohne ontologische Wurzeln, und nicht Abstraktionen von Gegebenem, das in eine mathematische Ordnung gebracht wird. Begriffe werden als Zusammenhänge aufgefasst, die durch „gedankliche Feststellung" (Cassirer 1910, S. 5) hergestellt werden, und die sich ebenfalls in einem begrifflichen Verhältnis befinden. Begriffe sind *als* Zusammenhänge und *in* Zusammenhängen zu untersuchen, das sind ihre „Auffassungsmethoden" (Noether an Hasse 12. 11. 1931). Damit ist auch geklärt, was unter dieser eigenwilligen sprachlichen Verbindung von Auffassung und Methode zu verstehen ist. Aus diesen Überlegungen folgten Fragen nach den begrifflichen „Arbeitsmethoden" (ebenda) und dem Umgang mit Begriffen. Drei Elemente ließen sich herauskristallisieren, die ich *Perspektivänderung*, *formale Bestimmung* und *diskursive Bestimmung* nenne.

Die Perspektivänderung wird möglich, indem Noether die gedankliche Konstruktion des mathematischen Objekts sichtbar macht. Die formale Bestimmung präzisiert die daraus gewonnenen Einsichten in mathematischer Notation. Mit der diskursiven Bestimmung bindet Noether den Begriff in einen Gesamtzusammenhang mathematischer Begriffe ein, lotet seine Tiefe und Präzision aus und bestimmt seinen mathematischen Kontext. Das gesamte Vorgehen ermöglicht es, den Begriff aus verschiedenen Perspektiven zu sehen, Multiperspektivität herzustellen. Der Begriff wird gewissermaßen geformt, seine Gestalt geschaffen.[13] Als Teile sind sie in nahezu jeder Begriffsbestimmung vorhanden, wenn auch manchmal nur als ein im formalen Teil stehendes, für die formale Definition irrelevantes Adjektiv. Sie sind nicht trennscharf, sondern miteinander verwoben. Gerade diese Verwobenheit unterstreicht, dass Noethers Art und Weise der Begriffsbestimmung notwendig alle drei Aspekte enthält, sich nicht auf den formalen Teil im Sinne einer die formale mathematische Notation nutzenden Definition reduzieren lässt, die in eine Reihe von Bemerkungen eingebettet ist.

Welche Worte aber können Begriffsstatus haben? Die Analysen mathematischer Texte Noethers zeigen deutlich, dass dieser Status sich nicht aus einer vermeintlichen oder tatsächlichen Bedeutung des Wortes innerhalb eines mathematischen Diskurses ableitet, ebenso wenig wie eine Trennung in Forschungsobjekte und Forschungswerkzeug oder epistemisches Ding und technologisches Objekt an dieser Stelle hilfreich ist. *Ideal*, *relativprim*, *hyperkomplexes System* und *isomorph* lassen sich nicht unter solchen Kategorien zusammenfassen. Gemeinsam ist ihnen, dass Noether eine präzise Bestimmung ihrer Bedeutung für notwendig erachtete. Das aber heißt nichts anderes, als dass es ihr nicht um die Begriffe als solche ging, sondern um den Vorgang der begrifflichen Bestimmung eines Wortes. Anders ausgedrückt erhalten Worte Begriffsstatus durch einen spezifischen Umgang mit ihnen. Die Notwendigkeit dazu leitet sich unmittelbar aus den aktuellen Fragestellungen der mathematischen Untersuchungen ab. Die wiederum sind durch Noethers Auffassung von Begriffen als Zusammenhänge und in Zusammenhängen bestimmt oder, um es mit einem heute noch gültigen Terminus zu beschreiben, durch ihren strukturellen Zugang zur Mathematik. Diesen Gedanken genauer zu verfolgen, wird Aufgabe des letzten Unterkapitels sein.

Je nach Fragestellung kann ein Begriff eher technisch verwendet werden, d. h. zur Erfassung charakteristischer Eigenschaften mathematischer Konstrukte, hergestellt durch

[13] Fleck, dessen wissenschaftstheoretisches Konzept im nächsten Kapitel genauer vorstellen wird, spricht vom „unmittelbare[n] Gestaltsehen" als Fähigkeit des Wissenschaftlers, erworben durch ein „Erfahrensein in dem bestimmten Denkgebiete" (Fleck 1935, S. 121). Für die Mathematik bedeutet die Herstellung der Multiperspektivität auf einen Begriff, seine „Gestalt" zu erzeugen.

andere Begriffe, dienen oder selbst Forschungsgegenstand sein. Mehrtens schreibt über diesen Doppelcharakter:

> Da die Begriffe Gegenstand der Theorie sind und zugleich Hypothesen an die Theorie, an das System der Begriffe, dem sie angehören, sind sie zirkulär, selbstbezüglich, in Bewegung. (Mehrtens 1990, S. 68)

Das zeigt sich in der untersuchungsbezogenen Bestimmung des Begriffes, die damit die formale Definition zu einem Teil der diskursiven Begriffsbildung werden lässt. Allerdings ist dieser Doppelcharakter nicht bei jedem Begriff gleich ausgeprägt, und eine Untersuchung der damit verbundenen Produktivität einzelner Begriffe steht noch aus. Mehrtens knappe Anmerkung verweist auf einen weiteren wesentlichen Aspekt, das Bewegen von Begriffen. Noethers begriffliches Arbeiten enthält eine mehrfache Beweglichkeit. Worte können über den Umgang mit ihnen zu Begriffen werden. Begriffsbestimmungen sind durch die Erfordernisse der jeweiligen Untersuchungen geleitet. Begriffe können den Status eines Forschungsgegenstandes oder eines Werkzeugs haben, und dieser Status kann verändert werden. Wie sich diese Beweglichkeit in der konkreten Forschungspraxis zeigt, wird bei der Analyse der Entstehung des Hasse-Brauer-Noether-Theorems im nächsten Kapitel deutlich. Der Briefwechsel zwischen Noether und Hasse, gelesen als Laborberichte, bietet die Möglichkeit, den gedanklichen Entstehungsprozess, die Denkbewegungen in den Blick zu nehmen.

Diese bisher charakterisierten Ebenen der Bewegung von Begriffen erlaubten Noether, Denkgebote zu überschreiten und sich in ihren Untersuchungen unabhängig von den tradierten Vorstellungen einer mathematischen Gemeinschaft über relevante Forschungsrichtungen zu machen. Einstein hatte diese Unabhängigkeit früh erkannt, als er 1918 an Hilbert schrieb, dass es ihm imponiere, dass man diese Dinge von so allgemeinem Standpunkt aus übersehen könne.[14] So war auch Noethers Ziel einer Idealtheorie anders als bei Dedekind nicht mit zahlentheoretischen Bedürfnissen verbunden. Dedekind schrieb in seiner Publikation „Über die Begründung der Idealtheorie“:

> Daß dieser Satz, durch welchen der Zusammenhang zwischen der Teilbarkeit und der Multiplikation der Ideale festgestellt wird, bei der damaligen Darstellung erst nahezu am Schlusse der Theorie beweisbar wurde, machte sich in der dunkelsten Weise fühlbar, besonders dadurch, dass einige der wichtigsten Sätze nur allmählich durch schrittweise Befreiung von beschränkenden Voraussetzungen zu der ihnen zukommenden Allgemeinheit erhoben werden konnten. Ich bin daher im Laufe der Jahre öfter auf diesen Kardinalpunkt mit der Absicht zurückgekommen, einen einfachen, unmittelbar an den Begriff der ganzen Zahl anknüpfenden Beweis … zu gewinnen. (Dedekind 1895, S. 107)

Zahlen waren für Noether nicht der Ausgangspunkt von theoretischen Überlegungen und keine relevanten Begriffe, die einer präzisen Bestimmung bedurft hätten. Geleitet von ihrer Auffassung über Begriffe zielte sie auf das Verständnis mathematischer Strukturen

[14] Vgl. Einstein an Hilbert 27. 12. 1918.

ab. Mit diesem Ansatz entfernte sie sich nicht nur von Dedekind, sondern auch von zeitgenössischen Auffassungen. Gleichwohl war Noether sich der Notwendigkeit der Einbindung ihrer Ergebnisse in einen mathematischen Kontext bewusst, und so muss ihr mathematisches Schreiben auch vor dem Hintergrund ihrer marginalisierten beruflichen Position gesehen werden.

Begriffliche Mathematik als diskursiven Prozess, als ein Denken in Begriffen zu charakterisieren heißt, nicht nur die Denkbewegungen in den Blick zu nehmen, sondern ebenso die an diesen Bewegungen Beteiligten. Inspiriert durch die theoretischen Überlegungen Bachtins habe ich von der Dialogizität ihrer Texte gesprochen. Bachtin entwickelte das Konzept einer Theorie der Dialogizität in seinem in den 1930er Jahren geschriebenen Aufsatz „Das Wort im Roman". Er schrieb:

> Der Roman ist künstlerisch organisierte Redevielfalt, zuweilen Sprachvielfalt und individuelle Stimmenvielfalt. ... Diese Bewegung des Themas durch Sprachen und Reden, deren Aufspaltung in Elemente der sozialen Redevielfalt, ihre Dialogisierung: dies macht die grundsätzliche Besonderheit der Stilistik des Romans aus. (Bachtin 1934/35, S. 157)

Doch ist es nicht einfach der explizit erkennbare Dialog der Romanfiguren, sondern ebenso, so führt Bachtin aus:

> ... die Rede des Autors und die Rede des Erzählers, die eingebetteten Gattungen, und die Rede der Helden ... jene grundlegenden kompositorischen Einheiten, mit deren Hilfe die Redevielfalt in den Roman eingeführt wird. (Ebenda)

In seiner Konzeption einer Theorie der Dialogizität bezog sich Bachtin ausdrücklich auf das Romanwort als künstlerischem Wort. Er spricht in Gegenüberstellung dazu von „der lebenspraktischen oder wissenschaftlichen Rede [als] lediglich künstlerisch neutral[em] Kommunikationsmittel" (ebenda, S. 155) und beschränkt damit seine theoretischen Überlegungen auf den literarischen Bereich. Ob jeder literarische Text grundsätzlich dialogisch ist oder von einer Graduierung der Dialogizität gesprochen werden sollte, das bleibt bei Bachtin offen.[15] Für das Vorhaben, Bachtins literaturtheoretische Ansätze auch auf mathematische Texte zu übertragen, ist es hilfreich, der zweiten Interpretationsmöglichkeit zu folgen. Tatsächlich wirkt ein mathematischer Text zunächst wenig dialogisch. Eine Fachkultur, in der ein Text in erster Linie darauf ausgerichtet ist, Forschungsergebnisse, und das heißt, Beweise zu präsentieren, erfordert von der schreibenden Person keine Darlegung der Methode, keine verbale Rechtfertigung, mithin keine Berücksichtigung eines Gegenübers, kein dialogisches Schreiben. Die Überzeugungskraft liegt im korrekt durchgeführten Beweis. Oder wie es Heintz in ihrem Buch „Die Innenwelt der Mathematik – Zur Kultur und Praxis einer beweisbaren Disziplin" formuliert: „Es ist der Beweis, der der Mathematik ihre spezifische Identität verleiht." (Heintz 2000, S. 219) Die Dialogizität eines mathematischen Textes kann sich mithin erst aus einem die mathematische Perspektive verlassenden Zugang erschließen. Und erst ein wissenschaftshistorisch und wissen-

[15] Vgl. Martínez 1996, S. 433.

schaftstheoretisch motiviertes Nachfragen erlaubt eine Differenzierung der Formen von Dialogizität. Als illustrierendes Beispiel typisch zeitgenössischen Schreibstils sei ein Text Krulls zitiert, der als Monolog charakterisiert werden kann:

> Definition des Grundbereichs *R*.
>
> Den folgenden Untersuchungen wird ein System zugrunde gelegt, dessen Elemente durch ‚Addition' und ‚Multiplikation' verknüpft werden können. Dabei müssen diese beiden Operationen folgenden Bedingungen genügen:
>
> 1. *Die Elemente von R bilden hinsichtlich der Addition eine kommutative Gruppe.*
> 2. *Die Multiplikation ist eindeutig, assoziativ, kommutativ.*
> 3. *Addition und Multiplikation sind durch das distributive Gesetz verknüpft, d. h. es ist* $a(b+c) = ab + ac$ *für beliebige Elemente a,b,c.*
> 4. *Es gibt in R ein Einheitselement* r_E, *das der Gleichung* $a \cdot r_E = a$ *für beliebiges a genügt.*
> 5. *Es gibt eine natürliche Zahl ρ so daß* $a^0 = 0$ *ist, wenn* a ein beliebiges vom Einheitsideal o *verschiedenes Ideal aus R bedeutet.*
>
> Die Bedingungen 1 bis 3 definieren den allgemeinsten kommutativen Ring. Aus ihnen ergibt sich die Existenz des Einheitselements der Addition, der Null, aber nicht die Existenz des Einheitselements der Multiplikation. Letztere mußte daher in Bedingung 4 ausdrücklich gefordert werden. Die Eindeutigkeit des dort definierten Einheitselements r_E ergibt sich aus der Kommutativität der Multiplikation. (Krull 1923, S. 84 f.) (Hervorhebungen i. O.)

Eine stringente Formulierung ohne mathematisch irrelevante Einfügungen ist die Krull'sche „Definition des Grundbereichs *R*". Auch seine Kommentierungen sind monologischer Natur, d. h. auf den Text und nicht auf potenzielle Leser/innen ausgerichtet.

Im Folgenden werden drei Linien in der Theorie Bachtins verfolgt, die die Überlegungen zur Dialogizität der mathematischen Texte Noethers stützen. Bachtin spricht von dem „Apperzeptionshintergrund des Hörers", vor dem „der Sprecher" seine Äußerungen formuliert:

> Der Sprecher ist bestrebt, sein Wort mit seinem spezifischen Horizont am fremden Horizont des Verstehenden zu orientieren und tritt in ein dialogisches Verhältnis zu den Momenten dieses Horizonts. Der Sprecher dringt in den fremden Horizont des Hörers ein, errichtet seine Äußerung auf fremdem Grund und Boden, vor dem Apperzeptionshintergrund des Hörers. (Bachtin 1934/35, S. 174 f.)

Noether hatte im Prozess des Schreibens auch die Perspektive der lesenden Person im Blick. In ihren Argumentationsfiguren ging sie von einem vermuteten Wissenshorizont und einer mangelnden Vertrautheit mit dem begrifflichen Denken aus. Ihr Anliegen war nicht nur die Publikation ihrer mathematischen Forschungsergebnisse. Sie wollte auch in ihrem methodischen Vorgehen verstanden werden, und so zielten ihre Veröffentlichungen zugleich auf die Präsentation mathematischer Ergebnisse wie auf die Darstellung ihrer Auffassungen und Methoden.

Bachtin charakterisiert „die allgemeine einheitliche Sprache", „ein System sprachlicher Normen" als Ausdruck von Herrschaft und stellt dieser Sprache die Redevielfalt als Ausdrucksform marginalisierter Gruppen gegenüber:

> Wir erfassen die Sprache nicht als ein System abstrakter grammatischer Kategorien, sondern als *ideologisch gefüllte* Sprache, Sprache als Weltanschauung und sogar als konkrete Meinung. ... Deswegen bringt die Einheitssprache die Kräfte einer konkreten Vereinheitlichung und Zentralisierung des ideologischen Wortes zum Ausdruck, die in einem untrennbaren Zusammenhang mit den Prozessen der sozialpolitischen und kulturellen Zentralisation stehen. (Ebenda, S. 164) (Hervorhebung i. O.)

Bachtin versteht unter der dialogisierten Redevielfalt auch eine Vielfalt der Standpunkte:

> Das dialogische Prinzip der Sprache, das vom Kampf der sozialsprachlichen Standpunkte und nicht vom innersprachlichen Kampf der individuellen Willensäußerung oder von logischen Widersprüchen bedingt war." (Ebenda, S. 166 f.)

Diese Überlegungen zur Dialogizität eines Textes als Widerspiegelung von politischen und kulturellen Prozessen korrespondieren mit einer pointierten Wahrnehmung des mathematisch-historischen Kontextes, in dem Noether sich an der Göttinger Universität und in der mathematischen Community bewegte und zu bewegen hatte. Noethers Biografie ist in werks-, berufs- wie lebensgeschichtlicher Hinsicht durch Ausgrenzung und Anerkennung geformt. Ihre Auffassung und Arbeitsweise einer Orientierung an Begriffen, ihr Denken in Strukturen, stehen einem tradierten algebraischen Denken, der Orientierung auf Substanz, gegenüber. Die Dialogizität in den Arbeiten Noethers, die aus einer beruflich wie fachlich marginalisierten Position heraus geschrieben wurden, zeigt sich nun als doppelte Strategie zur Akzeptanz und Etablierung begrifflicher Auffassungen und Methoden.

Durch Perspektivänderung und formale Bestimmung werden Eigenschaften und Zusammenhänge erkennbar, Begriffe bestimmbar und das Denken in Strukturen vorbereitet. Über die diskursive Bestimmung werden Begriffe in einen existierenden mathematischen Diskurs eingebunden. Spricht Noether implizit in ihrem einordnenden und bewertenden Schreiben ein fiktives Gegenüber an, so wird zugleich das dialogische Schreiben zu einem methodischen Vorgehen, das die Präzision und Schärfe der Begriffsbestimmung sichert. Eine weitere Facette des Konzepts der Dialogizität literarischer Texte ist der innere Dialog des Wortes:

> Die innere Dialogizität kann nun aber nur dort zu einer solchen wesentlichen, formbildenden Kraft werden, wo die individuellen Dissonanzen und Widersprüche durch die soziale Redevielfalt befruchtet werden, wo die dialogischen Widerklänge nicht auf den Bedeutungsgipfeln des Wortes erklingen ..., sondern vielmehr in die Tiefenschichten des Wortes einziehen und die Sprache selbst, die sprachliche Weltanschauung (die innere Form des Wortes) dialogisieren. (Bachtin 1934, S. 177)

Bachtin spricht vom zwei- oder mehrstimmigen Wort „mit einer Ausrichtung auf ein fremdes Wort" (Bachtin 1971, zitiert nach Martínez 2001, S. 434).

> Zudem sind diese beiden Stimmen dialogisch aufeinander bezogen, sie wissen gleichsam voneinander, ... sie führen gleichsam ein Gespräch miteinander. Das zweistimmige Wort ist stets *im Innern dialogisiert*. ... In ihnen ist ein potentieller, unentwickelter und konzentrierter

> Dialog zweier Stimmen, zweier Weltanschauungen, zweier Sprachen angelegt. (Bachtin 1979, S. 213) (Hervorhebung d. A.)

Wenn Noether als gleichwertig neben die erste Definition eines Begriffes verbunden durch „d. h." oder „mit anderen Worten" eine weitere Definition stellte, dann lässt sich das als das Explizieren des inneren Dialogs eines Wortes lesen. Kann in der Mathematik anders als in der literarischen Welt der eindeutige Wahrheitsbegriff nicht zugunsten einer mehrdeutigen, kontextualisierten Interpretation aufgegeben werden, so wird durch diese Lesart noch einmal die Herstellung einer Multiperspektivität als ein Element der begrifflichen Methode herausgehoben.[16]

In der Summe dieser Überlegungen zeigt sich die Dialogizität der Texte Noethers als Teil ihrer begrifflichen Arbeitsmethoden, als Abbildung eines diskursiven Erkenntnisprozesses. Anders gesprochen: Dialogizität ist ein angemessenes Konzept, Noethers mathematisches Schreiben zu charakterisieren. Der Befund korrespondiert mit dem im ersten Kapitel entworfenen Bild einer Mathematikerin, für die Sprechen und Zuhören, der Dialog, wesentliches Element mathematischen Forschens und Lehrens waren. Das Schreiben erscheint als Fortsetzung des Sprechens, als verschriftlichte Rede, das Lesen als Fortsetzung des Hörens und das Publizieren als Verdichtung von Gesprochenem; das Dialogische der Texte liegt ebenso auf der vermittelnden wie auf der methodischen Ebene. Dialogizität ist Teil des diskursiven Prozesses einer begrifflichen Mathematik Noethers. Eine Theorie der Dialogizität, angewendet auf mathematische Texte, ermöglicht, das Werden von Mathematik als sozialen und kulturellen Prozess sichtbar werden zu lassen.

2.4 Vom Nutzen der begrifflichen Mathematik

Fruchtbar und *tiefliegend* sind die Bewertungskriterien für gute Mathematik; das ist heute ebenso der Fall wie in den 1920er Jahren des vergangenen Jahrhunderts. Beide Adjektive sind bezogen auf die Mathematik nicht selbsterklärend, doch innerhalb der Community in ihrer Verwendung eindeutig und unstrittig. Ihr begrifflicher Gehalt ist unscharf, doch gerade in ihrer Unschärfe und damit auch Beweglichkeit und Veränderbarkeit ein wesentliches Element mathematischer Produktivität. Mehrtens weist in seinem Buch „Moderne – Sprache – Mathematik" darauf hin:

> Zur Erhaltung der Produktivität umfaßt der Diskurs, der eine Sprache der Gewißheit produziert, auch eine bewertende Rede entschiedener Ungewißheit. (Mehrtens 1990, S. 417)

Tiefliegend als Bewertung einer mathematischen Fragestellung basiert auf dem Konsens der mathematischen Gemeinschaft, diese Probleme als relevant und ihre Lösung als

[16] Multiperspektivität bekam, wie im fünften Kapitel skizziert, als methodisches Konzept in der im Anschluss auch an Noether durch Saunders Mac Lane und andere begründeten mathematischen Disziplin der Kategorientheorie seine formalisierte Gestalt.

wünschenswert anzusehen. Mehrtens spricht vom „überlieferten Problembestand" (ebenda, S. 416).[17]

Fruchtbar wird ganz im alttestamentarischen Sinne als Metapher für mathematische Erkenntnisse verwendet, die ein Wachsen und Gedeihen neuer Theorien und Theoreme erwarten lassen. Mehrtens spricht von „dem ‚organischen' Zusammenhang im endlosen Produzieren neuer Sätze" (ebenda, S. 417). Doch neue Theorien sind nicht schlechthin fruchtbar, wenn es gelingt, möglichst viele Sätze in ihnen zu produzieren.[18] Neue Zugänge werden nicht als fruchtbar erachtet, wenn sie nicht über den bisherigen Bestand der Mathematik hinausweisen. Sie müssen in Verbindung mit der Außenwelt respektive der restlichen mathematischen Welt stehen. Ihre Fruchtbarkeit erweist sich für die mathematische Gemeinschaft in der Herstellung von Beziehungen zu bereits als *tiefliegend* erachteten Forschungen und Fragestellungen und einer sich daraus ableitenden Zukunftsfähigkeit. Erst im Zuge der Etablierung als Forschungsfeld kann sich eine Theorie als fruchtbar in sich selbst zeigen und gestaltet die Auffassung über Tiefliegendes um und neu. Diese Gedanken werden im Zusammenhang mit dem Ausbau der Idealtheorie als Forschungsfeld und der Entstehung der Algebrentheorie als mathematischer Teildisziplin aufgenommen werden. An beiden Beispielen lässt sich zeigen, welche Bedeutung Noether und der Noether-Schule im Prozess der Veränderung der Auffassungen darüber, was als *tiefliegend* oder *fruchtbar* gilt, zukommt.

Begriffliche Mathematik war zu Lebzeiten Noethers großen Teilen der mathematischen Gemeinschaft suspekt. Darauf verwiesen noch 1935 sowohl Weyls, Alexandroffs wie van der Waerdens Nachrufe. Van der Waerden sei zitiert:

> Als charakteristische Wesenszüge haben wir gefunden: Ein unerhört energisches und konsequentes Streben nach begrifflicher Durchdringung des Stoffes bis zur restlosen methodischen Klarheit; ein hartnäckiges Festhalten an einmal als richtig erkannten Methoden und Begriffsbildungen, auch wenn diese den Zeitgenossen noch so abstrakt und unfruchtbar vorkamen; ein Streben nach Einordnung aller speziellen Zusammenhänge unter bestimmte allgemeine begriffliche Schemata. Ihr Denken weicht in der Tat in einigen Hinsichten von dem der meisten anderen Mathematiker ab. Wir stützen uns doch alle so gern auf Figuren und Formeln. Für sie waren diese Hilfsmittel wertlos, eher störend. Es war ihr ausschließlich um Begriffe zu tun, nicht um Anschauung oder Rechnung. (Van der Waerden 1935, S. 476)

Waren auch die mathematischen Ergebnisse Noethers zu akzeptieren, so erschien das Vorhaben begriffliche Mathematik insbesondere im Hinblick auf seine Fruchtbarkeit als äußerst zweifelhaft. Vielfach wurde Kritik an einer sich an der Axiomatik orientierenden

[17] Berühmte über die Disziplin Mathematik hinaus bekannte Beispiele sind der Gödel'sche Unvollständigkeitssatz, den Douglas Hofstadter mit „Gödel, Escher, Bach" (Hofstadter 1985) einem breiten Publikum zugänglich machte, und die Fermat'sche Vermutung, deren nach rund 350 Jahren mathematischer Forschungstätigkeit erfolgter Beweis sogar die Tagespresse erreichte (vgl. Singh 2000). Über die Bedeutung des Konsenses in der mathematischen Forschungspraxis vgl. Heintz 2000, S. 233 ff.

[18] Die Mathematikerin Helga Königsdorf greift dieses Thema in ihrem Essay „Der unangemessene Aufstand des Zahlographen Karl-Egon Kuller" auf (vgl. Königsdorf 1990).

mathematischen Auffassung geäußert. Hier sei Klein, einer der einflussreichsten Mathematiker dieser Zeit, mit einer deutlichen Kritik an der von Hilbert vertretenen formalistischen Position und axiomatischen Arbeitsweise zitiert:

> Der Appell an die Phantasie tritt also hier [in der axiomatischen Definition einer Gruppe] völlig zurück. Dafür wird das logische Skelett sorgfältig herauspräpariert ... Diese abstrakte Formulierung ist für die Ausarbeitung der Beweise vortrefflich, sie eignet sich aber durchaus nicht zum Auffinden neuer Ideen und Methoden, sondern sie stellt vielmehr den Anschluß einer vorausgegangenen Entwicklung dar. ... Überhaupt hat die Methode den Nachteil, daß sie nicht zum Denken anregt. (Klein 1926/27, S. 335 f.)

In aller Schärfe brachte Klein nicht nur seine Zweifel, sondern seine grundsätzliche Ablehnung zum Ausdruck. Auch Noether hatte derartige Kritik zu parieren, zumal sie auf Hilberts Position im axiomatischen Vorgehen als Teil begrifflichen Arbeitens rekurrierte. Auch sie hatte zu zeigen, dass es sich bei der begrifflichen Methode nicht um formale Beweistechniken ohne Inspiration handelte, sondern um einen neuen, außerordentlich fruchtbaren Zugang. Und anders als Hilbert war sie zu keinem Zeitpunkt ihrer Karriere in der Situation, qua ihrer beruflichen Position die Relevanz bestimmter Auffassungen zu setzen. Noether musste durch ihre Arbeiten überzeugen; das gestaltete notwendigerweise den Charakter ihrer Argumentationsstruktur. Die Dialogizität ihres Schreibens wird mit Bachtins Überlegungen im Hintergrund als Überzeugungsstrategie erkennbar.

Noether hinterließ keine über das mathematische Arbeiten reflektierenden Ausführungen. Liest man jedoch ihre Veröffentlichungen, hinterlassenen Briefe und Gutachten genauer, so findet sich eine Vielzahl von Äußerungen, die sich zu einem Bild von der Bedeutung, die Noether der begrifflichen Methode zumaß, zusammenfügen. Noether akzeptierte die internen Kriterien *tiefliegend* und *fruchtbar* für ihre eigene Forschung und ebenso die Forderung nach Einordnung in den mathematischen Bestand und gab ihnen doch ihre höchsteigene, durch begriffliche Auffassung geprägte Deutung. Noether argumentierte in dem Material und mit dem Material durch ihre eigene mathematische Forschung und durch die Arbeiten ihrer Schüler/innen. Van der Waerden hatte diese Unterscheidung zwischen ihrem begrifflichen Denken und dem mathematischen Material bereits 1935 ausgesprochen:

> Sie konnte nur in Begriffen, nicht in Formeln denken, und darin lag gerade ihre Stärke. Sie wurde so durch ihre eigene Wesensart dazu gezwungen, diejenigen Begriffsbildungen ausfindig zu machen, die geeignet waren, als Träger mathematischer Theorien aufzutreten. Als Material für diese Denkmethoden boten sich ihr die Algebra und die Arithmetik dar. Als grundlegend erkannte sie die Begriffe Körper, Ring, Ideal, Modul, Restklasse und Isomorphismus. (Van der Waerden 1935, S. 469)

So sind ihre Veröffentlichungen zugleich Darlegung mathematischer Ergebnisse, Demonstration der Wirksamkeit der begrifflichen Methode und Diskussion ihrer Funktionsweise, ihre Gutachten der Doktorarbeiten zugleich Beurteilung und Analyse der Umsetzung des begrifflichen Zugangs. War die „Idealtheorie in Ringbereichen" bereits eine Art Lehrstück des begrifflichen Arbeitens, so hielt sich Noether hier, was die Diskussion dieses Zugangs, seine Neuartigkeit und den Gegenhorizont betrifft, noch sehr bedeckt. An vielen Stellen verwies sie auf Übliches oder Bekanntes, so wenn sie beispielsweise schrieb:

> Das kleinste gemeinsame Vielfache $[\mathfrak{B}_1, \mathfrak{B}_2, K, \mathfrak{B}_K]$ der Ideale $\mathfrak{B}_1, \mathfrak{B}_2, K, \mathfrak{B}_k$ sei *wie üblich* definiert als Gesamtheit der Elemente … (Noether 1921, S. 31) (Hervorbebung d. A.)

Wie üblich diese Definitionen tatsächlich waren, sei dahingestellt. Entscheidend ist hier Noethers Versuch, sich durch diesen Hinweis in den Rahmen des Konventionellen einzuordnen und so eine Brücke zum Unkonventionellen, zur begrifflichen Methode zu bauen. Dieses Muster konventioneller Unkonventionalität taucht insbesondere Anfang der 1920er Jahre in ihren Publikationen auf und ist ein Verweis auf die Skepsis und Distanz der mathematischen Community gegenüber Noethers methodischem Vorgehen. Zugleich ist es, wie im vorhergehenden Kapitel entwickelt, ein biografisches Muster.

Bereits in der „Idealtheorie in Ringbereichen" gibt es an verschiedenen Stellen Hinweise einer Auseinandersetzung mit den Kriterien für gute Mathematik und damit eine Bewertung des begrifflichen Zugangs. So schrieb sie etwa:

> Beide stützen sich auf die Eliminationstheorie, benutzen also die Tatsache, daß ein Polynom sich eindeutig als Produkt von irreduziblen Polynomen darstellen läßt. Tatsächlich sind die Zerlegungssätze für Ideale von dieser Voraussetzung unabhängig, wie die Idealtheorie in algebraischen Zahlkörpern vermuten läßt und wie die vorliegende Arbeit zeigt. Die Zerlegung in irreduzible Ideale und die in relativprim-irreduzible scheint in der Literatur auch für den Polynombereich nicht bemerkt. (Ebenda, S. 27)

In den an dieser Stelle nicht im Detail ausgeführten Bemerkungen sind dennoch wesentliche Punkte ihrer Argumentation enthalten. So strebte Noether an, mit minimalen Voraussetzungen zu arbeiten, wie durch das Wort „unabhängig" herausgehoben wird. Damit erreichte sie, wie im zweiten Teilsatz formuliert, Ergebnisse, die über bereits Vermutetes hinausgehen. In ihrer Formulierung wird zugleich die Anbindung an bereits vorhandenen Bestand gesichert und damit indirekt die Fruchtbarkeit des begrifflichen Zugangs betont. Der darauffolgende Satz erwähnt noch einmal die Beschränkung des Blickes durch eine zu spezielle Perspektive, hier aus der Eliminationstheorie in Polynombereichen, und verweist damit zugleich auf den Gegenhorizont, der Orientierung auf die Elemente, auf die Substanz im Sinne Cassirers. Im letzten Satz betont Noether die Bedeutung der Herausarbeitung und Untersuchung charakteristischer Eigenschaften, die erst zu den gewünschten Ergebnissen führe.

Noether veröffentlichte 1923 posthum die inhaltlich bereits abgeschlossene und als Doktorarbeit angenommene, aber noch nicht für die Publikation überarbeitete Untersuchung Hentzelt „Zur Theorie der Polynomideale und Resultanten". In der ersten Fußnote kommentierte sie die Arbeit:

> Diese ganz auf Grund eigener Ideen verfaßte Dissertation ist lückenlos aufgebaut; aber Hilfssatz reiht sich an Hilfssatz, alle Begriffe sind durch Formeln mit vier und fünf Indizes

> umschrieben, der Text fehlt fast vollständig, so daß dem Verständnis die größten Schwierigkeiten bereitet werden. … Ich gebe die Arbeit in *rein begrifflicher* Fassung wieder, wodurch eine *große Vereinfachung* der durchweg auf Hentzelt zurückgehenden Beweise erzielt wird, und, wie ich hoffe, die *Schönheit* der Arbeit offenbar wird. (Noether 1923, S. 53) (Hervorhebung d. A.)

In dieser Einführung, die wie der Auszug aus einem Dissertationsgutachten wirkt und doch für die mathematische Öffentlichkeit geschrieben wurde, drückte sie in aller Klarheit ihre Bewertung der begrifflichen Methode und guter Mathematik aus: Vollständigkeit der Abhandlung, Vereinfachung der Beweise durch den begrifflichen Zugang, Schönheit der Arbeit, Verständlichkeit, ein Text, der die Ergebnisse verbindet und diskutiert, und der Gegenhorizont, das Arbeiten mit Formeln. Eine rein begriffliche Fassung aber ist das Ideal, dem eine gute mathematische Arbeit genügen sollte. Ihre Beurteilung von Doktorarbeiten folgte diesem Anspruch, und sie schrieb 1925 in ihrem Promotionsgutachten für Hermann:

> Es ist Verf. gelungen, die unübersichtlichen Hentzeltschen Formeln in begrifflich durchsichtige Sätze zu verwandeln. (Promotionsakte Hermann)

Noch deutlicher urteilte sie 1926 im Gutachten für Heinrich Grell:

> Besonders hervorheben möchte ich die Einführung des Begriffes der Modul- und Idealkörper und der arithmetischen Isomorphie, Begriffe, die erst die vollständig präzise Fassung der Zuordnungssätze ermöglichen. (Promotionsakte Grell)

Ihr Gutachten zu Deurings Doktorarbeit 1930 leitete Noether mit dem Satz ein:

> Die vorliegende Arbeit ist – weit über den Rahmen einer üblichen, selbst sehr guten Dissertation hinausgehend – eine grundlegende wissenschaftliche Arbeit, die neue Wege geht und neue Wege führt. (Promotionsakte Deuring)

Neue Wege zu gehen verweist auf die begriffliche Methode, neue Wege zu führen auf die Produktivität dieses Ansatzes. Das meint mehr als einige interessante mathematische Ergebnisse. Es ist zukunftsweisend, fruchtbar. In dem 1931 für die Doktorarbeit von Hans Fitting geschriebenen Gutachten formulierte Noether diesen Anspruch explizit:

> Die Darstellung ist, dem Inhalt entsprechend, klar und ausgereift. … Weitere Anwendungen sind in den Grundzügen schon fertig und zeigen die Fruchtbarkeit der Methode. (Promotionsakte Fitting)

Doch zurück zu ihren für die Öffentlichkeit gedachten Ausführungen. In allen Arbeiten deutete Noether an oder sprach klar aus, welche Leistungsfähigkeit sie dem begrifflichen Zugang zuschrieb. So werden „Begriffe zur Grundlage“ der Arbeit, auf die sie sich beziehen kann. Sie schrieb davon, „den inneren Grund bestimmter Zusammenhänge aufdecken zu können“. „Neubegründung von Theorien“, „Herstellung von Analogien“, „Charakterisierung“, „neue Beweise“, „Unabhängigkeit“, „Vereinfachung“, „Durchsichtigkeit“, „Einordnung“, „Übertragung“ und „Schönheit“ sind zentrale und sich wiederholende Worte ihrer Argumentationen. Diesen Anforderungen will sie mit ihrem begrifflichen Vorgehen genügen. „Vermöge des Begriffs“, „durch Trennung der Begriffe“, „Verallgemeinerung von Begriffen“, „Grundlegung durch Begriffe“ – damit beschrieb sie ihre mathematische Aktivität, ihre Handlungspraxis. Folgende Aspekte lassen sich festhalten, die in Variationen die zentralen Argumente Noethers sind und mit den bereits herausgearbeiteten Aspekten begrifflichen Arbeitens korrespondieren: Erfassung wesentlicher Eigenschaften, Herstellung von Zusammenhängen, größte Allgemeinheit. „Begriffliches Durchdringen“ nannte van der Waerden in seinem Nachruf dieses Vorgehen, dem Anschauung und Rechnerei, d. h. der Rückgriff auf ein wie auch immer geartetes Substanzielles, nur hinderlich sind (van der Waerden 1935, S. 476).

Noether selbst äußerte sich verschiedentlich dazu. So schrieb sie an Hasse, als sie von Karl Petri, einem ehemaligen Assistenten ihres Vaters, um Durchsicht einer zur Veröffentlichung vorgesehenen Arbeit gebeten wurde:

> Die Kontrolle, die er wünscht, kann ich allerdings nicht übernehmen; ich habe das symbolische Rechnen mit Stumpf und Stiel verlernt. (Noether an Hasse 14. 4. 1932)

In Noethers Publikationen sind vielfach Verweise auf das Rechnen als Gegenhorizont zu finden. So schrieb sie in geradezu vernichtender Weise über eine Arbeit von Georg Frobenius:

> Diese begrifflich einfachen und durchsichtigen Resultate werden aber bei Frobenius durch mühevolle Rechnung gewonnen. (Noether 1929, S. 642)

Auch dies ist aus ihrer Sicht ein Nutzen begrifflicher Mathematik, die Befreiung von der Mühsal des Rechnens. In ihren Vorlesungen unterstrich sie ebenfalls diesen Aspekt des begrifflichen Arbeitens:

> Man kann, weil nicht die Gruppe, sondern der Gruppenring, allgemeiner ein hyperkomplexes System oder ein beliebiger Ring betrachtet wird, die Theorie der Ringe und Ideale verwenden, was zu einer Befreiung der Theorie von vielen unübersichtlichen Rechnungen führt. (Noether 1929/30, S. 3)

Konsequenterweise kamen den Beispielen in den Untersuchungen Noethers eine neuartige Aufgabe zu: Sie sollen weder einen Satz im Vorhinein motivieren noch ihn im Nachhinein veranschaulichen. In den Hauptkapiteln fungieren sie nur als Gegenbeispiele, d. h. in ihrer logischen Funktion verwendet und hier zumeist in den Fußnoten, sodass der Fluss der begrifflichen Argumentation nicht gebrochen wird. Die in der Einleitung oder in separierten Kapiteln diskutierten Beispiele aber binden ihre Ergebnisse in den aktuellen Forschungsstand ein, verweisen auf *tiefliegend* und *fruchtbar* als Bewertungskriterien von Mathematik. Dieser ungewöhnliche, diskursive Umgang mit Beispielen zeigte sich bereits in dem bemerkenswerten Satz aus ihrer Habilitation, ein weiteres Beispiel biete die „allgemeine Relativitätstheorie“ der Physiker (Noether 1918a, S. 240), mit dem sie ihre Ergebnisse in den Kontext aktueller physikalischer Fragen einband, zugleich aber den mathematischen Fragen Priorität zuwies.

Noether argumentierte in ihren Arbeiten ihre Methode rechtfertigend und für sie werbend, der Ton aber wandelte sich im Laufe der Veröffentlichungen. War Noether in der Idealtheorie noch eher zurückhaltend bis rechtfertigend, so verlor sich mit den Jahren die Rechtfertigung und machte einem selbstbewussten und einfordernden Sprechen über ihr methodisches Vorgehen Platz. Höhepunkt ihres Streitens für einen begrifflichen Zugang zur Mathematik ist ihr im September 1932 auf dem Internationalen Mathematikerkongress gehaltener Vortrag, dessen Bedeutung ihr bewusst war und dessen Vorbereitung bereits Monate zuvor begann.[19] Vor der mathematischen Weltöffentlichkeit präsentierte Noether die begriffliche Auffassung und die Reichweite ihres methodischen Ansatzes. Sie begann geschickt mit einer Anbindung an zwei klassische, und damit unstrittig tiefliegende, auf Gauß zurückgehende Fragestellungen, die sie in mehreren Schritten zu immer allgemeiner gehaltenen Formulierungen führte. Bevor sie jedoch zum Beweis überging, folgten methodische Erläuterungen. Kein Zweifel kann daran bestehen, dass die Methode vorzustellen ihr zentrales Anliegen war, die skizzierten Problemstellungen „nur" das Material:

> Mit dieser Skizze, die ich später ausführen werde, möchte ich zugleich das Prinzip der Anwendung des Nichtkommutativen auf das Kommutative erläutern. *Man sucht vermöge der Theorie der Algebren invariante und einfache Formulierungen für bekannte Tatsachen über quadratische Formen und zyklische Körper zu gewinnen, d. h. solche Formulierungen, die nur von Struktureigenschaften der Algebren abhängen. Hat man einmal diese invarianten Formulierungen bewiesen – und das ist in den oben angegebenen Beispielen der Fall – so ist damit von selbst eine Übertragung dieser Tatsachen auf beliebige galoissche Körper gewonnen.* ... Vor einer Einzelausführung möchte ich noch einen allgemeinen Überblick über die verschiedenen Methoden und die weiteren Resultate geben. ... Vorerst ist zu bemerken, dass die Hauptschwierigkeit in der Gewinnung der Formulierung für allgemeine galoissche Körper liegt, wozu ohne die hyperkomplexe Methode gar kein Ansatzpunkt vorhanden war. (Noether 1932, S. 189) (Hervorhebung i. O.)[20]

Mit den Worten „invariante Formulierungen zu gewinnen" benannte Noether ihr Vorgehen, die Bestimmung von Begriffen in den Mittelpunkt zu stellen und ihre Zusammenhänge begrifflich zu fassen. Ziel war es, sich loszulösen von einer Orientierung an vertrautem und deshalb hinderlichem Wissen über Objekte, um die gedanklichen Konstruktionen, die „Struktureigenschaften" zu erkennen. Noether fuhr in ihrem Vortrag fort:

> Erst durch die Verschmelzung beider Theorien ließ sich ein genügend einfacher und weitreichender Aufbau erzielen, um kommutative Fragen damit auch angreifen zu können. (Ebenda, S. 190)

Damit wird auch das zweite Bewertungskriterium befriedigt: Die aus dem begrifflichen Zugang entstandenen Neubegründungen der Theorien sind durch ihre so möglich

[19] Vgl. Noether an Hasse 3. 6./Juni ohne Datumsangabe/7. 6./14. 6./16. 6. 1932.

[20] Dabei ist unter hyperkomplexer Methode ein Vorgehen zu verstehen, das aus der begrifflichen Auffassung abgeleitet wird und sich auf den Begriff ‚hyperkomplexes System' (später Algebra genannt) als eine allgemeine algebraische Struktur stützt.

gewordene Zusammenführung über sich selbst hinaus fruchtbar. Noether schloss ihren Vortrag mit den Sätzen:

> Hier entsteht die Frage nach dem Zusammenhang mit den im Überblick erwähnten Artinschen Führern … und damit die Frage nach dem Zusammenhang mit der Theorie der Galoismoduln, der zweiten hyperkomplexen Methode. … Wie weit diese beiden Methoden reichen werden, muss erst die Zukunft zeigen. (Ebenda, S. 194)

Mit diesem Abschluss betonte sie noch einmal die Fruchtbarkeit, die Produktivität ihrer Mathematik, die sich noch lange nicht erschöpft hatte. Das weite Anwendungsfeld der neuen Methoden, seien es der idealtheoretische Ansatz oder, wie hier, die hyperkomplexe Methode, hatte Hasse bereits 1929 auf der Jahresversammlung der DMV in Prag hervorgehoben:

> Wie schon angedeutet, ist die moderne algebraische Methode keineswegs auf den klassischen Bestand der Algebra beschränkt, sondern greift darüber hinaus und durchsetzt eigentlich die ganze Mathematik. Überall kann man ihr Prinzip anwenden, die einfachsten begrifflichen Grundlagen für eine vorliegende Theorie aufzusuchen und dadurch vereinheitlichend und systematisierend zu wirken, von der Logik angefangen, in der man schon seit längerer Zeit von der Algebra der Logik redet, über die Mengenlehre, die Grundlagentheorie, die Zahlentheorie, die synthetische und die analytische Geometrie, die Topologie, die Integralgleichungstheorie, die Variationsrechnung bis zur Quantentheorie, die neuerdings durch das Eingreifen der Theorie der unendlichen Matrizen und der abstrakten Operatoren in algebraisches Fahrwasser geraten ist. (Hasse 1930, S. 33 f.)

Hasses Vortrag war gleichsam eine Werbeveranstaltung für begriffliche Auffassungen und Methoden im deutschsprachigen Raum gewesen, mit dem Vortrag in Zürich vier Jahre später wendete sich Noether an das internationale Publikum.

2.5 Vom begrifflichen Denken zur strukturellen Mathematik

Die Bedeutung Noethers im Kontext der Entstehung und Entwicklung eines strukturellen Zugangs zur Mathematik ist in der Mathematik und Mathematikgeschichte unstrittig und dennoch wenig untersucht. Einige Beispiele seien zitiert. So schrieb der zeitgenössische Mathematiker und einer der Begründer der Kategorientheorie Saunders Mac Lane Ende der 1970er Jahren rückblickend über die Entwicklung der abstrakten Algebra:

> Abstract algebra in this sense can be regarded as a cultural movement, which began in Germany immediately after the war (1918–1921) and which went through three clearly marked periods. The first wave of abstraction, 1921–1941, was dominated by Emmy Noether, Emil Artin, Ernst Steinitz and van der Waerden's book Moderne Algebra (1930–1931) and was centered on the concept of ring and ideal. The second wave, 1942–1955, was led by Bourbaki under the slogan ‚What are the morphisms?', and the third period, 1957–1974, was under the influence of Grothendieck, algebraic geometry and category theory. (Mac Lane 1981, S. 4)

In dem umfangreichen Werk „Biographien bedeutender Mathematiker" steht: „Mit dem Anfang der 20er Jahre begann Emmy Noether eine Reihe grundlegender Publikationen, die das Gesicht der Algebra grundsätzlich neu formen sollten" (Wußing, Arnold 1989, S. 517). In mathematischen Lexika findet sich z. B. folgende Formulierung: „Ihr [Noether] ist es zuzuschreiben, daß das strukturtheoretische Denken zu einem beherrschenden Zug der modernen Mathematik geworden ist." (Fachlexikon ABC Mathematik 1978, S. 381) Die „Geschichte der Algebra" nimmt in dem Abschnitt „Emmy Noether und die Bewegung der ‚modernen' Algebra" folgende Bewertung vor: „Die bedeutendste Protagonistin dieser Bewegung der 1920er und 1930er Jahre war Amalie Emmy Noether" (Gray, Kaiser, Scholz 1990, S. 405). Damit wird nicht nur die Bedeutung Noethers für die Geschichte der Algebra herausgehoben, sondern es werden die Veränderungsprozesse hin zu einer modernen Algebra als Ergebnis einer Bewegung, zu deren Akteur/inn/en Noether gehörte, postuliert. Diesen Punkt im vierten Kapitel wieder aufnehmend wird nach dem Charakter dieser kulturellen Bewegung und ihren Mitgliedern zu fragen sein, in den zitierten Arbeiten ist er nicht weiter verfolgt worden.

Als einer der Wenigen setzt sich Leo Corry in seinem Buch „Modern Algebra and the Rise of Mathematical Structures" mit den mathematischen Texten Noethers auseinander und stützt sich bei seiner Darstellung ihres Anteils nicht schlicht auf wohlmeinende oder skeptische Verlautbarungen und Erinnerungen von Zeitgenossen (Corry 1996, 2004). Corry weist Noether eine zentrale Rolle in der Entstehung und Verbreitung des strukturellen Zugangs zu, so, wenn er auf die Entwicklung der Idealtheorie von Dedekind zu Noether Bezug nehmend schreibt:

> This particular development transformed a theory initially conceived as a tool to investigate factorization properties of algebraic numbers (i. e., a non-structural theory), into a paradigmatic structural theory of modern algebra. (Corry 2004, S. 11)

Doch hat Noether selbst sich mit dem Begriff der Struktur auseinandergesetzt? Im Folgenden werden Noethers Publikationen, Briefe und Gutachten daraufhin überprüft, inwieweit sich in ihrem eigenen mathematischen Schreiben Hinweise finden lassen, welche Bedeutung Noether dem Begriff *Struktur* zuwies und ob sich eine Verschiebung von der Betonung des Begrifflichen zur Betonung des Strukturellen nachweisen lässt.

2.5.1 Über Strukturen schreiben

Diskutierte Noether Anfang der 1920er Jahre in der Präsentation ihrer Forschungsergebnisse zugleich die Produktivität des begrifflichen Zugangs, so verstärkt sich im Laufe der nächsten zehn Jahre die Heraushebung des Strukturellen als zentraler Forschungsperspektive. Ihre begriffliche Auffassung und ihre Auffassung von Begriffen, das zeigt die Untersuchung ihrer Texte, steht für die Analyse struktureller Zusammenhänge. Erstmals in der „Idealtheorie in Ringbereichen" und dort in der 34. Fußnote verwendete Noether in ihren Publikationen das Wort Struktur:

Die Existenz der Zerlegung läßt sich wieder in Analogie zu § 2 direkt beweisen; auch der Eindeutigkeitsbeweis läßt sich direkt führen (vgl. das in der Einleitung über Schmeidler und Noether-Schmeidler Gesagte.) Der hier gegebene Beweis gibt zugleich Einblick in die *Struktur* der teilerfremd-irreduziblen Ideale. (Noether 1921, S. 52) (Hervorhebung d. A.)

Noether verwendete das Wort „Struktur" selten und eher nebenbei, doch erlauben die Kontexte, in denen sie von „Struktur" oder „strukturell" schrieb, Rückschlüsse auf den Gebrauch dieser Worte und auf die Bedeutung, die sie ihnen gab. So verweist seine erstmalige Verwendung in einer Fußnote und ohne weitere Kommentierung darauf, dass „Struktur" mit einer gewissen Selbstverständlichkeit für sie zum mathematischen Sprechen und Schreiben gehörte.

Noether schrieb dem Begriff „Struktur" an dieser Stelle keine mathematische Produktivität zu und so bestand für sie keine Notwendigkeit einer Klärung seiner Bedeutung oder gar einer präzisen mathematischen Bestimmung. Und warum sollte sie auch? Ihr ging es um begriffliches Arbeiten, doch ihr Verständnis von Begriffen zu formalisieren, ihm eine mathematische Form zu geben, stellte sich für sie genauso wenig als mathematische Fragestellung wie eine Diskussion über das Wort Struktur oder, nur am Rande sei es angemerkt, das Wort Theorie. Es ist, das zeigt die Selbstverständlichkeit der Verwendung, für sie völlig klar gewesen, dass die Frage nach der Struktur der Frage nach den Begriffen im Sinne ihrer Auffassungs- und Arbeitsmethoden entspricht. Welche Funktion kommt also der Fußnote zu? Wie schon zu ihrer ersten Fußnote in der „Idealtheorie in Ringbereichen" angemerkt, bezog sie die lesende Person in ihren Gedankenprozess mit ein und machte sie durch diese Anmerkung auf einen Aspekt aufmerksam, den sie sonst möglicherweise übersähe. Der Beweis, auf den sie hinwies, ist mehr als nur die formale Bestätigung einer Behauptung, er liefert Erkenntnisse über innere Zusammenhänge zwischen teilerfremd-irreduziblen Idealen.[21] Damit geht es um Noethers Verständnis von Begriffen als Zusammenhänge. Gab sie im Sprechen und im Schreiben dem Begriff den Vorrang, so hieß begriffliches Denken für sie, die Frage nach den Strukturen zu stellen. Diese Überlegungen werden durch die Bedeutung bestätigt, die sie Isomorphismen zumaß, Abbildungen, deren Konstruktion dem Nachweis der Strukturgleichheit dienen. Auch in ihren nichtpublizierten Äußerungen, etwa in den Promotionsgutachten oder in den Briefen an Hasse, finden sich nur sehr wenige explizite Formulierungen und dies auch erst seit Ende der 1920er Jahre. So schrieb sie etwa 1931 in dem Gutachten für Levitzki (Abb. 2.2):

Die Arbeit gibt also ganz neue und in gewissem Sinne abschließende Struktursätze für vollst. red. Ringe; sie führt zugleich zu neuen Fragestellungen, mit deren Bearbeitung Verfasser schon begonnen hat. (Promotionsakte Levitzki)

[21] Corry kommt in seiner Untersuchung zu ähnlichen Ergebnissen, ohne allerdings einen Zusammenhang zum begrifflichen Denken herzustellen: „Of course, this sentence maybe understood in a vague, informal sense, but it is interesting that this is the only place where the word structure appears, and it denotes an aspect of the inner arrangement and, in particular, the inclusion properties of the ideals in a given ring." (Corry 2004, S. 235)

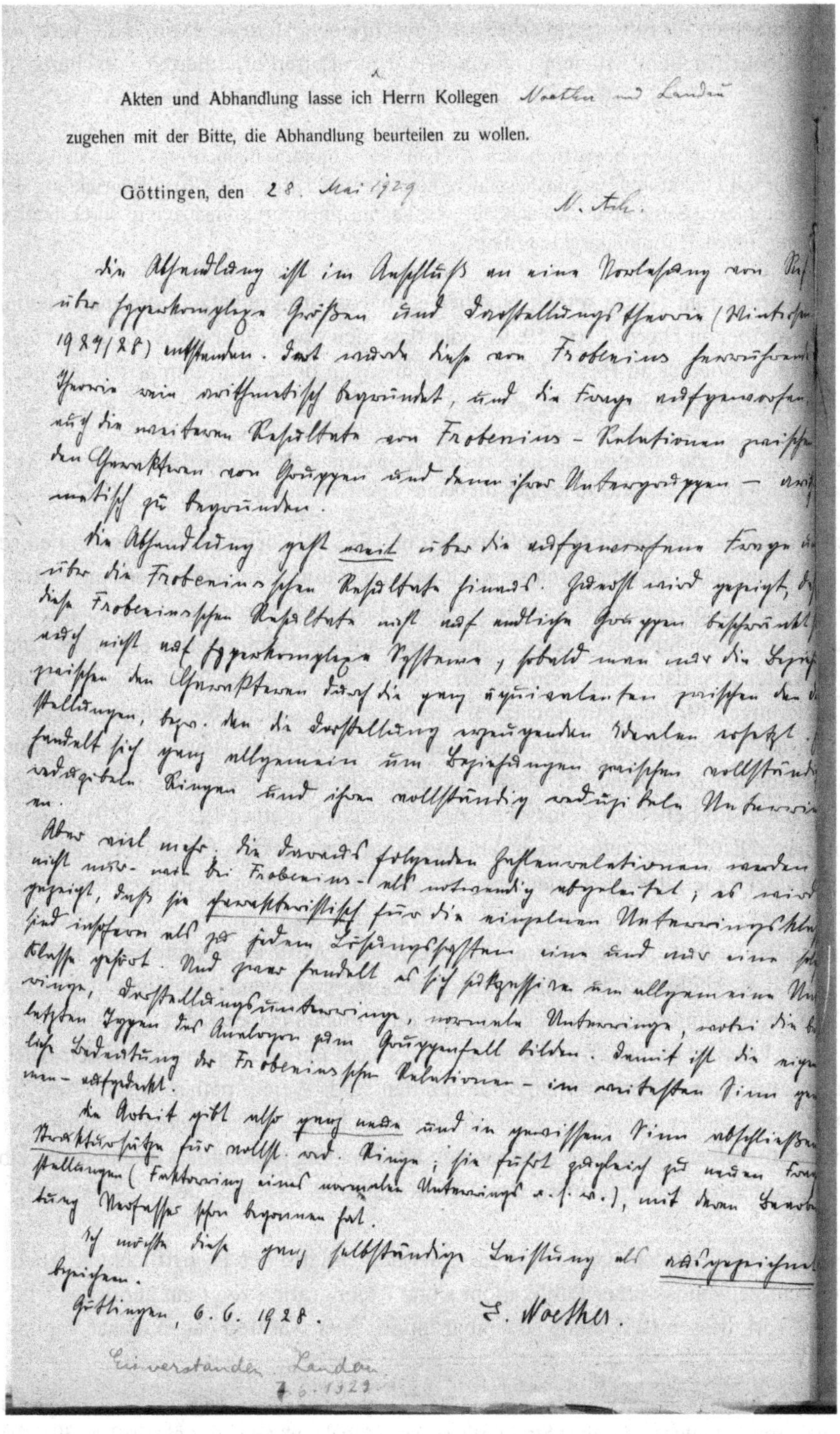

Akten und Abhandlung lasse ich Herrn Kollegen Noether und Landau zugehen mit der Bitte, die Abhandlung beurteilen zu wollen.

Göttingen, den 28. Mai 1929

N. Ach.

Die Abhandlung ist im Anschluß an eine Vorlesung von mir über hyperkomplexe Größen und Darstellungstheorie (Wintersem. 1927/28) entstanden. Dort wurde diese von Frobenius herrührende Theorie rein arithmetisch begründet, und die Frage aufgeworfen, auch die weiteren Resultate von Frobenius – Relationen zwischen den Charakteren von Gruppen und denen ihrer Untergruppen – arithmetisch zu begründen.

Die Abhandlung geht weit über die aufgeworfene Frage und über die Frobeniusschen Resultate hinaus. Zunächst wird gezeigt, daß diese Frobeniusschen Resultate nicht auf endliche Gruppen beschränkt, auch nicht auf hyperkomplexe Systeme, sobald man nur die Beziehungen zwischen den Charakteren durch die ganz äquivalenten zwischen den Darstellungen, bzw. den die Darstellung erzeugenden Idealen ersetzt. Es handelt sich ganz allgemein um Beziehungen zwischen vollständig reduzibeln Ringen und ihren vollständig reduzibeln Unterringen.

Aber viel mehr. Die daraus folgenden Zahlenrelationen – die nicht wie noch bei Frobenius – als notwendig abgeleitet werden; es wird gezeigt, daß sie charakteristisch für die einzelnen Unterringsklassen sind insofern als zu jedem Lösungssystem eine und nur eine Klasse gehört. Und zwar handelt es sich sukzessive um allgemeine Unterringe, Darstellungsunterringe, normale Unterringe, wobei die beiden letzten Typen das Analogon zum Gruppenfall bilden. Damit ist die eigentliche Bedeutung der Frobeniusschen Relationen – im weitesten Sinne genommen – aufgedeckt.

Die Arbeit gibt also ganz neue und in gewissem Sinne abschließende Struktursätze für vollst. red. Ringe; sie führt zugleich zu neuen Fragestellungen (Faktorring eines normalen Unterrings u.s.w.), mit deren Bearbeitung Verfasser schon begonnen hat.

Ich möchte diese ganz selbständige Leistung als ausgezeichnet bezeichnen.

Göttingen, 6.6.1928. E. Noether.

Einverstanden Landau
7.6.1929

Abb. 2.2 Noethers Gutachten über Levitzkis Doktorarbeit vom 30. Juni 1931

In dem Gutachten für Fitting, ein Jahr später geschrieben, stellt sie explizit die Verbindung zwischen begrifflichem Arbeiten und einem auf Strukturen orientierten Forschungsinteresse her:

> Die Arbeit ergibt rein begrifflich den Aufbau des Automorphismenrings von Abelschen Gruppen mit Operatoren, was insbesondere eine von jeder Rechnung freie Begründung der hyperkomplexen Systeme in sich schließt, wo die einzelnen Struktursätze ihre durchsichtige Deutung finden. (Promotionsakte Fitting)

In ihren Briefen an Hasse sprach Noether etwa von Struktursätzen, die man gewinnen könne (Noether an Hasse 7. 10. 1929), oder dass sich etwas über die Struktur der Zerfällungskörper (Noether an Hasse 27. 1. 1932) aussagen ließe. Nur einmal schrieb sie, ihre Forschungsergebnisse bewertend, explizit:

> Mich interessierte anfangs nur die Struktur der Maximalordnungen bei zerfallenden verschränkten Produkten, was zu kennen oft bequem ist. (Noether an Hasse 21. 7. 1932)

Noch einmal sei auf Noethers großen Vortrag 1932 in Zürich Bezug genommen, dessen mathematische Ausführungen sie nach einigen historischen Vorbemerkungen mit den Worten begann, mit dieser Skizze, die sie später ausführen werde, möchte sie zugleich das Prinzip der Anwendung des Nichtkommutativen auf das Kommutative erläutern. Und sie führte weiter aus, dass man vermöge der Theorie der Algebren invariante und einfache Formulierungen für bekannte Tatsachen gewönne, d. h. solche Formulierungen, die nur von „Struktureigenschaften" der Algebren abhingen.[22] Mit dem Beweis dieser invarianten Formulierungen, so Noethers Schlussfolgerungen, ist damit sofort eine Übertragung dieser Tatsachen auf beliebige galoissche Körper erreicht (Noether 1932, S. 189).

In dieser Eröffnung zeigen sich Anfangs- und Endpunkt von Entwicklungen. Hatte Noether über viele Jahre die Bedeutung des begrifflichen Arbeitens in ihren Publikationen diskutiert und wiederholt auch explizit von Begriffen als Grundlage ihres Forschens gesprochen, so ist hier der Verweis auf die begriffliche Auffassung nicht mehr vorhanden. Die Botschaft scheint bei der mathematischen Gemeinde, wenn auch nicht übernommen, so doch angekommen zu sein. Jetzt galt es, die Forschungsperspektive, Noether sprach von dem „Prinzip" (ebenda), zu formulieren. Es geht um Strukturen, die in den Blick zu nehmen und deren Eigenschaften zu bestimmen sind. Welch mathematisch ertragreiche Perspektive Noether darin sah, wird mit der von ihr fast wie durch Zauberhand – sie schrieb „von selbst" (ebenda) – gewonnenen Übertragung proklamiert. Dabei meint Übertragung zumeist Isomorphismen, deren Bedeutung für Noether bereits hervorgehoben wurde.

Noether schrieb nicht über Strukturen als mathematischer Begrifflichkeit. Auch die Durchsicht zeitgenössischer Publikationen und Monografien zeigt ein ähnliches Bild. Es war ein Wort, dessen Bedeutung scheinbar intuitiv klar war und das in dieser Vagheit im

[22] Wie auch der gemeinsamen mit Brauer und Hasse verfasste Aufsatz zeigt, interessierte sich Noether zu dieser Zeit intensiv für die „Strukturtheorie der Algebren" (Hasse et al. 1932, S. 399).

Alltagsgebrauch der Mathematik Verwendung fand. Noch in der 15. Auflage des Brockhaus von 1934 findet sich kein Verweis auf die Mathematik:

> Struktur: ... 2. In der Wissenschaftslehre Bezeichnung für den inneren Aufbau einer einheitlich geordneten, lebendigen Mannigfaltigkeit der Bestandteile, Eigenschaften, Verrichtungen, z. B. einer Persönlichkeit, einer Wirtschaftsgemeinschaft, eines Kristalls, eines Moleküls. (Brockhaus 1934)

Erst in der nächsten Auflage wurde auch die Mathematik explizit genannt. Auch van der Waerden sah in seinem Buch „Moderne Algebra" keine Notwendigkeit, sich mit dem Wort Struktur im Sinne eines mathematischen Begriffs zu befassen. Erst die Noether nachfolgende Generation von Mathematikern empfand die Notwendigkeit einer präzisen Fassung. Die Bourbaki-Gruppe, Ore und Mac Lane machten durch ihre Arbeiten Struktur zu einem mathematischen Begriff, durch ihre Forschungen ist ein mathematisches Verständnis von Struktur Teil des Wissenskorpus der Mathematik, um es mit Elkanas Begrifflichkeit zu benennen, geworden. Die inhaltliche Nähe zu Noether ist nicht zu übersehen. Claude Chevalley, André Weil, Gründungsmitglieder der Bourbaki-Gruppe, sowie Paul Dubreil, zeitweilig Mitglied, besuchten in ihren Studienjahren in Göttingen auch bei Noether Lehrveranstaltungen. Ore war nicht nur nach seiner Promotion für einige Zeit an der Göttinger Universität, sondern auch die kommentierte Herausgabe der Werke Dedekinds verband ihn mit Noether. Mac Lane verbrachte einen Teil seiner Studienzeit in Göttingen und hörte Noethers Vorlesungen. Der Denkraum Noether-Schule, den personell zu bestimmen und als analytische Kategorie zu präzisieren das vierte Kapitel leisten wird, zeigt sich hier in seiner gestaltenden Kraft und nachhaltigen Wirksamkeit.

2.5.2 Strukturelles Beweisen

Mit seinem Buch „Modern Algebra and the Rise of Mathematical Structures" setzt Corry sich in einer breit ausgefächerten Untersuchung mit der Entstehung und Entwicklung eines strukturellen Zugangs zur Mathematik, seiner Übernahme in die verschiedenen mathematischen Disziplinen sowie der Gestaltung neuer Disziplinen auseinander. In seinem methodischen Ansatz greift er auf Elkanas Theorie des Wissenswachstums (Elkana 1986, S. 15) und seiner Begrifflichkeit von „body of knowledge" und „images of knowledge" bzw. Wissenskorpus und Wissensvorstellungen zurück (ebenda, S. 19 f.).[23] Ist zwar der Begriff des Wissenskorpus als Sammlung mathematischen Wissens in einem intuitiven Sinne einfach fassbar, bedarf der Begriff der Wissensvorstellungen noch einiger erläuternder Anmerkungen. Elkana führt den Begriff in seinen Erörterungen zur Wissenschaft als kulturelles System ein:

---

[23] Elkana entwickelte dieses Konzept in seinem 1986 publizierten Buch „Anthropologie der Erkenntnis. Die Entwicklung des Wissens als episches Theater einer listigen Vernunft", doch scheint er, betrachtet man seine historischen Fallstudien, sich ebenso wie Rheinberger und Fleck auf die Naturwissenschaften zu beschränken, die Mathematik nicht mitzudenken (Elkana 1986).

> Ich werde behaupten, daß die Wissenschaft die wichtigste Dimension der westlichen Kultur darstellt; daß – relativ zu einem Bezugsrahmen, der auch der meinige ist – die Kulturen so geordnet sind, daß die westliche ‚Wissenschaftskultur' die rationalste ist; daß es relativ zu jedem Bezugsrahmen Fortschritt gibt, der allerdings nicht geradlinig verläuft; daß innerhalb eines gegebenen Bezugsrahmens ein solider Realismus gilt, aber Relativismus ebenfalls korrekt ist, und daß es somit keinen alles umfassenden Rahmen gibt, der außerhalb aller anderen Bezugsrahmen läge und kulturunabhängig wäre. ... Der Schlüsselbegriff, der all diese Thesen zusammenhält, ist schließlich der der ‚Wissensvorstellungen' [*images of knowledge*]." (Ebenda, S. 19) (Hervorhebung i. O.)

Sich auf Elkanas Begrifflichkeit beziehend entwickelt Corry folgende, seine Untersuchung leitende Fragestellungen:

> The images of knowledge determine attitudes concerning issues such as following: Which of the open problems of the discipline most urgently demands attention? What is to be considered a relevant experiment, or a relevant argument? ... What is to be taken as the legitimate methodology of the discipline? What is the most efficient and illuminating technique that should be used to solve a certain kind of problem in the discipline? ... Thus the images of knowledge cover both cognitive and normative views of scientists concerning their own discipline. (Corry 2004, S. 3 f.)

Die Unterscheidung zwischen Wissensvorstellungen – man beachte hier den Plural – und Wissenskorpus ist von analytischem Charakter und in der Praxis der Zuordnung einzelner mathematischer Texte und ihren Argumentationsfiguren nicht trennscharf zu verfolgen. Ihre analytische Relevanz liegt in der Möglichkeit, die Bedeutung von Texten im Hinblick auf Veränderungsprozesse in der Mathematik sichtbar zu machen. Die Beziehung zwischen Wissenskorpus und Wissensvorstellungen korrespondiert mit dem Verhältnis von Text und Kontext, doch aus erkenntnistheoretischer Perspektive ergibt sich eine Besonderheit: Über Mathematik lässt sich in Mathematik nachdenken.[24] Oder, wie Corry es formuliert, „the possibility of formulating and providing metastatements about the discipline of mathematics, from within the body of mathematical knowledge" (ebenda, S. 4). In der Darstellung der Begründung Noethers zum Nutzen der begrifflichen Mathematik zeigte sich bereits, dass Noether in dem Material und mit dem Material argumentiert, und so scheint es nur auf den ersten Blick so, als gäbe es keine metamathematischen Äußerungen von ihr. Elkanas Konzept erlaubt, die Bedeutung Noethers im Kontext der Entstehung neuer Wissensvorstellungen, eines neuen „image of knowledge", des strukturellen Zugangs zur Mathematik durch die Analyse ihrer mathematischen Äußerungen zu erfassen.

Corrys Anliegen ist erkenntnistheoretisch motiviert und zielt auf ein genaueres Verständnis der Entstehung und Entwicklung von Mathematik ab, doch stellt er in seinen Untersuchungen der mathematischen Texte Noethers keinen Bezug zu einer begrifflichen Charakterisierung der Auffassung und Methode, zum Schreiben und Sprechen Noethers über Begriffe, her. Sein Ausgangspunkt sind die Beweise. In detaillierter Analyse zentraler

[24] Doch ist der reflexive Charakter der Mathematik beschränkt, in dem alle kritische Reflexion, die nicht Mathematik wird, auch keinen Ort in der Disziplin Mathematik hat.

Publikationen Noethers zeigt er, dass ihren Beweisfiguren eine strukturelle Auffassung von Mathematik zugrunde liegt, durch die es Noether gelang, Denkbarrieren zu überwinden, und die ihr diese mathematischen Ergebnisse erst ermöglichte. Er beginnt seine Analyse der Publikationen Noethers mit einer Untersuchung ihre Argumentationslinien zentraler Beweise der „Idealtheorie in Ringbereichen". Welche Vorstellungen über Mathematik zeigen sich in ihren Beweisfiguren? Wo lassen sich die Vorläufer ihrer Argumentationslinien erkennen? Wo sind ihre Beweisideen abstrakter, präziser, allgemeiner und kommen aus einem grundsätzlich anderen Verständnis von Mathematik? Corry arbeitet in seiner Analyse die Relevanz der Endlichkeitsbedingung für Forschungen in der Algebra heraus, die hier aus der „Idealtheorie in Ringbereichen" zitiert sei:

> Wir legen nun im folgenden nur *solche Ringe Σ zugrunde, die die Endlichkeitsbedingung erfüllen: Jedes Ideal in Σ ist ein endliches, besitzt also eine Idealbasis.*
> 3. Aus der Endlichkeitsbedingung folgt direkt der allen folgenden Überlegungen zugrunde liegende
> Satz I *(Satz von der endlichen Kette): Ist $\mathfrak{M}_1, \mathfrak{M}_2, \ldots, \mathfrak{M}_k, \ldots$ ein abzählbar unendliches System von Idealen in Σ, von denen jedes durch das folgende teilbar ist, so sind von einem endlichen Index n an alle Ideale identisch, $\mathfrak{M}_n = \mathfrak{M}_{n+1} = \ldots$. M. a. W.: Bildet $\mathfrak{M}_1, \mathfrak{M}_2, \ldots \mathfrak{M}_k, \ldots$ eine einfach geordnete Kette von Idealen derart, daß jedes Ideal ein echter Teiler des unmittelbar vorangehenden ist, so bricht die Kette im Endlichen ab.* (Noether 1921, S. 30 f.) (Hervorhebungen i. O.)

Hilbert nutzte in seinen Untersuchungen über algebraische Formen und über Invariatensysteme die Endlichkeitsbedingung (Hilbert 1890, 1893),[25] doch durch die zahlentheoretische Intention und zugleich Beschränkung erkannte er nicht die Mächtigkeit dieser Bedingung, die bei Noether zu einem wesentlichen Instrument ihrer abstrakten Argumentationen wird, oder wie Corry zusammenfassend schreibt:

> Whereas in Hilbert's work the finiteness condition was derived from the properties of the concrete mathematical entities, Noether's use of the condition was meant as an abstract, implicit definition valid for all those entities for which the factorization theorems hold. (Corry 2004, S. 237)

Eine ähnliche Konstellation zeigte sich bereits bei der Analyse der Noethertheoreme. Auch hier waren die Argumentationsfiguren Hilberts beschränkt durch den konkreten mathematischen Kontext, in diesem Fall Invariantentheorie. Wenn also die Ursprünge ihrer Beweisfiguren zu erkennen und ihre Vorgänger zu benennen sind, so ist Noether ungleich abstrakter und von wesentlich höherem Allgemeinheitsgrad oder, wie Corry herausarbeitet, in ihrer Beweisführung strukturell. Er bezieht sich in seiner Argumentation auf die technischen Details zentraler Beweise der Idealtheorie und begründet dieses Vorgehen:

> This is necessary in order to understand the peculiar way in which the new, structural considerations, replace the original, number theoretical or polynomial arguments in her work. This

[25] Vgl. hierzu van der Waerdens „Nachwort zu Hilberts algebraischen Arbeiten" (van der Waerden 1933, S. 402).

change in the conceptual priorities of the mathematical entities involved, as has insistently been stressed in the foregoing chapters, represents a crucial *turning point* necessary for the definite consolidation of the structural in age of algebra. (Ebenda, S. 228) (Hervorhebung d. A.)

Noethers Beweisführung ist strukturell, auch wenn nicht von Strukturen gesprochen wird. Sie läuft nicht über die intrinsischen Eigenschaften mathematischer Entitäten, sondern über strukturelle Zusammenhänge, die davon unabhängig sind. Begriffliches Beweisen bedeutet, über begriffliche Relationen und nicht über die Substanz mathematischer Dinge wie etwa Zahlen zu argumentieren. Dabei ist Noethers Ansatz genauso wie in den Definitionen auch in der Beweisführung nicht schlicht axiomatisch. Als illustrierendes Zeugnis für diese Interpretationslinie lässt sich eine durch Weyl überlieferte Argumentation Noethers heranziehen:

If one proves the equality of two numbers a and b showing first that $a \leq b$ and then $a \geq b$ it is unfair; one should instead show that they are really equal by disclosing the inner ground of their equality. (Weyl 1935, S. 148)

Auch Alexandroff äußerte sich in seinem Nachruf über Noethers Auffassungen zur Mathematik:

This connection of all *great mathematics*, even the most abstract, with real life was something that Noether felt intensely, even if she did not formulate it philosophically, with all her nature as a great scientist and a person who was alive and not embalmed in some abstract scheme. For her, mathematics was always knowledge of the world, never a game with meaningless symbols, and she warmly protested when real knowledge was claimed for only representatives of those mathematical fields directly related to applications. In mathematics, as in knowledge of the world, both aspects are equally valuable: the accumulation of facts and concrete constructions and the establishment of general principles which overcome the isolation of each fact and bring the factual knowledge to a new stage of axiomatic understanding. (Alexandroff 1936a, S. 104) (Hervorhebung i. O.)

Corry kommentiert zusammenfassend:

Noether's abstractly conceived concepts provide a natural framework in which conceptual priority may be given to the axiomatic definitions over the numerical systems considered as concrete mathematical entities. With Noether, then, the balance between the generic and the axiomatic point of view begins to shift consciously in favor of the latter. This *new balance* was a necessary condition for the redefinition of the conceptual hierarchies, and for the establishment of a new image of knowledge. (Corry 2004, S. 248 f.) (Hervorhebung d. A.)

Es mag diese „new balance" in der Auffassung Noethers gewesen sein, die den, die radikalaxiomatischen Positionen ablehnenden Mathematikern ermöglichte, sich auf Noethers moderne Algebra einzulassen. Corry bezieht in seine Untersuchungen Werke von Dedekind, Weber, Hilbert, Fraenkel und anderen ein, insbesondere aber hebt er die Relevanz des Buchs „Moderne Algebra" von van der Waerden hervor (van der Waerden 1930/31), ein Produkt des Denkraums Noether-Schule, wie die späteren Untersuchungen zeigen werden. Die Bedeutung Noethers im Kontext der Entwicklung einer strukturellen Perspektive auf die Mathematik ist klar:

> Emmy Noether can nevertheless be selected as the most striking representative of this trend, not only because of her systematic application of the methodological principles basic to the consolidation of the structural image, but also because of the wide variety of algebraic domains she considered in her work. No less important than her own work was her direct influence on the works of many others. (Ebenda, S. 221 f.)

Es wird Aufgabe des vierten und fünften Kapitels sein, die Rolle der Noether-Schule im Kontext der Einführung neuer Wissensvorstellungen und der Veränderung des Wissenskorpus der Mathematik zu zeigen sowie Noethers Spuren in verschiedenen mathematischen Disziplinen zu verfolgen. Zunächst aber sei exemplarisch für die Produktivität der begrifflichen Mathematik und das Dialogische der Arbeitsweise Noethers die Entstehung eines mathematischen Theorems als gemeinsames Arbeitsergebnis der Forschungsanstrengungen Hasses, Brauers und Noethers vorgestellt.

Entstehung und Entwicklung einer mathematischen Tatsache: Das Hasse-Brauer-Noether-Theorem

3

„Entstehung und Entwicklung einer wissenschaftlichen Tatsache" nannte der Mediziner und Wissenschaftstheoretiker Fleck sein 1935 publiziertes Buch, in dem er die Begrifflichkeit von Denkstil und Denkkollektiv entwickelte (Fleck 1935). Ziel seiner Untersuchungen war es, sich diesem Prozess aus der Perspektive der „vergleichenden Erkenntnistheorie" (ebenda, S. 53 f.) zu nähern und die soziale Bedingtheit einer wissenschaftlichen Tatsache zu erfassen. Selbst aus einer empirischen Wissenschaft, der Medizin, kommend, beschränkt er sein Modell nicht auf medizinische Tatsachen, sondern spricht allgemein von empirischen oder Erfahrungstatsachen. Das schließt die Mathematik als gerade nicht-empirische Wissenschaft aus. Mir scheint diese Einschränkung, wie sie nicht nur von Fleck, sondern auch von anderen Wissenschaftstheoretikern seiner Zeit[1] und ebenso in aktuellen Diskursen getroffen wird[2], in einem allzu großen Respekt, einer Art religiöser Hochachtung vor der mathematischen Wissenschaft – um Fleck etwas verfremdet zu zitieren (ebenda, S. 65) – zu bestehen.

Flecks Konzept der Entstehung und Entwicklung einer wissenschaftlichen Tatsache liefert den theoretischen Hintergrund dieses Kapitels, wie schon die Adaption der Fleck'schen Terminologie durch die Überschriften der einzelnen Abschnitte signalisiert. Zunächst gilt es den Rahmen, der aus den drei großen *Denkkollektiven* „Zahlentheorie", „klassische Algebra" und „moderne Algebra in begrifflicher Auffassung" besteht, zu entwickeln. Im darauf folgenden Abschnitt werden einige für dieses Thema relevante *interkollektive* Denkbewegungen nachgezeichnet, die zu einer Veränderung der Konstellationen beitrugen und zu der Entstehung des Denkkollektivs „algebraische Zahlentheorie" führten. Auf die von Fleck entwickelten Begriffe und ihre Einpassung in mathematikspezifische Gegebenheiten ist jeweils entsprechend den Notwendigkeiten der Untersuchung genauer einzugehen. Grundlage der Überlegungen bilden nicht nur die aus diesen Denkkollektiven heraus

[1] Vgl. z. B. Mannheim 1929, S. 243.

[2] Vgl. z. B. Rheinberger 1992, S. 11 ff.

M. Koreuber, *Emmy Noether, die Noether-Schule und die moderne Algebra,*
Mathematik im Kontext, DOI 10.1007/978-3-662-44150-3_3

entstandenen mathematischen Publikationen, sondern insbesondere die Korrespondenz zwischen Noether und Hasse. Labortagebüchern gleich lassen sich in ihr die Verfertigung der Gedanken, die Konkretisierung der Sätze, die Entwicklung der Folgerungen und Beweisfiguren verfolgen.

Der zentrale Abschnitt ist zugleich der Entstehung des Hasse-Brauer-Noether-Theorems[3] (Hasse et al. 1932) in diesem Rahmen und der damit verbundenen Verschiebung eines Forschungsfeldes von der „hyperkomplexen Klassenkörpertheorie" zur Algebrentheorie gewidmet. Darauf aufbauend lassen sich die Spuren der Entstehung in dem Papier von Hasse, Brauer und Noether „Beweis eines Hauptsatzes in der Theorie der Algebren", veröffentlicht 1932, herausdestillieren und inhaltliche Verschiebungen schon in der ersten Aufnahme dieses Ergebnisses in einer mathematischen Publikation[4] aufweisen. Diesen Verschiebungen folgend zeigt sich, dass ein statischer Tatsachenbegriff, wie er in der Mathematik, aber auch im Alltagsdenken verwendet wird, die Entstehung und Veränderung einer Erkenntnis oder wissenschaftlichen Tatsache verschleiert. Mit Rheinbergers Konzept „vom ‚epistemischen Ding' und seine[n] technischen Bedingungen" (Rheinberger 1992, S. 67), das er selbst ebenfalls auf empirische Wissenschaften beschränkt sieht, gelingt es, die Beweglichkeit, den wechselnden Charakter mathematischer Dinge zu fassen. Die Bewegung, die sich zwischen den beiden Begriffen „epistemisches Ding" und „technologisches Objekt" (ebenda, S. 71) aufspannt, kann als eigentliche mathematische Forschungsaktivität erkannt werden. Die beiden Konzepte greifen ineinander. Fleck schreibt:

> Versteht man unter Tatsache Feststehendes, Bewiesenes, so ist sie nur in der Handbuchwissenschaft vorhanden; vorher, im Stadium des losen Widerstandsavisos der Zeitschriftenwissenschaft, ist sie eigentlich Anlage der Tatsache. Nachher, im Stadium des alltäglichen, populären Wissens, ist sie schon zu Fleisch geworden; sie wird zum unmittelbar wahrnehmbaren Dinge, zur Wirklichkeit. (Fleck 1935, S. 164)

Mit folgenden Worten charakterisiert Fleck in einer späteren Publikation den Prozess:

> So wird stufenweise ein Gebilde geschaffen, das aus denkgeschichtlicher Einmaligkeit (Entdeckung) eben durch die Besonderheit denkkollektiver Kräfte zu zwangsläufig sich wiederholender, also objektiver, real anmutender Erkenntnis wird. (Fleck 1960, S. 189)

Flecks Tatsachenbegriff ist dynamisch, enthält die Bewegung und das Veränderungspotenzial. Für die Mathematik weitergedacht, ist die mathematische Tatsache nicht der „Satz",

---

[3] Inzwischen wird, insbesondere in der wissenschaftshistorischen Literatur, häufig vom Brauer-Hasse-Noether-Theorem gesprochen. In der mathematischen Literatur ist zeitgenössisch wie heute im Allgemeinen vom Hasse-Brauer-Noether-Theorem die Rede, eine Reihenfolge, die ihren Grund in dem Verweis auf Hasse als Verfasser des gemeinsamen Papiers haben wird (Hasse et al. 1932, S. 399) und durch Deurings Bericht „Algebren" festgeschrieben wurde (Deuring 1935, S. 141). Zu mathematischen Details vgl. insbesondere Roquette 2005.

[4] Vgl. Albert und Hasse 1932.

unabhängig von gewählten Begriffen, Notationen und insbesondere vom Beweis. Die Dynamik zeigt sich gerade in dieser von Papier zu Papier, über Handbuch und Lehrbuch, bis hin zu Lexika sich wandelnden spezifischen Gestalt. Spreche ich von mathematischer Tatsache, so sind diese Wandlungen und das Potenzial zu weiterer Wandlung mitgedacht. Diese Wandlungen als Resultate wissenschaftlicher Aktivität nimmt Rheinberger in den Blick, wenn er von „wissenschaftlichen Objekten auf dem Weg zu technologischen Objekten" spricht:

> Wenn wir ein Experimentalsystem – eine Vorrichtung zur Bearbeitung noch unbeantworteter und zur Produktion noch ungestellter Fragen – näher betrachten, so lassen sich innerhalb desselben zwei Strukturen oder Komponenten voneinander abgrenzen. Die Abgrenzung ist funktional und nicht material. ... Die erste kann Forschungsgegenstand, Wissenschaftsobjekt, generell ‚epistemisches Ding' genannt werden. ... Was an einem solchen Objekt interessiert, ist gerade das, was noch nicht festgelegt ist. ... Es ist vielmehr als Wissenschaftsobjekt überhaupt erst im Prozess seiner materiellen Definition begriffen. ... Die technologischen Objekte bestimmen die Repräsentationsweise des wissenschaftlichen Objekts; und ausreichend stabilisierte wissenschaftliche Objekte werden ihrerseits zu konstituierenden Momenten der experimentellen Anordnung. (Rheinberger 1992, S. 69 f.)

Dabei versteht Rheinberger unter Repräsentation Darstellung im chemischen Sinne als Herstellung oder Produktion von etwas und nicht als Verweis auf Vorhandenes.Auf die Mathematik bezogen kann dieser Prozess der „materiellen Definition" eines Wissenschaftsobjekts auch als Weg von der ersten handschriftlichen Skizze etwa in einem Brief hin zu einer Druckfassung in einer mathematischen Publikation verstanden werden.

3.1 Denkkollektive

Mit klassischer Zahlentheorie, klassischer Algebra und moderner Algebra in begrifflicher Auffassung sind in der Einführung die Denkkollektive benannt, die den großen Rahmen bilden, in dem sich die Geschichte der Entstehung des Hasse-Brauer-Noether-Theorems bewegt, und die sich im Verlauf dieser Geschichte auch verändert haben. Fleck schreibt über das Verhältnis von Denkstil und Denkkollektiv:

> Den gemeinschaftlichen Träger des Denkstiles nennen wir: das Denkkollektiv. Dem Begriff des Denkkollektivs ... kommt nicht der Wert einer fixen Gruppe oder Gesellschaftsklasse zu. Es ist sozusagen mehr funktioneller als substantieller Begriff. (Fleck 1935, S. 12)

In diesem funktionellen oder, wie man heute eher sagen würde, analytischen Sinne verwende ich den Begriff des *Denkstils* als eine in einer nicht präzise zu bestimmenden Gruppe vorherrschende Auffassung darüber, was relevante Themen und Fragen, akzeptable Vorgehensweisen und Bearbeitungsformen sind. Anders formuliert bedeutet es, dass die Ränder von „Denkstil" und „Denkkollektiv" unscharf sind, sich einer festen Grenzziehung oder Zuordnung entziehen. Diese Überlegungen sind noch um den Gedanken zu erweitern, dass in der historischen Untersuchung ein Individuum und seine Forschungstätigkeit auch exemplarisch für ein Denkkollektiv und seinen Denkstil in den Blick genommen werden kann. Der Zahlentheoretiker Kurt Hensel und der Algebraiker Issai Schur sowie Noether stehen für die hier relevanten Denkstile. Noethers Auffassung ist bereits umfassend diskutiert worden, ebenso ihr Umfeld und die Traditionen, mit denen sie brach und die u. a. durch M. Noether vertreten wurden. Auch Hensels und Schurs Positionen und Umfeld lassen sich in vorhergehende Kapitel einbetten, sodass hier eine knappe Skizze genügen wird.

Hensel war Anfang des 20. Jahrhunderts einer der bedeutendsten deutschen Zahlentheoretiker. In seinen Arbeiten zeigte er sich deutlich der Zahlentheorie des 19. Jahrhunderts verbunden, deren Gewicht auf der Untersuchung konkret darstellbarer Zahlen lag. Einer seiner bekanntesten Beiträge war die Entwicklung der p-adischen Zahlen[5], in der sich die klassische Zahlentheorie des 19. Jahrhunderts, vertreten z. B. von Leopold Kronecker, mit Dedekinds abstrakter Methodik produktiv verband. Hensel schrieb zwei Bücher, 1908 „Theorie der algebraischen Zahlen" und 1913, zunächst als Neuauflage seines ersten Buches gedacht, „Zahlentheorie", in denen er sein Konzept p-adischer Zahlensysteme vorstellte, weiterentwickelte und dessen weitreichende Bedeutung für die Zahlentheorie demonstrierte (Hensel 1908, 1913). Die beiden Bücher unterscheiden sich, wie Corry herausgearbeitet hat, in den durch sie repräsentierten Auffassungen erheblich (Corry 1996, S. 185 ff. und Corry 2004, S. 184 ff.). Mit dem 1908 die neuen Zahlen vorstellenden Buch befand sich Hensel völlig in der klassischen Tradition:

> Hensel's first textbook was essentially a book on number theory which introduced many conceptual innovations, but which, at the same time, retained the classical nineteenth-century image of the discipline. … A general idea of an algebraic structure is totally absent from Hensel's 1908 book. (Corry 1996, S. 189)

Das zweite Buch hingegen ist in seiner Konzeption an neuen axiomatischen und sich langsam herauskristallisierenden, mengentheoretischen Konzepten orientiert. Für diese Verschiebung sieht Corry Fraenkel verantwortlich, einen Doktoranden Hensels und späteren Mitbegründer der axiomatischen Mengenlehre, der 1912 eine Arbeit über die „Axiomatische Begründung von Hensels p-adischen Zahlen" veröffentlichte (Fraenkel 1912) und Koautor des ‚neuen' Buches von Hensel war. Für diese Untersuchungen ist der Wandel der Zahlentheorie, der sich in der Diskrepanz der beiden Bücher zeigt, wichtig. Auch wenn Corry schreibt, „Hensel himself did not advance a consolidated idea of algebraic structure,

[5] Der Grundgedanke p-adischer Zahlen besteht darin, Zahlen nicht nur zur Basis 10, d. h. als Dezimalzahlen darzustellen, sondern zu einer beliebigen, von einer natürlichen Zahl größer als 1 gebildeten Basis. Es zeigte sich, dass insbesondere Darstellungen mit einer Primzahlbasis zu Erkenntnissen nicht nur über diese neuartigen Zahlsysteme, sondern auch zur Lösung anderer Fragen der Zahlentheorie führten.

nor did he seem to have been interested in anything similar to it" (Corry 2004, S. 191), so stand Hensel doch für eine Entwicklung in der Zahlentheorie, welche die Beharrungstendenzen dieses Denkkollektivs, wie Fleck es beschreiben würde[6], weicher werden lässt. An dieser Grenze zur Moderne schrieb Hasse 1921 bei Hensel seine Dissertation „Über die Darstellbarkeit von Zahlen durch quadratische Formen im Körper der rationalen Zahlen" (Hasse 1923). Die Arbeit war von seiner Faszination an p-adischen Zahlen geprägt, aber auch von seiner Studienzeit in Göttingen, wo er u. a. bei Noether gehört hatte. Hasse entwickelte hier, basierend auf Hensels Untersuchungen zu den p-adischen Zahlkörpern eine später unter dem Begriff „Lokal-Global-Prinzip" oder „Hasse-Prinzip" bekannte Methode, die ein wichtiges Element in der Beweisstruktur des Hasse-Brauer-Noether-Papiers wurde. Damit hatte sich in der Zeitspanne von Hensels zweitem Buch 1913 bis zur Dissertation Hasses 1921 unter dem Schlagwort „p-adische Methode" oder „P-Adik" der Charakter p-adischer Zahlsysteme oder Zahlkörper von einem epistemischen Ding, dessen Unbestimmtheit forschungsbefördernd war, zu einem klar gefassten Gegenstand oder technologischen Objekt – um in Rheinbergers Terminologie zu bleiben – verschoben, das als Technik oder Werkzeug zur Verfügung stand und sich in seiner Anwendung bereits als zuverlässig erwiesen hatte.

Schur vertrat die klassische Algebra, wie sie sich, noch in der Tradition des vorhergehenden Jahrhunderts stehend, zu Beginn des 20. Jahrhunderts zeigte. Klangvolle Namen repräsentieren die Berliner Algebra-Tradition: Karl Weierstraß, Kronecker und Frobenius, Schurs Doktorvater. Sie alle haben ihre großen Beiträge zur Entwicklung der Mathematik geleistet und nahmen zugleich eine bewahrende und alle sich abzeichnenden Veränderungen ablehnende Haltung ein, so etwa gegenüber Dedekinds neuen Ansätzen.[7] Über Frobenius schreibt Ralf Haubrich in seiner Untersuchung der Berliner Algebraiker:

> Generally, Frobenius worked within the context of existing mathematical disciplines and research traditions. For instance, he neither proposed an entirely different conceptual orientation of a mathematical field, nor did he cast a completely new light on problems. (Haubrich 1998, S. 3)

Schon Noether, die sehr wohl seine hauptsächlich im Bereich der Darstellungstheorie liegenden Ergebnisse würdigte, urteilte – aus der Perspektive der begrifflichen Mathematik heraus – hart, wenn sie davon sprach, dass die begrifflich einfachen und durchsichtigen Resultate aber bei Frobenius durch mühevolle Rechnung gewonnen worden wären (Noether 1929, S. 642). Schur scheint sowohl in seinem ebenfalls in der Darstellungstheorie

[6] Vgl. Fleck 1935, S. 40 ff.

[7] Vgl. Mehrtens 1990; Haubrich 1998 sowie insbesondere Thomas Hawkins beeindruckendes Werk „The Mathematics of Frobenius in Context. A Journey through 18th to 20th Century Mathematics", das erlaubt, den Gedanken einer in den mathematischen Ansätzen Frobenius und seines Schülers Schur liegenden Öffnung für abstrakte Zugänge, aber noch nicht vollzogene Veränderungen von Wissensvorstellungen mathematisch nachzuverfolgen (Hawkins 2013).

liegenden Hauptwerk als auch in seiner mathematischen Grundauffassung ein würdiger Nachfolger Frobenius' zu sein. Haubrich kommentiert dieses Verhältnis mit folgenden Worten:

> Frobenius and Schur as to their preferred mathematical topics, mathematical languages, methodological techniques and even style of writing are, in fact, amazingly minion … Like Frobenius, he was more interested in concrete problems as they occurred within the context of nineteenth century algebra. (Haubrich 1998, S. 6)

Schurs Doktorand Walter Ledermann hält in seiner Schur-Biografie dagegen:

> But it seems that he tended to use abstract or, as he would call it, ‚begriffliche Schlüsse' as a method rather than an end in itself. (Ledermann 1983, S. 99)

So ergibt sich ein Bild ähnlich dem Hensels: Selbst eingebunden in die Denkfiguren der klassischen Mathematik des 19. Jahrhunderts zeigten sich bei Schur Öffnungstendenzen, die es Doktoranden ermöglichten, sich mit neuen Zugängen zur Algebra zu beschäftigen. Es überrascht nicht, dass Brauers Dissertation 1926 „Über die Darstellung der Drehungsgruppe durch Gruppen linearer Substitution" einerseits in Schurs Hauptarbeitsgebiet lag, sich andererseits aber methodisch zur modernen Algebra hin orientierte (Brauer 1926).

Würde man über die vorgestellten Traditionen in Abfolgen von Generationen denken, so standen trotz einer Altersspanne von 31 Jahren M. Noether, Hensel und Schur in ihrer Verbundenheit mit dem 19. Jahrhundert und ihrer arithmetischen Auffassung in einer Generationsstufe. E. Noether dagegen, nur sieben Jahre jünger als Schur, verkörperte in ihrer Ablehnung dieser rechnenden Mathematik und mit ihrer revolutionär wirkenden begrifflichen, modernen Auffassung die neue Generation. Zu ihr gehörten auch Hasse und Brauer. Sie verband ein Bedürfnis nach Abgrenzung gegenüber Althergebrachtem. Diese Verbundenheit innerhalb der neuen Generation stand quer zu den skizzierten Denkkollektiven, bedeutete interkollektiver Denkverkehr und verstärkte ihn. Fleck betont die Bedeutung dieser denkstilüberschreitenden Auseinandersetzungen für die Entwicklung von Wissenschaft:

> Man kann also kurz sagen, jeder interkollektive Gedankenverkehr habe eine Verschiebung oder Veränderung der Denkwerte zur Folge. So wie gemeinsame Stimmung innerhalb des Denkkollektivs zur Bestärkung der Denkwerte führt, ruft Stimmungswechsel während der interkollektiven Gedankenwanderung eine Veränderung dieser Werte in einer ganzen Skala der Möglichkeiten hervor. (Fleck 1935, S. 144)

Ein Ereignis in diesem interkollektiven Denkverkehr war der von Hasse 1929 gehaltene Vortrag „Die moderne algebraische Methode" (Hasse 1930), auf den in Kap. 5.1.1 ausführlich eingegangen wird. Ein weiteres Ereignis und Vorläufer der Hasse-Brauer-Noether-Arbeit war das von Brauer und Noether 1927 gemeinsam veröffentlichte Papier „Über minimale Zerfällungskörper irreduzibler Darstellungen" (Brauer, Noether 1927). Es bezog sich auf eine bereits 1906 von Schur aufgeworfene Frage nach den „Zahlkörpern kleinsten Grades über einem Grundkörper P, in denen eine in P irreduzible Darstellung einer endlichen Gruppe in absolut irreduzible Bestandteile zerfällt" (ebenda, S. 221). Schurs Papier enthielt wichtige Ergebnisse zu dieser Frage, war jedoch durch die Zugrundelegung des Bereichs der rationalen Zahlen beschränkt. Hierin zeigt sich traditionelles algebraisches Denken, das den Blick für die Möglichkeiten allgemeinerer Aussagen verstellt: Beharrungstendenzen nennt Fleck diese Situation, die durch interkollektive Denkbewegungen verändert werden können.[8]

Fußnoten verweisen auf die Entstehungsgeschichte der Arbeit als ein Produkt solcher Bewegungen. Noether und Brauer waren sich ihrer verschiedenen Perspektiven bewusst, die sie an dieser Stelle zu gemeinsamen bzw. ineinander verwobenen Ergebnissen führten:

> Bei Noether handelt es sich um einen Aufbau der Darstellungstheorie aufgrund der Modul- und Idealtheorie, bei Zugrundelegung allgemeiner Endlichkeitsvoraussetzungen; bei R. Brauer um die Konstruktion der nichtkommutativen Körper endlichen Grades über einem gegebenen kommutativen vollkommenen Grundkörper, mit Hilfe der Faktorsysteme. Auf die Charakterisierung der Zerfällungskörper kleinsten Grades kamen die Verfasser unabhängig, Brauer bei vollkommenem Grundkörper, Noether ohne diese Beschränkung. (Ebenda, S. 222)

Mit einer weiteren Anmerkung werden die dahinter liegenden Auffassungen deutlich:

> Das Beispiel wird aber auch noch – mehr verifizierend – elementar behandelt. (Ebenda)

In einer Fußnote findet sich noch einmal ein Hinweis auf die unterschiedlichen Arbeitsweisen:

> Dieses Beispiel stammt von E. Noether. … Die elementare Behandlung des Beispiels stammt von R. Brauer. (Ebenda)

Noethers Ergebnis ist allgemeiner, in der begrifflichen Auffassung stehend. „Die elementare Behandlung des Beispiels", d. h. das Durchrechnen dagegen stammt von Brauer und zeigt die Berliner algebraische Tradition. Abgerundet wird diese Geschichte interkollektiver Bewegungen noch dadurch, dass diese Arbeit von Schur als einem Mitglied der Preußischen Akademie in der Sitzung der physikalisch-mathematischen Klasse vorgelegt wurde.

Am Ende dieses Abschnitts sei noch auf einige Algebraiker und Zahlentheoretiker in den Vereinigten Staaten hingewiesen, die sich mit Algebren beschäftigten. Hierzu gehören neben Cyrus MacDuffee und Joseph Wedderburn auch Leonhard E. Dickson[9] und sein Doktorand Albert, dessen Forschungen in dieser Erzählung noch eine Rolle spielen werden. Der Gedanke einer Öffnung von Denkkollektiven, wie ich ihn etwa bezüglich der klassichen Algebra in Deutschland entwickelt habe, lässt sich, schaut man sich die

[8] Vgl. Fleck 1935, S. 53.

[9] Vgl. Fenster 1997 sowie Parshall 2004.

Entwicklung algebraischer Forschung in den USA und insbesondere an der University of Chicago genauer an, auch auf Dickson und Albert beziehen.[10] Dickson veröffentlichte 1923 „Algebras and their Arithmetics“, ein Buch, dessen Ziel eine Darstellung der allgemeinen Zahlentheorie der Algebren war, wie sie sich bis dato in den USA entwickelt hatte. Dicksons Buch, insbesondere in seiner 1927 veröffentlichen deutschen Übersetzung „Algebren und ihre Zahlentheorie“,[11] wird häufig als wichtiges Ereignis in der Geschichte der Algebrentheorie in Deutschland gesehen (Dickson 1923, 1927).[12] Doch wurde die Diskussion in Deutschland wenig durch die amerikanische Entwicklung beeinflusst, auch wenn Speiser in seinem Vorwort zur deutschen Übersetzung schrieb:

> Wir sind überzeugt, dass die Algebren zu den zukunftsreichsten Teilen der Mathematik gehören und hoffen, daß die glänzende Darstellung dieses Buches ihnen viele Mitarbeiter werben wird. (Speiser 1927, S. 4)

Die Überzeugung sollte sich, jedenfalls für die Algebren, bewahrheiten; die Hoffnung, dass Dicksons Buch daran erheblichen Anteil hat, wurde nicht erfüllt. Obwohl in ihren Auffassungen – schaut man sich Dicksons Buch genauer an – nicht weit von der klassischen Algebra in Deutschland entfernt, wurden die Amerikaner, anders als beispielsweise Schur, von den modernen Algebraiker/inne/n wenig und ihre Ergebnisse eher zufällig zur Kenntnis genommen. Hinweise auf Dicksons Buch schienen eher Höflichkeitscharakter zu haben, für die inhaltliche Auseinandersetzung aber ohne Bedeutung gewesen zu sein. Nur einige der Mathematiker/innen in Deutschland kannten die aktuellen Artikel amerikanischer Mathematiker, Entwicklungen sind ohne gegenseitige oder mit verzögerter Kenntnisnahme verlaufen.[13] Und doch kommt auch dieser Gruppe – so wird der weitere Verlauf der Untersuchungen zeigen – eine Rolle in den mit der Geschichte des Hasse-Brauer-Noether-Theorems verbundenen Veränderung der mathematischen Forschungslandschaft zu. So findet sich beispielsweise im deutschen Sprachgebrauch in Anlehnung an Dickson in der Definition einer Algebra als Synonym für zyklisch auch die Bezeichnung von Dickson'schem Typ.

Dicksons Buch in seiner deutschen Übersetzung wurde 1927 von Hasse für den „Jahresbericht der DMV“ besprochen. Die außerordentlich kritische Rezension zeigt die Diskrepanz zwischen deutscher und amerikanischer Entwicklung. Am Wichtigsten schien Hasse das Ereignis des Erscheinens selbst zu sein:

> … handelt es sich doch um die erste deutschsprachige Darstellung in Buchform einer in neuerer Zeit entstandenen, hochbedeutenden Theorie, die in wachsendem Maße das Interesse der Algebraiker und Zahlentheoretiker auf sich zieht. (Hasse 1927, S. 91)

---

[10] Zum Verhältnis von Dickson und Albert vgl. auch Fenster 2007.

[11] Dickson verfasste für die Übertragung ins Deutsche eine Erweiterung und Aktualisierung seines Buches, die von dem Privatdozenten Emil Schubarth und von Johann Jakob Burckhardt, einem Doktoranden Speisers, übersetzt und von Speiser mit Vorwort und Anhang versehen wurde.

[12] Vgl. z. B. Schlote 1987.

[13] Vgl. Siegmund-Schultze 1998.

Und Hasse hob den idealtheoretische Anhang Speisers hervor:

> Er behandelt die von Speiser kürzlich entwickelte Idealtheorie in rationalen Algebren und gibt damit erst den eigentlichen Abschluß der arithmetischen Kapitel Dicksons, die ja über eine allgemeine Orientierung und Grundlegung hinaus nur in Spezialfällen zur Aufstellung arithmetischer Gesetzmäßigkeit gelangen. (Ebenda)

In dieser Formulierung klingt auch ein deutliches Gefühl von Überlegenheit mit, die nur durch die Bemerkung, dass „dieser inhaltlich so wertvolle Speiser'sche Anhang nur mit großer Schwierigkeit lesbar ist" aufgrund seiner „sprachlich und gedanklich außerordentlich knapp gehaltenen Form" (ebenda: 96) etwas abgeschwächt wird. Neben dieser, das gemeinsame Arbeiten nicht befördernden Distanz zeigt die Rezension aber auch, wie sehr die Dinge noch im Fluss sind. Die „knapp gehaltene Form" ist auch der noch nicht abgeschlossenen Bearbeitung des Themas geschuldet.

3.2 Denkgebilde hyperkomplexe Klassenkörpertheorie

Mit *hyperkomplexe Klassenkörpertheorie* benenne ich ein Denkgebilde, um das sich seit Mitte der 1920er Jahre die Arbeiten Noethers, Hasses und einiger ihrer Doktoranden bewegten. Es ist ein zusammengesetzter Terminus, der in dieser Gestalt weder in zeitgenössischer Literatur noch in heutigen mathematischen Lexika oder Fachbüchern zu finden ist. Meine Wortwahl ist durch Noether inspiriert, die in einer Postkarte an Hasse ihre Freude über seine gelungene „hyperkomplexe *p*-adik" ausdrückt (Noether an Hasse 25. 6. 1930). Mit typisch trockenem, mathematischem Humor führte sie zwei bisher getrennt in Erscheinung getretene Gebiete, die „Theorie der hyperkomplexen Systeme" und die „Klassenkörpertheorie im Kleinen" zusammen und nahm durch den ironischen Unterton den Protestschrei einer mathematischen Gemeinschaft vorweg, für die diese Felder nur getrennt denkbar waren. Zugleich verweist diese Bemerkung – und das ist der Hintergrund der Namensgebung – auf ein Anliegen, das Noether in einem weiteren Brief an Hasse explizierte: die hyperkomplexe Begründung der Klassenkörpertheorie (Noether an Hasse 2. 6. 1931). Das heißt aber nichts anderes, als dass die Theorie der hyperkomplexen Systeme analog zur Idealtheorie sich ebenfalls als Methode erweisen soll, die der begrifflichen Durchdringung algebraischer Strukturen dient. Sie erweist sich, das zeigt sich im Verlauf der Analyse, in doppelter Analogie auch als Forschungsfeld.

Mit der Benennung *hyperkomplexe Klassenkörpertheorie* und ihrer Charakterisierung als „Denkgebilde" (Fleck 1935, S. 140) drückt sich die Unbestimmtheit dieses Forschungsgebietes aus, das keinen Namen besaß und auch nicht erhalten wird. Seine Existenz stellte sich über Denkbewegungen her, die sich insbesondere in den Briefen Noethers an Hasse zeigten, deren Spuren jedoch auch in den veröffentlichten Arbeiten aller Beteiligten zu finden sind. Seinen Rahmen bildeten Ergebnisse in Zahlentheorie und Algebra, die Werkzeugcharakter oder, nach Rheinberger, den Status eines technologischen Objektes haben, wie etwa P-Adik, Lokal-Global-Prinzip oder die Zerlegungssätze der Idealtheorie, wie im zweiten Kapitel entwickelt. Seine Produktivität aber liegt gerade in dieser Unbestimmtheit, dem „anfänglichen Chaos, der Verworrenheit der Denkstile" (ebenda, S. 124), die es erlaubt, Neues zu denken.

Erstmals tauchte 1925 in Noethers Vortrag „Gruppencharaktere und Idealtheorie" ein Hinweis auf ihre Beschäftigung mit „Systemen hyperkomplexer Größen", wie es noch in Anlehnung an Theodor Molien[14] hieß, auf. In diesem Vortrag legte sie bereits die Mächtigkeit dieses „hyperkomplexen" Konzeptes dar, das eine Einordnung der Frobenius'schen Theorie der Gruppencharaktere in die Idealtheorie eines speziellen Ringes ermögliche und zu struktureller Herleitung und strukturellem Verständnis seiner Ergebnisse führe (Noether 1925, S. 144). 1929 nahm sie diesen Gedanken wieder auf, als sie sich in einer Publikation auf Frobenius' Ergebnisse bezog, aber befand, dass diese Resultate durch „mühevolle Rechnungen" erreicht werden (Noether 1929, S. 642). Begrifflich, durchsichtig, einfach, d. h. mit größtmöglicher Allgemeinheit und ohne „mühevolle Rechnung", durch strukturelle Durchdringung, wollte sie zu Ergebnissen gelangen und sah im hyperkomplexen Arbeiten diese Möglichkeit. Doch noch war ihre Perspektive idealtheoretisch.

Im Wintersemester 1927/28 hielt Noether die Vorlesung „Hyperkomplexe Größen und Gruppencharaktere", die von van der Waerden mitgeschrieben und auf der Grundlage dieser kommentierenden Mitschrift 1929 von Noether unter dem Titel „Hyperkomplexe Größen und Darstellungstheorie" veröffentlicht wurde (Noether 1929). Diese Überschrift irritiert, da in der gesamten Vorlesung nur über hyperkomplexe Systeme gesprochen wird. Ungeklärt bleibt, was sie unter hyperkomplexen *Größen* im Unterschied zu hyperkomplexen *Systemen* verstand. Nur in den historischen Bemerkungen der Einleitung sprach Noether in einem abschließenden Satz von hyperkomplexen Größen, sodass der Begriff wie ein Relikt aus vergangener Zeit wirkt, als Molien algebraische Zahlen untersuchte, die oft auch Größen genannt wurden. Auch „hyperkomplex" ist ein solches Relikt, vermutlich entstanden in Nachfolge der Untersuchungen Moliens, die auf Konstruktionen über den komplexen Zahlen beschränkt waren. Noether definierte in der Vorlesung „hyperkomplexes System" wie folgt:

> Ein Ring $\mathfrak{o}$, der zugleich Rechtsmodul in Bezug auf einen kommutativen Körper K ist, heißt *hyperkomplexes System in Bezug auf* K (in der Literatur auch als ‚Algebra über K' bezeichnet), wenn:
>
> 1. der Rang endlich ist ....
> 2. $ab \cdot x = a \cdot bx = ax \cdot b$; Man drückt das so aus: K ist kommutativ mit $\mathfrak{o}$ verbunden.
> 3. das Einheitselement ε von K zugleich Einheitsoperator ist: $a\varepsilon = a$ für a in $\mathfrak{o}$."
>
> (Ebenda, S. 654 f.)[15]

[14] Molien veröffentlichte 1893 seine umfangreiche Untersuchung, „Über Systeme höherer complexer Zahlen." (Molien 1893). Seine Definition dieser Zahlensysteme enthält einige wesentliche Elemente der heutigen Definitionen einer Algebra, ist aber insgesamt durch Moliens arithmetische Perspektive bestimmt. Die aus struktureller Perspektive wichtige Forderung der Abgeschlossenheit der Operationen ist von ihm nicht formuliert worden.

[15] Mit der Wahl des Buchstaben ‚o' als Bezeichner für den Ring klingt noch Dedekinds Terminologie mit, der den Begriff Ordnung statt Ring verwendete (Dedekind 1879, S. 305). Der Begriff Ring

Noether war in ihrer Begriffswahl alten Traditionen verhaftet und bildete neue Begriffe nur kanonisch, doch zeigt sich die Definition selbst, ganz im Sinne der begrifflichen Auffassung, als strukturell gedacht. Die Abgeschlossenheit der Operationen steckt in dem Verständnis des Systems als eines speziellen Rings. Der unterliegende Körper kann beliebig sein, solange er nur kommutativ ist. Ein Zeugnis für das Ringen um die Begriffe ist die einige Zeilen später folgende Bemerkung: „Das hyperkomplexe System lässt sich dann auch beschreiben als Ring von endlichem Rang in Bezug auf einen im Zentrum gelegenen Körper" (ebenda), unter der Voraussetzung, dass der Ring ein Einheitselement besitzt. Hier zeigt sich Noethers diskursives Vorgehen in der Präzisierung der Begrifflichkeit, auch wenn die Wortwahl selbst, um mit Fleck zu sprechen, Beharrungstendenzen aufweist.

Noethers Vorlesung hatte zum Ziel, hyperkomplexe Systeme und Darstellungstheorie wieder zu einem „einheitlichen Ganzen" zusammenzuführen, die seit Molien und Frobenius getrennt untersucht wurden: hyperkomplexe Systeme insbesondere durch amerikanische Algebraiker wie etwa MacDuffee oder Dickson, allerdings mit der Bezeichnung Algebren, Darstellungstheorie durch die Berliner Algebraiker. Insbesondere gewann diese Vorlesung an Bedeutung, da sie vermutlich in bereits beschriebener Art in eher unfertigem Zustand gehalten, zu einer Reihe von Arbeiten ihrer Schüler führte, darunter auch Deurings Doktorarbeit (Deuring 1931). Noethers eigenes Forschungsanliegen zeigte sich weniger auf eine Untersuchung hyperkomplexer Systeme gerichtet, als vielmehr darauf, mit ihnen eine Methodik zu entwickeln, die ähnlich der Idealtheorie bei verschiedenen Objekten greift. Bevor auf diesen zweiten Aspekt anhand ihrer Briefe genauer eingegangen werden kann, ist noch eine Bemerkung zur Klassenkörpertheorie notwendig.

Die neuere Geschichte der Klassenkörpertheorie begann mit einer Publikation Hasses, dem 1926 veröffentlichten „Bericht über neuere Untersuchungen und Probleme aus der Theorie der algebraischen Zahlkörper, I. Klassenkörpertheorie" und seiner 1930 erschienenen Fortsetzung „II. Reziprozitätsgesetz" (Hasse 1926, 1930a). War der Bericht zunächst in die algebraische Zahlentheorie eingebettet mit dem Ziel, „einen Überblick über diese höchst elegante, aber leider wenig bekannte Theorie der relativ-Abel'schen Zahlkörper, sowie sich daran anschließende, bis heute ungelöste Probleme zu geben" (Hasse 1926, S. 2), so entwickelte er eine Eigendynamik, die aus heutiger Perspektive Hasse als Begründer der Klassenkörpertheorie erscheinen lässt.[16] Noether reagierte begeistert und angeregt:

> Ich merke immer mehr, wie sehr Ihr Bericht das Eindringen erleichtert; man muß nur mit dem Hilbertschen [Zahlbericht] vergleichen; wieviel *heute* unnötige Voraussetzung wird da verlangt! (Noether an Hasse 17. 11. 1926) (Hervorhebung i. O.)

---

wurde durch Hilberts Bericht „Die Theorie der algebraischen Zahlen" erst knapp 20 Jahre später eingeführt (Hilbert 1897, S. 121). Wenn Noether schrieb, „in der Literatur auch als Algebra über K bezeichnet", so sind insbesondere die amerikanische Literatur und das Buch Dicksons „Algebren und ihre Zahlentheorie" gemeint. Im Deutschen war damals noch „hyperkomplexe Systeme" gebräuchlich.

[16] Vgl. z. B. Leopoldt, Roquette 1975, S. VIff.

Zwei Monate später reagiert sie auf einen Brief Hasses:

> Ihre Ideen zur Klassenkörpertheorie interessieren mich sehr. Es geht ganz in der Richtung, die ich mir immer im Anschluss an Dedekind-Weber (Crelle 92) gedacht hatte ... Der formale Teil ... wird dabei wesentlich idealtheoretisch; ... Wenn Sie hierauf ... die Klassenkörpertheorie gründen könnten, wäre es sehr schön!" (Noether an Hasse 3. 1. 1927)[17]

Klassenkörpertheorie, das deutet sich hier an, wird ihr Thema, aber sie reichte es auch an Hasse zurück. Noch war sie, wie sie es selbst nannte, „idealtheoretisch eingestellt" (Noether an Hasse 11. 12. 1926). Erst im Herbst 1929 begann Noether sich intensiver mit hyperkomplexen Konzepten zu befassen, doch wie vage und ungewiss zeigt sich hier noch der hyperkomplexe Ansatz, eher als ein Gefühl, das noch keinerlei Grund hat, auf das es sich stützen könnte. So schrieb sie Hasse: „was ich über den Zusammenhang von hyperkomplexer Algebra und Klassenkörpertheorie weiß, ist sehr bescheiden und ganz formal" (Noether an Hasse 2. 10. 1929). Nach umfangreichen Erörterungen von Ergebnissen aus ihrer Vorlesung im Wintersemester 1927/28 und ihrem Prager Vortrag[18] schrieb sie weiter: „Die Anwendung auf die Klassenkörpertheorie denke ich mir nun so" (ebenda). Klassenkörpertheorie wurde für sie das Gebiet, in dem sie ihre Methodik hyperkomplexer Ansätze testete. Doch noch war alles unklar:

> Und hier, wo das Formale aufhört und das Arithmetische anfängt, weiß ich nichts mehr. ... Ein paar Bemerkungen über mögliche weitere Ansätze habe ich noch, die aber einstweilen noch reine Phantasie sind. (Ebenda)

Noether beendete diesen Brief mit dem Satz:

> Nun machen Sie mit diesen Phantasien, was Sie wollen. (Ebenda)

Auch der wenige Tage später folgende Brief gibt keine Präzisierung, sondern ist nur ein vages Vortasten:

> Wenn es möglich sein wird, mit hyperkomplexen Ansätzen auch in die arithmetischen Teile des Umkehrsatzes einzudringen, so glaube ich, werden die Ansätze in einer Fortentwicklung meiner Prager Differentensätze liegen – verbunden mit der formalen Theorie des Gruppenrings. Aber wann wird man soweit sein? Die Möglichkeit selbst ist ja gar nicht bewiesen – und doch scheint mir der Umkehrsatz als Struktursatz mit analytischen Methoden nichts zu tun zu haben! Jedenfalls hoffe ich, aus Ihren neuen Arbeiten einiges lernen zu können! (Noether an Hasse 7. 10. 1929)

[17] Noether bezog sich hier auf den Artikel von Dedekind und Heinrich Weber „Theorie der algebraischen Functionen einer Veränderlichen" (Dedekind-Weber 1882).

[18] Es handelt sich um den auf der Jahrestagung der DMV 1929 in Prag gehaltenen Vortrag „Idealdifferentiation und Differente" (Noether 1950).

Sowohl die bisherigen Ergebnisse zu hyperkomplexen Systemen, in großen Teilen von Noether und Noether-Schülern entwickelt, als auch Hasses Arbeiten zur Klassenkörpertheorie zeigen sich hier ganz im Rheinberger'schen Sinne als technologische Objekte, verwendbar zur Gewinnung neuer Erkenntnisse, zusammengefügt zu einem Experimentalsystem[19] oder, für die Mathematik, zu einem Konstruktionsraum, ein epistemisches Ding repräsentierend. Der Übergang von „Formalem" zu „Arithmetischem" benennt das epistemische Ding, ohne es zu erfassen oder zu fixieren. Rheinberger schreibt:

> Was an einem solchen Objekt interessiert, ist gerade das, was noch nicht festgelegt ist. So zeigt es sich in einer charakteristischen Verschwommenheit, die dadurch unvermeidlich ist, daß es, paradox gesagt, eben das verkörpert, was man noch nicht weiß. Das Wissenschaftsobjekt hat den fragilen Status, dass es in seiner experimentellen Präsenz in gewisser Weise abwesend ist. (Rheinberger 1992, S. 70)

Ersetzt man experimentell durch konstruktiv, so haben Rheinbergers Ausführungen – das zeigen die Briefauszüge – auch für die Mathematik, Inbegriff nicht-empirischer Wissenschaft, Gültigkeit. Er setzt seine Überlegungen fort:

> Nicht, daß es verborgen wäre, um durch raffinierte Manipulation fertig ans Licht gezogen zu werden; es ist vielmehr als Wissenschaftsobjekt überhaupt erst im Prozeß seiner materiellen Definition begriffen. (Ebenda).

Damit ist klar, dass eine teleologische Geschichtsschreibung, die in der Rückschau eine den Protagonist/inn/en erkennbare Linie des Handelns zu konstruieren versucht, scheitert. Das Wissenschaftsobjekt ist nicht im Vorhinein erkennbar und handlungsbestimmend. Es gibt kein zielbewusstes Suchen, sondern ein zwar durch den Konstruktionsraum gebundenes, doch unbestimmtes Tasten. Oder wie Noether schrieb:

> Das treibt aber einstweilen im Nebel! (Noether an Hasse 19. 12. 1930)

Ein halbes Jahr später reichte Hasse seine umfangreiche Arbeit „Über p-adische Schiefkörper und ihre Bedeutung für die Arithmetik hyperkomplexer Zahlsysteme" (Hasse 1931) bei den „Mathematischen Annalen" ein. Noether, vermutlich mit der Begutachtung betraut, schrieb eine Woche später an Hasse:

> Ihre hyperkomplexe *p*-adik hat mir sehr viel Freude gemacht. (Noether an Hasse 25. 6. 1930)

Über ihren Anteil, der in reger Phantasie und mathematischer Intuition lag – auch inspirative Kraft zu nennen – schwiegen beide. Noethers Gedanken gingen weiter: Jetzt galt es, den Übergang von der Klassenkörpertheorie im Kleinen zu der im Großen zu erreichen,

[19] Vgl. Rheinberger 1992, S. 24 ff.

bzw. aus der im Großen die im Kleinen zu begründen.[20] Hier sah sie in Hasses Untersuchungen das Potenzial, regte aber wiederum ihn an, daran weiter zu arbeiten.

Brauer arbeitete seit dem gemeinsamen Papier mit Noether von ihr weitgehend unabhängig. Jedenfalls finden sich in den Briefen Noethers an Hasse keine Erwähnungen, die auf eine Zusammenarbeit schließen lassen, sondern nur auf gegenseitige Kenntnisnahme. Diesen Eindruck bestätigt sein Studienkollege Hans Rohrbach, der ihn in seinem Nachruf als zurückgezogenen Arbeiter, der erst am Ende seine Ergebnisse mit anderen zusammenführte, beschreibt.[21] In dieser Weise scheint auch das Brauer-Noether-Papier entstanden zu sein, verfolgt man die sich darauf beziehenden Briefe Noethers an Hasse sowie die von Roquette zitierte Korrespondenz zwischen Brauer und Hasse.[22] Brauers nächste hier relevante Arbeit ist seine Untersuchung „Über Systeme hyperkomplexer Zahlen" (Brauer 1929). Auf diese Arbeit geht der Begriff der Brauer'schen Gruppe zurück, der schon kurz darauf geprägt und in der Hasse-Brauer-Noether-Arbeit bereits als selbstverständlicher Terminus technicus, als technologisches Objekt, verwendet wurde.

Ende 1930 verdichteten sich die Aktivitäten. Hasse war intensiv mit seiner Arbeit an dem Papier „Theory of cyclic Algebras over an Algebraic Number Field" beschäftigt, das eine Fortsetzung seiner Untersuchungen über p-adische Schiefkörper bildete (Hasse 1932).[23] Ein Kapitel stellt die von Noether in der schon mehrfach erwähnten Vorlesung entwickelte, bis dahin noch unveröffentlichte Theorie der Zerfällungskörper und verschränkten Produkte vor. In demselben Papier formulierte Hasse eine Vermutung über den Zusammenhang zwischen Zyklizität und der Eigenschaft einer Algebra, überall zu zerfallen, die als Reduktion 1 in das gemeinsame Papier Eingang finden sollte. Er teilte diese Überlegungen zunächst Noether brieflich mit, die in Kenntnis der Arbeiten des amerikanischen Algebraikers Albert befürchtete,[24] sie widerlegen zu müssen:

> Ja, es ist jammerschade, daß all Ihre schönen Vermutungen nur in der Luft schweben, und nicht mit festen Füßen auf der Erde stehen .... (Noether an Hasse 19. 12. 1930)

Nach einem weiteren Briefwechsel löste sich das Problem als ein Missverstehen der Albert'schen Arbeit auf. Die Vermutung blieb, zwar unbewiesen, aber als plausibel bestehen. Die Produktivität dieses Missverständnisses zeigte sich in Noethers den klärenden Brief abschließenden Überlegungen:

---

[20] Heute spricht man von lokaler und globaler Klassenkörpertheorie; die Begriffe sind nicht ganz äquivalent.

[21] Vgl. Rohrbach 1981, S. 129.

[22] Vgl. Roquette 2005, S. 54 ff.

[23] Zur Entstehung dieser Arbeit Hasses vgl. auch Fenster 2013.

[24] Noethers Wissen um diese Veröffentlichung Alberts ist zufällig, da sie vom zu dieser Zeit in Göttingen weilenden amerikanischen Mathematiker Ralph Archibald darauf hingewiesen wurde. Das bestätigt noch einmal die These, dass die amerikanischen Untersuchungen nicht systematisch über Zeitschriftenlektüre etc. zur Kenntnis genommen wurden.

> Es scheint also doch ganz wahrscheinlich, daß bei algebraischen Zahlkörpern als Zentrum immer Exponent und Index übereinstimmen. (Noether an Hasse 24. 12. 1930)

Diese noch unbewiesene Behauptung taucht als Satz 1 der Folgerungen in der gemeinsamen Publikation auf, hier allerdings auf Hasse zurückgeführt. Fleck sei hier kommentierend zitiert:

> Eine einmal veröffentlichte Aussage gehört jedenfalls zu den sozialen Mächten, die Begriffe bilden und Denkgewöhnungen schaffen. (Fleck 1935, S. 52)

Eine Auffassung, die auch Noether zu vertreten schien, wenn sie Hasse in Kommentierung der ersten Version des gemeinsamen Papiers, sich zwar auf einen anderen Punkt beziehend, um Aufnahme „genauerer historischer Angaben" bat und schrieb:

> Daß nämlich die Fassung mit den Faktorensystemen die richtige Verallgemeinerung ist, habe ich Ihnen schon auf dem Hanstein-Spaziergang im Frühjahr gesagt, als Sie mir die Widerlegung der Norm-Vermutung im Abelschen Fall erzählten. Sie haben es damals wahrscheinlich noch nicht ganz aufgefaßt; und es sich später selbst wieder überlegt! (Noether an Hasse 12. 11. 1931)

Im Februar 1931 fand in Marburg eine Vortragsreihe „Über Hyperkomplexe Systeme" statt, von Noether auch „Schiefkongress" (Noether an Hasse 8. 2. 1931) genannt. Während Noether mit ihrer ironisierenden Namensgebung noch in der Orientierung auf Klassenkörpertheorie verharrte, deutet sich in dem tatsächlichen Titel der Veranstaltung eine Verschiebung der Forschungsperspektive an. Stand bisher die Klassenkörpertheorie im Mittelpunkt des Forschungsinteresses, und „hyperkomplex" erschien als eine geeignete algebraische Methode, als technologisches Objekt, so dreht sich die Perspektive jetzt. Hyperkomplexe Systeme stehen im Zentrum, und zwar im doppelten Sinne: als Forschungsgegenstand und bezüglich der Reichweite ihrer methodischen Verwendbarkeit. Klassenkörpertheorie ist zu einem möglichen Anwendungsgebiet herabgesunken. Brauer, Hasse, Noether sowie ihr Doktorand Deuring gehörten zu den Teilnehmer/inne/n, ihre Vorträge sollten, so war es Noethers Wunsch (ebenda), inhaltlich aufeinander abgestimmt werden. Sie bildeten, in Fleck'scher Terminologie gesprochen, einen um ein Denkgebilde sich gruppierenden „esoterischen Kreis" (Fleck 1935, S. 156). Das Denkgebilde ist weiterhin hyperkomplexe Klassenkörpertheorie, doch die Perspektive hat sich verschoben.

Der Kontakt zwischen Noether und Hasse war weiter eng. Sie hatten im Verlauf des vergangenen Jahres eine gemeinsame Sprache entwickelt, die es ihnen erlaubte, mit wenigen Sätzen und skizzierten Gedanken intensiv mathematisch zusammenzuarbeiten. Noether erhielt immer neue Versionen seiner Arbeit für die „Transaction of the American Mathematical Society", eine der wichtigsten mathematischen Zeitschriften der USA (Hasse 1932a):

> Ihre Sätze habe ich mit großer Begeisterung, wie einen spannenden Roman gelesen; Sie sind wirklich weit gekommen! (Noether an Hasse 12. 4. 1931)

Auch Albert war über einen intensiven Briewechsel mit Hasse in die Entstehung der Publikation eingebunden und zudem von amerikanischer Seite zum Redigieren aufgefordert worden, wie er Hasse in einem Brief mitteilte (Albert an Hasse 6. 11. 1931). Im Mai wurde Hasses Manuskript fertig und Noether, um abschließendes Korrekturlesen gebeten, antwortete:

> Ihr Manuskript habe ich mit großer Freude gelesen; es sieht alles so selbstverständlich aus. (Noether an Hasse 2. 6. 1931)

Befragt, ob seine Darstellung ihrer Theorie akzeptabel sei, antwortete Noether:

> … ich glaube, Sie haben es fertig gebracht, die Sache den Amerikanern, und auch den Deutschen, mundgerecht zu machen, ohne zuviel von den Begriffen zu opfern. (Ebenda)

Damit unterstrich sie noch einmal die allgemeine Skepsis deutscher Algebraiker/innen gegenüber ihren amerikanischen Kolleg/inn/en. Über ihre eigenen Forschungsvorhaben schrieb sie:

> Das Interessanteste ist mir das Fundamentalresultat …; ich glaube nach wie vor – trotz Ihres skeptischen Briefes vom April – daß hier die Grundlagen einer hyperkomplexen Begründung der Klassenkörpertheorie liegen. (Ebenda)

Schrieb Noether 1926, sie sei idealtheoretisch eingestellt (Noether an Hasse 11. 12. 1926), so könnte man jetzt von einer hyperkomplexen Einstellung sprechen, die sie fast missionarisch vertrat und in deren Entwicklung sie nicht nur ihre eigene Kraft, sondern auch die ihrer Doktoranden investieren wollte.

Parallel zu diesen mathematischen Diskussionen lief die Vorbereitung des Hensel-Festbandes anlässlich seines 70. Geburtstages. Die Liste der Autor/inn/en enthielt die Namen der zu dieser Zeit wichtigsten Zahlentheoretiker und Algebraiker/innen. Auch Noether war mit einem eigenen Beitrag dabei, den sie im Sommer schrieb und Ende August an Hasse schickte. Von einer gemeinsamen Arbeit war hier und in den folgenden Briefen nicht die Rede. Noch Ende Oktober 1931 antwortete sie auf einen Entwurf, den Hasse ihr von seinem eigenen Beitrag schickte: „Meinen Glückwunsch zur Zyklizität." (Noether an Hasse 27. 10. 1931) Das Thema der Untersuchung Hasses ist die bereits in dem Transaction-Papier formulierte Vermutung der Zyklizität. Es gelang ihm der Nachweis seiner Behauptung, eingeschränkt durch die Kommutativität des zugrunde liegenden Körpers. Aber das Bestreben ging weiter, hin zu einer unbeschränkten Aussage, und so schrieb Noether gleich im nächsten Satz:

> Ich vermute, daß man für den allgemeinen Fall neben den Assoziativbedingungen auch noch das Analogon zum verschränkten Produkt bei nicht-Galoisschen Zerfällungskörpern [be]kommen muß. (Ebenda)

Vierzehn Tage später antwortete sie auf eine Notiz Hasses:

> Besten Dank für Ihre Karte! Beiliegend Trivialisierung und Verallgemeinerung Ihrer Resultate. Ich dachte schon, ob Sie das nicht noch als Anhang in Ihrer Note bringen könnten; denn tatsächlich handelt es sich nur um Ihre Schlüsse – der Reduktionssatz steht implicit in Ihrer letzten Karte … (Noether an Hasse 8. 11. 1931)[25]

Noethers Ergebnisse enthalten insbesondere einen als Reduktion 3 in das Papier eingehenden Satz. Zu seinem Entstehen und Beweis schrieb sie:

> Meine Trivialisierung habe ich mir übrigens bei der Lektüre der neuen Brauer-Arbeiten für Crelle überlegt, wovon er mir einen Durchschlag schickte … (Noether an Hasse 10. 11. 1931)

Auch hier zeigt sich noch einmal deutlich die Wirksamkeit interkollektiver Denkbewegungen. Mit ihrem Brief vom 8. 11. 1931 gab Noether den Startschuss für eine fieberhafte Arbeit, denn Mitte November sollten die Papiere für den Festband eingereicht werden. Brauer hatte schon zuvor, ohne Kenntnis der Verallgemeinerungen Noethers, das Bindeglied zwischen Hasses Reduktion 1 und Noethers Reduktion 3 geliefert und Hasse brieflich mitgeteilt, wie sich seine Vermutung, in Analogie zu einer von ihm bereits behandelten Frage, weiter reduzieren ließe. Hasse erkannte, wie sich diese Teilergebnisse ineinanderfügten und zu dem Beweis einer allgemeinen Aussage über normale Divisionsalgebren führten. Ein bedeutendes Ergebnis, so das einhellige Urteil der Beteiligten, und umso stärker jetzt das Interesse, es für eine Publikation im Hensel-Festband fertigzustellen. Hasse wird Noether sofort mit einem Entwurf geantwortet haben, denn bereits am 10. 11. 1931 schrieb sie zurück:

> Das ist schön! … Den Manuskript-Entwurf werde ich Ihnen sehr rasch wieder zugehen lassen; auch die Korrektur können wir ja rasch jeder unabhängig erledigen. (Noether an Hasse 10. 11. 1931)

Bereits zwei Tage später folgte der nächste Brief:

> Das ist jetzt sehr schön, und äußerst bequem für uns, daß wir keine Mühe mit dem Text hatten! (Noether an Hasse 12. 11. 1931)

Am 13. 11. 1931, so ist die offizielle Angabe, wurde das Papier mit dem Titel „Beweis eines Hauptsatzes in der Theorie der Algebren“ eingereicht, sechs Tage nach dem inhaltlichen Durchbruch.

[25] Hasse als Verfasser der Publikation stellte den Anteil Noethers etwas anders dar: „Die dritte Reduktion gab Noether, veranlasst durch eine Mitteilung Hasses.“ (Hasse et al. 1932, S. 400).

3.3 Der „Beweis eines Hauptsatzes in der Theorie der Algebren"

Im Februar 1932 erschien der Festband zu Ehren des 70. Geburtstages von Hensel als Sonderband des „Journal für reine und angewandte Mathematik", dessen Herausgeber u. a. Hensel und Hasse waren. Er enthält die gemeinsame Arbeit „Beweis eines Hauptsatzes in der Theorie der Algebren"; Brauer, Hasse und Noether werden in alphabetischer Reihenfolge genannt, doch wird auf Wunsch Noethers in einer Fußnote auf Hasse als Verfasser ausdrücklich hingewiesen (Noether an Hasse 12. 11. 1931). In der mathematischen Rezeption der Veröffentlichung wird zumeist Hasse als der Verfasser der Arbeit zuerst genannt werden, Brauer und Noether folgen aufgrund ihres ähnlich zu gewichtenden Anteils nacheinander, eine Darstellung, die durch Deurings die Zitationsweise setzendes Literaturverzeichnis seines Berichts „Algebren"begründet sein wird (Deuring 1935, S. 141).

Die eigentliche Entstehung der Veröffentlichung dauerte nur etwa sechs Tage. Dieser kurze Zeitraum hat den Effekt, dass das Papier selbst ungewöhnlich deutlich die Spuren seines Entstehens trägt. Bereits der Titel ist bemerkenswert. Er betont den Beweis, das Ereignis, das gerade erst geschehen ist, und in der Betonung klingt noch die Aufregung über das Gelingen nach. Damit aber wird der Blick auf die Denkbewegungen, den „esoterischen Denkverkehr" Brauers, Hasses und Noethers gelenkt (Fleck 1935, S. 159), die in einem geglätteten mathematischen Text verschwunden wären.

Von einem „Hauptsatz" zu sprechen, beansprucht eine Bedeutung des Satzes, die sich erst in der Zukunft erweisen konnte, die aber von den Autor/inn/en schon vorweggenommen wurde. Zugleich suggeriert diese Wortwahl, dass sein Beweis schon lange erwartet wurde, was die vorgängigen, in den vorhergehenden Unterkapiteln vorgestellten Arbeiten nicht zeigen. Auch die vorgenommene Einordnung in die „Theorie der Algebren" erscheint im mathematischen Rückblick zwar als selbstverständlich, zeigt sich aber bei genauer Betrachtung als Behauptung eines Forschungsfeldes, das bis dato noch nicht vorhanden war. Was als Nachdenken über „hyperkomplexe Klassenkörpertheorie" Mitte der 1920er Jahre begonnen hatte, entwickelte sich zu einer Erkenntnis in einem Forschungsfeld, das durch dieses Nachdenken erst konstituiert wurde. Die Tagung „Über Hyperkomplexe Systeme" war ein Vorläufer, doch war im Titel noch die Anbindung an die Zahlentheorie enthalten. Mit „Theorie der Algebren" war die Loslösung vollzogen worden; die Eigenständigkeit des Forschungsfeldes wird proklamiert. Die Namensgebung für dieses Forschungsfeld aber griff nicht auf den in Deutschland üblichen Begriff des hyperkomplexen Systems zurück, sondern verwendete den in der amerikanischen Literatur seit etwa 1920 verwendeten Begriff „algebra". Die Übernahme dieser Bezeichnung aus dem Amerikanischen lässt sich als ein Akt der Modernität, als eine Loslösung von altmodischen Begriffsbildungen interpretieren, die noch einmal die Unabhängigkeit des neuen Gebiets betont.

Algebrentheorie, auch wenn Noether noch hartnäckig von Hyperkomplexem sprach, bildete nun den neuen Rahmen, in den das alte Forschungsfeld sich einfügen musste. Noether selbst schrieb:

> In meiner Ausarbeitung steht am Schluß ...: Die Tatsachen
>
> 1. (Hasse) daß die Gruppe $\mathfrak{A}$ der Algebren über einen $\mathfrak{p}$-adischen Grundkörper k_p, Index ein Teiler von n, genau die zyklische n-ter Ordnung;
>
> 2. daß die Untergruppe $\mathfrak{A}_Z \subset \mathfrak{A}$ der Algebren, die Z zum Zerfällungskörper besitzen, wo Z/k_p zyklisch n-ten Grades, schon das ganze $\mathfrak{A}$ ausschöpfen, können als der wesentlichste Inhalt der Klassenkörpertheorie im Kleinen bezeichnet werden. ... Sie sehen also, ‚im Kleinen' hatte ich Ihre Auffassung; den Schritt ins Große hatte ich *nicht* gemacht ... Ich hatte mir, früher schon und dieser Tage genauer, die Möglichkeit eines andern Übergangs ins Große überlegt; ... Die obige Tatsache 2) ... müßte sich wohl auch konstruktiv mit hyperkomplexer Einbettung behandeln lassen .... Aber einstweilen ist alles Phantasie. (Noether an Hasse 22. 11. 1931) (Hervorhebung i. O.)

Erste Schemen eines neuen Denkgebildes – die Hauptsätze der Klassenkörpertheorie im Großen – zeigen sich, gestaltet durch alte Denkstile und neue, diese Denkstile verändernde Tatsachen. Und wieder trieb Noether das Nachdenken darüber voran und versuchte, Hasse in dieses Nachdenken mit einzubeziehen. Wie weit ihr das gelang und welche neuen Tatsachen formuliert wurden, ist hier nicht mehr Thema. Gewiss ist aber, dass sich die Algebrentheorie für Noether, ebenso wie die Idealtheorie und diese ablösend, als Forschungsfeld und als Methode herausbildete.

Die drei im Titel enthaltenen Themen der Bewegung, der Bewertung und des Forschungsfeldes werden durch den ersten Satz der Publikation aufgenommen und verstärkt:

> Endlich ist es unseren vereinten Bemühungen gelungen, die Richtigkeit des folgenden Satzes zu beweisen, der für die Strukturtheorie der Algebren über algebraischen Zahlkörpern sowie auch darüber hinaus von grundlegender Bedeutung ist. (Hasse et al. 1932, S. 399)

Diese zu allererst auf das Agieren von Personen verweisende Einleitung ist für mathematische Texte äußerst ungewöhnlich. Die Freude, geradezu Euphorie, über den Erfolg wird ausgesprochen, ebenso wie die Überzeugung, einen Satz von enormer mathematischer, d. h. tiefliegender Bedeutung gezeigt zu haben. Zwei zukünftige Forschungsrichtungen werden angedeutet: Erkenntnisse in der algebraischen Zahlentheorie und das neue Feld der Algebrentheorie. Mit der Formulierung „Strukturtheorie der Algebren" wird die Veröffentlichung in den Kontext einer begrifflichen Perspektive auf die Mathematik, die als Aufgabe mathematischen Handelns die Untersuchung von Strukturen sieht, gestellt. Der Hauptsatz selbst hat folgenden Wortlaut:

> Jede normale Divisionsalgebra über einem algebraischen Zahlkörper ist zyklisch (oder, wie man sagt, vom Dicksonschen Typ). (Ebenda)

Hier und auch in der folgenden Formulierung wird auf den Konstruktionsraum, auf bereits Vorhandenes, seien es Begriffsbildungen oder Techniken, hingewiesen:

> Es ist uns eine besondere Freude, dieses Ergebnis, als einen im wesentlichen der p-adischen Methode zu dankenden Erfolg, Herrn Kurt Hensel, dem Begründer dieser Methode zu seinem 70. Geburtstag vorzulegen. (Ebenda)

Auch der Beweis des Satzes zeigt ungewöhnlich deutlich die Spuren seines Entstehens, da die drei Reduktionen nicht in der logischen Abhängigkeit, wie es nach mathematischer Konvention geboten wäre, aufeinanderfolgten:

> Diese werden in der Reihenfolge ihrer Entstehung wiedergegeben, die der systematischen Reihenfolge entgegengesetzt ist. (Ebenda)

Diese Fußnote ist das Ergebnis einer Anmerkung Noethers in den Korrekturen, die die nichtsystematische Darstellung für das Verständnis hinderlich fand:

> … ich habe nur wegen der drängenden Zeit den ‚Antrag auf Systematisierung' unterlassen. (Noether an Hasse 12. 11. 1931)

Eine längere Bearbeitungszeit hätte weitere Spuren des Entstehens getilgt. Auch in Fußnote vier sind Anmerkungen enthalten, die gerade in ihrer Spontaneität – „Zusatz während der Drucklegung" (Hasse et al. 1932, S. 400) – Hinweise auf dahinterliegende Diskussionen geben. Vermutlich seit Dickson Albert auf Hasses Forschungen aufmerksam gemacht hatte, standen beide in einem zum Teil regen Briefwechsel. Ebenso wie Noether teilte Hasse auch Albert sein Zyklizitätsergebnis, beschränkt auf Abel'sche Gruppen, mit. Albert antwortete umgehend:

> I received your very interesting communication this morning and was very glad to read of such an important result. (Albert an Hasse 6. 11. 1931)

Albert entwickelte auf der Basis dieses Ergebnisses weitere Sätze und skizzierte die Beweise in seinem Brief an Hasse. Tatsächlich waren diese Ergebnisse, als Hasse das Schreiben in Händen hielt, durch den bereits erfolgten Beweis der allgemeinen Aussage des Hauptsatzes überholt, doch empfanden die Autor/inn/en es als notwendig, Alberts Leistung festzuhalten. Sie schrieben in der Fußnote:

> Zusatz während der Drucklegung: … alle drei Resultate sind natürlich durch unseren inzwischen geführten Beweis des Hauptsatzes überholt. Sie zeigen jedoch, dass auch A. A. Albert ein unabhängiger Anteil am Beweis des Hauptsatzes zukommt. (Hasse et al. 1932, S. 400)

Drei Wochen nach seiner Antwort erhielt Albert einen Brief von Hasse, in dem er von der erfolgreichen Lösung des Problems berichtet. Albert antwortete sofort:

> I heartily congratulate you on the remarkable theorem you have proved. … Of greatest interest is your reduction to Theorem I. (Albert an Hasse 25. 11. 1931)

Damit begann bereits eine Verschiebung in der Bewertung der Ergebnisse vom Hauptsatz auf die erste Reduktion, auf die noch genauer einzugehen ist. Albert, in seiner Auffassung der modernen Algebra verbunden, empfand fast schmerzlich die Isolation, in der er sich damit in den USA in einem Denkkollektiv traditioneller Algebraiker wie Dickson, Wedderburn und MacDuffee befand, die ihn zwar förderten – er war in diesem Jahr auf eine Assistenzprofessur nach Chicago berufen worden –, doch zu wenig inhaltlich-methodisch Neues bieten konnten. Und für einen kurzen Moment wirkte es so, als würde Albert über seine engen Kontakte mit Hasse zum Denkraum Noether-Schule dazu stoßen, denn er drängte jetzt mit aller Kraft darauf, seinen Ort in der deutschen Gemeinschaft zu finden:

> In all my work on division algebras the principal difficulty has been to somehow find a cyclic splitting field. This your p-adic method accomplishes. ... The part of the proof of Theorem I which you attribute to Brauer and Noether ... has the following almost trivial proof. (Ebenda)

Nach Erhalten des inzwischen schon beim Journal für reine und angewandte Mathematik eingereichten Manuskripts versuchte Albert noch einmal in einer hektischen Antwort auf sich aufmerksam zu machen:

> I feel even more strongly now than before that in E. Noether's and R. Brauer's part of your paper there was a good deal of unnecessary complications." (Albert an Hasse 9. 12. 1931)

Brauer, Hasse und Noether akzeptierten sein Ergebnis und kommentierten es in einer weiteren Fußnote:

> Schließlich hat A. A. Albert (nach Kenntnis unseres Beweises des Hauptsatzes) noch bemerkt, dass unser zentraler Satz I in ein paar Zeilen aus den Sätzen 13, 10, 9 einer im Druck befindlichen Arbeit von ihm (Bull. Amer. Math. Soc. 37, 1931) folgt. Der Beweis dieser Sätze beruht im wesentlichen auf denselben Schlüssen wie unsere Reduktionen 2 und 3. (Hasse et al. 1932, S. 400)

Aber sie nahmen für sich die Entdeckung in Anspruch, in deren Zug erst Alberts Beweis gelang, der im Übrigen von gleichem Schwierigkeitsgrad wie der ihrige sei und insofern keine Verbesserung darstelle. Auch die mathematische Geschichtsschreibung ist ihnen gefolgt.[26] Alberts Name wurde kaum genannt, obwohl ihm Hasse mit dem Angebot einer gemeinsamen Veröffentlichung, die Hauptsatz, Hasses Reduktion 1 und Alberts Beweis enthalten solle, zur Ehrenrettung verhelfen wollte.[27] Die Arbeit, von Albert verfasst, wurde noch

[26] So spricht auch der Algebraiker Daniel Zelinsky in seinem Nachruf auf Albert vom „famous Hasse-Brauer-Noether-Theorem" (Zelinsky 1973, S. 663).

[27] Eine andere Perspektive nimmt Roquette ein, der Albert als vierten Partner in dem Ringen um den Beweis sieht (Roquette 2005, S. 67 ff.). Vgl. zu der Zusammenarbeit von Albert und Hasse auch die Publikation von Fenster und Schwermer „A Delicate Collaboration: A. Adrian Albert and Helmut Hasse and the Principal Theorem in Division Algebras in the Early 1930's", die sich darüber hinaus mit der Entstehung der gemeinsamen Veröffentlichung Alberts und Hasses (Albert und Hasse 1932)

vor Veröffentlichung des Festbandes, bei den „Transaction of the American Mathematical Society“ im Januar 1932 eingereicht und erschien mit dem Titel „A Determination of all Normal Division Algebras over an Algebraic Numberfield.“ (Albert und Hasse 1932). Dieser Titel zeigte eine deutlich andere Perspektive als der des Hasse-Brauer-Noether-Papiers. Das Gewicht lag hier auf der Betonung der Bedeutung des Satzes, seiner Allgemeinheit „of all Normal Division Algebras“, der der Beweis, dessen Veröffentlichung die Intention bildete, so sehr untergeordnet war, dass nicht auf ihn verwiesen wurde.[28] Damit war die Überschrift eine Bewertung der Ergebnisse im Rahmen eines Forschungsfeldes, das bereits vorhanden ist und dessen Existenz nicht erst behauptet werden muss, der klassischen Algebra. Ähnlich lässt sich die Differenz in der Satzformulierung interpretieren:

> Every normal division algebra over an algebraic numberfield of finite degree is a cyclic (Dickson) algebra. (Ebenda, S. 722).

Der Unterschied zum ursprünglichen Theorem besteht in der einschränkenden Formulierung „of finite degree“, die Dicksons Definition einer Algebra und damit der amerikanischen Tradition folgte; anders dagegen Noethers Definition hyperkomplexer Systeme, die die Endlichkeit der Basis nicht verlangt. Algebren zu untersuchen, das zeigte bereits Dicksons Buch über „Algebras and their Arithmetics“, aber auch Alberts eigene Beschreibung seiner Forschung in den an Hasse gerichteten Briefen, war in den USA nicht ungewöhnlich. Die Intensität, mit der Albert diese Untersuchungen betrieb, und die moderne algebraische Auffassung, die ihn dabei leitete, brachten ihn jedoch in Distanz zu den amerikanischen Algebraikern und zu dem Wunsch, in der deutschen Algebraszene um Noether und Hasse Fuß zu fassen,[29] Überlegungen, die bei der Untersuchung zur Entstehung des Buches „Algebren“ im fünften Kapitel wieder aufgenommen werden. Wichtig hier ist die durch den Vergleich der beiden Satzformulierungen noch einmal deutlich erkennbare unterschiedliche Forschungssituation: Algebrentheorie wurde in Deutschland als Forschungsfeld mit an moderner Algebra orientierter Ausrichtung neu geschaffen, in den USA bestand sie als eine alte algebraische Forschungsrichtung in klassischer algebraischer und zahlentheoretischer Auffassung fort. Wenn Albert auch nicht namentlich aufgeführt wurde, so mag sein Anteil doch in der Proklamation der Eigenständigkeit dieses Gebietes und seiner Namensgebung im Titel des Hasse-Brauer-Noether-Papiers gelegen haben.

---

und den Schwierigkeiten der gegenseitigen Kenntnisnahme zwischen deutschen und US-amerikanischen Algbraiker/inne/n (Fenster und Schwermer 2013) befasst.

[28] Im weiteren Verlauf weicht das Papier mit seinen Anmerkungen zur Geschichte der Beweise deutlich vom Kanon mathematischer Publikationen ab.

[29] In der von Deuring angeführten Literatur in seinem Buch „Algebren“ von 1935 sind 32 der angeführten Titel von Albert, der damit am meisten zitiert wird.

3.4 Der Weg vom epistemischen Ding zum technologischen Objekt

Die beiden im vorhergehenden Abschnitt untersuchten Veröffentlichungen sind Zeitschriftenartikel. „Anlage einer Tatsache" nannte Fleck diese Situation, und der diskutierte Unterschied zwischen den als gleich behaupteten Sätzen verweist auf ihre Vorläufigkeit (Fleck 1935, S. 158 ff.). Fleck betont, dass die Entwicklung und damit auch Veränderung einer Tatsache im Prozess der Publikationen und Rezeption in den Blick zu nehmen sei:

> Den Umwandlungsprozess der persönlichen und vorläufigen Zeitschriftwissenschaft in kollektive, allgemein gültige Handbuchwissenschaft beschrieben wir bei der Geschichte der Wassermann-Reaktion: er erscheint zunächst als Bedeutungsänderung der Begriffe und als Änderung der Problemstellung und sodann als Sammlung kollektiver Erfahrung. (Ebenda, S. 158)[30]

Diesen Weg von der Zeitschrift- zur Handbuchwissenschaft gilt es zu verfolgen. Welcher Gestalt diese Veränderungen sein werden oder können, denen in diesem Übergang eine Tatsache unterworfen ist, wird in Flecks Konzept nicht benannt. Rheinberger hat ebenso wie Fleck Bewegungen im Blick, wenn er schreibt:

> Wenn das unmittelbare Resultat der wissenschaftlichen Aktivität nicht *Sätze* sein sollen – sie also nicht primär über ihren Theoriestatus bestimmt werden soll –, sondern *wissenschaftliche Objekte* auf dem Weg zu *technologischen Objekten*, warum sollte dann eine Trennung aufgebaut werden, deren einzige Leistung darin zu bestehen scheint, daß sie sich selbst ständig zurücknehmen muss?" (Rheinberger 1992, S. 71) (Hervorhebungen i. O.)

Diese Trennung, die nicht statisch ist, sondern „sich selbst ständig zurücknehmen muss", motiviert Rheinberger erkenntnistheoretisch:

> Weil wir sonst nicht in der Lage sind, das Spiel der Entstehung von Neuem auf dem epistemologischen Feld zu bezeichnen. Die wissenschaftliche Aktivität ist nur und gerade darin wissenschaftlich, daß sie als ‚Generator von Überraschungen' auf dem ‚Weg ins Unbekannte' auftritt, daß sie also *Zukunft* produziert. Technologische Konstruktionen hingegen sind darauf angelegt, *Gegenwart* zu verlängern. (Ebenda) (Hervorhebung i. O.)[31]

[30] Die nach Fleck dritte Ebene der Entwicklung einer Tatsache, die „populäre Wissenschaft", ist in der Mathematik kaum zu fassen. Die Bemühungen beispielsweise von Douglas R. Hofstadter mit „Gödel, Escher, Bach" oder von Hans Magnus Enzensberger mit „Der Zahlenteufel" zeigen trotz ihrer Verkaufserfolge, wie schwierig der Transfer mathematischer Ergebnisse in die Alltagswelt ist (Hofstadter 1985; Enzensberger 1997). Dass dieser Übergang stattfindet, wird damit nicht bestritten, doch kann er weniger an singulären mathematischen Entwicklungen als vielmehr an veränderten mathematischen Konzepten festgemacht werden. Ein Beispiel ist hier die „Neue Mathematik", die in den 1960er Jahren in den westdeutschen Grundschulen eingeführt wurde (Graumann 2002, S. 26 ff.).

[31] Rheinberger verweist hier auf Hoagland 1990, S. XVIf.

Rheinbergers Konzept vom epistemischen Ding und technologischen Objekt lässt sich in Analogie zu Flecks Zeitschriften- und Handbuchwissenschaft lesen. Es ist präziser, da es die Begriffe über den unterschiedlichen Umgang mit etwas charakterisiert:

> Technik beruht auf der *Identität* in der Ausführung; wissenschaftliche Hervorbringung beruht auf *Differenz*. Ein technologischer Gegenstand ist eine Antwortmaschine, ein wissenschaftlicher eine Fragemaschine." (Ebenda) (Hervorhebungen i. O.)

Diese Ausführungen betreffen in besonderer Weise die Mathematik, da die herrschende Auffassung gerade Sätze, auch Theoreme genannt, als Ziel und Ergebnis mathematischen Forschens sieht. Ich werde dem Hasse-Brauer-Noether-Theorem auf dem Weg über Zeitschriften und Handbücher bis in heutige Lehrbücher stichpunktartig folgen. Doch wäre es missverständlich und im Sinne einer teleologischen Geschichtskonstruktion gedacht, das Theorem, wie ich es zu Beginn dieses Kapitels zitierte, als das sich im Prozess seiner Darstellung befindliche epistemische Ding anzunehmen. Wie die Überlegungen der vorhergehenden Abschnitte zeigen, ist auch der mathematische Kontext, d. h., die Bewertung und die Einordnung dessen, was „bewiesen" wurde, von dieser Vagheit gekennzeichnet und befindet sich ständig im Prozess seiner Bestimmung. Oder anders gefragt, was ist es eigentlich, was wir jetzt wissen?

Den beiden diskutierten Papieren haften noch die Spuren ihres Entstehens an. Obwohl die Gleichheit der Textaussagen behauptet wird – es handele sich um den gleichen Satz mit einer ihn beweisenden Argumentation – sind sie aufgrund der unterschiedlichen Endlichkeitsanforderung bereits aus mathematischer Perspektive verschieden. Weder entspricht der Charakter des hier Diskutierten schon dem eines technologischen Objekts noch ist es nur epistemisches Ding oder, wie Rheinberger schreibt, „als Wissenschaftsobjekt überhaupt erst im Prozeß seiner materiellen Definition begriffen" (ebenda, S. 70). Dabei ist materiell in der Mathematik in genau diesem Sinne als aufgeschrieben, in Zeichen gegossen zur Verfügung stehend, als Druckfarbe auf Papier vorhanden, zu verstehen. Vielmehr befindet sich das Theorem auf dem Weg zwischen epistemischem Ding und technologischem Objekt, steht noch nicht als Werkzeug im Konstruktionsraum Mathematik zur Verfügung.

Dieser ganze Prozess des Ringens um Darstellung im Rheinberger'schen Sinne (ebenda, S. 29) zeigt sich in den Diskussionen zwischen Albert, Hasse und Noether sowie als neuem Akteur Deuring. Brauer ist auch hier eher eine Randfigur. So hatte Albert schon in seiner ersten Reaktion auf das Hasse-Brauer-Noether-Papier auf die Bedeutung der ersten Reduktion als das interessanteste Ergebnis hingewiesen, und in der Differenz in den Formulierungen des Satzes zeigt sich die noch unklare Begrifflichkeit. Eine Vereinheitlichung der Notation, eine allgemein akzeptierte Bewertung der Ergebnisse und eine Einordnung in einen möglicherweise neu zu bestimmenden mathematischen Rahmen ist die Aufgabe eines Handbuches.

Ende 1931 war klar, dass es ein Gebiet gibt, das es zu erfassen, zu vereinheitlichen und zu strukturieren galt. Es bot sich die neue Reihe des Julius Springer Verlags „Ergebnisse der Mathematik und ihrer Grenzgebiete“ an. Noethers Göttinger Kollege, der Mathematikhistoriker Otto Neugebauer, war als Schriftleiter für die Akquisition von Autor/inn/en zuständig. So erhielt Noethers Schüler Deuring den Auftrag, über „Hyperkomplexe Größen“ zu schreiben, der Amerikaner Albert über „Algebren“. Erst Monate später offenbarte sich diese doppelte Auftragsvergabe, deren Hintergrund das begriffliche Ringen auch um ein neues Forschungsfeld bildete. In Deutschland noch mit „hyperkomplexe Größen“ bezeichnet[32], aber in moderner Auffassung und Methodik, in den USA zwar mit der moderner wirkenden Bezeichnung „Algebras“, aber in klassischer algebraischer Tradition und nicht als eigenständige Theorie zeigt sich das Ringen auch als ein transatlantischer Konflikt, auf den im Kap. 5.2.1 genauer eingegangen wird. Mit dem Buch „Algebren“ aber, von Deuring geschrieben, wurde die neue algebraische Teildisziplin der Algebrentheorie nicht nur in Deutschland etabliert (Deuring 1935).

Zurück zum Hasse-Brauer-Noether-Theorem: Die Ergebnisse dieses Papiers bilden die Grundlage des „Kap. VII § 5: Algebren über Zahlkörpern“ des Berichts. Deuring eröffnete das Thema mit der einführenden Bemerkung:

> Die tiefere Theorie der Algebren über Zahlkörpern beruht auf einem Satz, der viele Eigenschaften einer Algebra $\mathfrak{A}$ auf ihre $\mathfrak{p}$-adischen Komponenten $\mathfrak{A}_\mathfrak{p}$ zurückführen lehrt: Satz 1: $\mathfrak{A}/P$ ist dann und nur dann eine volle Matrizenalgebra über P, wenn dies für alle $\mathfrak{A}_\mathfrak{p}$ gilt. (Deuring 1935, S. 117)

Das ist nicht mehr das noch drei Jahre zuvor als Hauptsatz der Algebrentheorie gefeierte zentrale Ergebnis des Hasse-Brauer-Noether-Papiers, sondern die erste Reduktion, auf der aufbauend der Satz bewiesen wurde und die im Papier eher Hilfssatzcharakter hatte.[33] Auch der Beweis hatte eine andere Gestalt bekommen, war sehr viel deutlicher an Klassenkörpertheorie, P-Adik und das Lokal-Global-Prinzip gebunden. Die Anteile Hasses, Brauers und Noethers in ihren weiteren Reduktionen oder alternativ Hasses und Alberts sind nur noch als Literaturverweise enthalten. In seiner Gestalt aber wurde das Theorem in Notation und Argumentation in das Buch „Algebren“ mit seinem Anspruch der Vereinheitlichung eingepasst (Deuring 1935). Der ehemalige „Hauptsatz“ wird als eine der Folgerungen aus Satz 1 aufgeführt, sein Beweis knapp angedeutet, u. a. mit dem Hinweis auf ein sonst nicht weiter erwähntes Papier von Wilhelm Grunwald, einem Doktoranden Hasses (Grunwald 1932). In dieser Art der Darstellung, einheitliche Notation, kurze bis gar keine Beweisführung, schält sich der technologische Charakter langsam heraus. Es ist nicht länger ein durch seine Unbestimmtheit die Forschung antreibendes Ding, sondern

[32] Tatsächlich ist in dem Vertrag zwischen Deuring und dem Verlag konsequent von hyperkomplexen Größen statt hyperkomplexen Systemen die Rede, ebenfalls ein Indiz für das Ringen um die Bezeichnung des neuen Forschungsfeldes.

[33] Albert hatte zwar in seinem Brief die Aufmerksamkeit schon darauf gelenkt, diesen Gedanken aber im Albert-Hasse-Papier nicht umgesetzt.

dient als Werkzeug, als Antwortmaschine, als Element eines neuen Konstruktionsraumes, als jederzeit reproduzierbar.

Doch noch einmal wurden der ursprüngliche Hauptsatz und seine Folgerungen zum epistemischen Ding, als sich durch Konstruktion eines Gegenbeispiels durch Shianghao Wang zeigte, dass sich ein in dem Beweis genutztes Lemma aus dem nicht von Hasse, sondern erst von Deuring zitiertem Grunwald-Papier als falsch herausstellte. In seiner Doktorarbeit, betreut von Artin, gelang es Wang, diese Lücke im Beweis zu schließen (Wang 1950).[34] So erweist sich der Charakter eines mathematischen Satzes, technologisches Objekt zu sein, als stets nur vorläufig und nicht abschließend. Das Hasse-Brauer-Noether-Theorem zeigt sich, nach seiner Schleife über das Wang'sche Gegenbeispiel und seiner Beweiserweiterung in aktuellen Lehrbüchern, nun als technologisches Objekt.[35] Der Beweis ist nur kurz angerissen; er hat nicht mehr die Bedeutung einer Wahrheitsargumentation, sondern ist nur noch ein Hinweis, dass diese erfolgt ist. Eine Überprüfung ist nicht mehr notwendig.

Die Analyse der Entstehung des Hasse-Brauer-Noether-Theorems und seiner Veränderungen im Verlaufe seiner Aneignung als Werkzeug durch die mathematische Community beschreibt nicht nur den Prozess der Entstehung und Entwicklung einer mathematischen Tatsache. Die Geschichte des Hasse-Brauer-Noether-Theorems steht auch exemplarisch für die Intensität der Zusammenarbeit, die nicht nur zwischen Noether und Hasse bestand, sondern charakteristisch für den Denkraum Noether-Schule war. Fleck hebt auf die spezifische „Kollektivarbeit" ab, bei der es nicht auf die „Summation der individuellen Arbeiten ankommt, sondern ein spezielles Gebilde entsteht" (Fleck 1935, S. 129). Hier war es nicht nur das „spezielle Gebilde" des Hasse-Brauer-Noether-Theorems, sondern die Entstehung eines neuen Forschungsfeldes, die Theorie der Algebren in der modernen, von Noether und der Noether-Schule vertretenen Auffassung. Dieser Gedanke wird im fünften Kapitel am Beispiel des Buchs „Algebren" und seiner Entstehungsgeschichte genauer verfolgt werden (Deuring 1935).

Und noch ein weiterer Aspekt ergibt sich aus den Untersuchungen dieses Kapitels. Hasse ist bisher nicht als ein Mitglied der Noether-Schule betrachtet worden. Ihn als Schüler Noethers zu bezeichnen trifft sicherlich nicht ganz den Charakter ihrer Arbeitsbeziehung, und so verweist die Geschichte des Hasse-Brauer-Noether-Theorems auch darauf, die Frage nach der Noether-Schule, ihren Mitgliedern und ihren Arbeitsweisen neu zu stellen. Möglicherweise ist auch der Begriff der Wissenschaftsschule als Bezeichnung für die Noether-Schule analytisch nicht hinreichend, und es bedarf anderer Begrifflichkeiten, um die Noether-Schule in ihrem inneren Gefüge und ihrer Wirkmächtigkeit zu fassen. Diesen Fragestellungen nachzugehen wird eine der Aufgaben des folgenden Kapitels sein.

---

[34] Auch Hasse hatte sich erfolgreich um eine Lösung bemüht (Hasse1950). Vgl. Lorenz, Roquette 2003 sowie Roquette 2005.

[35] Vgl. z. B. Algebra I. Basic Notions of algebras (Kostrikin, Shafarevich 1986, S. 95).

Die Noether-Schule: Versuch einer dichten Beschreibung

4

Die Noether-Schule stand bisher kaum im Fokus mathematikhistorischer Untersuchungen. Forschungen über Noether oder zur Geschichte der Algebra streifen das Thema, benennen Doktorand/inn/en, zitieren aus Nachrufen, doch gehen sie über eine deskriptive Darstellung formaler Beziehungen kaum hinaus. Es ist die Absicht dieses Kapitels, einen Entwurf zur Analyse und zum Umgang mit dem historischen Phänomen Noether-Schule zu bieten. Hierbei bewegen sich die Untersuchungen im Spannungsfeld zwischen „mathematischer Schule" als zeitgenössischer Beschreibung und „kultureller Bewegung" als retrospektiver Konstruktion. Bereits 1927 sprach Hasse in einer im „Jahresbericht der DMV" veröffentlichten Rezension von „E. Noether und ihrer Schule" (Hasse 1927, S. 93). Rund 60 Jahre später bezeichnete Mac Lane in seiner Darstellung der Geschichte der abstrakten Algebra[1] diese Veränderungsprozesse in der Mathematik als Ergebnis eines „cultural movement", die Noether-Schule als Teil dieser kulturellen Bewegung (Mac Lane 1986, S. 3).

„Analyse ist also das Herausarbeiten von Bedeutungsstrukturen" (Geertz 1987, S. 15) schreibt der Ethnologe Geertz in „Dichte Beschreibung. Beiträge zum Verstehen kultureller Systeme" mit Bezug auf die Arbeit des Ethnografen und auf die Ethnografie als die „die geschichtete Hierarchie bedeutungsvoller Strukturen" untersuchende Disziplin (ebenda, S. 12). Mit seinen 1973 unter dem Titel „Thick description. Toward an Interpretive Theory of Culture" veröffentlichten Überlegungen zu einem neuen Verständnis des Wesens von Kultur, ihrer Rolle und ihrer angemessenen Untersuchung hatte Geertz nicht nur eine Neuausrichtung in der Ethnologie ausgelöst (Geertz 1973).[2] Sein Aufsatz wurde

[1] Hier sei noch einmal angemerkt, dass im zeitgenössischen Sprechen und Schreiben „abstrakt" und „modern" als Charakterisierung einer bestimmten Ausrichtung der Algebra zumeist synonym verwendet wurden.

[2] Die deutsche Übersetzung der Arbeiten Geertz', auf die im Folgenden Bezug genommen und aus der die Zitate stammen, erschien erst 1987.

M. Koreuber, *Emmy Noether, die Noether-Schule und die moderne Algebra*,
Mathematik im Kontext, DOI 10.1007/978-3-662-44150-3_4

auch zu einer wichtigen theoretischen Grundlage kulturgeschichtlicher Diskurse.[3] Elkana geht in seinen Überlegungen zur Wissenschaft als kulturellem System auf ihn ein (Elkana 1986, S. 40 ff.) und bezeichnet diesen „Begriff auch [als] ein angemessenes Instrument für die Geschichte und Philosophie der Wissenschaft“ (Elkana 1986, S. 465). Klaus Hentschel rekurriert in seiner physikgeschichtlichen Arbeit zum ‚Einsteinturm‘ auf Geertz’ Konzept als methodischem Ansatz (Hentschel 1992, S. 9 ff.), Martina Schlünder nutzt ihn in ihren medizinhistorischen Untersuchungen zur Experimentalisierung der Geburtshilfe (Schlünder 2007). Ist der Gegenstand der Ethnografie „die Struktur dieser eigentümlich übereinander geschichteten Schlüsse und Komplikationen“ (Geertz 1987, S. 12), so lässt sich das auch auf Wissenschaftsgeschichte, verstanden als Geschichte kultureller Veränderung, beziehen. Die Noether-Schule als historisches Phänomen in ihren unterschiedlichen Facetten zu fassen, kann mit Geertz als das „komplizierte intellektuelle Wagnis der dichten Beschreibung“ charakterisiert werden (ebenda, S. 10). Das aber heißt nichts anderes als die Begrenztheit der Untersuchung von vornherein zu akzeptieren oder, anders ausgedrückt, jede dichte Beschreibung ist der Versuch einer dichten Beschreibung.

Ganz im Sinne Geertz’ bzw. des Konzepts der dichten Beschreibung werde ich mich im Folgenden aus verschiedenen Perspektiven sowie auf unterschiedlichen Ebenen der Noether-Schule nähern. Diese sich überlagernden oder kreuzenden Bedeutungsstrukturen lassen sich nach und nach herausarbeiten, ohne dass sich hieraus ein hierarchisches Verhältnis ableitet. In ihrem Miteinander stellen sie vielmehr eine Vervielfältigung der Facetten oder, um ein Element der begrifflichen Mathematik aufzugreifen, eine Multiperspektivität auf den Untersuchungsgegenstand her. Um eine Grundlage zu einer kritisch-analytischen Auseinandersetzung zu gewinnen, werden zunächst *zeitgenössische Beschreibungen* einschließlich der 1933 und 1934 im Zusammenhang mit der Entlassung Noethers und ihrer Emigration verfassten Gutachten sowie der Nachrufe auf sie vorgestellt. Bei einer Durchsicht der Forschungen zu Noether sowie zur Geschichte der modernen Algebra zeigt sich die Noether-Schule als ein Element in der Biografie Noethers, als *biografische Konstruktion* und nicht als eigenständiges historisches Phänomen, deutlich zeigen sich auch die wissenschaftssoziologischen und wissenschaftstheoretischen Herausforderungen in der Auseinandersetzung damit.

Im zweiten Unterkapitel nähere ich mich der Noether-Schule mit einem biografischen Ansatz, einem Konzept, das erlaubt, die Noether-Schule von der Biografie ihrer Namensgeberin zu lösen und als eigenständiges Objekt mathematikhistorischer Forschungen zu betrachten. Der *personellen Bestimmung* dient der erste Teil. Deutlich wird ein weitverzweigtes Netzwerk der Noether-Schule und damit der modernen Algebra. Doch werden nicht nur die Akteur/inn/e/n benannt und zu Wort kommen. Vielmehr gilt es, über den Entstehungsprozess, die Etablierung und die Auswirkungen der Entlassung und Emigration hinaus konstitutive Elemente der Noether-Schule zu erkennen sowie auf Grundlage eines Exkurses in die wissenschaftsgeschichtliche Debatte zum Schulenbegriff in einem formalen Sinne begründet von der Noether-Schule als *Wissenschaftsschule* sprechen zu

[3] Vgl. Daniel 2001, S. 248 ff.; Knorr Cetina 2002, S. 21 und List 2007, S. 46.

können. Diese Untersuchungen führen zu einem nicht nur personell erweiterten Verständnis der Noether-Schule, sondern spannen die Möglichkeiten der Gestaltung von Mathematik durch ihre Mitglieder auf. Die Noether-Schule zeigt sich in diesen Überlegungen als ein Denkraum, ein Ort des Denkens, der Bewegung von Gedanken.

Im letzten Unterkapitel wird der Begriff des *Denkraums* mit Unterstützung Flecks wissenschaftstheoretisch zu füllen sein und, orientiert an Noether selbst, die Bezeichnung Denkraum Noethergemeinschaft[4] motiviert werden. Die Noether-Schule, so aufgefasst, enthält das Element der Veränderung, des Drangs, Mathematik neu zu gestalten, einen Kulturwandel zu erwirken. Sie war Teil einer *kulturellen Bewegung*, die die Algebra und nicht nur die Algebra, sondern die Auffassungen über Mathematik verändern wollte und in erheblicher Weise veränderte. So ist es notwendig, ein Verständnis von Mathematik als Kultur, als Ort kultureller Produktion[5] oder, in Anlehnung an Elkana, als kulturellem System zu entwickeln[6], um darauf aufbauend das historische Phänomen Noether-Schule neu zu verstehen als Teil einer auf Veränderungen von Wissensvorstellungen über Mathematik und ihres Wissenskorpus angelegten kulturellen Bewegung.

4.1 Zwischen Beschreibung und Konstruktion

Bereits Mitte der 1920er Jahre wurde von der Schule Noethers gesprochen. Es war eine zeitgenössische Beschreibung und eine Selbstbeschreibung der Gruppe, die bei Noether studierte, promovierte, lernte. Dieser gilt es genauer zu folgen und zu einer zeitgenössischen Legitimierung der Bezeichnung Noether-Schule zu gelangen. Daran anschließend wird aufgezeigt, dass die Befassung mit der Noether-Schule innerhalb der biografischen Forschung zu Noether zumeist als Ergebnis nach sich zieht, dass die Noether-Schule als biografische Konstruktion, d. h. als eine auf Noether bezogene Darstellung, präsentiert wird. Die Noether-Schule wird als algebraisches Netzwerk gezeichnet, dessen Verbindungen sich als formale Beziehungen herstellen. Die Desiderate dieser Perspektive sind eine Beschränkung des zu betrachtenden Personenkreises sowie ein Verzicht auf eine wissenschaftstheoretische Auseinandersetzung mit dem Schulenbegriff als analytischer Kategorie; beide Untersuchungslinien werden daran anschließend genauer behandelt. Auch gerät in der formalen Perspektive kaum in den Blick, dass es sich ebenso um die Benennung einer Gruppe von Personen wie um die Bezeichnung einer spezifischen Auffassung und Methodik handelt, die sich mit begrifflicher Mathematik charakterisieren lässt. Diesem Gedanken folgend zeigt sich die Noether-Schule als wissenschaftstheoretische Herausforderung, die eine Auseinandersetzung mit Mathematik als kulturellem System verlangt.

[4] Noether selbst verwendete diese Bezeichnung für die Gruppe ihrer Studierenden und Doktorand/inn/en in einem Brief an Hasse (Noether an Hasse 10. 5. 1933).

[5] Vgl. Mehrtens 1990. S. 523 ff.

[6] Vgl. Elkana 1986, S. 16.

4.1.1 In zeitgenössischen Beschreibungen

> Man könnte, gerade für die deutsche Ausgabe, daran denken, in diesen Kapiteln die durch *E. Noether und ihre Schule* gut eingebürgerte idealtheoretische Ausdrucksweise ... einzuführen. (Hasse 1927, S. 93) (Hervorhebung d. A.)

Dieser Satz ist in mancherlei Hinsicht bemerkenswert: Er stammt aus der Rezension Hasses des 1927 in deutscher Übersetzung erschienenen Buchs „Algebren und ihre Zahlentheorie" des amerikanischen Algebraikers Dickson, veröffentlicht im „Jahresbericht der DMV". Zunächst wird die Distanz des Algebraikers moderner Auffassung gegenüber den amerikanischen Ansätzen ausgedrückt, eine nicht von allen Mathematiker/inne/n in Deutschland geteilte Position. Die Jahresberichte erreichten jedoch alle Mitglieder der mathematischen Community und waren nicht nur an einen ausgewählten Kreis mit modernen algebraischen Auffassungen vertrauter Mathematiker/innen gerichtet. Das ist zu betonen, da Hasse explizit und mit erstaunlicher Selbstverständlichkeit von der Schule Noethers sprach. Offensichtlich war jedem bekannt, wovon gesprochen wurde, sodass dieser Hinweis völlig ausreichte, um einen bestimmten Personenkreis zu benennen. Und nicht nur auf einen bestimmbaren Kreis verwies Hasses Anmerkung, sondern auf von dieser Gruppe ausgehende Aktivitäten, die Einbürgerung einer bestimmten, der „idealtheoretischen Ausdrucksweise". Diese Einbürgerung sei gut gelungen, bemerkte er ebenfalls und drückte damit zugleich seine Sympathie für diese mathematische Auffassung aus. Der Kontext des Satzes ist die Auseinandersetzung mit einer algebraischen Publikation, Noether steht nicht im Fokus. Der Verweis auf sie und ihre Schule ist nur eine Nebenbemerkung, deren Bedeutung sich erst in einer mathematikhistorischen Perspektive erschließt.

Hasse schrieb die Rezension aus der Distanz seiner Professur an der Universität Halle und war, anders als drei Jahre später in seiner Marburger Zeit[7], noch nicht so eng mit dem Göttinger mathematischen Institut verbunden. So sah er den Kreis um Noether aus einer gewissen Entfernung, die vielleicht der Sicht all derjenigen entsprach, die sich mit Algebra intensiv befassten und die Geschehnisse in Göttingen beobachteten: eine zeitgenössische Beschreibung. In einem Vortrag, gehalten 1931 im Rahmen eines Ferienkurses des Vereins schweizerischer Gymnasiallehrer, äußerte sich Weyl, seit rund einem Jahr Direktor des mathematischen Instituts in Göttingen, zur Topologie und zur abstrakten Algebra als zwei unterschiedliche Wege mathematischen Verständnisses:

> Zweck des Vortrages war lediglich, die gedankliche Atmosphäre fühlbar zu machen, in welche sich heute ein Gutteil der mathematischen Forschungsarbeit vollzieht. Für denjenigen, der tiefer eindringen will, werden ein paar literarische Hinweise am Platze sein. Die eigentlichen Urheber der abstrakten axiomatisierenden Algebra sind Dedekind und Kronecker. In unseren Tagen ist diese Richtung entscheidend gefördert worden durch Steinitz, durch *E. Noether und ihren Kreis* sowie von E. Artin. (Weyl 1932, S. 358) (Hervorhebung d. A.)

[7] Hasse wurde erst 1930 in das knapp 150 Kilometer von Göttingen entfernt liegende Marburg berufen.

Ob 1931 tatsächlich eine Gruppe von Gymnasiallehrern in der Schweiz Noether kannte, sei dahin gestellt. Weyl jedenfalls verwies hier mit einer ähnlichen Bestimmtheit auf Noether und auf den ihr zuzuordnenden Kreis wie Hasse. Als Mitglied der Göttinger Fakultät war er seit 1930 unmittelbarer Zeuge der Unterrichts- und Forschungstätigkeit Noethers, manchmal Gast in ihren Lehrveranstaltungen und erlebte die Begeisterung der jungen Mathematiker/innen für ihre Auffassungen und Methoden. Von einer Schule sprach Weyl nicht. Eine dem Zitat Hasses vergleichbare Formulierung findet sich in einer Publikation van der Waerdens:

> Damit war eine gemeinsame Grundlage für die Idealtheorie der ganzen algebraischen Zahlen und der ganzen algebraischen Funktionen, insbesondere der Polynome geschaffen, welche in späteren Arbeiten von *E. Noether und ihrer Schule* noch weiter ausgebaut wurde. Eine zusammenfassende Darstellung findet sich in der schon zitierten Modernen Algebra II. (Van der Waerden 1933, S. 402) (Hervorhebung d. A.)

Der Text war als „Nachwort zu Hilberts algebraischen Arbeiten" in den im Frühjahr 1933 erschienenen „Gesammelten Abhandlungen II" Hilberts (Hilbert 1933) verfasst worden verfasst worden. Wiederum ist es nur ein Nebensatz; Hilbert und seine Bedeutung für die Algebra sind im Fokus, nicht Noether, und wiederum findet sich die gleiche Selbstverständlichkeit, mit der von Noether und ihrer Schule gesprochen wurde. Van der Waerden hatte zu dieser Zeit bereits eine ordentliche Professur in Leipzig inne. Er war als Algebraiker in Deutschland etabliert und doch wie kaum ein anderer als Protagonist der Noether-Schule und Vertreter der modernen Algebra bekannt. So bezeichnete etwa Alexandroff in seinem Nachruf auf Noether van der Waerden als den „popularizer" der Ideen Noethers (Alexandroff 1936a, S. 104). Auch van der Waerden selbst sah sich als Schüler Noethers und sprach in seinen Erinnerungen von seinen „Göttinger Lehrjahren" (van der Waerden 1979, S. 20). Sein Benennen der Schule Noethers insbesondere in Verbindung mit dem Verweis auf sein Buch „Moderne Algebra" als Darstellung von Aktivitäten der Noether-Schule ist auch eine Beschreibung der eigenen Position.

Hasses Zitat ist die älteste bekannte Quelle, in der von einer Schule Noethers gesprochen wird. Doch retrospektiv lässt sich bereits in dem 1922 geschriebenen Gutachten der mathematisch-naturwissenschaftlichen Fakultät zur Erteilung des Titels n. b. a. o. Professor ihre Entstehung erkennen:

> Frl. Noether … entwickelt hier eine eifrige Lehrtätigkeit, die vor allem auf einen *kleineren Kreis* interessierter begabter Studenten wirkt. (Personalakte Noether) (Hervorhebung d. A.)

Von diesem Kreis gilt es auszugehen, um zu einem Verständnis der Entstehung der Noether-Schule, dem hohen Grad an Identifizierung der einzelnen Mitglieder mit dieser Gemeinschaft und ihrer Einflussnahme auf die Gestalt der Mathematik zu gelangen. So wird der Versuch einer personellen Bestimmung bereits mit Noethers ersten Doktorand/inn/en in Erlangen und Göttingen beginnen.

Hasses ebenso wie van der Waerdens Anmerkungen zur Noether-Schule waren ohne eine Intention im Hinblick auf die Bedeutung Noethers formuliert worden, anders jedoch die nach Noethers „Beurlaubung" 1933 auf Initiative Hasses von renommierten Mathematikern verfassten Gutachten. Hier ging es darum, die Bedeutung Noethers für die Algebra und die Mathematik insgesamt hervorzuheben. Hasse hatte namhafte Mathematiker aus dem In- und Ausland, Algebraiker sowie Vertreter anderer mathematischer Disziplinen gebeten, sich zu äußern. Alle Gutachter unterstrichen Noethers Führungsposition in der Entwicklung der modernen Algebra. Mehr noch, Noether wurde als Ausgangspunkt dieser Entwicklung bezeichnet. So schrieb etwa Takagi:

> Ihrem nie ermüdenden Eifer ist zuzuschreiben, dass die moderne Algebra im letzten Dezennium einen so bedeutenden Fortschritt und rasche Verbreitung erfahren hat. Es wäre schade, wenn Einfluss und Anregung der großen wissenschaftlichen Persönlichkeit Frl. Noethers dem *großen Kreis* der deutschen und nicht minder der ausländischen jungen Mathematiker entzogen würden. (Gutachten Takagi 1933) (Hervorhebung d. A.)

In allen Gutachten wurde auf die Schule, wenn auch nicht immer mit dieser Wortwahl, rekurriert und meist von jungen Mathematikern oder Algebraikern gesprochen. So betonten H. Bohr und Hardy in ihrem gemeinsamen Brief die Bedeutung der Schule für die Entwicklung der Algebra:

> Fräulein Noether hat für die Entwicklung der modernen Algebra eine überragende Bedeutung und gilt in- wie außerhalb Deutschlands mit Recht als das *Haupt einer Schule* der jungen Algebraiker. Dass die Algebra eine neue Blüte erlebt hat und in der ganzen mathematischen Welt an führender Stelle steht und ihren Bereich weit ausdehnen konnte in geometrische und andere Forschungsgebiete hinein, verdankt man vor allem *Fräulein Noether und ihrer Schule*. (Gutachten Bohr, Hardy 1933) (Hervorhebung d. A.)

Der Algebraiker Speiser, auf dessen Beitrag an der Entstehung der Algebrentheorie bereits im Kap. 3.1 hingewiesen wurde, nahm Bezug auf Noethers großen Vortrag von 1932:

> Wir hatten sie für den internationalen Mathematikerkongress in Zürich 1932 zu einem allgemeinen Vortrag eingeladen, weil sie eine der besten Kenner der modernen Algebra ist und speziell in Deutschland als *Zentrum einer hervorragenden Schule* wirkt. ... Für das Ansehen und den Einfluss Göttingens in der mathematischen Welt scheint sie uns unentbehrlich zu sein. Alle jüngeren Mathematiker, die dort studiert haben, sind durch *ihre Schule* gegangen. (Gutachten Speiser 1933) (Hervorhebung d. A.)

Auch auf Noethers sehr spezifische Art zu lehren wird eingegangen:

> Aber mehr noch als durch ihre gedruckten Publikationen hat es Emmy Noether immer verstanden, im mündlichen Vortrag und Verkehr die Jugend für große wissenschaftliche Ideen zu begeistern, und so ist wohl die ganze jüngere Algebrageneration in hohem Grad von ihr beeinflusst und wandelt in ihren Spuren. (Gutachten Perron 1933)

Auf die Beschreibungen der Arbeitsweise Noethers in den Beurteilungen wird noch zurückzukommen sein. An dieser Stelle ist hervorzuheben, dass dieser Versuch, durch mathematische Gutachten eine „Beurlaubung" rückgängig zu machen, außergewöhnlich war und zeigt, welche Relevanz Noether und der Noether-Schule in dem Entstehen und der Entwicklung der modernen Algebra und für die Mathematik zugewiesen wurde. Führte diese Initiative 1933 nicht zu einer Zurücknahme der „Beurlaubung" Noethers, so sind die Dokumente heute eine Quelle über die Wahrnehmung Noethers durch die mathematische Gemeinschaft. Von Noethers „führender Stellung" (Gutachten Furtwängler 1933) ist die Rede, eine „Neubegründung" der Algebra durch sie (Gutachten Takagi 1933) wird hervorgehoben und Noether als „die hervorragendste Repräsentantin" (Gutachten Shoda 1933) und „Urheberin und Führerin" (Gutachten Hasse 1933) in der Entwicklung der modernen Algebra genannt. Und nicht nur Noethers mathematische Bedeutung wird hervorgehoben, sondern auch die Ergebnisse ihrer Lehrtätigkeit, wenn etwa Furtwängler schrieb:

> Sie hat nicht nur bedeutende Teile dieser Theorie [der modernen Algebra] teils selbst bearbeitet und teils ihre Bearbeitung angeregt, sondern sie hat auch durch ihre selbstlose und nur von idealen Zielen geleitete Lehrtätigkeit einen *großen Kreis von Schülern* herangebildet, die sich heute bereits einen geachteten Namen in der mathematischen Welt gemacht haben. (Gutachten Furtwängler 1933) (Hervorhebung d. A.)

Alle Gutachter verwiesen darauf, dass es sich nicht nur um ihre persönliche Wertschätzung handle, sondern dass diese Wertung vielmehr in der ganzen mathematischen Welt so geteilt würde. Ganz allgemein und ohne Bezug auf die Algebra ist von der „genialsten Mathematikerin, die bis heute gelebt hat" (Gutachten Perron 1933) oder der „größten lebenden Mathematikerin von der Welt" (Gutachten Schouten 1933) die Rede. Am stärksten drückte es van der Waerden in seinem Gutachten aus und sprach davon, dass „Dr. Emmy Noether eine Persönlichkeit von einzigartiger Bedeutung in der mathematischen Welt" sei (Gutachten van der Waerden 1933) (Abb. 4.1).

Ein weiteres Dokument aus dieser Zeit ist die bereits zitierte Petition der Studierenden und Doktorand/inn/en Noethers. Auch hier wurde hervorgehoben, welche Bedeutung Noether als Begründerin einer „mathematischen Schule" für die weitere Entwicklung der Mathematik zukommt (Bannow u. a. 1933). Anders als noch wenige Monate zuvor war allerdings die eigene Zuordnung zu dieser Schule politisch problematisch geworden und möglicherweise nicht mehr ein mathematisches Markenzeichen, jedenfalls in Deutschland. Der im Kap. 1.5 dokumentierte Briefwechsel zwischen Hasse und Kapferer illustriert die Problematik, sich in einer Zeit der Verpflichtung zu einer „deutschen" Mathematik[8] als Vertreter/in der modernen Algebra zu bekennen. Umso stärker muss diese Petition als ein Ausdruck des tiefen Eindrucks gewertet werden, den Noether auf mathematischer wie persönlicher Ebene auf die Studierenden ebenso wie die ausländischen Stipendiat/inn/en und Gäste des Instituts gemacht hatte, sowie als Zeugnis der hohen Identifikation mit ihren begrifflichen Auffassungen und Methoden.

Weitere Gutachten entstanden 1934 im Kontext der Bemühungen um eine Weiterbeschäftigung Noethers in den USA. Die Finanzierung der Gastprofessur in Bryn Mawr war

[8] Vgl. Mehrtens 1987; Mehrtens 1990, S. 308 ff. und Segal 2003.

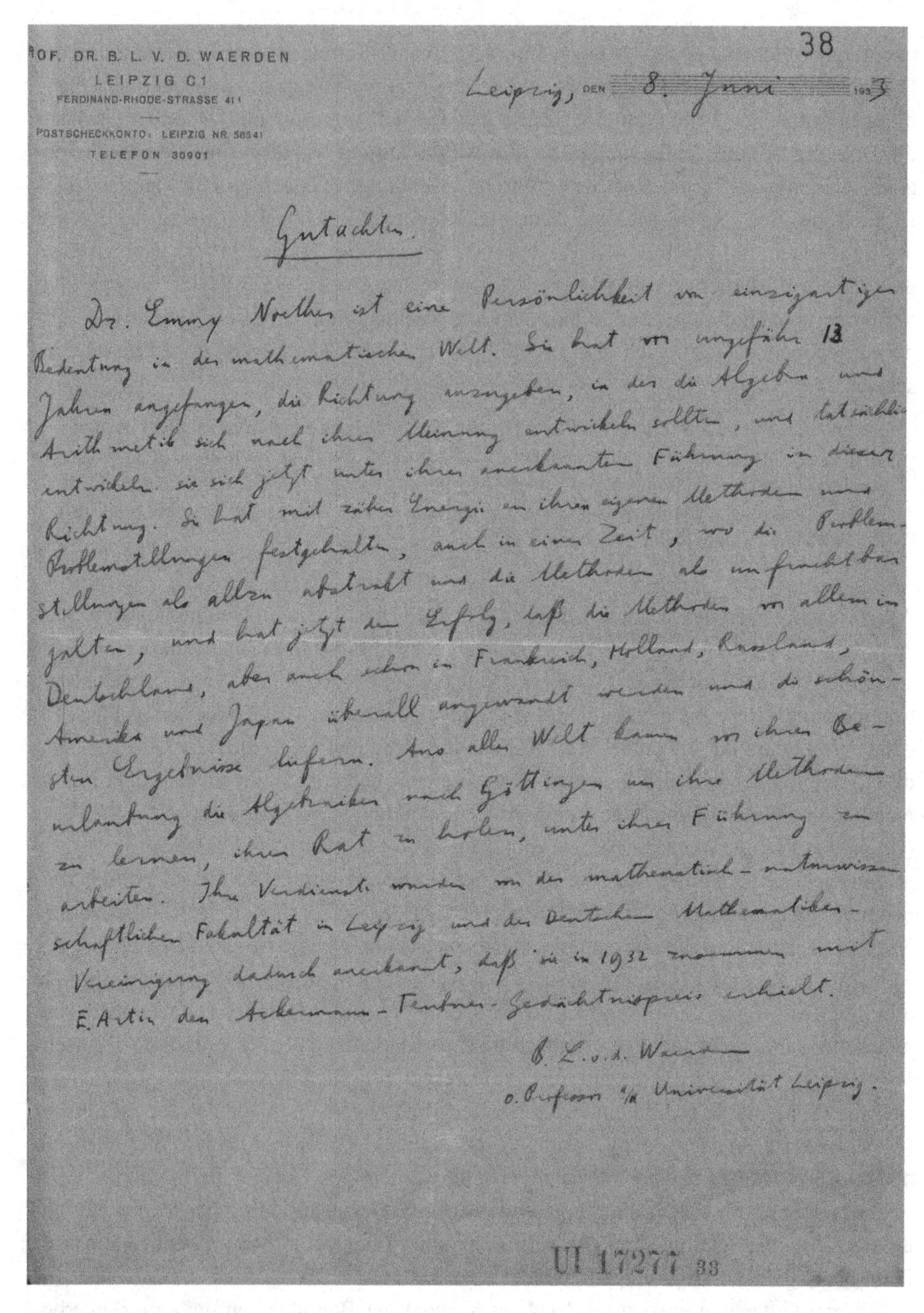

PROF. DR. B. L. V. D. WAERDEN
LEIPZIG C1
FERDINAND-RHODE-STRASSE 41
POSTSCHECKKONTO: LEIPZIG NR. 58541
TELEFON 30901

38

Leipzig, den 8. Juni 1933

Gutachten.

Dr. Emmy Noether ist eine Persönlichkeit von einzigartiger Bedeutung in der mathematischen Welt. Sie hat vor ungefähr 13 Jahren angefangen, die Richtung anzugeben, in der die Algebra und Arithmetik sich nach ihrer Meinung entwickeln sollten, und tatsächlich entwickeln sie sich jetzt unter ihrer anerkannten Führung in dieser Richtung. Sie hat mit zäher Energie an ihren eigenen Methoden und Problemstellungen festgehalten, auch in einer Zeit, wo die Problemstellungen als allzu abstrakt und die Methoden als unfruchtbar galten, und hat jetzt den Erfolg, daß die Methoden vor allem in Frankreich, Holland, Russland, Deutschland, aber auch schon in Amerika und Japan überall angewandt werden und die schönsten Ergebnisse liefern. Aus aller Welt kamen vor ihrer Beurlaubung die Algebraiker nach Göttingen, um ihre Methoden zu lernen, ihren Rat zu holen, unter ihrer Führung zu arbeiten. Ihre Verdienste wurden von der mathematisch-naturwissenschaftlichen Fakultät in Leipzig und der Deutschen Mathematiker-Vereinigung dadurch anerkannt, daß sie in 1932 zusammen mit E. Artin den Ackermann-Teubner-Gedächtnispreis erhielt.

B. L. v. d. Waerden
o. Professor a/d Universität Leipzig.

Abb. 4.1 Van der Waerdens Gutachten über Noether, zur Rücknahme der „Beurlaubung" verfasst, vom 8. Juni 1933

nur für ein Jahr gesichert gewesen; zudem erschien auch die Anstellung an einem College als Konstruktion nicht länger sinnvoll. Es gab unterschiedliche Initiativen, zu einer dauerhaften Lösung zu gelangen. In diesem Zusammenhang erreichten den Direktor der Federation of Jewish Charities, Billikopf, auf Initiative des ebenfalls emigrierten niederländischen Mathematikdidaktikers Arnold Dresden eine Reihe von Gutachten. Sie zeigen ein ähnliches Muster wie die durch Hasse initiierten Gutachten in Deutschland. Noether wird als herausragende Vertreterin der modernen Algebra und Begründerin einer Schule charakterisiert, wie etwa das Gutachten des Topologen Lefschetz von 1934 zeigt:

> As the *leader of the modern algebra school*, she developed in recent Germany the only school worthy of note in the sense, not only of isolated work but of very distinguished group scientific work. In fact, it is no exaggeration to say that without exception all the better young German mathematicians are her *pupils*. (Gutachten Lefschetz 1934) (Hervorhebung d. A.)

Auch der Mathematiker Norbert Wiener beteiligte sich an der Initiative Dresdens und schrieb:

> Leaving all questions of sex aside, she is one of the ten or twelve leading mathematicians of the present generation in the entire world and has founded what is certain to be the most important close-knit group of mathematicians in Germany – *the Modern School of Algebraists*. (Gutachten Wiener 1935) (Hervorhebung d. A.)

Lefschetz ebenso wie Wiener sahen Noether nicht nur als eine herausragende Repräsentantin der Schule der modernen Algebra. Vielmehr wird sie als Begründerin dieser Richtung der Algebra charakterisiert, als eine von wenigen weltweit – Wiener spricht von 10 bis 12 Mathematikern –, denen eine gestaltende Rolle in der Mathematik zukommt. Beide sprechen von der modernen Algebra, die sie mit der Schule Noethers gleichsetzen. Es ist zunächst ein Ausdruck der hohen Bedeutung, die sie Noether in der Entwicklung der Algebra und der Mathematik zuschreiben. Zugleich lassen sich diese Äußerungen auch als Hinweis darauf lesen, dass es bei der Bezeichnung Noether-Schule nicht nur um diesen Personenkreis, sondern ebenso um eine bestimmte Auffassung und Methodik geht. Insgesamt lässt sich festhalten, dass von der Schule Noethers zu sprechen eine aus zeitgenössischen Beschreibungen und Selbstbeschreibungen begründete Berechtigung erfährt, auch wenn der Begriff Noether-Schule noch nicht verwendet wurde. Doch sind alle diese Zeugnisse nicht nur Nachweis der Legitimität, von der Noether-Schule als eigenständigem historischem Phänomen zu sprechen. Mit ihren Beschreibungen des Kreises und der Charakterisierung der Rolle Noethers geben sie darüber hinaus Hinweise auf Struktur und Arbeitsweise der Noether-Schule.

Ein letzter Blick gilt den Nachrufen, die, als erste biografische Arbeiten zu Noether gelesen, sich auf der Grenze zwischen zeitgenössischer Beschreibung und mathematikhistorischer Forschung befinden. Bereits im Nachruf Einsteins findet sich ein Verweis auf den Noether umgebenden Kreis:

> Born in a Jewish family distinguished for the love of learning, Emmy Noether, who, in spite of the effort of the great Goettingen mathematician, Hilbert, never reached the academic standing due her in her own country, none the less surrounded herself with *a group of students and investigators* at Goettingen, who have already become distinguished as teachers and investigators. (Einstein 1935, S. 2) (Hervorhebung d. A.)

Diese Formulierung erinnert an das Gutachten von 1922: Ein Noether umgebender Kreis von Studierenden und Forschenden wird beschrieben, dessen Mitglieder bereits selbst wissenschaftlich wirken, und Noether wird im Entstehen dieser Gruppe eine aktive Rolle zugewiesen. Ein ähnliches Bild zeichnete Weyl in seinem Vortrag von 1931 und ebenso in seinem Nachruf:

> In my Göttingen years, 1930–1933, she was without doubt the *strongest center* of mathematical activity there. Considering both the fertility of her scientific research program and her influence upon a *large circle of pupils*, her development into that great independent master, who we admire today, was relatively slow. (Weyl 1935, S. 208) (Hervorhebung d. A.)

Doch verstand Weyl unter dieser Beschreibung eine Schule? Weder in seiner Grabrede noch in seinem Nachruf verwendete er diese Bezeichnung für den Noether umgebenden Zirkel. Von Schüler/inne/n ist die Rede, von Noethers Betreuung und ihrem Engagement, doch der Gedanke, dass sie über ihre Schüler/innen gestaltend auf die Mathematik einwirkte, wurde nicht formuliert. Wie bereits im ersten Kapitel hervorgehoben, ist der Nachruf von Weyl in den biografischen Forschungen zu Noether am stärksten rezipiert worden. So formt sein Nachruf auch die Auseinandersetzung mit der Noether-Schule als historischem Phänomen und trägt dazu bei, sich mit ihr nur als einem Aspekt der Biografie Noethers zu befassen. Van der Waerden dagegen nahm in seinem Nachruf keinen Bezug auf die Noether-Schule in Göttingen, so selbstverständlich war ihm offensichtlich die Tatsache ihres Bestehens, sondern schrieb:

> Auch als sie [Noether] 1933 in Göttingen die Lehrberechtigung verlor und an die Frauenhochschule in Bryn Mawr (Pennsylvania) berufen wurde, wusste sie dort und in dem nahen Princeton in kurzer Zeit *wieder eine Schule* um sich zu sammeln. (Van der Waerden 1935, S. 475) (Hervorhebung d. A.)

Neben einer illustrierenden Beschreibung der begrifflichen Auffassung Noethers ist van der Waerdens Nachruf ähnlich den oben genannten Gutachten eine ausgezeichnete Quelle zu einem genaueren Verständnis der inneren Struktur der Noether-Schule. Seine Charakterisierung der Art Noethers zu lehren und ihres Umgangs mit ihren Schüler/inne/n ist die Perspektive eines Mitgliedes des inneren Zirkels – Fleck spricht vom esoterischen Kreis (Fleck 1935, S. 138) – und speist sich aus seinen eigenen Erfahrungen. Zuletzt sei auf Alexandroffs Nachruf eingegangen. Vielfach flocht er Formulierungen ein, die auf die Schule verwiesen, so, wenn er etwa von der „mathematical school she had created over a period of years, one of the most brilliant mathematical schools of Europe.“ (Alexandroff 1936a, S. 100) sprach. Er bezeichnete Noether als „leader of a great mathematical school” (ebenda, S. 101) und die Schule als „the Noether algebra school in Göttingen" (ebenda, S. 105). Am bemerkenswertesten aber ist die folgende Passage:

> Emmy Noether had close ties with Moscow. These ties began in 1923 when the late Pavel Samuelovich Urysohn and I first arrived in Göttingen and immediately fell in with the mathematical circle of which Noether was the head. We were immediately struck with the fundamental traits of the *Noether school*: the mathematical enthusiasm of its leader, which she conveyed to all her students, her deep confidence in the importance and the mathematical productiveness of her ideas – a confidence which was far from universally shared even in Göttingen – and the unusual straightforwardness and sincerity of the relations between Noether and her students. At the time, this school consisted almost entirely of young students from Göttingen. (Ebenda, S. 106 f.) (Hervorhebung d. A.)

Es ist die älteste bekannte Veröffentlichung, in der explizit die Formulierung Noether-Schule[9] Verwendung findet und es ist zulässig zu vermuten, dass Alexandroff auch in der Rede selbst vom September 1935 diese Formulierung verwendet hatte. Von der Noether-Schule zu sprechen war 1935 eingeführt, so wenn etwa Hasse an Toeplitz in völliger Selbstverständlichkeit schrieb:

> Er [Deuring] ist durchaus nicht bloß abstrakter Algebraiker, wie man zunächst bei seiner Herkunft aus der Noetherschule gedacht hat. (Hasse an Toeplitz 18. 4. 1935)

Die Schule wird nicht mehr mit einer fachlichen Ausrichtung wie „mathematisch", „algebraisch" oder „der modernen Algebra" verbunden, sondern ausdrücklich und nur mit dem Namen Noethers; sie ist zu einem Element in der Lebensgeschichte Noethers, zu einer biografischen Konstruktion geworden. Diese Beobachtung ist zugleich Aufforderung und verweist auf die Herausforderung, sie als eigenständiges Objekt wissenschaftshistorischen und wissenschaftstheoretischen Forschens wahrzunehmen.

Am Ende dieser Überlegungen sei die Frage gestellt, wie Noether selbst diesen Kreis und ihre Rolle darin sah? In ihren Publikationen ist kein Hinweis zu finden, doch in den Antworten auf den „Fragebogen zur Durchführung des Gesetzes zur Wiederherstellung des Berufsbeamtentums" schrieb Noether unter dem Punkt „sonstige Eignung", der sich auf die Voraussetzungen für eine wissenschaftliche Laufbahn in einem Beamtenverhältnis bezog:

> Wissenschaftliche Arbeiten und zahlreiche Schüler. Vor 1922 schon Prof. Artin – Hamburg, Prof. Krull – Erlangen, Prof. Schmeidler – Breslau, Prof. Falckenberg – Gießen, später eine Reihe weiterer heutiger Professoren und Privatdozenten. (Noether 19. 4. 1933)

Der Kontext ist mit den für Noether geschriebenen Gutachten vergleichbar. Es geht um den Nachweis der wissenschaftlichen Exzellenz. Über „zahlreiche Schüler" sprechen zu können galt als deutlicher Ausweis mathematischer Bedeutsamkeit, wie die oben zitierten Gutachten dokumentieren. Bemerkenswert an Noethers Formulierung ist die zeitliche Differenzierung vor und nach Verleihung des Professorentitels im Jahr 1922. Die Berufung

[9] Im russischen Original heißt es „neterovska škola" (Alexandroff 1936, S. 261).

der Schüler[10] schon vor ihrer Mentorin verweist auf Noethers außergewöhnliche wissenschaftliche Bedeutung und zugleich auf die von ihr durchaus wahrgenommene Diskriminierung als Frau. In den erhaltenen Korrespondenzen verwendete Noether dagegen nicht an einer Stelle das Wort Schüler und nur wenige Hinweise in den Briefen an Hasse lassen sich in dieser Richtung interpretieren. Sie schrieb etwa:

> Die Korrektur der amerikanischen Arbeit habe ich einem meiner Leute, ich glaube Wichmann, geliehen. Schwarz ist noch dafür interessiert; ich schicke sie Ihnen gelegentlich zum Ausbessern zu. Deuring sagte ich, daß er seine Korrekturen zurückschicken soll; hoffentlich vergisst er es nicht. (Noether an Hasse 5. 4. 1932) (Hervorhebung d. A.)

Diese Formulierung klingt, als hätte sie eine Reihe von Mitarbeiter/inne/n, hier namentlich Wichmann, Schwarz und Deuring, zur Verfügung. Und zwei Monate später noch einmal ein ähnlicher Ton, allerdings etwas zurückhaltender:

> Weiter scheint mir die Vereinfachung durch die verschränkte Darstellung es nahe zulegen, auch bei der Erweiterung von Gruppen, bzw. beim Hauptidealsatz, mit verschränkter Darstellung der Gruppen durch die Normalteiler, statt mit den unübersichtlichen Assoziativrelationen zu arbeiten. *Vielleicht bekomme ich einmal jemanden dazu!* (Noether an Hasse 2./3. 6. 1932) (Hervorhebung d. A.)

Noether leitete kein Institut, verfügte nicht über eine Gruppe von Assistent/inn/en, sie konnte keine Forschungsaufträge erteilen, sondern musste – das klingt in diesem Satz durch – mit Überzeugungskraft arbeiten. Dennoch wird deutlich, dass Noether sich auf ihre Doktorand/inn/en in einer Selbstverständlichkeit bezog, die einem Stab glich, und auch die Wahl der Doktorarbeitsthemen durch ihre Studierenden überließ sie sicher nicht dem Zufall. Am deutlichsten aber zeigt sich ihre Wahrnehmung in einem nach dem im Mai 1933 erteilten Lehrverbot an Hasse geschriebenen Brief:

> Ihre Ausarbeitung [der Vorlesungen Hasses von 1932] lese ich mit viel Freude; ich denke, daß ich zwischendurch die ‚*Noethergemeinschaft*' in der Wohnung versammeln werde, um darüber zu sprechen. (Noether an Hasse 10. 5. 1933) (Hervorhebung d. A.)

Die Assoziation mit der Notgemeinschaft der deutschen Wissenschaft war sicherlich beabsichtigt, doch zeigt die Formulierung deutlich, dass Noether die bei ihr Studierenden, ob Doktorand/inn/en oder Gäste des Instituts als die mit ihr verbundene und durch sie gestaltete Gemeinschaft sah. Diesen Gedanken genauer zu verfolgen und damit das soziale Gefüge der Noether-Schule sichtbarer werden zu lassen wird Aufgabe des dritten Unterkapitels sein.

[10] Artin und Krull waren, anders als Falckenberg und Schmeidler, 1922 noch als Privatdozenten tätig; Artin erhielt 1925 eine außerordentliche Professur an der Universität Hamburg, Krull wurde im gleichen Jahr nach Erlangen geholt.

4.1.2 Im Spiegel der Wissenschaftsgeschichte

So unterschiedlich die Auseinandersetzungen mit der Noether-Schule in den bekannten Nachrufen waren, so ist der Begriff dennoch damit von einer zeitgenössischen Beschreibung zu einem historischen Terminus geworden, mit dem sich auseinanderzusetzen in Zusammenhang mit der Geschichte der Algebra und mit den biografischen Forschungen zu Noether notwendig ist. Mit der Arbeit von Dick ist nicht nur die erste Biografie zu Noether erschienen, sondern ihr kommt auch das Verdienst zu, die erste Liste der Doktorand/inn/en Noethers angefertigt zu haben (Dick 1970).[11] Ausführlich stellt sie eine ganze Reihe von Personen vor, die bei Noether gearbeitet und sich mit ihr im wissenschaftlichen Austausch befunden haben. Mit einigen wie etwa Seidelmann, Grell, Hasse, Kapferer, aber auch Taussky und Courant hatte Dick im persönlichen oder brieflichen Kontakt gestanden.[12] Ihr Gebrauch der Bezeichnung Noether-Schule scheint sich aus diesen zeitgenössischen Beschreibungen zu speisen, eine Selbstverständlichkeit, die keiner näheren Analyse oder kritischen Reflexion bedarf. An einer Stelle aber verweist Dick darauf, dass es um mehr geht als die Doktorand/inn/en Noethers:

> Bei dem Begriff Noether-Schule denkt man gar nicht so sehr an die Menge der Dissertanten als vielmehr an den Kreis jener Mathematiker, die im gleichen Geist wie E. Noether, meist durchaus selbständig, häufig in regen Gedankenaustausch mit ihr, gelegentlich auch in engster Zusammenarbeit, zur Entwicklung der abstrakten Algebra beigetragen haben. (Dick 1970, S. 24)

Damit lenkt bereits Dick den Blick darauf, sich bei der Auseinandersetzung mit der Noether-Schule nicht auf formale Aspekte zu beschränken. Ihre Bilder – der „rege Gedankenaustausch", die „engste Zusammenarbeit", der „gleiche Geist" – erinnern an die von Fleck entwickelte Begrifflichkeit von Denkstil und Denkkollektiv. Die Noether-Schule als ein Ort gemeinsamen Denkens, als Denkraum wird hier angedeutet, ohne dass Dick präzisiert, wie dieses gemeinsame Entstehen von Gedanken zur Entwicklung der abstrakten Algebra beigetragen habe. Die Wirkungsgeschichte der Noether-Schule diskutieren Wußing und Arnold in ihrem Buch „Biographien bedeutender Mathematiker":

> Ganz zweifellos machte diese Art ständiger, intensiver Diskussion mit ihren ‚Trabanten' eines der ‚Geheimnisse' der Fruchtbarkeit der Noetherschen Schule aus. Durch ihre Schüler wurde die moderne Auffassung an fast alle deutschen Universitäten verpflanzt; ausländische Studierende und Schüler Emmy Noethers trugen das strukturelle Denken in die Zentren mathematischer Forschung, nach Frankreich, der Sowjetunion, Japan und den USA. (Wußing, Arnold 1989, S. 509)

[11] Bis zu den Untersuchungen von Tobies zu mathematischen Promotionen in Deutschland wurden dieser Liste keine neuen Namen hinzugefügt (Tobies 2006).

[12] Sowohl Interviews wie Briefe sind nicht archiviert, möglicherweise verloren gegangen und stehen zur Zeit jedenfalls nicht für weitere Forschungen zur Verfügung.

Mit ihrem Verweis auf „eines der ‚Geheimnisse' der Fruchtbarkeit" fragen Wußing und Arnold nach der Spezifik der Arbeitsweise innerhalb der Noether-Schule. Die intensiven Diskussionen, die permanent geführten mathematischen Gespräche Noethers mit ihren Schüler/inne/n, wie sie im ersten Kapitel beschrieben wurden, sehen die Autoren als einen der zentralen Aspekte an. Und sie sprechen von „Trabanten" und unterstreichen damit die enge Beziehung zwischen Noether und den Mitgliedern der Noether-Schule, die geografisch nicht auf Göttingen beschränkt war, sondern deren Auffassungen, „das strukturelle Denken" durch ihre Schüler/innen an deutschen und ausländischen Universitäten verbreitet wurde. Hier schimmert das Bild einer Bewegung durch, die die Mathematik verändern will und verändert hat.

Der zum 100. Geburtstag Noethers erschienene Sammelband wird mit einem biografischen Beitrag unter dem Titel „Emmy Noether and her Influence" eröffnet (Kimberling 1981). Den Einfluss Noethers in Mathematik und Physik herauszustellen, ist Kimberlings erklärte Absicht (ebenda, S. 1). Neben einer ausführlichen Familien- und Berufsbiografie Noethers beschreibt er, der von Weyl vorgenommenen Periodisierung folgend, ihre Publikationen und Forschungsfelder. In diese Darstellung integrierend benennt er Doktorand/inn/en, aber auch Kollegen und Gäste Noethers und zeichnet so einen erweiterten Kreis der Diskussionspartner/innen. Einen eigenständigen Teil betitelt er mit „Students, Colleagues, and Influence" und nennt eine ganze Reihe von Namen, hier wiederum Weyl folgend und deshalb auch von den „Noether Boys" sprechend (ebenda, S. 39 ff.). Es sind hauptsächlich ihre Doktorand/inn/en, denen Kimberling kurze Absätze widmet. Mit der Benennung einiger von diesen Mathematiker/inne/n verfasster Publikationen bzw. Lehrbücher wird der Einfluss Noethers dokumentiert. Es ist eine Skizze der Noether-Schule im Sinne eines algebraischen Netzwerks, in dessen Zentrum Noether steht. Von der Noether-Schule selbst spricht Kimberling nicht, wiewohl die Bezeichnung in den von ihm verwendeten Zitaten benutzt wird, und ebenso wenig über die Arbeitsweise des Netzwerks und die Art seines Einflusses.

Mit ihrem Aufsatz über Noether im Kontext einer kleinen Essaysammlung zu bedeutenden, in den 1980er Jahren aber meist unbekannten Wissenschaftlerinnen verfolgt Renate Feyl das Ziel, Frauen mit ihrer wissenschaftlichen Leistung sichtbar zu machen (Feyl 1981). So gehört auch die Nennung der Noether-Schule zur biografischen Erzählung über „Emmy Noether" dazu und Feyl schreibt:

> Die Studenten, Assistenten und Dozenten, die ihre Vorlesungen besuchen – Noether-Knaben, wie sie scherzhaft genannt werden –, bildeten allmählich jenen kleinen, aber leistungsfähigen Kreis, jene Noether-Schule, die in dem großen Jahrzehnt der ‚modernen Algebra' von 1920 bis 1930 eine führende Rolle einnimmt. Die Schule steht als Synonym für die Arbeits- und Auffassungsmethoden von Emmy Noether, die in der internationalen Fachwelt zunächst Anerkennung und später Anwendung finden. (Ebenda, S. 191)

Es war nicht im Fokus der Schriftstellerin, diese eher intuitiv formulierte These der Noether-Schule als Synonym für eine bestimmte und bestimmbare mathematische Auffassung weiter zu verfolgen. Die Schule als Denkraum ist ein eigenständiges Thema, das hier nur angedeutet wird. 1983 wurden die „Gesammelten Abhandlungen" Noethers veröffentlicht (Noether 1983). In seiner Einführung hebt Jacobson, der Herausgeber, die Bedeutung Noethers für die Mathematik hervor und schreibt:

> Emmy Noether was one of the most influential mathematicians of this century. The development of abstract algebra, which is one of the most distinctive innovations of twentieth century mathematics, is largely due to her – in published papers, in lectures, and in personal influence on her contemporaries. By now her contributions have become so thoroughly absorbed into our mathematical culture that only rarely are they specifically attributed to her. It therefore seems appropriate in this introduction to her collected papers to seek to highlight her principal contributions to the area of mathematics variously known as ‚abstract', ‚conceptual' or ‚modern' algebra. (Jacobson 1983, S. 12)

Von der Noether-Schule ist nicht die Rede. Das ist insbesondere vor dem Hintergrund überraschend, dass in diesem Buch und, wie Jacobson hervorhebt, auf seine Initiative hin der Nachruf Alexandroffs abgedruckt wurde, der Text, in dem der Terminus Noether-Schule eingeführt wurde. Sind das die Spuren der Rezeption des Nachrufs Weyls in der nordamerikanischen Mathematikgeschichte? Es fällt jedenfalls auf, dass auch in vielen anderen, englischsprachigen Kurzbiografien zu Noether von der Noether-Schule nicht gesprochen wird.[13]

Mit seinem 1985 erschienenen Buch „A History of Algebra" meldet sich van der Waerden, einer der Protagonisten der Geschichte, selbst zu Wort (van der Waerden 1985).[14] Der Untertitel „From al-Khwarizmi to Emmy Noether" ist eine Hommage an seine Lehrerin[15]: Die Algebra hat mit ihrer Gestaltung durch Noether ihre abschließende Form bekommen; in den 50 Jahren nach Noethers Tod gab es zwar Entwicklungen, doch keine hatte so durchgreifende Veränderungen bewirkt wie ihre begrifflichen Auffassungen und Methoden. Van der Waerdens historische Orientierungslinien sind mathematischer Natur: So geht es in dem Kapitel „Algebren" etwa um ihre „Entdeckung" und ihre „Struktur" oder, noch feiner ziseliert, in kurzen Abschnitten um „Quaternionen", „zyklische Algebren" und ähnliche, sehr spezifische mathematische Begriffe. Einige Abschnitte sind mit Namen wie „Study" oder „Artin" überschrieben, und als ein eigenständiges Unterkapitel wird „Emmy Noether and Her School" behandelt. Es ist die einzige Schule, die van der Waerden für erwähnenswert hält.

---

[13] Vgl. etwa Osen 1974, S. 41 ff.; Kleiner 1992, S. 103 sowie Fauvel 1994, S. 1527.

[14] Bereits 1983 titelte van der Waerden einen Aufsatz „The School of Hilbert and Emmy Noether", eine zunächst überraschende Verbindung(van der Waerden 1983). Schließlich liegen bald 20 Jahre zwischen Hilberts Beschäftigung mit algebraischen Fragestellungen, die u. a. in seinen berühmten „Zahlbericht" einmündeten (Hilbert 1897), und Noethers ersten algebraischen Publikationen (Noether 1913, 1915). In van der Waerdens Focus ist denn auch kaum Schulenbildung um Hilbert und/ oder Noether, die für ihn keine Frage war, sonst die Betrachtung der gedanklichen Linien zwischen Hilbert, Noether sowie einigen seiner bzw.ihrer Doktoranden.

[15] Der Mathematiker al-Khwarizmi lebte im 9. Jahrhundert in Bagdad. Aus dem arabischen Titel seines Buches über „Rechnen durch Ergänzung und Ausgleich" mit Lösungsansätzen für lineare und quadratische Gleichungssystemen wurde der Name Algebra als Bezeichnung einer mathematischen Disziplin abgeleitet.

1990 erschien die detailreiche und für die biografische Auseinandersetzung mit Noether Maßstäbe setzende Untersuchung Tollmiens. Im Fokus steht die Lebensgeschichte, exemplarisch zu lesen als die Geschichte der Auseinandersetzung um die Öffnung der Universitäten für Frauen und für ihre wissenschaftliche Berufstätigkeit. Dieser Zugang prägt auch Tollmiens Darstellung der Noether-Schule, die sie aus der Perspektive der Namensgeberin und ihren Verbindungen zu anderen Wissenschaftler/inne/n beschreibt:

> Wenn von der ‚Noether-Schule' gesprochen wird, so sind damit diese Mathematiker aus dem In- und Ausland gemeint, die in engem Gedankenaustausch mit Emmy Noether, aber durchaus auch eigenständig die abstrakte Algebra (weiter-)entwickelten und in ihren Herkunftsländern zu ihrer Verbreitung beitrugen. (Tollmien 1990, S. 191)

Auch im weiteren Verlauf ihrer Untersuchung geht Tollmien nicht auf diese Bezeichnung als einem möglicherweise wissenschaftstheoretisch interessanten und auf seine analytische Verwendbarkeit zu überprüfenden Begriff ein, sondern folgt Dicks und Kimberlings Ansatz in der Auflistung von Namen, insbesondere der bekannten Doktorand/inn/en. Wiederum zeigt sich die Noether-Schule als biografische Konstruktion, als ein Element der Biografie Noethers, das keiner eigenständigen Untersuchung bedarf. Es sind die Personen, die die Schule ausmachen. Das ist die Interpretation, die Tollmien anbietet. Im gleichen Jahr wurde ein umfangreiches Werk zur „Geschichte der Algebra – eine Einführung" veröffentlicht (Scholz 1990); ein Kapitel ist Noether und der Bewegung der „modernen Algebra" gewidmet:

> Die bedeutendste Protagonistin dieser Bewegung der 1920er und 1930er Jahre war Amalie Emmy Noether. … Auch heute noch werden die Bedeutung ihrer Arbeit und der Einfluss leicht unterschätzt, den sie auf alle, mit denen sie zusammenarbeitete, ausübte. (Scholz 1990, S. 405)

Das ist nichts anderes als die Formulierung eines Forschungsdesiderats, eines Arbeitsauftrags an die Mathematikgeschichte, auf den jedoch nicht weiter eingegangen wurde und auch Scholz nahm diesen Faden in seinen weiteren Forschungen nicht wieder auf. Auf Corrys Arbeiten zur Entwicklung der modernen Algebra in seinem Buch „Modern Algebra and the Rise of Mathematical Structures" wurde bereits genauer in Kap. 2.5 eingegangen (Corry 2004). Hatte Corry in seinen Untersuchungen wesentlich Noethers mathematische Publikationen im Blick, da es ihm um die Herausarbeitung strukturellen Denkens in ihren Beweisfiguren ging so, versäumte er dennoch nicht, deutlich darauf hinzuweisen, dass ihr Einfluss sich nicht nur über ihre Veröffentlichungen, sondern ebenso über die konkrete Zusammenarbeit mit anderen Mathematiker/inne/n herstellte:

> Beyond the intrinsically mathematical virtues of Noether's work, it also seems clear that the great influence she was able to exert can be explained by the quantity and the quality of her Göttinger students. (Ebenda, S. 249)

Doch wer sind diese Göttinger Studierenden? Corry verwies auf van der Waerdens „Moderne Algebra" als ein Produkt des Einflusses Noethers, von der Noether-Schule sprach er nicht. Dagegen wurde in einem Ausstellungskatalog von 1998 aus Anlass des Internationalen Mathematikerkongresses in Berlin mit einer derart verblüffenden Selbstverständlichkeit auf die Noether-Schule als Orientierungsgröße für eine mathematische Schule rekurriert (Brüning u. a. 1998, S. 23), als handle es sich um einen mathematikhistorischen Terminus, dessen inhaltliche Bedeutung völlig klar sei. Auch Siegmund-Schultze bezog sich in seinem Buch „Mathematiker auf der Flucht vor Hitler" auf die Noether-Schule als einem eingeführten und, so wirkt es, hinreichend geklärten Begriff und stellte die Frage nach den Auswirkungen der mathematischen Emigration im Kontext der Noether-Schule und der Entwicklung der modernen Algebra (Siegmund-Schultze 1998, S. 240 ff.). Seine abschließenden Bemerkungen zur Bedeutung der Noether-Schule in Deutschland sind jedoch seltsam relativierend. Er schreibt:

> Die Wirkung der Noetherschen Algebra um 1930 stützte sich natürlich maßgeblich auf die internationalisierte Forschungspraxis von Göttingen, das Wohlwollen von Hilbert und Weyl, auf die Verbindung vor allem Richard Courants zum Springer-Verlag (van der Waerdens Buch). Doch war Emmy Noethers Zugang zur Algebra 1930 keineswegs ‚monopolistisch' angesichts der starken algebraischen Zentren außerhalb Göttingens in Berlin (Schur-Schule), Hamburg (Artin) und Marburg (Hasse). Die nicht zuletzt von sexistischen Vorbehalten herrührende untergeordnete soziale Position Emmy Noethers in Göttingen erschwerte womöglich sogar eine noch frühere und weiterreichende internationale Rezeption ihrer Theorien. (Siegmund-Schultze 1998, S. 242 f.)

Wenn Siegmund-Schultze einerseits mit Recht von den „sexistischen Vorbehalten" spricht, die der zeitgenössischen Rezeption entgegenstanden, so muss bedacht werden, dass eine Diskriminierung Noethers damals und noch heute in einer Relativierung der Bedeutung ihrer Schule bestehen kann. Die Schwierigkeit und Herausforderung in der wissenschaftshistorischen Auseinandersetzung mit der Noether-Schule besteht genau darin, zu fassen, wie Noether aus ihrer in der mathematischen Community marginalisierten und durch eine prekäre Arbeitssituation bestimmten Position wirksam werden und über Gestaltungsmacht verfügen konnte. Einer der bedeutendsten deutschen Mathematiker des ausgehenden 20. Jahrhunderts, der Topologe Friedrich Hirzebruch, äußerte sich 1998 in einem erst 2000 veröffentlichten Interview zur Noether-Schule:

> We spoke about schools. Issai Schur had a school of algebra in Berlin. He had many students. There are the Schur lectures in Israel to remember him. And then of course, in Göttingen, schools were destroyed. Emmy Noether did not have a school, but she gave advice to very many prominent mathematicians of different fields in which she herself did not work. (Hirzebruch 1998, S. 1230)

Ein Jahr später dagegen schrieb Hirzebruch in einem Artikel über „Emmy Noether and Topology":

> Here one sees Göttingen as a mathematical world center. As Alexandroff points out … two Göttingen schools of this time were especially prominent and active, one headed by Courant (Applied Mathematics) and one by Emmy Noether (Modern Abstract Algebra), both closely related to Hilbert. (Hirzebruch 1999, S. 58)

Ohne diese Äußerungen überstrapazieren zu wollen, stehen Hirzebruchs Anmerkungen gerade in ihrer Widersprüchlichkeit dafür, dass die Noether-Schule als eigenständiges historisches Phänomen noch nicht in der Geschichtsschreibung der Disziplin Mathematik angekommen ist. Mit den 2001, 2002 und 2008 verfassten Artikeln über Noether nahmen sich Koreuber und Tobies erstmals des Themas explizit an (Koreuber 2001; Koreuber und Tobies 2002, 2008). Allen Artikeln ist gemeinsam, dass sie von der Biografie Noethers ausgehend die Noether-Schule diskutieren und unter formalen Aspekten die Frage nach ihrer Existenz und Struktur zu beantworten suchen. Werden im ersten Artikel einige gedankliche Linien angedeutet, so bieten die beiden jüngeren Aufsätze darüber hinaus Ergänzungen der Liste der Doktorand/inn/en Noethers.

Ein Überblickswerk durch die Forschung zur Geschichte der Algebra ist der 2003 veröffentlichte Sammelband „4000 Jahre Algebra" (Alten et al. 2003). In der Beschreibung der Entwicklungen im 20. Jahrhundert wird ausführlich auf Noethers Beiträge zu einzelnen algebraischen Teilbereichen hingewiesen und Verbindungen zwischen ihrem Wirken und dem anderer Repräsentanten der modernen Algebra wie etwa Krull, van der Waerden, Grell und Deuring gezogen. Karl-Heinz Schlote, der Autor dieses Unterkapitels, verweist mehrfach auf Noether und die sie umgebende Gruppe, ohne allerdings von einer Schule zu sprechen. Sein Fokus liegt auf der Benennung mathematischer Entwicklungen; die dahinterliegenden Diskurse, das Ringen um Begriffe, Konzepte und Methoden, werden nur angedeutet, Fragen nach den Gestaltungsmöglichkeiten von Mathematik durch diese Gruppe werden nicht gestellt. Mit den 2007 von Gray und Parshall herausgegebenen „Episodes in the History of Modern Algebra (1800–1950)" schließt diese Untersuchung ab. In der Zusammenstellung werden herausragende Ereignisse in der Entwicklung der Algebra hin zu einer modernen Gestalt, wie etwa durch van der Waerdens Buch „Moderne Algebra" gefasst (van der Waerden1930/31), vorgestellt. Hierzu gehören u. a. der Beweis des Hasse-Brauer-Noether-Theorems, der Vortrag Noethers auf dem Internationalen Mathematikerkongress in Zürich und ebenso van der Waerdens Arbeiten zur Algebraisierung der Geometrie, um nur einige Themen zu nennen. Noethers Bedeutung in diesem Kontext ist unstrittig, doch von der Noether-Schule wird nicht gesprochen, und nur an einigen wenigen Stellen ist von einem sie umgebenden Kreis die Rede[16].

Zusammenfassend lassen sich beim Gang durch die wissenschaftliche Beschäftigung mit Noether und mit der modernen Algebra zwei Beobachtungen festhalten: Beginnend mit Weyls Nachruf wird in zahlreichen biografischen Arbeiten zu Noether von dem sie umgebenden Kreis gesprochen, von ihren Schüler/inne/n und dem über ihre Schüler/innen genommenen Einfluss auf die Gestalt der Algebra und damit der Mathematik. Auf die Bezeichnung Schule wird verzichtet und damit vernachlässigt bzw. nicht wahrgenommen, dass „Noether-Schule" als zeitgenössische Bezeichnung dieser Gruppe bereits etabliert war. Hier sei an Weyls Charakterisierung der mathematischen Auffassung Noethers als axiomatisch erinnert, die eine genauere, sich auf die Primärquellen, die mathematischen Publikationen Noethers stützende Auseinandersetzung zu verhindern schien. Es ist eine

[16] Vgl. etwa Schappacher 2007, S. 255.

analoge Situation, denn mit der Rezeption seines Nachrufs gestaltet Weyls Bild der Noether-Schule als Kreis und der damit verbundenen Relativierung ihrer Bedeutung und Gestaltungsmacht auch hier die mathematikhistorischen Forschungen. Aber wird so nicht Noethers gestaltender Einfluss auf die Mathematik, der ihren zeitgenössischen Kollegen selbstverständlich war, relativiert, reduziert oder ganz in Zweifel gezogen? Die Existenz der Noether-Schule direkt oder durch Nichtnennung in der Biografieforschung zu Noether infrage zu stellen oder mit der Wortwahl Kreis zu verniedlichen, reduziert auch die Bedeutung der Mathematikerin Noether und kann als posthume Diskriminierung verstanden werden.

Auf der anderen Seite wird von der Noether-Schule mit einer Selbstverständlichkeit gesprochen, die an zeitgenössische Beschreibungen anknüpft. Damit wird die Bedeutung Noethers für die Gestaltung der Mathematik aufrechterhalten, doch wird die Noether-Schule als ein historischer Terminus, der nicht zu eigenständiger Forschung herausfordert, hingenommen. Es bleibt offen, was das Spezifische und Wirkungsmächtige der Noether-Schule war. Beiden Perspektiven gemeinsam ist eine Beschränkung auf die Benennung von Namen und formalen Beziehungen. Ein Netzwerk der modernen Algebra wird aus einer wissenschaftssoziologischen Perspektive heraus angedeutet, bleibt jedoch im Anekdotenhaften stehen. Die Frage nach dem inneren Gefüge und nach ihrer Wirkungsweise wird nicht gestellt, die Noether-Schule bleibt als wissenschaftstheoretische Herausforderung bestehen.

Die Noether-Schule als wissenschaftstheoretische Herausforderung

> Meine Methoden sind Arbeits- und Auffassungsmethoden, und daher *anonym überall* eingedrungen. (Noether an Hasse 12. 11. 1931) (Hervorhebung d. A.)

Noether schrieb diesen Satz im November 1931 im Kontext der Diskussionen über den „Hauptsatz in der Theorie der Algebren", ein im Wesentlichen mathematischer Kontext, und doch nicht ganz, denn jetzt ging es um die Verschriftlichung der Ergebnisse des gemeinsamen Arbeitsprozesses. Die Arbeit sollte noch rechtzeitig für die Festschrift zu Hensels 70. Geburtstag abgeschlossen werden. Hasse, mit dem Verfassen des gemeinsamen Textes betraut, hatte sich in seinem Entwurf stark auf Hensel bezogen, zu stark, so Noethers Empfinden, denn er schrieb: „als einen im wesentlichen der p-adischen Methoden [Hensels] zu dankender Erfolg." (Hasse et al. 1932, S. 399). Bereits im zweiten Absatz ihres oben zitierten Briefes stellte sie fest:

> Dann hätte ich gerne noch ein paar genauere ‚historische' Angaben. Sie benutzen nämlich bei der Reduktion II neben Brauer ganz wesentlich meinen prinzipiellen Schluß des Abbaus von oben: … Damit wäre dann auch klargestellt, was Sie aber vielleicht auch besonders sagen könnten, dass Sie den Satz zum Abschluß gebracht haben, nicht ich. … Ebenso möchte ich auf S. 4 im 4.-letzten Absatz, mitgenannt sein oder etwa das H. Hasse durch wir ersetzt haben. Dass nämlich die Fassung mit den Faktorensystemen die richtige Verallgemeinerung ist, habe ich Ihnen schon auf dem Hanstein-Spaziergang im Frühling gesagt, als Sie mir die

> Widerlegung der Norm-Vermutung im Abelschen Fall erzählten. Sie haben es damals wahrscheinlich noch nicht ganz aufgefasst; und es sich später selbst wieder überlegt. … das wäre das ‚Historische' … mit der Verbeugung vor Hensel bin ich selbstverständlich einverstanden. (Noether an Hasse 12. 11. 1931)

An diese Bemerkungen schließt der oben zitierte Satz an. Noethers Wunsch nach historischer Korrektheit findet in diesem Brief einen für sie ungewöhnlich scharfen Ausdruck.[17] Liest man ihre eigenen Publikationen, so wird deutlich, wie sehr sie sich selbst um präzise Angaben zu den Quellen ihrer Ideen oder den Vorarbeiten für ihre Ergebnisse bemühte. Hier forderte sie dasselbe für sich ein, um dann mit einer gewissen Bitterkeit im Ton festzustellen, dass ihre Beteiligungen oder Vorleistungen „anonym überall" eindringen. Eine ähnliche Erfahrung hatte sie bereits mit den Ergebnissen ihrer Habilitationsschrift gemacht. Doch der Satz sagt noch mehr: Noether charakterisiert ihre Methoden als Arbeits- und Auffassungsmethoden. Diese sind nicht wie etwa die p-adische Methode Hensels einfach anzugeben; sie entziehen sich in ihrem Charakter vielmehr einer simplen Benennung, da sie das Verständnis, die mathematische Auffassung von einer Fragestellung und den methodischen Zugang zu einem Problem gestalten. Das Dialogische ihres methodischen Ansatzes, ihrer Arbeitsweise ist nicht mathematisiert und damit nicht mathematisch benennbar, bleibt möglicherweise, wie sie es Hasse gegenüber andeutete, dem schreibenden Mathematiker selbst verborgen, dringt überall anonym ein. Der Weg ihrer Gedanken und Ideen in die Veröffentlichungen anderer ist selten kenntlich gemacht worden und nicht ohne Weiteres zu rekonstruieren. So kann dieses Zitat Noethers als wissenschaftstheoretische und wissenschaftssoziologische Aufforderung gelesen werden, den Spuren ihrer Arbeits- und Auffassungsmethoden in dem Wirken ihrer Schüler/innen zu folgen und die Anonymisierung aufzulösen.

Auch den Herausgebern des Briefwechsels zwischen Hasse und Noether ist das Ungewöhnliche dieser Anmerkung aufgefallen:

> Dieser Satz hat inzwischen in der Noether-Literatur eine gewisse Berühmtheit erlangt. Er zeigt, dass Noether selber sehr überzeugt war von der Kraft und dem Erfolg ‚ihrer Methoden', welche sie treffend charakterisierte. Aber weshalb schrieb sie diesen Satz gerade hier bei der Diskussion des Widmungstextes für Hensel? Die Antwort liegt nahe: Einerseits möchte Noether gegenüber Hasse hervorheben, dass schließlich auch ‚ihre Methoden' für den Erfolg verantwortlich sind, nicht allein die Henselschen p-adischen Methoden, die Hasse erwähnt. Andererseits legt sie keinen besonderen Wert darauf, dass dies öffentlich anerkannt wird. (Lemmermeyer und Roquette 2006, S. 132)

Worauf gründen Lemmermeyer und Roquette die Annahme, dass Noether keinen besonderen Wert darauf legte, historisch präzise und korrekt als Urheberin genannt zu werden? Immer wieder taucht in den Erinnerungen von Zeitgenossen das Wort Bescheidenheit als Charakterisierung Noethers auf. Folgen auch die Herausgeber diesem Bild Noethers? Bescheidenheit, als typisch weiblich konnotiert, bedeutete und bedeutet in der Wissenschaft zugleich Verzicht auf Anerkennung, Reputation und beruflichen Erfolg. Bescheidenheit in

[17] Noethers Korrekturwünsche wurden übernommen, die „Verbeugung" vor Hensel blieb.

einer marginalisierten Position, in der Noether sich auch 1931 noch trotz aller Akzeptanz und Anerkennung befand, ist fatal, und so scheint eine gewisse Bitterkeit ihrer Tonlage angemessen.

In seinem Nachruf schrieb van der Waerden und beschrieb damit zugleich Noethers Arbeitssituation:

> Jede ihrer Vorlesungen war ein Programm. Und keiner freute sich mehr als sie selbst, wenn ein solches Programm von ihren Schülern ausgeführt wurde. Völlig unegoistisch und frei von Eitelkeit beanspruchte sie niemals etwas für sich selbst, sondern förderte in erster Linie die Arbeiten ihrer Schüler. (Van der Waerden 1935, S. 476)

Van der Waerden nannte es Großzügigkeit, mit der sie die Ausgestaltung ihrer Ideen anderen überließ oder übergab (ebenda, S. 472). Doch ist diese Bereitschaft, anderen die Ausarbeitung der eigenen Ideen zu überlassen, nicht auch gewissermaßen aus der Not geboren? Noether verfügte nicht über einen Mitarbeiter/innen-Stab, den sie in die Ausarbeitung ihrer Forschungsprogramme einbeziehen konnte. Wollte sie ihre Vorstellungen von Mathematik umgesetzt sehen, so musste dies auch vermittelt über ihre Schüler/innen geschehen. Noether selbst verwendete den Ausdruck Noethergemeinschaft und brachte damit die Anfang der 1930er Jahre bestehende enge Verbundenheit zwischen den Mitgliedern der Gemeinschaft in den gemeinsam entwickelten Denkweisen, Arbeitszielen und Methoden zum Ausdruck.

Die Noether-Schule ist eine zeitgenössische und historiografische Bezeichnung, doch was bedeutet das wissenschaftssoziologisch und wissenschaftstheoretisch? Was trug die Noether-Schule und führte zu der hohen Identifikation ihrer Mitglieder mit den dort diskutierten und entwickelten Konzepten? Zeigt sich die von van der Waerden Großzügigkeit genannte Arbeitsweise Noethers als ein konstitutives Element? Beförderte Noethers Programm, die begriffliche Auffassung und Methodik in ihren breiten Anwendungsmöglichkeiten auf die unterschiedlichsten mathematischen Fragestellungen, die Schulenbildung, verstanden als Entwicklung eines gemeinsamen Denkraums? Sind das Dialogische ihres Wirkens und die Dialogizität der Texte als Charakteristikum begrifflicher Mathematik auch konstitutiv für die Noether-Schule? Diese Überlegungen werden im dritten Unterkapitel unter dem Stichwort Denkraum zu verfolgen sein.

4.2 Die Noether-Schule: Eine Biografie

Wenn Scheuer seinen Aufsatz „Probleme einer modernen Schriftsteller/innen-Biographik" mit dem entlehnten Zitat eröffnet[18], „Nimm doch Gestalt an" (Scheuer 2001, S. 19), so ließe sich das auch über die Noether-Schule sagen. Je genauer das Studium der zeitgenössischen Quellen, der vielfach geschriebenen Würdigungen, Nachrufe und biografischen Arbeiten zu den Personen der Noether-Schule, desto deutlicher zeigt sich

[18] Scheuer zitiert hier aus Dieter Hildebrands Lessingbiografie (Hildebrand 1979).

ein fein verästeltes Netzwerk von Mitgliedern und miteinander verschlungenen Gedankengebäuden, von aufeinander bezogenen Publikationen und sich gegenseitig befruchtender Forschung. Meine Darstellung dieses Netzwerks kann nur als Entwurf verstanden und als Anregung zu weiterer Forschung genommen werden. Auf Grundlage zeitgenössischer Dokumente wie Gutachten, Lebensläufe und Nachrufe, ergänzt um Erinnerungen und Würdigungen sowie durch Hinzuziehung bereits erfolgter biografischer Forschungen skizziere ich den Noether umgebenden Personenkreis. Ausgehend von Göttingen in den Jahren 1915 bis 1933 zeigen sich Phasen, die zwar zeitlich etwas verschoben, dennoch in Analogie zur Biografie Noethers mit „Die ersten Jahre“, „Zeit der Etablierung“ und „Zeit der Anerkennung“ bezeichnet werden können.[19] Steht Göttingen im Mittelpunkt des Interesses, so wird doch Erlangen nicht völlig außen vor gelassen. Ebenso gilt es, über Neuentstehungen in Bryn Mawr und Princeton nachzudenken.

Von der Noether-Schule zu sprechen, leitete sich aus zeitgenössischen Beschreibungen ab und fand sich als biografische Konstruktion in den Forschungen zu Noether und Geschichte der modernen Algebra wieder, so die Ergebnisse des ersten Unterkapitels. Zugleich taten sich mehrere Problemfelder auf: die Frage der Existenz der Noether-Schule, ihre Betrachtung als eigenständiges historisches Phänomen sowie die Notwendigkeit einer reflektierteren Verwendung der Bezeichnung Schule. Mit einem Exkurs zur Debatte des Schulenbegriffs in der Wissenschaftsgeschichte wird der zweite Teil dieses Kapitels eröffnet, um darauf aufbauend ein abschließendes formales Fazit zur Noether-Schule als Wissenschaftsschule ziehen zu können. Den Abschluss bildet eine Berufsbiografie der Noether-Schule, die als konsequente Weiterentwicklung des biografischen Ansatzes verstanden wird. Zusammenfassend ist darzustellen, wie die Mitglieder der Schule dank ihrer jeweiligen wissenschaftlichen Karrieren die begriffliche Auffassung und Methoden in der Mathematik etablieren und zu einem Kulturwandel, einer Veränderung von Wissensvorstellungen im Sinne Elkanas beitragen konnten. Damit ist über das formale Fazit hinaus bereits angerissen, was sich als konstitutiv für die Noether-Schule erweisen wird.

4.2.1 Eine personelle Bestimmung

Die Noether-Schule als wissenschaftshistorisches Forschungsobjekt zu betrachten, impliziert zunächst die Frage nach Ort und Zeit. Zeitgenössische Beschreibungen meinten zumeist Göttingen und den Zeitraum von 1926 bis 1933. Im Folgenden wird diese Betrach-

[19] Von „Origin, Rise, and Decline of a Movement“ sprach Mac Lane in seinem Vortrag zur Geschichte der Algebra (Mac Lane 1981, S. 3). Damit bezog er sich auf die gesamte Entwicklung der modernen Algebra, deren Ursprünge in der Arbeit von Steinitz zur algebraischen Theorie der Körper (Steinitz 1910) lägen, die mit den Forschungen Noethers in den 1920er Jahren Gestalt annähme, mit van der Waerdens Buch „Moderne Algebra“ (van der Waerden 1930/31) sich manifestiere, über die Publikationen der Bourbaki-Gruppe in den 1940er Jahren als strukturelle Perspektive auf die Mathematik sich etabliere, um dann Anfang der 1950er Jahre insbesondere mit der Entstehung der Kategorientheorie ihren Abschluss fände (Mac Lane 1981, S. 4). Vgl. auch Corry 2004.

tungsweise um den Beginn und Etablierungsprozess in Göttingen sowie die Auflösung und den Neubeginn in den USA ergänzt werden. Das Gewicht wird darauf liegen, Mitglieder zu benennen, das Netzwerk zu skizzieren und wesentliche Aspekte der Noether-Schule herauszuarbeiten. Je intensiver man sich mit den Verbindungen zu Noether, zwischen ihren Schüler/inne/n, zu den von ihr oder von ihren Schüler/inne/n beeinflussten Mathematiker/inne/n der zweiten Generation in der Noether-Schule befasst, umso breiter zeigt sich der Denkraum. Folgt man etwa den beruflichen Entwicklungen ihre Doktoranden, so werden deren Schüler/innen als Enkel/innen Noethers sichtbar. Junge Mathematiker, von Göttingen und seinen mathematischen Ruf angezogen, wurden durch Noether inspiriert und verfolgten ihre mathematischen Auffassungen und Methoden in den eigenen Qualifikationsarbeiten, waren gewissermaßen Gastdoktoranden und -habilitanden. Etablierte Mathematiker, Einladungen nach Göttingen folgend, waren Gäste in den Lehrveranstaltungen Noethers und entdeckten in ihren Auffassungen neue methodische Zugänge zu ihren eigenen Forschungsfeldern. Vielfältige Querverbindungen entstanden, jüngere Mitglieder der Noether-Schule fanden Arbeitsmöglichkeiten bei Schülern der ersten Generation, Gastdoktoranden und -habilitanden erhielten Rufe und etablierten sich als Mathematiker sowie zugleich Noethers begriffliche Auffassungs- und Arbeitsmethoden. Als so vielfältig zeigt sich dieses Netzwerk, dass jeder Versuch einer vollständigen personellen Bestimmung der Noether-Schule und einer Festlegung ihrer Mitglieder von vornherein zum Scheitern verurteilt ist. Um die folgenden Untersuchungen nicht mit biografischen Daten zu überfrachten, werden die sich aus diesen Überlegungen ergebenden Personen der Noether-Schule im Anhang mit kurzen Biografien vorgestellt.

Erlangen und Göttingen: Die frühen Jahre

Noethers Lehrtätigkeit begann in Erlangen 1908 als unbezahlte Assistentin Gordans und ihres Vaters. Sie selbst gab für diese Zeit zwei von ihr betreute Promotionen an, Falckenberg 1912 noch in Erlangen und Seidelmann 1916, den sie von Göttingen aus zum Abschluss führte. Dass Noether andere, neue Wege in der Mathematik einschlagen würde, war zum Zeitpunkt dieser Promotionen noch nicht erkennbar und fand in den inhaltlichen Ausrichtungen der Arbeiten keinen Niederschlag. Falckenbergs Forschungen standen in der klassisch-algebraischen Tradition Gordans und Noethers, wiewohl bereits Fischer, der Nachfolger Gordans, die Arbeit begutachtete. Und so beschrieb Falckenberg in seinem dem Antrag auf Promotion beigefügten Lebenslauf seine Betreuungssituation in Erlangen und damit auch das Arbeitsverhältnis zwischen Noether und E. Fischer:

> Fräulein Dr. Noether in Erlangen habe ich außer für die Überlassung des Themas bei der vorgelegten Abhandlung für die vielfache Anregung während der Ausführung derselben zu danken, Herrn Professor Fischer für die liebenswürdige Bereitwilligkeit das Referat zu übernehmen. (Promotionsakte Falckenberg)

Auch Seidelmanns Untersuchungen lagen im Bereich der Invariantentheorie, seine Arbeit ist Noether gewidmet, auch hier ging die Anregung zur behandelten Fragestellung von

Noether aus, wie Seidelmann in den einführenden Worten und der Einleitung unterstrich.[20] Es ist ein gemeinsames Forschen denn Noether hatte nicht nur diese Arbeit begleitet, sondern Auszüge daraus in ihrem Aufsatz „Gleichungen mit vorgeschriebener Gruppe" publiziert (Noether 1918b). Scheint es zwar nicht passend, von Falckenberg und Seidelmann als Schüler im Sinne eines Denkraums oder einer spezifischen Geisteshaltung der Noether-Schule zu sprechen, waren sie doch zweifelsohne Doktoranden Noethers. Auch Hentzelt wurde vermutlich von ihr in Erlangen bei der Doktorarbeit unterstützt. Er starb im Ersten Weltkrieg, die Arbeit war bereits eingereicht und verteidigt worden, doch hatte er sie nicht mehr für die Publikation überarbeiten können. So wie Noethers Schrift von 1915 „Körper und Systeme rationaler Funktionen" den Übergang vom symbolischen Rechnen zur begrifflichen Mathematik markiert, so steht Hentzelt für einen Übergang in der inhaltlichen Orientierung in den von ihr begleiteten Promotionen. Noether gab seine Arbeit mit dem Titel „Zur Theorie der Polynomideale und Resultanten" posthum heraus und würdigte in einer Kommentierung seine mathematische Leistung. Allerdings hatte er noch nicht im Sinne ihrer Auffassungen gearbeitet, denn sie hielt eine „rein begriffliche" Überarbeitung seines Manuskriptes für erforderlich, um die „Schönheit" der Hentzelt'schen Arbeit zu zeigen (Noether 1923, S. 53).

Die ersten Jahre in Göttingen waren durch die Schwierigkeiten ihres Habilitationsverfahrens, das unklare Arbeitsverhältnis Noethers und durch den Ersten Weltkrieg geprägt. Sie war kaum in der Situation, bereits eigene Studierende auszubilden. Dennoch arbeitete sie offensichtlich bereits eng mit anderen, jungen Algebraikern zusammen, und so ist Schmeidler in seiner Verbundenheit mit Noethers begrifflichem Ansatz einer ihrer ersten Schüler. Mit seiner Habilitation im Oktober 1918 stand er deutlich für ihre Auffassungen und Methoden. Landau vermerkte 1919 in seinem Gutachten zur Habilitationsschrift, dass Schmeidler unter dem „Einfluss von Frl. Noether, unserer Hauptsachverständigen in diesem Gebiet" gearbeitet habe (Habilitationsakte Schmeidler). Schmeidler erhielt 1921 einen Ruf nach Breslau und war der erste ihrer Schüler, der ein Ordinariat innehatte. Die mit Schmeidler gemeinsam veröffentlichte Untersuchung wurde bereits im zweiten Kapitel vorgestellt.[21] In seinem dem Antrag auf Habilitation beigefügten Lebenslauf vom Oktober 1918 verwies er auf diese gemeinsame Arbeit:

> Eine Anwendung und Ausdehnung der in den genannten Arbeiten enthaltenen Sätze von den gewöhnlichen Moduln auf die bei Differentialausdrücken auftretenden ‚einseitigen' Moduln bearbeite ich gegenwärtig in Gemeinschaft mit Fräulein Dr. Noether. (Habilitationsakte Schmeidler)

Es ist eine auch für Noethers spätere Arbeitsweise typische Situation, die Entstehung mathematischer Erkenntnisse im Gespräch, die allerdings nur selten ihren Ausdruck in

[20] Vgl. Seidelmann 1916, S. 3 ff.

[21] Vgl. Noether, Schmeidler 1920.

gemeinsamen Publikationen fand.[22] Schmeidler erlebte die Zusammenarbeit mit Noether als mathematische Gemeinschaft, und formal ist es ein Sprechen auf Augenhöhe zwischen zwei gerade habilitierten Privatdozent/innen/en, ein Dialog. Und doch ist, das zeigt Landaus Gutachten, die fachliche Hierarchie unstrittig.

Im Gutachten der mathematisch-naturwissenschaftlichen Fakultät von 1922 zur Verleihung des Titels n. b. a. o. Professor an Noether hieß es, dass Noether eine eifrige Lehrtätigkeit entwickelt habe, die vor allem „auf einen kleineren Kreis interessierter begabter Studenten" wirke (Promotionsakte Noether). Es war nicht nur Schmeidler, der bei ihr lernte, sondern eine ganze Reihe Studierender, die ihre Lehrveranstaltungen besuchten, sodass die Gruppe bereits in der Fakultät als ein Noether umgebender Kreis wahrgenommen wurde. Zu ihren Mitgliedern gehörte neben Alexander Ostrowski, der von 1918 bis 1920 dort studierte, auch Krull, der in Freiburg eingeschrieben, sich seit dem Frühjahr 1920 für zwei Gastsemester in Göttingen aufhielt.[23] Seine 1921 abgeschlossene Dissertation „Über Begleitmatrizen und Elementarteilertheorie" war thematisch von Alfred Loewy in Freiburg angeregt und methodisch durch seinen Göttinger Aufenthalt geprägt worden. Krull arbeitete nach seiner Promotion in Freiburg als Assistent und habilitierte über „Algebraische Theorie der Ringe".[24] In dem seinem Antrag auf Habilitation beigefügten Lebenslauf von 1922 bedankt er sich bei „Herrn Professor Loewy und Fräulein Professor Nöther, welche mir nicht nur wertvolle Anregungen gaben, sondern mir auch jederzeit freundlichst mit Rat und Tat zur Seite standen" (Habilitationsakte Krull). Doch nicht nur Krulls eigene Forschung war von diesen zwei Semestern des Studiums bei Noether nachhaltig beeinflusst, auch in der Lehre vertrat er in Freiburg, zunächst als Assistent, dann nach einem Gastsemester in Erlangen von 1926 bis 1928 auf einer Professur,[25] Noethers Auffassung und Methoden, sodass dort schon Mitte der 1920er Jahre eine ganze Reihe von Mathematikern begann, sich mit moderner Algebra in begrifflicher Konzeption zu befassen.[26] Hierzu gehörten von 1926 an der Privatdozent Kapferer und, von 1930 bis 1934, auf einer Assistenz Arnold Scholz sowie die Studenten Reinhold Baer, der von 1922 bis 1924 in Göttingen studiert hatte, Friedrich Karl Schmidt, der 1927 nach Erlangen auf eine Assistentenstelle wechselte, und Hans Heilbronn, der zum weiteren Studium im Wintersemester 1928/29 nach Göttingen ging.

---

[22] Neben den bereits vorgestellten Aufsätzen mit Schmeidler und mit Brauer sowie mit Hasse und Brauer veröffentlichte Noether noch zwei mit anderen Mathematikern verfasste Noten: eine Zusammenfassung eines gemeinsam mit Hölzer in der Göttinger Mathematischen Gesellschaft gehaltenen Vortrags (Noether, Hölzer 1924) sowie zusammen mit Kapferer einen Kurzartikel, der auf einem Beitrag Kapferers auf der Jahrestagung der DMV 1926 beruhte und durch Noether ergänzt wurde (Kapferer und Noether 1927).

[23] Vgl. Schöneborn 1980, S. 52 und Remmert 1995, S. 89f.

[24] Der Einfluss Noethers auf Krull war auch für die nächste Generation stark präsent, sodass Doktoranden Krulls wie etwa Wilfried Brauer sich als Enkel Noethers betrachteten (Interview W. Brauer 1997).

[25] Krull wurde 1928 nach Erlangen auf die ehemals von M. Noether besetzte Professur berufen.

[26] Vgl. Remmert 1995, S. 89 ff.

Hier sei der Begriff der Zweigstelle eingeführt, neben den Gastdoktoranden ein weiteres, den Denkraum Noether-Schule strukturierendes Element. Dabei verstehe ich unter einer Zweigstelle eine Gruppe von Mathematiker/inne/n an einer Universität, die, nicht in unmittelbarem Kontakt mit Noether stehend, sondern losgelöst von ihrer Person, aber fachlich mit ihr verbunden sich in Lehre, Qualifizierung und Forschung mit moderner Algebra in begrifflicher Auffassung befassten. Diese Verbundenheit stellte sich zumeist, wie die Entwicklung in Freiburg exemplarisch zeigt, über einen ehemaligen Schüler Noethers, hier über Noethers Gastdoktoranden Krull, her. Krull blieb nicht der Einzige, der während seines Studiums nach Göttingen kam, bei Noether Veranstaltungen besuchte und, von ihr inspiriert, an seiner Heimatuniversität promovierte. Zu Hörer/inne/n Anfang der 1920er Jahre gehörte auch Ore, der vor und nach seiner Promotion in Oslo zu Studiensemestern in Göttingen war und sicherlich zur Gruppe der Gastdoktoranden gezählt werden kann. Zehn Jahre später gab Noether gemeinsam mit Ore, der inzwischen eine Professur in Yale innehatte, und Fricke Dedekinds „Gesammelte mathematische Abhandlungen" heraus (Dedekind 1930–32).

Auch Artin zog es nach seiner Promotion 1921 für ein Jahr nach Göttingen. In der mathematikhistorischen Forschung ist er bisher als ein von Noether unabhängig wirkender Algebraiker wahrgenommen worden, wiewohl davon auszugehen ist, dass er in dieser Zeit auch Veranstaltungen Noethers besucht hatte. Noether bezeichnete in dem 1933 im Kontext der „Beurlaubung" auszufüllenden Fragebogen Artin als einen ihrer Schüler (Noether 19. 4. 1933), doch finden sich weder in Noethers noch in Artins Publikationen noch in ihren jeweiligen Korrespondenzen mit Hasse Hinweise auf eine engere Zusammenarbeit,[27] und so scheint es trotz dieser Äußerung Noethers beim gegenwärtigen Stand der Forschung nicht begründet, Artin als Mitglied der Noether-Schule zu betrachten. Das Beispiel Artin verweist vielmehr auf die Schwierigkeiten einer Grenzziehung bezüglich der Zugehörigkeit zur Noether-Schule, denn jedenfalls kann nicht aus einer blanken Anwesenheit in den Lehrveranstaltungen Noethers und einer fachlichen Nähe zur moderner Algebra zwingend darauf geschlossen werden kann. Deutlich wird der Bedarf einer theoretischen Präzisierung des Begriffs Denkraum Noether-Schule.

1923 besuchten die gerade promovierten russischen Mathematiker Alexandroff und Pawel S. Urysohn zum ersten Mal Göttingen. Mit Alexandroff verband Noether bald eine herzliche Freundschaft, von der u. a. ihre Briefe an ihn zeugen.[28] Ihre erste offizielle Doktorandin Hermann und die mit Hermann befreundeten Schwestern Luise und Elisabeth Spieker, verh. Siefkes, die beide mit dem Staatsexamen abschlossen, begannen zu dieser Zeit mit dem Mathematikstudium. E. Spieker erinnerte sich im Gespräch an ihre Zeit in Göttingen und das Studium bei Noether. Die Vorlesungen waren schwierig, das Abstraktionsniveau hoch, und die Spontanität der Ausführungen erleichterte das Verständnis nicht. Doch Noethers Studierenden waren stolz, zu diesem Kreis der Hörer/innen zu gehören:

---

[27] Zu Artins Korrespondenz mit Hasse vgl. Frei, Roquette, Lemmermeyer 2008.

[28] Vgl. Tobies 2003.

> Wir sagten immer, wenn Noether im Seminar vorträgt, versteht es kein Professor, und sie bemühte sich auch nicht darum. Das sagten wir natürlich mit Befriedigung oder auch aus Hohn, weil wir selber auch Schwierigkeiten hatten und für sie war alles so selbstverständlich. Sie ging nicht so sehr darauf ein, wenn man ein dummes Gesicht machte. (Interview Siefkes 1995)

Schon Anfang der 1920er Jahre gab es eine ausgeprägte Identifikation der einzelnen Studierenden mit Noether, dem sie umgebenden Kreis und den von ihr vertretenen Auffassungen. Gemeinsame Wanderungen waren ebenso üblich wie private Treffen in ihrer Wohnung. Noether arbeitete eng mit ihren Doktorand/inn/en zusammen. So erzählte E. Spieker bedauernd, dass es für sie finanziell nicht möglich gewesen wäre, zu promovieren, weshalb sie das Studium mit dem Staatsexamen abgeschlossen und als Lehrerin zu arbeiteten begonnen hätte. Doch habe Noether sich, als E. Spieker das erste Mal bei einer Lehrveranstaltung erschien, bei Hermann erkundigt, ob denn die neue Studentin auch beabsichtige zu promovieren (ebenda). Auch von der intensiven Betreuung der Doktorarbeit Hermanns durch Noether und einer freundschaftlichen Beziehung zwischen beiden berichtete sie:

> Sie [Hermann] hat einfach das Kolleg gehört und das interessierte sie. So sind sie wohl auch ins Gespräch gekommen. Ich glaube, das ging von Grete Hermann aus. Als ich nach Göttingen kam, saß sie schon an der Doktorarbeit. Aber die Emmy Noether kümmerte sich sehr darum. Es muss sehr schön gewesen sein. Wenn ich nicht gemeint hätte, ich hätte keine Zeit zum Doktor, dann wäre ich zu Emmy Noether gegangen, jedenfalls lieber als zu Courant oder Landau. (Ebenda)

Um diese Atmosphäre intensiver mathematischer Arbeit zu vermitteln, kommt Hermann, Noethers einzige Doktorandin in Göttingen, zu Wort:

> Lieber Herr van der Waerden! Bitte erlauben Sie mir die einfache Anrede, wie sie dem Zurückdenken an eine gemeinsame Studienzeit entspricht! Vor mir liegt die Einladung zu einem Emmy-Noether-Kolloquium in Erlangen, auf dem Sie über Ihre ‚Göttinger Lehrjahre' sprechen wollen. Das weckt so viele Erinnerungen: Ich sehe vor mir den Hörsaal 16 im zweiten Stock des Göttinger Auditoriums; Emmy Noether steht mit zurückgelegtem Kopf konzentriert nachdenkend an der Tafel; vor ihr sitzt, intensiv beteiligt, die nur kleine Schar von Hörern, zu der auch Sie und ich gehörten. … Auf der Tafel im Hörsaal 16 hat sie die vielen Ideale entwickelt, von denen es nach ihrem Tod in einem ihr gewidmeten Nachrufe heißt: ‚Mit vielen kleinen deutschen Buchstaben hast du deinen Namen in die Geschichte der Mathematik geschrieben.' (Hermann an van der Waerden 24. 1. 1982 zitiert nach Kersting 1995, S. 24)

Als Landau 1925 bei Hermanns Promotion noch als Hauptreferent fungieren sollte, wiewohl Noether bereits zur n. b. a. o. Professorin ernannt worden war, schrieb er in seinem Gutachten:

> Für diese abstrakten Fragen der Mathematik ist Frl. Koll. Noether die Autorität. Ihrem Gutachten kann ich mich daher ohne weiteres anschließen. In der Annahme, dass der zu erwartende Fakultätsbeschluss in einem solchen Ausnahmefall es gestattet, Frl. Noether als Hauptreferenten der Arbeit zu bezeichnen (Teilung der mündlichen Prüfung zwischen ihr

> und mir scheint mir durchaus angebracht), stimme auch ich für Zulassung zum mündlichen Examen mit dem Prädikat ‚sehr gut' für die Arbeit. (Promotionsakte Hermann)

Damit war ein neues Verfahren für die Doktorand/inn/en Noethers etabliert: Sie betreute nicht nur die Arbeiten, sie durfte nun auch als Gutachterin tätig sein. Bereits kurze Zeit später reichte Wilhelm Dörnte seine Arbeit ein, Noether war Referentin und Landau Koreferent. Im nächsten Jahr promovierte Grell über „Beziehungen zwischen den Idealen verschiedener Ringe", eine Arbeit, die ihren Ursprung in Noethers Vorlesungen über die arithmetische Theorie der algebraischen Funktionen hatte (Grell 1927). In ihrem Gutachten von 1926 würdigte Noether seine Forschung:

> Es handelt sich um eine grundlegende wissenschaftliche Arbeit, an die schon jetzt – wo sie im Manuskript vorliegt – angeknüpft worden ist und auf der noch weiter aufgebaut werden wird. (Promotionsakte Grell)

Mit Hermann, Dörnte sowie Grell hatte Noether ihre ersten offiziellen Doktorand/inn/en. Auch um die berufliche Zukunft ihrer Studierenden kümmerte sie sich. So hatte etwa Hermann das Angebot einer Assistenz bei Krull in Freiburg, entschied sich allerdings dafür, als Mitarbeiterin des Philosophen Nelson, bei dem sie bereits in Göttingen studiert hatte, tätig zu werden. Noether kommentierte diese Entscheidung mit folgenden Worten: „Da studiert sie vier Jahre lang Mathematik, und auf einmal entdeckt sie ihr philosophisches Herz" (Hermann an van der Waerden 24. 1. 1982, zitiert nach Kersting 1995, S. 24). Hermann kehrte nach dem Krieg zur Mathematik zurück und wurde 1950 Professorin an der Pädagogischen Hochschule Bremen. Grell erinnerte sich noch Jahrzehnte später, inzwischen auf eine Professur an die spätere Humboldt-Universität zu Berlin berufen, mit großer Empathie an sein Studium bei Noether[29]:

> Schon vom 2. Semester ab trat ich in engeren wissenschaftlichen Kontakt zu Fräulein Emmy Noether, die mich sowohl durch die von ihr gepflegte und entscheidend geförderte abstrakte Algebra und Arithmetik wie durch ihre Persönlichkeit stärkstens in ihren Bann zog. Die Verehrung dieser großen Frau ist in mir bis zum heutigen Tage lebendig. (Grell 1948, zitiert nach Vogt 1996, S. 303)

Diese Skizze inhaltlicher und persönlicher Verbindungen zeigt schon die beginnende Noether-Schule in ihrer Vernetzung und örtlichen Ungebundenheit. Noether gelang es, eine Vielzahl von Mathematiker/inne/n in ihrem wissenschaftlichen Werdegang zu befördern und ihre Forschungsrichtungen und -methoden zu beeinflussen. Wichtige Quellen, auf die in diesem Kontext eingegangen werden soll, sind die von Noether verfassten Promotionsgutachten. Noethers Anspruch an ihre Schüler/innen war hoch, doch die Studierenden konnten gewiss sein, dass Noether sie intensiv betreute und ihre mathematischen Erfolge würdigte. So lesen sich Noethers Gutachten auch als Bewertung davon, ob es ihren

[29] Grell war auch derjenige, der unbenommen aller politischer Veränderungen noch 1937 sich offiziell als Noether-Schüler bezeichnete, wie die auf Selbsteintrag beruhende Kurzbiografie im Lexikon „Biografisch-literarisches Handwörterbuch der exakten Naturwissenschaften" zeigt (Grell 1937).

Doktorand/inn/en gelungen war, den Anforderungen an ein Mitglied der Noether-Schule zu genügen.[30] Hermann gelang es, die „unübersichtlichen Hentzeltschen Formeln in begrifflich durchsichtige Sätze" umzuwandeln, bei Grell würdigte Noether die Einführung des Begriffes der Modul- und Idealkörper und der arithmetischen Isomorphie, „Begriffe, die erst die vollständig präzise Fassung der Zuordnungssätze ermöglichen" (Promotionsakte Grell).

Zunächst waren es einzelne Studenten und Anfang der 1920er Jahre schon eine kleine Gruppe von Studierenden, die Noethers Lehrveranstaltungen besuchten. Ab Mitte der 1920er Jahre wandelte sich die Situation. Göttingen war eines der bedeutendsten mathematischen Zentren der Welt und viele junge in- und ausländische, häufig sich in der Promotionsphase befindende oder bereits promovierte Mathematiker und einige Mathematikerinnen kamen, um sich weiterzubilden und moderne Auffassungen von Mathematik kennenzulernen. An dem Beginn dieser Entwicklung steht van der Waerden, einer der bekanntesten Schüler Noethers, der sein Studium in Amsterdam bei Luitzen Egbertus Jan Brouwer und Hendrik de Vries, d. h. bei Vertretern intuitionistischer Positionen im Grundlagenstreit,[31] abgeschlossen hatte. Er hatte sich insbesondere mit Geometrie befasst, deren bisherige Grundlagen er als zu unpräzise und intuitiv befand. Vor dem Verfassen seiner Doktorarbeit ging er zur weiteren Ausbildung in „moderner Mathematik" (van der Waerden 1994, S. 146) nach Göttingen, ohne bisher von Noether gehört zu haben:

> In Göttingen hatte ich vor allem Emmy Noether kennengelernt. Sie hat eine ganz neue Algebra, viel allgemeiner als die bisherige Algebra, geschaffen und sie war eigentlich meine Lehrerin in Göttingen. Mit den Methoden, die sie entwickelt hat, habe ich dann meine Sätze bewiesen. Nach einem Semester in Göttingen wurde Courant auf mich aufmerksam. Der hat mir auf Empfehlung von Emmy Noether ein Rockefeller Stipendium besorgt. (Ebenda)

Noethers Auffassung und Methodik waren für van der Waerden der Erfolg versprechende Ansatz und seine Doktorarbeit, formal in Amsterdam angesiedelt, wurde de facto von Noether betreut.[32] Obwohl er seine Arbeit in Amsterdam bei dem Geometer de Vries einreichte, scheint es nur folgerichtig, ihn zu den Doktorand/inn/en Noethers zu zählen. Seit seiner Göttinger Studienzeit war van der Waerden mit Noether sowohl auf fachlicher wie persönlicher Ebene eng verbunden. Wie eng dieses persönliche Verhältnis war, zeigen die Erinnerungen Camilla van der Waerdens an ihre Verlobungszeit Mitte der 1920er Jahre:

> Wir haben uns ja in Göttingen kennen gelernt, wir zwei, da habe ich Emmy Noether auch kennengelernt. Sie war auch einverstanden mit mir, sie hat immer ein bisschen inspiziert. … Sie war wirklich eine mütterliche Frau. (Interview C. van der Waerden 1995)

---

[30] Alle von Noether verfassten Gutachten, soweit in den Akten vorhanden, sind im Anhang dokumentiert.

[31] Zum Grundlagenstreit in der Mathematik vgl. insbesondere das Buch „Moderne – Sprache – Mathematik" (Mehrtens 1990).

[32] Mit diesen Arbeiten schuf van der Waerden die Grundlagen der modernen algebraischen Geometrie (vgl. van der Waerden 1933a, 1948, 1979).

Van der Waerden habilitierte 1927 in Göttingen über eine neue Grundlegung der algebraischen Geometrie. In seinem, dem Antrag auf Habilitation beigefügten Lebenslauf von 1926 schreibt er über die Bedeutung, die Noether für diese Forschungen hatte:

> In Göttingen lernte ich unter der Führung von Prof. Emmy Noether die arithmetische Theorie der algebraischen Größen kennen. Seitdem beschäftige ich mich hauptsächlich damit diese Theorie auszubauen und auf geometrische Fragestellungen anzuwenden. Auch die als Habilitationsschrift eingereichte Arbeit über den ‚Verallgemeinerten Satz von Bézout' verfolgt denselben Zweck, wie die meisten aufgezählten Arbeiten: die Anwendung der modernen algebraischen Methode auf die Probleme der algebraischen Geometrie. (Habilitationsakte van der Waerden)

Immer wieder kehrte van der Waerden für kürzere oder längere Gastaufenthalte nach Göttingen zurück. Seine erste Vorlesung als Privatdozent im Wintersemester 1927/28 gehalten trug den Titel „Allgemeine Idealtheorie" und zeigt seine Verbundenheit mit Noethers Methoden und ihrer Auffassung von Mathematik. 1931 erhielt van der Waerden einen Ruf nach Leipzig und arbeitete dort u. a. mit dem Physiker Werner Heisenberg zusammen.[33] In diese Zeit fällt auch ein engerer Kontakt mit Hermann, die begonnen hatte, sich aus philosophischer Perspektive intensiver mit physikalischen Fragestellungen zu befassen, mehrfach Gast in Leipzig war und dort auch im mathematischen Kolloquium vorgetragen hatte.[34]

In dieser kurzen Darstellung ihrer Entstehung sind bereits Elemente der Noether-Schule genannt, die für ein tieferes Verständnis ihres inneren Gefüges relevant werden: Noethers moderne Auffassung von Mathematik, ihr Enthusiasmus, ihr Engagement für ihre Studierenden, die Intensität des Unterrichts, das Entstehen von Zweigstellen sowie die Verbundenheit zwischen Mitgliedern der Schule.

Göttingen: Zeit der Etablierung

Mitte der 1920er Jahre war der Kreis derjenigen, die bei Noether studierten, größer geworden: Es gehörten u. a. Deuring, Hans Fitting, Grell, Rudolf Hölzer, Jakob Levitzki, Kurt Mahler, van der Waerden und Weber dazu. Auswärtige Gäste waren der Japaner Shoda auf Empfehlung des Algebraikers Takagi mit einem japanischen Stipendium sowie mit einem Rockefeller Stipendium Weil, der knapp zehn Jahre später die Bourbaki-Gruppe mitbegründete. Shoda reichte 1927 bei der „Mathematischen Zeitschrift" eine Arbeit ein, die unmittelbar auf seine Studien bei Noether zurückging, wie er selbst in der Einführung betonte:

> Auf Anregungen von Frl. Noether sollen in der folgenden Arbeit die mit einer Matrix vertauschbaren Matrizen in einem beliebigen Körper nach dem Krullschen Prinzip untersucht werden. (Shoda 1929, S. 696)

Ist Shoda, der Ende der 1920er Jahre bei Takagi sein Studium abschloss, ebenfalls ein Gastdoktorand Noethers? Jedenfalls begründete er 1931 ein Seminar für moderne Algebra

[33] Vgl. zu van der Waerdens Interesse und Beiträgen zur theoretischen Physik Martina R. Schneiders Untersuchungen „Zwischen den Welten. B. L. van der Waerden und die Entwicklung der Quantenmechanik" (Schneider 2011).

[34] Vgl. Kersting 1995.

an der Tokioer Universität, 1932 erschien sein Lehrbuch „Abstract algebra" (Shoda 1932). Sein Schüler Hirosi Nagao schreibt in dem Nachruf auf Shoda:

> This particular year seems to mark the most significant period in his mathematical growth. There, near Noether, he witnessed the remarkable process of creation of great mathematical ideas and theory, and youthful Shoda buried himself in enthusiastic pursuit of mathematics in a wonderful creative atmosphere generated by the many young, able mathematicians who had come from all over the world to Göttingen, attracted by Emmy Noether. (Nagao 1978, S. II)

Die Bedeutung Noethers für die modernen Entwicklungen der Algebra war über die Grenzen Göttingens und Deutschlands hinaus bekannt geworden. Viele kamen jetzt, manchmal auf direkte Empfehlung ihres Doktorvaters nicht nur nach Göttingen, sondern ausdrücklich zu Noether. Zu den Besucher/inne/n der Lehrveranstaltungen Noethers in den Jahren 1928 und 1929 zählten zahlreiche ausländische Gäste: der Prager Vojtech Jarnik, Vyacheslav Stepanov aus Moskau und Nikolai Tschebotarow aus Kiew, Zyoiti Suetuna aus Tokio, Olive Clio Hazlett (die bereits bei Dickson über Algebren promoviert hatte) aus Illinois, Köthe aus Innsbruck (ebenfalls bereits promoviert)[35] und der Chinese Tsen aus Nanchang (auf Aufforderung der Provinzialregierung). Weitere Gäste in Göttingen und Noethers waren Jacques Herbrand sowie Chevalley (ebenfalls einer der Begründer der Bourbaki-Gruppe), beide aus Paris, sowie Wiener aus Boston und John von Neumann aus Budapest. Auch der Züricher Burckhardt, der sich bereits als Student durch seine Beteiligung an der Übersetzung des Buches „Algebra and their Arithmetics" (Dickson 1923, 1927) in der algebraischen Szene einen Namen gemacht hatte, war auf Anregung seines Doktorvaters Speiser für drei Semester nach Göttingen und zu Noether gekommen.[36]

Die Noether-Schule begann international zu werden. In den Briefen an Hasse finden sich vielerlei Hinweise zu den wissenschaftlichen Kontakten Noethers. So nannte sie in einem Brief vom 6. Januar 1928 eine Reihe von Namen, denen sie ein gemeinsam mit Hasse erstelltes Separatum, bestehend aus einer Publikation Noethers und einer Hasses, zuschicken wollte. Einiges solle nach Amerika gehen, wo „viel nichtkommutativ gearbeitet wird" (Noether an Hasse 6. 1. 1928). Sie nannte Dickson, Hazlett (die noch in Illinois war), Lefschetz, MacDuffee, Vandiver, Veblen, G. E. Wahlin und Wedderburn. In ihrem nächsten Brief war die Liste noch erweitert worden:

> Bernays, Bernstein, Cohn-Vossen, Courant, Grandjot, Herglotz, Hilbert, Landau, Lewy, Neugebauer, van der Waerden, Walther, Grell, Jarnik, Scorza, Wedderburn, Alexandroff, Hopf, Stepanoff, O. Schmidt (Moskau), Châtelet, Tschebotarow, Weber, A. Weil. (Noether an Hasse 2. 5. 1928)

Die Bedeutung Göttingens als mathematisches Zentrum versetzte Noether zum einen in die Lage, zahlreiche internationale Kontakte zu entwickeln und zu pflegen. Zum anderen

[35] Von Köthe stammt die Ausarbeitung der 1929 von Noether gehaltenen Vorlesung „Nichtkommutative Algebren" (Noether 1929a).

[36] Vgl. Frei 2003, S. 135.

wird Noether Ende der 1920er Jahre als Teil dieses Zentrums wahrgenommen; bei Noether zu studieren gehörte zur algebraischen Grundausbildung. Ihre Arbeit als inoffizielle Redakteurin der „Mathematischen Annalen" war aus ihrer breiten Kenntnis mathematischer Entwicklungen begründet und begründete zahlreiche neue Kontakte Noethers und ihr umfassendes Wissen über den aktuellen Forschungsstand. Mehr als 80 Besprechungen und Kurzberichte verfasste Noether für das „Jahrbuch über die Fortschritte der Mathematik" sowie die „Jahresberichte der DMV". Davon profitierten auch ihre direkten Schüler/innen, insbesondere da Noether durch ihre Redaktionstätigkeit über zahlreiche Seperata verfügte und eine ausgezeichnete Bibliothek besaß, wie sie bei Gelegenheit einmal an Hasse schrieb (Noether an Hasse 2. 5. 1932).

Noethers nächste Doktoranden waren Levitzki und Weber; Deuring, Fitting und Tsen arbeiteten bereits an ihren Abschlüssen. Am Beispiel der Doktorarbeit Levitzkis „Über vollständig reduzible Ringe und Unterringe" zeigt sich, wie unmittelbar Promotionsthema und Forschungsfragen sich aus ihren Vorlesungen ergaben. Noether schrieb in ihrem Gutachten vom Juni 1928:

> Die Abhandlung ist im Anschluß an eine Vorlesung von Ref. [unleserlich] über hyperkomplexe Größen und Darstellungstheorie (Wintersemester 1927/28) entstanden. ... Die Abhandlung geht weit über die aufgeworfene Frage ... hinaus. ... Die Arbeit gibt also ganz neue und in gewissem Sinne abschließende Struktursätze für vollständig reduzible Ringe; sie führt zugleich zu neuen Fragestellungen (Faktorring eines normalen Unterrings u.s.w.), mit deren Bearbeitung Verfasser schon begonnen hat. (Promotionsakte Levitzki)

Nach Abschluss des Promotionsverfahrens kümmerte sich Noether um Levitzkis weitere berufliche Karriere und bemühte sich bei Hasse für ihn:

> Nun noch eine Frage! Wissen Sie nicht eine Assistentenstelle für einen außerordentlich tüchtigen und sympathischen Menschen, der aber palästinensischer Staatsangehörigkeit ist. (Noether an Hasse 12. 8. 1929)

Zwei Monate später schrieb sie wieder:

> Zuerst, sollten Sie etwa eine Assistentenstelle bewilligt erhalten, so würde ich mich sehr freuen, falls Sie Levitzky mitberücksichtigen würden. Er ist augenblicklich, zum ersten Mal seit sieben Jahren, nach Hause gefahren; es ist aber sehr möglich, dass er im Lauf des Winters wieder kommt, und er wird sicher kommen, wenn er eine Anstellung in Aussicht hat. (Noether an Hasse 7. 10. 1929)

Und noch einmal hakte Noether im November nach:

> Zugleich wollte ich Sie fragen, ob irgendwelche Aussichten für Levitzky in Marburg bestehen; da ich mich sonst vielleicht bei der Instituts-Einweihungsfeier, wo doch allerhand Leute kommen werden, für ihn bemühen kann. (Noether an Hasse 13. 11. 1929)[37]

[37] Es handelt sich um die Eröffnung des durch die Rockefeller Foundation finanzierten Neubaus des mathematischen Instituts an der Göttinger Universität.

Noether war bei Hasse nicht erfolgreich, aber vielleicht über andere Kontakte,[38] denn nach einem kurzen Aufenthalt in Kiel ging Levitzki mit einem Sterling-Stipendium nach Yale, wo Ore bereits als Assistent tätig war. Nicht nur bei Levitzki hatte sich Noether für einen Verbleib in der Mathematik engagiert. Die Briefe an Hasse und Alexandroff zeigen, wie sehr sie sich mit der Zukunft ihrer Schüler/innen beschäftigte. Verfolgt man einzelne Berufsverläufe, so finden sich vielfach Querverbindungen der Art, dass Schüler/innen von ihr Assistenten früherer Doktoranden wurden wie etwa Deuring bei van der Waerden in Leipzig. Alexandroff und Hopf erhielten dank Noethers Empfehlungen ein Rockefeller-Stipendium und hielten sich ein Jahr in Princeton auf. Und nicht nur auf Stellen und Stipendien richtete Noether ihr Augenmerk, sondern auch auf Publikationen. Van der Waerden unterstrich in seinem Nachruf die Bedeutung, die Noether als kritische Leserin für ihre Schüler/innen hatte:

> Sie schrieb für uns alle immer die Einleitungen, in denen die Leitgedanken unserer Arbeiten erklärt wurden, die wir selbst anfangs niemals in solcher Klarheit bewusst machen und aussprechen konnten. Sie war uns eine treue Freundin und gleichzeitig eine strenge, unbestechliche Richterin. (Van der Waerden 1935, S. 476)

Sicherlich wird Noether auch dafür gesorgt haben, dass die eine oder andere Publikation überhaupt entstand. Auffallend jedenfalls ist, dass die meisten der bei ihr angefertigten Doktorarbeiten in renommierten mathematischen Zeitschriften wie etwa den „Mathematischen Annalen“ erschienen. Doch förderte sie mit dem Engagement für eine Veröffentlichung der Arbeiten ihrer Schüler/innen nicht nur deren persönliche berufliche Entwicklung. Zugleich wurde die Diskussion der von ihr vertretenen Auffassungen und Methoden innerhalb des „esoterischen“ Kreises des Denkraums Noether-Schule auf die Ebene der Zeitschriftwissenschaft und damit in einen „exoterischen“ Diskurs gebracht (Fleck 1935, S. 138).

Der nächste Schritt ist der Anfang der 1930er Jahre erfolgte Übergang von der Zeitschriftwissenschaft zur Handbuchwissenschaft – um es mit Flecks Begrifflichkeiten auszudrücken (ebenda) –, mit dem begriffliche Auffassungen und Methoden in der mathematischen Welt etabliert, von lose angelegten Denkkonzepten zu festen Vorstellungen über Mathematik werden.[39] Zu den großen Publikationsprojekten gehören „Algebren“, veröffentlicht 1934 von Deuring, und „Idealtheorie“, geschrieben von Krull 1935, und insbesondere das zweibändige Werk „Moderne Algebra“ van der Waerdens von 1930/31. Ihre Entstehung im Kontext des Denkraums Noether-Schule genauer darzustellen wird Aufgabe des fünften Kapitels sein.

Im Wintersemester 1928/29 folgte Noether einer auf Initiative von Alexandroff ausgesprochenen Einladung an die Moskauer Universität. Der russische Algebraiker Lev Pontrajagin erinnerte sich in seiner Autobiografie an Noethers Vorlesungen:

---

[38] Siegmund-Schultze verweist in sinen Untersuchungen „Mathmatiker auf der Flucht“ auf Noethers Engagement für Levitzki bei dem Harvard-Mathematiker George D. Birkhoff hin (Siegmund-Schultze 1998, S. 41).

[39] Vgl. Fleck 1935, S. 163 f.

> Gegen Anfang des vierten Studienjahres kam P. S. Alexandroff aus dem Ausland zurück und brachte auch Professor Fräulein Emmy Noether mit. So kam ich im vierten Jahr wieder zur Topologie zurück und hörte außerdem die Vorlesungen von Fräulein Noether über zeitgenössische, moderne Algebra. Diese Vorlesungen beeindruckten durch ihre Vollendung und unterschieden sich darin von den Vorlesungen Alexandroffs, aber sie waren nicht trocken und erschienen mir sehr interessant. Fräulein Noether las ihre Vorlesungen in deutscher Sprache, aber sie waren aufgrund der ungewöhnlichen Klarheit der Darstellung verständlich. Bei der ersten Vorlesung dieser berühmten deutschen Mathematikerin versammelte sich eine riesige Menschenmenge. (Pontrajagin 1988, S. 188)[40]

Noethers Vorlesungen und Forschungsaufenthalt in Moskau hinterließen vielfältige Spuren. Nicht nur Pontrajagin war von ihren Veranstaltungen beeindruckt, sondern auch Alexander Kurosch und Otto Schmidt. Eine weitere Zweigstelle der Noether-Schule entstand, hier angeregt durch den persönlichen Aufenthalten Noethers, aber auch durch die Besuche zahlreicher sowjetischer Mathematiker in Göttingen.[41] Auf die Folgen dieser Aktivitäten in Moskau spielte Noether in ihrem Brief an Alexandroff an:

> Ich freue mich sehr daß jetzt bei euch im Institut so schön gearbeitet wird; du wirst dir jetzt bald eine jüngere topologische Generation heranziehen, wo Pontrajagin und die übrigen mir Bekannten schon Elternstelle vertreten, du dich also jugendlich deiner Enkel erfreust. (Noether an Alexandroff 5. 3. 1933 zitiert nach Tobies 2003, S. 105)

Wenn Noether davon schrieb, dass „so schön gearbeitet" wird, so impliziert das Wort schön, dass es sich um Topologie in moderner algebraischer Auffassung handelte, also ganz in ihrem begrifflichen Sinne geforscht und ausgebildet wurde. Auch andernorts entwickelte sich die Noether-Schule mit ihren Zweigstellen weiter. So hatte F. K. Schmidt bei Krull promoviert und war ein Noether-Schüler der zweiten Generation, wie Noether selbst es sah. F. K. Schmidt war in Erlangen von 1927 bis 1933 als Privatdozent tätig und arbeitete mit Krull zusammen, der dort bis zu seinem 1938 erteilten Ruf nach Bonn blieb. Hatte sie Alexandroff in dem oben zitierten Brief zu seinen mathematischen Enkeln in Moskau beglückwünscht, so setzte sie fort:

> ‚Ich höre Sie fühlen sich [als] Großmutter', sagte mir Fischer-Köln einmal in Bezug auf F. K. Schmidt-Erlangen. (Ebenda)

Während Noethers Gastaufenthalt in Moskau hatte Weber seine Doktorarbeit „Idealtheoretische Deutung der Darstellbarkeit beliebiger natürlicher Zahlen durch quadratische Formen" (Weber 1930) zu einer Fragestellung, die in Noethers aktuellem Forschungsgebiet der Darstellungstheorie lag, beendet. Die Veröffentlichung der Arbeit dokumentiert, und hier nicht anonym, sondern explizit, Noethers Einfluss auf die Entstehung von Forschungsthema und -ergebnis: „Ich habe Fräulein E. Noether für viele Ratschläge dabei zu danken" (ebenda, S. 740). Noethers Betreuung vor ihrer Abreise nach Moskau war offensichtlich eng gewesen und in intensiven Gesprächen waren die Ergebnisse entwi-

[40] Unveröffentlichte Übersetzung von Emil Simeonov.

[41] Vgl. zur Geschichte derAlgebra in der frühen Sowjetunion Maltsev 1972.

ckelt worden. Weber schrieb: „Die hier gegebene Fassung verdanke ich einer Bemerkung von Fräulein E. Noether. … Diese Überlegung rührt inhaltlich von Fräulein Noether her" (ebenda, S. 745 f.). Doch nicht nur in der Wahl seiner Forschungsfragen, sondern auch in der Zielrichtung seiner Forschung erwies Weber sich als Schüler Noethers: „Der Zweck der nachstehenden Arbeit ist es, den Modulbegriff hierbei auf das geeignete Maß einzuschränken" (ebenda, S. 741). Damit stellte Weber dem Ansatz der begrifflichen Mathematik entsprechend die Untersuchung von Begriffen in den Mittelpunkt. In ihrem im April 1929 in Moskau geschriebenen Gutachten bewertete Noether seine Forschungen:

> Die Arbeit ist klar und scharf geschrieben. Daß die Resultate! – so einfach sie sind – nicht auf der Hand liegen, zeigt eine Bemerkung von H. Hasse, einem der besten Kenner des Gebietes, der noch im vergangenen Herbst äußerte, dass man hier gar keine Ansätze habe, und daß die Frage, wenn überhaupt, sich nur mit ganz neuen Methoden behandeln lasse. (Promotionsakte Weber)

Mit der Formulierung „mit ganz neuen Methoden" ist die begriffliche Mathematik gemeint und Noether fuhr in ihrem Gutachten fort, dies sei Weber in voller Allgemeinheit gelungen und sie schlage das Prädikat „mit Auszeichnung" vor. Diesem Urteil schloss sich der Zweitgutachter Landau mit den Worten an: „Kollegin Noether ist – nicht nur in Göttingen – eine der ersten Sachverständigen in diesem Gebiet" (Promotionsakte Weber). Auch das Promotionsprozedere und Noethers Rolle als Hauptreferentin waren Ende der 1920er Jahre etabliert.

Mit seiner 1931 veröffentlichten Habilitationsschrift „Umkehrbare Ideale" schloss Weber wiederum dicht an Noether an, die 1930/31 „Allgemeine Idealtheorie" gelesen hatte. In der Literatur zu ihrer Vorlesung gab sie u. a. Dedekinds „XI. Supplement zu Dirichlets Zahlentheorie" an (Noether 1930/31). In dieser Auseinandersetzung mit Dedekind dürften die Anregungen zu Webers Habilitation gelegen haben, mit deren zentralen Ergebnissen Fragen „im Sonderfall des quadratischen Zahlkörpers von Dedekind gelöst" wurden (Weber 1931, S. 131). Insbesondere aber spielten die Dedekind'schen Begriffsbildungen wie schon in seiner Doktorarbeit ganz im Sinne seiner Lehrerin eine große Rolle. Ihre Adäquatheit zu überprüfen und sie angemessen weiter zu entwickeln, war zentrales Anliegen seiner Forschungen. Und es findet sich wieder eine Verflechtung zwischen Mitgliedern der Noether-Schule: Wie van der Waerden explizit in seiner Einleitung hervorhob, unterstützte Weber ihn zu dieser Zeit bei der Arbeit an seinem Buch „Moderne Algebra".

Nicht nur war Noether Ende der 1920er Jahre mit ihren Auffassungen und Methoden in der mathematischen Gemeinschaft angekommen. Auch der Kreis um sie war, davon zeugen die zeitgenössischen Beschreibungen, als Noether-Schule sichtbar geworden und etabliert, ihre vielfachen Verästelungen und Verzweigungen waren den Zeitgenossen präsent. Bei Noether studiert zu haben, begann zu einem Qualitätsmerkmal zu werden. Durch die Mobilität ihrer Schüler/innen wurde der Gedanke der begrifflichen Mathematik nicht nur in Göttingen und anderen deutschen Universitäten wie Freiburg und Erlangen, sondern ebenso im Ausland wie etwa in Tokio und Moskau verbreitet. Begann die Mathematik ihre

Gestalt oder, mit Elkana gefragt, ihre Wissensvorstellungen zu verändern? Zeichnete sich ein Kulturwandel, verstanden als Veränderung der Auffassungen über Mathematik, ab?

Göttingen: Zeit der Anerkennung

Im Dezember 1929 war das neue mathematische Institutsgebäude der Göttinger Universität, finanziert aus Mitteln der Rockefeller Foundation eingeweiht worden. Es war großzügig gestaltet worden, mit einer ausgezeichneten Präsenzbibliothek einschließlich Lesezimmern versehen und verfügte insbesondere über Räumlichkeiten für die Professorenschaft.[42] Auch Noether hatte ein eigenes Arbeitszimmer erhalten, ein Ausdruck der Anerkennung ihrer Bedeutung für die Mathematik. Das Sommersemester 1930 lehrte Noether in Frankfurt. Zu ihren Studierenden gehörten der französische Algebraiker Dubreil, später Professor an der Sorbonne und assoziiertes Mitglied der Bourbaki-Gruppe, sowie Marie-Louise Dubreil-Jacotin, später Professorin am Institute Henri Poincaré in Paris.[43] Dubreil und Noether hatten sich bereits bei einem Besuch Noethers in Hamburg 1929 kennengelernt und Dubreil, dank eines Rockefeller-Stipendiums finanziell unabhängig, folgte ihr nach Frankfurt und 1931 nach Göttingen, um seine Studien der modernen Algebra zu vertiefen. Noether äußerte sich in einem Brief an den Pariser Mathematiker Ernest Vessiot über Dubreil:

> I was very happy to see that your students are also interested in modern algebra, and I will assist and direct Dr. Dubreil in his work here with the greatest pleasure. There will certainly be certain lectures in which Mr. D. is interested, as there is always a great deal of algebra and theory of numbers on the program here. (Noether an Vessiot 1929, undatiert, zitiert nach Siegmund-Schultze 2001, S. 110)

Zum Wintersemester 1930/31 wurde Weyl als Nachfolger Hilberts nach Göttingen berufen und übernahm, hierin Courant nachfolgend, die Leitung des mathematischen Instituts.[44] Selbst oft Gast in Noethers Veranstaltungen beschrieb er die Noether-Schule als das „without doubt the strongest center of mathematical activity" (Weyl 1935, S. 208) in Göttingen. Zu den Noether umgebenden Studierenden gehörten neben den bisher genannten inzwischen auch noch Bannow, Knauf[45], Schwarz, Teichmüller, Ulm, Wichmann, Witt sowie Werner Vorbeck. Alle waren intensiv mit der Einarbeitung in die moderne Algebra und in Noether'sche Auffassungen und Methoden befasst, die meisten schlossen ihr Studium

[42] Die Konzeption des Neubaus des mathematischen Instituts hatte Modellcharakter für andere mathematische Fakultäten und so findet sich in der Zeitschrift „Die Naturwissenschaften" ein gewissermaßen als Rezension des Gebäudes zu lesender Aufsatz Neugebauers (Neugebauer 1930).

[43] Auf die Anregungen Noethers, sich mit moderner Algebra zu befassen, mag das Buch „Leçons d'algèbre moderne" zurückgehen (Dubreil, Dubreil-Jacotin 1961).

[44] Vgl. zur Situation am mathematischen Institut in Göttingen Anfang der 1930er Jahre Schappacher 1998.

[45] Knauf ist auf einem Foto gemeinsam mit anderen Mitgliedern der Noether-Schule zu sehen und hatte die Petition der Studierenden mit unterzeichnet (Bannow et al. 1933). Über Knaufs Leben und berufliche Entwicklung ist nichts Weiteres bekannt.

mit einer Promotion in diesem Feld ab. Auch das Ehepaar Dubreil-Jacotin gehörte weiterhin zu den Gästen der Lehrveranstaltungen Noethers. Ebenfalls zu dieser Gruppe zählend und mit Noether in fachlichem und persönlichem Kontakt verbunden waren darüber hinaus Taussky aus Wien, eine Doktorandin Furtwänglers, der ebenfalls bereits promovierte Howard T. Engstrom, ein Schüler Ores aus Yale, sowie der aus Freiburg kommende Heilbronn. Auch den jungen postgraduierten US-Amerikaner und späteren Mitbegründer der Kategorientheorie Mac Lane zog es 1931 aus Yale nach Göttingen. Mit 22 Jahren nach Göttingen kommend hatte er sich für eines der bedeutendsten mathematischen Zentren weltweit entschieden, und an diesem Ruf hatte neben Hilbert (trotz seiner bereits erfolgten Emeritierung), Courant, Weyl und anderen klangvollen Namen auch Noether ganz wesentlichen Anteil. Mac Lane war von dieser intensiven, von Mathematik durchdrungenen Atmosphäre, wie sie in Göttingen üblich und insbesondere für die Noether-Schule charakteristisch war, gefangen und fasziniert. Noch in den 1970er Jahren äußerte er sich voller Enthusiasmus über das mathematische Institut:

> Es gab nichts Vergleichbares auf der Welt. Es war ein richtiges intellektuelles Zentrum. Die Atmosphäre war voller wissenschaftlicher Begeisterung, man hatte das Gefühl, daß hier das Wesentliche geschah, daß man sich im Mittelpunkt der Entwicklung befand. Alle redeten dauernd über Mathematik. (Mac Lane 1979, zitiert nach Reid 1979, S. 153)

Ausgedehnte Wanderungen mathematischen Inhalts auch und insbesondere während der Schließungszeiten des Instituts waren für Noether und ihre Schüler/innen eine Selbstverständlichkeit, die auch alle auswärtigen Gäste einschloss. Mac Lane schrieb in seinen Erinnerungen an seine Göttinger Zeit:

> Noether's enthusiasm for lecturing was not much impeded by days when the Institute was shut. I recall one day when the Institute was not scheduled to be open because of a state holiday. Noether announced that the class would go on just the same, but would take the form of an, Ausflug'. So we all met on the steps of the Institute and walked the short distance out to the country through the woods to a suitable coffeehouse, talking about algebra, other mathematical topics, and Russia on the way. Evidently this great enthusiasm of Noether's was a major element in her considerable influence on algebraists throughout Germany. Noether also actively encouraged visitors. (Mac Lane 1981a, S. 71)

Auf die Bedeutung Mac Lanes im Kontext einer Algebraisierung der Mathematik werde ich im fünften Kapitel anhand seines Buches „Categories for the Working Mathematician" genauer eingehen. Nicht nur Noethers Doktoranden, sondern ebenso die zu diesem Kreis gehörenden jungen Gastwissenschaftler/innen publizierten eine Vielzahl einschlägiger, durch begriffliche Auffassung geprägter Untersuchungen. Wolfgang Gröbner sei hier exemplarisch genannt, der 1931 in Wien bei dem eher der klassischen Algebra zugeneigten Furtwängler mit einem „Beitrag zum Problem der Minimalbasen" promovierte. Er ging im Anschluss an die Promotion auf Furtwänglers Anregung hin für rund zwei Semester zu Noether nach Göttingen. Schon diese kurze Zeit bei ihr reichte aus, um ihn bis in sein späteres Werk hinein zu prägen. Begriffliche Schärfe wurde zum Leitmotiv seiner Arbeiten, Idealtheorie sein methodischer Ansatz. Im November 1933 reichte Gröbner die Arbeit

„Über irreduzible Ideale in kommutativen Ringen" bei den „Mathematischen Annalen" ein (Gröbner 1934). Sie stand ganz im Zeichen Noether'scher Mathematik: fachlich, da in der allgemeinen Idealtheorie liegend, methodisch, da in möglichst allgemeiner Form und mit geeigneten Begriffsbildungen die mathematischen Fragestellungen angegangen wurden. Nicht zuletzt verwies Gröbner auf die Bedeutung, die Noether persönlich für ihn hatte:

> Für die Anregung zu dieser Arbeit und für die wertvollen Ratschläge bin ich Fräulein Noether zu tiefstem Dank verpflichtet. (Gröbner 1934, S. 197)

Hasse rezensierte diese Arbeit Gröbners für das „Zentralblatt der Mathematik" und schrieb:

> Die vorliegende Arbeit gibt u. a. einen neuen einfachen Zugang zu diesen nicht ganz leicht begründeten Resultaten, und zwar aufgrund der allgemeinen idealtheoretischen Methoden von *Dedekind* und *E. Noether*. (Hasse 1934, S. 1) (Hervorhebung i. O.)

Auch Gröbners weitere Forschungen waren durch seine kurze Göttinger Zeit geprägt worden. Er arbeitete wesentlich idealtheoretisch und Noethers Anforderung nach begrifflicher Klarheit suchte er in allen seinen Arbeiten nachzukommen. 1938 veröffentlichte er „Über eine neue idealtheoretische Grundlegung der algebraischen Geometrie" und schrieb über seine Untersuchungsperspektive:

> Die vorliegende Arbeit ist auf das Ziel hin gerichtet, das Gebiet der algebraischen Geometrie einer strengen, idealtheoretischen Behandlung und Erforschung zugänglich zu machen ... So muß auch die Algebra der Integrale von jedem funktionstheoretischen Ballast befreit bleiben und auf rein algebraischen Begriffen ... aufbauen. (Gröbner 1938, S. 333 f.)

Die Frage nach einer solchen Grundlegung der Geometrie wurde wie schon zwölf Jahre zuvor bei van der Waerden zu Gröbners zentralem Thema, doch konnte er sich auf die inzwischen in der Noether-Schule entwickelten Konzepte stützen. In seinem 1949 veröffentlichten Lehrbuch „Moderne algebraische Geometrie. Die idealtheoretischen Grundlagen" führte Gröbner mit folgenden Worten ein:

> Es handelt sich hier um die Lösung der Aufgabe, alle Begriffe und Gedankengänge der algebraischen Geometrie mit den modernen Hilfsmitteln der Idealtheorie zu erfassen und sie so, von der Anschauung losgelöst, einer strengen logischen Behandlung zugänglich zu machen. (Gröbner 1949, S. II)

Damit stand Gröbner auch noch in den 1940er Jahren in der Tradition des Denkraums Noether-Schule: das Thema der Doktorarbeit van der Waerdens, der damit ein Forschungsfeld neu konzipiert hatte, aufnehmend und sich methodisch und in der Auffassung auf Noether stützend. Auch seine weiteren Forschungen, die sich zunehmend Fragen der angewandten Mathematik zuwendeten, standen ganz im Zeichen der bei Noether gelernten Ansätze.[46]

[46] Vgl. Reitberger 2000, S. 2.

Hasse war Anfang der 1930er Jahre einer der wichtigsten Gesprächspartner Noethers. Die Korrespondenz zwischen Noether und Hasse zeugt von großer mathematischer Vertrautheit; wenige Worte genügten, um neue Ideen anzureißen und Beweise für alte Fragestellungen zu skizzieren. Doch war es ein Dialog auf Augenhöhe? Spätestens mit seiner Berufung nach Marburg im Jahr 1930 war Hasse der arrivierte Mathematiker, Noether in der Position einer prekär beschäftigten Privatdozentin. In akademischer Hinsicht kann hier sicherlich nicht von Augenhöhe gesprochen werden, doch die Briefe zeigen deutlich, dass sie die Schöpferische in diesen Gesprächen war. Hasse veröffentlichte 1933 „Die Struktur der Brauerschen Algebrenklassengruppe über einem algebraischen Zahlkörper" mit dem Untertitel „Emmy Noether zum 50. Geburtstag am 23. März 1932" (Hasse 1933). In der Einleitung äußerte er sich sehr ausführlich zu seiner Widmung und beschrieb damit nicht nur den Einfluss Noethers auf diese Publikation, sondern auf seine gesamten mathematischen Forschungen:

> Emmy Noether hat wohl zuerst den Gedanken ausgesprochen, die Theorie der nichtkommunikativen Algebren sei von einfacheren Gesetzmäßigkeiten beherrscht als die Theorie der kommutativen Algebren, insbesondere der kommutativen algebraischen Erweiterungskörper, und folgerichtig sei die nichtkommutative Theorie in einem systematischen Aufbau nicht nur rein äußerlich der kommutativen Theorie voranzustellen, sondern auch zu deren Begründung sachlich weitgehend heranzuziehen. Sie hat selbst die Durchführbarkeit dieses Gedankens für verschiedene Einzelabschnitte der Gesamttheorie dargetan, und zwar nicht nur für rein algebraische Teile (Galoissche Theorie), sondern neuerdings auch für tieferliegende arithmetische Gedankenreihen (Hauptgeschlechtssatz). ... Ich will im folgenden aus dieser einfachen Arithmetik der nichtkommutativen Algebren einen neuen Beweis des Reziprozitätsgesetzes entwickeln. Ein schon vor einiger Zeit von Emmy Noether ausgesprochener Wunsch; und so hat die dieser Arbeit voran gestellte Widmung ihre innere Berechtigung. Sie hat sie umso mehr, als auch die Idee, die mich zu diesem Beweis geführt hat, auf eine Anregung von Emmy Noether zurückgeht: ... Emmy Noether bemerkte nun mit recht, dass ja gerade der von mir bewiesene Invarianzsatz eine direkte, ganz im Kleinen verlaufende Definition des Normenrestsymbols liefert; sie hatte damit den Schlußsatz meiner Arbeit in einer nicht vorhergesehenen Weise widerlegt. Verfolgt man diesen ihren Gedanken durch eine entsprechende Fassung der Definition des Normenrestsymbols, so hört natürlich der Invarianzsatz auf, eine tiefliegende Tatsache zu sein ... Im Hinblick auf die gegenwärtig im Fluss befindlichen weitergehenden Ideen Emmy Noethers, auch die Klassenkörpertheorie im Großen vom Nichtkommutativen her aufzubauen, will ich noch voran schicken, welche Tatsachen aus der Klassenkörpertheorie für das folgende gebraucht werden. (Hasse 1933, S. 731 f.)

Diese ausführliche Einführung ist ein Dokument der engen gedanklichen Verflechtungen der Forschungen Noethers und Hasses und steht exemplarisch für den Denkraum Noether-Schule. Deutlich zeigt sich hier wie auch in den Briefen Noethers an Hasse, dass sie in dieser Zusammenarbeit die Ideengeberin, die Kreativere bezogen auf mathematische Erkenntnisse wie Beweisfiguren war. Nicht immer dürfte diese fachliche Hierarchie für Hasse einfach zu akzeptieren gewesen sein. In einem seiner Briefe an Noether findet sich eine kleine Spitze: „Nun muss ich leider der Meisterin einen Fehler nachweisen" (Hasse an Noether 19. 11. 1934). Doch seine Souveränität als Mathematiker, sein Respekt und seine Bewunderung für Noether zeigen sich in einer 1949 geschriebenen Widmung:

> Dem Andenken an Emmy Noether gewidmet, die mir Lehrmeisterin war in der begrifflichen Durchdringung und invarianten Gestaltung algebraischer Sachverhalte. (Hasse 1949, S. 14)

Hasse war ein Streiter für die moderne algebraische Methode, wie es etwa in seinem auf der Jahrestagung der DMV 1929 gehaltenen Vortrag „Zur modernen algebraischen Methode" zum Ausdruck kommt (Hasse 1930), auf den im fünften Kapitel noch ausführlich einzugehen ist. Hasse war ein zentrales Mitglied der Noether-Schule, versteht man die Noether-Schule als einen Denkraum, in dem es darum ging, die Reichweite begrifflicher Auffassung und Methoden auszuloten. Er war neben van der Waerden einer der wichtigsten Akteure in der Förderung und der Ausbreitung begrifflicher Auffassungen und Methoden. Von seinen Biografen wird er nicht als Schüler Noethers bezeichnet noch ist davon die Rede, welche Bedeutung Noether für ihn und welchen Einfluss sie auf seine mathematische Entwicklung genommen hatte.[47] An diesem Beispiel zeigt sich, dass in der Beschäftigung mit den Personen der Noether-Schule nicht nur die von ihr ausgebildeten Mathematiker/innen, ihren Doktorand/inn/en, Gastdoktoranden und Habilitanden in den Blick zu nehmen sind, sondern ebenso die in ihrer fachlichen Entwicklung bereits deutlich fortgeschritteneren und dennoch durch Noether beeinflussten Wissenschaftler/innen.

Zu den ausländischen Studierenden bei Noether gehörten Anfang der 1930er Jahre auch der US-Amerikaner Wei-Liang Chow und der Kanadier Douglas Derry. Beide hatten ihr Studium in ihren Heimatländern bereits mit einem Master abgeschlossen und bereiteten ihre Promotion vor. Auch Bannow, Schwarz, Teichmüller, Tsen, Ulm, Vorbeck, Wichmann und Witt waren, schaut man sich ihre weitere berufliche Entwicklung an, offensichtlich mit der Vorbereitung zu ihren Doktorarbeiten befasst. Bei allen lagen die Themen im Bereich der modernen Algebra.[48]

Die Noether-Schule war in einem doppelten Sinne international geworden. Studierende aus Japan und der Sowjetunion, Frankreich und den USA, Österreich und den Niederlanden, Großbritannien und den skandinavischen Ländern beschäftigten sich mit moderner Algebra und insbesondere mit Noethers begrifflichen Ansätzen. Sie taten dies während ihrer Gastaufenthalte in Göttingen oder, angeregt durch frühere Besuche Göttingens, an ihren Heimatuniversitäten. So schrieb etwa Schouten, obwohl er gegenüber der modernen Algebra eher skeptisch eingestellt war und ihre Fruchtbarkeit bezweifelte, 1933 in seinem Gutachten für Noether:

> Auch hier in Holland leben viele ihrer Schüler, die dankbar anerkennen, wie viel sie bei ihr gelernt haben. Eben kam in Leiden wieder eine große Doktorarbeit heraus: Reetsman, Einleitung zur Theorie der Klassenkörper, Leiden 1933, die ganz auf der Idealtheorie Noethers aufgebaut ist. (Gutachten Schouten 1933)

Auch van der Waerden betonte in seinem Gutachten die Verbreitung Noether'scher Ideen im Ausland:

[47] Vgl. zum wissenschaftlichen Werk Hasses Leopoldt 1973 und Leopoldt und Roquette 1975a.

[48] Aufgrund der Emigration Noethers konnten nur noch einige von ihnen bis zum Abschluss der Promotion von Noether selbst betreut werden.

> Sie hat mit zäher Energie an ihren eigenen Methoden und Problemstellungen festgehalten, auch in einer Zeit, wo die Problemstellung als allzu abstrakt und die Methoden als unfruchtbar galten, und hat jetzt den Erfolg, dass die Methoden vor allem in Deutschland aber auch schon in Frankreich, Holland, Russland, Amerika und Japan überall angewendet werden und die schönsten Ergebnisse liefern. … Ihre Verdienste wurden von der mathematisch-naturwissenschaftlichen Fakultät in Leipzig und der Deutschen Mathematikervereinigung dadurch anerkannt, dass sie in 1932 zusammen mit E. Artin den Ackermann-Teubner-Gedächtnispreis erhielt. (Gutachten van der Waerden 1933)

Noethers Auffassungen und Methoden waren anerkannt. Davon zeugt nicht nur der Ackermann-Teubner-Gedächtnispreis, sondern auch der 1932 gehaltene Hauptvortrag auf dem Internationalen Mathematikerkongress, auf den Speiser in seinem Gutachten abhob. Auch die Noether-Schule war etabliert, die in ihr und durch sie vertretenen Auffassungen weltweit anerkannt. Noether-Schüler/in zu sein, war zu einem Markenzeichen geworden.

Göttingen, Bryn Mawr, Princeton: Auflösung und Neubeginn

Als Noether im April 1933 von der Göttinger Universität „beurlaubt" worden war und nicht mehr am Institut lehren durfte, gehörten zu den Mitgliedern der Noether-Schule die Studierenden Bannow, Walter Brandt, Chow, Fitting, Gröbner, Knauf, Schilling, Schwarz, Taussky, Teichmüller, Tsen, Ulm, Vorbeck, Wichmann und Witt. Weitere Besucher waren Harold Davenport, eigentlich ein Gast Hasses im nahen Marburg, G. Dechamps[49] sowie Derry.[50] Auch Mac Lane und Weber hielten sich noch in Göttingen auf. Das Lehrverbot hielt Noether nicht davon ab, ihre Studierenden oder, wie sie es ausdrückte, die Noethergemeinschaft weiter zu unterrichten. Neben ihren regelmäßig zuhause abgehaltenen Seminarstunden betreute Noether auch ihre Doktoranden weiter, so Tsen, Schwarz und, noch 1934, Vorbeck und Wichmann. Schwarz war maßgeblich von ihren begrifflichen Methoden geprägt; er beschrieb 1933 als Anlage zum Antrag auf Promotion seinen Ausbildungsverlauf:

> Ich gehörte zum Schülerkreis von Emmy Noether. Mit ihrem Einverständnis war ich SS 30 bei Emil Artin in Hamburg, WS 30/31 bei Toeplitz Bonn wissenschaftliche Hilfskraft, SS 31 bis 33 bei Emmy Noether in Göttingen, SS 33 E. Noether als nichtarisch ‚beurlaubt'. (Promotionsakte Schwarz)

Schwarz hatte zu den Unterzeichner/inne/n der studentischen Petition gehört, diese Anmerkung im Lebenslauf kann ebenfalls als Solidaritätserklärung mit seiner Lehrerin gelesen werden. Weyl übernahm sowohl die Begutachtung wie die Prüfung im Promotionsverfahren Schwarz, doch das Korrekturlesen hatte Noether noch im Sommer 1933 geleistet. Sie schrieb dazu an Hasse:

> Das dauert aber noch etwas, weil ich im Augenblick rasch eine Dissertation durchsehen muss (Schwarz). Offiziell geht diese an Weyl. (Noether an Hasse, 27. 6. 1933)

[49] G. Dechamps ist bisher nur durch die Unterzeichnung der studentischen Petition bekannt.

[50] Vgl. die Liste der Unterzeichner/innen der studentischen Petition (Bannow u. a. 1933). Bei Walter Brandt ist nicht gesichert, ob die Unterschrift richtig zugeordnet ist.

Auch Schwarz äußerte sich zu diesem Prozedere in seinem Lebenslauf:

> Besonders zu Dank verpflichtet bin ich Fräulein Professor Emmy Noether, die mich in meinem mathematischen Denken stark beeinflusst hat, und Herrn Prof. Weyl, der das Referat der vorliegenden Arbeit freundlicherweise übernommen hat. (Promotionsakte Schwarz)

Als Noether das Gutachten für Tsen formulierte, befand sie sich im Oktober 1933 bereits kurz vor der Überfahrt von Bremen nach New York. Tsen schrieb in seinem Lebenslauf:

> Ich danke Fräulein Prof. E. Noether und Herrn Prof. E. Landau für die zahlreichen Anregungen und Hilfen, die sie mir während meines Studiums zukommen ließen. (Promotionsakte Tsen)

Mit seiner Arbeit „Algebren über Funktionenkörper" befand Tsen sich ganz in der Tradition der Noether-Schule (Tsen 1934), gehörten doch Algebren seit der Publikation des Hasse-Brauer-Noether-Theorems, dessen Entstehung im Jahr 1932 im dritten Kapitel nachgezeichnet wird, zu einem der großen Forschungsfelder. Dies hob auch Noether in ihrer Begutachtung hervor und bezeichnete die Forschungen als interessant und wichtig, auf denen weitere Arbeiten von Witt, Artin und ihr selbst aufgebaut hätten. Noether sah Tsen als einen der Vertreter der modernen Algebra, wie ihr Gutachten deutlich zeigt und der Beginn der modernen Algebra in China[51] bestätigt:

> Der erste Teil … ist … völlig unabhängig von mir entstanden, sowohl in Fragestellung wie Methode. Verfasser zeigt zugleich, daß er sich in die modernen, algebraischen Fragestellungen ganz hineingedacht hat. (Ebenda)

Die mündliche Prüfung Tsens im Dezember 1933 führte Herglotz, Noether vertretend, durch. Vorbeck schloss seine Arbeit im darauf folgenden Jahr mit einem ebenfalls in der Algebrentheorie liegenden Thema über „Nichtgaloissche Zerfällungskörper einfacher hyperkomplexer Systeme" ab (Vorbeck 1935). Ausdrücklich dankte er in seinem Lebenslauf Noether für die vielen Anregungen und Ratschläge (ebenda, S. 1). Noether verfasste das Gutachten für Vorbeck im April 1934 in Bryn Mawr und schrieb:

> Die Einzeldurchführung rührt aber nach diesen und einigen weiteren Richtlinien ganz vom Verfasser her; sie verlangt ein starkes Eindringen in den Stoff und neuartige Rechenmethoden. (Noether, Promotionsakte Vorbeck)

In Göttingen war F. K. Schmidt, ein Schüler Krulls und Verfechter der Noether'schen Mathematik, für Vorbeck als Referent zuständig:

> In der Beurteilung der Arbeit schließe ich mich beiliegendem Gutachten von Frl. Prof. E. Noether an, die das Thema gewählt und den Verf. bis zum Abschluss der Arbeit beraten hat. Da es sich nach Angabe von Frl. Noether um eine in der Einzelausführung selbständige Bearbeitung von Gedanken handelt, die Frl. Noether dem Kandidaten mitgeteilt hat, möchte ich als Note das Prädikat ‚gut' vorschlagen. (F. K. Schmidt, Promotionsakte Vorbeck)

[51] Vgl. die biografische Arbeit zu Tsen von Lorenz 1999.

Schilling, ebenfalls bereits ein Doktorand Noethers und noch nicht zum Abschluss gelangt, wechselte nach Marburg, reichte seine Arbeit 1934 dort ein und wurde von Hasse begutachtet und geprüft. In seinem Brief an Noether vom November 1934 ging Hasse auf die Arbeit Schillings ein:

> Schilling habe ich gesagt, dass er Ihnen seine Dissertation zur Prüfung für die Aufnahme in die Mathematischen Annalen zusenden möchte. Ich habe die Arbeit mit Schilling zusammen in mehreren mehrstündigen Sitzungen sehr genau durchkorrigiert und aus einem chaotischen in einen der Vollendung jedenfalls angenäherten Zustand bringen helfen. (Hasse an Noether 19. 11. 1934)

So federte das Netzwerk der Noether-Schule in den ersten beiden Jahren nach Noethers Entlassung und Emigration die akuten Probleme ihrer Doktoranden ab. Noether war ebenfalls noch involviert und bemühte sich bei jedem Einzelnen im Rahmen ihrer Möglichkeiten, den Abschluss herbeizuführen und in eine Publikation münden zu lassen. Hierzu gehörte auch das für Wichmann bei ihrem Besuch in Göttingen im Sommer 1934 geschriebene Gutachten, Koreferent war wiederum F. K. Schmidt. Noether hatte sich, wie sie es schon viele Male zuvor getan hatte, auch um diese Publikation gekümmert. Das geht aus einem Schreiben Wichmanns an den damaligen Dekan der mathematisch-naturwissenschaftlichen Fakultät, den Physiker Robert Pohl, aus dem Jahr 1935 hervor:

> Auf Ihr Schreiben vom 7. 7. bzgl. Verlängerung der Doktorarbeit bitte ich die Frist für die Ablieferung bis zur Fertigstellung des Druckes in d. Annalen zu verlängern, da sich durch Wünsche der Professoren E. Noether und Hasse die Abgabe verzögert hat. (Promotionsakte Wichmann)

Die jüngeren Studierenden suchten andere Orte, um ihre Beschäftigung mit moderner Algebra fortzusetzen. So wechselte etwa Bannow nach Hamburg und Chow zunächst nach Leipzig, um dann ebenfalls nach Hamburg zu gehen. Seine Doktorarbeit, angesiedelt in der algebraischen Geometrie, reichte er dennoch in Leipzig bei van der Waerden ein, der dort seit mehreren Jahren einen Lehrstuhl innehatte. Auch viele der bereits promovierten jungen Mathematiker verließen Göttingen wie etwa Fitting, der mit seinem Stipendium der Notgemeinschaft der deutschen Wissenschaft ebenfalls zu van der Waerden wechselte. Die von den Studierenden in der Petition beschriebenen engen persönlichen und fachlichen Verbindungen nicht nur mit Noether, sondern auch untereinander, brachen zusammen. Der Denkraum Noether-Schule fiel in Deutschland auseinander, auch wenn Noether noch im März 1934 an Alexandroff schrieb:

> Von Göttingen höre ich viel; es algebraisiert sich! Dadurch fühle ich mich eigentlich noch viel stärker zugehörig als die anderen. Im Winter hat F. K. Schmidt fast die ganze Last allein gehabt; er schrieb mir davon wie ‚Herglotz sich über all zurückhält'. Jetzt ist Hasse berufen, der in letzter Zeit glänzende Sachen gemacht hat. … Hasse wird wahrscheinlich Deuring als Privatdozent nach Göttingen nehmen. (Noether an Alexandroff 3. 5. 1934, zitiert nach Tobies 2003, S. 107)

Und im April 1934 konnte sie Hasse zur erfolgten Berufung gratulieren:

> Ich habe dieser Tage durch F. K. Schmidt gehört, daß Sie jetzt den Ruf nach Göttingen wirklich bekommen haben, und möchte Ihnen sagen wie sehr ich mich darüber freue! Jetzt bleibt Göttingen doch Mittelpunkt! Herzlichen Glückwunsch! (Noether an Hasse 26. 4. 1934)

Welch Optimismus spricht aus den beiden Briefen Noethers und Hasse sollte alles richten. Berufen als Nachfolger Weyls wurde Hasse auch sein Nachfolger als Institutsdirektor, doch waren seine Handlungsmöglichkeiten beschränkt. Der erklärte Nationalsozialist Erhard Tornier wurde 1934 als Nachfolger Courants eingestellt und war als zweiter Institutsdirektor gewissermaßen Hasses Kontrolleur. Wie sehr sich Hasse im Laufe der Jahre durch Tornier bedrängt gefühlt hat und wie sehr er die Verantwortung empfand, Göttingens mathematische Bedeutung zu erhalten, geht aus einem Brief an Toeplitz hervor:

> Mein Wunsch, mich von hier zu lösen, entspringt keineswegs nur dem Wunsch, der ‚kollegialen' Zusammenarbeit mit T. zu entgehen. … Was mich vielmehr betrübt, ist die Tatsache, dass ich einerseits der mathematischen Welt gegenüber die Verantwortung für den Wiederaufbau Göttingens zu einem mathematischen Platz von Rang trage, mir aber andererseits durch die bestehenden hochschulpolitischen Regelungen fast jeder entscheidende Einfluss auf die personelle Gestaltung hier genommen ist. Dies betrifft nicht nur die Besetzung der Ordinariate, sondern gilt in gleicher Weise für Lehraufträge, Assistenten- und Hilfsassistentenstellen. (Hasse an Toeplitz 18. 4. 1935)

Auch wenn Tornier 1936 nach Berlin wechselte, so war doch sein Einfluss in seiner Göttinger Zeit und sein Agieren gegen Hasse so stark, dass etwa Deuring nicht als Privatdozent nach Göttingen geholt werden konnte.

In den USA wurde Noether sowohl am Frauen-College in Bryn Mawr als auch in Princeton im Institute for Advanced Study willkommen geheißen. Um Noether am College eine angemessene mathematische Umgebung zu schaffen, wurden über Stipendien bereits ausgebildete Mathematikerinnen ans College geholt. Vom Herbst 1933 bis zu Noethers Tod 1935 gehörten zum Kreis der Studentinnen oder, wie Noether sich auszudrücken pflegte, zu den „girls", Vera Ames, verh. Widder, Stauffer, verh. McKee, und Weiss sowie die bereits promovierten jungen Mathematikerinnen Lehr, Shover und Taussky.[52] Shover, die bei MacDuffee an der Ohio State University promoviert hatte, kam im Herbst 1934 mit dem Emmy Noether Fellowship sowie zur gleichen Zeit Weiss, eine noch nicht promovierte Schülerin Mannings, mit dem Emmy Noether Scholarship und Taussky mit einem Stipendium für ausländische Studentinnen aus Göttingen. Weiss und McKee wurden beide durch Noether zu Promotionen angeregt, Weiss konnte ihre Promotion noch bei Noether abschließen, Stauffer wurde 1935 von Brauer, der zu dieser Zeit in Princeton arbeitete, geprüft. In ihrer Rede auf der Beerdigung Noethers beschrieb Lehr die Zusammenarbeit mit empathischen Worten:

[52] Lehr, Weiss, Shover und Taussky wurden später an Colleges und Universitäten Professorinnen für Mathematik.

> We realize now with pride and thankfulness that we saw the beginning of a new ‚Noether family' here. (Lehr 1935, S. 145)

Die Beziehung zwischen Noether und ihren Studentinnen in Bryn Mawr war eng. Für die Studentinnen war Noethers Art des Unterrichtens außergewöhnlich. Ihr Stil, Diskussionsrunden zu führen statt Vorlesungen zu halten und die Studentinnen in den Denkprozess mit einzubeziehen, war faszinierend und inspirierend. Auch der enge persönliche Kontakt durch gemeinsame mathematische Spaziergänge oder in Gestalt von Teeeinladungen war für die Studentinnen ungewöhnlich. Diese familiäre Atmosphäre entsprach der Göttinger Tradition der Noethergemeinschaft, und so wundert es nicht, dass Lehr in ihrer Trauerrede von dem Entstehen einer „Noether family" sprach. Hatte Noether van der Waerden von den Entwicklungen am College und am Institute for Advanced Study berichtet oder kannte er gar die Trauerrede von Lehr, als er in seinem Nachruf von den entstehenden Noether-Schulen in Princeton und Bryn Mawr sprach? Und hatte Noether diese Sicht geteilt? In den Briefen an Hasse äußerte sie sich kritisch über ihre Studentinnen, die mit einer Begeisterung van der Waerden lesen würden, die – nicht von ihr verlangt – bis zum Durcharbeiten aller Aufgaben ginge (Noether an Hasse 6. 3. 1934). Auch ein halbes Jahr später ist Noethers Skepsis in den Briefen immer noch deutlich:

> Ich mache hier [Bryn Mawr] dasselbe, weiblich zugeschnitten, d. h. durch einen mir unheimlichen Fleiß ersetzen die girls, was an Selbständigkeit fehlt – es sind ja dieses Jahr außer Frl. Taussky noch zwei andere mit Stipendium dabei. (Noether an Hasse 31. 10. 1934)

Anders dagegen klang ihre Bewertung des Unterrichts im Institute for Advanced Study, den sie als „Gegengewicht" zu ihrer Lehrsituation in Bryn Mawr sah (Noether an Hasse 6. 3. 1934). Doch auch das Niveau in Princeton konnte nicht an Göttingen heranreichen. Noether las dort von Februar bis April 1934 Darstellungstheorie und wie sie Hasse schrieb:

> Ich habe wesentlich Research-Fellows als Zuhörer, neben Albert und Vandiver, merke aber daß ich vorsichtig sein muß; sie sind doch wesentlich an explizites Rechnen gewöhnt, und einige habe ich schon vertrieben! (Noether an Hasse 6. 3. 1934)

Im Winter 1934/35 folgte ein Seminar zur Klassenkörpertheorie, und darauf aufbauend sollte im nächsten Term der hyperkomplexe Aufbau der algebraischen Funktionen folgen. Zu den Besuchern ihrer Veranstaltungen gehörten Albert, Brauer, Jacobson, von Neumann, Vandiver, Ward und Zariski. Regelmäßig nahm auch Taussky, Noether aus Bryn Mawr begleitend, teil. Auch mit Heinrich Brinkmann am nahe gelegenen Swarthmore College, der dort eine Professur für Mathematik hatte, und möglicherweise mit Hans Rademacher, der im ersten Jahr der Emigration dort ebenfalls eine Anstellung fand, hatte Noether Kontakte.

Zeichnete sich hier eine Fortsetzung der Noether-Schule ab? Sicherlich kann man nicht behaupten, die Noether-Schule sei emigriert oder gar inzwischen in Princeton versammelt. Tatsächlich waren die meisten Mitglieder in Deutschland geblieben und Noethers Doktorand/inn/en waren, wie bereits skizziert, damit befasst, ihr Studium zum Abschluss zu bringen. In seinen Untersuchungen über „Mathematiker auf der Flucht vor Hitler. Quellen und Studien zur Emigration einer Wissenschaft" fragt Siegmund-Schultze nach der Wirkung der mathematischen Emigration für die US-amerikanische Mathematik (Siegmund-Schultze 1998). Unter anderem äußert er sich zur Noether-Schule und der Entwicklung der modernen Algebra:

> Zugleich scheint es aber, als ob gerade durch die Emigration der ohnehin in Gang gekommene Rezeptionsprozess der Noetherschen Algebra in einer Weise verstärkt worden ist, die nun eigentlich mit den konkreten Umständen der Auswanderung von Mathematikern und den von ihnen vermittelten mathematischen Erfahrungen und Kenntnissen nichts zu tun hat. ... In gewisser Weise könnte man sagen, dass die Tatsache der Vertreibungen die Schaffung des Mythos einer (einheitlichen) deutschen Algebra, eben der durch das Noetherschen Denken bestimmten Algebra, förderte. (Ebenda, S. 240 f.)

Die von Siegmund-Schultze angesprochene Gleichsetzung der modernen Algebra in Deutschland mit der von Noether geprägten begrifflichen Auffassung der Algebra durch die amerikanische mathematische Community ist nicht in einem schlichten Sinne personell begründet. So vertrat etwa Artin in Hamburg ebenfalls eine moderne Perspektive, fühlten sich Schüler Schurs wie etwa Brauer diesen modernen Ansätzen verbunden. Vielmehr kann die Identifizierung auch als ein Verweis auf die Wahrnehmung einer bestimmten Denkweise gelesen werden. In seinen weiteren Ausführungen benennt Siegmund-Schultze die „historischen Umstände“, die diese Wahrnehmung befördert haben:

> ... die recht späte und plötzliche ‚Konversion‘ der ausländischen Mathematiker zur abstrakten Algebra, Noethers Emigration in die USA, die in Nazi-Deutschland zuweilen geübte Verfemung von Noethers Theorien als ‚jüdisch‘, die Eigentümlichkeit des Noetherschen Denkstils, Noethers intime Beziehung zur Tradition des deutschen Mathematikers Richard Dedekind ..., innermathematische Stimuli hin auf weitere begriffliche Verallgemeinerungen, van der Waerdens Buch, geschrieben in einem einfachen und verständlichen Deutsch, ... (ebenda, S. 245)

Die Distanz amerikanischer Algebraiker zur modernen Ausrichtung in der deutschen Algebra wurde bereits in Kap. 3.3 bei der Entstehung der Algebrentheorie diskutiert. Diese Haltung hatte sich mit der Emigration zahlreicher deutscher Mathematiker begonnen zu wandeln.[53] Das galt insbesondere für das Institute for Advanced Study. Zudem waren viele der früheren Gäste Göttingens wie etwa Wiener und von Neumann nun in Princeton und hier wie früher in Göttingen Besucher der Vorlesungen Noethers. Andere wie etwa Albert, Jacobson oder Zariski[54] hatten erstmals die Möglichkeit, Lehrveranstaltungen Noethers zu besuchen, ihre Leidenschaft für die Mathematik zu erleben und ihre Auffassungen und Methoden mathematischen Arbeitens aus erster Hand kennenzulernen. Eine zentrale Rolle in der Rezeption moderner algebraischer Auffassungen und der Gleichsetzung mit dem

[53] Vgl. Siegmund-Schultze 1998, S. 240 ff.

[54] Silke Slembeck spricht in ihrem Aufsatz über „On the Arithmetrization of Algebraic Geometry“ vom Einfluss Noethers auf Zariski und ebenso von seiner intensiven Lektüre der „Moderne[n] Algebra“ van der Waerdens und der „Idealtheorie“ Krulls (Slembeck 2013, S. 292). Und so sollte, allgemeiner formuliert, von der Bedeutung des Denkraums Noether-Schule für Zariskis Neukonzeption eines modernen algebraischen Zugangs zur Geometrie gesprochen werden.

Denkraum Noether-Schule kam dem Lehrbuch „Moderne Algebra" zu, das auf Deutsch gelesen wurde.[55] Stauffer berichtete in ihren Erinnerungen über Lektüreerfahrungen und Noethers Unterrichtsstil:

> She [Noether] started by giving us a short assignment in the first volume of Van der Waerden's *Moderne Algebra.* A day or two later she stopped by the seminar room and asked me how it was going.‚Well,' said I,‚I'm having trouble knowing how to translate all these technical terms such as Durchschnitt.',Ah-ha,' she said,‚don't bother to translate, just read the German.' That is the way our strange method of communication began. Although we students were far from conversant with the German language, it was very easy for us to simply accept the German technical terms and to think about the concepts behind the terminology. (Stauffer 1983, S. 142) (Hervorhebung i. O.)

Das Lehrbuch wurde nicht nur von Noether selbst in Seminaren genutzt, sondern diente, wie Erinnerungen anderer Algebraiker/innen zeigen, auch amerikanischen Mathematiker/inne/n zur Ausbildung der nächsten Generation.[56] Versteht man das Buch als Manifest des Denkraums Noether-Schule, dann ist eine Gleichsetzung moderner Algebra mit Noethers Auffassungen und Methoden nur konsequent. In Deutschland führten die Emigration Noethers, ihr früher Tod und die Ablehnung einer abstrakten Mathematik durch die Nationalsozialisten zur Zerstörung des Netzwerks der Noethergemeinschaft und zum Ende der Noether-Schule. So lässt sich von einer Schließung des Denkraums in Deutschland als Folge der Ereignisse von 1933 und einer Öffnung der amerikanischen mathematischen Community, die die Entstehung eines neuen Denkraums Noether-Schule ermöglichte, sprechen. Und nicht nur in den USA, auch in anderen Ländern wie Japan, China und der Sowjetunion sind im Laufe der Jahre Mitglieder der Noether-Schule etablierte Mathematiker/innen, oft Professor/inn/en geworden, vertraten Noethers begriffliche Auffassung und Methoden sowie den Gedanken der Algebraisierung der Mathematik. Die begriffliche Mathematik wurde weltweit betrieben, der Denkraum Noether-Schule bestand weiterhin und über Emigration und Tod Noethers hinaus.

4.2.2 Die Noether-Schule als Wissenschaftsschule: Ein formales Fazit

In den zu Beginn dieses Kapitels skizzierten biografischen Arbeiten zu Noether sowie in den Darstellungen der Geschichte der modernen Algebra wurde die Bezeichnung Schule unpräzise und mit einer gewissen umgangssprachlichen Vagheit verwandt. Ähnliches zeigt sich auch in anderen wissenschaftshistorischen Forschungen, wenn etwa von der Klein'schen Schule (Scharlau 1989, S. 119), der Sommerfeldschule (Eckert 1993) oder von der Göttinger Schule (Mehrtens 1990, S. 139) gesprochen wird. Wovon ist eigent-

[55] Erstmals wurden die beiden Bände der „Moderne[n] Algebra" 1949/50 ins Englische übersetzt (van der Waerden 1949/50).

[56] Halmos etwa beschrieb in seiner Autobiografie, dass Hazlett die „Moderne Algebra" zur Einführung in algebraische Konzepte verwendetet hatte (Halmos 1985, S. 45).

lich die Rede, wenn der Begriff Schule, wissenschaftliche Schule oder Research School in historiografischen Untersuchungen Verwendung findet? Überraschenderweise ist die Debatte übersichtlich. Zu den Ersten und Wenigen, die sich dieser Fragestellung auch theoretisch angenommen haben, gehört Jack B. Morrell in seiner komparatistischen Studie zu den Schulen der Chemiker Justus von Liebig und Thomas Thomson (Morrell 1972). Er schreibt:

> There is no doubt, for instance, that the expansion of specialization and of good career prospects for trained and qualified specialists was associated with the growth of research schools centered on laboratories in which ambitious disciplines devotedly served an apprenticeship and afterwards produced knowledge under the aegis of a revered master of research. ... I shall postulate a conjectural model of what may be called an ideal research school. ... In trying to postulate and analyse the most propitious conditions under which a laboratory-based research school could flourish in the first half of the nineteenth century, we must clearly take account of the chief elements of such an on-going enterprise whether they were intellectual, institutional, technical, psychological, or financial. Only if we do this can we fully understand what was at the time very much an entrepreneurial activity. (Morrell 1972, S. 2 f.)

Zentrale Elemente seines als idealtypisch entwickelten Modells einer Wissenschaftsschule (research school) sind der Leiter/Kopf (director/master), sein Programm, sein Ansehen und seine Gestaltungsmacht, sein Charisma, die Studierenden, das Forschungsfeld, die Publikationen, die institutionelle Unterstützung und nicht zuletzt die Finanzierung der Labore (ebenda, S. 3 ff.). Grundlage der Überlegungen Morrells sind die Arbeitsbedingungen der Laborwissenschaften des 19. Jahrhunderts, sein Ziel ein Vergleich der beiden chemischen Schulen in ihrer Entstehung und Wirkungskraft, sein Ausgangspunkt der Institutsdirektor bzw. Namensgeber der Schule. Hohe Reputation in der wissenschaftlichen Community, breite Möglichkeiten des Handelns, ausgezeichnete institutionelle Verankerung einschließlich des gesicherten Zugriffs auf materielle Ressourcen sind nach Morrell notwendige Voraussetzungen zur Entstehung, Entwicklung und Etablierung einer Schule. Auch weniger formale Aspekte wie „director's charismatic power", „school's loyalty, cohesion, and confidence", „motives of these student-acolytes" und „esprit de corps" werden von Morrell genannt und in den Vergleich einbezogen (ebenda, S. 4 ff.), sein Hauptaugenmerk aber liegt auf den formalen und damit klar identifizierbaren, quantifizierbaren und bewertbaren Kriterien.

Eine völlig andere Perspektive nimmt das ebenfalls in den 1970er Jahren entstandene, von der Akademie der Wissenschaften Berlin herausgegebene zweibändige Werk „Wissenschaftliche Schulen" ein (Mikulinskij et al. 1977/79). Im Vorwort schreiben die Herausgeber über die Bedeutung der gesellschaftlichen „Aufgabe, das kollektive Schöpfertum in Wissenschaft und Forschung zu untersuchen und zu höchster Effektivität zu führen" (ebenda, S. 7). Diese Sicht auf den Begriff „wissenschaftliche Schule" rückte das Wissenschaftlerkollektiv in den Mittelpunkt, doch nicht als Denkkollektiv im Fleck'schen Sinne verstanden, sondern als Strukturelement einer Gesellschaftsordnung. So liegen die Beiträge zwischen Analysen zu jener Zeit aktueller wissenschaftshistorischer Diskurse, dem Bemühen um begriffliche Präzisierung und der Anwendbarkeit der Forschungsergebnisse auf wissenschaftssteuernde Entscheidungsprozesse. Dieser Ansatz ist in dem weiteren Diskurs zu Schulenbildung kaum aufgegriffen worden.

1981 wird der von Morrell entwickelte Ansatz durch Gerald L. Geison in seinen Überlegungen zu „Scientific Challenge, Emerging Specialties, and Research Schools“ wieder aufgenommen. Geison konzipiert eine nach den von Morrell genannten Kriterien angelegte Tabelle, die fast algorithmisch erlaubt zu entscheiden, ob es sich um eine Wissenschaftsschule handelt und ihren Erfolg in der nachhaltigen Gestaltung wissenschaftlicher Disziplinen oder Fachrichtungen zu bewerten (Geison 1981, S. 24). Er schreibt:

> As should be clear by now, Morrell's schema for an ‚ideal' research school is not really a ‚model' in any very deep sense of the word. It is rather a usefully systematic catalogue of the factors to be considered when examining a research school. More importantly, it illustrates the point that the process of scientific innovation and change can be illuminated by studies focussing on the specific research schools in which specialities find their concrete embodiment. (Geison 1981, S. 26)

In Geisons Interpretation ist Morrells Konzept noch einmal deutlich schematischer geworden. Bei zwölf bis vierzehn erfüllten Indikatoren handle es sich, so Geison, um eine Schule mit nachhaltiger Wirkung (ebenda, S. 24).[57] 1995 findet dieser formalsoziologische Ansatz in den Untersuchungen von Jerome L. Davis zu „The Research School of Marie Curie in the Paris Faculty, 1907–14“ Anwendung (Davis 1995). Davis diskutiert Charisma und Forschungsprogramm Marie Curies, Personalstruktur und Publikationstätigkeit des Labors sowie weitere von Morrell und Geison genannte Punkte, um dann seine Analyse mit einer Tabelle entlang der vierzehn Indikatoren abzuschließen, die in der Zusammenfassung der Ergebnisse den Nachweis der Existenz der Schule Curies bringt. Aus der Sicht historischer Frauenforschung freut dieses Ergebnis, denn es würdigt das Wirken und die Wirkung Curies losgelöst von der Biografie ihres Mannes Pierre Curie. Aus wissenschaftstheoretischer Perspektive erscheint der Ansatz als zu formal. Zwar zeigt er auf, ob und welchen Einfluss und welche disziplinären Gestaltungsmöglichkeiten einer Schule gegeben sind, und vereinfacht in dieser Hinsicht das Leben eines Biografen oder einer Historikerin. Wissenschaftsschulen werden so als eigenständige historische Phänomene erkennbar, die eigener und möglicherweise spezifischer Untersuchung und Untersuchungsmethoden bedürfen. Doch fördert dieser formale Ansatz nicht und fordert auch nicht heraus, die inneren Denkprozesse einer Schule nachzuzeichnen und ihre Wirkungsgeschichte fachlich-inhaltlich zu verfolgen.

---

[57] In seinem Schema nennt Geison folgende Indikatoren: ‚charismatic' leader(s); leader with research reputation; ‚informal' setting and leadership style; social cohesion, loyalty, esprit de corps, ‚discipleship'; focused research program; simple and rapidly exploitable experimental techniques; invasion of new field of research; pool of potential recruits (graduate students); access to or control of publication outlets; students publish early under own name; produced and ‚placed' significant numbers of students; institutionalization in university setting; adequate financial support (Geison 1981, S. 24).

Mit der Herausgabe des Schwerpunktbandes „Research Schools: Historical Reappraisals“ der Zeitschrift „Osiris“ im Jahr 1993 bekommt der wissenschaftshistorische Diskurs zum Schulenbegriff als analytischer Kategorie eine neue Wendung (Geison, Holmes 1993). In seiner Einführung unterstreicht Frederic L. Holmes, welche Bedeutung den Forschungen zu Wissenschaftsschulen zukommen könnte und sollte:

> The studies included in this volume collectively affirm that, despite the problems of definition and scope that surface prominently in then, the nature of research schools has already proved a major opportunity for congent historical exploration. We hope that the volume offers enticing vistas of the historical landscape that such studies might occupy. (Holmes 1993, S. VII)

In den Beiträgen des Bandes wird der Fokus auf das innere Gefüge einer Schule, ihre soziale Struktur sowie die interne und die nach außen gerichtete Wissensvermittlung gelegt. Geison, einer der Initiatoren dieses Sonderbandes, hatte bereits in seinem Artikel von 1981 den Indikatorenansatz als möglicherweise zu schematisch problematisiert und auf die besondere Bedeutung der sozialen Struktur innerhalb einer Schule, die nicht mit formalen Kriterien erfasst werden kann, hingewiesen (Geison 1981, S. 29). In seinem Aufsatz in diesem Band „Research Schools and New Direction in the Historiography of Science“ rückt Geison noch einmal deutlich von dem einst von ihm beförderten formalen Standpunkt ab und schreibt:

> In any case, Morrell's model of the research school has now been widely deployed, extended, and criticized, and this volume should draw still further attention to its virtues while also allowing us to see some of its limitations. … It would be better, Morrell now insists, if we deployed his model ‚heuristically‘ rather than prescriptively. … The research school is, I believe, an uncommonly fruitful unit of analysis for historians of modern science, and Morrell's categories are very useful indeed in the investigation of particular cases – as the contributions to this volume fully attest. … For one thing, the term *research school* now enjoys wide currency in the historical and sociological literature, and it has acquired a reasonably clear and consensual meaning among those engaged in analyses of small scientific collectivities. More important, the term has the distinct advantage of focusing attention on the role of pedagogy and training in such groups. (Geison 1993, S. 227 ff.) (Hervorhebung i. O.)

Im gleichen Band schlägt Kathryn M. Olesko in ihrem Aufsatz „Tacit Knowledge and School Formation“ vor, die Aufmerksamkeit stärker auf inhaltliche Verbindungen zu lenken und den Begriff des „tacit knowledge“ zu nutzen (Olesko 1993). Sowohl in Geisons wie Oleskos Beitrag wird das Augenmerk auf die Bildung wissenschaftlichen Nachwuchses im Kontext einer Wissenschaftsschule gelegt, auf die möglicherweise auch spezifische Ausbildung, auf das durch intensive Zusammenarbeit und Gespräche vermittelte, nicht schriftlich vermittelbare Wissen.

Gemeinsam ist der bisher vorgestellten Literatur, dass es sich bei allen als Beispiele herangezogenen Wissenschaftsschulen um Schulen in naturwissenschaftlichen, in der Regel laborgestützten Disziplinen handelt.[58] Diese Beschränkung auf die Naturwissenschaften

[58] Auch das 1993 erschienene Buch „Die Atomphysiker. Eine Geschichte der theoretischen Physik am Beispiel der Sommerfeldschule“ von Michael Eckert, eine der wenigen deutschsprachigen

begründet die hohe Bedeutung, die den Aspekten der Finanzierung und institutionellen Integration zugewiesen wird. Aus Sicht einer Laborwissenschaft begreiflich, scheint dieses Kriterium dennoch nicht notwendig zu sein. Insbesondere geraten so Schulen in der Mathematik aus dem Blick. Bereits in seinem 2003 erschienenen Aufsatz „Mathematical Schools, Communities, and Networks" streift Rowe dieses Problem, doch liegt sein Fokus auf der Kontextualisierbarkeit und der Notwendigkeit der Kontextualisierung mathematischen Wissens, um zu einem Verständnis seines Entstehungsprozesses zu gelangen (Rowe 2003, S. 113). 2004 ist das Thema mathematischer Schulenbildung Schwerpunkt eines Bandes der „Historia Mathematica". Albert C. Lewis hat in seinem Aufsatz „The Beginnings of the R. L. Moore School of Topology" nicht nur diese spezifische Schule im Blick, sondern sucht vielmehr den Begriff Schule und insbesondere mathematische Schule allgemeiner zu fassen:

> The designation ‚school', though it is freely applied by mathematicians or historians, nevertheless may not be possible to define very precisely. This paper may contribute to a historiographical understanding of the notion of a mathematical school in general, but it tries to determine why mathematicians, who likely did not have a well-formulated definition of the term, nevertheless readily applied it in this particular case. Looking back we can try to delineate the origins and describe something of the nature of the factor which at least came to characterized Moore's school if not to investigate it. It is my hypothesis that the key formative factors are Moore's axiomatic approach to point-set topology and his method of teaching. These factors will be a pervasive but unlying theme in the following account. An overview of Moore's mathematical development is followed by a look at how the school could be defined from an *internal point of view* (its subject and membership) and from an *external viewpoint.* (Lewis 2004, S. 280) (Hervorhebung d. A.)

Lewis stellt die innere Struktur einer Schule und die Außenwahrnehmung durch die wissenschaftliche Community einander gegenüber und demonstriert am Beispiel der Moore-Schule die Notwendigkeit beide Perspektiven zu berücksichtigen, um zu einem Verständnis der Gestaltungsmöglichkeiten einer mathematischen Schule zu gelangen. Die Unbrauchbarkeit bisheriger Definitionsversuche des Begriffs Research School für die mathematikhistorische Forschung problematisiert Karen Hunger Parshall in ihrem, im gleichen Band erschienenen Aufsatz mit dem Titel „Defining a mathematical research school: the case of algebra at the University of Chicago" und schreibt:

> Historians of science have long considered the concept of the ‚research school' as a potent analytical construct for understanding the development of the laboratory sciences. Unfortunately, their definitions fall short in the case of mathematics. Here, a definition of ‚*mathematical* research school' is proposed in the context of a case study of algebraic work associated with the University of Chicago's Department of Mathematics from the University's founding in 1892 through 1945. (Parshall 2004, S. 263) (Hervorhebung i. O.)

Studien zur Schulenbildung, verfolgt einen ressourcenorientierten Ansatz (Eckert 1993). Seine Untersuchungen sind ortsbezogen, d. h. orientiert auf das von Sommerfeld geleitete Institut, auch wenn Labore hier eine untergeordnete Rolle spielten.

Parshalls Kritik bezieht sich auf das insbesondere von Morrell und Geison entwickelte laburorientierte Verständnis von Wissenschaftsschulen. Mathematische Schulen, so Parshall, sind durch ihr inneres Kommunikationsgefüge und die spezifische Form der Zusammenarbeit zwischen ihren Mitgliedern gekennzeichnet:

> First of all, while mathematics has a critical sociological component, it lends itself much more naturally and easily than do the experimental sciences to the individual investigator or to small groups of two or three investigators in collaboration. It is not done in the context of the expensive infrastructure of the laboratory; it does not require the interaction of individuals in *close physical proximity*, central of Geison's definition of a research school; it is linked less by geography and more by the interaction of individuals through ideas. (Parshall 2004, S. 273) (Hervorhebung i. O.)

Parshall äußert sich in diesen Zusammenhang auch zur Noether-Schule:

> It [die Noether-Schule] *is* a school by the definition proposed here, but not by the naïve definition. People in the Noether school were part of Noether's circle rather than those who earned their Ph.D.'s under her, but Noether was a leader with convinced followers. Together, they pursued a common approach, and through their publications others came to recognize theirs as a new and valuable approach. … The ‚Noether school' is also not a school by Morrell's definition, since Noether never had institutional power and had only marginal institutional support. Relative to mathematics, then, the naïve definition is underdefined, whereas Morrell's definition is overdefined. (Ebenda, S. 275) (Hervorhebung i. O.)

Auch wenn ich Parshalls Kritik an dem an formalen Kriterien orientierten Konzept, dass die Spezifika mathematischer Erkenntnis- und Wissensvermittlungsprozesse kaum berücksichtigt seien, folge, teile ich ihr Ergebnis bezüglich der Noether-Schule nicht. Zwar muss Noethers eigene formale Einbindung in die Institution Universität als prekär bezeichnet werden, doch hatten zahlreiche ihrer Schüler/innen, wie im Folgenden unter dem Stichwort Berufsbiografie dargelegt wird, wissenschaftliche Karrieren verfolgt und einflussreiche Positionen inne. Betrachtet man die Gesamtheit der Noether-Schule unter den Aspekten der institutionellen Unterstützung und des Zugriffs auf Ressourcen, so lässt sich auch und gerade auf der Basis einer formalsoziologischen Argumentation begründet von der Noether-Schule sprechen und bedarf keiner zeitgenössischen oder spezifisch mathematikhistorischen Perspektive.

Mit dem Blick auf diesen Band der Historia Mathematica endet nicht nur dieser Exkurs zum Schulenbegriff. Auch die wissenschaftshistorische Debatte über seine Verwendbarkeit und analytische Kraft ist, anders als von Holmes erhofft, nicht intensiviert worden. Festzuhalten ist, dass sich der Begriff einer Research School oder Wissenschaftsschule einer präzisen Definition entzieht und die Herausforderung gerade darin besteht, ihn als etwas prinzipiell Unscharfes dennoch analytisch zu verwenden. Es scheint vielmehr und ganz im Sinne einer begrifflichen Auffassung Noethers notwendig zu sein, ihn den jeweiligen Untersuchungszielen angepasst je neu zu bestimmen. Eines aber verbindet alle Überlegungen: Schulen sind als eigenständige historische Phänomene in den Blick zu nehmen; ihre innere Struktur zu fassen und ihre Möglichkeiten der Gestaltung von Wissenschaft zu untersuchen, sollte ganz im Sinne Holmes Aufgabe wissenschaftshistorischen Tuns sein.

Hierzu gehört auch der Blick auf die beruflichen Entwicklungen der einzelnen Mitglieder der Schule und ihre Einflussnahme auf Forschungsrichtungen, Methodenentwicklungen und Ausbildung des wissenschaftlichen Nachwuchses, zusammengefasst als Berufsbiografie einer Schule.

Die Noether-Schule: Eine Berufsbiografie

Ausgangspunkt der Überlegungen dieses Unterkapitels ist der in der Wissenschaftsgeschichte bisher nicht verfolgte Ansatz, von einer Biografie einer Schule zu sprechen, um den Prozess ihrer Entstehung und Entwicklung als eigenständiges historisches Phänomen betrachten zu können. Mit Noether-Schule wird in diesem Kontext der Personenkreis bezeichnet, der mit Noether gearbeitet hat, bei ihr promovierte oder habilitierte, sich mit ihr sowie untereinander in einem Forschungszusammenhang befand. Mehr als dreißig Mathematiker/innen mit ihren unterschiedlichen Lebensgeschichten und beruflichen Entwicklungen, die sich zu bestimmten Zeiten berührt haben, auseinandergingen und sich auf anderen Ebenen wieder trafen, sind zu betrachten.

So entsteht eine Skizze fachlicher und persönlicher Verbindungen, die sich zu Noether und über sie herstellen lassen und damit die Grundlage zum Schreiben einer Berufsbiografie der Noether-Schule bilden. Verwendung finden quantifizierbare Daten wie etwa die Anzahl der Doktorand/inn/en und Gastdoktoranden Noethers, die Benotung und Publikation der Doktorarbeiten, die von Noether begleiteten oder durch sie inspirierten Habilitationen sowie die beruflichen Entwicklungen ihrer Schüler/innen. Im Anhang sind die entsprechenden biografischen Daten der Personen im Detail zusammengestellt. Einer klassischen Biografie entsprechend folgt die Darstellung den Qualifizierungsschritten akademischer Karrieren. Beim Blick auf die Doktorand/inn/en Noethers müssen die besonderen Zeitumstände berücksichtigt werden. Hierzu gehören, dass bis 1920 die Habilitation und damit auch die offizielle Begleitung von Promotionen Wissenschaftlerinnen nicht gestattet war sowie die Auswirkungen des Ersten Weltkriegs, die frühe Emigration Noethers und ihr plötzlicher Tod. Daraus leitet sich ab, dass diejenigen in die Überlegungen mit einzubeziehen sind, deren Doktorarbeiten von Noether angeregt und begleitet wurden, ohne dass dies in den Promotionsakten vermerkt ist. Noether hatte von 1912 bis 1935, Erlangen und Bryn Mawr mit einbezogen, 26 Doktorand/inn/en. Davon konnte sie nur acht Studierende (Deuring, Dörnte, Fitting, Grell, Hermann, Levitzki, Weber, Witt) in Göttingen vollständig zur Promotion führen, offiziell die Gutachten schreiben und die Prüfungen abhalten. Zwei Studentinnen (Stauffer, Weiss) promovierten in Bryn Mawr bei Noether, doch sie konnte nur Stauffer zum Abschluss bringen (Weiss schloss bei Brauer ab).[59]

Während der Erlanger Zeit wurden zwei Doktorarbeiten (Falckenberg, Seidelmann) durch Noether initiiert und offiziell von M. Noether bzw. von Fischer begleitet. Zwei

[59] In Princeton oder präziser formuliert am Institute for Advanced Study konnte Noether schon aus strukturellen Gründen keine Doktoranden haben, da es sich um ein reines Forschungsinstitut handelte und keine Studenten der Universität an den Seminaren und Vorträgen teilnahmen.

Studenten (Hentzelt, Hölzer) starben vor Ende des Promotionsverfahrens, doch waren ihre Doktorarbeiten abgeschlossen und wurden posthum veröffentlicht. Zwei Mathematiker (Krull, van der Waerden) hatten ihr Studium an anderen Universitäten weitgehend beendet, ihre Doktorarbeiten aber noch nicht abgeschlossen, als sie als Gäste nach Göttingen kamen. Sie nutzten Noethers Auffassungen und Methoden für ihre Forschungen, ihre Arbeiten reichten sie bei ihren Betreuern (Loewy, de Vries) an ihren Heimatuniversitäten (Freiburg, Amsterdam) ein. Als Noether im Herbst 1933 entlassen wurde, hatte sie neun Studierende, die beabsichtigten, in algebraischen Fragestellungen zu promovieren bzw. die Arbeiten bereits angefangen hatten. Drei von ihnen (Tsen, Vorbeck, Wichmann) konnte Noether noch selbst einschließlich der Begutachtung zum Abschluss bringen, die Prüfungen allerdings nicht mehr durchführen. Hier übernahmen Kollegen Noethers (Hasse, F. K. Schmidt, Weyl) diese Aufgabe. Schwarz' Arbeit las sie noch Korrektur, doch die Begutachtung übernahm ebenso wie die Prüfung Weyl. Die anderen (Bannow, Chow, Derry, Schilling, Teichmüller, Ulm) waren gezwungen, sich andere Wege zu suchen, um ihr Studium zum Abschluss zu bringen. Sie fanden diese Möglichkeiten mit einer Ausnahme (Toeplitz) bei anderen Mitgliedern des Denkraums Noethergemeinschaft (Hasse, van der Waerden, Witt).

Die Qualität der Promotionen lag weit über dem Durchschnitt. Bei den zwölf von ihr begutachteten Doktorarbeiten vergab Noether siebenmal die Note ausgezeichnet, viermal die Note sehr gut und einmal gut. Nur zwei dieser Arbeiten blieben unveröffentlicht, acht Arbeiten sowie die Forschungsergebnisse der beiden Verstorbenen wurden in den Mathematischen Annalen publiziert, die beiden anderen ebenfalls in renommierten Zeitschriften („Mathematische Zeitschrift", „Monatshefte für Mathematik und Physik"). Von den aufgrund der politischen Verhältnisse vor 1919 sowie ab Herbst 1933 an einer offiziellen Promotion bei Noether gehinderten Mathematiker/inne/n schlossen zwei mit ausgezeichnet, vier mit sehr gut, einer mit gut und nur einer mit genügend ab. Sechs dieser Dissertationen wurden ebenfalls in bekannten Zeitschriften („Mathematische Annalen", „Journal für reine und angewandte Mathematik") gedruckt.[60] Zusammengefasst haben 17 von insgesamt 20 benoteten Arbeiten die Note ausgezeichnet bzw. sehr gut erhalten, die Durchschnittsnote für mathematische Abschlussarbeiten lag in den 1920er Jahren bei etwa 2,2.[61] Auch die Veröffentlichung in einer Zeitschrift war damals keineswegs selbstverständlich, sondern kann als Indiz für die außergewöhnliche Qualität der Forschungsergebnisse gelesen werden.

Von den Genannten 24 blieben 19 Mathematiker/innen weiterhin wissenschaftlich tätig, zehn habilitierten sich und erwarben damit die formale Voraussetzung für eine Berufung an eine deutsche Universität. Alle blieben der modernen Algebra verbunden, sei es, dass ihre Forschungen im Bereich der Algebra blieben oder sie algebraische Ansätze in

[60] Die Arbeiten der Gastdoktoranden sowie der Doktorandinnen in Bryn Mawr sind mit Ausnahme von van der Waerdens Untersuchung zur algebraischen Geometrie nicht publiziert.

[61] Vgl. Tobies 2010, S. 121.

andere Disziplinen einführten. In manchen der Habilitationsschriften, der Gutachten oder der den Anträgen auf Habilitation beigefügten Lebensläufen wurde auf den Einfluss Noethers verwiesen (z. B. Krull, van der Waerden, Weber), in anderen vermittelt sich die Einbindung in den Denkraum Noether-Schule über die methodischen Ansätze (z. B. Deuring, Grell). Wird noch Schmeidler als ein Habilitand Noethers hinzugenommen, so sind die Berufsverläufe von 20 mathematisch tätigen Wissenschaftler/inne/n zu betrachten. Alle setzten ihre wissenschaftliche Karriere fort. Manche wurden zunächst Privatdozenten an deutschen Hochschulen oder waren als Assistenten an ausländischen Universitäten tätig. 16 der genannten Mathematiker/innen (Chow, Derry, Deuring, Grell, Falckenberg, Hermann, Krull, Levitzki, Schilling, Schmeidler, Tsen, Ulm, van der Waerden, Weber, Weiss, Witt) erhielten Rufe an Universitäten in China, Deutschland, Israel, Japan, Kanada sowie den USA. Zwei von ihnen verstarben früh (Fitting, Teichmüller), zwei arbeiteten wissenschaftlich in anderer Tätigkeit (Stauffer, Schwarz).

Die Verbundenheit mit dem Denkraum Noether-Schule stellte sich nicht nur über die formale Anbindung durch die Promotion bzw. Habilitation her. Zahlreiche Studierende oder junge Wissenschaftler/innen besuchten bei Noether in Göttingen, Bryn Mawr oder Princeton Lehrveranstaltungen, ohne dass sich daraus formale Verbindungen ergaben. Sie befanden sich in unterschiedlichen Phasen ihres Qualifikationsprozesses, studierten noch (z. B. Mac Lane), hatten bereits promoviert (z. B. Ames, Hazlett, Lehr, Taussky, Weil) oder habilitierten sich gerade (z. B. Gröbner, Hopf). Manche hatten Stipendien (z. B. Dubreil, Kapferer, Zariski), andere eine Assistenzstelle (z. B. Lehr, Taussky) oder bereits eine Professur (z. B. Alexandroff, Hasse) inne. Ihre Verbundenheit mit Noether lässt sich über zeitgenössische Dokumente wie Briefe, autobiografische Texte oder mathematische Publikationen zeigen.

Auch die in mehreren Universitäten (Freiburg, Leipzig, Moskau, Tokio, Yale) entstandenen Zweigstellen der Noether-Schule müssen in den Blick genommen werden, wenn es darum geht, die Breite der Einfluss- und Gestaltungsmöglichkeiten zu skizzieren. Die Entstehungsprozesse sind vergleichbar: Sie begannen mit Mathematikern (Krull, van der Waerden, Alexandroff und O. Schmidt, Shoda, Ore), die engen Kontakt zu Noether in ihrer Göttinger Zeit hatten, und, inspiriert von begrifflichen Auffassungen und Methoden, diese an anderen Universitäten weiter verbreiteten. Es folgten regelmäßige Kontakte mit Noether, brieflich und durch weitere Gastaufenthalte in Göttingen, im Moskauer Fall auch von Noether dort. In Moskau wurde 1930, in Tokio 1931 ein Seminar für moderne Algebra gegründet. Zahlreiche Mathematiker können auf der Grundlage ihrer biografischen Entwicklungen und der in zeitgenössischen Dokumenten auffindbaren Verbindungslinien als Mitglieder von Zweigstellen genannt werden: in Freiburg z. B. Baer, Kapferer, F. K. Schmidt, Scholz; in Leipzig z. B. Chow, Deuring, Fitting; in Moskau z. B. Kurosch, Pontrajagin; in Tokio z. B. Yasuo Akizuki, Shinziro Mori, Zyoiti Suetuna; in Yale z. B. Deuring, Engstrom, Mac Lane.

Die Berufsbiografie abschließend sei auf „The Mathematics Genealogy Project" eingegangen.[62] Der Gedanke einer Genealogie, der Konstruktion eines mathematischen Stammbaums, ist in diesem Projekt systematisiert worden. Formale Beziehungen, hergestellt über die Promotion, bilden die Grundlage. Mathematiker/innen mit ihren Doktorand/inn/en und Betreuer/inne/n sind genannt und werden zu Stammbäumen verknüpft. Die Anzahl ihrer mathematischen Nachkomm/inn/en berechnet sich rekursiv über die Doktorand/inn/en der Doktorand/inn/en.

Anfang der 1930er Jahre hatte Noether diesen Gedanken formuliert, als sie an Alexandroff schrieb, dass sie sich gegenüber F. K. Schmidt, dessen Promotion durch Krull angeregt worden war, als „Großmutter" fühle (Noether an Alexandroff, zitiert nach Tobies 2003, S. 105). Noether werden im April 2015 in dem Mathematics Genealogy Project 14 Doktorand/inn/en zugewiesenen (Deuring, Dörnte, Fitting, Grell, Hermann, Levitzki, Schilling, Schwarz, Stauffer, Tsen, Vorbeck, Weber, Wichmann, Witt). Rund die Hälfte von ihnen führte wiederum Studierende zur Promotion. Hieraus ergeben sich für Noether dem Ansatz des Projekts entsprechend 1122 Nachkomminnen, davon 74 Enkel/innen. Die meisten Doktorand/inn/en betreute Deuring mit 43 abgeschlossenen Promotionen, von denen wiederum zahlreiche Doktorarbeiten betreut wurden, sodass für Deuring 616 Nachkomm/inn/en angegeben sind.

Bereits mit Schilling, Schwarz und Stauffer sind Mathematiker/innen genannt worden, deren Promotionen nicht offiziell von Noether zum Abschluss gebracht worden waren. Entsprechend sollten als weitere Namen Bannow, Chow, Derry, Falckenberg, Krull, Seidelmann, Teichmüller, Ulm und van der Waerden in Verbindung mit Noether genannt und in die Berechnung von Nachkomm/inn/en einbezogen werden. Nicht für alle gibt es bisher einen Eintrag in der Datenbank, nicht alle hatten die Möglichkeit, Studierende zu betreuen. Für Krull und für van der Waerden allerdings werden 41 bzw. 27 betreute Promotionen gezählt, woraus sich 411 bzw. 1233 Nachkomm/inn/en errechnen. Die Überprüfung aller Genannten weist weitere 76 Enkel/innen Noethers, Doktorand/inn/en ihrer Schüler/innen, nach. Insgesamt hatte Noether 150 Nachkomm/inn/en der zweiten Generation. Summiert ergeben sich aus diesen Daten 2926 Nachkomm/inn/en Noethers. Um die Zahlen etwas einordnen zu können, sei Noethers Göttinger und 1933 ebenfalls in die USA emigrierter Kollege Courant exemplarisch in den Blick genommen. In dem Mathematics Genealogy Project werden insgesamt 13 Doktorand/inn/en gezählt, die er bis zu seiner Emigration zur Promotion führte sowie 144 Enkel/innen und 1828 Nachkomm/inn/en. Ist mit der namentlichen Nennung von rund 3.000 Nachkomm/inn/en Noethers die Ausdehnung des Denkraums Noether-Schule quantifizierbar geworden? Die in den zeitgenössischen Dokumenten häufig zu findende Formulierung, „alle jüngeren Algebraiker" seien durch die Schule Noethers gegangen, bekommt jetzt jedenfalls einen numerischen Gehalt.

[62] Das Projekt wurde 1997 als frei zugängliche Datenbank zur Erfassung aller Promotionen in Mathematik und angrenzenden Fächern wie etwa der theoretischen Physik an der North Dakota State University ins Leben gerufen. April 2015 waren 187.433 Personen namentlich sowie mit den Themen ihrer Doktorarbeiten erfasst (www.genealogy.math.ndsu.nodak.edu, 4. 4. 2015).

Ein Fazit

Am Ende dieses Unterkapitels kann die Frage geklärt werden, ob nach den Kriterien, wie sie von Morrell und Geison für experimentelle Wissenschaften entwickelt wurden (Geison 1981, S. 24), es auch für die Noether-Schule zulässig ist, von einer Wissenschaftsschule in einem formalen Sinne zu sprechen. Zu den von Geison genannten 14 Kriterien im Einzelnen: Vom Charisma und der Reputation Noethers sowie der Intensität der persönlichen Beziehungen – Geison spricht von „social cohesion" und „loyalty" (ebenda) – ist vielfach in den vorhergehenden Kapiteln gesprochen worden. Ein klares Forschungsprogramm Noethers – die begriffliche Mathematik – ließ sich ebenso wie die Entwicklung spezifischer Arbeitsweisen bestimmen, wie insbesondere die Untersuchungsergebnisse des zweiten Kapitels zeigen. Die Überlegungen zur Entwicklung neuer Labortechnologien lassen sich auf die Mathematik übertragen, wenn mathematische Beweistechniken, wie in Kap. 3.2 diskutiert, als Werkzeuge im Konstruktionsraum Mathematik und ihre Entwicklung als Herstellung neuer Apparaturen verstanden werden. Im zweiten Kapitel sind aus den begrifflichen Auffassungen sich ableitende Methoden, wie sie in der Noether-Schule verfolgt wurden, dargestellt. Neue Forschungsfelder wie etwa die Algebrentheorie und die Idealtheorie, das zeigen das zweite und dritte Kapitel, entstanden; auf ihre weitere Entwicklung von der Zeitschrift- zur Handbuchwissenschaft wird in den Kap. 5.1 und 5.2 genauer eingegangen. Im Laufe ihres Wirkens in Göttingen, das ist das Ergebnis der personellen Bestimmung der Noether-Schule, hatte Noether nicht nur eine ganze Reihe von Doktorand/inn/en, sondern ebenso zahlreiche junge Mathematiker/innen nicht nur in ihren Forschungen gefördert, sondern mit ihnen zahlreiche sich aus den eigenen Forschungsvorhaben ergebene Fragestellungen verfolgt. Noether war kein offizielles Redaktionsmitglied der „Mathematischen Annalen", doch de facto als solches tätig. Ebenso schrieb sie zahlreiche Rezensionen, sodass insgesamt von einem großen Einfluss Noethers auf die Rezeption algebraischer bzw. mathematischer Publikationen gesprochen werden kann. Die Frage nach einer frühen Publikationstätigkeit ihrer Schüler/innen ist mit dem Hinweis auf die Veröffentlichungen der Doktorarbeiten beantwortet. Einigen der zahlreichen im Kontext der Noether-Schule entstandenen Berichte und Lehrbücher wird sich das folgende Kapitel zu wenden. Die institutionelle Einbindung der meisten Schüler/innen, wie die vorgehende Zusammenstellung und die Einzelbiografien im Anhang zeigen, und damit der Noether-Schule in Gesamtheit ist außergewöhnlich gewesen, sodass auch das Kriterium „produced and ‚placed' significant numbers of students" als erfüllt bezeichnet werden kann. Nur die beiden letzten Kriterien einer institutionellen Verankerung und eines gesicherten Rückgriffs auf materielle Ressourcen – für Laborwissenschaften existenziell – sind nicht erfüllt, insofern als Noether zwar professorales Mitglied des Instituts war, doch nicht über die vollen formalen Rechte einer Professur verfügte und ebenso wenig auf institutionelle Ressourcen wie etwa Gelder für Assistent/inn/en zurückgreifen konnte.

Zusammengefasst zeigen die Ergebnisse der vorhergehenden Kapitel und die Zusammenstellung der Berufsbiografie, dass ganz einer formalen Argumentation nach Morrell und Geison folgend es sich bei der Noether-Schule um eine Wissenschaftsschule mit nachhaltiger Wirksamkeit handelt. In der Summe sind von den 14 von Geison in seinem Schema formulierten Kriterien zwölf erfüllt, woraus sich gemäß der Argumentation Geisons ableitet, dass es sich um eine Wissenschaftsschule mit bleibendem Erfolg, oder wie Geison es ausdrückt, „sustained success" handelt (ebenda, S. 23 ff.). Die Noether-Schule als Wissenschaftsschule zeigt sich als eigenständiger und eigenständig zu untersuchender Forschungsgegenstand der Wissenschaftsgeschichte. Deutlich werden in dieser Analyse ihr Einfluss und ihre Gestaltungsmöglichkeiten erkennbar. Mit diesen die formalsoziologische Diskussion abschließenden Überlegungen sind keine Antworten auf Fragen nach dem inneren Gefüge der Noether-Schule und ihrer Wirksamkeit im Hinblick auf einen Kulturwandel in den Wissensvorstellungen der Mathematik gegeben; auf diese Perspektiven wird im folgenden Unterkapitel genauer eingegangen. Hier aber konnte bereits gezeigt werden, welche Möglichkeiten der Formung mathematischer Wissensvorstellungen sich durch die beruflichen Entwicklungen der Noether-Schüler/innen und die Internationalisierung der Schule ergaben.

4.3 Zur Geschichte einer kulturellen Bewegung

Unter dichter Beschreibung versteht Geertz die Herstellung und Analyse der „Vielfalt komplexer oft übereinandergelagerter oder ineinander verwobener Vorstellungsstrukturen, die fremdartig und zugleich ungeordnet und verborgen sind" (Geertz 1987, S. 15). Diesem Gedanken der sich überlagernden Vorstellungs- oder „Bedeutungsstrukturen" (ebenda) bin ich gefolgt, um die Noether-Schule räumlich, zeitlich und personell zu fassen. Es formten sich kreuzende Bedeutungsschichten heraus, die mit den Begriffen *zeitgenössische Beschreibung*, *biografische Konstruktion*, *personelle Bestimmung* und *Wissenschaftsschule* charakterisiert wurden. Ineinander verwoben und nur bedingt analytisch trennbar entstand eine Annäherung, der Versuch einer dichten Beschreibung des historischen Phänomens Noether-Schule. Im Folgenden seien zwei weitere Bedeutungsschichten, der *Denkraum Noethergemeinschaft* und die Noether-Schule als Teil einer *kulturellen Bewegung*, betrachtet.

Ziel ist es, die innere Struktur der Noether-Schule zu verstehen und konstituierende Elemente sichtbar werden zu lassen. War es Intention der vorangegangenen Kapitel, in einem gewissermaßen formalen Sinne aufzuzeigen, dass es zeitgenössisch begründet sowie historiografisch notwendig ist, von der Noether-Schule zu sprechen, so hat sich im Verlauf der Untersuchungen die Noether-Schule von der Namensgeberin gelöst, sich als eigenständig zu betrachtendes Objekt wissenschaftshistorischer und wissenschaftstheoretischer Forschung herauskristallisiert. In zeitgenössischen Quellen ebenso wie in wissenschaftshistorischen Texten fanden unterschiedliche Bezeichnungen Verwendung: Von Gruppe, Kreis, Zirkel und natürlich Schule sowie ihren englischen Äquivalenten ist die Rede. Diese changierenden Beschreibungen, die je nach Betrachtungsperspektive ihre Bedeutung verändern, stehen für die Herausforderung, die unterschiedlichen Facetten der Noether-Schule analytisch zu fassen. Gemeinsam ist ihnen der Fokus auf den Personenkreis;

das mathematisch Verbindende, die Denkbewegungen zwischen den Personen sind nicht im Blick. Mit der Bezeichnung Denkraum in einer zunächst intuitiven Verwendung habe ich die Aufmerksamkeit auf die Bedeutung gemeinsamer Auffassungen und Methoden zu lenken gesucht. Sich diesen inneren Verbindungen zuzuwenden bedeutet, den Begriff des Denkraums als einem möglicherweise zum Verständnis des inneren Gefüges der Noether-Schule geeigneten analytischen Begriff genauer zu beleuchten. Damit verbunden ist die Rolle Noethers neu zu bestimmen. Zudem kommt mit dem Wechsel von der Bezeichnung Schule zum Begriff der Gemeinschaft das soziale Gefüge als Element des Denkraums in den Blick. Fokussiert die Bezeichnung Denkraum auf die Innenperspektive der Noether-Schule, auf die Wahrnehmung durch ihre Mitglieder in fachlichem wie persönlichem Sinne, so wird mit dem Begriff der kulturellen Bewegung die nach außen gerichtete Sicht eingenommen.[63] Dazu bedarf es einer Klärung der Relationen zwischen Mathematik und Kultur sowie des Konzepts einer Bewegung, die darauf abzielt, einen Kulturwandel in der Mathematik zu erwirken, d. h. einer Schärfung der Begriffe im Hinblick auf den Untersuchungsgegenstand, die Noether-Schule als Teil einer kulturellen Bewegung.

4.3.1 Denkraum „Noethergemeinschaft"

Der Begriff des Denkraums ist durch Flecks „Einführung in die Lehre von Denkstil und Denkkollektiv" inspiriert, und so ist es hilfreich, sich zunächst noch einmal Flecks Begrifflichkeiten und wissenschaftstheoretischen Ausführungen zuzuwenden. Fleck schreibt:

> Wir können also *Denkstil als gerichtetes Wahrnehmen, mit entsprechendem gedanklichem und sachlichem Verarbeiten des Wahrgenommenen, definieren.* Ihn charakterisieren gemeinsame Merkmale der Probleme, die ein Denkkollektiv interessieren; der Urteile, die es als evident betrachtet; der Methoden, die es als Erkenntnismittel anwendet. Ihn begleitet eventuell ein technischer und literarischer Stil des Wissenssystems. (Fleck 1935, S. 130) (Hervorhebung i. O.)

Das Denkkollektiv definiert Fleck kurz und knapp als den „gemeinschaftlichen Träger des Denkstils", sein Verständnis ist funktionell und nicht an den Personen orientiert (ebenda, S. 135). Wissenschaftler/innen sind nicht per se Mitglieder eines Denkkollektivs. Ihre Verbundenheit stellt sich über gleiche Bewertungen wissenschaftlicher Probleme, gleiche Auffassungen über Zugänge und Methoden her. Mitglieder eines Denkkollektivs arbeiten – möglicherweise nur für eine kurze Zeit – an gleichen Fragestellungen, entwickeln gemeinsam Lösungen, teilen den Denkstil. Sie befinden sich in einem aufeinander bezogenen intensiven Diskussionsprozess, Fleck spricht vom intrakollektiven Denkverkehr des esoterischen Kreises des Denkkollektivs (ebenda, S. 138). Diese „innere Abgeschlossenheit" des Denkkollektivs als „besonderer Denkwelt" (ebenda, S. 136) hat

[63] Auf die Bedeutung dieser beiden Perspektiven verwies bereits Lewis in seinen Untersuchungen zur Moore-Schule (Lewis 2008, S. 280), ohne dies genauer auszugestalten.

einen selbstverstärkenden Charakter, der zunehmend weniger Bewegungen im Denken zulässt, im Verlauf der Entwicklung eines Forschungsfeldes geradezu autoritäre Züge annimmt. Fleck schreibt:

> Zugehörig einer Gemeinschaft erfährt der kollektive Denkstil die soziale Verstärkung. … Er wird zum Zwange für Individuen, er bestimmt, was nicht anders gedacht werden kann. (Ebenda, S. 130)

Die Verbundenheit mit einem Denkkollektiv und dem durch dieses Denkkollektiv getragenen Denkstil führt zu einer Gebundenheit an bestimmte Auffassungen und Methoden, die Neues kaum zulässt. Fleck charakterisiert die Situation:

> Jeden intrakollektiven Denkverkehr beherrscht also ein spezielles Abhängigkeitsgefühl. Die allgemeine Struktur des Denkkollektivs bringt es mit sich, dass der intrakollektive Denkverkehr … zur Bestärkung des Denkgebildes führt. (Ebenda, S. 140)

Stärkt der intrakollektive Denkverkehr die Ausrichtung einer wissenschaftlichen Disziplin und befördert die Etablierung bestimmter Forschungsergebnisse und -methoden, so verhindert er zugleich ihre Weiterentwicklung. Damit wird die Frage nach Veränderung und nach wissenschaftlicher Produktivität aufgeworfen. Flecks Antwort ist die Entwicklung des Begriffs des interkollektiven Denkverkehrs:

> Diese Denkstilveränderung – d. h. Veränderung der Bereitschaft für gerichtetes Wahrnehmen – gibt neue Entdeckungsmöglichkeiten und schafft neue Tatsachen. Dies ist die wichtigste erkenntnistheoretische Bedeutung des interkollektiven Denkverkehrs. (Ebenda, S. 144)

Der Rückgriff auf Flecks Konzept hatte sich bereits im dritten Kapitel bei der Analyse der Entstehung des Hasse-Brauer-Noether-Theorems als außerordentlich nützlich erwiesen. Die Denkkollektive der klassischen Algebra sowie der Zahlentheorie wiesen jene „Beharrungstendenz“ auf (ebenda, S. 40), die die Entwicklung neuer und in diesem Fall allgemeinerer Konzepte nicht zuließ. Erst in Verbindung mit den modernen algebraischen Methoden, der strukturellen Perspektive der begrifflichen Mathematik gelang es, neue Wege zu finden, den Hauptsatz der Algebrentheorie zu beweisen. Der interkollektive Denkverkehr erwies sich als produktiv. Die Noether-Schule zeigt sich, wie bereits im ersten Kapitel skizziert, als ein Ort des Zusammentreffens von Denkkollektiven nicht nur der klassischen Algebra und der Zahlentheorie, sondern ebenso der Topologie, der Geometrie und anderer mathematischer Disziplinen. Die Weiterentwicklung einzelner wissenschaftlicher Felder wie etwa der Algebren- oder Idealtheorie als Forschungsrichtungen innerhalb der Algebra sowie der Prozess der Algebraisierung mathematischer Disziplinen sind Ergebnisse der Zusammenführung von Denkstilen. Begriffliche Mathematik stellt sich als eine Denkweise und Geisteshaltung heraus, die in besonderer Weise Denkkollektive und Denkstile verbindet. So wäre es irreführend, die Noether-Schule als *ein* Denkkollektiv, das Denkkollektiv *begriffliche Mathematik*, zu charakterisieren, wenn es darum geht, ihre Kreativität und Produktivität zu verstehen. Vielmehr ist sie ein Ort, der Denkstile verbindet, der neues Denken erlaubt und befördert, ein Denkraum.

Der Begriff *Denkraum* sei definiert als das produktive Zusammentreffen verschiedener Denkstile im kreativen, interkollektiven Denkverkehr. Er gestattet die Offenheit des Denkens und befördert die Auseinandersetzung zwischen verschiedenen Denkstilen mit ihren unterschiedlichen, möglicherweise auch divergierenden Forschungsansätzen und -methoden. Noether ist es gelungen, diesen Raum herzustellen. Und es ist gerade die Spezifik der begrifflichen Mathematik, der „Arbeits- und Auffassungsmethoden" Noethers, die eine Loslösung von etablierten Denkrichtungen erlaubt, befördert, mehr noch, einfordert. Der von Noether geschaffene Denkraum ist von ihren Auffassungen und Methoden der begrifflichen Mathematik geprägt, ohne dadurch „zum Zwange für das Individuum" – in einem disziplinären Sinne verstanden – zu werden. Sein Gegenentwurf ist das von Fleck skizzierte Meinungssystem, das sich als äußerst stabil erweisen kann:

> Ist ein ausgebautes, geschlossenes Meinungssystem, das aus vielen Einzelheiten und Beziehung besteht, einmal geformt, so beharrt es beständig gegenüber allem Widersprechenden. (Ebenda, S. 40)

Und er führt einige Seiten weiter aus:

> Solches stilgemäße, geschlossene System ist keiner Neuerung unmittelbar zugänglich: es wird alles stilgemäß umdeuten. (Ebenda, S. 45)

Ein solches Meinungssystem ist hartnäckig in dem Bestehen auf einmal als richtig Erkanntem und widerständig gegenüber Veränderungen:

> Es ist, als ob mit dem Wachsen der Zahl der Knotenpunkte ... der freie Raum sich verkleinere, als ob mehr Widerstände entstünden, als ob die freie Entfaltung des Denkens beschränkt würde. (Ebenda, S. 111)

Fleck zeichnet das Bild einer etablierten, sich kaum noch entwickelnden Disziplin, deren Freiheitsgrade des Denkens sich mit zunehmendem Erkenntnisfortschritt reduzieren. Ein solches Meinungssystem war die klassische Algebra, für die etwa M. Noether sowie Schur, Hensel und Dickson stehen. Es war ein weit entwickeltes Wissensgebiet, in vielen Details ausgeformt, in sich geschlossen und unflexibel sowie neuen Konzepten und Ideen gegenüber ablehnend. Diese distanzierende Grundhaltung gegenüber Neuerungen schloss eine Ablehnung moderner algebraischer Methoden, die begriffliche Mathematik Noethers, ein. Anders dagegen stellte sich der Denkraum Noether-Schule dar, in dem das Zusammentreffen verschiedener Denkstile im interkollektiven Denkverkehr nicht nur zulässig war, sondern höchst produktiv wurde und etwa zur Entstehung und dem Beweis des Hasse-Brauer-Noether-Theorems führte. In der Radikalität der begrifflichen Auffassungen und Methoden, wie im zweiten Kapitel skizziert, sowie der Freiheit, bisherige Denkgewohnheiten und Denkverbote zu überschreiten, bestand die Attraktion dieses Denkraums. Die Zugehörigkeit zu ihm ist nicht formal fassbar, sondern bestimmte sich über das eigene mathematische Bewusstsein, über die Beherrschung der begrifflichen Methoden und das Vertreten einer begrifflichen Auffassung. Das zeigen die Untersuchungen zur personellen Bestimmung der Noether-Schule im vorhergehenden Kapitel.

Für die junge Mathematikergeneration stand die Noether-Schule für das Aufbegehren gegen Althergebrachtes und die Möglichkeiten, neue Wege zu suchen. Noether und die mit ihr verbundenen Mathematiker/innen bewegten sich in der mathematischen Gemeinschaft zugleich selbstverständlich und mit einem Bewusstsein des Besonderen. Die Mathematik des Denkraums Noether-Schule war seit Mitte der 1920er Jahre zugleich akzeptiert und revolutionär. Alexandroff schrieb in seinem Nachruf:

> We were immediately struck with the fundamental traits of the Noether school: the mathematical enthusiasm of its leader, which she conveyed to all her students, her deep confidence in the importance and the mathematical productiveness of her ideas – a confidence which was far from universally shared even in Göttingen – and the unusual straightforwardness and sincerity of the relations between Noether and her students. (Alexandroff 1936a, S. 106 f.)

Die schöpferische Kraft ihres Ansatzes und Noethers Vertrauen in diese Konzepte und Methoden, ein Vertrauen und eine Leidenschaft, die ihre Studierenden erlebten und teilten, zeigen sich in Alexandroffs Wahrnehmung als zentrale Elemente der Noether-Schule. Vielfach ist in zeitgenössischen Dokumenten wie Publikationen, Briefen oder Gutachten diese enge fachliche und persönliche Beziehung hervorgehoben worden. So hoben die Studierenden in ihrer nach Noethers „Beurlaubung" verfassten Petition die Bedeutung der engen Zusammenarbeit für ihre eigene persönliche mathematische Entwicklung hervor:

> Trotz unserer abweichenden politischen Ansichten sind die persönlichen Beziehungen mit ihr in keiner Weise gestört, woraus sich ergibt, dass sie niemals politischen Einfluss auf ihre Schüler ausgeübt hat. Der enge Zusammenhang, den es ihr zu begründen gelungen ist, zwischen sich und ihren Schülern, und unter den Schülern selbst, beruht auf den großen persönlichen Anregungen, die sie ausübte. Dieser Zusammenhang kann ohne weitere Fühlungnahme kaum auf die Dauer aufrechterhalten werden. Einige Schüler sind schon in diesem Semester an andere Universitäten gegangen. (Bannow et al. 1933)

Die Gemeinsamkeit in mathematischen Auffassungen und Methoden verband sich mit einer engen persönlichen Beziehung zwischen Noether und ihren Studierenden sowie einem Gemeinschaftsgefühl, das am besten mit dem Begriff der *Noethergemeinschaft* charakterisiert wird. Noether selbst schuf diese Bezeichnung, als sie nach ihrer „Beurlaubung" im Mai 1933 begann, ihre Lehrveranstaltungen privat abzuhalten:

> Ich denke, daß ich zwischendurch die ‚Noethergemeinschaft' in der Wohnung versammeln werde. (Noether an Hasse 10. 5. 1933)

Die Noethergemeinschaft war in Göttingen präsent. Alle jüngeren Mathematiker, die in Göttingen studiert haben, seien durch ihre Schule gegangen, schrieb der Züricher Algebraiker Speiser in seinem Gutachten zu Noether (Gutachten Speiser 1933). Aus österreichischer Sicht unterstrich der Mathematiker Rella die Bedeutung der Noether-Schule für die Mathematik:

> Aus Mitteilungen eigener ehemaliger Schüler, die in Göttingen ihre mathematische Ausbildung fortgesetzt haben, ist mir bekannt, daß Frl. Noether in ihrer impulsiven Art stärksten wissenschaftlichen Einfluss im persönlichen Verkehr auf junge Mathematiker auszuüben

> imstande ist, was ja durch die große Zahl bedeutender junger Algebraiker in Deutschland erwiesen ist, die sich wohl fast sämtlich als ihre persönlichen Schüler bekennen und oder mindestens durch ihre Arbeiten zu eigenen Forschungen angeregt wurden. (Gutachten Rella 1933)

Nicht nur die erkennbare, fachlich herausragende Bedeutung ihrer Schüler/innen, wie sie unter dem Stichwort Berufsbiografie aufgezeigt wurde, sondern auch das persönliche Auftreten der Mitglieder sorgte seit Ende der 1920er Jahre für die Sichtbarkeit der Noethergemeinschaft. Courant beschrieb die Inszenierung des Besonderen:

> Sie [Noether] kümmerte sich mit Hingabe um ihre Studenten, die mit allen ihren Problemen, persönlichen wie mathematischen, Rat bei ihr suchten. Vor allem bei den russischen Besuchern war sie sehr beliebt. Als diese damit begannen, in Hemdsärmeln in Göttingen herumzugehen – eine bedenkliche Abweichung von der korrekten Kleidung eines Studenten – nannte man diese neue Mode *‚die Uniform der Noether-Garde‘*. (Courant zitiert nach Reid 1979, S. 152) (Hervorhebung d. A.)

Es war die mathematische Elite, die zukünftige Avantgarde, die bei Noether studierte. Das war das Verständnis der Noethergemeinschaft, das von ihren Mitgliedern auch nach außen getragen wurde. Junge Mathematiker/innen, gegen traditionelle Zugänge und Denkgebote revoltierend, fanden in der von Noether vertretenen Auffassung über Mathematik Antworten auf ihre Suche nach neuen Konzepten. Diese Abgrenzung, eine Auflehnung der Jugend gegen tradierte Auffassungen über Mathematik, der Bruch mit der vorhergehenden Generation war identitätsstiftend und verband ihre Mitglieder in dem gemeinsamen Wunsch der Neugestaltung von Mathematik. Weyl beschrieb in seinem Nachruf die Noethergemeinschaft:

> She lived in close communion with her pupils; she loved them, and took interest in their personal affairs. They formed a somewhat noisy and stormy *family*, *‚the Noether boys‘* as we called them in Göttingen. (Weyl 1935, S. 210) (Hervorhebung d. A.)

Gehörte zum Nimbus des Besonderen, des Außergewöhnlichen, das die Mitglieder der Noethergemeinschaft aus der Masse der Studierenden hervorhob, auch das Faktum, bei einer Professorin, bei einer Frau zu studieren? Diese Frage lässt sich auf Grundlage zeitgenössischer Quellen kaum oder nur mittelbar beantworten. Allein in Weyls Nachruf, darauf wurde bereits im Kap. 1.4.2 eingegangen, finden sich mehrere Hinweise, so, wenn er bemerkte, dass aus Respekt vor Noethers intellektueller Kapazität in Göttingen von „dem Noether“ gesprochen worden sei (ebenda, S. 219). Dieses Absprechen oder Umdeuten des Geschlechts lässt sich als Umgang Weyls mit der Problematik einer von ihm als überlegen wahrgenommenen Wissenschaftlerin interpretieren, über die er schrieb, „whom I knew to be superior as a mathematician in many respects“ (ebenda, S. 208).[64] Das mag für die Mehrzahl seiner Kollegen gleichfalls gegolten haben. Auffällig und in diesen Kontext gehörend ist das vielfach in Nachrufen und Erinnerungen herangezogene Bild der

[64] Vgl. dazu Koreuber 2010, S. 144 ff.

Mütterlichkeit Noethers, das gleichfalls als Umdeutung in der Auseinandersetzung mit ihrem Geschlecht, hier aus der Perspektive ihrer Schülerschaft, verstanden werden kann. Es steht zugleich für die engen persönlichen Beziehungen zwischen Noether und ihren Schüler/inne/n. Auch Weil zeichnete dieses Bild in seinen Erinnerungen an die Studienjahre 1926/27 in Göttingen. In seiner Autobiografie „Lehr- und Wanderjahre eines Mathematikers" schrieb er:

> Emmy Noether hatte voller Güte die Rolle der Ziehmutter und Beschützerin übernommen und gluckte unentwegt inmitten einer Gruppe, in der sich vor allem van der Waerden und Grell hervortaten. Ihre Übungen hätten durchaus nützlich sein können, wenn sie weniger chaotisch gewesen wäre. Trotzdem habe ich mich hier und in Gesprächen mit ihren *Jüngern* mit dem, was man ‚moderne Algebra' zu nennen begann … vertraut gemacht. (Weil 1993, S. 54) (Hervorhebung d. A.)

Wenn Weil sich zwar etwas spöttisch über Noethers „Jünger" äußerte und Noethers Unterricht kritisierte, so war es dennoch genau der Ort, der Denkraum Noethergemeinschaft, an dem er begonnen hatte, sich mit modernen algebraischen Konzepten zu befassen. Weil war einer der Begründer der Bourbaki-Gruppe, die Anfang der 1940er Jahre einen erheblichen Anteil an der Formung und Etablierung einer strukturellen Perspektive auf die Mathematik hatte.[65] Die Ursprünge der Überzeugung Weils von der Notwendigkeit eines strukturellen Zugangs zur Mathematik lagen auch in der Auseinandersetzung mit begrifflicher Mathematik in Göttingen.

In Noethers Lehrveranstaltungen geschah Mathematik, entwarf sie ihre neuesten Konzepte und Theorien und ihre Hörer/innen hatten Anteil an diesem Geschehen, konnten spüren, welche Lust und Freude die Beschäftigung mit Mathematik bedeuten kann. Mitglied der Noethergemeinschaft zu sein war für die jungen Mathematiker/innen von besonderer Bedeutung. Die jungen Wissenschaftler/innen erlebten nicht nur das Entstehen neuer mathematischer Konzepte, sie erlebten sich selbst als Teil dieses Diskurses. Und es war nicht nur die nächste Generation, die sich noch in der Ausbildung befindenden Algebraiker/innen, die Noethers Ideen als Aufbruch gegen überkommenes Denken empfand. Viele bereits ausgewiesene Mathematiker/innen waren nach Göttingen gekommen, um moderne Mathematik zu lernen, und fanden diese bei Noether in radikaler Form vertreten. Ihre inspirative Kraft zu erleben, Anregungen für die eigene Arbeit zu gewinnen, Ansätze für neue Untersuchungen aufzunehmen, das führte auch zahlreiche Gäste in ihre Seminare und einte die Besucher/innen in dem gemeinsamen Erleben des Entstehens von Mathematik. Hierzu gehörten z. B. Dubreil, Gröbner, Hopf, Shoda und natürlich Alexandroff. Aber auch andere Gäste des mathematischen Instituts wie etwa von Neumann oder Wiener waren an den von Noether initiierten Gesprächsrunden beteiligt. Alexandroff erinnerte in seinem Nachruf daran:

[65] Vgl. Mac Lane 1981, S. 20 ff.; Beaulieu 1994 und Corry 2004, S. 289 ff.

> Many lively mathematical discussions were carried on at these parties [in ihrer Wohnung], but there was also a lot of just good fun and joking, and sometimes good Rheinwine and other delicacies. (Alexandroff 1936a, S. 111)

Noethers mathematische und persönliche Präsenz, ihre Leidenschaft für die Mathematik, ihre Lust, jederzeit, sei es im mathematischen Institut, auf Spaziergängen oder Wanderungen, in der Göttinger Badeanstalt, auf Festveranstaltungen oder privaten Partys über mathematische Themen zu diskutieren, ihre Fähigkeit, andere zu inspirieren, ihre jeweilige mathematische Entwicklung zu fördern und die eigenen Ideen weit zu streuen sind wesentliche Momente im Verständnis der Rolle Noethers im Denkraum Noethergemeinschaft. Noether inszenierte das Sprechen über Mathematik. Sie brauchte und suchte das Gespräch, um ihre Gedanken zu entwickeln, und war in diesen Gesprächen zugleich inspirierend für ihr Gegenüber.

Das Dialogische als konstitutives Element des Denkraums Noether-Schule

Noethers Vorlesungen, ihre Texte, ihre Auffassungen, ihre Methoden und Arbeitstechniken lassen sich als dialogisch beschreiben und so auch ihre Zusammenarbeit mit anderen. Dabei umfasst diese Bezeichnung sowohl den auf ihre Schriftsprache bezogenen Begriff der Dialogizität wie die Charakterisierung ihres Sprechens über Mathematik als Dialog. Um diesen Gedanken plastisch werden zu lassen, sei noch einmal auf Flecks bereits in der Einleitung zitierte Darstellung wissenschaftshistorischen Arbeitens zurückgegriffen:

> Es ist sehr schwer, wenn überhaupt möglich, die Geschichte eines Wissensgebietes richtig zu beschreiben. Sie besteht aus vielen sich überkreuzenden und wechselseitig sich beeinflussenden Entwicklungslinien der Gedanken, die alle erstens als stetige Linien und zweitens in ihrem jedesmaligen Zusammenhange miteinander darzustellen wären. Drittens müsste man die Hauptrichtung der Entwicklung, die eine idealisierte Durchschnittslinie ist, gleichzeitig separat zeichnen. Es ist also, als ob wir ein *erregtes Gespräch*, wo mehrere Personen gleichzeitig miteinander und durcheinander sprachen, und es doch einen gemeinsamen herauskristallisierenden Gedanken gab, dem natürlichen Verlauf getreu, schriftlich wiedergeben wollten. (Fleck 1935, S. 23) (Hervorhebung d. A.)

Die Noether-Schule ist Teil der Geschichte des Wissensgebiets der modernen Algebra. Folgt man Fleck, so ist die Beschreibung seiner Entwicklung der Versuch, intensiv geführte Debatten niederzuschreiben. Und doch kann nichts treffender den Denkraum Noethergemeinschaft charakterisieren als die Formulierung „erregtes Gespräch“. Es geht um das Sprechen und die gemeinsame Arbeit an Problemen und Fragestellungen, das intellektuelle Ringen um neue mathematische Zugänge. Spreche ich vom *Dialogischen* als konstitutivem Element der Noether-Schule, so bezieht sich dieses Attribut auf vier Ebenen: den besonderen mathematischen Schreibstil Noethers, die aus der begrifflichen Auffassung abgeleiteten Methoden, die ungewöhnliche Art und Weise Noethers zu lehren sowie die spezifische Form der Zusammenarbeit mit ihr.

Zunächst sei an die Untersuchungen des zweiten Kapitels erinnert. In der Analyse insbesondere der „Idealtheorie in Ringbereichen", aber auch anderer Veröffentlichungen Noethers zeigte sich, dass diese Texte durch einen für mathematische Publikationen ungewöhnlichen Schreibstil zu charakterisieren sind, der in Anlehnung an Bachtin als Dialogizität bezeichnet wurde. Noethers Auffassung von Mathematik stellte die Begriffe, ihre präzise Bestimmung und Reichweite sowie ihre begrifflichen Zusammenhänge in den Mittelpunkt mathematischen Tuns. In ihrer Darstellung mathematischer Begriffe ging Noether von dem Wissenshorizont einer in begrifflicher Mathematik und modernen algebraischen Auffassungen wenig ausgebildeten Leserschaft aus und suchte durch die Anbindung an „übliche Formulierung[en]" (Noether 1921, S. 25), an eine vertraute mathematische Sprache, ihn in ihrer Gedankenführung mitzunehmen. Das Dialogische ihres Schreibens zeigte sich als didaktisches Konzept, die Leser/innen für ihre spezifische Art des Umgangs mit Begriffen zu gewinnen.

In der durch die begriffliche Auffassung gestalteten Begriffsbestimmung – ein weiteres Ergebnis des zweiten Kapitels – konnte eine aus drei Aspekten bestehende Grundstruktur herausgearbeitet werden: In Anbindung an Vertrautes wählte Noether neue Formulierungen, um Denkbarrieren aufzubrechen, andere Perspektiven zu zeigen und dadurch die charakteristischen Eigenschaften der zu bestimmenden Begriffe sichtbar werden zu lassen. Ohne auf eine präzise, in mathematischer Notation gefasste Definition zu verzichten, ging Noether nach diesem formalen Teil in einen den Begriff diskutierenden Teil über, in dem sie weitere Formulierungsvorschläge anbot, historische Entwicklungen anriss und den Begriff in einen mathematischen Kontext stellte. Mit diesem Dreischritt des *Perspektivwechsel*s, der *formalen* und der *diskursiven Bestimmung* nahm sie ihre Leser/innen in der Auslotung und Schärfung eines mathematischen Begriffs mit, forderte dazu auf, sich von tradierten Vorstellungen zu lösen, methodisch Ungewöhnliches zu wagen und zu neuen Erkenntnissen zu gelangen. Sie trat mit ihrem Gegenüber in ein dialogisches Verhältnis ein. Gleiches gilt für die Formulierung von Sätzen und ihren Beweisfiguren, ebenfalls ein Ergebnis des zweiten Kapitels. Die Dialogizität des Textes war nicht nur ein gewissermaßen didaktischer Kniff, neue Konzepte und unkonventionelle Denkweisen konventionell, d. h. durch Anbindung an Vertrautes zu verpacken. Sie zeigte sich als konstitutives Element begrifflicher Methoden, als Teil des Erkenntnisprozesses.

Bereits im ersten Kapitel ist auf Noethers Lehrstil eingegangen worden. Ihre Vorlesungen waren schwer, ihr Unterrichtstil ungewöhnlich, doch wenn es gelang, Noether in ihre mathematische Welt zu folgen, waren ihre Lehrveranstaltungen von enormer Bereicherung. Noether präsentierte ihr aktuelles Forschungsgebiet, entwarf Theorien und beschäftigte sich nicht damit, aus Übungszwecken Beweise durchzurechnen. In ihren Lehrveranstaltungen entstand Mathematik und die Lust an dieser Auseinandersetzung konnte sie ihrer kleinen, äußerst engagierten Hörerschar in hohem Maße vermitteln. Dieser Enthusiasmus zog ihre Studierenden an und mit, wenn es darum ging, mathematische Hürden zu überwinden. Alexandroff beschrieb in seinem Nachruf ihre Lehre:

> Her lectures were designed for a small circle of students working in the same direction as she and who were in constant attendance. They were by no means suitable for a large mathematical audience. Noether was a poor lecturer, hurried and seemingly confused. But the power of her mathematical thought was great, and she possessed an unusual enthusiasm and passion. (Alexandroff 1936a, S. 104 f.)

Noethers Vorlesungen waren keine glatt geschliffenen Vorträge wie sie etwa Courant hielt.[66] In ihrem Unterricht ging es nicht um das unmittelbare Verstehen mathematischen Stoffs. Vielmehr gelang es Noether zu vermitteln, dass sich der intellektuelle Kraftaufwand, ein tieferes mathematisches Verständnis zu erwerben und damit arbeiten zu können, lohnt. Weyl hob in seinem Nachruf hervor:

> One of the chief methods of her research was to expound her ideas in a still unfinished state in lectures, and then discuss them with her pupils ... And yet she was an inspired teacher. (Weyl 1935, S. 209)

Noether äußerte sich in ihren Briefen an Hasse kritisch über die mathematische Kompetenz ihrer Studentinnen in Bryn Mawr. Dennoch unterrichtete sie dort in der gleichen Weise, wie sie es bereits in Göttingen getan hatte: in Diskussionsrunden und nicht durch Vorlesungen. Stauffer beschrieb in ihren Erinnerungen, wie sie die besondere Art Noethers erlebt hatte:

> Miss Noether's classes were not lectures, they were discussions. Proofs were sometimes presented by us and sometimes suggested by Miss Noether. The strange phenomena, as I look back on it, was *that from our point of view, she was one of us, almost as if she too was thinking about the theorem for the first time.* There was lots of interest and competition and Miss Noether urged us on, challenging us to get our nails dirty, to really dig into the underlying relationships, to consider the *problems from all possible angles.* It was *this way of shifting perspectives* that finally hit home. I must admit that Miss Noether was not the first of my professors who had tried but suddenly the light dawned and Miss Noether's methods were the only way of attacking modern algebra. Miss Noether was a great teacher! (Stauffer 1983, S. 142) (Hervorhebung d. A.)

Diese besondere Fähigkeit, den Leser/inne/n – und ebenso den Hörer/inne/n – das Gefühl zu geben, an der Entstehung von Mathematik beteiligt zu sein, von ihrem Wissenshorizont auszugehen, um sie mitzunehmen, charakterisiert Noethers Publikationen – und ihre Lehre. Mit Dialogizität habe ich ihren Schreibstil bezeichnet, dialogorientiert ist das Analogon für ihren Unterrichtsstil. Auch Weyl unterstrich in seinem Nachruf die Bedeutung des persönlichen Kontaktes mit ihr, ihre stimulierende Kraft, wie er sich ausdrückte:

[66] Spieker, die als studentische Hilfskraft Courants von einigen seiner Veranstaltungen Mitschriften erstellt hatte, erzählte im Gespräch, dass Courants Vorlesungen zwar hervorragend ausgearbeitet gewesen seien, der mathematische Funke aber bei den Vorträgen Noethers übersprang und die Hörer/innen für Mathematik und für die modernen begrifflichen Auffassungen begeisterte (Interview Siefkes 1995).

> He who was capable of adjusting himself entirely to her, could learn very much from her. Her significance for algebra cannot be read entirely from her own papers; she had great stimulating power and many of her suggestions took final shape only in the works of her pupils or co-workers. (Weyl 1935, S. 209)

Noether schien ihre mathematischen Überlegungen, so wirkte es auf ihre Hörer/innen, erst an Ort und Stelle, gewissermaßen im Dialog mit ihnen zu entwickeln. Damit wurden ihre Studierenden Beteiligte am Forschungsprozess, neue Forschungsrichtungen wurden vorgestellt und verhandelt, eigene Forschungsfragen entstanden. Jede der Vorlesungen Noethers sei Programm gewesen, so beschrieb es van der Waerden in seinem Nachruf, ein Programm, das ihre Schüler aufnahmen und in eigene Arbeiten überführten (van der Waerden 1935, S. 476). Noether beschäftigte sich anders als etwa Courant, der in Göttingen mathematische Praktika einführte,[67] nicht mit didaktischen Fragen. Auf eine Einladung zu einer Konferenz über Fragen der Didaktik der Mathematik schrieb sie:

> I always went my own way in teaching and research work, here and abroad and I really could not speak with any authority on the questions you are interested. (Noether an Murrow 30. 1. 1935, zitiert nach Siegmund-Schultze 1998, S. 316)

Lässt sich Noethers Bemerkung über „my own way in teaching" als ein Verweis auf ihre spezifischen Arbeits-und Auffassungsmethoden, auf einen spezifischen Denkstil, den sie zu vermitteln suchte, verstehen? Es war nicht nur eine persönliche Eigenart Noethers, Vorlesungen in Diskussionsrunden zu verwandeln, sondern leitete sich vielmehr aus den die begriffliche Methode charakterisierenden Elementen der Perspektivänderungen und der Diskursivität, wie in Kap. 2.2 entwickelt, ab. Auch Stauffer verwies in ihren Erinnerungen auf die Anforderungen Noethers in den Diskussionsrunden, „problems from all possible angles" zu betrachten, und dass „this way of shifting perspectives" zu den Ergebnissen führte (Stauffer 1983, S. 142).

Fleck nennt das „Denken eine soziale Tätigkeit katexochen, die keineswegs innerhalb der Grenzen des Individuums vollständig lokalisiert werden kann." (Fleck 1935, S. 129). Diese Charakterisierung von Denkprozessen scheint in besonderem Maße für den Denkraum Noethergemeinschaft zuzutreffen. So hob Lefschetz in seinem Gutachten von 1934 diese ungewöhnliche und für die mathematische Community deutlich sichtbare Zusammenarbeit hervor:

> She developed in recent Germany the only school worthy of note in the sense, not only of isolated work but of *very distinguished group scientific work.* (Gutachten Lefschetz 1934) (Hervorhebungen d. A.)

Fleck beschreibt diese enge Form wissenschaftlicher Zusammenarbeit, in der etwas anderes entsteht als in der schlichten Addition von Forschungsergebnissen:

> Gemeinschaftsarbeit kann zweierlei Formen haben: Sie ist einfach additiv, wie z. B. ein gemeinsames Heben einer Last, oder ist eigentliche Kollektivarbeit, bei der es nicht auf die

[67] Vgl. Neugebauer 1930, S. 2.

> Summation der individuellen Arbeiten ankommt, sondern ein spezielles Gebilde entsteht, ... Beide finden sich im Denken vor und speziell im Erkennen. (Fleck 1935, S. 129)

Um das Entwickeln dieser „speziellen Gebilde" geht es, die erst in der Auseinandersetzung mit anderen, im gemeinsamen Denken, im „erregten Gespräch" entstehen und anders nicht entstehen würden. Diese spezifische Art der „Kollektivarbeit" charakterisiert den Denkraum Noethergemeinschaft und beschreibt seine Kreativität und Produktivität. Sie ist nicht nur von Lefschetz, sondern auch in anderen zeitgenössischen Dokumenten herausgestellt worden. Exemplarisch konnte diese enge, ineinandergreifende, aufeinander sich beziehende Entwicklung von Gedanken anhand der Briefe Noethers im Zusammenhang mit der Entstehung des Hasse-Brauer-Noether-Theorems im Kap. 3.3 aufgezeigt werden. Gedankenfragmente, Hinweise auf ältere Briefe, entstehende Publikationen und Briefwechsel mit anderen Mathematikern zeigen die Intensität der Zusammenarbeit, des gemeinsamen Denkens in den Briefen. Sie fand ihren Niederschlag in der gemeinschaftlich verfassten Publikation „Beweis eines Hauptsatzes in der Theorie der Algebren" (Hasse, Brauer, Noether 1932). Hasse war einer der wichtigsten Gesprächspartner Noethers, doch geht aus diesem Briefwechsel ebenso wie aus den Briefen an Alexandroff und an Brandt die Breite ihrer mathematischen Korrespondenz und die Vielzahl ihrer Korrespondenzpartner hervor.[68] Wie mathematisch anregend erst muss der persönliche Kontakt mit ihr gewesen sein – dieses Bild der insbesondere im persönlichen Gespräch wirksam werdenden inspirativen Kraft Noethers durchzieht nahezu alle zeitgenössischen Dokumente. So schrieb Hasse 1933 in seinem Gutachten:

> Die meisten von diesen jüngeren deutschen Mathematikern, die unmittelbar oder mittelbar durch ihre Schule gegangen sind, pflegen durch häufige Besuche in Göttingen und durch das Zusammentreffen auf den Deutschen Mathematikerkongressen einen regen Gedankenaustausch mit ihr, der auf ihre eigenen Arbeiten in besonderem Maße anregend und befruchtend wirkt. (Hasse 31. 7. 1933)

Rowe hat in seinem Artikel „Making mathematics in an Oral Culture: Göttingen in the Era of Klein and Hilbert" auf diese spezifische mathematische Arbeitsatmosphäre aufmerksam gemacht (Rowe 2004), die auch andere Professoren in Göttingen pflegten. Doch Noether schien die Fähigkeit der „allmähliche[n] Verfertigung der Gedanken beim Reden" (von Kleist ca. 1805, S. 1) in außergewöhnlicher Weise beherrscht zu haben. Mehr noch, bezog sie doch ihr Gegenüber in diesen Prozess der Entwicklung von Gedanken mit ein. Es war ein gemeinsames Denken durch Reden, und es entstanden neue Ansätze in den Forschungsfeldern ihrer mathematischen Gesprächspartner/innen. Van der Waerden hatte bereits in seinem Nachruf darauf hingewiesen, dass die Algebra für Noether „nur" das Material war. Um dies noch einmal genauer zu beleuchten, sei Flecks Begriff des Gestaltsehens bemüht. Ausgangspunkt seiner Überlegungen zur Entstehung von Erkenntnissen sind seine eigenen Erfahrungen einer im Labor stattfindenden Forschungstätigkeit:

[68] Vgl. Jentsch 1986 und Tobies 2003.

> Das Beobachten [erscheint] in zwei Typen, mit einer Skala der Übergänge: 1. *als das unklare anfängliche Schauen* und 2. *als das entwickelte unmittelbare Gestaltsehen.* Das unmittelbare Gestaltsehen verlangt ein Erfahrensein in dem bestimmten Denkgebiete: erst nach vielen Erlebnissen, eventuell nach einer Vorbildung erwirbt man die Fähigkeit, Sinn, Gestalt, geschlossene Einheit unmittelbar wahrzunehmen. ... Solche Bereitschaft für gerichtetes Wahrnehmen macht aber den Hauptbestandteil des Denkstils aus. Hiermit ist Gestaltsehen ausgesprochene Denkstilangelegenheit. (Fleck 1935, S. 121) (Hervorhebung i. O.)

Auch wenn Fleck seine Überlegungen auf empirische Wissenschaften bezog [69], so ist der Gedanke des Gestaltsehens auch auf mathematische Erkenntnisprozesse übertragbar. Noethers „Erfahrensein" bezog und beschränkte sich nicht auf ihre Disziplin, die Algebra, sondern lag in der Erfahrung der Anwendung begrifflicher Methoden auf mathematische Fragestellungen und schloss Forschungsfelder wie etwa Geometrie, Topologie oder Zahlentheorie mit ein. Die durch die begriffliche Methode hergestellte Multiperspektivität eines mathematischen Begriffs lässt sich mit Fleck auch als „entwickelte[s] unmittelbarere[s] Gestaltsehen" beschreiben. In seinem Gutachten von 1933 beschrieb Weyl, der sich in seinen Publikationen eher distanziert gegenüber der begrifflichen Mathematik geäußert hatte, Noethers Vorgehen in treffender Weise (Abb. 4.2):

> Die herrschende Tendenz ist vielmehr, die Probleme durch *sehende Gedanken*, durch Vermittlung einer dem Gegenstand möglichst angemessenen Begriffsbildung, statt durch blinde Rechnung zu zwingen. (Gutachten Weyl 1933) (Hervorhebung d. A.)

Als Beispiel für diese „sehenden Gedanken", das erkenntnistheoretisch schwer zu fassende „Gestaltsehen" sei auf die Entstehung der Topologie eingegangen, zu deren sich Ende der 1920er Jahre formierenden algebraischen Gestalt Hirzebruch, einer der führenden Topologen in der zweiten Hälfte des 20. Jahrhunderts, sich äußerte:

> Emmy Noether did not publish a single paper about her ideas concerning the algebraisation of topology. One can only mention [Noether 1926] which is not even printed in her Collected Papers. She speaks in [Noether 1926] about the structure theorem for finitely generated abelian groups and her only reference to topology is ‚...; in den Anwendungen des Gruppensatzes – z. B. Bettische und Torsionszahlen in der Topologie – ist somit ein Zurückgehen auf die Elementarteilertheorie nicht erforderlich.'
>
> The influence of Emmy Noether on the mathematicians around her – also in fields where she did not work herself – could not be shown better than by the case of Alexandroff and Hopf and Algebraic Topology. She published half a sentence and has an everlasting effect through ‚algebraisch-topologische Spaziergänge', attending courses of her young colleagues, discussions and unselfish help. (Hirzebruch 1999, S. 63)[70]

Deutlich ist Hirzebruch die Verblüffung über die Wirkmächtigkeit dieser einen publizierten Anmerkung Noethers zur Topologie anzumerken. Es war Noethers Fähigkeit,

[69] Vgl. Fleck 1935, S. 125.

[70] Hirzebruch bezieht sich hier auf die Arbeit Noethers „Ableitung der Elementarteilertheorie aus der Gruppentheorie" (Noether 1926).

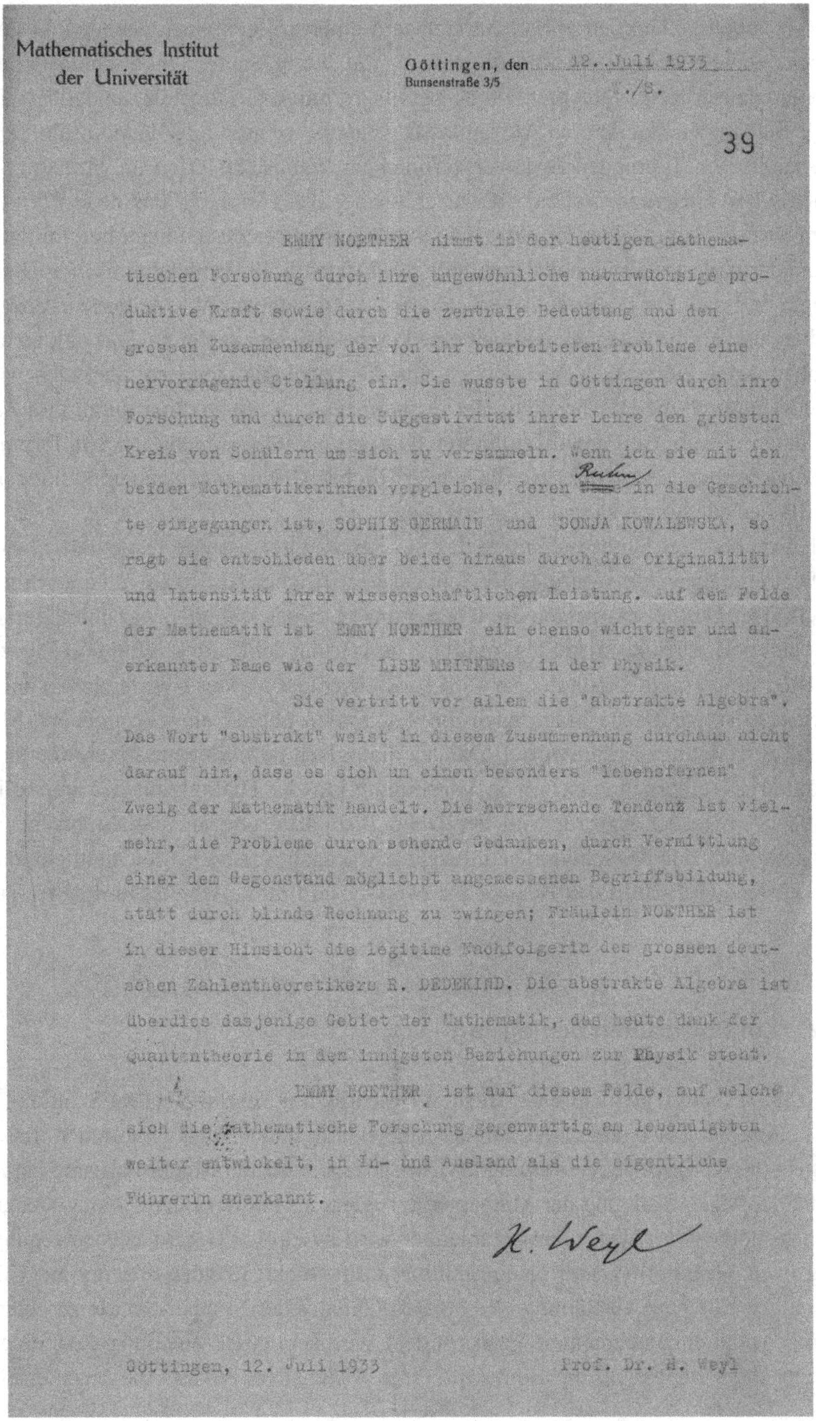

Mathematisches Institut
der Universität

Göttingen, den 12. Juli 1933
Bunsenstraße 3/5
W./S.

39

EMMY NOETHER nimmt in der heutigen mathematischen Forschung durch ihre ungewöhnliche naturwüchsige produktive Kraft sowie durch die zentrale Bedeutung und den grossen Zusammenhang der von ihr bearbeiteten Probleme eine hervorragende Stellung ein. Sie wusste in Göttingen durch ihre Forschung und durch die Suggestivität ihrer Lehre den grössten Kreis von Schülern um sich zu versammeln. Wenn ich sie mit den beiden Mathematikerinnen vergleiche, deren Ruhm in die Geschichte eingegangen ist, SOPHIE GERMAIN und SONJA KOWALEWSKA, so ragt sie entschieden über beide hinaus durch die Originalität und Intensität ihrer wissenschaftlichen Leistung. Auf dem Felde der Mathematik ist EMMY NOETHER ein ebenso wichtiger und anerkannter Name wie der LISE MEITNERs in der Physik.

Sie vertritt vor allem die "abstrakte Algebra". Das Wort "abstrakt" weist in diesem Zusammenhang durchaus nicht darauf hin, dass es sich um einen besonders "lebensfernen" Zweig der Mathematik handelt. Die herrschende Tendenz ist vielmehr, die Probleme durch sehende Gedanken, durch Vermittlung einer dem Gegenstand möglichst angemessenen Begriffsbildung, statt durch blinde Rechnung zu zwingen; Fräulein NOETHER ist in dieser Hinsicht die legitime Nachfolgerin des grossen deutschen Zahlentheoretikers R. DEDEKIND. Die abstrakte Algebra ist überdies dasjenige Gebiet der Mathematik, das heute dank der Quantentheorie in den innigsten Beziehungen zur Physik steht.

EMMY NOETHER ist auf diesem Felde, auf welchem sich die mathematische Forschung gegenwärtig am lebendigsten weiter entwickelt, in In- und Ausland als die eigentliche Führerin anerkannt.

H. Weyl

Göttingen, 12. Juli 1933 Prof. Dr. H. Weyl

Abb. 4.2 Weyls Gutachten über Noether, zur Rücknahme der „Beurlaubung" verfasst, vom 12. Juli 1933

gewissermaßen gedanklich zurückzutreten und einen „allgemeinen Standpunkt“ einzunehmen, wie Einstein es im Zusammenhang mit ihrem Papier „Invarianten beliebiger Differentialausdrücke“ (Noether 1918) bereits formulierte (Einstein an Hilbert 24. 5. 1918). Bettizahlen standen, so Alexandroffs Zeugnis, während der gemeinsam bei dem niederländischen Topologen Brouwer verbrachten Weihnachtsferien im Mittelpunkt der topologischen Gespräche.[71] Und so war es wieder das Gespräch, das neue Formungen bekannter Forschungsfelder initiierte. Die Besonderheit der Zusammenarbeit mit Noether bestand darin, dass sie sich nicht innerhalb des Denkstils einer mathematischen Disziplin bewegte und dadurch beschränkt war, sondern Auffassungen und Methoden vertrat, die erlaubten und einforderten, eine allgemeine Perspektive einzunehmen. Das galt nicht nur, wie oben durch Hirzebruch beschrieben, für die Topologie, sondern zieht sich wie ein roter Faden durch die Beschreibung der Zusammenarbeit mit Noether durch ihre Zeitgenoss/inn/en. Sie ging auf den disziplinären Hintergrund ihres Gegenübers ein, formulierte seine Fragestellungen auf der Grundlage begrifflicher Auffassungen neu und führte sie mit begrifflichen Methoden zu neuen Ergebnissen.

Als Ergebnis der Untersuchungen des zweiten Kapitels konnte festgehalten werden, dass Dialogizität ein konstitutives Element der begrifflichen Auffassungen und Methoden darstellt. Der Dialog, das zeigen die Überlegungen dieses Kapitels, war charakteristisch für Noethers Unterrichtstil sowie Grundlage und Grund der Produktivität und Kreativität des Denkraums Noether-Schule. So wird zum Abschluss meiner Überlegungen auch die wissenschaftstheoretische Frage nach ihren „anonym überall eingedrungenen“ Methoden und Auffassungen beantwortet. Das als dialogisch beschriebene innere Gefüge des Denkraums Noethergemeinschaft in Verbindung mit der Dialogizität der begrifflichen Methoden sowie der Anforderung der Dekontextualisierung an mathematische Texte impliziert auch das Verschwinden ihrer Entstehungsprozesse in den mathematischen Publikationen und damit des Bezugs auf Noether und ihre „Arbeits- und Auffassungsmethoden“.

4.3.2 Zur kulturellen Bewegung

Als letzte Bedeutungsschicht einer dichten Beschreibung sei die Noether-Schule als Teil einer kulturellen Bewegung innerhalb der Mathematik in den Blick genommen. Im Zentrum steht das Konzept der Bewegung als Charakterisierung der Modernisierung der Algebra und der Algebraisierung der Mathematik. Anders als mit der Bezeichnung Denkraum und nicht notwendigerweise daraus ableitbar wird durch den Begriff der Bewegung der Drang nach Veränderung und Neugestaltung ausgedrückt. Ermöglichte der Begriff des Denkraums, zu einem Verständnis des inneren Gefüges der Noether-Schule zu gelangen, eine Innensicht einzunehmen, so geht mit dem Wechsel der Bezeichnung auch eine Veränderung der Perspektive, die Einnahme einer Außensicht, einher. Die Noether-Schule

[71] Vgl. Alexandroff 1980, S. 323 f.

zeigt sich nunmehr nicht nur als ein Ort des Denkens, sondern ebenso als ein Kreis von Personen, deren mathematisches Handeln auf die Veränderung von Auffassungen und Methoden, von Wissensvorstellungen, auf einen Kulturwandel ausgerichtet war.

Von der modernen Algebra als kultureller Bewegung zu sprechen ist durch Mac Lane inspiriert, der retrospektiv eine Entwicklung beschreibt, die er nicht nur als Zeitzeuge erlebt hatte, sondern als Akteur mitgestaltete. „History of Abstract Algebra: Origin, Rise and Decline of a Movement" lautete der Titel eines 1975 im Rahmen eines Symposiums zur Geschichte der Algebra gehaltenen Vortrags, in dem Mac Lane ausführte:

> This paper is a restricted kind of investigation in the history of mathematics. It is aimed not at a whole field of mathematics (for example, algebra), but at an attitude toward that field as expressed in the title, Abstract Algebra' and as realized by a movement to make algebra conceptual and to ‚algebraicize' other branches of mathematics. ... Abstract Algebra in this sense can be regarded as a cultural movement. (Mac Lane 1981, S. 3 f.)

Geht es also um Kulturwandel, so sind zunächst einige Anmerkungen notwendig, um zu einem für diese Untersuchung hinreichenden Verständnis von Kultur in der Mathematik und von Mathematik als Teil von Kultur zu gelangen. Geertz vertritt in „Dichte Beschreibung. Beiträge zum Verstehen kultureller Systeme" einen Begriff von Kultur als einem „selbstgesponnene[n] Bedeutungsgewebe", in das der Mensch „verstrickt ist" (Geertz 1987, S. 9). Kann diese Definition von Kultur hilfreich für eine Analyse mathematischer Veränderungsprozesse sein? Ich werde im Folgenden hierzu einige Überlegungen skizzieren und damit ein solches Verständnis der Verbindung von Mathematik und Kultur motivieren.

In dem Buch „Topologie" von Alexandroff und Hopf, auf dessen Entstehung im Kontext des Denkraums Noether-Schule im nächsten Kapitel eingegangen wird (Alexandroff und Hopf 1935), findet sich im Vorwort eine in diesem Zusammenhang bemerkenswerte Formulierung:

> Auf diese Weise soll erreicht werden, dass das Buch so gut wie keine sachlichen Vorkenntnisse beim Leser voraussetzt. Jedoch wird eine gewisse *allgemeine Kultur des abstrakten mathematischen Denkens* erwartet. Das Buch dürfte daher von einem Studierenden der mittleren Semester, der sich für begriffliche Mathematik interessiert, mit Erfolg gelesen werden. (Ebenda, S. VIII) (Hervorhebung d. A.)

Alexandroff und Hopf sprachen von einer Kultur des Denkens, von einer besonderen, der abstrakten mathematischen Denkweise, und sie verwiesen auf die begriffliche Mathematik. In diesem Absatz wird so nicht nur die Verbindung zu Noether deutlich, sondern die begrifflichen Auffassungen und Methoden werden als eine spezielle Kultur mathematischen Denkens charakterisiert. Hierin ausgebildet zu sein, ist Voraussetzung einer qualifizierten Lektüre der „Topologie", mathematische Fachkenntnisse dagegen kaum. Deutlich wird die ambivalente Situation dieser Denkweise innerhalb der Mathematik. Soll einerseits die Leserschaft motiviert werden, sich mit der mathematischen Disziplin der Topologie auseinanderzusetzen, da „so gut wie keine sachlichen Vorkenntnisse" vorausgesetzt werden, so wird andererseits erwartet, dass sie sich für begriffliche

Mathematik interessiere. Mehr noch, die Autoren verstehen ihr Buch als eine vertiefende Einführung in die begrifflichen Denkweisen, in eine bestimmte Kultur des Denkens. In dieser Gegenüberstellung zeigt sich das noch 1935 bestehende Spannungsverhältnis zwischen tradierten Zugängen zur Mathematik und den neuen Konzepten einer begrifflichen Auffassung.

Wie im ersten Kapitel entwickelt, war Weyl, wiewohl er Noethers überragende mathematische Fähigkeiten akzeptierte, einer der Skeptiker Noether'scher Auffassungen, die er mit axiomatischem Vorgehen gleichsetzte. Er schrieb 1924:

> Soll aber Mathematik eine ernsthafte *Kulturangelegenheit* bleiben, so muss sich nun doch mit diesem Formelspiel irgend ein Sinn verknüpfen. (Weyl 1924, zitiert nach Mehrtens 1990, S. 294) (Hervorhebung d. A.)

Dieses „Formelspiel" war für ihn das Spiel mit den Axiomen, das sich mit einem Sinn – an anderer Stelle sprach Weyl auch von Substanz (Weyl 1932, S. 358)[72] – verknüpfen muss. Weyls hier formulierte Kritik richtete sich gegen Hilberts formale, den axiomatischen Standpunkt vertretende Position im Grundlagenstreit der Mathematik[73], doch schloss sie die begrifflichen Methoden, deren Fruchtbarkeit er anzweifelte, mit ein. Wenn Weyl von „Kulturangelegenheit" schrieb, dann geht es genau um diese unterschiedlichen Bewertungen von mathematischen Auffassungen und damit um unterschiedliche Denkkulturen. So bekommt das Bild des „selbstgesponnenen Bedeutungsgewebes" auch für die Mathematik Kontur. Alexandroff, Hopf oder, größer gedacht, der Denkraum Noether-Schule sind darin ebenso „verstrickt" wie ihre Skeptiker, für die Weyl hier noch einmal stellvertretend zitiert wird:

> Dennoch will ich Ihnen nicht verschweigen, dass sich heute unter den Mathematikern das Gefühl auszubreiten beginnt, dass die Fruchtbarkeit dieser abstrahierenden Methode sich der Erschöpfung nähert. (Weyl 1932, S. 357)

In diesem hier nur angedeuteten Disput geht es um die Bedeutung und Deutung dessen, was sich als fruchtbar für mathematisches Arbeiten erweisen kann, und es geht um Deutungshoheit. Dass Noether sich diesem vagen und dennoch zentralen Bewertungskriterium der Fruchtbarkeit in ihrer Forschung zu stellen hatte, ist ausführlich in Kap. 2.4 diskutiert. Sie tat dies mit Erfolg, wie etwa die Analyse ihres großen Vortrags auf dem Internationalen Mathematikerkongress 1932 zeigt. Auch Alexandroff und Hopf erweisen sich mit ihrem Werk „Topologie" als Streiter für diese neuen, algebraischen Zugänge zur Mathematik, für eine „Kultur des abstrakten mathematischen Denkens"; sie sind Akteure einer kulturellen Bewegung zur Modernisierung der Algebra und der Algebraisierung der Mathematik.

---

[72] Vgl. hierzu in Kap. 2.1 die Überlegungen zu Substanz- und Funktionsbegriff, wie sie von Cassirer entwickelt wurden und zu einem tieferen Verständnis begrifflicher Auffassung führen.

[73] Vgl. Mehrtens 1990, S. 289 ff.

Bezog sich Geertz in seiner Definition des Begriffs Kultur wesentlich auf die Ethnologie, so schreibt Elkana Geertz' Überlegungen für die Wissenschaftsforschung fort. Seine „Anthropologie der Erkenntnis“ kann als Streitschrift für eine kulturwissenschaftliche Auseinandersetzung mit den Wissenschaften gelesen werden (Elkana 1986). Zwar beschränkt Elkana sich in seinen Fallstudien auf die empirischen Wissenschaften und äußert sich gegenüber der Mathematik eher zurückhaltend (ebenda, S. 36). Dennoch sollte sie in seinen folgenden Ausführungen mitgedacht werden:

> Doch es gibt keine Geschichte der Naturwissenschaft, die beanspruchen würde, gleichzeitig eine Geschichte der Kultur zu sein. Je nach den Wissensvorstellungen des Betrachters wird die Naturwissenschaft fast immer auf- oder abwertend in einen aparten Bereich verwiesen – als etwas ganz anderes. Die Wissenschaft wird selten als eine Summe der menschlichen Kultur (ähnlich wie Kunst oder Religion) betrachtet, weil man sie als etwas anderes Einzigartiges, Abgetrenntes betrachtet. ... Meine Grundannahme lautet dagegen, dass die verschiedenen Kulturdimensionen – Religion, Kunst, Wissenschaft, Ideologie, Alltagsdenken, Musik – einander korrelieren; sie alle sind kulturelle Systeme. (Ebenda, S. 16)

Von der Wissenschaft als kulturellem System zu sprechen, eröffnet die Möglichkeit, auch das Werden von Mathematik als ein Widerstreiten von Auffassungen über sie, von Diskursen über die richtige Deutung mathematischer Begriffe, von Disputen über die Fruchtbarkeit mathematischer Ansätze und über die Bewertung mathematischer Erkenntnisse zu betrachten. Damit geht es auch um die Beanspruchung von Deutungshoheit. Mathematik zeigt sich so als ein Ort kultureller Produktion, wie Mehrtens es in seinem Buch „Moderne – Sprache – Mathematik“ nennt (Mehrtens 1990, S. 523 ff.), und die Geschichte der modernen Algebra als Geschichte einer kulturellen Bewegung, deren Ziel eine Modernisierung der Algebra und eine Algebraisierung der Mathematik waren. Lenkt der Begriff des kulturellen Systems den Blick auf Kultur in der Mathematik, so unterstreicht Elkana in seiner Analyse kulturwissenschaftlicher Diskurse auch die Bedeutung von Wissenschaft in einem Gesamtverständnis dessen, was Kultur einer Gesellschaft meint:

> Ich werde behaupten, daß die Wissenschaft die wichtigste Dimension der westlichen Kultur darstellt. (Elkana 1986, S. 19)

Elkanas Überlegungen schließen die Mathematik nicht aus, doch von der Mathematik als kultureller Dimension zu sprechen, ist keineswegs selbstverständlich und auch im wissenschaftstheoretischen Diskurs lässt sich eine starke Zurückhaltung gegenüber der Mathematik als gerade nicht-empirischer und nicht-experimenteller Wissenschaft beobachten. So scheinen einige einführende Bemerkungen geboten zu sein, um den Status der Mathematik als Teil der Kultur einer Gesellschaft zu diskutieren.

> ‚Mathematische Formeln – das ist Gift für mich, da schalte ich einfach ab.‘ Solche Beteuerungen hört man alle Tage. Durchaus intelligente, gebildete Leute bringen sie routiniert vor, mit einer sonderbaren Mischung aus Trotz und Stolz. Sie erwarten verständnisvolle Zuhörer, und an denen fehlt es nicht. Ein allgemeiner Konsens hat sich herausgebildet, der stillschweigend, aber massiv die Haltung zur Mathematik bestimmt. Dass ihr Ausschluss aus der Sphäre der Kultur eine Art von intellektueller Kastration gleichkommt, scheint niemanden zu stören. (Enzensberger 1998, S. I)

Unter dem Titel „Zugbrücke außer Betrieb. Die Mathematik im Jenseits der Kultur. Eine Außenansicht." veröffentlichte Hans Magnus Enzensberger 1998 in der „Frankfurter Allgemeinen Zeitung" eine Polemik über die gesellschaftlich goutierte Distanzierung auch der intellektuellen Schicht gegenüber der Mathematik, wie sie sich jedenfalls für Deutschland beobachten lässt.[74] Diese 1998 diagnostizierte Grundhaltung und die Annahme, dass Mathematik nicht ernsthaft mit der Kultur einer Gesellschaft etwas zu tun habe, haben sich bis heute nicht gewandelt, wie bereits ein kurzer Blick in allseits bekannte Quizsendungen zeigen würde. Zitiert Enzensberger im Verlaufe seines Artikels aus der „pathetisch formuliert[en], aber nicht falsch[en]" Antrittsrede eines Mathematikers[75] aus den 1920er Jahren die Worte, „die Mathematik sei die Grundlage aller Erkenntnis und die Trägerin aller höheren Kultur", so diagnostiziert er einige Zeilen weiter:

> Das allgemeine Bewusstsein ist hinter der Forschung um Jahrhunderte zurückgeblieben, ja, man kann kaltblütig feststellen, dass große Teile der Bevölkerung über den Stand der griechischen Mathematik nie hinausgekommen sind. ... noch nie hat es eine Zivilisation gegeben, die bis in den Alltag hinein derart von mathematischen Methoden durchdrungen und derart von ihnen abhängig war wie die unsrige. Das kulturelle Paradox, mit dem wir es zu tun haben, ließ sich noch weiter zuspitzen. Man kann nämlich mit gutem Grund der Ansicht sein, daß wir in einem goldenen Zeitalter der Mathematik leben. Jedenfalls sind die zeitgenössischen Leistungen auf diesem Gebiet sensationell. (Ebenda)

Mathematik durchdringt die heutige Gesellschaft in einer noch nie dagewesenen Weise. Sie ist nur häufig nicht als Mathematik sichtbar, sondern durchzieht gewissermaßen unerkannt unser Denken und Alltagshandeln. So war etwa die in den 1960er Jahren in den Grundschulen eingeführte „Neue Mathematik", auch als „Plättchenmathematik" bezeichnet, mehr als einfaches Rechnenlernen, sondern übte vielmehr strukturelles Denken als eine Art und Weise, sich mit der Welt auseinanderzusetzen, ein.[76] Ursprünge dieser neuen Lernmethoden und der durch sie vermittelten Denk- und Handlungsweisen liegen u. a. in der begrifflichen Mathematik, die auch als ein Denken in Strukturen, wie in Kap. 2.5 dargelegt, charakterisiert werden kann.

Zugleich wird der Mathematik mit dieser allgemein üblichen Zurückhaltung ein Status des Einzigartigen und Unverständlichen und damit als etwas von der Kultur einer Gesellschaft Abgetrennten zugewiesen. Diese einer Art religiöser Hochachtung gleichkommende Distanzierung von Mathematik, um noch einmal etwas verfremdet Fleck zu zitieren (Fleck 1935, S. 65), verhindert eine Auseinandersetzung aus einer wissenschaftstheoretischen Perspektive so, wie sie verhindert, das Entstehen von Mathematik als einen kulturell

[74] Ob dies in gleichem Maße auch für andere Länder zu konstatieren wäre oder dort Rechnen wie Schreiben und Lesen als notwendige, also erlernbare und zu erlernende Kulturtechnik verstanden wird, steht zu untersuchen noch aus.

[75] Es handelt sich um die 1927 unter dem Titel „Mathematik und Kultur. Wie ein hohes unwegsames Gebirge" gehaltene Antrittsvorlesung des Tübinger Funktionentheoretiker Konrad Knopp (Knopp 1927).

[76] Zur Einführung der neuen Mathematik in der Grundschule vgl. Graumann 2002, S. 26 ff.

determinierten und Kultur determinierenden Prozess zu sehen. Wird Kultur in der Mathematik verstanden als Auffassungen über Mathematik, dann geht es, wenn von kultureller Bewegung die Rede ist, um widerstreitende Auffassungen und um den Wandel von Denkkulturen, der bis in die Alltagswelt unserer Gesellschaft hinein wirkt, wie der Verweis auf die „Neue Mathematik" zeigt.

Noch einmal sei auf Elkanas Theorie des Wissenswachstums, wie er selbst seine erkenntnistheoretischen Überlegungen charakterisiert, zurückgegriffen (Elkana 1986, S. 15). Das Wissen, insbesondere das wissenschaftliche Wissen, so Elkana, wächst durch „das Zusammenwirken dreier Faktoren", dem „Wissenskorpus", den „sozial determinierten Wissensvorstellungen" sowie den „in Ideologien enthaltenen Werte[n] und Normen, die nicht direkt von den Wissensvorstellungen abhängen" (ebenda, S. 44). Sie analytisch zu trennen gelingt nur, „wenn die Zeit angehalten und eine soziokulturelle Situation sozusagen im Stillstand betrachtet wird" (ebenda). Elkana definiert den Wissenskorpus als „Wissensstand mit seinen Methoden, Lösungen, offenen Problemen, seinem Geflecht von Theorien und einer darin eingelassenen wissenschaftlichen Metaphysik" (ebenda) und er führt aus:

> Unter welchen Einzelpersonen oder Gruppen jedoch Konsens bestehen und über welche Fragen Streit herrschen wird, hängt nicht allein vom Wissenskorpus, sondern hauptsächlich von sozial determinierten Wissensvorstellungen ab. (Ebenda)

Der Begriff der Wissensvorstellungen sei zu verstehen als Summe von „Anschauungen über die Aufgabe der Wissenschaft", über die „Natur der Wahrheit" und über „Wissensquellen" (ebenda). So sind Vorstellungen über Wissen vielfältig und durch außerwissenschaftliche Rahmung geformt, Wissensvorstellungen gestalten wissenschaftliche, also auch mathematische Erkenntnisprozesse, sie entscheiden über Auffassung und Methoden. Oder wie Elkana schreibt:

> Die Vorstellung von der Wissenschaft entscheidet darüber, welche Probleme aus der unendlichen Zahl offener Fragen ausgewählt werden, die das Wissenskorpus aufwirft. ... Methodologien sind ebenfalls Wissensvorstellungen. ... Wissensvorstellungen [images of knowledge] sind sozial determinierte Ansichten über das Wissen ..., das heißt also über das Wissenskorpus. (Ebenda, S. 44 ff.)

Mit diesem begrifflichen Werkzeug versehen kann die Bezeichnung *kulturelle Bewegung* für die Entwicklung und Etablierung der modernen Algebra und die Algebraisierung der Mathematik verstanden werden als die Veränderung von Wissensvorstellungen, ihr Einwirken auf den Wissenskorpus sowie den Gestaltungswillen und die Gestaltungsmöglichkeiten eines Personenkreises. Damit sei von kulturell als Charakterisierung einer Bewegung innerhalb der Mathematik zu sprechen hinreichend motiviert, und es gilt nun, den Gedanken einer Bewegung innerhalb der Mathematik, eines „movement for abstract algebra" (Mac Lane 1981, S. 6), sowie Fragen nach der Teilhabe und Gestaltung durch Noether und die Noether-Schule zu verfolgen.

In der Wissenschaftsgeschichte hat das Konzept der (kulturellen) Bewegung bisher keine Verwendung gefunden, und auch in anderen geisteswissenschaftlichen Disziplinen ebenso wie in den Sozialwissenschaften ist wenig zu einer allgemeinen theoretischen Fundierung eines Bewegungskonzepts, jedenfalls im deutschsprachigen Raum publiziert worden.[77] Verhält es sich etwa mit dem Begriff der (sozialen) Bewegung in der Soziologie ähnlich wie mit dem Schulenbegriff in der Wissenschaftsgeschichte, dass die Notwendigkeit besteht, ihn von Untersuchungsgegenstand zu Untersuchungsgegenstand je neu zu schärfen?[78] Jedenfalls konstatieren Roland Roth und Dieter Rucht in ihrem Handbuch „Die sozialen Bewegungen in Deutschland seit 1945" die „geradezu notorische Unschärfe des Gegenstands sozialer Bewegungen" (Roth und Rucht 2008, S. 36) und so sind die von ihnen in der Einleitung formulierten zentralen Dimensionen sozialer Bewegung eher Orientierungshilfen zur Darstellung der einzelnen vorgestellten Bewegungen und Herstellung von Vergleichbarkeit denn Elemente einer theoretischen Auseinandersetzung (ebenda, S. 20). Die Herausgeber des „Handbuchs der Deutschen Reformbewegungen: 1880–1933" verzichten gar auf einen Versuch der theoretischen Fundierung des Bewegungsbegriffs; vielmehr werden die betrachteten Reformbewegungen je unterschiedlich aus sozial-, kultur-, ideen- oder mentalitätsgeschichtlicher Perspektive vorgestellt (Kerbs, Reulecke 1998). Bereits Ende der 1980er Jahre stellt Heinrich W. Ahlemeyer in seinem Aufsatz „Was ist eine soziale Bewegung?" fest, dass trotz des beeindruckenden Umfangs des Nachdenkens über soziale Bewegungen auf die grundständigen Fragen bislang noch keine theoretisch befriedigenden Antworten gefunden seien (Ahlemeyer 1989, S. 175).[79] Von (kultureller) Bewegung in einem mathematikgeschichtlichen Kontext zu sprechen bedeutet so nicht nur wissenschaftstheoretisches Neuland zu betreten, sondern sich kaum auf theoretische Diskurse anderer Disziplinen beziehen zu können. Einzig der Soziologe Friedhelm Neidhardt hat in seinem Aufsatz „Einige Ideen zu einer allgemeinen Theorie sozialer Bewegungen" eine Verbindung zu kulturellen Veränderungen hergestellt, wenn er die Intentionen sozialer Bewegungen als Kulturwandel beschreibt:

> Mit sozialen Bewegungen drängen latent gebliebene und vom institutionalisierten status quo einer Gesellschaft abweichende Vorstellungen von dem, was ist und sein soll, in die Geschichte, nehmen in Auseinandersetzung mit dem status quo und seinen Interessenten

[77] Eine anregende Lektüre bildet Corona Hepps Buch „Avantgarde – Moderne Kunst, Kulturkritik und Reformbewegungen nach der Jahrhundertwende", deren Darstellung zwar sehr spezifisch auf die Reformbewegung – die hier in einem breiten Sinne auch als kulturelle Bewegung verstanden werden kann – zugeschnitten ist, aber den gesellschaftlichen Hintergrund einer Aufbruchstimmung zeichnet, in deren weiteren Verlauf in den 1920er Jahren sich auch die Bewegung der modernen Algebra einfügt (Hepp 1987).

[78] Vgl. Neidhardt 1985; Ahlemeyer 1989; Kolb 2002 sowie zu den Diskursen zur Begriffsklärung in der Soziologie Roth, Rucht 2008, S. 635–688.

[79] Ahlemeyers eigene definitorische Beschreibung sozialer Bewegungen als „Kommunikationssysteme, die selbstreferenziell Mobilisierungsoperationen prozessieren" hebt zwar stark auf den Kommunikationsprozess und seine bewegungsinternen Strukturen ab (Ahlemeyer 1989, S. 188), ist jedoch wenig rezipiert worden und scheint mir zu losgelöst von dem konkreten Handeln der einzelnen Personen einer Bewegung, als dass damit ein tieferes Verständnis der Wirksamkeit oder auch des Scheiterns von Bewegungen gewonnen werden kann.

> eine bestimmte Gestalt an, schleifen sich dabei ab, werden vielleicht virulent und setzen sich durch oder aber werden wieder zurückgedrängt. Soziale Bewegungen sind eine besondere Erscheinungsweise organisierten Kulturwandels – zumindest der Versuch dazu. (Neidhardt 1985, S. 196)

Kulturwandel, d. h. Veränderungen der „Vorstellungen von dem, was ist und sein soll", beschreibt die Intention des Denkraums Noether-Schule; seine Ziele sind die Etablierung moderner Konzepte in der Algebra und die Algebraisierung der Mathematik. Neidhardts weitere Überlegungen, die zu einer Charakterisierung von sozialer Bewegung als „Netzwerk von Netzwerken" führen (Neidhardt 1985, S. 197), lassen sich insofern auf den Denkraum Noether-Schule beziehen, als dessen Ausgangspunkt zwar das mathematische Göttingen Mitte der 1920er Jahre war, mit seinen zahlreichen Zweigstellen zu Beginn der 1930er Jahre auch als ein Netzwerk der modernen Algebra betrachtet werden kann.

Wie zeigen sich nun weitere Elemente einer Bewegung, sei sie nun sozial oder kulturell, wie etwa die zur Verfügung stehenden Ressourcen, Mobilisierung- und Gestaltungsmöglichkeiten sowie das zeitliche Muster? In Analogie zu den biografischen Untersuchungen zu Noether konnte auch die Biografie der Noether-Schule in mehreren Zeitebenen betrachtet werden: die frühen Jahre, die Zeit der Etablierung, die Zeit der Anerkennung sowie die Auflösung und der Neubeginn. In einem vergleichbaren Zeitmuster lässt sich auch die Noether-Schule als kulturelle Bewegung zur Etablierung moderner algebraischer Perspektiven diskutieren: die Konzeptionierung der begrifflichen Mathematik um 1920 durch Noether, die Aufnahme dieses Konzepts durch Noethers Schüler/innen ab Mitte 1920er Jahre, seine Etablierung um 1930 in Deutschland durch die Mitglieder des Denkraums Noether-Schule sowie nach 1933 seine Weiterentwicklung durch Algebraiker/innen nicht nur in den USA in Chicago[80], Princeton und Yale, sondern in vielen anderen mathematischen Zentren weltweit. Mit einer an diesem Zeitmuster orientierten Analyse werden auch die weiteren, oben aufgeworfenen Untersuchungsperspektiven berührt.

Noethers „Idealtheorie in Ringbereichen" von 1921 stand am Beginn der modernen algebraischen Auffassungen über Mathematik, am Anfangspunkt der Entwicklung einer „Kultur des abstrakten mathematischen Denkens" (Alexandroff, Hopf 1935: VIII). Diese Publikation war mehr als die Veröffentlichung von Forschungsergebnissen; sie ist, wie in den Kap. 2.2 und 2.3 ausgeführt, eine Einführung in begriffliches Arbeiten und ein Lehrstück der Fruchtbarkeit dieser Ansätze. Im Kontext jetziger Überlegungen zeigt sich insbesondere ihr programmatischer Gehalt. Noether präsentierte ihre Vorstellungen einer Auseinandersetzung mit der Mathematik und demonstrierte die Möglichkeiten ihrer Methodik, sie formulierte ein Programm zukünftigen mathematischen Arbeitens. Van der Waerden hat diese Bedeutung ihrer idealtheoretischen Forschungen in seinem Gutachten von 1933 herausgehoben:

> Sie [Noether] hat vor ungefähr 13 Jahren angefangen, die Richtung anzugeben, in der die Algebra und Arithmetik sich nach ihrer Meinung entwickeln sollten, und tatsächlich entwickelte sie sich jetzt unter ihrer anerkannten Führung in dieser Richtung. (Gutachten van der Waerden 1933)

[80] Dort waren ab Mitte der 1930er Jahre Albert, Mac Lane und Schilling tätig.

Auch die weiteren Forschungen Noethers lagen in der Algebra, die damit und durch Noether in ihren Konzepten modernisiert wurde, neue Konturen und neue Forschungsrichtungen erhielt. Noether war überzeugt von ihren Auffassungen und Methoden und wollte davon überzeugen. Wie im zweiten Kapitel entwickelt waren ihre Veröffentlichungen Demonstrationen ihrer begrifflichen Auffassung, ihre Vorträge Empfehlungen für ihren begrifflichen Zugang und die Mächtigkeit der Methoden. Die Dialogizität ihrer Texte, mit der sich Noether deutlich von dem üblicherweise monologischen Charakter mathematischer Aufsätze unterschied, zeigt sich in diesem Kontext als Werbestrategie. Die vielen Rezensionen Noethers lassen sich als Bewertungen der Umsetzung einer modernen Auffassung von Mathematik lesen und fügen sich ebenso wie die Arbeiten ihrer Doktorand/inn/en – die meisten sind in den „Mathematischen Annalen" publiziert – in eine Werbekampagne für die Modernisierung der Algebra und die Nutzung moderner algebraischer Methoden ein.

Noethers Gutachten geben hierzu Auskunft, denn sie sind nicht nur eine Einordnung in den aktuellen algebraischen Forschungsstand, sondern ebenso eine Bewertung der Umsetzung begrifflicher Methoden und eine Beurteilung im Hinblick auf eine Neugestaltung mathematischer Forschungsfelder. Bereits Grells Arbeit von 1926 bezeichnete sie als „grundlegende wissenschaftliche Arbeit, an die schon jetzt … angeknüpft worden ist und auf der sicher noch weiter aufgebaut werden wird." (Promotionsakte Grell) In dem Gutachten über Webers Doktorarbeit notierte sie, dass hier zum ersten Mal die idealtheoretische Deutung der Darstellbarkeit natürlicher Zahlen durch quadratische Formeln vorgegebener Klasse in voller Allgemeinheit behandelt werde (Promotionsakte Weber), und zu Fittings Arbeit, sie sei in Darstellung, dem Inhalt entsprechend, völlig klar und ausgereift; weitere Anwendungen zeigten die Fruchtbarkeit der Methode (Promotionsakte Fitting). Noethers Erwartungshorizont an ihre Doktorand/inn/en war klar: Themen etwa aus ihren Vorlesungen oder den gemeinsamen Gesprächen sollten aufgegriffen, eigenständig behandelt und mit modernen algebraischen Methoden bearbeitet werden sowie zu neuen Grundlagen in den jeweiligen Gebieten führen. Insbesondere galt es, den Nachweis der Fruchtbarkeit der begrifflichen Methode zu führen und damit für sie zu werben, neue Anhänger/innen zu gewinnen. In ihrem Gutachten für Deuring, einem der „besten hiesigen Studenten" (Noether an Hasse 13. 11. 1929), schrieb sie:

> Die vorliegende Arbeit ist – weit über den Rahmen einer üblichen, selbst sehr guten Dissertation hinausgehend – eine *grundlegende* wissenschaftliche Arbeit, die *neue Wege geht* und *neue Wege führt.* (Promotionsakte Deuring) (Hervorhebungen d. A.)

„Neue Wege gehen" hieß die begriffliche Methode nutzen, um tiefliegende, aber bekannte Fragen zu beantworten. „Neue Wege führen" unterstrich die Anschlussfähigkeit und die Fruchtbarkeit der Methoden, dieser „Kultur des abstrakten mathematischen Denkens", die es auch nach 1930 noch nachzuweisen galt. Und als ein drittes Kriterium führte Noether die Bewertung „grundlegend" an. Hier sei an die Überlegungen des zweiten Kapitels erinnert: Grundlegend im Sinne der begrifflichen Mathematik meint das Schaffen neuer Grundlagen für in diesem Fall relevante algebraische Fragestellungen und damit die Befreiung von noch an Substanz erinnernden Vorstellungen von Begriffen.

Die Promotionen fügten sich in ein Forschungsprogramm Noethers ein, das nicht schlicht durch ideal-, modul-, algebrentheoretische oder andere, durch die Algebra bestimmte Fragestellungen geformt war. Die Algebra war das Material, so hatte van der Waerden es in seinem Nachruf formuliert (van der Waerden 1935, S. 469), um begriffliche Auffassungen und Methoden zu präsentieren. Noethers Programm und das Programm der Noether-Schule war die Modernisierung der Algebra und die Nutzung moderner algebraischer Methoden „als Grundlage und Werkzeug für die gesamte Mathematik“[81]. Ihre Lehrveranstaltungen waren für Noether eine Möglichkeit, für ihre Auffassungen zu werben, die Breite der Anwendungsmöglichkeiten über die Algebra hinaus zu diskutieren und die Tiefe so gewonnener Ergebnisse aufzuzeigen. Insbesondere waren sie ergebnisoffen, Diskussionsrunden, in denen Noether Fragen aufwarf, das Mitdenken ihrer Hörer/innen erwartete und zu eigener Forschung anregen wollte. Und es oblag auch ihren Doktorand/inn/en, diese Denkweisen zu verbreiten. Van der Waerden beschrieb mit den Worten, jede ihrer Vorlesungen war ein Programm, in seinem Nachruf die Wirkung und den Erfolg ihres Lehrens (van der Waerden 1935, S. 476).

Und nicht nur die eigentlichen Lehrveranstaltungen, sondern ebenso die zahlreichen Vorträge und die Gespräche auf Spaziergängen, am Rande von Tagungen, auf privaten Festen waren, um im Bild einer Bewegung zu bleiben, Teil einer Kampagne für die moderne Algebra und die Algebraisierung der Mathematik; das Dialogische ihres Unterrichtsstils zeigt sich als Mobilisierungsstrategie zur Gewinnung neuer „Jünger“, wie Weil ihre Schüler nannte (Weil 1993, S. 53). Exemplarisch für die Bedeutung der Vorträge sei hier auf eine Tagung hingewiesen, den „Schiefkongress“, wie Noether ihn nannte:

> Nun zum ‚Schiefkongress‘. Ich werde also ‚hyperkomplexe Struktursätze mit zahlentheoretischen Anwendungen‘ bringen, um dem Kind einen Namen zu geben. … Ich würde als Vortragsreihenfolge vorschlagen: R. Brauer, Noether, Deuring, Hasse. Dann kann jeder sich auf den vorhergehenden berufen. Die übrigen Vorträge sind ja unabhängig. (Noether an Hasse 8. 2. 1931)

Noether und Hasse organisierten diesen Kongress, der Ende Februar in Marburg stattfand, gemeinsam, und sie betrachtete ihn als Gelegenheit, die gemeinsamen Forschungsaktivitäten und Verbindungslinien zwischen Brauer, Deuring, Hasse und sich selbst dort einer mathematischen Öffentlichkeit zu präsentieren. Weitere Vortragende waren u. a. ihr Doktorand Fitting sowie Köthe, mit dem sie bereits seit Ende der 1920er Jahre zusammengearbeitete. Der Denkraum Noether-Schule präsentierte sich und damit auch sein Programm.

Noether besuchte regelmäßig die Jahresversammlungen der DMV und beteiligte sich nicht nur mit Vorträgen, sondern auch mit Diskussionsbeiträgen. So finden sich in den Berichten über die Jahresversammlungen mehrfach Anmerkungen, die mit den Formulierungen wie etwa „In der Diskussion ergriff E. Noether, Göttingen, das Wort“ beginnen (Jahresbericht der DMV 1925, S. 121). Aus einer dieser Diskussionsbeiträge entstand die

[81] Vgl. Noether 1932, S. 17.

gemeinsame Publikation Kapferers mit Noether.[82] Um noch einmal Flecks Bild des „erregten Gesprächs“ als Beschreibung der Geschichte einer Disziplin heranzuziehen (Fleck 1935, S. 23), so sind diese Hinweise etwa auf den „Schiefkongress“ oder auf die auf Jahrestagungen geführten Dispute Materialisierungen dieser Erregung, dieser sich „überkreuzenden und wechselseitig beeinflussenden Entwicklungslinien der Gedanken“ (ebenda), dieses verbalen Ringens um die Richtigkeit von Auffassungen und die Nützlichkeit der Methoden.

Noether erscheint nun als Kristallisationspunkt, als Katalysator, als Person, die Dinge in Bewegung bringen will und bringt. In seinem Gutachten betonte etwa Takagi, dass es Noethers nie ermüdendem Eifer zuzuschreiben sei, dass die moderne Algebra „im letzten Dezennium einen so bedeutenden Fortschritt und rasche Verbreitung“ erfahren habe (Gutachten Takagi 1933). Weil hat dieses Bild in seinen Erinnerungen an Göttingen ebenfalls gezeichnet, als er von Noether und den sie umgebenden „Jüngern“ sprach und ausführte, dass er gerade in diesen informellen, d. h. nicht an universitäre Strukturen gebundenen, sondern offen gestalteten Gesprächen die moderne Algebra gelernt habe (Weil 1993, S. 53). Weil steht hier stellvertretend für die zahlreichen ausländischen Gäste, die ab Mitte der 1920er Jahre nach Göttingen kamen, um moderne mathematische Konzepte kennenzulernen und sie bei Noether in ihrer radikalsten Form vertreten sahen. Auch andere wie etwa Krull oder Gröbner, auf deren mathematische Entwicklungen bereits eingegangen wurde, könnten hier genannt werden. Sie sind im Verlauf ihrer weiteren beruflichen Karrieren zu Botschaftern für die moderne Algebra, zu Beförderern des begrifflichen Denkens geworden. Die Gastdoktoranden ebenso wie die Zweigstellen sind Teil dieses Musters einer Vergrößerung oder auch Vervielfältigung des Denkraums Noether-Schule. Das Bild einer Bewegung als „Netzwerk von Netzwerken“, wie Neidhardt es als Struktur sozialer Bewegungen entwickelt, beginnt zu passen (Neidhardt 1985, S. 197).

Bereits bei der Analyse des Gutachtens zu Deurings Doktorarbeit wurde auf Noethers drittes Bewertungskriterium „grundlegend“ hingewiesen. Die Mitglieder des Denkraums Noether-Schule vertraten die Überzeugung, dass mit begrifflichen Methoden nicht nur tiefliegende Probleme behandelt und Forschungsergebnisse sich als außerordentlich fruchtbar für weitere mathematische Entwicklungen erweisen würden; vielmehr konnten durch die begrifflichen Auffassungen neue Grundlagen für klassische Forschungsfelder geschaffen werden, wie van der Waerden es illustrierend für die Geometrie beschrieb:

> Emmy Noether gab mir ein Separat ihrer Arbeit ‚Idealtheorie in Ringbereichen‘, … sie sagte zu mir: Studieren Sie diese Arbeit und studieren Sie das Büchlein ‚Modular Systems‘ von Macaulay und dort werden Sie die Antworten auf Ihre Fragen über den Fundamentalsatz finden. Und so wurde ich in kurzer Zeit in die allgemeine Idealtheorie eingeweiht und *auf dieser Grundlage* habe ich dann in den darauf folgenden 20 Jahren meine Begründung der algebraischen Geometrie entwickelt. (Van der Waerden 1979, S. 27) (Hervorhebung d. A.)

[82] Vgl. Kapferer und Noether 1927.

Auf solche Entwicklungen rekurrierte Hasse, als er in seinem Gutachten von 1933 schrieb:

> Durch eine Reihe tiefgründiger Arbeiten, die an das Lebenswerk des deutschen Mathematikers Richard Dedekind anknüpfen, und durch ihren persönlichen Einfluss auf zahlreiche junge deutsche Mathematiker hat sie *den Grund gelegt* zu einer Durchsetzung der überkommenen klassischen Algebra mit völlig neuen allgemeinen Methoden, die nicht nur in der Algebra selbst ihre Kraft bewährt haben, sondern darüber hinaus auch andere Gebiete der Mathematik wie Zahlentheorie, Funktionentheorie und Geometrie durchdrungen haben, und es gegenwärtig unter ihrer eigenen Mitarbeit und durch ihre Anregung an ihre zahlreichen Schüler noch tun. (Gutachten Hasse 1933) (Hervorhebung d. A.)

Neue Grundlagen für bekannte Forschungsfelder zu entwickeln, war für viele Mitglieder des Denkraums Noether-Schule eine zentrale Motivation, sich intensiv mit den modernen algebraischen Konzepten zu befassen. Exemplarisch sei Zariski genannt, der 1934 in Princeton am Institute for Advanced Study bei Noether Lehrveranstaltungen besucht hatte und durch ihre Vorlesungen Anregungen zur Weiterentwicklung der algebraischen Geometrie erhielt:

> She spoke about ideal theory in algebraic number theory. … But she was very enthusiastic and I was trying to learn ideal theory, so I went faithfully even if I didn't understand everything. Just watching her was fun, and of course, I felt that here is a person who gets enthusiastic about algebra, so there is probably a good deal to get enthusiastic about. (Zariski 1991, zitiert nach Parikh 1991, S. 75)

Auch van der Waerden hob in seinem Nachruf diesen Aspekt der Noether'schen Mathematik hervor:

> Die weitere Auswertung dieser Verknüpfung [der Algebrentheorie mit der Klassenkörpertheorie] durch Noether, H. Hasse, R. Brauer und C. Chevalley in ständiger Wechselwirkung führte einerseits zu einer *Neubegründung* gewisser Teile der Klassenkörpertheorie mit hyperkomplexen Methoden, … Mit der begrifflichen Durchdringung der Klassenkörpertheorie war ein Ziel erreicht. (van der Waerden 1935, S. 475) (Hervorhebung d. A.)

Moderne Algebra wurde nicht nur von Noether und nicht nur in Göttingen betrieben und vorangetrieben. Andere wie etwa Artin[83], aber auch Otto Schreier und Blaschke[84] in Hamburg oder die jüngeren Schüler Schurs in Berlin wie etwa Brauer beschäftigten sich mit algebraischen Fragen aus abstrakter Perspektive. Dass scharfe Grenzziehungen nicht möglich sind, zeigt das Beispiel der Zusammenarbeit Noethers mit Brauer deutlich.[85] Obwohl

---

[83] So wurden Noether und Artin gemeinsam 1932 mit dem Ackermann-Teubner-Gedächtnispreis für ihre Leistungen in der modernen Algebra gewürdigt.

[84] Van der Waerden etwa verwies in seiner Einleitung zur „Moderne[n] Algebra" auf das gemeinsam mit Schreier und Blaschke gehaltene Seminar zur Idealtheorie (van der Waerden 1930, S. 2).

[85] Die Schwierigkeiten einer Grenzziehung zwischen Beteiligten einer Bewegung, Interessierten und Beobachter/inne/n lässt sich geradezu als ein Charakteristikum einer Bewegung bezeichnen. Vgl. hierzu Neidhardt 1985, S. 195.

es zwei gemeinsame Papiere gibt und die beiden Autor/inn/en freundschaftlich verbunden waren, so war doch die fachliche Verbindung nicht von der gleichen Intensität wie etwa mit Hasse oder mit van der Waerden. Auch Artin, den Noether selbst als einen ihren Schüler nannte,[86] lässt sich ausgehend von der bisherigen Forschung nicht legitimerweise als ein Mitglied des Denkraums Noether-Schule bezeichnen; zu losgelöst ist seine mathematische Entwicklung, zu wenig lassen sich Denkbewegungen zwischen ihm und Noether oder anderen engen Mitgliedern des Denkraums beobachten. Gleiches gilt für Albert, dessen Kontakt mit dem Denkraum für einen Moment durch seinen Briefwechsel mit Hasse sehr intensiv war, und der dennoch nicht solide begründet in diese Denkgemeinschaft mit eingerechnet werden kann. Anders dagegen und vielleicht mit Brauer vergleichbar ist Zariski mit dem Denkraum assoziiert gewesen; seine Neubegründung der algebraische Geometrie speiste sich aus der Auseinandersetzung mit Noethers Konzepten, deren Vorlesungen er in Princeton erlebte, sowie dem Erlernen moderner algebraischer Methoden anhand der „Moderne[n] Algebra" van der Waerdens und Krulls „Idealtheorie"(Krull 1935).

Die Noether-Schule oder präziser, der Denkraum Noether-Schule dominierte die Bewegung der modernen Algebra in den 1920er und 1930er Jahren. Seine Mitglieder gestalteten neue Forschungsfelder sowohl in der Algebra, wie etwa Idealtheorie und Algebrentheorie, als auch durch die Algebraisierung anderer Disziplinen wie Geometrie, Topologie oder Zahlentheorie. 1933 hieß es in den zahlreichen Gutachten zu Noether, fast alle jüngeren Algebraiker seien durch ihre Schule gegangen.[87] Diese emphatischen Äußerungen mögen in der Intention der Gutachten begründet sein, doch lassen sie sich beim Gang durch die Einzelbiografien vielfach bestätigen. Oft nur kurze Zeit, ein oder zwei Semester, reichten aus, um die jungen Mathematiker/innen mit der begrifflichen Mathematik und den modernen algebraischen Methoden nicht nur vertraut zu machen, sondern gewissermaßen zu infizieren. Ganz im Sinne des Gedankens der Bewegung fand eine Mobilisierung, ein Eintreten für diese Überzeugung statt, die ihren Ursprung in Göttingen hatte und weltweit wirksam wurde. Kaum etwas illustriert dies besser als van der Waerdens den Nachruf abschließender Satz:

> Und heute scheint der Siegeszug der von ihren Gedanken getragenen modernen Algebra in der ganzen Welt unaufhaltsam zu sein. (Van der Waerden 1935, S. 476)

Dieses von van der Waerden beschworene Bild des „Siegeszugs" ist die erfolgreich die Kultur mathematischen Denkens verändernde Bewegung der modernen Algebra. Der Denkraum Noether-Schule war über den Tod seiner Namensgeberin hinaus wirksam, seine Mitglieder waren in der mathematischen Community etabliert und gestalteten die Wissensvorstellungen in der Mathematik neu. Dieser Umbruch begann bereits Anfang der 1930er Jahre, als sich die moderne Algebra, um es mit Flecks Begrifflichkeit auszudrücken, im Übergang von der Zeitschrift- in die Handbuchwissenschaft befand:

---

[86] Vgl. Noether 19. 4. 1933.

[87] Vgl. Gutachten Lefschetz 1934, Gutachten Perron 1933, Gutachten Speiser 1933.

> Man vermag aus Zeitschriftenartikeln kein Handbuch etwa durch einfache Addition zusammenstellen. Erst das denksoziale Wandern persönlicher Wissensfragmente innerhalb des esoterischen Kreises und die Rückwirkung des exoterischen ändert sie so, dass aus persönlichen, nicht additiven Fragmenten additive, unpersönliche Teile entstehen. (Fleck 1935, S. 156)

Nicht nur die vielen publizierten Doktorarbeiten waren Teil der Zeitschriftwissenschaft „moderne Algebra". Nachdem Noether mit ihrer Arbeit von 1921 das Forschungsfeld der Idealtheorie neu eröffnet hatte, wurden aus dem Denkraum der Noether-Schule heraus zahlreiche idealtheoretische Forschungsergebnisse veröffentlicht. Die Algebrentheorie, deren Ausgangspunkt das Hasse-Brauer-Noether-Theorem war, wurde zu einer algebraischen Teildisziplin, in der viele Mitglieder der Noether-Schule publizierten. Vergleichbares lässt sich auch für den Prozess der Algebraisierung anderer mathematischer Fächer wie etwa der algebraischen Geometrie sagen, die mit der begriffliche Grundlegung durch van der Waerden begann und von Gröbner und Zariski fortgeschrieben wurde.[88] Dieses „denksoziale Wandern" mathematischer Ergebnisse, wie bereits im Kontext der Entwicklung des Hasse-Brauer-Noether-Theorems in Kap. 3.4 diskutiert, bereitete die Etablierung begrifflicher Auffassungen sowie den Wunsch und Bedarf nach Lehr- und Handbüchern vor.

Fleck beschreibt diese disziplinären Veränderungen von einer Zeitschrift- zu einer Handbuchwissenschaft als einen Prozess der Sammlung kollektiver Erfahrungen und einer Umwandlung des Vorläufigen in das Allgemeingültige:

> Der Umwandlungsprozeß der persönlichen und vorläufigen Zeitschriftwissenschaft in kollektive, allgemeingültige Handbuchwissenschaft erscheint zunächst als Bedeutungsänderung der Begriffe und als Änderung der Problemstellung und sodann als Sammlung kollektiver Erfahrung, ... Dieser esoterische Denkverkehr vollzieht sich zum Teil schon innerhalb der Person des Forschers selbst: er hält mit sich selbst Zwiesprache, wägt ab, vergleicht, entscheidet sich. Je weniger diese Entscheidung auf Anpassung an die Handbuchwissenschaft beruht, je origineller und kühner also der persöhnliche Denkstil, desto länger dauert es, bis der Prozeß der Kollektivierung seiner Ergebnisse vollzogen ist. (Ebenda, S. 156 f.)

Zehn Jahre nach Noethers großer Arbeit zur begrifflichen Mathematik, der „Idealtheorie in Ringbereichen", war Anfang der 1930er Jahre dieser „Prozeß der Kollektivierung" vollzogen. Veröffentlichungen zur Algebra und zu algebraischen Forschungsfeldern orientierten sich nicht mehr an den bisherigen Lehrbüchern. Vielmehr war der Schritt getan, durch Bücher und nicht mehr nur durch Artikel diese neue, begriffliche Auffassung und die mit ihr verbundenen Methoden zu präsentieren. Die Wirkmächtigkeit eines Handbuchs, eines Berichts über die Breite und Tiefe eines Forschungsfelds in der Gestaltung einer Disziplin wird von Fleck so beschrieben:

> Im geordneten System einer Wissenschaft, wie ein Handbuch es darstellt, erscheint eine Aussage eo ipso viel gewisser, viel bewiesener als in der fragmentarischen Zeitschriftdarstellung. Sie wird zu einem bestimmten Denkzwang. (Ebenda, S. 160)

[88] Zu van der Waerdens Forschungen zur algebraischen Geometrie vgl. auch Schappacher 2007.

Bücher zu schreiben bedeutet mehr als die Vereinheitlichung eines Forschungsfeldes, es bedeutet die Beanspruchung der Definitionshoheit oder, in Flecks Worten, die Herstellung eines Denkzwangs. Im nächsten Kapitel wird es um fünf Bücher gehen, die aus dem Kontext der Noether-Schule heraus entstanden sind. Es sind Lehrbücher und Berichte, die exemplarisch für den kulturellen Wandel in den Auffassungen über Mathematik stehen. Die Verflechtungen der Autoren mit dem Denkraum Noethergemeinschaft, die Entstehungsgeschichte der Bücher, ihre Struktur und ihre Rezeption werden Elemente der Untersuchungen sein. Eingeführt wird dieses Kapitel mit der Analyse eines Vortrags Hasses, der als ein Plädoyer für die Anwendung moderner algebraischer Methoden in der Mathematik gelesen werden kann und die Rezeption der Bücher vorbereitete. Mit van der Waerdens „Moderne[r] Algebra" wurden strukturelles Denken und die algebraische Bearbeitung mathematischer Fragestellungen zum Denkgerüst künftiger Mathematikergenerationen (van der Waerden 1930/31). Es ist gleichsam das Manifest des Denkraums Noether-Schule und der kulturellen Bewegung der modernen Algebra. Die weiteren vier vorgestellten Bücher sind Dokumente der Modernisierung und Algebraisierung und damit einer erfolgreichen Veränderung von Wissensvorstellungen und einer Erweiterung des Wissenskorpus, eines Kulturwandels in der Mathematik.

5 Modernisierung und Algebraisierung: Von der Zeitschrift- zur Handbuchwissenschaft

Die moderne Algebra kann als ein kultureller Aufbruch verstanden werden, die Noether-Schule als Teil einer kulturellen Bewegung zur Algebraisierung der Mathematik. Als ein Denkraum zur Entwicklung neuer Auffassungen und Methoden wirkte die Noether-Schule über die Algebra hinaus in andere Disziplinen wie etwa Geometrie, Topologie oder Zahlentheorie hinein. Dabei fanden begriffliche Verschiebungen statt. In Bezug auf die Algebra wurden die Auffassungen Noethers als modern oder abstrakt in Abgrenzung zu dem Herkömmlichen oder Konkreten der bis dato üblichen algebraischen Herangehensweise bezeichnet. Von algebraischer Geometrie oder algebraischer Zahlentheorie ist schon vor Noether gesprochen worden. In der Überführung ihrer begrifflichen Auffassungen und Methoden in diese und andere Gebiete aber wurde die moderne Algebra mit Algebra gleichgesetzt und algebraisch zur Beschreibung dieser Auffassungen und der Neukonzeption alter Forschungsgebiete verwendet. Noether selbst formulierte diesen Gedanken in einer Rezension anlässlich der Herausgabe der Werke Kroneckers:

> Inhaltlich gehört hierher auch die Antrittsrede [Kroneckers] bei Aufnahme in die Akademie (1861), die auch interessant ist durch eine Charakterisierung der Algebra als ‚nicht eigentlich eine Disziplin für sich, sondern Grundlage und Werkzeug der gesamten Mathematik'. (Noether 1932, S. 17)

Wenn ich von einer kulturellen Bewegung spreche, so ist es notwendig, nicht nur den Blick nach innen zu richten und die Vernetzungen unter ihren Mitgliedern zu betrachten, sondern ebenso solche Aktivitäten zu untersuchen, die gewissermaßen werbend das neue Verständnis von Mathematik der mathematischen Community nahe bringen sollen. Allen Spuren zu folgen würde den Rahmen dieser Publikation sprengen. Im Folgenden werden exemplarisch fünf Bücher vorgestellt, die für bestimmte Entwicklungslinien innerhalb der Noether-Schule stehen. Sie sind in ihrer Intention, die begriffliche Mathematik in ihren Auffassungen und Methoden vorzustellen, verbunden und Materialisierung des Prozesses der Algebraisierung der Mathematik.

M. Koreuber, *Emmy Noether, die Noether-Schule und die moderne Algebra*,
Mathematik im Kontext, DOI 10.1007/978-3-662-44150-3_5

Um die Ausbildung geht es im ersten Teil, um die Aufnahme einer modernen Perspektive in die tradierte Lehre. Ausgangspunkt ist ein 1929 gehaltener Vortrag, in dem Hasse als ein Werbender nicht nur für die moderne Algebra (Hasse 1930), sondern für die Algebraisierung der Mathematik in moderner Auffassung auftrat. Die zwei Jahre später erschienene „Moderne Algebra" van der Waerdens war mehr als ein Lehrbuch zur Algebra, sie markierte einen Wendepunkt in den Auffassungen darüber, wie Studierende in die Algebra eingeführt werden sollten (van der Waerden 1930/31). Beiden Mathematikern gemeinsam ist ihr dezidiertes Eintreten für eine Veränderung mathematischer Auffassungen und Methoden ganz im Sinne der begrifflichen Mathematik Noethers und des Denkraums Noether-Schule, und so sind ihre Beiträge zugleich auch als „Weiterbildung" für bereits etablierte Mathematiker/innen zu verstehen.

Der zweite Teil stellt die weiteren vier ausgewählten Bücher vor, Handbücher im Fleck'schen Sinne, die für verschiedene mathematische Disziplinen stehen und unterschiedliche Arten der Wirkungsweise des Denkraums Noether-Schule in der Umgestaltung und Neugestaltung von Mathematik aufzeigen. Algebrentheorie war seit Ende der 1920er Jahre ein Forschungsschwerpunkt Noethers und vieler ihrer Doktoranden. Mit dem Bericht „Algebren" legte Deuring 1935 ein Werk vor, das die Modernisierung einer alten Forschungsrichtung, der Theorie der hyperkomplexen Systeme, und ihre Wandlung in eine neue Disziplin, die Theorie der Algebren, dokumentierte (Deuring 1935). Hatte Noether mit ihrer Arbeit „Idealtheorie in Ringbereichen" 1921 ein Forschungsfeld eröffnet, so war die „Idealtheorie" Krulls von 1935 eine Bestandsaufnahme dieses Forschungsfeldes und zeigte, in welch großem Umfang die Idealtheorie in den vergangenen 14 Jahren zu einem eigenständigen Gebiet geworden war (Krull 1935). Alexandroff und Hopf sahen in den vielen inspirierenden Gesprächen mit Noether eine der wesentlichen Grundlagen ihrer neuen topologischen Konzepte. Ihre 1935 erschienene „Topologie", die erstmals als Lehrbuch die algebraische Topologie präsentierte, ist ebenfalls in die Reihe der aus dem Denkraum Noether-Schule hervorgegangenen Bücher einzugliedern (Alexandroff, Hopf 1935). Mit „Categories for the Working Mathematician" verfasste Mac Lane das erste grundlegende Lehrbuch zu der in den 1940er Jahren entstandenen Kategorientheorie (Mac Lane 1971), deren Konzepte sich auch auf Noethers begriffliche Auffassung stützten und als Formalisierung ihrer begrifflichen Methoden gelesen werden können.

Alle in den 1930er Jahren verfassten Bücher erschienen beim Springer-Verlag in den Reihen „Die Grundlehren der mathematischen Wissenschaften in Einzeldarstellungen mit besonderer Berücksichtigung der Anwendungsgebiete" und „Ergebnisse der Mathematik und ihrer Grenzgebiete". Dieser Herausgabeort war kein Zufall; vielmehr war der Verlag gewissermaßen der Hausverlag der Göttinger Mathematiker/innen.[1] Courant, einer der Göttinger Kollegen Noethers, war nicht nur Herausgeber der „Grundlehren-Reihe" oder auch „Gelben Reihe", wie sie bis heute genannt wird, sondern hatte sie 1921

[1] Ausführlich ist die Rolle des Springer-Verlags für die Göttinger Mathematiker/innen in Remmert, Schneider 2010, S. 46 ff. dargestellt.

mitbegründet. Weitere Beteiligte waren neben Blaschke auch F. K. Schmidt und van der Waerden, was die Nähe zum Denkraum Noether-Schule zeigt. Die „Grundlehren-Reihe“ hatte zum Ziel, Lehrbücher für die Studierenden der Mathematik in den jeweiligen Einzeldisziplinen herauszugeben. Den Studierenden sollte die Möglichkeit gegeben werden, sich mit möglichst wenigen Voraussetzungen gezielt in bestimmte Fachrichtungen einarbeiten zu können. Für die 1932 in Verbindung mit dem neu eingerichteten „Zentralblatt für Mathematik“ konzipierte „Ergebnis-Reihe“, wie sie umgangssprachlich genannt wurde, war der Göttinger Mathematikhistoriker Neugebauer als Schriftführer verantwortlich. Die Verlagsanforderungen an die „Ergebnis-Reihe“ wurden im ersten Heft explizit formuliert:

> Die ‚*Ergebnisse der Mathematik*‘ sollen nämlich so elastisch als möglich der Entwicklung unserer Wissenschaft zu folgen vermögen. Ihr Ziel ist, in einzelnen Berichten in Problemstellungen, Literatur und hauptsächliche Entwicklungsrichtung spezieller moderner Gebiete einzuführen. … Der Gesamtplan der ‚Ergebnisse‘ ist allerdings so angelegt, daß in absehbarer Zeit Berichte über fast alle modernen Gebiete wenigstens der reinen Mathematik vorliegen werden. (Schriftleitung des Zentralblattes für Mathematik 1932, S. III f.) (Hervorhebung i. O.)

Konzipiert war die Reihe so, dass zu einem Band fünf fachlich miteinander verbundene Hefte gehörten; zu den Heften des 1935 erschienenen vierten Bandes gehörten die „modernen Gebiete“ der „Algebren“ und der „Idealtheorie“.

Die in den vergangenen vier Kapiteln herangezogenen mathematischen Publikationen waren im Wesentlichen Zeitschriftenartikel. Auch wenn sie, wie es den Anforderungen mathematischer Kultur entsprach, jeden Bezug zum Entstehungsprozess mathematischer Erkenntnis zu minimieren suchten, so lassen sie dennoch das Ringen um die Präzisierung der Begriffe, die innermathematische Auseinandersetzung um neue Methoden und die Verteidigung moderner Auffassungen erkennen. Fleck schreibt dazu:

> Die Zeitschriftwissenschaft trägt also das Gepräge des Vorläufigen und Persönlichen. Das erste Merkmal zeigt sich zunächst darin, daß trotz der ausgesprochenen Begrenztheit der bearbeiteten Probleme doch immer ein Streben betont wird, an die ganze Problematik des betreffenden Gebietes anzuknüpfen. Jede Zeitschriftarbeit enthält in der Einleitung oder in den Schlußfolgerungen eine solche Anknüpfung an die Handbuchwissenschaft als Beweis, daß sie ins Handbuch strebt und ihre gegenwärtige Position für vorläufig hält. (Fleck 1935, S. 156)

Ganz anders dagegen stellt sich die Situation bei Lehrbüchern und Berichten dar. Sie sind nicht nur einfach Zusammenstellungen von Ergebnissen vergangener Jahre, sie gestalten die Interpretation dieser Ergebnisse neu. Durch sie wird ein neuer mathematischer Kanon der Begriffe, Notationen, der akzeptierten Beweisfiguren, aber auch der dadurch vermittelten mathematischen Wissensvorstellungen bestimmt; durch sie wird Deutungshoheit hergestellt. Fleck beschreibt ihren Entstehungsprozess:

> Das Handbuch entsteht also nicht einfach durch Summation oder Aneinanderreihung einzelner Zeitschriftarbeiten, denn erstere ist unmöglich, weil diese Arbeiten oft einander widersprechen, und letztere auch kein geschlossenes System gebe, worauf die Handbuchwissenschaft

zielt. Ein Handbuch entsteht aus den einzelnen Arbeiten wie ein Mosaik aus vielen farbigen Steinchen: durch Auswahl und geordnete Zusammenstellung. Der Plan, dem gemäß die Auswahl und Zusammenstellung geschieht, bildet dann die Richtungslinien späterer Forschung: er entscheidet, was als Grundbegriff zu gelten habe, welche Methoden lobenswert heißen, welche Richtungen vielversprechend erscheinen, welchen Forschern ein Rang zukommt und welche einfach der Vergessenheit anheimfallen. Ein solcher Plan entsteht im esoterischen Denkverkehr. (Fleck 1935, S. 158)

Dieser nicht explizierte Plan, diese Auswahl- und Entscheidungsprozesse des Autors oder der Autorin sowie seiner oder ihrer möglicherweise auch nicht genannten Koautor/inn/en oder Diskussionspartner/innen sind durch die Geisteshaltung, den Denkstil seines oder ihres Denkkollektivs geprägt. Den Denkraum Noether-Schule, verstanden als produktives Zusammentreffen unterschiedlicher Denkstile und Denkkollektive, als Überschneidung von esoterischem und exoterischem Denkverkehr, verband die gemeinsame Überzeugung der Notwendigkeit einer Modernisierung der Mathematik, und Modernisierung meinte Algebraisierung. So kommt den dort entstandenen Lehr- und Handbüchern eine besondere Bedeutung in der Neugestaltung mathematischer Disziplinen zu. Sie legten fest, was sich zuvor als Prozess eines kulturellen Wandels, als Auseinandersetzung um richtige Auffassungen und produktive Methoden in der Mathematik präsentiert hatte. Nicht überraschend entstanden bis auf Mac Lanes Werk die Bücher alle Anfang der 1930er Jahre; Noethers Arbeits- und Auffassungsmethoden waren nicht nur etabliert, sondern ihre Relevanz für die Mathematik anerkannt. Rowe fordert in seinem Aufsatz über „Making mathematics in an Oral Culture: Göttingen in the Era of Klein and Hilbert“ auf, sich von der Fixierung auf den Text zu lösen und den Kontext zu betrachten (Rowe 2004):

Were historians of mathematics too fixate exclusively on the texts that emerged as end-products in Courant's yellow series, they would be overlooking all the economic, cultural, and human factors that made their production possible. (Ebenda, S. 85)

So geht es bei dieser Vorstellung der Bücher nicht darum, sie in ihrem mathematischen Gehalt oder in einer retrospektiven Bewertung der Bedeutung für die jeweilige Disziplin zu präsentieren. Mein Augenmerk liegt auf dem Entstehungsprozess: Die Entscheidung für einen Autor, seine Einbindung in den Denkraum Noether-Schule, vorhergehende Publikationen, die Einführung in das Buch sowie seine Rezeption sind zentrale Aspekte. Dieses Vorgehen kann als ein Versuch, das Konzept der dichten Beschreibung auf die Analyse von Büchern anzuwenden, verstanden werden. Ganz im Sinne Geertz' geht es darum, verschiedene Bedeutungsschichten herauszuarbeiten, auch wenn nicht bei jedem Buch jeder hier genannte Aspekt dargestellt wird. In der Summe zeigen sich die Bücher eingebettet in den Denkraum Noether-Schule und als ein wesentliches Element zur Gestaltung und Veränderung von Mathematik, als Unternehmungen einer kulturellen Bewegung der modernen Algebra.

5.1 Moderne Algebra: Auffassung und Methode

Die Algebra zu modernisieren war die Intention zweier vom Charakter her sehr verschiedener Vorhaben, des 1929 gehaltenen Vortrags Hasses, gerichtet an den Kollegenkreis, sowie des 1930/31 erschienenen Lehrbuchs van der Waerdens, als Einführung für Studierende geschrieben. Gemeinsam ist ihnen eine Zielgruppe, die sich bisher nicht mit Algebra in moderner Auffassung befasst hat. So ist die Anforderung weniger, der Hörer- bzw. Leserschaft die Ergebnisse aktuellster algebraischer Entwicklungen zu präsentieren, als vielmehr die Bedeutung eines modernen Verständnisses von Mathematik und die daraus abgeleiteten methodischen Ansätze vorzustellen. Es geht um Ausbildung und Weiterbildung, oder wie Fleck es nennt, „Einweihung in einen Denkstil" (Fleck 1935, S. 137). Hasse rief in seinem Vortrag zu einer Veränderung in der Ausbildung der jungen Mathematikergeneration auf, van der Waerdens Buch kann als Reaktion darauf gelesen werden.

5.1.1 „Zur modernen algebraischen Methode" – Ein Plädoyer

Auf der Jahresversammlung der DMV 1929 in Prag hielt Hasse einen der Hauptvorträge mit dem Titel „Zur modernen algebraischen Methode". Zu diesem Thema sei er von der DMV aufgefordert worden, so führte er aus und setzte fort:

> Die Absicht dabei ist, für die moderne Algebra zu werben, und zwar weniger unter ihren Anhängern – denen werde ich nichts Neues sagen, sondern im Gegenteil ihnen aus dem Herzen zu sprechen versuchen – als vielmehr unter den ihr Fernstehenden. Als Endziel einer solchen Werbung sehe ich es nicht an, irgend jemanden von seinem bisherigen Interessengebiet abzuziehen und der Algebra zuzuführen. Vielmehr betrachte ich es als meine Aufgabe, wohlwollendes Verständnis für die moderne Algebra zu erzielen, und ihren Methoden, so weit sie von allgemeiner Bedeutung sind, dazu zu verhelfen, sich durchzusetzen und Allgemeingut der heutigen Mathematiker-Generation zu werden. ... Ich hoffe dabei dennoch der Anforderung zu genügen, die mir den ehrenvollen Auftrag zu diesem Vortrag verschafft hat, nämlich nicht einseitig auf eine bestimmte Richtung eingeschworen zu sein. (Hasse 1930, S. 22)

Ausgangspunkt seiner Argumentation war die Algebra, und Hasse legte dar, welchen Wert es hat, nicht mehr wie vordem die Bereiche etwa der reellen oder komplexen Zahlen in den Blick zu nehmen, sondern in abstrakten Bereichen zu operieren:

> *Einmal* sucht man die *größtmögliche Allgemeinheit dem Inhalte nach.* Je allgemeiner die Voraussetzungen sind, von denen man beim Aufbau einer Theorie ausgeht, umso mehr umspannt diese Theorie, umso weiter reicht ihr Anwendungsgebiet. Neben der Befriedigung an sich, die in dieser größtmöglichen Allgemeinheit liegt, hat man dabei aber auch noch Vorteile folgender Art. ... So schlingt also die moderne Algebra durch ihre abstrakte Grundlegung um sachlich ganz verschiedene Dinge ihr einigendes Band der Methode und trägt damit ihren Teil bei zu der immer wieder geforderten organischen und systematischen Einheit der mathematischen Wissenschaft. Die Allgemeinheit dem Inhalte nach, die man durch Zugrundelegung der abstrakten Bereiche erreicht, läuft nun Hand in Hand mit einer Beschränkung der

Hilfsmittel. ... Damit bin ich bei dem *zweiten* Zwecke, den man mit der Zugrundelegung der abstrakten Bereiche in der modernen Algebra verfolgt, nämlich *einer größtmöglichen Beschränkung der Hilfsmittel.* (Ebenda, S. 23) (Hervorhebung i. O.)

Diese Argumente finden sich schon in den frühen Texten Noethers, etwa in ihrer Habilitationsschrift und dem diese Schrift diskutierenden Lebenslauf sowie in der „Idealtheorie in Ringbereichen" und weiteren eigenen Publikationen, aber auch in den Gutachten zu den Doktorarbeiten ihrer Studierenden. Größtmögliche Allgemeinheit bei größtmöglicher Beschränkung der Hilfsmittel kann als Leitsatz der modernen Algebra und als Credo des Denkraums Noether-Schule bezeichnet werden. Hasse formulierte es so:

Charakteristisch für die neue Methode ist, um es noch einmal zusammenzufassen, das Bestreben, *ein vorgelegtes mathematisches Gebiet auf seine allgemeinsten und daher einfachsten begrifflichen Grundlagen zurückzuführen und dann eben mit deren alleiniger Hilfe auf- und auszubauen.* (Ebenda, S. 26) (Hervorhebung i. O.)

Dieser Charakterisierung wäre Noether, wie die Analyse begrifflicher Mathematik gezeigt hat, ohne Einschränkungen gefolgt. Hasse führte auf den vorhergehenden Seiten aus:

Man wende gegen dieses Konstruktionsverfahren [bezogen auf die abstrakte Körpertheorie von Steinitz] nicht ein, dass es formal sei und inhaltlich nichts Neues liefere. Abgesehen davon, dass dieser Vorwurf dann in gleichem Sinne die heute längst zum Allgemeingut gewordene Konstruktion der rationalen aus den ganzen, der komplexen aus den reellen Zahlen trifft, so ist meiner Meinung nach dies Verfahren an begrifflichem Material reicher und an formalen Rechnungen ärmer. ... Ähnliches scheint mir überhaupt für die ganze moderne Algebra zuzutreffen, und wenn man deren Methoden häufig mit einem geringschätzig hingeworfenen: ‚Formal!' abtut, so beruht das auf einem völligen Missverständnis dessen, was die moderne Algebra meint, wenn sie ihre Methoden formal nennt. Sie versteht darunter nicht, wie ihr ihre Gegner vorwerfen, ein *inhaltsleeres Spiel mit Formeln,* sondern eine *durch präzise logische oder mathematische Formeln vollzogene Abgrenzung ihres begrifflichen Inhalts* gegenüber unpräzisen, mit exakt-logischen Mitteln nicht faßbaren Auswüchsen. (Ebenda, S. 24 f.) (Hervorhebung i. O.)

Fing dieser Absatz noch relativ harmlos an, indem Hasse in guter Noether'scher Tradition in seiner Argumentation zunächst an vertraute und akzeptierte mathematische Verfahren anknüpfte, so steigerte er sich bis hin zu dem abschließenden Urteil gegenüber dem althergebrachten Vorgehen als „unpräzise" und mit „nicht faßbaren Auswüchsen". Damit brachte er zum Ausdruck, dass es unbegreiflich sei, wie man als seriöser Mathematiker sich noch in Distanz zu diesen modernen Methoden befinden kann, denn „unpräzise" und „logisch nicht fassbar" sind vernichtende Urteile.[2] Konsequenterweise schrieb er:

Dieses grundlegende methodische Ergebnis der modernen Algebra [das Kronecker-Steinitz'sche Konstruktionsverfahren] ist einer derjenigen Punkte, die, wie ich meine, Allgemeingut der heutigen Mathematiker-Generation werden müssen. ... Es ist verständlich, dass mit

[2] Mit der Formulierung „inhaltsleeres Spiel mit Formeln" scheint Hasses Vortrag auch eine Replik auf Positionen, wie etwa Weyl sie vertrat, zu sein (Weyl 1924, zitiert nach Mehrtens 1990, S. 294).

> der geschilderten modernen Auffassung der Algebra auch eine *Verschiebung der Interessen* gegenüber der älteren Auffassung verbunden ist. (Ebenda, S. 25) (Hervorhebung i. O.)

Damit verwies er auf die Notwendigkeit, die Ausbildung der Studierenden diesen Veränderungen der Mathematik anzupassen, und machte bereits Vorgaben für eine entsprechend zu gestaltende Lehre:

> In weiterer Verfolgung ihrer *begrifflichen Grundlegung* fordert nämlich *unser* formal-algebraischer Standpunkt die Aufhebung der vom pragmatischen Standpunkt beanspruchten Vorzugsstellung der reellen und komplexen Zahlen. (Ebenda, S. 28) (Hervorhebung d. A.)

Hatte Hasse bisher in gewisser Weise distanziert in der dritten Person über die Ansätze der modernen algebraischen Methode berichtet, so wird hier seine Identifikation mit dem Programm erstmals völlig klar. Er stand als Vertreter dieses neuen mathematischen Verständnisses vor den Mitgliedern der DMV. Im Verlauf seines Plädoyers zeigte Hasse sich als Mitglied des im dritten Kapitel skizzierten zahlentheoretischen Denkkollektivs, das in der modernen Algebra Methoden sah, seine aus der Zahlentheorie stammenden Fragestellungen zu bearbeiten, und skizzierte an Beispielen aus der Zahlentheorie, welche Potenz er den neuen Ansätzen zuwies. Mit dieser Argumentationslinie wies er nach, dass die moderne algebraische Methode mehr sei als eine Veränderung in der mathematischen Disziplin der Algebra:

> Man darf nicht vergessen, dass die algebraische Methode nur eine Methode ist, dass sie also zu ihrer Anwendung den Stoff braucht. Ich meine damit: Die Idealtheorie z. B. wäre nie um ihrer selbst willen, aus Interesse an der Definition des Ideals entstanden, sondern sie bedurfte dazu des konkreten Problems aus der algebraischen Zahlentheorie. (Ebenda, S. 34)

Stoff wären, so hatte er vorher ausgeführt, neben der Zahlentheorie die Mengenlehre, die Geometrie, die Topologie, aber auch Bereiche der angewandten Mathematik wie etwa die Integralrechnungstheorie, die Variationsrechnung, die Quantentheorie und die Logik. Mit diesem Verweis auf andere mathematische Disziplinen unterstrich er noch einmal die Mächtigkeit der modernen Algebra als methodischem Ansatz. Seine abschließenden Bemerkungen scheinen versöhnlich:

> Wenn meine heutigen Ausführungen dazu beigetragen haben, dieses gegenseitige Verständnis der abstrakt-algebraischen und der konkret-mathematischen Richtung zu fördern und das Interesse für einander zu beleben, so haben sie ihren Zweck erfüllt. (Ebenda, S. 35)

Tatsächlich sind sie fordernd, denn noch begegneten sich diese beiden Ansätze nicht auf Augenhöhe, noch war die Mehrheit der anwesenden Kollegen einer traditionellen Perspektive verhaftet. Hasse aber verlangte die Akzeptanz der neuen Sicht auf Mathematik und ihrer damit verbundenen neuen methodischen Zugänge als wenigstens gleichwertig; tatsächlich wies er ihr das höhere wissenschaftliche Potenzial zu.

5.1.2 „Moderne Algebra" – Das Manifest

Noch heute im 21. Jahrhundert arbeiten sich Studierende anhand des zweibändigen Werks van der Waerdens in die Algebra bzw. in ein algebraisches Verständnis der Mathematik ein. In mehrere Sprachen übersetzt gilt es auch über 80 Jahre nach seinem Erscheinen als ein geeignetes Lehrbuch zur Einführung in algebraisches Denken, wiewohl es mit seinen vielen ausformulierten Texten, verglichen mit aktuelleren Lehrbüchern,[3] ein wenig altmodisch wirken mag. Die erste Auflage des ersten Bandes erschien 1930 mit dem Titel „Moderne Algebra I", der zweite Band 1931 mit dem entsprechenden Titel. Auf den Titelblättern stand je (Abb. 5.1):

> Unter Benutzung von Vorlesungen von E. Artin und E. Noether. (Van der Waerden 1930, S. II)

Das Buch beruht inhaltlich ganz wesentlich auf den Forschungsergebnissen Noethers, des Hamburger Algebraikers Artin und vieler Noether-Schüler.[4] Der Aufbau aber und die Darstellung sind bestimmt durch Noethers Auffassungen. Begriffe und die Zusammenhänge unter und zwischen ihnen bestimmen die Kapitelüberschriften und ihre logischen Abhängigkeiten, wie der dem Buch vorangestellte Leitfaden eindrucksvoll deutlich macht. Modern ist wahrhaft programmatisch gemeint, und dieses Buch verdrängte nicht nur in Deutschland binnen weniger Jahre die bisherigen Algebra-Lehrbücher vom Markt.[5]

Zur Autorenschaft

Die Bemerkungen zur Autorenschaft beginnen mit einer knappen Skizze der wissenschaftlichen Entwicklung van der Waerdens in den 1920er Jahren.[6] Van der Waerden begann sein Mathematikstudium 1919 im Alter von 16 Jahren in Amsterdam. Er hörte Vorlesungen bei Brouwer und bei dem Geometer de Vries, die ihn zu einer intensiven Beschäftigung mit geometrischen Fragestellungen führten. Nach Abschluss seiner mathematischen Ausbildung einschließlich der Promotionsprüfung, doch vor Einreichen der Doktorarbeit

---

[3] Hierzu gehören etwa Meyberg 1974 und Kowalsky 2003, die sich in ihrer äußerst knappen Darstellungsstruktur von Definition, Satz, Beweis nicht unterscheiden.

[4] Erste Überlegungen hierzu wurden 1999 anläßlich eines Vortrags „Emmy Noether, die Noether-Schule und die ‚Moderne Algebra' " vorgestellt (Koreuber 2001).

[5] So nutzte etwa Mac Lane, der sich noch 1930 als Student in Yale auf Empfehlung Ores mit Otto Haupts Buch „Einführung in die Algebra" in algebraische Fragestellungen eingearbeitet hatte, für seine Lehrveranstaltungen in Harvard 1935 die „Moderne Algebra" (Mac Lane 1988, S. 324). Der Mathematiker Paul Halmos erinnerte sich in seiner Autobiografie an den Unterricht bei Hazlett Mitte der 1930er Jahre: „Algebra was taught by Olive Hazlett who was, by our lights, a famous and important mathematician: she published papers and she taught advanced courses … Hazlett's cours was based mainly on the first volume of van der Waerden, with, of course, some deletions and additions." (Halmos 1985, S. 45). Auch über Tsen wird berichtet, dass er die moderne Algebra anhand des Buchs von van der Waerden unterrichtete (Lorenz 1999, S. 114). Gleiches mag auch für Japan vor Erscheinen des Buchs „Abstract Algebra" von Shoda gegolten haben (Shoda 1932).

[6] Vgl. zur Biografie van der Waerdens Schneider 2012, S. 69 ff., 109 ff., 135 ff.

MODERNE ALGEBRA

VON

DR. B. L. VAN DER WAERDEN

O. PROFESSOR AN DER UNIVERSITÄT
GRONINGEN

UNTER BENUTZUNG VON VORLESUNGEN
VON
E. ARTIN UND E. NOETHER

ERSTER TEIL

BERLIN
VERLAG VON JULIUS SPRINGER
1930

Abb. 5.1 Titelblatt des 1930 erschienenen Buchs „Moderne Algebra I"

wechselte van der Waerden 1924 mit einem Stipendium des International Education Board nach Göttingen, um sich dort mit modernen mathematischen Konzepten zu befassen, da er die durch Brouwer vertretenen intuitionistischen Auffassungen[7] als einengend und unpräzise empfand. In Göttingen besuchte er insbesondere die Lehrveranstaltungen Noethers, gehörte zu der „kleinen, aber treuen Hörerschar" (van der Waerden 1935, S. 476). Mit ihr diskutierte er seine geometrischen Fragestellungen und fand in den Noether'schen idealtheoretischen Ansätzen die Methodik zu einer exakten Grundlegung der Geometrie. Seine Doktorarbeit über die „De algebraise grondslagen der meetkunde van het aantal" reichte er in Amsterdam bei de Vries ein. Disziplinär in der Geometrie angesiedelt ist sie geprägt von den begrifflichen Auffassungen und Methoden Noethers.[8]

Im Sommersemester 1926 besuchte van der Waerden als Stipendiat der Rockefeller Foundation die Universität Hamburg und hörte hier u. a. eine Vorlesung Artins über Algebra. Im folgenden Semester las van der Waerden, inzwischen Blaschkes Assistent, ihn vertretend über „Algebraische Kurven und Flächen". Blaschke, Artin, Otto Schreier und van der Waerden veranstalteten im gleichen Semester gemeinsam ein Seminar über Idealtheorie. Aus dieser Hamburger Zeit rührte die enge Bekanntschaft van der Waerdens mit Artin und den dortigen Algebraikern her, aber auch seine genauen Kenntnisse der in Hamburg geführten algebraischen Diskussionen.

1926 reichte van der Waerden in Göttingen seine Habilitation ein. Seine Schrift über den „Verallgemeinerten Satz von Bézout" verfolgte das gleiche Ziel wie seine Doktorarbeit: „Die Anwendung der modernen algebraischen Methode auf die Probleme der algebraischen Geometrie" (Lebenslauf, Habilitationsakte van der Waerden). Seine erste Vorlesung als Privatdozent in Göttingen, im Wintersemester 1927/28 gehalten, trug den Titel „Allgemeine Idealtheorie" und zeigt seine Verbundenheit mit Noethers Methoden und ihrer Auffassung von Mathematik. 1928 wurde van der Waerden nach Groningen berufen, 1931 erfolgte der Ruf auf eine Professur nach Leipzig. Unabhängig von seiner beruflichen Anbindung stand van der Waerden immer in engem, fachlichem und persönlichem Kontakt zu Noether und war regelmäßiger Gast in Göttingen und Besucher ihrer Vorlesungen. Die Mitschrift der im Wintersemester 1927/28 gehaltenen Vorlesung Noethers über „Hyperkomplexe Größen und Gruppencharaktere", auf die sich u. a. seine Bemerkung zur Autorenschaft bezieht, wurde von ihm gefertigt, von Noether überarbeitet und 1929 publiziert (Noether 1929).

Mit zunehmender Anerkennung und Etablierung moderner algebraischer Auffassungen, woran sicherlich auch der Vortrag Hasses einen deutlichen Anteil hatte, wurde die Notwendigkeit empfunden, ein Buch herauszugeben, das der Modernisierung der Algebra durch Darlegung der neuesten Ergebnisse und Präsentation der sich gewandelten Auffassungen und Methoden Rechnung trug. Es bot sich die „Gelbe Reihe" des Sprin-

---

[7] Vgl. zu den intuitionistischen Positionen im Grundlagenstreit Mehrtens 1990, S. 187–191.

[8] Van der Waerden beschrieb in „Meine Göttinger Lehrjahre" ausführlich die Rolle, die Noether bei der Entwicklung der neueren algebraischen Geometrie gespielt hatte, deren Grundlegung seine Doktorarbeit war (van der Waerden 1979).

ger-Verlags an, und Courant als Verantwortlicher dieser Reihe wandte sich an Artin, der ihm eine gemeinsame Autorenschaft mit dem noch in Hamburg sich befindenden van der Waerden vorschlug. Van der Waerden begann mit dem Schreiben, Artin selbst dagegen fand keine Zeit und van der Waerdens Entwürfe überzeugend.[9] Und so erzählte van der Waerden die Geschichte:

> Da hat Artin auf sich genommen, ein Buch über moderne Algebra zu schreiben. Er wollte das Buch zusammen mit mir schreiben und dann habe ich angefangen zu schreiben, ein Kapitel gemacht und Artin gezeigt, ob er einverstanden war. Er war einverstanden und dann habe ich ihn gefragt, ob er schon angefangen hat ein Kapitel zu schreiben. Er hatte nicht angefangen und dann habe ich weitergeschrieben, ein zweites Kapitel und wieder Artin gezeigt. Daraufhin hat er gesagt: ‚Nein, schreiben Sie das Buch.' (Interview van der Waerden 1995)

Am Entstehen des Buches nahm Noether großen Anteil. Sie mahnte van der Waerden, so erinnerte sich seine Frau Camilla, schon kurz nach der Hochzeit 1929, „Jetzt aber Schluß mit den Flitterwochen, jetzt wird endlich wieder gearbeitet" (Interview C. van der Waerden 1995). Wieso aber war Noethers Beteiligung nur mittelbar? Hatte Courant, manches Mal Gast in ihren Lehrveranstaltungen, seine Überlegungen bezüglich der Autorenschaft mit ihr diskutiert und sie ihn auf Artin und van der Waerden verwiesen? Noether verfügte sicherlich über die profundesten Kenntnisse neuester algebraischer Entwicklungen. Die Briefe Noethers an Hasse mit vielen Anmerkungen zu ihren eigenen mathematischen Aktivitäten und denen ihrer Schüler enthalten keine Hinweise zur Entstehungsgeschichte des Buches, sodass zu vermuten ist, dass Noether in diese Vorgespräche nicht involviert war. Hatte Courant Zweifel an ihrer Fähigkeit, sich auf das Niveau eines normalen Studierenden der Mathematik einzulassen? Schließlich war eine Einführung in die Algebra geplant und nicht ein Bericht über die aktuellen Forschungsentwicklungen. Noethers Studierende waren in ihrer algebraischen Ausbildung schon weiter fortgeschritten, oft bereits promoviert. Diese Gruppe war nicht die avisierte Leserschaft. Vielmehr ging es um die Ausbildung der nächsten Mathematikergeneration, so wie Hasse es in seinem Vortrag 1929 eingefordert hatte.

Sowohl Courant als auch Artin vertraten hohe didaktische Ansprüche. Beide waren für ihre sorgfältig ausgearbeiteten Vorlesungen bekannt. Hier sei an die von Courant eingeführten mathematischen Praktika erinnert.[10] Van der Waerden, möglicherweise durch seine Hamburger Zeit geprägt, wurde im von Courant verfassten Habilitationsgutachten sein „zweifellos ungewöhnliches pädagogisches Geschick" bescheinigt (Habilitationsakte van der Waerden). Noether dagegen legte wenig Wert auf eine glatte Darstellung in ihren Lehrveranstaltungen. Ein Buch, zwar nicht für das erste Semester des Mathematikstudiums, aber doch für Neulinge in begrifflichem Denken und algebraischen Methoden zu schreiben, war zwar in ihrem Interesse, aber für sie selbst nicht interessant. Sie wäre vermutlich angesichts ihrer ausgesprochenen distanzierten Haltung gegenüber dem Rech-

[9] Vgl. auch van der Waerden 1975, S. 28.

[10] Vgl. Neugebauer 1930, S. 2.

nen auch gar nicht in der Lage gewesen, Aufgaben zur Einübung des gerade Erlernten zu entwerfen. Das zeigte sich z. B. einige Jahre später in Noethers Ausführungen über ihre Studentinnen in Bryn Mawr, als sie sich in ihrem Brief an Hasse darüber etwas spöttisch äußert, dass ihre „girls" die Übungsaufgaben in der „Moderne[n] Algebra" durchrechnen würden, etwas, dass sie gewisslich nicht verlangt habe (Noether an Hasse 6. 3. 1934).

Van der Waerdens breite Kenntnis der aktuellen Entwicklungen und Diskurse in der Algebra, erworben und vermittelt durch seine Studienaufenthalte in Göttingen und Hamburg, seine pädagogischen und didaktischen Fähigkeiten und seine vorbehaltlose Überzeugung von der Bedeutung begrifflicher Zugangsweisen über die Algebra hinaus qualifizierten ihn in außergewöhnlicher Weise als Autor einer Einführung in die „Moderne Algebra". In der Einleitung werden von ihm Anforderungen an Stoffauswahl, Aufbau und Darstellung sowie den dadurch repräsentierten Auffassungen und Methoden formuliert, denen das Buch gemäß den Ansprüchen der „Gelben Reihe" entsprechen sollte und tat. Verwies van der Waerden im Untertitel der Bücher auf die Vorlesungen von Artin und Noether, so lässt sich das nicht nur als eine Erwähnung tatsächlich stattgefundener und als Unterlagen verwendeter Lehrveranstaltungen, sondern als Verweis auf die didaktischen Vorstellungen Artins und die Auffassungen und Methoden Noethers lesen, die zusammengefügt dem Buch seine Gestalt gaben. Im Vorwort sowie in der Einleitung betonte van der Waerden noch einmal die Breite seiner Quellen:

> Das vorliegende Buch hat sich aus einer Ausarbeitung einer Vorlesung von E. Artin (Hamburg und Sommer 1926) entwickelt; es ist aber soviel Umarbeitung und Erweiterung unterzogen und es sind so viele andere Vorlesungen und neuere Untersuchungen darin verarbeitet worden (man sehe die Einleitung), dass man die Artinsche Vorlesung nur schwer darin wird wiederfinden können. Allen Helfern, die durch ihre kritischen Bemerkungen das Werk gefördert haben, sage ich an dieser Stelle herzlichen Dank. Vor allem muss ich aber Herrn Dr. W. Weber in Göttingen erwähnen, dessen nie ermüdende Hilfe bei der Herstellung des Manuskriptes nicht hoch genug gewertet werden kann. (Van der Waerden 1930, S. II)[11]

Immer wieder sind Fragen nach den hinter den mathematischen Überlegungen und Erkenntnissen stehenden Personen gestellt worden, da van der Waerden im Text selbst nur hier und da einen Literaturhinweis gab. 1975 folgte er der Aufforderung des amerikanischen Algebraikers Garrett Birkhoff und schrieb „On the Sources of my Book Moderne Algebra" und legte so Rechenschaft über die bisher anonym gebliebenen Koautor/inn/en ab (van der Waerden 1975). Systematisch ging van der Waerden seine eigene mathematische Entwicklung, beginnend mit seinem Studium in Amsterdam, durch und, parallel dazu, die Kapitel seines Buchs. Diese Auflistung von Namen und mathematischen Ergebnissen liest sich wie eine Zusammenstellung der Aktivitäten des Denkraums Noether-Schule in der Algebra und den angrenzenden Gebieten. Damit bestätigt sich, was Jean Dieudonné, Gründungsmitglied des Bourbaki-Kreises, bereits 1970 schrieb:

[11] Weber promovierte 1928 bei Noether und habilitierte bei ihr drei Jahre später ebenfalls zu einem algebraischen Thema.

> It is true that there were already excellent monographs at the time and, in fact, the Bourbaki treatise was modelled in the beginning on the excellent algebra treatise of Van der Waerden. I have no wish to detract from his merit, but as you know, he himself says in his preface that really his treatise had several authors, including E. Noether and E. Artin, so that it was a bit of an early Bourbaki. (Dieudonné 1970, S. 139)

Das Buch selbst aber, in seiner verdichteten Präsentation der mathematischen Auffassungen, Methoden und Ergebnisse der Noether-Schule und seinem definitorischen Charakter, kann auch als ihr Manifest verstanden werden, denn es legte fest, was unter moderner Algebra zu verstehen ist.

Zum Buch: Ein Standardwerk entsteht

Die „Moderne Algebra" präsentierte den klassischen Bestand algebraischer Erkenntnisse in modernem Gewand sowie ihre modernen Entwicklungen, zu denen Idealtheorie und Algebrentheorie gehörten.[12] Das Buch ist dicht geschrieben. Van der Waerden hielt sich nicht damit auf, Begriffe, Sätze und Beweisstrukturen in einen mathematischen Kontext zu stellen und die modernen Ansätze zu diskutieren und ihre Nützlichkeit nachzuweisen. Das hatten bereits die vielen Veröffentlichungen aus dem Denkraum Noether-Schule zu leisten gehabt. Sein Ziel war es, in die moderne algebraische Denkweise einzuführen. Damit beanspruchte er Deutungshoheit über die algebraischen Gegenstände und ihren Kontext. Ganz im Sinne Flecks zeigt sich das „Handbuch" als eine Setzung dessen, was Grundbegriffe, Methoden und Richtungen zukünftiger Forschung der modernen Algebra sein sollen. Bereits die Einleitung nutzte van der Waerden dazu, keine Missverständnisse aufkommen zu lassen, und formulierte seine Absichten in aller Deutlichkeit:

> *Ziel des Buches.* Die ‚abstrakte', ‚formale' oder ‚axiomatische' Richtung, der die Algebra ihren erneuten Aufschwung in der jüngsten Zeit verdankt, hat vor allem in der *Körpertheorie*, der *Idealtheorie*, der *Gruppentheorie* und der *Theorie der hyperkomplexen Zahlen* zu einer Reihe von neuartigen Begriffsbildungen, zur Einsicht in neue Zusammenhänge und zu weitreichenden Resultaten geführt. In diese ganze Begriffswelt den Leser einzuführen, soll das Hauptziel dieses Buches sein. Stehen demnach allgemeine Begriffe und Methoden im Vordergrund, so sollen doch auch die Einzelresultate, die zum klassischen Bestand der Algebra gerechnet werden müssen, eine gehörige Berücksichtigung im Rahmen des modernen Aufbaus finden.
>
> *Einteilung. Anweisungen für die Leser.* Um die allgemeinen Gesichtspunkte, welche die ‚abstrakte' Auffassung der Algebra beherrschen, genügend klar zu entwickeln, war es notwendig, trotzdem das Buch nicht als Anfängerlehrbuch gemeint ist, doch die ersten Grundlagen der Gruppentheorie und der elementaren Algebra von Anfang an neu darzustellen.
>
> Angesichts der vielen in neuester Zeit erschienenen guten Darstellungen der Gruppentheorie, der klassischen Algebra und der Körpertheorie ergab sich die Möglichkeit, diese einleitenden Teile knapp (aber lückenlos) zu fassen. Eine breitere Darstellung kann der Anfänger jetzt überall finden. Als weiteres Leitprinzip diente die Forderung, dass möglichst jeder einzelne Teil für sich allein verständlich sein soll. … Die Einteilung ist darum so gewählt, dass die ersten drei Kapitel auf kleinstem Raum das enthalten, was für alle weiteren Kapitel als Vorbereitung nötig ist: die ersten Grundbegriffe über 1. Mengen, 2. Gruppen, 3. Ringe, Ideale und Körper. (Van der Waerden 1930, S. 1) (Hervorhebung i. O.)

[12] Noch sprach van der Waerden von der Theorie der hyperkomplexen Zahlen, und nur an einer Stelle im Buch verwendete er den Begriff Algebren (van der Waerden 1930, S. 149).

Mit seinen „Anweisungen an die Leser“ ließ van der Waerden keinen Zweifel daran aufkommen, dass es sich nicht nur um eine Einführung in die Algebra handelt, sondern insbesondere um eine Einübung in die abstrakte Auffassung von Mathematik, in die „Kultur des abstrakten mathematischen Denkens“, mit der vertraut zu sein Alexandroff und Hopf als Voraussetzung zur Lektüre ihrer „Topologie“ sahen (Alexandroff, Hopf 1935, S. VIII). Auch mit der Formulierung „neue Begriffswelt“ wird auf den Denkraum Noether-Schule rekurriert. Begriffswelt bedeutet mehr als nur einzelne Begriffe zu betrachten, sondern ebenso die Zusammenhänge herzustellen und einen entsprechenden Aufbau zu wählen. Die Grundlagen knapp und in neuer Gestalt zu präsentieren, ist im Zuge der modernen Darstellung notwendig, Anfänger/innen des Mathematikstudiums werden an ausführlichere klassische Lehrbücher verwiesen. Damit ist die Zielgruppe klar formuliert: fortgeschrittene Studierende der Mathematik, denen dieses Buch als Einführung in die modernen algebraischen Auffassungen dienen soll.

Eine weitere, ungewöhnlich wirkende Anforderung ist die Unabhängigkeit der einzelnen Kapitel voneinander. Da sich die einzelnen Kapitel auf verschiedene Forschungszweige innerhalb der Algebra beziehen, erlaubt dieses „Leitprinzip“ den bereits ausgebildeten Mathematiker/inne/n, sich ohne große Umschweife mit den für die eigene Forschung relevanten neuen Ansätzen zu befassen. So wurde van der Waerden auch dem Ansinnen gerecht, die Breite der algebraischen Anwendungsmöglichkeiten aufzuzeigen, wie es dem Anspruch des Denkraums Noether-Schule entsprach. Eine weitere Bemerkung gilt dem Titel. Mit der Wortwahl „Moderne Algebra“ grenzt sich van der Waerden nicht nur gegenüber allen anderen aktuell sich auf dem Markt befindlichen Büchern zur Algebra ab. Er postuliert das Zukunftsweisende seiner Herangehensweise und damit auch der begrifflichen Auffassungen und Methoden. Der Titel ist Programm des Buches und ebenso der Noether-Schule als einer auf kulturellen Wandel orientierten Bewegung.

Van der Waerden verwies auf insgesamt fünf Algebra-Lehrbücher mit unterschiedlichen Schwerpunktsetzungen, die alle im Zeitraum von 1926 bis 1929 erschienen waren, Otto Haupts Buch „Einführung in die Algebra“ von 1929 gehörte dazu. Ein Vergleich des ersten Kapitels der „Moderne[n] Algebra“ mit dem ersten Kapitel des erst ein Jahr zuvor erschienenen und bis dato als modern geltenden Buchs von Haupt zeigt die Radikalität des begrifflichen Ansatzes, dem van der Waerden folgte. Beide Autoren behaupteten mit den Grundbegriffen anzufangen. Bei Haupt stellte sich das so dar:

> Grundbegriffe. Kapitel 1. Körper. Überblick
> Als *natürliche* Zahlen bezeichnen wir 0, 1, 2, 3, ...
> Als *ganze* Zahlen bezeichnen wir ..., -3, -2, -1, 0, 1, 2, 3, ...
> Als *rationale* Zahlen bezeichnen wir die ganzen Zahlen zusammen mit den Brüchen. ...
> Die rationalen Zahlen setzen wir im folgenden als gegeben voraus; die elementaren Regeln des Rechnens mit den rationalen Zahlen (Addition usw.) gelten als bekannt. (Haupt 1929, S. 1) (Hervorhebung i. O.)

Van der Waerden dagegen begann das erste Kapitel „Zahlen und Mengen“ mit den Worten:

> Da gewisse logische und allgemein-mathematische Begriffe, insbesondere der Mengenbegriff, mit denen der angehende Mathematiker vielfach noch nicht vertraut ist, in diesem Buch

> Verwendung finden, soll ein kurzer Abschnitt über diese Begriffe vorangehen. ... Wir denken uns, als Ausgangspunkt aller mathematischen Betrachtung, vorstellbare Objekte, etwa Zahlzeichen, Buchstaben oder Kombinationen von solchen. (Van der Waerden 1930, S. 4)

Van der Waerden stellte den abstrakten Begriff der Menge an den Anfang seines Buchs, um darauf aufbauend die Zahlen konstruieren zu können, ein strukturelles Vorgehen, das sich aus den begrifflichen Auffassungen speist. Mit der Formulierung „wir denken uns" griff er Hilberts einleitende Worte zu den „Grundlagen der Geometrie" auf (Hilbert 1899, S. 4) auf[13], doch zog van der Waerden mit seiner Orientierung auf Begriffe die mathematische Linie von Dedekind über Noether bis zu sich selbst und damit auch zum Denkraum Noether-Schule. Es geht um gedankliche Konstruktionen, seien es die Zahlen, die als Konstrukte zu betrachten sind, oder die Ideale, die nicht von etwas abstrahieren, sondern abstrakt zu betrachten sind.

Haupt dagegen geht von einer an Substanz orientierten Perspektive aus. Seine Zahlen existieren, weil sie ebenso wie die Regeln zum Umgang mit ihnen jedem und jeder vertraut sind. Das ist die Botschaft seines ersten Kapitels. Das ist umso erstaunlicher, als auch Haupt für sich beanspruchte, die neuesten algebraischen Entwicklungen mit einzubeziehen. So bedankte er sich u. a. bei Noether für die Unterstützung bei der Entstehung des Buchs:

> Sehr förderlich ist mir die Unterstützung verschiedener Fachleute gewesen: Frl. E. Noether sowie die Herren W. Krull und Friedrich Karl Schmidt hatten die Liebenswürdigkeit, mir einige unveröffentlichte Mitteilungen zur Verfügung zu stellen ... Überdies verdanke ich den drei Genannten zahlreiche Hinweise und Verbesserungsvorschläge, die, teils bei der Korrektur, teils sonst gemacht, für das Buch von großem Wert waren. (Haupt 1929, S. 4)

In seiner Einleitung formulierte Haupt seinen Anspruch an das Buch und die Erfordernisse, denen sein Buch gerecht werden soll:

> Andererseits forderten die großen Fortschritte der Algebra in den letzten Jahrzehnten zum Versuch heraus, die modernen Methoden und Ergebnisse für die Darstellung nutzbar zu machen, weil und *soweit* dadurch ein Gewinn an Einfachheit und zugleich Verständlichkeit zu erhoffen war. (Ebenda, S. 3) (Hervorhebung d. A.)

Mit dieser im Nebensatz formulierten Einschränkung des „soweit" zeigen sich die Unterschiede in den Denkweisen. Haupt versuchte mit dieser Formulierung, die stellvertretend für seine Darstellung der modernen Algebra steht, einen Spagat zwischen modernen Positionen, mit denen er sympathisierte, und den an ihrer Nützlichkeit und Fruchtbarkeit zweifelnden Kritikern; doch ein „Gewinn an Einfachheit und zugleich Verständlichkeit" war konservativen algebraischen Auffassungen zufolge mit begrifflichen Methoden kaum

[13] Hilbert schrieb: „Wir denken drei verschiedene Systeme von Dingen" und entwickelte an diesen Systemen von Dingen die Axiome der Geometrie und zugleich die Bedeutung, die er axiomatischem Arbeiten zuwies (Hilbert 1899, S. 4). Vgl. auch Mehrtens 1990, S. 144 ff.

zu erreichen. Hier sei an Hasses Vortrag erinnert, der gerade diese Kluft zwischen Vertreter/inne/n moderner Auffassungen und traditionellen Mathematiker/inne/n zum Thema hat. Haupt war der Spagat insoweit gelungen, als sein Buch vor Erscheinen der „Moderne[n] Algebra" tatsächlich auch von Vertretern moderner algebraischer Positionen zur Einarbeitung empfohlen wurde wie etwa Mac Lane über sein Studium bei Ore in seinem dem Antrag auf Promotion beigelegten Lebenslauf berichtete (Promotionsakte Mac Lane). Und obwohl van der Waerden noch auf Haupts Buch hinwies, war es dennoch ebenso unmodern geworden wie die anderen Einführungen in die Algebra.[14]

Van der Waerdens Inhaltsverzeichnis folgt ein Leitfaden, eine „Übersicht über die Kapitel der beiden Bände und ihre logische Abhängigkeit" (Van der Waerden 1930, S. VIII). Dieser Leitfaden wurde von ihm einführend als „Orientierungshilfe" bezeichnet, und auch heute verstehen wir ihn zunächst so (Abb. 5.2).

Doch der Leitfaden ist mehr als das. Die Kapitelüberschriften sind auf einzelne Begriffe reduziert worden, die Linien stehen für die Zusammenhänge zwischen ihnen her. Begriffe als Zusammenhänge und in Zusammenhängen zu betrachten ist, wie in Kap. 2.1 entwickelt, Grundgedanke der begrifflichen Mathematik. Damit, diesen Gedanken zu visualisieren, hatte sich van der Waerden auch von Noether gelöst. Er schrieb in seinem Nachruf:

> Wir stützen uns doch alle so gern auf Figuren und Formeln. Für sie [Noether] waren diese Hilfsmittel wertlos, eher störend. (Van der Waerden 1935, S. 476)

Das „wir" schließt van der Waerden mit ein, nicht als jemanden, der diese „Hilfsmittel" zum Verständnis braucht, sondern der sie verwendet, um Noether'sche Gedanken Menschen außerhalb des Denkraums Noether-Schule, des „esoterischen Kreises" der modernen Algebra, um einen Begriff Flecks zu nutzen (Fleck 1935, S. 155), zu vermitteln. Der Leitfaden soll keine an Substanz gemahnende Anschauung herstellen, sondern zeigt sich jetzt als ein Bild zur Vermittlung zwischen den radikalen Auffassungen des Denkraums Noether-Schule und den im begrifflichen Denken bisher nicht ausgebildeten Studierenden. Klarheit, Einfachheit, Verständlichkeit werden in der modernen Algebra nicht durch den Rückgriff auf Anschaulichkeit wie bei Haupt oder auf formale Axiomatik im Sinne Hilberts gewonnen, sondern durch Klarheit der Begriffe in ihren Zusammenhängen. Diese Botschaft vermittelt der Leitfaden. Er visualisiert die Nichtanschaulichkeit dieses Denkens und, anders als z. B. Freges bildliche Darstellung logischer Zusammenhänge[15], gelang diese bildliche Darstellung. So ist van der Waerdens Buch auch ein Projekt der

[14] Mehrtens etwa weist auf die Bedeutung der „Moderne[n] Algebra" im Kontext der „Entstehung der Verbandstheorie" hin, die die abstrakte Konzeption des Verbandsbegriffs befördert habe (Mehrtens 1979a, S. 144–158).

[15] Vgl. hierzu Trettin 1991, S. 63 ff. Käthe Trettins Untersuchungen der Strichsymbolik Freges, entwickelt in seiner „Begriffsschrift. Eine der arithmetischen nachgebildete Formelsprache des reinen Denkens" (Frege 1879), sind über ihren Gegenstand hinaus im Hinblick auf ein tieferes, wissenschaftstheoretisches Verständnis mathematischer Notationen sehr instruktiv.

Leitfaden.

Übersicht über die Kapitel der beiden Bände und ihre logische Abhängigkeit.

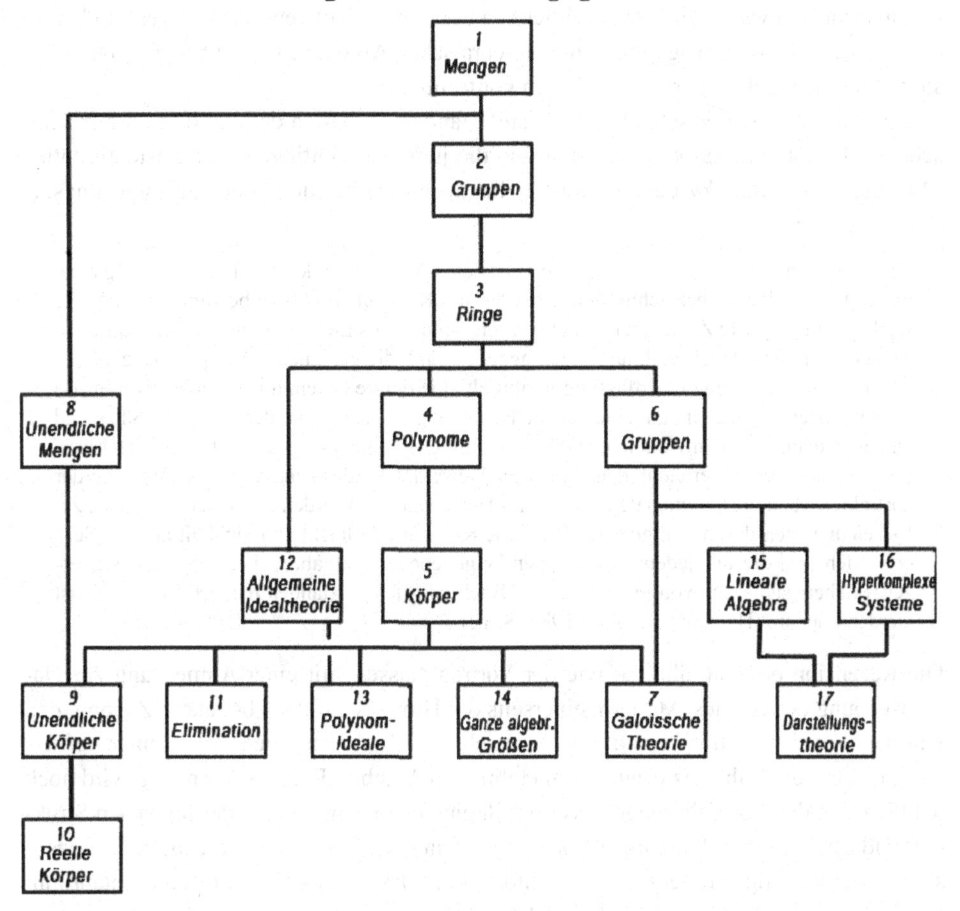

Abb. 5.2 Der als Orientierungshilfe zu lesende Leitfaden der „Moderne[n] Algebra". (van der Waerden 1930, S. VIII)

Vermittlung zwischen einem klassischen, auf die Substanz orientierten Verständnis von Mathematik und der begrifflichen Auffassung, die Abstraktheit und nicht Abstraktionen von etwas meint. Dass diese Vermittlung erfolgreich sein konnte, daran hatte wiederum der Denkraum Noether-Schule, der durch zahlreiche Publikationen das Feld bereits vorbereitet hatte, erheblichen Anteil.

Zur Rezeption

Mit dem Erscheinen der „Moderne[n] Algebra“ begann eine deutliche Umorientierung in der Ausbildung zukünftiger Mathematiker/innen. In zeitgenössischen Dokumenten und Erinnerungen sowie den Briefen Noethers finden sich Hinweise auf die intensive Lektüre. So hatte Noether den ersten Band als Grundlage ihrer Lehrveranstaltungen in Bryn Mawr und in Princeton verwendet, denn schließlich bestand die Notwendigkeit, ihren Studierenden zunächst die Grundlage modernen algebraischen Arbeitens nahezubringen, bevor sie sie mit ihren aktuellen Forschungsfragen konfrontierte.

Ein Jahr nach dem Erscheinen des ersten Bandes verfassten der etablierte österreichische Mathematikprofessor Hans Hahn und die junge, in Göttingen als Assistentin tätige Mathematikerin Taussky gemeinsam für die „Monatshefte für Mathematik und Physik“ eine Rezension:

> Unter moderner Algebra versteht der Verfasser eine Auffassung der Algebra, die häufig auch als abstrakte Algebra bezeichnet wird, bei der die Konstanten und Unbestimmten nicht als reelle oder komplexe Zahlen betrachtet werden, sondern als Elemente irgendeiner abstrakten Menge, zwischen denen Verknüpfungen gegeben sind, die geeigneten Axiomen zu genügen haben. … Diese abstrakte Auffassung vermittelt eine tiefere Erkenntnis der logischen Struktur der einzelnen Disziplinen, eine genaue Festlegung der Tragweite der einzelnen Sätze und entgegen dem, was man vielleicht zunächst vermuten könnte, bringt sie nicht eine Erschwernis mit sich, sondern erleichtert in fühlbarer Weise das Eindringen. Alle diese Vorzüge der abstrakten Methode kommen dem Buche des Herrn van der Waerden in reichem Ausmaße zu. Es zeichnet sich durch völlige Strenge, große Klarheit und leichte Faßlichkeit aus. … Sehr erfreulich sind die fast jedem Paragraphen beigegebenen Aufgaben, die, wie wir uns überzeugt haben, sicherlich von jedem, der das Buch wirklich verstanden hat, erfolgreich gelöst werden können. (Hahn und Taussky 1932, S. 12)

Die Rezension beginnt, ähnlich wie der Vortrag Hasses, mit einer Anmerkung zur Namensgebung des Buches. Modern, einerseits der Hinweis auf den abstrakten Zugang, den van der Waerden vertrat, formulierte zugleich die Abgrenzung gegenüber einer auf das Rechnen, auf die Substanz orientierten etablierten Algebra. Diese Abgrenzung wird noch deutlicher in den Formulierungen „vermittelt eine tiefere Erkenntnis der logischen Struktur“ und „erleichtert in fühlbarer Weise das Eindringen“. Bemerkenswert an dieser Rezension ist der jeweilige Hintergrund der Autorin bzw. des Autors, sie sind Repräsentant/inn/en zweier unterschiedlicher Mathematikergenerationen: Hahn war als Professor an der Universität Wien tätig, ein etablierter Mathematiker, dessen fachliche Interessen u. a. in Noethers altem Forschungsfeld, der Invariantentheorie, lagen. Doch seine wissenschaftlichen Interessen gingen über die Mathematik hinaus, er war Mitglied im Wiener Kreis und publizierte auch zu wissenschaftstheoretischen Fragestellungen. Taussky gehörte der nachfolgenden Generation an. Ihr fachlicher Schwerpunkt lag nicht in der Algebra, dennoch arbeitete sie sich in algebraische Konzepte ein, um daraus Nutzen für ihre eigenen Forschungsfragen zu ziehen. So ist die Freude an den Übungsaufgaben sicherlich Taussky zuzuschreiben, die sich, wie aus ihrem im ersten Kapitel zitierten Gedicht hervorgeht, dem Rechnen und Durchrechnen mit großer Begeisterung zuwendete. Deutlich positionierten sich Hahn und Taussky für diesen modernen Ansatz der Algebra, wenn sie die allgemeine

Bewertung des Buches mit den Worten „all diese Vorzüge der abstrakten Methode" abschließen.

Den zweiten Band rezensierte Taussky, ebenfalls für die „Monatshefte für Mathematik und Physik", allein:

> Während der schon früher erschienene 1. Band der ‚Modernen Algebra' vor allem den Problemkreis behandelte, welchem die Algebra ihre Entstehung verdankt, bringt der 2. Band die weitere Entwicklung der Algebra, an deren Aufschwung der Verfasser des Buches bekanntlich wesentlichen Anteil hat. Nur wenige Abschnitte knüpfen noch an die ‚Grundaufgabe' der Algebra an. Zahlreiche der behandelten Gebiete werden hier zum ersten Mal zusammenfassend und lehrbuchmäßig und – was besonders hervorzuheben ist – meistens voneinander unabhängig dargestellt. Wegen der großen und gerade gegenwärtig wachsenden Bedeutung der abstrakten Algebra für die gesamte Mathematik ist das Buch bereits zu einem unentbehrlichen Hilfsmittel geworden. (Taussky 1933, S. 3)

Mit fast euphorischen Worten wird das Buch besprochen. Taussky schreibt von einem „unentbehrlichen Hilfsmittel" für die gesamte Mathematik. Damit ist der Anspruch der Algebra, mehr als eine Disziplin, sondern vielmehr ein methodisches Konzept für alle Teile der Mathematik zu sein, formuliert. Im gleichen Jahr findet sich eine weitere Rezension in der „Zeitschrift für mathematischen und naturwissenschaftlichen Unterricht aller Schulgattungen", deren Zielgruppe angehende Lehrer/innen waren. Udo Wegner, Professor für angewandte Mathematik an der Technischen Hochschule Darmstadt und ein Doktorand Schurs, schrieb:

> Das van der Waerden'sche Lehrbuch der modernen Algebra ist, das ist nicht zu viel gesagt, das ‚Standard-Werk' auf diesem Gebiete. Es enthält einen vollständigen und systematischen Aufbau der gesamten modernen Algebra. ... Alles in allem ist das Studium des van der Waerden'schen Lehrbuches für den Kenner ein Genuss und für den Lernenden, man kann es wohl verantworten zu sagen, ‚der Weg' in die moderne Algebra, der auch zugleich in die höchsten Höhen der Algebra führt. An sachlichen Kenntnissen wird nichts vorausgesetzt, nur eine straffe logische Denkweise ist erforderlich. (Wegner 1932, S. 250)

Am Ende dieser Betrachtungen zeigt sich das Buch „Moderne Algebra" als Manifest einer kulturellen Bewegung der modernen Algebra und der Algebraisierung der Mathematik. Der Titel „Moderne Algebra" erwies sich als Programm. Die zweite Auflage erschien 1937, der Titel blieb und auch der Untertitel mit dem Verweis auf Noether.[16] Erst in der vierten Auflage von 1955 entschloss sich van der Waerden auf Anregung des Algebraikers Heinrich Brandt zu einer Änderung (van der Waerden 1955). Brandt war in den 1920er und 1930er Jahren ein deutlicher Kritiker der von Noether vertretenen Auffassung gewesen.[17] Anfang der 1950er Jahre schrieb er in der Rezension der dritten Auflage des Buches für den „Jahresbericht der DMV":

---

[16] Es sind einige wenige Änderungen gegenüber der ersten Auflage vorgenommen worden, die für die obigen Überlegungen keine Rolle spielen. Vgl. hierzu und zur Rezeption der „Moderne[n] Algebra" in Deutschland nach 1933 Siegmund-Schultze 2011.

[17] Vgl. Jentsch 1986, S. 11.

> Was den Titel anbetrifft, so würde ich es begrüßen, wenn in der vierten Auflage der schlichtere, aber kräftigere Titel ‚Algebra' gewählt würde. Ein Buch, das so viel an bester Mathematik bietet, wie sie war, ist und sein wird, sollte nicht durch den Titel den Verdacht erwecken, als ob es nur einer Modeströmung folgte, die gestern noch unbekannt war und vielleicht morgen vergessen sein wird. (Brandt 1952, S. 48)

„Beste Mathematik" ist eine eindrucksvolle Bewertung durch einen in früheren Jahren distanziert sich äußernden Algebraiker und hatte van der Waerden offensichtlich beeindruckt, da er den Auszug aus der Rezension in seinem Vorwort zur vierten Auflage zitierte (van der Waerden 1955: II).[18] Doch hatte es 20 Jahre gedauert, bevor ein strukturelles Verständnis von Mathematik so etabliert war, dass eine Abgrenzung gegenüber anderen Auffassungen nicht mehr notwendig erschien. Waren in den ersten Auflagen neuere Ergebnisse aufgenommen und Akzentverschiebungen vorgenommen worden, so sah erst in der siebten Auflage van der Waerden die Notwendigkeit, auf aktuelle Entwicklungen einzugehen und weitere Kapitel einzufügen. Allerdings waren es insbesondere veränderte Ansprüche in der Ausbildung von Mathematiker/inne/n, die ihn motivierten. Van der Waerden schrieb:

> Als die erste Auflage geschrieben wurde, war sie als Einführung in die neuere abstrakte Algebra gedacht. Teile der klassischen Algebra, insbesondere die Determinantentheorie, wurden als bekannt vorausgesetzt. Heute aber wird das Buch vielfach von Studenten als erste Einführung in die Algebra benutzt. (Van der Waerden 1966, S. I)

„Moderne Algebra" wurde 1993 zum neunten Mal wieder aufgelegt und die Begeisterung blieb ungebrochen. Jürgen Neukirch schrieb im Vorwort:

> Worin liegt das Geheimnis eines solch langlebigen Erfolges? … Vielmehr scheint in der meisterlichen Handhabung der Unvollkommenheit ein Grund für die Lebensfähigkeit eines Lehrbuches zu liegen, einer Unvollkommenheit, die sich der Phantasie des Lesers öffnet und ihm die Lektüre durch eigene Fragen und Vorstellungen zum Erlebnis werden läßt. … Mit seiner neuen abstrakten und begrifflichen Auffassung der Algebra war es geistig wie zeitlich ein Produkt des zwanzigsten Jahrhunderts und ein Wegweiser in die Zukunft. ‚Nach Vorlesungen von E. Artin und E. Noether' lautet der Untertitel, und in der Tat meint man die hochmoderne, konzeptionelle Denkweise Emmy Noethers und die Eleganz der Artinschen Gedankenführung herauszuspüren. (Neukirch 1993, S. I f.)

[18] Doch gab es in den 1950er Jahren weiterhin sehr kritische Positionen. Anders als Brandt hatte etwa Siegel die modernen Entwicklungen in der Algebra nicht akzeptiert. Er äußerte sich gegenüber Weil in einem Brief: „Es ist mir völlig klar, welche Umstände des allmählichen Absinkens der Mathematik von ihrem hohen Niveau innerhalb von etwa 100 Jahren bis zu dem heutigen hoffnungslosen Tiefstand bewirkt haben. Die Entartung begann mit den Ideen von Riemann, Dedekind und Cantor, durch die dann der solide Geist von Euler, Lagrange und Gauß mehr und mehr zurückgedrängt wurde. Durch die Einwirkung von Lehrbüchern im Stile von Hasse, Schreier und van der Waerden wurde späterhin der Nachwuchs schon empfindlich geschädigt, und das Werk von Bourbaki versetzte ihm endlich den Todesstoß." (Siegel an Weil 1. 6. 1959, zitiert nach Grauert 1994, S. 218 f.)

Noch immer ist ein wesentlicher Aspekt begrifflichen Arbeitens, das Mitnehmen der Leserschaft und die Dialogizität des Textes erkennbar. Die Aufforderung zum Mitdenken, die so charakteristisch für Noethers Art und Weise des Lehrens war, hatte sich in diesem Buch manifestiert. Alexandroff nannte van der Waerden einen „popularizer“ Noether'scher Ideen (Alexandroff 1936a, S. 104) und das Buch „Moderne Algebra“ war ein wesentlicher Beitrag zur Verbreitung dieser Ideen, der Auffassungen des Denkraums Noether-Schule.

5.2 Zum Wandel des Wissenskorpus: Vier Bücher

> Wissensvorstellungen sind Entscheidungsfaktoren für die Problemwahl im Wissenskorpus. (Elkana 1986, S. 49)

Die Algebraisierung der Mathematik schritt voran, die Wissensvorstellungen, d. h., die Auffassungen über Mathematik wandelten sich, und der Denkraum Noether-Schule trug in erheblichem Maße dazu bei. Nicht nur Noethers Doktorand/inn/en, sondern ebenso die zu diesem Kreis gehörenden jungen Gastwissenschaftler/innen publizierten eine Vielzahl einschlägiger Untersuchungen. Insbesondere publizierte eine ganze Reihe von ihnen Lehr- bzw. Handbücher, die die modernen Konzepte in den Lehrkanon der Algebra übertrugen, in andere Disziplinen transferierten und international verbreiteten; sie sind im vierten Kapitel und im biografischen Anhang genannt. Die im Folgenden vorgestellten Bücher stehen exemplarisch für Fragen nach der Autorenschaft, der Rolle Noethers im Entstehungsprozess der Bücher, der Einbettung der Bücher in einen mathematischen Diskurs sowie ihrer Bedeutung im Kontext der Algebraisierung der Mathematik. Sie illustrieren die Veränderungsprozesse mathematischer Disziplinen und zeigen die gestaltende Wirksamkeit des Denkraums Noether-Schule sowie die Erfolge einer auf Kulturwandel ausgerichteten Bewegung innerhalb der Mathematik.

5.2.1 „Algebren“

Mit der Publikation „Beweis eines Hauptsatzes in der Theorie der Algebren“ im November 1931 wurde ein Forschungsfeld neu definiert (Hasse, Brauer, Noether 1931). Die Theorie der Algebren galt es jetzt zu untersuchen. Damit wurde der Blick auf die Strukturen gelenkt. Die im deutschsprachigen Raum tradierten Bezeichnungen hyperkomplexe Größen oder hyperkomplexe Systeme mit ihrer mitklingenden Orientierung an den Zahlen oder, um es an dieser Stelle noch einmal mit Cassirer zu sagen, an der Substanz waren unmodern geworden. Van der Waerden schrieb in seinem Buch „Moderne Algebra II“ über die „Theorie der hyperkomplexen Größen“ und begann die Definition mit den Worten „unter einem hyperkomplexen System (oder, wie man neuerdings auch sagt, einer Algebra) über dem kommutativen Körper P verstehen wir …“ (van der Waerden 1931, S. 149). Noch befand sich Algebrentheorie im Stadium der Zeitschriftwissenschaft, war unpräzise und in ihren Begriffen uneinheitlich. Die Verschiebungen in der Wortwahl, die mit van der

Waerdens doppelter Bezeichnung so augenfällig sind, verweisen auf diese begriffliche Unsicherheit der damaligen Zeit und die Notwendigkeit, die neuen Auffassungen und Methoden darzustellen, zu vereinheitlichen und zu systematisieren, kurz gesagt ein Handbuch zu verfassen.

Als Publikationsort bot sich die gerade konzipierte „Ergebnis-Reihe“ des Springer-Verlags und es hätte nahegelegen, Noether als Autorin zu wählen. Verantwortlich für diese Reihe war Neugebauer, zu dieser Zeit ein Kollege Noethers in Göttingen und Schriftführer für das zur gleichen Zeit entstandene „Zentralblatt der Mathematik“, dem diese Reihe zugeordnet war. Vermutlich schlug Noether Neugebauer ihren gerade mit Auszeichnung promovierten Schüler Deuring vor. Jedenfalls schloss Deuring im August 1931 mit dem Springer-Verlag einen Vertrag ab, binnen eines Jahres ein Manuskript für die oben genannte Reihe einzureichen. Deurings Promotion war exzellent, doch war er zu diesem Zeitpunkt erst 24 Jahre alt und hatte keine weiteren Publikationen vorzuweisen. Wie überzeugt und überzeugend muss Noether gewesen sein, dass Deuring dieser Aufgabe gewachsen sein würde, bedenkt man andere Autoren dieser neuen Reihe wie etwa die bereits etablierten Algebraiker Krull und van der Waerden. Hat Noether möglicherweise sich selbst gewissermaßen als anonyme Koautorin gesehen oder ins Spiel gebracht? Haben andere wie Neugebauer sie als Garant für einen exzellenten Bericht betrachtet? Schließlich war sie Knotenpunkt oder besser noch Zentrum eines Netzwerkes, der den Kollegen deutlich präsenten Noether-Schule, die ganz wesentliche Beiträge zu diesem Forschungsfeld geliefert hatte und weiterhin lieferte. Noether konnte davon ausgehen, über alle aktuellen Entwicklungen in der Algebrentheorie oder, wie es zu dem Zeitpunkt noch hieß, Theorie der hyperkomplexen Größen, bereits im Prozess der Entstehung und vor der Veröffentlichung von Forschungsergebnissen informiert zu sein bzw. zu werden.

Auch wenn das Hasse-Brauer-Noether-Theorem als Hauptsatz der Algebrentheorie gefeiert wurde und damit einen Perspektivwechsel markiert, war die Bezeichnung noch nicht etabliert. Schaut man sich die Publikationen um 1930 im deutschsprachigen Raum an, so finden sich Forschungen zu „hyperkomplexen Größen“, „hyperkomplexen Systemen“ und ab und an „zur Algebra von …“. Diese Uneinheitlichkeit der Benennungen, ohne hier auf die mathematischen Details der Publikationen einzugehen, ist ein deutlicher Hinweis auf die sprachliche Verschiebung und die damit verbundenen Bedeutungsveränderungen im mathematischen Diskurs. Beispielhaft für diesen sprachlichen Übergang sei Taussky aus ihrer Rezension des zweiten Bandes von van der Waerdens „Moderne Algebra“ zitiert: „Kapitel 16 ist der Theorie der Hyperkomplexen Größen (Algebren) gewidmet.“ (Taussky 1932, S. 4). Vertritt dieses Buch van der Waerdens einerseits, wie ich vorhin entwickelt habe, moderne und damit sich auch von althergebrachten Begrifflichkeiten abgrenzende Positionen, so sind hier noch deutlich die Spuren des Umbruchs erkennbar. Diese Spuren finden sich auch im Vertrag Deurings, denn der Titel des einzureichenden Manuskriptes lautete „Hyperkomplexe Grössen“ (Vertrag Deuring – Verlagsbuchhandlung Julius Springer, undatiert 1931). Die Geschichte der Entstehung dieses Buches zeigt sich auch als eine Geschichte des Ringens um Bezeichnungen und Bedeutungen.

Der Autor

Im November 1929 schrieb Noether an Hasse:

> Einer der besten hiesigen Studenten, der sich ganz von sich aus mit Klassenkörpern beschäftigt hat ... wartet sehr auf die mir versprochene Zusendung. (Noether an Hasse 13. 11. 1929)

Gemeint ist Deuring, und schon hier ist es nicht nur einfach ein Verweis auf einen ihrer Hörer, sondern hob Noether ihn als einen der besten, engagiertesten heraus. Deuring war nicht nur ein Student Noethers, sondern jemand, mit dem sie bereits eng zusammenarbeitete und dem sie die neueste Arbeit Hasses, auf die sie mit dem Wort Zusendung anspielte, diskutieren wollte. Unter den vielen Namen in den Briefen an Hasse taucht der Deurings am häufigsten auf. Er war ihr Gesprächspartner vor Ort, Ende der 1920er Jahre ihr wichtigster Schüler. Bereits während seines Studiums der Mathematik und Physik, das er 1926 in Göttingen begann, bezog Noether ihn in ihre Forschung mit ein. So arbeitete er, obwohl noch nicht promoviert, die im Wintersemester 1929 gehaltene Vorlesung „Algebra hyperkomplexer Größen" aus.[19] 1930 reichte Deuring seine Doktorarbeit mit dem Titel „Zur arithmetischen Theorie der algebraischen Funktionen" ein (Deuring 1931). In seinem dem Antrag auf Promotion beigelegten Lebenslauf nannte er neben den Professor/inn/en, bei denen er gehört hatte, eine Reihe von Dozenten, u. a. Hans Lewy, Ostrowski und van der Waerden. Insgesamt skizzierte Deuring ein mathematisches Netzwerk, in dem er Mitglied war und das ihn einerseits als breit ausgebildet und andererseits bereits als Algebraiker auswies. Ausdrücklich unterstrich er im Lebenslauf die Bedeutung, die Noether für ihn besaß:

> Fräulein Professor Emmy Noether schulde ich besonderen Dank für eine Reihe von Ratschlägen und Verbesserungen bei der vorliegenden Arbeit. (Promotionsakte Deuring)

In ihrem Gutachten von 1930 unterstrich Noether, welche mathematischen Qualitäten sie bei Deuring sah, indem sie seine Arbeit als grundlegende wissenschaftliche Arbeit charakterisierte, die neue Perspektiven eröffne. Deurings Doktorarbeit setzte die in der von ihm ausgearbeiteten Vorlesung angelegten Fragestellungen fort:

> Es [die kommutative Algebra in ihrer Verbindung mit der Gruppentheorie] war besonders scharf herausgearbeitet in einer Vorlesung, die die Referentin diesen Winter hielt. Verfasser hat die Konsequenz gezogen und ist mit nichtkommutativen Methoden zu neuen kommutativen Sätzen gelangt mit einfachsten begrifflichen Schlüssen. Die Arbeit ist überhaupt ausgezeichnet durch eine Verschmelzung neuester algebraischer Methoden mit den in der Zahlentheorie üblichen. ... Das Gesagte wird genügen, die Arbeit als eine überragende Leistung erkennen zu lassen. (Ebenda)

Insgesamt zeigte Noether sich in ihrem Gutachten von der Arbeit Deurings sehr beeindruckt. Neben einer klaren Analyse der inhaltlichen Bedeutung der Arbeit und einer allgemeinen Einordnung in den aktuellen Forschungsgegenstand, ein Vorgehen, das alle ihre

[19] Die Vorlesung ist in dem Buch „Emmy Noether. Gesammelte Abhandlungen" 1983 publiziert worden (Noether 1929).

Gutachten auszeichnet, betonte sie mehrfach ausdrücklich die wissenschaftliche Relevanz. Insbesondere hob sie auf seine methodischen Ansätze ab, mit denen sie ihn als ihren Meisterschüler markierte. Deurings Arbeit wurde „mit Auszeichnung" beurteilt, die gleiche Note erhält er für seine Prüfung. Auffällig gerade im Vergleich mit anderen Prüfungen, die Noether durchführte, ist die Tiefe der Fragen, in der sich sicherlich ihre Anerkennung seiner mathematischen Befähigung ausdrückte.[20] Noether schlug Deuring erfolgreich für die Preisarbeit der Fakultät für das Jahr 1931 vor und verwies hier noch einmal auf die Bedeutung der Arbeit:

> Wie aus der beigefügten Abschrift meines Gutachtens zu ersehen ist, handelt es sich um eine überragende wissenschaftliche Leistung, die neue Zugänge zu einer Reihe von Fragen eröffnet. Ich darf vielleicht noch hinzufügen, daß ein so genauer Kenner des Gebietes wie H. Hasse in Marburg äußerte, daß erst durch die Deuringsche Auffassung die bisher formalen Sätze der Klassenkörpertheorie einen begrifflichen Inhalt erhalten hätte. ... Es zeigt sich überall (bezogen auf Diss. und Prüf.) seine reife wissenschaftliche Leistung. (Ebenda)

Nach seiner Promotion blieb Deuring zunächst als Stipendiat der Notgemeinschaft der Deutschen Wissenschaft am mathematischen Institut in Göttingen und wechselte im Mai 1931 als Assistent van der Waerdens an die Universität Leipzig. Diese Anstellung behielt Deuring bis 1937 bei, unterbrochen durch einen Forschungsaufenthalt von September 1932 bis August 1933 als Sterling-Stipendiat in Yale und vermutlich als Gast Ores. Seine Habilitationsschrift „Zetafunktionen quadratischer Formen" reichte Deuring trotz seiner Tätigkeit in Leipzig 1935 in Göttingen ein (Deuring 1935). Hintergrund war nicht nur sein Wunsch, wieder in Göttingen arbeiten zu können. Verfolgt man den Briefwechsel zwischen Noether und Hasse, so wird deutlich, dass beiden viel daran gelegen war, Deuring als Dozenten für die Göttinger Mathematik zu gewinnen. So schrieb Noether 1934 an Hasse:

> Ich wollte Ihnen aber auf alle Fälle wegen meines Lehrauftrags schreiben. ... Glauben Sie nicht daß es möglich ist, daß Deuring ihn bekommt? Ein Lehrauftrag ist ja im Grunde das was ihm am meisten liegt, und ich möchte es ihm sehr wünschen, auch das Zusammenarbeiten mit Ihnen wovon beide Teile viel hätten! (Noether an Hasse 6. 3. 1934)

Wenige Wochen später gratulierte sie Hasse zu seinem Ruf nach Göttingen und nahm in diesem Brief noch einmal Bezug auf Deurings Situation: „Für Deuring freue ich mich besonders über Ihr Kommen. Ich hoffe daß es in Göttingen mit der Habilitation rasch gehen wird" (Noether an Hasse 26. 4. 1934). Hasse war der Hauptgutachter in dem Habilitationsverfahren, doch war ihm sehr deutlich, dass Deuring in Göttingen zu habilitieren nicht einfach werden würde. In seinem Gutachten vom Januar 1935 schrieb er, Deurings bisherige Publikationen beurteilend:

> Diese Arbeiten ... sind abgeschlossene reife wissenschaftliche Leistungen nach Inhalt und Form. Sie stehen im Mittelpunkt der algebraischen und zahlentheoretischen Forschung des

[20] In den Promotionsakten der Doktorand/inn/en Noethers sind in der Regel die Prüfungsprotokolle vorhanden, aus denen Schwerpunkte und Komplexität der gestellten Fragen hervorgehen.

> letzten Jahrzehnts und zeigen Deuring als einen hochbegabten Forscher von großem Können und auch ausgezeichneter Darstellungsgabe. Die Erwartungen, die man nach diesen ersten Arbeiten an Deuring haben durfte, haben sich dann in hervorragender Weise erfüllt. ... Als das Hauptergebnis seiner tiefgründigen Schrift ist der schöne Satz vier anzusehen. ... Dies Resultat ist als die erste wirklich an die Riemannsche Vermutung heranführende Aussage anzusehen und auch durch die Tiefe seines Beweises von überragender Bedeutung. ... Ich trete für seine Habilitation in Göttingen wärmstens ein. (Personalakte Deuring)

In der Anlage zum Gutachten befindet sich noch eine Bemerkung Hasses vom Februar 1935:

> Die Anregung zu dem Gesuch Herrn Deurings geht von mir selbst aus. Ich habe ein ganz großes Interesse daran, diesen ausgezeichneten Mathematiker nach Göttingen zu ziehen, sowohl wegen seiner hohen wissenschaftlichen Fähigkeiten überhaupt, als auch weil seine wissenschaftliche Tätigkeit in ausgesprochener Weise alte Göttinger Traditionen fortsetzt. (Ebenda)

Die „alten Göttinger Traditionen" fortzusetzen bedeutete hier nichts anderes als Noethers Tradition fortzusetzen. In dieser äußerst schwierigen Situation einer starken Ablehnung der von der Noether-Schule vertretenen abstrakten Auffassung der Algebra durch die Nationalsozialisten als „nicht deutsch"[21] sollte mit dem Gewinn von Deuring als Dozenten die begriffliche Mathematik gewissermaßen durch die Hintertür weiterhin in Göttingen vertreten sein. Hasse war die Problematik wohl bewusst und so schrieb er an Toeplitz:

> Sie fragen nach Nichtordinarien, die Sie für Bonn in Betracht ziehen können. Deuring ist noch gar nicht habilitiert. Es steht gerade im Begriff, das hier zu tun. Ich werde um ihn einen harten Kampf haben. Denn seine stille Gelehrtennatur ist nicht der Typ, den man sich hier wünscht. Mathematisch ist er ganz erstklassig. (Hasse an Toeplitz 7. 4. 1935)

Auch der Briefwechsel Deuring-Hasse legt Zeugnis ab von dem Wunsch, Deuring für Göttingen zu gewinnen, und den Schwierigkeiten, dort weiterhin moderne Algebra zu betreiben. Hasse schrieb an Deuring, sich auf den Habilitationsvortrag beziehend:

> Hier würde ich von mir aus aus bestimmten Gründen anregen, dass Sie kein abstrakt algebraisches Thema wählen. (Hasse an Deuring 15. 4. 1935).

Deuring wurde in Göttingen habilitiert, doch gelang es Hasse nicht, seine Vorstellungen über eine Lehrtätigkeit Deurings am Göttinger mathematischen Institut durchzusetzen. Hier wird eine entscheidende Rolle der Mathematiker Erhard Tornier gespielt haben. Er schrieb 1935 im Gutachten zu dem Habilitationsverfahren Deurings:

> Ich stimme für die Habilitation Deurings, bemerke aber vorbeugend, dass ich mich mit allen Mitteln gegen die Verleihung einer Dozentur wenden würde. (Ebenda)

---

[21] Vgl. Mehrtens 1987, Siegmund-Schultze 2011 sowie die Korrespondenz zwischen Hasse und Kapferer, wie sie im ersten Kapitel vorgestellt wurde.

Offensichtlich verfügte Tornier, der zu dieser Zeit gemeinsam mit Hasse Direktor des mathematischen Instituts war, als überzeugtes Mitglied der NSDAP über entsprechende Mittel und Wege, die Erteilung des Lehrauftrags an Deuring zu verhindern.[22] Hasses Wunsch, Deuring wieder nach Göttingen zu holen, erfüllte sich erst nach dem Krieg, als Deuring nach beruflichen Stationen u. a. in Jena, Posen und Hamburg 1950 einen Ruf nach Göttingen erhielt. 1965 trat Deuring die Nachfolge Hasses als geschäftsführender Direktor des Göttinger mathematischen Instituts an.

Zum Buch und seiner Entstehung

Anfang der 1930er Jahre war die Reihe „Ergebnisse der Mathematik und ihrer Grenzgebiete" des Springer-Verlags konzipiert und die ersten Themen und Autoren waren bestimmt. Deuring war als Autor eingeplant, und Noether schrieb im November 1931 an Hasse:

> Für den dem Zentralblatt zuzufügenden ‚Bericht über neuere Fortschritte' (oder so ähnlich) hat Deuring den hyperkomplexen übernommen, etwa 80–100 Seiten; er soll bis Ende Mai abgeschlossen sein, wie es dann mit dem Erscheinen steht weiß ich nicht. Jedenfalls *soll alles Neue* mit hinein! (Noether an Hasse 8. 11. 1931) (Hervorhebung d. A.)[23]

Drei Jahre später schrieb Deuring an den Verlag:

> Zu meiner Freude kann ich Ihnen heute auf Ihr Schreiben vom 16. d. M. mitteilen, dass das Manuskript über ‚Hyperkomplexe Größen' fertig gestellt ist, es wird Ihnen im Laufe der nächsten Woche zugehen. (Deuring an die Verlagsbuchhandlung Julius Springer 19. 10. 1934)

Die beiden Briefe markieren den Anfangs- und Endpunkt eines langen und schwierigen Entstehungsprozesses. Mit Noethers Bemerkung „jedenfalls soll alles Neue mit hinein" ist ein hoher Anspruch formuliert worden. Die Theorie der Algebren oder der hyperkomplexen Größen, wie der Bericht zu diesem Zeitpunkt noch im Vertrag genannt wurde, war ein sehr dynamisches Forschungsfeld. Den aktuellen Forschungsstand vollständig zu erfassen, war eine Herausforderung, der ein junger Mathematiker eigentlich kaum gerecht werden konnte. Deuring musste nicht nur den Anforderungen des Verlags entsprechen, sondern auch den Erwartungen seiner Doktormutter. Im Vorwort nahm Deuring auf die hohen Ansprüche Bezug:

> Seit Dicksons ‚Algebren und ihre Zahlentheorie' erschien (1927), hat die Theorie der Algebren Fortschritte gemacht, die eine Übersicht über den Bestand der Theorie angebracht erscheinen lassen. (Deuring 1935, S. I)[24]

---

[22] Auch Noether hatte bereits 1934 einen Konflikt mit Tornier, der ihr den Zugang zur mathematischen Bibliothek nur als auswärtiger Gelehrten gestattete, wie sie mit deutlich durchklingender Empörung im Juni 1934 während ihres Besuchs in Göttingen an Hasse schrieb (Noether an Hasse 21. 6. 1936). Vgl. auch Lemmermeyer, Roquette 2006, S. 210.

[23] Die Unklarheit über den genauen Titel der Reihe in Noethers Brief erklärt sich aus der Tatsache heraus, dass diese Reihe des Springer-Verlags gerade gestaltet worden war und in Verbindung mit dem ebenfalls gerade konzipierten „Zentralblatt für Mathematik" stand.

[24] Wie kritisch das Buch Dicksons im Kontext der modernen Algebra diskutiert wurde, zeigte bereits sehr deutlich eine Rezension Hasses, die ausführlich im dritten Kapitel vorgestellt wurde. Auch

Schaut man sich die Publikationsdaten im Literaturverzeichnis der „Algebren" an, so zeigt sich, dass die meisten Veröffentlichungen Anfang der 1930er Jahre erschienen waren. „Eine Übersicht über den Bestand" war angesichts dieser rasanten Entwicklung der Algebrentheorie eigentlich eine Überforderung eines bisher wenig etablierten Mathematikers mit kaum eigenen Kontakten, der deshalb auf das Netzwerk Noethers angewiesen war. Auch der Springer-Verlag hatte hohe Anforderungen an die Autoren seiner neu konzipierten Reihe, schließlich sollte die „Ergebnis-Reihe" in „Problemstellungen, Literatur und hauptsächliche Entwicklungsrichtung spezieller moderner Gebiete einführen" (Schriftleitung des Zentralblattes der Mathematik 1932, S. III). Die „hauptsächliche Entwicklungsrichtung" eines sich gerade im Entstehen befindenden Gebietes zu benennen, erforderte nicht nur eine genaue Kenntnis des aktuellen Diskurses, sondern auch die Fähigkeit, ihn zu bewerten und seine zentralen Linien zu bestimmen. Die dichte Darstellung des aktuellen Forschungsstandes und die damit verbundene Glättung und Vereinheitlichung nicht nur der Notation, sondern ebenso der Fragestellungen verschiebt, um es mit Flecks Begrifflichkeit zu beschreiben, dieses Teilgebiet der Algebra von der Zeitschrift- zur Handbuchwissenschaft. So ist das Schreiben eines solchen Berichts auch eine definitorische Handlung, die Noether sicherlich nicht vollständig ihrem Schüler überließ. Vielmehr finden sich in den Briefen an Hasse Hinweise, die vermuten lassen, dass Deuring die Grundkonzeption des Buches mit ihr entwickelt und mit den Mitgliedern der Noether-Schule diskutiert hatte.

> Nächste Woche kommt Ihre Gruppe der p-adischen Schiefkörper im Seminar, und anschließend dann eine Skizze des ‚Forschungsberichts'. Diese Woche konnte er nur angekündigt werden; ich bekam ihn gerade vor Seminaranfang in die Hände. (Noether an Hasse 22. 11. 1931)

Auch in ihrem Züricher Vortrag zeigte sich Noether eng mit dem Bericht verbunden, wenn sie mit einem an eine Autorin gemahnenden Sprachgestus schrieb:

> Über das ganze in dem Vortrag behandelte Gebiet orientiert ein Bericht von M. Deuring über hyperkomplexe Zahlen und zahlentheoretische Anwendungen, der in der Sammlung ‚Ergebnisse der Mathematik' erscheinen wird. (Noether 1932, S. 190)

Auf die vom Verlag formulierten Anforderungen, „so elastisch wie möglich der Entwicklung der Wissenschaft" zu folgen (Schriftleitung des Zentralblattes der Mathematik 1932, S. III), ging Deuring mit seinem letzten Satz im Vorwort ein:

> Dem Zweck der Sammlung, von der dieser Bericht ein Teil ist, habe ich dadurch gerecht zu werden geglaubt, daß ich eine zwar knappe, aber vollständige Darstellung der Theorie in ihren Hauptzügen gegeben habe, mit Hinweisen auf die dazugehörende Literatur. (Deuring 1935, S. I)

Im Februar 1935 wurde das Buch als erstes Heft des vierten Bandes der Reihe gedruckt und erschien unter dem Titel „Algebren" in einer Auflage von 800 Exemplaren. Diese Titelveränderung nicht nur gegenüber dem Vertrag, sondern auch gegenüber den Ankündi-

---

Deurings Bemerkung ist nichts anderes als die klare Aussage, dass das Buch Dicksons überholt ist.

gungen der Reihe in anderen Publikationen des Springer-Verlages[25] zeigt die Dynamik des Forschungsfeldes Anfang der 1930er Jahre. Auch wenn die Quellenlage keine abschließende Klärung der Gründe für die Änderung des Titels erlaubt, so darf vermutet werden, dass die altmodische Bezeichnung „Hyperkomplexe Größen" 1935 endgültig als nicht mehr adäquat für eine Reihe erschien, für die beansprucht wurde, in die Entwicklungsrichtungen spezieller moderner Gebiete einzuführen. Tatsächlich wurde aber mit dieser Titelwahl, dem aus dem Prozess der Entstehung dieses Forschungsgebiets motivierten Begriff, auch ein Schlusspunkt unter eine Entwicklung gesetzt. Was mit dem Titel „Beweis eines Hauptsatzes in der Theorie der Algebren" von Hasse, Noether und Brauer postuliert wurde, hatte mit diesem Handbuch seine materielle Gestalt bekommen. Algebren sind zu einem eigenständigen und durch die mathematische Community anerkannten Forschungsgebiet geworden und sind es auch heute noch.

Doch der Weg dorthin war offensichtlich schwierig. Obwohl Deuring sich vertraglich verpflichtet hatte, das Manuskript binnen eines Jahres beim Springer-Verlag einzureichen, dauerte es insgesamt vier Jahre bis zum Erscheinen des Berichts. Auch der Umfang, zu Anfang waren etwa 80 Seiten vorgesehen, erhöhte sich auf 145 Seiten.[26] Dieser langwierige Entstehungsprozess hatte vielerlei Gründe: die Dynamik des Gebietes, der außerordentlich hohe Anspruch nicht nur des Verlags, sondern auch der Koautorin, das Alter Deurings und nicht zuletzt die Emigration Noethers. Noethers Formulierung in dem Brief an Hasse „jedenfalls soll alles Neue mit hinein" bietet noch eine weitere Interpretationsmöglichkeit. Mit dem Wort „soll" klingt eine Verantwortungsübernahme durch Noether mit. Hatte sie, zwar ungenannt, aber de facto Koautorin, für die Qualität des Buches einzustehen? Sie war von Beginn an in den Prozess eingebunden, und es scheint, dass sie alles, was sie an Forschungsergebnissen oder Publikationsentwürfen erhielt und für diesen Bericht als relevant erachtete, an Deuring weiterleitete. So schrieb sie etwa Hasse:

> Ihre Resultate kommen bald schneller als *unser* Aufnahmevermögen. Die Briefe liegen übrigens schon bei Deuring … um in den Bericht zu kommen. Deuring bittet auch um eine Korrektur der amerikanischen Arbeit für den Bericht. (Noether an Hasse 22. 11. 1931) (Hervorhebung d. A.)

Hatte Noether stets sorgfältig die mathematischen Diskussionen und Forschungsprozesse beobachtet, so tat sie es jetzt auch im Hinblick auf die Relevanz für den Bericht. Sie sah sich für Vollständigkeit und Aktualität verantwortlich, etwa wenn sie mehrfach mahnte,

[25] Der Springer-Verlag hatte früh begonnen, für seine Reihe und auch für diesen Bericht zu werben. So wird etwa in einer Anzeige eines 1932 vom Springer-Verlag herausgegebenen Buchs auf die ersten fünf bereits erschienenen Hefte verwiesen und im weiteren Verlauf sowohl die „Idealtheorie" von Krull als auch Deurings „Hyperkomplexe Größen" genannt (Alexandroff 1932, S. 49).

[26] Diese doppelte Vertragsüberschreitung in Zeit und Umfang bedurfte der persönlichen Genehmigung durch Ferdinand Springer, Enkel des Verlagsgründers Julius Springer. Vgl. Lemmermeyer, Roquette 2006, S. 127.

Texte noch vor ihrer Publikation Deuring zukommen zu lassen. Exemplarisch scheint ihr Bemühen um die Aufnahme der Ergebnisse einer Arbeit Chevalleys zu sein. Bereits im Juni 1932 bat sie um Hasses Korrekturdurchschläge hierzu und erinnerte Hasse im Oktober wiederum daran:

> Wird es schon bald Korrektur der Chevalleyschen Klassenkörpertheorie im Kleinen geben, die auch in diesen Fragenkreis gehört (Adresse von Deuring, der Korrekt[uren] bekommt.). (Noether an Hasse 29. 10. 1932)

Und kurze Zeit später kam eine erneute Bitte:

> Kommt eigentlich bald Korrektur von Chevalley Klassenkörperth[eorie] im Kleinen? Auch für Deuring, der jetzt wirklich ernstlich am Bericht ist; sich in Amerika sehr wohl fühlt. (Noether an Hasse 30. 11. 1932)

In diesem Brief klingt erstmals eine gewisse Sorge bezüglich des Zeitplans durch. Auch der Springer-Verlag schien mit der Entwicklung nicht zufrieden gewesen zu sein, denn im Januar 1934 teilte Neugebauer, durch den Verlag dazu aufgefordert, die aktuelle Situation bezüglich einiger Berichte für die „Ergebnis-Reihe" mit. Über Deuring schrieb er:

> Mathematisch sehr interessant und sicher gut und aussichtsreich und soll auch nächstens fertig werden. (Neugebauer an die Verlagsbuchhandlung Julius Springer 5. 1. 1934)

Noether plante, gleich nach Ende des Sommer-Terms in Bryn Mawr nach Göttingen zu reisen, ihre endgültige Emigration zu organisieren sowie offene Angelegenheiten zu ordnen. Hierzu gehörte auch die Sicherstellung der Publikation des Berichts.[27] Im Mai 1934 schrieb Deuring an den Verlag, dass sich die Fertigstellung noch etwas verzögere:

> Ich bitte Sie daher noch um eine Frist von etwa 14 Tagen; ich möchte auch Gelegenheit nehmen, das Ganze noch einmal mit Pro[f]. E. Noether durchzusprechen. (Deuring an die Verlagsbuchhandlung Julius Springer 27. 5. 1934)

Offensichtlich hatte Deuring engen Kontakt mit Noether, und sie hatten verabredet, dass ihr Besuch im Sommer 1934 in Göttingen genutzt werden sollte, um letzte Aktualisierungen und Korrekturen vorzunehmen. Darf man sich dieses Treffen vorstellen als das eines Autors mit seiner Koautorin, die letzte Absprachen ob der Fertigstellung des Manuskripts treffen? Die Entwicklungen in Deutschland und die Notwendigkeit der endgültigen Emigration für Noether waren dem Abschluss der Arbeiten nicht dienlich gewesen. Nachdem Deuring Ende Juni wiederum von Verlagsseite gemahnt wurde, bat er noch einmal um Aufschub:

> Zudem befindet sich der *größte Teil des Manuskripts* noch in den Händen von Prof. E. Noether, auf deren wertvolle Bemerkungen ich nicht verzichten möchte. (Deuring an die Verlagsbuchhandlung Julius Springer 26. 6. 1934) (Hervorhebung d. A.)

[27] Taussky schrieb in ihren Erinnerungen: „I know that she [Noether] was busy giving Deuring advice on his Ergebnisse volume entitled Algbren" (Taussky 1981, S. 90).

Diese Bitte mit dem Verweis auf Noether und ihre wertvollen Bemerkungen kann kaum anders gelesen werden, als dass die Koautorin das Manuskript Korrektur las und vor dem Einreichen ihr Plazet geben musste. Der Springer-Verlag war offensichtlich mit der Entwicklung unzufrieden und Neugebauer als verantwortlicher Schriftleiter wurde aufgefordert, sich einzumischen, und schrieb:

> Ich habe mich bzgl. des Ms. [Manuskripts] Deuring soeben mit Frl. Prof. E. Noether in Verbindung gesetzt und hoffe, dass auf diese Weise die Einlieferung etwas beschleunigt wird. (Neugebauer an die Verlagsbuchhandlung Julius Springer 9. 7. 1934)

Im Oktober 1934 wurde das Manuskript eingereicht und im November mit dem Satz des Buches begonnen. Neugebauer äußerte sich in diesem Zusammenhang gegenüber dem Verlag über die Qualität des Berichts und seine Verkaufsaussichten:

> Ich möchte übrigens bemerken, dass das Thema dieses Berichtes ein sehr aktuelles ist und dass es mir daher möglich scheint, mit einer etwas größeren Deckungssumme als bei den anderen Ergebnisberichten zu rechnen. (Neugebauer an die Verlagsbuchhandlung Julius Springer 12. 11. 1934)

Noch im Januar 1935 wurde ausführlich zwischen Neugebauer und dem Verlag diskutiert, in welcher Auflage und zu welchem Preis der Bericht erscheinen sollte. Zur gleichen Zeit erschienen ebenfalls in der „Ergebnis-Reihe“ als zweiter Teil des vierten Bandes „Gruppen von linearen Transformationen“ von van der Waerden in einer Auflage von 1000 Exemplaren (van der Waerden 1935a). Neugebauer hatte sich zu diesem gleichzeitig erscheinenden Bericht geäußert und empfohlen, sofern dem Springer-Verlag ein niedrigerer Preis bei hoher Auflage bei Deuring zu riskant sei, „nur den van der Waerden'schen Bericht in höherer Auflage zu drucken, denn mit van der Waerdens Namen lässt sich auch besonders leicht eine zugkräftige Propaganda verbinden.“ (Neugebauer an die Verlagsbuchhandlung Julius Springer 16. 1. 1935). Van der Waerden war der etablierte Mathematiker, der mit dem Buch „Moderne Algebra“ sich bereits als Autor ausgezeichneter Lehrbücher einen Namen gemacht hatte. Auch wenn Deuring inzwischen einiges publiziert hatte, so waren es doch nur Aufsätze in Fachzeitschriften. Mit seinem Namen ließ sich noch keine „zugkräftige Propaganda“ machen. Wäre Noethers Name zugkräftiger gewesen? Jedenfalls stand nicht zur Debatte und wäre vermutlich 1934 auch nicht mehr möglich gewesen, Noether als Koautorin aufzunehmen.

Auf den Inhalt des Buches soll hier nur insoweit eingegangen werden, als er für die Gesamteinordnung in den Kontext des Denkraums Noether-Schule von Relevanz ist. Zunächst sei Deuring aus dem Vorwort zitiert:

> Die Neuentwicklung [der Algebrentheorie] kann in drei – vielfach verflochtene – Richtungen geteilt werden. (Deuring 1935, S. I)

Diese drei Richtungen sind die Ergebnisse zur Struktur der einfachen Algebren, zur Arithmetik der Algebren und zur Verbindung zwischen Klassenkörpertheorie und Algebren. Noether war insbesondere an den sich auf die Struktur von Algebren beziehenden Forschungen und ihre Einordnung in den Kontext der Klassenkörpertheorie beteiligt. An weiteren Namen nannte Deuring Albert, Brauer, Hasse und sich selbst. Für die Untersuchungen in der Arithmetik standen u. a. Artin und Speiser, dessen Beitrag schon Hasse in der Rezension des Buchs von Dickson gewürdigt hatte. Auch Chevalley wurde genannt, auf dessen Forschungsergebnisse, wie die Briefe an Hasse gezeigt hatten, Noether besonderen Wert gelegt hatte.

Das Inhaltsverzeichnis zeigt deutlich die Herkunft des Autors aus der Noether-Schule und den Einfluss Noethers. Erwartungsgemäß und ganz im Sinne der begrifflichen Mathematik stehen Fragen nach Begriffen und Strukturen im Vordergrund. Im Bericht selbst fällt auf, dass jeder einzelne Paragraf mit ausführlichen Literaturhinweisen endet. Sieht man hier die Handschrift Noethers, deren Publikationen immer eine sorgfältige Einordnung ihrer Forschungsergebnisse in den jeweiligen Diskurs, eine Präsentation der relevanten Literatur sowie der genutzten Quellen gaben? Entsprechend umfangreich ist das Literaturverzeichnis. Auf das Hasse-Brauer-Noether-Theorem, dem ein ganzer Paragraf unter dem Titel „Algebra über Zahlkörpern" gewidmet war (Deuring 1935, S. 117 f.), wurde im dritten Kapitel ausführlich eingegangen. Deutlich konnte herausgearbeitet werden, welche Verschiebungen zwischen der erstmaligen Publikation des Satzes und seiner Präsentation in diesem Buch in Notation und Bewertung stattgefunden haben. Damals, d. h. vier Jahre zuvor, wurde das Ergebnis als Hauptsatz bezeichnet. In dem jetzt vorliegenden Buch wird die ehemalige Folgerung 1 als zentrales Ergebnis hervorgehoben, der frühere Hauptsatz ist ein Satz unter vielen, sicherlich von hohem Schwierigkeitsgrad, aber nicht mehr von dieser Exponiertheit; auch heutige Publikationen über Algebren folgen dieser Interpretation. Was sich in der Zeitschriftwissenschaft noch in Bewegung zeigte, ist, das wird an diesem Beispiel deutlich, durch das Handbuch neu bestimmt und festgelegt worden.

In den meisten im Bericht genannten, deutschsprachigen Publikationen war von hyperkomplexen Größen, Systemen oder Zahlen die Rede. Die Bezeichnung Algebren findet sich vereinzelt und nur in den jüngsten, nach 1930 erschienenen Publikationen. In der englischsprachigen Literatur dagegen ist konsequent von „algebras" die Rede. Hier zeigt sich noch die Zeitschriftwissenschaft in ihrem „Gepräge des Vorläufigen und Persönlichen" (Fleck 1935, S. 156) mit ihrer sich im Fluss befindlichen Terminologie. Der im letzten Augenblick vorgenommene Titelwechsel markiert den Abschluss einer Debatte um Begriffe und Forschungsrichtungen.

Ein transatlantischer Konflikt

Die Entstehung des Hasse-Brauer-Noether-Theorems war durch eine intensive Zusammenarbeit dieser drei Mathematiker/innen gekennzeichnet. Ein vierter, der amerikanische Algebraiker Albert, forschte ebenfalls in diesem Kontext und seine Arbeiten wurden, wie bereits im dritten Kapitel beschrieben, durchaus rezipiert. Es entstand zwischen Hasse und Albert ein Arbeitszusammenhang, der auch in gemeinsame Publikationen einmündete. Alberts Interesse an der Zusammenarbeit mit Hasse, Noether und anderen deutschen Algebraikern war insbesondere durch seine fachliche Isolation in den USA begründet. Die meisten amerikanischen Mathematiker befassten sich kaum mit abstrakten Ansätzen in der Algebra, wie Noether noch 1934 bei ihren Vorlesungen in Princeton feststellen musste. Auch Hasse fand in seinem Gutachten im Kontext der „Beurlaubung" Noethers vom Juli 1933 sehr deutliche Worte:

> Als einen Beweis ihrer wirklich überragenden Bedeutung mag ferner angesehen werden, dass sie auch im angloamerikanischen Ausland, dessen mathematische Auffassung doch von jener mehr realen, der ihren völlig entgegengesetzten Art ist, als führender zeitgenössischer Mathematiker anerkannt wird. (Gutachten Hasse 31. 7. 1933)

Albert schrieb 1931 an Hasse:

> The work of the German mathematicians on algebras is very interesting to me and I should like to know all of it if possible. (Albert an Hasse 11. 5. 1931)

Nicht nur die mathematischen Arbeiten interessierten ihn, sondern er hatte ein großes Interesse, einen engen Forschungskontakt mit den deutschen Mathematiker/inne/n zu entwickeln. So ist in späteren Briefen an Hasse von einer Reise nach Deutschland die Rede, die für Mitte der 1930er Jahre geplant war. Wie wichtig muss für ihn der 1931 über den arrivierten amerikanischen Algebraiker MacDuffee vermittelte, durch Neugebauer erteilte Auftrag gewesen sein, für die „Ergebnis-Reihe" einen Band über Algebren zu verfassen. Hierin lag die große Chance, sich als moderner Algebraiker in der deutschen Community zu etablieren, die Möglichkeit, über die eigenen Forschungen hinaus mit den wichtigsten Algebraiker/inne/n zu kommunizieren und dies alles im Auftrag eines der für die Mathematik wichtigsten Verlags, des Springer-Verlags.[28] Erst Monate später offenbarte sich, dass der Auftrag doppelt vergeben worden war, und es war offensichtlich keine Frage, dass der Auftrag bei Deuring, dem Schüler Noethers, blieb. Albert schrieb einen empörten Brief an Hasse, in dem sein Entsetzen über die ihm entgangene Chance offenbar wird:

> Some time ago it was arranged through Professor C. C. McDuffee, that I was to write a tract on Algebras for the Zentralblatt. Now Dr. Neugebauer has discovered that he had arranged with Dr. M. Deuring to write on ‚Hypercomplex Systems' and just now discovers that the subjects are the same. Who is Deuring and what had he done that he should be the person to write on Algebras. I have, of course, dropped the whole matter now as I have intention of writing merely on the relation between algebras and matrices (Dr. Neugebauer's present desire). This latter will probably done by McDuffee. … P.S. It seemed rather silly for Dr. Neugebauer to make the discovery after *several months* and made me rather angry. (Albert an Hasse 25. 1. 1932) (Hervorhebung i. O.)

Vergleicht man die bis dato vorhandenen Veröffentlichungen Alberts mit Deurings Publikationen, so waren Alberts Zweifel an der Kompetenz Deurings durchaus angebracht. In der in „Algebren" aufgeführten Literatur sind 27 Titel von Albert, publiziert in dem Zeitraum von 1928 bis 1932, genannt. Deuring selbst hatte zu dieser Zeit erst eine Veröffentlichung vorzuweisen. Welche Rolle Noether im Hintergrund spielte und dass sie vermutlich als Garant für das Gelingen des Projekts galt, konnte Albert sicherlich nicht ermessen. Eine neue Möglichkeit für ihn, sich in Deutschland zu präsentieren, war das

[28] Vgl. Remmert, Schneider 2010, S. 38 ff.

Angebot – möglicherweise über Hasse vermittelt – einen Bericht über lineare Algebren für den „Jahresbericht der DMV“ zu schreiben:

> I am very pleased to have been asked to write a report on linear algebras for the Jahresbericht. I shall certainly accept this kind proposition. As to the translation into German I shall be compelled to accept your very good offer. I still hope to go to Germany at some not too distance time but have no idea as to whether or not this will be possible. (Albert an Hasse 1. 4. 1932)

Doch war auch dieses Angebot ohne großen Wert, eher ein Trostpflaster und nicht die Möglichkeit, sich als exzellenten modernen Algebraiker auszuweisen. Zwei Jahre später hatte sich die Situation radikal verändert. Vom Schreiben eines Berichts war in den Briefen an Hasse ebenso wenig mehr die Rede wie von einer Reise nach Deutschland. Noether, Brauer und andere Algebraiker, mit denen Albert in einen Forschungskontakt kommen wollte, waren emigriert und zum Teil in Princeton tätig. Albert selbst hatte dort eine Assistenzprofessur und lernte die deutschen Mathematiker/innen persönlich kennen. In einem Brief an Hasse notierte er:

> E. N. speaks here tomorrow on Hypercomplex Numbers and Number Theory. (Albert an Hasse 6. 2. 1934)

Auch Noether erwähnte ihn in einem Brief an Hasse als regelmäßigen Gast ihrer Lehrveranstaltungen, die sicher nicht ohne Einfluss auf seine weitere mathematische Entwicklung gewesen sein werden. 1937 publizierte Albert „Modern Higher Algebras“ und schrieb im Vorwort:

> During the present century modern abstract algebra has become more and more important as a tool for research not only in other branches of mathematics but even in other sciences. Many discoveries in abstract algebra itself have been made during the past ten years and the spirit of algebraic research has definitely tended toward a more abstraction and rigor so as to obtain a theory of greatest possible generality. … These fundamental concepts and their more elementary properties are the basis for modern algebra. They are certainly abstract notions but their ultimate absorption by the reader of modern algebra is absolutely necessary and the best place for them is at the beginning. This mode of presentation has not been used in the present textbooks on algebra in the English language but is the customary presentation in all of the more recent texts in foreign languages. (Albert 1937, S. VII)

Mit diesem Buch wurde die moderne Algebra in die Ausbildung junger Mathematiker/innen in Amerika eingeführt.[29] Auch wenn Noether nicht namentlich erwähnt wird, so steht das Buch in der Tradition ihrer Auffassungen und Methoden und kann als englischsprachiges Pendant zu van der Waerdens „Moderne[r] Algebra“ gesehen werden. In seinem Literaturverzeichnis verwies Albert auf Deurings Band „Algebren“ als eine der wenigen deutschen Publikationen.

[29] Eine Ergänzung und gedacht für die Ausbildung noch nicht graduierter Mathematikstudierender ist das Buch der Doktorandin Noethers in Bryn Mawr, Weiss, die 1949 „Higher Algebra for the Undergraduate“ veröffentlichte (Weiss 1949).

Hintergrund der zweifachen Auftragsvergabe für die „Ergebnisreihe" aber bildeten neben der mangelnden Fachkompetenz Neugebauers, der als Fachfremder verschiedene Begrifflichkeiten auch als Verschiedenes nahm, die unterschiedlichen Perspektiven auf das noch im Entstehen befindliche Forschungsfeld.[30] In Deutschland beziehungsweise in Göttingen forcierte Noether mit ihren Beiträgen und denen ihrer Schüler die Entwicklung der Algebrentheorie zu einer eigenständigen mathematischen Disziplin, doch hielt sie an alten Begrifflichkeiten fest, wie etwa der Vorlesungstitel „Hyperkomplexe Größen" und andere ihrer Forschungsarbeiten zeigen. In den USA dagegen waren Algebren als Begrifflichkeit und Forschungsfeld vorhanden, doch in Auffassung und Methodik durch klassische Algebra bestimmt, sodass ihrer Theorie nicht der Charakter einer eigenständigen Disziplin zukam. Als Autoren waren beide Mathematiker problematisch. Albert, einerseits kompetent aufgrund seiner umfangreichen eigenen Veröffentlichungen zu Algebren, war in den USA isoliert und abgeschnitten von den deutschen Entwicklungen, die doch gerade Gegenstand des Berichtes sein sollten. Deuring, von Noether aufgebaut, und ohne Zweifel ein ausgezeichneter Mathematiker, war auf Noethers Netzwerk, ihre Verbindungen in der mathematischen Community und ihre Kenntnis der aktuellsten Forschungsergebnisse angewiesen. Noether aber wirkte als anonyme Koautorin, mit ihr im Hintergrund wurde das Projekt ein Erfolg und „Algebren" einer der besten Bände der Reihe.

5.2.2 „Idealtheorie"

Wenige Monate nach dem Erscheinen der „Algebren" wurde ein weiteres, im Denkraum Noether-Schule entstandenes Buch publiziert. Die „Idealtheorie", geschrieben von dem Algebraiker Krull, erschien als drittes Heft des vierten Bandes in der „Ergebnis-Reihe" (Krull 1935). Hatte Noether mit ihrer Arbeit „Idealtheorie in Ringbereichen" 1921 ein Forschungsfeld eröffnet (Noether 1921), so ist dieses Buch eine Bestandsaufnahme und zeigt, in welch großem Umfang die Idealtheorie in den vergangenen vierzehn Jahren zu einem eigenständigen Gebiet geworden war.

Zur Theorie der Ideale – ein historischer Exkurs

Für Noether bildeten Dedekinds Untersuchungen zur Zahlentheorie den Ausgangspunkt der Idealtheorie, und so scheint es angemessen zu sein, mit einer historischen Spurensuche zu beginnen. Die schlichte Frage, wann und warum zum ersten Mal von Idealen gesprochen und was darunter verstanden wurde, führt mitten hinein in den zahlentheoretischen Diskurs der zweiten Hälfte des 19. Jahrhunderts, in eine Umbruchzeit, in der sich die Begrenztheit des symbolischen Rechnens zeigte und neue, zunächst einmal methodische

[30] Lemmermeyer und Roquette sehen in dieser doppelten Auftragsvergabe nur eine Kuriosität (Lemmermeyer und Roquette 2006, S. 127). Das scheint mir angesichts des Ringens um die Begrifflichkeiten und damit auch um die Definitionshoheit für dieses Forschungsfeld zu kurz gegriffen.

Wege beschritten wurden.[31] Zwei Namen – Dedekind und Hurwitz – stehen stellvertretend für zwei verschiedene Entwicklungslinien, die sich bis in die 1920er Jahre verfolgen lassen: Dedekind als Vertreter einer neuen, methodischen und an Abstraktion orientierten Auffassung, Hurwitz als Anhänger einer traditionellen, weiterhin das symbolische Rechnen favorisierenden Mathematik.

Begonnen hatte die Geschichte der Idealtheorie mit einem Brief Eduard Kummers an seinen mathematischen Freund und Schüler Kronecker im Oktober 1845 (Kummer 1845). Es ist zunächst eine Geschichte innerhalb der Zahlentheorie, denn Kummer äußerte sich zu einem durch seine Forschungen über komplexe Zahlen motivierten Problem und verwendete in diesem Brief den Ausdruck „idealer Primfaktor" (ebenda, S. 66). Doch waren diese Faktoren ihm nicht geheuer, denn er setzte seine Überlegungen mit folgenden Worten fort:

> Sie sind, will man sie begreifen im philosophischen Sinne, ganz abstruse Dinge, sonst aber sind sie in mathematischer Hinsicht ganz einfache Ausdrücke bestimmter Eigenschaften gegebener complexer Zahlen. (Ebenda, S. 67)

Am Sinn ihrer Einführung aber hatte Kummer keinerlei Zweifel:

> Die idealen Primfactoren sind für die ganzen complexen Zahlen ungefähr ebenso nothwendig wie die imaginären Wurzeln für die Theorie der Gleichung oder die Zerlegung einer ganzen rationalen Zahl von x in ihre linearen Factoren. (Ebenda, S. 67)

Drei Jahre später publizierte er „Zur Theorie der complexen Zahlen" und führte eine Weiterentwicklung und mathematisch präzise Definition dieser neuen Bezeichnung ein:

> Es ist mir gelungen, die Theorie derjenigen complexen Zahlen, welche aus höheren Wurzeln der Einheit gebildet sind und welche bekanntlich in der Kreistheilung, in der Lehre von den Potenzresten und den Formen höheren Grades eine wichtige Rolle spielen, zu vervollständigen und zu vereinfachen; und zwar durch Einführung einer eigenthümlichen Art imaginärer Divisoren, welche ich *ideale complexe Zahlen* nenne. (Kummer 1847, S. 319) (Hervorhebung i. O.)

Mit diesem ersten Satz seiner Publikation benannte Kummer wesentliche Elemente seines Anliegens: Sein Forschungsfeld war die Theorie der komplexen Zahlen, eingebettet in die Zahlenlehre als mathematischer Disziplin, strukturiert insbesondere durch Fragen der Zerlegbarkeit, sein Ziel die Vervollständigung der Theorie, sein Maßstab, eine einfache Theorie zu entwickeln. Die Lösung sah er in der Einführung neuer Zahlen, die Schwierigkeiten im mathematischen Umgang mit ihnen drückte er durch seine zögerlich wirkende Beschreibung „einer eigentümlichen Art imaginärer Divisoren" aus. Seine Wortwahl begründete Kummer folgendermaßen:

> Es haben vielmehr solche Zahlen f(α), wenngleich sie nicht in complexe Faktoren zerlegbar sind, dennoch die Natur der zusammengesetzten Zahlen: die Faktoren aber sind als dann nicht

[31] Vgl. Mehrtens 1979, Edwards 1980 und Haubrich 1992.

wirkliche, sondern *ideale complexe Zahlen*. Der Einführung solcher idealer complexer Zahlen liegt derselbe einfache Gedanke zu grunde wie der Einführung der imaginären Formeln in die Algebra und Analysis. (Ebenda) (Hervorhebung i. O.)

Mit dem Adjektiv „ideale" beschrieb Kummer zugleich die Verfasstheit der Zahlen als „nicht wirkliche" und als „einfache", d. h. ideale Lösung eines zahlentheoretischen Problems. Sein Unbehagen begründet sich aus der Schwierigkeit der Darstellung dieser Zahlen, die anders als etwa die komplexen Zahlen sich nicht durch einfache mathematische Terme fassen lassen. Kummer war ein traditioneller Zahlentheoretiker, der die Anforderungen an mathematische Theoriebildung, die mit den Worten einfach, vollständig und darstellbar zusammengefasst werden können, ebenso akzeptierte wie die Notwendigkeit, Fragestellungen zur Zerlegbarkeit und Reziprozität von Zahlen zu beantworten. Doch in seinen Untersuchungen stieß er an einen Punkt, an dem sich die Ansprüche nicht mehr verbinden ließen und die Darstellbarkeit zugunsten der eindeutigen Zerlegbarkeit aufgegeben werden musste. Kummer steht für die Wahrnehmung der Notwendigkeit eines Umbruchs, den er selbst mit einleitete und doch nicht vollzog.

Rund 20 Jahre später beschäftigte sich Dedekind intensiv mit zahlentheoretischen Fragen. Er veröffentlichte „Über die Komposition der binären quadratischen Zahlen" als Supplement X der Herausgabe der zahlentheoretischen Vorlesungen Dirichlets. In diesem Anhang führte Dedekind auf der Grundlage der Ideen Kummers den mathematischen Begriff des Ideals ein:

Wir gründen die Theorie der in o enthaltenen Zahlen, d. h. aller ganzen Zahlen des Körpers Ω, auf den folgenden neuen Begriff. Ein System a von unendlich vielen in a enthaltenen Zahlen soll ein *Ideal* heißen, wenn es den beiden Bedingungen genügt:

I. Die Summe und die Differenz je zweier Zahlen in a sind wieder Zahlen in a.

II. Jedes Produkt aus einer Zahl in a und einer Zahl in o ist wieder eine Zahl in a. (Dedekind 1871, S. 251) (Hervorhebung i. O.)

Dedekind bezog sich auf Kummer und ging zugleich weit über ihn hinaus:

Mit demselben Gegenstand hatte ich mich schon vorher, durch die große Entdeckung Kummers angeregt, eine lange Reihe von Jahren hindurch beschäftigt. … Allein obgleich diese Untersuchungen mich dem erstrebten Ziele sehr nahe brachten, so konnte ich mich zu ihrer Veröffentlichung doch nicht entschließen, weil die so entstandene Theorie hauptsächlich an zwei Unvollkommenheiten leidet. Die eine besteht darin, daß die Untersuchung eines Gebietes von ganzen algebraischen Zahlen sich zunächst auf die Betrachtung einer bestimmten Zahl und der ihr entsprechenden Gleichung begründet, welche als Kongruenz aufgefasst wird, und dass die so erhaltene Definition der idealen Zahlen … zufolge dieser bestimmt gewählten Darstellungsform nicht von vornherein den Charakter der Invarianz erkennen lassen. … Meine neuere Theorie dagegen gründet sich ausschließlich auf solche Begriffe, wie die des Körpers, der ganzen Zahl, des Ideals, zu deren Definition es gar keiner bestimmten Darstellungsform der Zahlen bedarf. (Dedekind 1878, S. 202 f.)

Für Dedekind war die Frage der Darstellbarkeit von Zahlen als mathematisches Problem irrelevant geworden. Ihm ging es, auch und gerade als Zahlentheoretiker, um Begriffe, die erlauben, sich unabhängig von der Darstellungsform mit der Natur der Zahlen zu befassen.

Bereits als junger Mathematiker hatte Dedekind sich zur Bedeutung von Begriffen für die Wissenschaft geäußert. In seinem Habilitationsvortrag führte er aus:

> Diese Verschiedenheit der Auffassungen des Gegenstands einer Wissenschaft findet ihren Ausdruck in den verschiedenen Formen, den verschiedenen Systemen, in welchem man sie einzurahmen sucht. ... Die Einführung eines solchen Begriffs, als eines Motivs für die Gestaltung des Systems, ist gewissermaßen eine Hypothese, welche man an die innere Natur der Wissenschaft stellt; erst im weiteren Verlauf antwortet sie auf dieselbe; die größere oder geringere Wirksamkeit eines solchen Begriffs bestimmt seinen Wert oder Unwert. (Dedekind 1854, S. 429)

Begriffsbildungen zum Zwecke der Systematisierung seien wesentliches wissenschaftliches Handeln auch in der Mathematik, so entwickelte Dedekind seine Überlegung weiter; Begriffe mathematisch präzise zu fassen und von Beschränkungen bisheriger Vorstellungen etwa über Zahlen zu lösen sei wissenschaftliche Notwendigkeit.[32] In seinen exemplifizierenden Ausführungen über Arithmetik schrieb er:

> Man wird bei dieser Aufgabe abermals auf neue Zahlengebiete geführt, indem das bisherige der Forderung der allgemeinen Ausführbarkeit der arithmetischen Operationen nicht mehr Genüge leistet; man ist dadurch gezwungen, die rationalen Zahlen, mit welchen zugleich der Begriff der Grenze auftritt, und endlich auch die imaginären Zahlen zu schaffen. (Ebenda, S. 433 f.)

Dedekinds Auseinandersetzung mit Kummers Konzept der „idealen complexen Zahlen" und die Weiterentwicklung zum Begriff des Ideals ist eine konsequente Umsetzung seiner methodischen Ansätze und eine Loslösung von tradierten Praxen der Zahlentheoretiker seiner Zeit. Dedekinds Auffassungen über die Bedeutung von Begriffen, die er weiterhin strikt vertrat, provozierte offensichtlich auch ein Vierteljahrhundert später noch scharfen Widerspruch, wie sich aus einer Fußnote aus seiner Publikation „Was sind und was sollen die Zahlen?" ablesen lässt:

> Ich erwähne dies ausdrücklich, weil Herr Kronecker vor kurzem ... der freien Begriffsbildung in der Mathematik gewisse Beschränkungen hat auferlegen wollen, die ich nicht als berechtigt anerkenne. (Dedekind 1888, S. 345)

Ein besonderes Jahr in der Geschichte der Idealtheorie war 1894: Es erschien die vierte Auflage der Vorlesung Dirichlets mit dem Supplement XI (Dedekind 1894).[33] In der Herausgabe der „Gesammelten mathematischen Werke" Dedekinds kommentierte Noether den Anhang in umfassender Weise:

> Im vorangehenden ist das ‚elfte Supplement' in den verschiedenen Fassungen gegeben, vollständig in der letzten. ... Es zeigt sich, dass die Entwicklung zur analytischen Theorie ... fast unverändert in alle Auflagen übernommen wurde. ... Dagegen hat das, was als Dedekinds

[32] Vgl. zu Dedekinds methodischen Ansätzen Mehrtens 1979, Haubrich 1992 und Corry 2004, S. 64–129.

[33] Insbesondere das Supplement XI wurde von Noether in ihren Lehrveranstaltungen intensiv erörtert und bildet den Hintergrund ihrer vielfach zitierten Äußerung, es stehe alles bereits bei Dedekind.

ureigene Schöpfung zu bezeichnen ist, Körpertheorie und Idealtheorie von Auflage zu Auflage neue Formen angenommen. ... Die Entwicklung der Idealtheorie läuft ganz ähnlich wie die der Körpertheorie; die ersten Fassungen sind allgemeiner, aber noch sehr kompliziert. ... Die 3. Auflage enthält ein Stück allgemeine Idealtheorie, die eindeutige Zerlegung der Ideale einer Ordnung in primäre Ideale. Die 4. Auflage (XLVI) steht auf neuer Grundlage; sie stellt die Gruppeneigenschaften der ganzen und gebrochenen Ideale in den Vordergrund. ... Über die axiomatische Begründung der Idealtheorie, die überall durch Dedekindsche Gedankengänge beeinflusst ist, ist in den Erläuterungen zu XXV zu berichten; die Begriffsbildungen des elften Supplement durchziehen heute die ganze abstrakte Algebra. (Noether 1932a, S. 314)

Dedekind selbst nahm im Vorwort eine Einordnung dieser vierten Auflage und insbesondere des Supplements XI vor (Dedekind 1893). Er unterstrich die Bedeutung Kummers, aber auch Kroneckers für die Theorie der Ideale und bemerkte, „daß auch für die Idealtheorie noch einfachere Grundlagen, als die bisher bekannten aufgefunden werden" würden (ebenda, S. 427). Insbesondere empfahl er „jüngeren Mathematikern", den Weg einer Auseinandersetzung mit der Theorie der Ideale einzuschlagen, da sie „unbefangen dieses Feld der Forschung betreten" (ebenda). Ebenfalls im gleichen Jahr erschien eine kleine Veröffentlichung Dedekinds „Zur Theorie der Ideale", in der er noch einmal die Bedeutung der Einführung neuer Begriffe unterstrich, mit denen es ihm gelungen war, „die letzten Schwierigkeiten zu überwinden, welche sich meinen früheren Versuchen, eine strenge und ausnahmelose Theorie der Ideale zu begründen, entgegengestellt hatten" (Dedekind 1894a, S. 43). Im gleichen Jahr veröffentlichte Hurwitz „Über die Theorie der Ideale" (Hurwitz 1894). Er schrieb:

Die Dedekind-Kronecker'sche Idealtheorie lässt sich mit Hilfe eines leicht zu beweisenden algebraischen Satzes wesentlich vereinfachen. ... Der Einfachheit halber beschränke ich meine Entwicklung auf algebraischen Zahlen, bemerke jedoch, dass sich dieselben leicht auch auf algebraische Funktionen ausdehnen lassen. (Ebenda, S. 291)

Konsequenterweise ist Hurwitz' Definition eines Ideals nicht abstrakt, sondern bezieht sich ganz im Sinne traditioneller Zahlentheorie auf die Elemente eines algebraischen Zahlkörpers. Er definierte:

Indem ich zu der Theorie der Ideale in einem algebraischen Zahlenkörper übergehe, stelle ich zunächst die notwendigen Definitionen zusammen und knüpfe an dieselben einige Bemerkungen. Sind $a_0, a_1, \ldots a_r$ ganze Zahlen des Körpers, so soll das Zeichen
$(a_0, a_1, \ldots a_r)$
das System der Zahlen bedeuten, die in der Form
$\eta_0\alpha_0 + \eta_1\alpha_1 + \ldots + \eta_r\alpha_r$ darstellbar sind, unter $\eta_0, \eta_1, \ldots \eta_r$ beliebige ganze Zahlen des Körpers verstanden.
Definition 1. *Ein jedes derartiges System heißt ‚Ideal'.* (Ebenda, S. 293) (Hervorhebung i. O.)

In einer Fußnote führte Hurwitz weiter aus:

Diese Definition des Ideals ist für meine Darstellung die zweckmäßigste. Die Übereinstimmung derselben mit der Dedekind'schen Definition ist leicht nachzuweisen. (Ebenda)

Hinter dieser Fußnote verbirgt sich die grundlegend andere Auffassung Hurwitz' über die richtigen Begriffsbildungen und Methoden in der Zahlentheorie. Obwohl Hurwitz, fast 30 Jahre jünger als Dedekind, bereits der nächsten Mathematikergeneration angehörte, stritt er für eine konservative, der traditionellen Zahlentheorie folgende Sicht. Dedekind dagegen mutet in seiner Loslösung von Fragen der Darstellbarkeit und damit, ganz im Sinne Cassirers, von der Substanz, auch aus heutiger Sicht noch modern an. Der zwischen den beiden Mathematikern bestehende Disput wurde öffentlich ausgetragen. Dedekind veröffentlichte ein Jahr später als Replik auf Hurwitz den Aufsatz „Über die Begründung der Idealtheorie". Er schrieb:

> In diesen letzten Worten liegt, wenn sie im allgemeinsten Sinne genommen werden, der Ausspruch eines großen wissenschaftlichen Gedankens, die Entscheidung für das innerliche im Gegensatz zu dem äußerlichen. … Hiernach wird man es auch erklärlich finden, dass ich meiner Definition des Ideals durch eine charakteristische innerliche Eigenschaft den Vorzug gebe vor derjenigen durch eine äußerliche Darstellungsform, von welcher Herrn Hurwitz in seiner Abhandlung … ausgeht. Aus denselben Gründen konnte der oben erwähnte Satz … mich noch nicht völlig befriedigen, weil durch die Einmischung der Funktionen von Variablen die Reinheit der Theorie nach meiner Ansicht getrübt wird. (Dedekind 1895, S. 54 f.)

Noether kommentierte in der Herausgabe der gesammelten Werke Dedekinds Replik:

> Die neueren Entwicklungen haben den hier vertretenen Ansichten Dedekinds voll und ganz recht gegeben. (Noether 1932b, S. 58)

Die Differenz zwischen den beiden Mathematikern war methodologischer Natur, beider Forschungsfeld die Zahlentheorie. Idealtheorie war ein methodisches Instrument und noch nicht Gegenstand unabhängiger Forschung. Diese Eigenständigkeit als Forschungsfeld wurde erst mit Noethers Arbeit „Idealtheorie in Ringbereichen" postuliert (Noether 1921).

Der Autor

Krull begann sein Mathematikstudium 1919 in Freiburg und hörte u. a. bei Loewy, bei einem Algebraiker alter Tradition. Loewy hatte Krulls Interesse für die Algebra geweckt, doch bevor dieser sich einer Doktorarbeit zuwendete, ging er, wie es zu dieser Zeit üblich war, zu Studienzwecken an andere Universitäten, so u. a. nach Göttingen, das auch 1920 von großer mathematischer Strahlkraft war. Krull blieb dort nur ein Semester, doch diese kurze Zeit hatte nachhaltigen Einfluss auf seine weitere mathematische Entwicklung. Er besuchte Seminare bei der gerade habilitierten Noether, erlebte ihre Arbeit an idealtheoretischen Fragestellungen und war begeistert von ihrer abstrakten Auffassung und ihren methodischen Ansätzen. Bereits seine Doktorarbeit „Über Begleitmatrizen und Elementarteilertheorie", die er in Freiburg bei Loewy einreichte (Krull 21), war durch die Auffassungen Noethers geprägt, und im Lebenslauf zu seinem Habilitationsantrag schrieb Krull:

> Den größten Dank aber schulde ich Herrn Geheimrat Heffter, Herrn Professor Loewy und Fräulein Professor Nöther, welche mir nicht nur wertvolle Anregungen gaben, sondern mir auch jederzeit freundlichst mit Rat und Tat zur Seite standen. (Habilitationsakte Krull)

Und auch in der Publikation seiner Habilitationsschrift verwies Krull explizit auf Noethers Bedeutung für seine Forschung:

> In § 6 werden einige Ausführungen zur Idealtheorie gemacht. Dadurch, daß man die von Fräulein Noether in ihrer Arbeit: ‚Idealtheorie in Ringbereichen' eingeführten Begriffe, die den Verfasser ursprünglich bei der Abfassung der vorliegenden Arbeit leiteten, auf den Ring R_f anwendet, fällt auf die in § 4 und § 5 gewonnenen Resultate in mancherlei Hinsicht erst das rechte Licht. (Krull 1923, S. 81)

Krull zeigte sich mit dieser Formulierung als eng verbunden mit dem Denkraum Noether-Schule. Moderne algebraische Ansätze und insbesondere Noethers „Idealtheorie" bildeten den fachlichen Hintergrund seiner Forschungen, ihre begriffliche Auffassung, die „erst das rechte Licht" auf die Resultate wirft, wurde von ihm geteilt. Mit seiner im ersten Paragrafen formulierten „Vorbemerkung zur Terminologie" wird diese Verbundenheit mit Noethers begrifflicher Perspektive noch einmal ausdrücklich betont:

> In der vorliegenden Arbeit schließe ich mich mit der Terminologie im wesentlichen an die in der Einleitung zitierte Arbeit von Fräulein Noether an. Die meisten der Idealtheorie entnommenen Bezeichnungen stammen bereits von Dedekind. (Ebenda, S. 82)

Nach der Habilitation zunächst als Privatdozent, später auf einer Vertretungsprofessur in Freiburg tätig führte Krull dort die Noether'schen Auffassungen ein, so etwa mit der im Sommer 1924 gehaltenen Vorlesung „Theorie der Ideale und Ringe". 1928 erhielt Krull einen Ruf nach Erlangen. Damit stand er in der Nachfolge M. Noethers und Gordans und repräsentierte zugleich die in der Mathematik der vergangenen 20 Jahre stattgefundene Entwicklung. Es gibt nur wenige persönliche Äußerungen Krulls, die die Bedeutung Noethers für seine mathematische Entwicklung erhellen können. Deshalb sei an dieser Stelle eine Anekdote wiedergegeben, die sein ehemaliger Doktorand Heinz Schöneborn in seinem Nachruf auf Krull erzählte:

> Aber als Mathematiker entscheidend geprägt wurde er in Göttingen durch Emmy Noether, deren Ideen zur Modul-, Ideal- und allgemeinen Ringtheorie grundlegend für den Hauptteil seines späteren Werkes wurden. Jedenfalls blieb Krull bis in seine Erlanger Zeit hinein [mit Noether] … in enger wissenschaftlicher Verbindung und F. K. Schmidt weiß von einer Szene zu berichten, in welcher gelegentlich eines Besuches von Emmy Noether in Erlangen, die beiden – also Krull und Frau Noether – weltvergessen diskutierend in einer Gaststätte sich um einen Tisch herum nachliefen – zum Erstaunen und zum Gaudium der übrigen Gäste. (Schöneborn 1980, S. 52)

Als Krull Ende April 1935 durch Hasse von Noethers plötzlichem Tod erfuhr, antwortete er ihm:

> Dass mir der Tod meiner alten Lehrerin sehr nahe ging, können Sie sich denken. Gerade der so lebensfrischen Emmy hätte ich noch viele Jahre gewünscht. Was die Mathematik an ihr verloren hat, wissen wir beide ja nur zu gut. (Krull an Hasse 16. 5. 1935)

Zum Buch: Disziplin und Methode

Anfang der 1930er Jahre wurde Krull aufgefordert, für die „Ergebnis-Reihe" einen Beitrag zur Idealtheorie zu schreiben. Krull war eine ausgezeichnete Wahl. Sein Forschungsfeld war seit seiner Habilitationsschrift die Idealtheorie, zu der er vielfach publizierte. Zudem hatte er außerordentlich hohe Ansprüche an die Darstellung mathematischer Ergebnisse. So äußerte er sich bereits 1930 in seiner Erlanger Antrittsvorlesung:

> Es handelt sich für den Mathematiker nicht allein darum, Gesetze zu finden und korrekt zu beweisen, sondern er will diese Sätze auch in der Art anordnen und zusammenstellen, daß sie nicht nur als richtig, sondern als zwingend und selbstverständlich erscheinen. Ein solches Streben aber ist für mein Gefühl ein ästhetisches und kein erkenntnistheoretisches. (Krull 1930, S. 211)

Idealtheorie als Forschungsfeld und als methodischer Ansatz waren Anfang der 1930er Jahre in der mathematischen Community angekommen, doch bei einem Bericht für die „Ergebnis-Reihe" ging es nicht nur darum, die Dinge zusammenzustellen, sondern sie „als zwingend und selbstverständlich" darzustellen. Hierzu gehörte auch die Schönheit einer Darstellung. Das hieß im Denkraum Noether-Schule den Schwerpunkt auf die begriffliche Orientierung zu setzen, wie Noether es bei der posthum publizierten Doktorarbeit Hentzelts bereits mit den Worten unterstrichen hatte:

> Ich gebe die Arbeit in *rein begrifflicher* Fassung wieder, wodurch eine *große Vereinfachung* der durchweg auf Hentzelt zurückgehenden Beweise erzielt wird, und, wie ich hoffe, die *Schönheit* der Arbeit offenbar wird. (Noether 1923, S. 53) (Hervorhebung i. O.)

In seiner Einführung zur „Idealtheorie" schrieb Krull:

> Der Gegenstand des Berichts bildet die Entwicklung der modernen Idealtheorie als einer selbständigen Disziplin. (Krull 1935, S. III)

Mit diesem Bericht ist als Anforderung verbunden, die Eigenständigkeit der Idealtheorie als mathematischer Disziplin nicht nur zu behaupten, sondern diese Behauptung durch die Art der Präsentation zwingend werden zu lassen. In Fragestellungen, Beweisfiguren, methodische Ansätze, Begriffe und Notationen, kurz gesagt in eine neue Disziplin einzuführen, erfordert nicht nur ein umfangreiches Wissen, sondern auch die Bereitschaft, sich auf den Wissensstand der avisierten Leserschaft einzulassen. Krull war sich der großen Herausforderung bewusst, die es bedeutete, den „Leser" mitzunehmen. Darüber hatte er bereits in seinem Habilitationsvortrag reflektiert:

> Dafür wird aber für den mathematischen Ästhetiker nicht nur das Finden von neuen Sätzen, sondern auch die befriedigende Darstellung der gewonnenen Ergebnisse zu einem oft qualvollen Problem. Es darf ihm doch nicht vorkommen, daß der *Leser* seiner Arbeiten nur gleichsam von der Last der Beweise erdrückt, zugeben muss, dass die aufgestellten Behauptungen richtig sein müssen, ohne aber das Gefühl loszuwerden, dass sie genauso gut auch hätten falsch sein können. ... Dagegen muss er seinen Stoff so anordnen, dass zwingend ein Satz aus dem anderen folgt, so dass der *Leser*, noch bevor er die Beweise im einzelnen

durchgeprüft hat, gleichsam auf einen Blick sieht, dass die Ergebnisse gar nicht anders hätten lauten können. (Krull 1930, S. 214 f.) (Hervorhebung d. A.)

Die Anforderung an die „Ergebnis-Reihe“, in „Problemstellungen, Literatur und hauptsächliche Entwicklungsrichtung spezieller moderner Gebiete“ einzuführen, findet ihren Niederschlag im Charakter des Buches. Es ist eine Erzählung, deren Spannungsbogen nicht durch die historische Entwicklung, sondern durch die Tiefe der idealtheoretischen Erkenntnisse und ihrer Anwendungen bestimmt ist. Ihr Aufbau ist eine systematische Einführung in idealtheoretisches Denken und Arbeiten. Damit ist es ebenso ein Bericht über aktuelle Forschungsergebnisse wie eine Handreichung für ausgebildete Mathematiker/innen, sich weiterzubilden und idealtheoretische Methoden in ihrer Forschung zu nutzen.

Das Buch wurde mit 150 Seiten ebenso wie die „Algebren“ deutlich länger als eigentlich für die Publikationen in der „Ergebnis-Reihe“ vorgesehen, ein Umfang, der ebenfalls der Dynamik des Forschungsfelds geschuldet ist. Krull begann mit einer historischen Einordnung der Idealtheorie. Er markierte ihre Ursprünge mit den Namen Dedekind sowie Kronecker, Lasker und Macaulay, den Beginn aber setzte er bei der von Noether 1919 gemachten, in der „Idealtheorie in Ringbereichen“ veröffentlichten Entdeckung der Bedeutung des abstrakten Teilerkettensatzes (Noether 1921, S. 30):

Die moderne Idealtheorie geht einerseits auf die Dedekindsche Behandlung der endlichen algebraischen Zahlkörper, andererseits auf die Kronecker-Lasker-Macaulayschen Untersuchungen über Polynommoduln zurück. Entscheidend war die 1919 von Emmy Noether gemachte Entdeckung, dass allein mithilfe des von Dedekind stammenden abstrakten ‚Teilerkettensatzes‘ die wichtigsten Zerlegungssätze von Lasker und Macaulay in äußerst durchsichtiger Weise abgeleitet und weitgehend verallgemeinert werden können. (Krull 1935, S. III)

Krull hatte als junger Student Anfang der 1920er Jahre in Noethers Lehrveranstaltungen erlebt, welches Gewicht diese Entdeckung Noethers für die Idealtheorie hatte und weiter haben könnte. Auch Alexandroff erinnert sich an Vorlesungen Noethers über Idealtheorie:

Of all the lectures I heard in Göttingen that summer [1930], the apex were Emmy Noether's lectures on general ideal theory. As is well known, foundations of this theory had been laid by Dedekind in his famous paper that was published as the eleventh supplement to the edition of Dirichlet's lectures on number theory under Dedekind's editorship. I was well acquainted with this paper by Dedekind: Egorov always required good young mathematics to include in their course of study for the master's examinations. Emmy Noether always said that the whole theory was laid by Dedekind, but only the basis: ideal theory, with all the richness of its ideas and facts, the theory that has exerted such an enormous influence on modern mathematics, was the creation of Emmy Noether. I can judge this, because I know both Dedekind's work, and the fundamental work of Emmy Noether on ideal theory. (Alexandroff 1979, S. 299)

Taussky schrieb in ihrer Rezension der „Moderne[n] Algebra“:

In Kapitel 14 wird die klassische (Dedekindsche) Idealtheorie der ganzen Größen eines Körpers in moderner, von E. Noether entworfener axiomatischer Gestalt entwickelt. Nach einer

> Methode von Krull werden jene Ringe charakterisiert, in welchen die Ideale Produkte von Primidealpotenzen sind. … Dann wird die vom Verfasser aufgestellte Idealtheorie beliebiger ganz abgeschlossener Integritätsbereiche und zwar in einer Form, die auf Artin zurückgeht, behandelt. Den Schluss bildet eine übersichtliche Zusammenstellung der Zerlegungs- und Eindeutigkeitssätze und der für ihre Gültigkeit notwendigen Eigenschaften für die Idealtheorie der Integritätsbereiche. (Taussky 1931, S. 4)

Mit dieser Bemerkung unterstrich Taussky die Bedeutung der Idealtheorie als eigenständige Forschungsrichtung im Kontext der modernen Algebra und die Rolle Noethers in dieser Entwicklung. Noch befand sich die Idealtheorie in einem Stadium der Zeitschriftwissenschaft und van der Waerdens Zusammenstellung, auch wenn sie mit dem Wort „übersichtlich" gewürdigt wurde, bezog sich nur auf die Idealtheorie der Integritätsbereiche, einem kleinen Teil aktueller idealtheoretischer Forschung. Ein Lehrbuch der modernen Algebra hatte auch nicht mehr zu leisten, und so zeigt Tausskys Rezension, die keine Kritik an dem von van der Waerden gewählten Ausschnitt war, zugleich einen Bedarf auf: die Notwendigkeit einer umfassenden Darstellung der modernen Idealtheorie.

Ein zentraler Aspekt im Übergang einer Zeitschriftwissenschaft zur Handbuchwissenschaft ist die Vereinheitlichung der Begriffe und, für die Mathematik, der Notationen. Wie bereits bei seiner Habilitationsschrift ging Krull auch im Bericht ausdrücklich auf die Frage der Terminologie ein und verwies im Vorwort auf den eigens hierzu erstellten Anhang:

> In der Terminologie habe ich es für nötig gehalten, auf die klassischen Dedekindschen Bezeichnungen zu verzichten und mich dafür eng an die Ausdrucksweise der Mengen- und Gruppentheorie anzuschließen. … Mein Grund war folgender: Die Dedekindsche Terminologie ist wesentlich auf die Bedürfnisse der algebraischen Zahlentheorie zugeschnitten, in der sie wohl auch immer ihre Geltung behaupten wird. Sie hat aber den, vor allem bei ‚additiven' Untersuchungen hervortretenden, schwerwiegenden Nachteil, daß sie der naiv mengentheoretischen Auffassung der Ideale widerspricht; dementsprechend ist sie auch in der allgemeinen Idealtheorie keineswegs überall starr beibehalten, sondern von verschiedenen Autoren in verschiedener Weise abgeändert worden. Eine *Vereinheitlichung der Bezeichnungsweise* erschien daher dringend geboten und es kam nach meiner Überzeugung als maßgebender Gesichtspunkt nur die terminologische Einordnung der Idealtheorie in die allgemeine Gruppen- und Mengenlehre in Frage. (Im übrigen habe ich am Schlusse des Berichts für die wichtigsten Grundbegriffe die verschiedenen üblichen Bezeichnungen zusammengestellt.) (Krull 1935, S. IV) (Hervorhebung d. A.)

In den im Anhang publizierten „Bemerkungen zur Terminologie" bezog Krull sich zumeist auf van der Waerdens „Moderne Algebra". Mit diesem Lehrbuch waren bereits Standards gesetzt, ein neuer mathematischer Kanon der Begriffe und Notationen eingeführt worden. An einigen Stellen führte Krull aus, dass die Begriffe van der Waerdens „im Anschluss an Noether" so genutzt würden (ebenda, S. 149). Hier sei noch einmal an Fleck erinnert, der die Bedeutung der Handbuchwissenschaft gegenüber der Zeitschriftwissenschaft gerade auch in ihrer Festlegung von Begrifflichkeiten und Schreibweisen sieht (Fleck 1935, S. 156). Mit Krulls „Idealtheorie" ist das geleistet worden.

Hatte Krull bereits in seiner Erlanger Antrittsvorlesung den Beweisen gegenüber den Sätzen, ihrem Ineinandergreifen und der Struktur des Textes, eine untergeordnete Rolle zugewiesen, so verlieren sie im Bericht vollends ihre Bedeutung:

> Inhaltlich war es natürlich unmöglich, die Beweise im einzelnen auszuführen. Ich habe mich aber bemüht, überall dort, wo ich nicht auf Lehrbücher (insbesondere auf van der Waerdens ‚Moderne Algebra') verweisen konnte, den wesentlichen Gedankengang zu skizzieren und die hauptsächlichen Methoden herauszuarbeiten. Dieser Grundsatz wurde auch bei solchen Dingen befolgt, die sich überhaupt oder doch in der gewählten Form noch nicht in der bisherigen Literatur finden. (Krull 1935, S. V)

Und warum auch nicht auf den detaillierten Beweis verzichten, wenn es darum geht, Ergebnisse zusammenzustellen, ineinanderzufügen und eine einheitliche Begrifflichkeit zu entwickeln? Umso größer ist die Bedeutung des Literaturverzeichnisses. Krull hatte offensichtlich einen ausgezeichneten Überblick über die relevanten deutsch-, französisch- und englischsprachigen Publikationen.[34] 236 Aufsätze führte er in seiner Bibliografie auf, 27 sind von ihm selbst verfasst. Dedekind ist mit 11, Noether mit 11, Macaulay, den Krull noch als einen der wichtigen Ausgangspunkte der Idealtheorie benannte, nur mit 5 Artikelverweisen vertreten. Viele der genannten Mathematiker/innen sind Mitglieder des Denkraums Noether-Schule. Hierzu gehören etwa Dubreil mit 5, Grell ebenso wie Kapferer mit 6, Schmeidler mit 17 und insbesondere van der Waerden mit insgesamt 22 Hinweisen. Auffällig sind auch die zahlreichen Publikationen japanischer Mathematiker. Insgesamt nannte Krull 21 Publikationen, ein Indiz auch für die Stärke der modernen Algebra in Japan.

Eine Auswertung der Bibliografie unter inhaltlichen Aspekten kann sich hier nur auf die Titel der Publikationen beziehen. Nicht alle genannten Arbeiten haben einen idealtheoretischen oder wenigstens algebraischen Schwerpunkt, denn in dem Bericht geht es auch darum, die Idealtheorie in einen gesamtmathematischen Kontext zu stellen. So gehören etwa Arbeiten zur Zahlentheorie, zur Geometrie oder auch zu Invariantensystemen zur angegebenen Literatur. Die Analyse auf die algebraischen Arbeiten und im Besonderen auf diejenigen mit idealtheoretischem Schwerpunkt beschränkend ergibt sic im Zeitverlauf folgendes Ergebnis (Abb. 5.3):

Insgesamt nannte Krull 209 Veröffentlichungen, davon 92 mit idealtheoretischem Schwerpunkt. Die erste von ihm als relevant erachtete Arbeit ist nicht ganz überraschend Dedekinds erster Aufsatz von 1871. Deutlich erkennbar sind Mitte der 1890er Jahre mehrere idealtheoretische Veröffentlichungen; es handelt sich um den Disput zwischen Dedekind und Hurwitz sowie Kroneckers Ergänzungen. Erst in den 1910er Jahren folgten vereinzelt weitere idealtheoretische Arbeiten, so die beiden Publikationen von Lasker und Macaulay, die Krull noch den Ursprüngen zurechnete und auf die sich Noether in der

[34] Viele japanische Zeitschriften waren deutschsprachig, sodass es für Krull unproblematisch war, die dortigen Entwicklungen zur Kenntnis zu nehmen. Den in Osteuropa auf Russisch geführten Diskurs zur Idealtheorie hatte Krull aufgrund mangelnder Sprachkenntnisse nicht mit einbeziehen können. So sind nur auf Deutsch verfasste Arbeiten russischer Mathematiker aufgeführt.

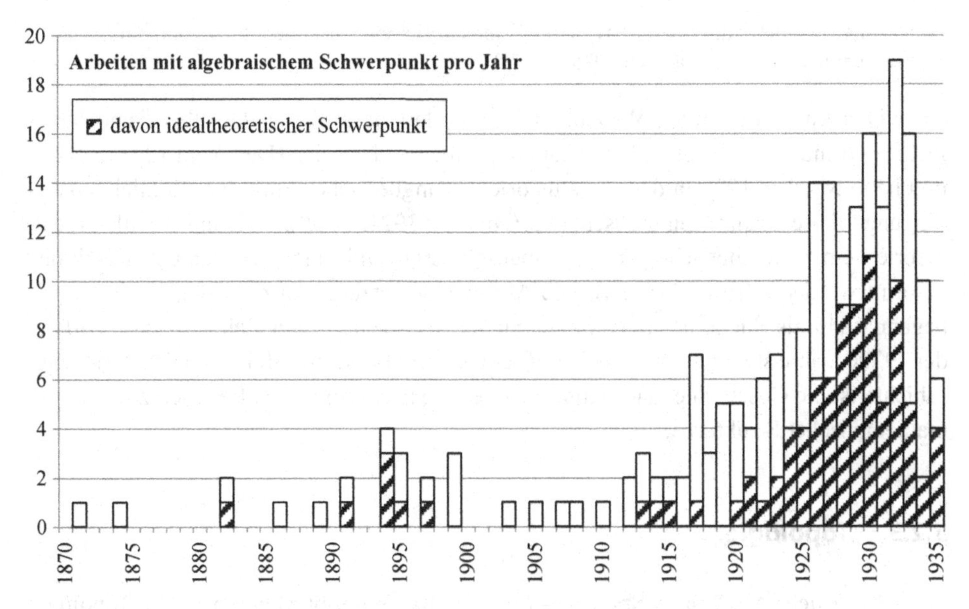

Abb. 5.3 Algebraische Arbeiten (quantitative Auswertung), benannt in der „Idealtheorie" (Krull 1935).

„Idealtheorie in Ringbereichen" bezog. Mit Beginn der 1920er Jahre erschienen jährlich neue Forschungsergebnisse, zunächst Noethers eigene Arbeiten, ab 1923 auch aus ihrem Umfeld. Auch Krull forschte jetzt intensiv zu idealtheoretischen Fragestellungen. Mit der Promotion Noethers erster Doktorandin Hermann im Jahr 1926 begann eine intensive Forschungstätigkeit innerhalb der Noether-Schule. Auch die nächsten drei Promotionen lagen im Gebiet der Idealtheorie, spätere Doktoranden behandelten andere algebraische Themen mit idealtheoretischen Methoden. Nahezu alle engeren Mitglieder der Noether-Schule haben zu idealtheoretischen Fragen gearbeitet. Von den im Zeitraum 1921 bis 1935 veröffentlichten 92 idealtheoretischen Arbeiten sind 50 im Umfeld von Noether entstanden – sechs Arbeiten hatte Noether selbst verfasst. Werden im Sinne einer Dependance noch die japanischen Autoren dazugerechnet – es handelt es sich um weitere 12 Arbeiten –, so dominierte mit 68 von 92 Arbeiten der Denkraum Noether-Schule das Gebiet der Idealtheorie. Noether hatte 1921 ein Forschungsfeld eröffnet. Es ist der kulturellen Bewegung zur Modernisierung der Algebra gelungen, dieses als neue mathematische Disziplin zu etablieren. In seinem Nachruf nahm van der Waerden darauf Bezug:

> Der erste große Erfolg dieser Methode wurde in der jetzt schon klassischen Arbeit von 1921 ‚Idealtheorie in Ringbereichen' erzielt. … Diese Arbeit bildet die unverrückbare Grundlage der heutigen ‚allgemeinen Idealtheorie'. … Das zweite Notwendige war die Herstellung der Beziehung der allgemeinen Idealtheorie zur klassischen Dedekindschen Idealtheorie der Hauptordnungen in Zahl- und Funktionenkörpern. … Die großen idealtheoretischen Arbeiten bilden den Ausgangspunkt einer langen Reihe ergebnisreicher Arbeiten, meistens von Emmy

> Noethers Schülern, über welche W. Krull in seinem Bericht ‚Idealtheorie' zusammenfassend berichtet hat. (Van der Waerden 1935, S. 473)

Hatte Dedekind 1893 im Supplement XI eingefordert, dass „für die Idealtheorie noch einfachere Grundlagen als die bisher bekannten" aufzufinden seien (Dedekind 1893, S. 427), und hatte Noether 1921 in der „Idealtheorie in Ringbereichen" mit der „Endlichkeitsbedingung" diese Grundlegung geschaffen (Noether 1921, S. 30), so ist mit Krulls „Idealtheorie" ein mathematischer Diskurs abgeschlossen und eine „selbständige Disziplin" geformt worden (Krull 1935: III). Die Auseinandersetzung mit dem Begriff des Ideals begann 1845 als Suche nach einem geeigneten Werkzeug in der Zahlentheorie, Anfang der 1930er Jahre steht dieser Begriff für Methode und Forschungsfeld zugleich. Seine Geschichte ist die Geschichte eines Kulturwandels vom symbolischen Rechnen zur Analyse mathematischer Strukturen.

5.2.3 „Topologie"

In seinem Buch „Moderne – Sprache – Mathematik" schreibt Mehrtens: „Die Topologie wurde mit der formalen Algebra gegen Ende der dreißiger Jahre zu einer Leitdisziplin der mathematischen Moderne." (Mehrtens 1990, S. 230) Die „Topologie", von Alexandroff und Hopf verfasst und 1935 in der „Gelben Reihe" erschienen, hat zu dieser Entwicklung entscheidend beigetragen. Die Anforderungen an die in der „Gelben Reihe" erscheinenden Monografien war, in die „Grundlehren der mathematischen Wissenschaften" einzuführen. Der Anspruch der Autoren an das Buch war, eine integrale Zusammenführung der mengentheoretischen mit der vormals kombinatorisch, später algebraisch genannten Topologie zu einem Gesamtwerk zu leisten, doch deutlich herrscht die algebraische Auffassung von Mathematik vor, wird ein modernes Verständnis von Mathematik mit einem algebraischen Zugang sprachlich gleichgesetzt. Damit steht das Lehrbuch „Topologie" für begriffliche Verschiebungen und inhaltliche Bedeutungsveränderungen, wie sie durch den Denkraum Noether-Schule vertreten wurden. Die kulturelle Bewegung der modernen Algebra erreichte die Disziplin Topologie.

Die Autoren

Alexandroff begann sein Studium der Mathematik 1913 an der Lomonossow-Universität Moskau und promovierte dort ebenso wie sein Studienkollege und enger Freund Pawel Urysohn im Jahr 1921. Wenn auch noch nicht in den Promotionen selbst, so wurde in den Folgejahren für beide die Beschäftigung mit topologischen Fragestellungen Schwerpunkt ihres mathematischen Forschens. 1923 reisten Alexandroff und Urysohn zum ersten Mal zu einem Studienaufenthalt nach Göttingen, ein mathematisch außergewöhnlich inspirierender und menschlich bereichernder Besuch, folgt man der geradezu enthusiastischen Beschreibung Alexandroffs in seinen autobiografischen Erinnerungen:

> Her [Noethers] lectures enthralled both Uryson and me. In form they were not magnificent, but they conquered us by the wealth of their content. We constantly met Emmy Noether on a relaxed basis and very often talked to her, about topics both in ideal theory, and in our work,

> which had caught her interest at once. Our acquaintance, which we struck up quickly during that summer, became much deeper the following summer, and later, after Uryson's death, became a close mathematical and personal friendship between Emmy Noether and myself until the end of her life.(Alexandroff 1979, S. 299)

Auch im folgenden Jahr besuchten Alexandroff und Urysohn im Sommersemester Göttingen und reisten von dort zu Studienzwecken und zum Urlaub nach Frankreich. Im August 1924 starb Urysohn bei einem Badeunfall in der Bretagne. Noether schrieb Alexandroff einen Beileidsbrief, der große Anteilnahme und Zuneigung ausdrückte:

> Ich habe immer das Bild von Euch beiden vor Augen, mit all dem Leben, das von Euch ausging; und jetzt bist Du ganz alleine: aber er lebt weiter mit Dir; und wenn jetzt aus seinen Manuskripten all seine Gedanken lebendig werden – und nur Du kannst sie zu vollem Leben erwecken – so wird er Dir selbst mehr und mehr lebendig werden. (Noether an Alexandroff 1. 9. 1924 zitiert nach Tobies 2003, S. 102)[35]

Bei seiner vierten Reise nach Göttingen im Sommer 1926 lernte Alexandroff Hopf kennen. Hopf hatte in Berlin studiert und sich in seiner Doktorarbeit bereits mit topologischen Fragestellungen befasst. Wie viele andere wechselte er nach seiner Promotion zu weiteren Studien die Universität und hielt sich seit dem Herbst 1925 in Göttingen auf. Insbesondere besuchte er Lehrveranstaltungen bei Noether. Alexandroff schrieb in seinen „Erinnerungen an Heinz Hopf" (Alexandroff 1976):

> Die Bekanntschaft zwischen Hopf und mir wurde im selben Sommer zu einer engen Freundschaft. Wir gehörten beide zum Mathematiker-Kreis um Courant und Emmy Noether, zu dieser unvergesslichen menschlichen Gemeinschaft mit ihren Musikabenden und ihren Bootsfahrten bei und mit Courant, mit ihren ‚algebraisch-topologischen' Spaziergängen unter der Führung von Emmy Noether und nicht zuletzt mit ihren verschiedenen Badepartien und Badeunterhaltungen, die sich in der Universitätsbadeanstalt an der Leine abspielten. (Ebenda, S. 9)

Für beide waren diese Aufenthalte in Göttingen und die Beteiligung an den mathematischen Diskussionen im Kreis um Noether sehr inspirierend. Auch wenn sie selbst sich nicht ausdrücklich zur Noether-Schule zählten bzw. in heutigen mathematikhistorischen Untersuchungen bisher nicht dazu gezählt werden, so sind doch wichtige, in den 1920er Jahren entstandene Arbeiten durch Noether angeregt worden und von ihren Auffassungen und Methoden durchdrungen, sind Alexandroff und Hopf Mitglieder des Denkraums Noether-Schule. Alexandroff schrieb in der Einführung zu seiner Arbeit „Über stetige Abbildungen kompakter Räume" (Alexandroff 1927):

> Der erste, abstrakte Teil der vorliegenden Arbeit ist mit den neueren Untersuchungen von Frl. E. Noether aus dem Gebiete der allgemeinen Gruppentheorie nahe verwandt und zum Teil durch diese Untersuchungen angeregt. (Ebenda, S. 555)

---

[35] Das von Noether spontan gewählte „Du" als Anrede war ungewöhnlich und ebenfalls Ausdruck ihrer freundschaftlichen Zuneigung.

Auch Hopf äußerte sich in seiner Publikation „Eine Verallgemeinerung der Euler-Poincaréschen Formel“ entsprechend (Hopf 1928):

> Meinen ursprünglichen Beweis dieser Verallgemeinerung der Euler-Poincaréschen Formel konnte ich im Verlauf einer im Sommer 1928 in Göttingen von mir gehaltenen Vorlesung durch Heranziehung gruppentheoretischer Begriffe unter dem Einfluss von Fräulein E. Noether wesentlich durchsichtiger und einfacher gestalten. (Ebenda, S. 127)

Sowohl Alexandroff als auch Hopf gaben in den Sommern 1926 und 1927 Lehrveranstaltungen zur Topologie, und Noether gehörte zu den regelmäßigen Gästen dieser Seminare:

> She [Noether] rapidly became oriented in a field that was completely new for her, and she continually made observations, which were often deep and subtile. When in the course of our lectures she first became acquainted with a systematic construction of combinatorial topology, she immediately observed that it would be worthwhile to study directly the groups of algebraic complexes and cycles of a given polyhedron and the subgroup of the cycle group consisting of cycles homologous to zero; ... this observation now seems self-evident. But in those years (1925–1928) this was a *completely new point of view*, which did not immediately encounter a sympathetic response on the part of many very authorative topologists. Hopf and I immediately adopted Emmy Noether's point of view in this matter, but for some time we were among a small number of mathematicians who shared this viewpoint. (Alexandroff 1936a, S. 108) (Hervorhebung d. A.)

Zu Noethers Einfluss auf die sich in den 1920er Jahren formierende algebraische Gestalt äußerte sich der Topologe Hirzebruch mit der Bemerkung, Noether habe nicht ein einziges Papier zu ihren Ideen einer Algebraisierung der Topologie publiziert; nur an einer Stelle ließe sich ein Hinweis finden, so wenn sie davon spräche, „in den Anwendungen des Gruppensatzes – z. B. Bettische und Torsionszahlen in der Topologie – ist somit ein Zurückgehen auf die Elementarteilertheorie nicht erforderlich.“ (Hirzebruch 1999, S. 63).[36] Deutlich ist Hirzebruchs Überraschung zu spüren, dass es keine weiteren Veröffentlichungen Noethers zu topologischen Fragen gibt,. Doch Noethers Bedeutung für die Algebraisierung der Topologie stellte sich nicht über Publikationen her, wichtiger noch als Veröffentlichungen war der Dialog, waren es die „algebraisch-topologischen“ Gespräche zwischen Alexandroff, Hopf und Noether, auf die Alexandroff in seinen Erinnerungen anspielte (Alexandroff 1976, S. 9), das Entstehen der Mathematik im Sprechen.

Alexandroff zog es nicht nach Moskau oder Smolensk, beides Universitäten, an denen er jederzeit als Dozent, später auch auf einer Professur hätte tätig sein können. Fast ein Jahr, vom Herbst 1926 an verbrachte er in den Niederlanden in der Nähe von Amsterdam in Blaricum bei Brouwer, einem der führenden Topologen der 1920er Jahre. Zu den wichtigsten mathematischen Ereignissen in dieser Zeit gehörte der Besuch Noethers über Weihnachten und Silvester, ein Silvester, das Alexandroff in seinen Erinnerungen als eines

[36] Hirzebruch bezog sich hier auf die Note „Ableitung der Elementarteilertheorie aus der Gruppentheorie“ (Noether 1926).

der schönsten seines Lebens bezeichnete und das sicherlich im menschlichen wie im mathematischen Sinne meinte:

> My winter of 1925–1926 in Holland went by pleasantly and peacefully, with constant important work. ... In the middle of December Emmy Noether came to spend a month in Blaricum. This was a brilliant addition to the group of mathematicians around Brouwer. I remember a dinner at Brouwer's in her honour during which she explained the definition of the Betti-group of complexes, which spread around quickly and completely transformed the whole of topology. (Alexandroff 1980, S. 323 f.)

Mag dieses Zitat wie die verklärende Erinnerung eines älteren Menschen wirken, so hatte Alexandroff bereits im Nachruf auf Noether ihre Bedeutung für die Topologie herausgestellt:

> In particular, my theory of continuous partitions of topological spaces arose to a large extent under the influence of conversations with her in December to January of 1925–1926, when we were both in Holland. On the other hand, this was also the time when *Emmy Noether's first ideas on the set-theoretic foundations of group theory* arose, serving as the subject for her course of lectures in the summer of 1926. In their original form these ideas were not developed further, but later she returned to them several times. The reason for this delay is probably the difficulty involved in axiomatizing the notion of a group starting from its partition into cosets as the fundamental concept. But the idea of a set-theoretic analysis of the concept of a group itself turned out to be fruitful, as shown by the recent work of Ore, Kurosh, and others. (Alexandroff 1936a, S. 107 f.) (Hervorhebung d. A.)

Auch Hopf kannte Brouwer und dessen topologische Arbeiten, die die Grundlage seiner ersten eigenen Forschungen zur Topologie gebildet hatten. Ihre Verbundenheit und Hochachtung für den Topologen Brouwer findet ihren Ausdruck in der Widmung, die Alexandroff und Hopf ihrem Buch voranstellen, und wird im Vorwort noch einmal unterstrichen:

> Brouwers Einfluss ist, wie wir glauben, in diesem ganzen Buche lebendig geblieben. (Alexandroff und Hopf 1935, S. X)

Im akademischen Jahr 1927/28 waren Alexandroff und Hopf mit Rockefeller-Stipendien in Princeton und arbeiteten dort insbesondere mit dem ebenfalls zur ersten Garde der Topologen gehörenden Lefschetz zusammen. 1931 erhielt Hopf einen Ruf an die Eidgenössische Technische Hochschule Zürich als Nachfolger des inzwischen nach Göttingen berufenen Weyl. Bereits zwei Jahre zuvor hatte Alexandroff einen Ruf an die Moskauer Universität erhalten, doch blieb er bis zum Sommer 1932 regelmäßiger Gast in Göttingen und manchmal auch bei Noether in ihrer Wohnung, die über ein Gästezimmer und eine ausgezeichnete mathematische Bibliothek verfügte, wie sie bei Gelegenheit gegenüber Hasse in einem Brief versicherte. Alexandroff wäre gerne dauerhaft in Deutschland geblieben, Noether engagierte sich für ihn und schrieb u. a. an Hasse:

> Das andere ist die Frage, ob es möglich ist, Alexandroff in Halle mit auf die Liste zu bringen. Ich weiß, daß Alexandroff es sich sehr wünscht mit der Zeit an eine deutsche Universität zu kommen. (Noether an Hasse 7. 10. 1929)

Das gelang offensichtlich nicht und nach der „Machtergreifung" durch die Nationalsozialisten kehrte Alexandroff für die nächsten zwei Jahrzehnte nicht wieder nach Deutschland zurück. Erst in den 1950er Jahren nahm er die Kontakte nach Göttingen wieder auf, und es findet sich in der Bibliothek des mathematischen Instituts in Göttingen die Mitschrift einer Vorlesung zu „Ausgewählten Fragen der Topologie", die er dort im Sommersemester 1958 gehalten hatte.

Alexandroffs Gedenken an Noether war sehr persönlich gehalten, und er unterstrich in aller Deutlichkeit, welche mathematische Bedeutung Noether für ihn hatte:

> Emmy Noether's influence on my own and on other topological research in Moscow was very great and affected the very *essence of our work.* (Alexandroff 1936a, S. 108) (Hervorhebung d. A.)

Alexandroff hielt diese Rede bei der Veranstaltung der Moskauer Mathematischen Gesellschaft zu Ehren Noethers im September 1935. Unter den Gästen befanden sich neben ihrem Bruder Fritz zahlreiche Topologen, denn in dieser Zeit fand die „Erste internationale Konferenz zur Topologie", ausgerichtet in Moskau, statt. Auch von Neumann und Lefschetz aus Princeton, Weil aus Paris sowie der Moskauer Topologe Kurosch gehörten zu den Vortragenden und unterstrichen Noethers Bedeutung für die Entwicklung der modernen Topologie. Alexandroffs Bemerkung „affected the very essence of our work" ist nicht nur metaphorisch zu verstehen, sondern als konkreter Verweis auf die Bedeutung Noethers für die Arbeit tatsächlich anwesender Topologen.[37]

Zum Buch: Die Algebraisierung einer Disziplin

Im Vorwort zu seiner Veröffentlichung „Einfachste Grundbegriffe der Topologie", dem Vorläufer der „Topologie" und mit 55 Seiten ein eher bescheidenes Buch, schrieb Alexandroff:

> Es war zuerst als Anhang zu Hilberts Vorlesungen über anschauliche Geometrie geplant, hat sich aber nachher etwas ausgedehnt und ist schließlich zu der jetzigen Gestalt gekommen. (Alexandroff 1932, S. II)

---

[37] Ein stärker auf die mathematische Entwicklung hin orientierter Artikel zur Bedeutung Noethers für die Entwicklung der Topologie ist der Aufsatz von Colin McLarty „Emmy Noether's ‚Set Theoretic' Topology: From Dedekind to the Rise of Functor", der, in die mathematischen Details gehend, eine Entwicklungslinie von Dedekind über Noether bis zu Mac Lane zieht (McLarty 2006). Auch Mac Lane selbst, auf den u. a. der Begriff des Functors zurückgeht, äußerte sich über die Entwicklung der algebraischen Topologie (Mac Lane 1986). Vgl. auch Volkerts Anmerkungen zur Algebraisierung der Topologie in seinen Untersuchungen „Das Homöomorphismusproblem insbesondere der 3-Mannigfaltigkeiten in der Topologie 1892–1935", der auf die Bedeutung van der Waerdens in diesem Kontext verweist (Volkert 2002, S. 283–296), sowie Hirzebruch 1999.

Die Entwicklung der algebraischen Topologie nahm mit dieser Publikation ihren Anfang. Topologie war nicht mehr nur als ein Teilgebiet der Geometrie zu betrachten, sondern zu einem eigenständigen Forschungsfeld avanciert. Darin lag die besondere Bedeutung dieser Publikation, und ein in moderner, algebraischer Mathematik ausgebildeter Topologe ergriff mit seinem Anspruch, die einfachsten Grundbegriffe der Topologie darzulegen, die Definitionsmacht. Mit einem Geleitwort Hilberts ausgestattet erhielt das Buch seine mathematischen Weihen. Alexandroff führte im Vorwort weiter aus:

> Ich habe mich bemüht, auch bei den abstrakten Fragestellungen das Band mit der elementaren Anschauung nicht zu verlieren, habe aber dabei die volle Strenge der Definitionen nie preisgegeben. (Ebenda)

Mag diese Formulierung noch an eine Leserschaft gerichtet sein, die zur Lektüre dieses Buches und damit für eine Beschäftigung mit der Topologie geworben werden sollte, so wurde Alexandroff nach wenigen Seiten bezüglich des angestrebten Abstraktionsgrads und damit seiner Nähe zu den begrifflichen Auffassungen Noethers deutlich strikter:

> Der Begriff des topologischen Raumes ist nur ein Glied in der Kette der abstrakten Raumkonstruktionen, die einen unentbehrlichen Bestandteil des ganzen modernen geometrischen Denkens bilden. Allen diesen Konstruktionen liegt eine gemeinsame Auffassung eines Raumes zu Grunde, die auf die Betrachtung eines oder mehrerer Systeme von Gegenständen – Punkt, Geraden usw. – und ihre axiomatisch beschriebenen Beziehungen hinauskommt. Dabei kommt es eben nur auf diese Beziehungen, nicht auf die Natur der betreffenden Gegenstände an. (Ebenda, S. 8 f.)

In dieser Formulierung klingt eine Auffassung von Mathematik durch, wie sie im zweiten Kapitel mit Bezug auf Cassirer diskutiert wurde, ein in den 1920er und 1930er Jahren als modern oder abstrakt bezeichnetes Verständnis von Begriffen als Funktionsbegriffen, die ohne Rückgriff auf eine Anschauung oder Substanz, auf eine „Natur des betreffenden" Gegenstands gedacht werden. Alexandroff benannte als zentralen Begriff einer modernen Topologie den algebraischen Komplex:

> Aus dem umfangreichen Stoff der modernen Topologie habe ich bewusst letzten Endes nur *einen* Fragenkomplex herausgegriffen, nämlich denjenigen, der sich um die Begriffe des Komplexes, des Zyklus, der Homologie konzentriert; dabei habe ich es nicht gescheut, diese und anschließende Begriffe in der vollen Perspektive, die dem heutigen Stand der Topologie entspricht, zu behandeln. (Ebenda, S. II) (Hervorhebung i. O.)

Folgerichtig findet sich diese Schwerpunktsetzung auch in der inhaltlichen Struktur wieder: Als eigenständiges und zentrales Kapitel mit einem Umfang von 15 Seiten werden algebraische Komplexe behandelt. Die abstrakte Auffassung aber des algebraischen Komplexes ging auf Noether zurück, wie Alexandroff nachdrücklich in seinem Nachruf hervorhob (Alexandroff 1936a, S. 108). In seinen weiteren Ausführungen unterstrich Alexandroff die Bedeutung der abstrakten Perspektive im Kontext der begrifflichen Bestimmung des algebraischen Komplexes:

Ferner führt man den Begriff der Orientierung genauso ein, wie wir es früher getan haben. Ist das geschehen, so ergeben sich zwangsläufig die Begriffe eines *abstrakten algebraischen Komplexes in Bezug auf einen bestimmten Koeffizientenbereich.* Dadurch, daß man den Begriff des Komplexes abstrakt faßt, wird seine Tragweite ganz wesentlich vergrößert. Solange man bei der elementargeometrischen Auffassung eines Komplexes als einer Simplexzerlegung eines Polyeders bleibt, kann man sich vom Eindruck eines gewissen Zufalls, der mit der Wahl eben dieses Begriffes als des Grundbegriffes der Topologie verbunden ist, nicht befreien. ... Diese Skepsis zu beseitigen, hilft die abstrakte Auffassung des Komplexes als eines finiten Schemas, welches a priori zur Beschreibung verschiedener Vorgänge (so z. B. der Struktur eines endlichen Mengensystems) geeignet ist. (Alexandroff 1932, S. 35) (Hervorhebung i. O.)

Deutlich hob Alexandroff hervor, welches methodische Gewicht er in einer abstrakten Fassung eines Begriffs sah, denn dadurch „wird seine Tragweite ganz wesentlich vergrößert". Die Struktur, d. h. die Beziehung zwischen mathematischen Objekten, war zur damaligen Zeit wenig im Fokus mathematischen Erkenntnisinteresses. Mit dem Hinweis auf die Untersuchungsmöglichkeiten von Strukturen durch eine „abstrakte Auffassung" band Alexandroff wiederum sein Verständnis von Topologie in den Kontext einer begrifflichen Mathematik ein. Seine Formulierungen „axiomatisch beschriebene Beziehungen" und „Systeme von Gegenständen" weisen ihn als einen Vertreter Noether'scher Auffassungen aus (ebenda, S. 32). Alexandroff ging noch einen Schritt weiter und sprach explizit nicht nur über Auffassung, sondern auch über Methoden. In der Andeutung der Anwendbarkeit, d. h. mit der Behauptung, durch den Begriff des algebraischen Komplexes erhielte man zugleich eine Methode, Strukturen zu verstehen, wird die Relevanz topologischer Perspektiven für andere Teildisziplinen der Mathematik postuliert. Dieser Ansatz entspricht der begrifflichen Auffassung, wie sie von Noether und dem Denkraum Noether-Schule propagiert wurde. In der zum obigen Zitat gehörenden Fußnote kommentierte Alexandroff ganz im Sinne der begrifflichen Mathematik, deren Ziel größtmögliche Verallgemeinerung war, seine Begriffsdefinition:

Der allgemeine Begriff des algebraischen Komplexes entsteht also durch Zusammenbringen zweier verschiedenartiger Begriffsbildungen. (Ebenda)

Algebraische Topologie war eine sprachliche Neuschöpfung, mit der Alexandroff den modernen Entwicklungen eines sich im Entstehen befindlichen Forschungsfelds gerecht zu werden suchte:

Der Darstellung der Grundbegriffe der *sog. algebraischen* Topologie, die wir soeben gegeben haben, liegt der Begriff des orientierten Simplexes zu Grunde. (Ebenda, S. 23) (Hervorhebung i. O.)

Und in der dazu gehörenden Fußnote führte Alexandroff zu seiner Wortwahl weiter aus:

Wir ziehen diesen Ausdruck dem sonst üblichen Terminus ‚kombinatorische' Topologie vor, denn es handelt sich hier um eine viel weitere Anwendung der algebraischen Methoden und Grundbegriffe, als das Wort ‚Kombinatorik' es vermuten lässt. (Ebenda)

Konsequenterweise ist das einzige Lehrbuch zur Algebra, auf das Alexandroff in seinen Literaturangaben verwies, die „Moderne Algebra" van der Waerdens, das sich einmal wieder als Standardwerk der modernen Algebra zeigt. In seinen die Einleitung abschließenden Ausführungen unterstrich Alexandroff noch einmal die Bedeutung der algebraischen Perspektive:

> Ich habe mit Absicht zum Mittelpunkt der Darstellung diejenigen topologischen Sätze und Fragestellungen gemacht, welche auf den Begriffen des algebraischen Komplexes und seines Randes beruhen: erstens, weil dieser Teil der Topologie – wie kein anderer – heute vor uns in solcher Klarheit liegt, daß er reif ist, der Aufmerksamkeit der weitesten mathematischen Kreise wert zu sein; zweitens, weil er innerhalb der Topologie seit den Arbeiten von Poincaré immer mehr und mehr eine führende Stellung bekommt. (Ebenda, S. 47)

Um das Verständnis von Begriffen ging es Alexandroff, um Grundbegriffe, aus denen heraus die moderne Topologie zu entwickeln sei. So zeigt sich der Titel „Einfachste Grundbegriffe der Topologie" auch als Programm. Begriffe in ihrer Tiefe auszuloten, war Alexandroffs Vorhaben. Um Anschaulichkeit aber in einem unmittelbaren Sinne, d. h. um die Substanz mathematischer Gegenstände im Cassirer'schen Verständnis ging es nicht, auch wenn die Publikation mit ihren 25 Abbildungen dieses zunächst suggerieren mag. Vielmehr hatten diese Zeichnungen nur noch Hilfscharakter, gestatteten den im abstrakten Denken noch ungeübten Leser/inne/n einen leichteren Einstieg zur Entwicklung einer abstrakten Vorstellung. Auch Hilbert verwies in seinem Geleitwort auf die veränderte Bedeutung von Anschaulichkeit, die mit einer an Begriffen orientierten Auffassung einherging:

> Ein so weiter Anwendungsbereich drängt naturgemäß dazu, die Begriffsbildung bis zu jener Präzisierung zu treiben, die dann auch erst den gemeinsamen Kern der äußerlich verschiedenen Fragen erkennen lässt. Es ist nicht zu verwundern, dass eine solche Analyse grundlegender geometrischer Begriffsbildung diesen viel von ihrer unmittelbaren Anschaulichkeit rauben muß. (Hilbert 1932, S. I)

Zur avisierten Leserschaft schrieb Alexandroff:

> Dieses Büchlein ist bestimmt für diejenigen, die eine exakte Vorstellung wenigstens von einigen unter den wichtigsten Grundbegriffen der Topologie erhalten wollen. … Selbstverständlich kann man aus diesen wenigen Seiten die Topologie nicht lernen; wenn man aber aus ihnen eine gewisse Orientierung darüber, wie die Topologie … aussieht, auch einigermaßen bekommt und mit dieser Orientierung die Lust zum weiteren eigentlichen Studium, dann wäre mein Ziel schon erreicht. Von diesem Standpunkt sei mir erlaubt, jeden, der die Lust zum Studium der Topologie schon hat, auf das Buch zu verweisen, das von Herrn Hopf und mir in Bälde im gleichen Verlag erscheinen wird. (Alexandroff 1932, S. II)

Die Beschäftigung mit Topologie als lustvolles Unternehmen zu präsentieren, ist Alexandroffs Intention. Die Topologie einem breiteren Publikum zugänglich zu machen und gewissermaßen neue Anhänger/innen dieser mathematischen Disziplin in ihrer modernen algebraischen Gestalt zu gewinnen, ist die Zielrichtung. So lässt sich das „Büchlein" am Ende als ein Werbeprospekt für das bereits in der Entstehung befindliche Lehrbuch der

„Topologie“ und ebenso für die begrifflichen Auffassungen und Methoden verstehen. Dieses umfangreiche Vorhaben hatte bereits Ende der 1920er Jahre begonnen. Die „Topologie“ sollte in der „Gelben Reihe“ des Springer-Verlags erscheinen, ein dreibändiges Werk über die Grundlehren der Topologie war geplant (Alexandroff,Hopf 1935: VIII).[38] Das ist mehr als ein Bericht über die bestehenden Entwicklungen innerhalb einer Disziplin. Es ist, wie Fleck es formulierte, ein Plan über „Richtungslinien späterer Forschung“, eine Entscheidung über geltende Grundbegriffe, „lobenswerte“ Methoden und vielversprechende Richtungen (Fleck 1935, S. 158). Entsprechend äußerte sich der arrivierte Topologe Felix Hausdorff in einem Brief an Alexandroff:

> Ich muss wohl doch auf meine alten Tage (ich werde wirklich am 8. Nov. 60 Jahre alt!) Topologie lernen, was insofern eine Zeitverschwendung ist, als ich damit lieber bis zum Erscheinen Ihres Buches warten sollte. (Hausdorff an Alexandroff 14. 6. 1928, zitiert nach Scholz 2008, S. 870)[39]

Das ist nicht nur ein Verweis auf das Vorhaben, sondern auch die Formulierung der Einsicht in die Notwendigkeit der Erstellung eines grundlegenden Lehrbuchs durch ein Mitglied des topologischen Denkkollektivs. Fleck beschreibt diesen Prozess der Entstehung eines solchen Vorhabens:

> Ein solcher Plan entsteht im esoterischen Denkverkehr, d. h. in der Diskussion zwischen den Fachleuten, durch gegenseitige Verständigung und gegenseitiges Missverständnis, durch gegenseitige Konzessionen und wechselseitiges Hineinhetzen in Starrsinn. (Fleck 1935, S. 158)

Auch Noether ist Teil des „esoterischen Denkverkehrs“ mit klarer Erwartungshaltung an Alexandroff als einem Vertreter moderner Auffassung in der Mathematik:

> Außerdem schreibt er jetzt seine ‚Topologie‘ für die gelbe Sammlung. … Er liest übrigens diesen Winter neben Topologie auch Galoissche Theorie, *natürlich modern.* (Noether an Hasse 7. 10. 1929) (Hervorhebung d. A.)

Doch das ehrgeizige Vorhaben zog sich bis 1935 hin. In ihrem Vorwort äußerten sich Alexandroff und Hopf zu den Schwierigkeiten, dem Ziel einer umfassenden und beide Zweige der Topologie verbindenden Darstellung gerecht zu werden:

---

[38] Tatsächlich lautet der Titel „Topologie I“ und auf dem Deckblatt werden die Inhalte des ersten Bandes in Stichworten genannt: „Erster Band: Grundbegriffe der mengentheoretischen Topologie – Topologie der Komplexe – topologische Invarianzsätze und abschließende Begriffsbildungen – Verschlingung im n-dimensionalen – stetige Abbildungen von Polyedern“ (Alexandroff, Hopf 1935, S. IV). Da die geplanten weiteren zwei Bände nicht geschrieben wurden, wird in den meisten Literaturangaben der Titel auf „Topologie“ verkürzt.

[39] Diese Formulierung eines gestandenen Topologen, „Topologie lernen zu müssen“, ist nur im Kontext der neuen, algebraischen Entwicklungen in diesem Forschungsfeld zu verstehen, worauf auch Scholz in seinem Aufsatz „Hausdorffs Blick auf die entstehende algebraische Topologie“ verweist (Scholz 2008, S. 870).

In den 40 Jahren, die seit dem Erscheinen der ,Analysis situs' von Poincaré vergangen sind, hat sich die Topologie nicht nur zu einer bedeutenden, sondern auch zu einer außerordentlich umfangreichen mathematischen Disziplin entwickelt; die wichtigsten Resultate dieser Entwicklung harren einer Darstellung, die gleichzeitig in die Vergangenheit und in die Zukunft weist: in die Vergangenheit als Zusammenfassung dessen, was heute inhaltlich abgeschlossen vorliegt; in die Zukunft als zuverlässige Grundlage für weitere Forschungen. Die an und für sich schwierige Aufgabe, eine solche Darstellung eines immerhin jungen Zweiges der mathematischen Wissenschaft zu geben, wird im Falle der Topologie dadurch besonders erschwert, daß die Entwicklung der Topologie in zwei voneinander gänzlich getrennten Richtungen fortgeschritten ist: in der algebraisch-kombinatorischen und in der mengentheoretischen. (Alexandroff und Hopf 1935, S. VII)

Diese Schwierigkeiten hatte Alexandroff schon 1932 in seinen „Einfachste[n] Grundbegriffen der Topologie" bereits angesprochen

Die weitere Entwicklung der Topologie steht zunächst im Zeichen einer scharfen Trennung der mengentheoretischen und der kombinatorischen Methoden: die kombinatorische Topologie wollte sehr bald von keiner geometrischen Realität, außer der, wie sie im kombinatorischen Schema selbst (und seinen Unterteilungen) zu haben glaubte, etwas wissen, während die mengentheoretische Richtung derselben Gefahr der vollen Isolation von der übrigen Mathematik auf dem Wege der Aufstellung von immer spezielleren Fragestellungen und immer komplizierteren Beispielen entgegenlief. (Alexandroff 1932, S. 26)

Nach einer Vorstellung der Anfang der 1930er Jahre relevanten Lehrbücher zu den beiden Richtungen der Topologie äußerten sich Alexandroff und Hopf zu dem Ziel ihres Buches:

Diese bis jetzt noch fehlende *integrale* Auffassung der Topologie liegt unserem Buch zu Grunde, das drei Bände umfassen soll. ... Wir betrachten ... die Überwindung dieser Trennung als eine der wichtigsten methodischen Aufgaben, die vor der weiteren Entwicklung der Topologie stehen. ... Wir stellen uns keineswegs das Ziel, in den drei Bänden dieses Buches eine Darstellung der *ganzen Topologie* zu geben, aber wir wollen dem Leser die Vorstellung von der *Topologie als einem Ganzen* zu erreichen helfen. ... Eine diesen Gesichtspunkten entsprechende Wahl des Stoffes wird natürlich niemals frei von gewissen subjektiven Momenten sein. Immerhin ist es auch objektiv zu verantworten, wenn sie die Begriffe des *topologischen Raumes*, des *Komplexes* und der *n-dimensionalen Mannigfaltigkeit* als diejenigen Begriffe hervorheben, die in dem heutigen Aufbau der Topologie eine zentrale Rolle spielen. (Alexandroff und Hopf 1935, S. VIII) (Hervorhebung i. O.)

Auch in der Gestaltung des Buchs spiegelt sich diese Problematik wieder, der Alexandroff und Hopf durch zwei Anhänge, den unterschiedlichen Zugängen zur Topologie entsprechend, gerecht werden wollten:

Zwei Anhänge stellen den algebraischen und den elementaren geometrischen Hilfsapparat dar. Auf diese Weise soll erreicht werden, dass das Buch so gut wie keine sachlichen Vorkenntnisse beim Leser voraussetzt. Jedoch wird eine gewisse allgemeine Kultur des abstrakten mathematischen Denkens erwartet. Das Buch dürfte daher von einem Studierenden der mittleren Semester, der sich für begriffliche Mathematik interessiert, mit Erfolg gelesen werden. Trotzdem ist das Buch durchaus nicht ein Lehrbuch im üblichen Sinne des Wortes: die Verfasser haben sich die Aufgabe gestellt, in lückenloser Darstellung, ohne die Allgemeinheit und Abstraktion der Begriffsbildungen zu scheuen, die grundlegenden Resultate einer erfolgreichen Periode in der Entwicklung der Topologie … zusammenzufassen und diese Resultate dem Leser als Instrument weiterer Forschung zur Verfügung zu stellen. (Ebenda, S. VIII f.)

Explizit wird auf begriffliche Mathematik als eine bestimmte Zugangsweise hingewiesen, als möglichen und möglicherweise einzigen Ansatz, durch seine übergreifende Sicht eine Integration der verschiedenen Perspektiven unter ein allgemeines Dach der Topologie zu schaffen. Hier taucht zum ersten Mal die Bezeichnung „begriffliche Mathematik" auf, die Alexandroff später nutzte, um Noethers Auffassungen und Methoden zu charakterisieren, und deren Qualität auch darin besteht, diesen gedanklichen Schritt zurückzutreten und den allgemeineren, die Dinge verbindenden Standpunkt einzunehmen. Lässt sich von begrifflicher Topologie sprechen? Jedenfalls lässt sich die damalige Situation in der Topologie so beschreiben, dass offenkundig von der jungen Generation der Topologen ein Bedarf an neuen methodischen Konzepten empfunden wurde.[40] Scholz charakterisiert in seiner Untersuchung zu Hausdorffs Perspektive auf die sich neu formierende Topologie die Situation:

> Für die im Vergleich relativ zurückgebliebenen algebraischen Methoden der Topologie änderte sich die Situation erst ab Mitte der 1920er Jahre, zunächst durch die Arbeiten von L. Vietoris und W. Meyer in Wien, dann durch H. Hopf und P. Alexandroff aus E. Noethers Göttinger Kreis. In den 1930er Jahren wurden diese Impulse auf internationaler Ebene aufgenommen und fortgeführt, insbesondere durch E. Čech in Prag und die junge Generation der Topologen in Princeton. … In den erstgenannten (Wiener und Göttinger/Moskauer) Arbeiten wurden algebraische Homologietheorien formuliert, die sich an Emmy Noethers ‚mengentheoretischer' (strukturorientierter) Theorie der Ringe und Gruppen orientierten. (Scholz 2008, S. 868)

In den intensiven mathematischen Gesprächen zwischen Hopf, Alexandroff und Noether entstanden die grundlegenden Gedanken zur algebraischen Topologie. Der Denkraum Noether-Schule zeigte sich im Zusammenführen der Denkkollektive der Topologie sowie der modernen Algebra in begrifflicher Auffassung als außerordentlich kreativ. Wie konkret der persönliche Anteil Noethers war, beschrieben Alexandroff und Hopf in ihrer Einleitung:

> Das Interesse an Topologie in Göttingen konzentrierte sich damals vor allem in dem regen mathematischen Kreis um Emmy Noether. An sie denken wir heute in Dankbarkeit zurück. Die allgemeine mathematische Einsicht von Emmy Noether beschränkte sich nicht auf ihr spezielles Wirkungsgebiet, die Algebra, sondern übte einen lebhaften Einfluß auf jeden aus, der zu ihr in mathematische Beziehung kam. Für uns war dieser Einfluß von der größten Bedeutung, und er spiegelt sich auch in diesem Buch wider. Die Tendenz der starken *Algebraisierung der Topologie* auf gruppentheoretischer Grundlage, der wir in unserer Darstellung

[40] Zwar war es auch die Absicht des 1934 erschienenen „Lehrbuch[s] der Topologie" von Herbert Seifert und William Threlfall, „einen Überblick über die zur Zeit in Blüte stehende Disziplin der Topologie" zu geben und dies aus einer algebraischer Perspektive, wovon auch der Verweis auf die Unterstützung van der Waerdens zeugt (Seifert, Threlfall 1934 S. IIIf.), doch war damit nicht der Anspruch verbunden, eine grundlegend neue, den modernen Auffassungen verpflichtete Darstellung zu präsentieren. Zu Seiferts und Threlfalls Beitrag zur dreidimensionalen Topologie vgl. Volkert 2000.

> folgen, geht durchaus auf Emmy Noether zurück. Diese Tendenz scheint heute selbstverständlich; sie war es vor acht Jahren nicht; es bedurfte der Energie und des Temperaments von Emmy Noether, um sie zum Allgemeingut der Topologen zu machen und sie in der Topologie, ihren Fragestellungen und ihren Methoden, diejenige Rolle spielen zu lassen, die sie heute spielt. (Alexandroff und Hopf 1935, S. IX) (Hervorhebung d. A.)

Auch in seinen Erinnerungen unterstrich Alexandroff noch einmal die Bedeutung, die Noether für die Entwicklung der Topologie hatte:

> At Smolensk I gave a long algebra course in which apart from the obligatory material I presented the fundamentals of modern algebra (the theory of groups, rings and fields). I brought all these new ideas from Emmy Noether. By the way, I think that it was in my Smolensk lectures that the term ‚kernel of a homomorphism' was used for the first time in history. In print this term first appeared in 1935 in the algebraic supplement to the book ‚Topology' by myself and Hopf – I am using this opportunity to remind algebraists of this fact. (Alexandroff 1980, S. 325)

Hilbert sprach in dem Geleitwort zu Alexandroffs „Büchlein" (Alexandroff 1932: II) noch von der Topologie als einem Zweig der Geometrie:

> Wenige Zweige der Geometrie haben sich in neuerer Zeit so rasch und erfolgreich entwickelt wie Topologie, und selten hat ein ursprünglich unscheinbares Teilgebiet einer Disziplin sich als so grundlegend erwiesen für eine große Reihe gänzlich verschiedenartiger Gebiete wie die Topologie. (Hilbert 1932, S. I)

Alexandroff postulierte mit der Titelwahl „Einfachste Grundbegriffe der Topologie" die Unabhängigkeit von der Geometrie und die Eigenständigkeit dieses Forschungsfeldes. So überholte das „Büchlein" sein eigenes Geleitwort. Mit der „Topologie" hat sich diese Eigenständigkeit materialisiert. Zugleich ist das Werk ein Beitrag zur Etablierung bestimmter, mit begrifflich zu charakterisierender Auffassungen und Methoden in der Topologie und ein Beitrag zu einer Algebraisierung der Mathematik.

5.2.4 „Categories for the Working Mathematician"

Die Etablierung der Kategorientheorie als mathematischer Disziplin ist mit dem Erscheinen des Lehrbuchs „Categories for the Working Mathematician" im Jahr 1971 verbunden (Mac Lane 1971). Anders als die bisher vorgestellten Bücher ist es nicht unmittelbar aus dem Denkraum Noether-Schule hervorgegangenen, doch seine Wurzeln finden sich in der modernen Algebra und in den Auffassungen und Methoden Noethers. Mehr noch, Noethers begriffliche Auffassung und ihr Verständnis von mathematischen Strukturen als Begriffe in begrifflichen Zusammenhängen sind in der Kategorientheorie in Techniken, d. h. in Mathematik überführt worden. In seinem Buch „History of abstract Algebra" beschrieb Mac Lane die Entwicklung der modernen Algebra als klar markierte Phasen der

Entstehung, des Aufstiegs und der Etablierung (Mac Lane 1981).[41] Ausdrücklich benannte er die Kategorientheorie als Teil der dritten Entwicklungsphase:

> The first wave of abstraction, 1921–1941, was dominated by Emmy Noether, Emil Artin, and van der Waerden's book ‚Moderne Algebra', (1930–1931), and was centered on the concept of ring and ideal. The second wave, 1942–1955, was led by N. Bourbaki under the slogan ‚What are the morphisms?', and the third period, 1957–1974, was under the influence of Grothendieck, algebraic geometry, and *category theory*. (Ebenda, S. 4) (Hervorhebung d. A.)

Mit dieser Formulierung fügt Mac Lane nicht nur sich selbst in eine Traditionslinie ein, die zu Noether zurückführt. Er zieht auch die inhaltlich-fachliche Linie von der begrifflichen Auffassung und Methodik des Denkraums Noether-Schule zur Entstehung der Kategorientheorie. Mit dem Titel des Buches „Categories for the Working Mathematician" nimmt Mac Lane den Anspruch, den der Bourbaki-Kreis mit seinen 1949 verfassten „Foundations of Mathematics for the Working Mathematician" (Bourbaki 1949) vertrat, wieder auf. Der Titel ist sein Programm. Das Buch ist nicht für einen Selbstverständigungsprozess innerhalb der Kategorientheorie geschrieben, es ist nicht nur ein Lehrbuch für angehende Kategorientheoretiker/innen, sondern es soll Methoden darstellen, die für alle mathematischen Disziplinen von Relevanz sind und für den „Working Mathematician" einen Werkzeugkasten zum mathematischen Arbeiten bieten.[42]

Der Autor

Im Sommer 1933 reichte Mac Lane seine bei dem Logiker Paul Bernays in Göttingen geschriebene Doktorarbeit über „Abgekürzte Beweise im Logikkalkül" ein. In seinem dem Promotionsantrag beiliegenden Lebenslauf schrieb er 1934:

> Im Anfang meines Studiums habe ich auch gleichzeitig in verschiedenen anderen Fächern – insbesondere Physik und Philosophie – gearbeitet. Ein solches gleichzeitiges Studium mehrerer Fächer war mir deshalb besonders wertvoll, weil ich allmählich zu der Überzeugung gekommen war, daß der wahre Gehalt der Wissenschaften auf engem Zusammenhalt und philosophischem Überblicke beruhen muß. Um meine mathematisch-philosophischen Studien weiterzuverfolgen bin ich im Sommer 1931 nach Deutschland gekommen. Die gewaltigen Eindrücke des Studiums in diesem für mich neuen Lande haben meine Überzeugung gestärkt, daß eine Zusammenfassung der mannigfachen Einzelgebiete der Mathematik und der Wissenschaft überhaupt eine dringende Notwendigkeit der Gegenwart sei. Zur gleichen Zeit gewann ich den Eindruck, daß die Mathematik, Logik und die abstrakten Methoden der Mathematik ein wichtiges Werkzeug für eine solche Synthese bieten konnten. Diese Einsicht

[41] Diese Phasen sind durch persönliche und fachliche Kontakte eng miteinander verwoben. Mitglieder der Bourbaki-Gruppe hatten bei Noether studiert. Alexander Grothendieck gehörte ebenso wie Samuel Eilenberg, Mitbegründer der Kategorientheorie, der zweiten Bourbaki-Generation an.

[42] Veröffentlichungen wie etwa Joseph Goguens Streitschrift für die Kategorientheorie mit seinem provokanten Titel „A categorical manifesto. Mathematical Structures" zeigen, dass die Diskussion über die Relevanz der Kategorientheorie in der Mathematik und in der ihr eng verbundenen theoretischen Informatik auch 20 Jahre nach Erscheinen des Buchs noch intensiv geführt wurde (Goguen 1991). Zur Geschichte der Kategorientheorie als mathematischem Konzept, als „Tool and Object" vgl. auch Krömer 2007.

> war mir besonders interessant, denn ich hatte immer viel Interesse für die abstrakten Gebiete der Mathematik gehabt. Die beiliegende Arbeit über Logikkalkül ist aus diesem allgem. Gedankengang entsprungen. Diese Arbeit dient als Vorbereitung eines größeren Systems der mathematischen Logik, das ich später aufzustellen hoffe. Ein solches Studium der Logik kann ich aber nur als einen elementaren Beitrag zum allgemeinen Problem der philosophisch-logischen Synthese der mathematischen Wissenschaften betrachten. (Promotionsakte Mac Lane)

Diese Bemerkungen sind in mehrfacher Hinsicht erstaunlich. Zunächst erscheint ihr Ort unpassend. Der Lebenslauf war zwar zu dieser Zeit üblicherweise als Text und nicht tabellarisch abzufassen, doch ihn mit philosophischen Bemerkungen zu erweitern, entsprach nicht den akademischen Gepflogenheiten. Hier zeigt sich, wie sehr diese Überlegungen Mac Lane am Herzen lagen, wie wenig ihn Konventionen interessierten, wenn es um seine Vorstellungen über Mathematik ging, und mit welcher Souveränität er sich über sie hinwegsetzte. Am eindrucksvollsten aber ist seine für einen 24-jährigen Studenten erstaunliche Selbsteinschätzung, die Doktorarbeit nur als Vorbereitung für kommende, von ihm zu tätigende Forschung, die Entwicklung „eines größeren Systems der mathematischen Logik", zu werten. Seine Bemerkungen zu den abstrakten Methoden der Mathematik und einige Zeilen später die Betonung seines Interesses an den abstrakten mathematischen Gebieten können als Hinweise auf Noether gelesen werden, denn Mac Lane war regelmäßiger Besucher ihrer Lehrveranstaltungen gewesen.

Mac Lane begann seine mathematische Ausbildung an der Yale-Universität, an der seit 1927 u. a. Ore lehrte, der selbst in seinen Studienjahren bei Noether Lehrveranstaltungen besucht hatte.[43] Auf Ores Empfehlung hin arbeitete sich Mac Lane in die Algebra anhand des von Haupt verfassten zweibändigen Lehrbuchs „Algebra" ein (Haupt 1929) – van der Waerdens „Moderne Algebra" war noch nicht erschienen. Seine 1931 in Chicago eingereichte Masterarbeit charakterisierte Mac Lane später als einen, wenn auch nicht erfolgreichen Versuch, die universellen Algebren zu entdecken (Mac Lane 1988, S. 329). Sofern sich seiner Bewertung folgen lässt, zeigte sich hier bereits eine Unerschrockenheit, Fragen anzugehen, die deutlich über den normalen Kanon einer Qualifikationsarbeit hinausgingen. Nach seinem Studium zog es Mac Lane nach Göttingen:

> Im Jahre 1931 suchte ich nach einem wirklich erstklassigen mathematischen Institut, in dem auch die mathematische Logik vertreten war. Ich fand beides in Göttingen. (Mac Lane 1996, S. 13)

Weyl, der in diesem Jahr sein Amt als Direktor des mathematischen Instituts angetreten hatte und dem Mac Lanes erster offizieller Besuch galt, empfahl ihm nachdrücklich den Besuch der Lehrveranstaltungen Noethers. Für einen jungen Mathematiker wie Mac Lane muss Noethers neues, an althergebrachten algebraischen Traditionen rüttelndes Verständnis von Mathematik faszinierend gewesen sein, war er doch nach Göttingen gekommen, um moderne Mathematik zu lernen und fand sie hier in radikaler Form vertreten. Im Dezember 1931 schrieb Mac Lane an seine Mutter:

---

[43] Zu Ores Bedeutung für die Entwicklung eines strukturellen Zugangs in der Mathematik vgl. Corry 2004, S. 259–288.

> Prof. Noether thinks fast and talks faster. As one listens, one must also think fast – and that is always excellent training. Furthermore, thinking fast is one of the joys of mathematics. Furthermore, the subject of the lectures is very closely allied with the thesis I wrote in Chicago last year. (Mac Lane 8. 12. 1931, zitiert nach Brewer und Smith 1983, S. 77)

Das Gutachten zu Mac Lanes Doktorarbeit, 1934 verfasst, stammte von Weyl und nicht von dem Logiker Bernays, bei dem Mac Lane ursprünglich einreichen wollte, der jedoch bereits emigriert war. Weyl war in seiner Beurteilung äußerst kritisch, auch wenn er die Absicht erkannte und anerkannte. Er schrieb:

> Die umfangreiche Arbeit ist aus dem Gedanken hervorgegangen, den logischen Formalismus, wie er vor allem von Russell ausgebildet ist, in dem Sinne geschmeidiger zu machen, daß er dem wirklichen mathematischen Denken besser angepasst ist und die Grundideen eines Beweises nicht unter einer unübersichtlichen Fülle formaler Details verschüttet. Die Arbeit hat keinen rein mathematischen Charakter – selbst dann nicht, wenn man die Logik mit in die Mathematik bezieht. Sie entspringt … aus einer philosophischen Einstellung und verfolgt neben den logisch-mathematischen auch philosophische Absichten. Vom Standpunkt des Mathematikers sind die Untersuchungen von Herrn Mac Lane meinem Gefühl nach nicht besonders aufschlussreich und hängen kaum mit den tieferen Fragen, die uns in der mathematischen Logik gegenwärtig beschäftigen (Entscheidbarkeit, Widerspruchslosigkeit), zusammen. (Promotionsakte Mac Lane)

Mac Lane bestand, allerdings nur mit „genügend", einer Note, die den ambitionierten jungen Studenten nicht zufriedengestellt haben dürfte. Nach der Promotion in Göttingen folgte ein weiteres Studienjahr in Yale. Ore arbeitete zu dieser Zeit an Konzepten zur formalen Theorie mathematischer Strukturen und Mac Lane veröffentlichte ein Papier mit dem Titel „General Properties of Algebraic Systems", das sich auf die Überlegungen Ores über den strukturellen Charakter der Mathematik bezog (Mac Lane 1934). Nach verschiedenen Assistenzzeiten u. a. ebenfalls in Yale erhielt Mac Lane 1947 einen Ruf nach Chicago und blieb dort bis zu seiner Emeritierung.

1939 schrieb er „Some Recent Advances in Algebra", einen Entwurf zukünftiger Entwicklungen in der Algebra, der ganz in der Tradition seiner Doktorarbeit weit über damals übliche Ansätze hinausging. Sein 1942 gemeinsam mit Eilenberg veröffentlichtes Papier „Natural Isomorphisms in Group Theory" (Eilenberg und Mac Lane 1942) wird heute als erste kategorielle Arbeit gewertet. In der wiederum mit Eilenberg 1945 verfassten Untersuchung „General Theory of Natural Equivalences" (Eilenberg und Mac Lane 1945) werden wesentliche Prinzipien und Methoden der Kategorientheorie formuliert. Mit dem Buch „Categories for the Working Mathematician" schrieb Mac Lane 1971 das erste Lehrbuch zur Kategorientheorie und markierte damit ihre Etablierung. Erschienen ist es ebenfalls im Springer-Verlag. 1972 wurde das Buch ins Deutsche übersetzt und erhielt den Titel „Kategorien. Begriffssprache und mathematische Theorie" (Mac Lane 1972). Der Untertitel liest sich wie eine Hommage des Schülers an seine Lehrerin. Mac Lane wird bisher kaum als Schüler Noethers gesehen und hat sich selbst auch nicht, wie etwa Grell und Deuring, als solchen bezeichnet oder von Noether als seiner Lehrerin gesprochen, wie es van der Waerden, Krull oder Hasse taten. Doch noch Jahre später wird der tiefe Eindruck, den Noether auf ihn gemacht hatte, deutlich. In einem Brief an seinen Kollegen

Dirk Siefkes, eine Passage bei der gemeinsamen Herausgabe der Werke Richard Büchis kommentierend (Büchi 1990), äußerte Mac Lane sich über die Relevanz Noethers für die Mathematik in ihrer Gesamtheit und gab ihr mehr Gewicht für die heutige Gestalt der Mathematik als Cantor, dem Begründer der Mengentheorie (Mac Lane an Siefkes 4. 12. 1989). Auch wenn Mac Lane diese Bemerkung in einem späteren Brief an Siefkes als „pretty hasty" betrachtete (Mac Lane an Siefkes 16. 1. 1997), so ist sie gerade in ihrer Spontanität ein beredtes Beispiel für die mathematische Bedeutung, die Noether für Mac Lane hatte. Schließlich wird Cantor zu den bedeutendsten Mathematikern gezählt und Noether vor ihn zu setzen ist Ausdruck großer Hochachtung.

Zum Buch: Zentrale kategorielle Prinzipien

Um die Zusammenhänge zwischen Kategorientheorie und Noethers begrifflicher Auffassung zu erkennen, ist es hilfreich, sich in gewissem Umfang mit kategoriellen Konzepten und Methoden zu beschäftigen. Orientiert an dem Lehrbuch „Categories for the Working Mathematician" werden in diesem Abschnitt einige grundlegende Prinzipien skizziert (Mac Lane 1971).[44]

Kategorientheorie lässt sich als die Formalisierung, genauer Mathematisierung einer strukturellen Perspektive auf Mathematik verstehen.[45] Strukturen sind durch mathematische Begriffe wie etwa Menge, Ideal oder Ring gegeben. Diese Begriffe stehen unter- und miteinander in wechselseitigen Beziehungen wie etwa der Teilmengenrelation oder Zerlegbarkeitsbeziehung. Sie werden in der Kategorientheorie Objekte genannt, die Beziehungen zwischen ihnen Morphismen, die Gesamtheit heißt Kategorie. Mit Hilfe von Morphismen kann dargestellt werden, ob zwei Objekte miteinander in Relation stehen und welcher Art diese Relation ist. Dieser Grundgedanke, Beziehungen der mathematischen Objekte untereinander und im Verhältnis der Beziehungen zueinander formal zu fassen, lässt sich als eines der zentralen kategoriellen Prinzipien bezeichnen. In seiner Einführung entwickelte Mac Lane als Beispiel die *kategorielle Modellierung* von Mengenbeziehungen:

> A typical diagram of sets and functions is
>
> 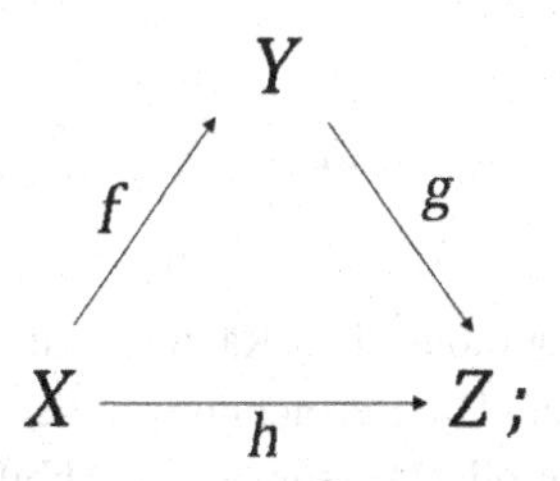
>
>
> it is commutative when h is $h = g \circ f$, where $g \circ f$ is the usual composite function $g \circ f : X \mapsto Z$, defined by $x \mapsto g(fx)$. The same diagrams apply in other mathematical contexts; … in the ‚category' of all groups, X, Y, and Z stand for groups, f, g, and h for homomorphisms. (Mac Lane 1971, S. 1)

---

[44] Die Ergebnisse dieses und des folgenden Unterkapitels basieren auf einem in Kooperation mit dem Kategorientheoretiker Martin Große-Rhode verfassten Aufsatz (Koreuber, Große-Rhode 1998).

[45] Vgl. Corry 2004, S. 345 ff.

Hier werden zunächst Mengen in einem Diagramm in Beziehung gesetzt, sind die Objekte einer kategoriellen Betrachtung. Mittels der Funktionen oder präziser der Morphismen f, g und h, die Mengen X, Y und Z ins Verhältnis setzen, wird ausgedrückt, wie sich die Elemente von X in Z wiederfinden lassen, und zwar in der Weise, dass h die ‚Lage' der Elemente von X in Z beschreibt, f von X in Y und g von Y in Z. Diagrammatisch ergibt sich so ein Bild, das einen Verweis auf die Elemente selbst und ihre Eigenschaften nicht benötigt. Der formale Zugang der Kategorientheorie fragt also nach dem Verhalten von Funktionen, wohingegen etwa ein mengentheoretischer Ansatz die Frage nach dem Charakter oder der Qualität der Funktionen stellen würde. Konkrete Objekte in einer Kategorie werden mit Hilfe von Diagrammen charakterisiert, in denen ihre Beziehung zu den anderen Objekten dieser Kategorie dargestellt werden. An diesem Beispiel verdeutlicht Mac Lane, dass neben den Mengen auch Funktionen als Beschreibungen der Beziehungen zwischen Mengen Gegenstände der Untersuchung sind. Darüber hinaus kann das gleiche Diagramm auch für andere Kategorien wie etwa die der Gruppe stehen.

Mit dieser durch Eilenberg und Mac Lane eingeführten Darstellung wird die kategorielle Auffassung von Mathematik auch grafisch sichtbar, das Abstrakte einer kategoriellen Perspektive visualisiert. Hier sei an van der Waerdens Leitfaden erinnert, der die Abstraktheit begrifflicher Mathematik, verstanden als Begriffe in begrifflichen Zusammenhängen, sichtbar werden ließ. Mac Lane schrieb im Vorwort:

> Since a category consists of arrows, our subject could also be described as learning how to live without elements, using arrows instead. (Ebenda, S. V)

Das obige Beispiel wurde von Mac Lane in seiner Einführung weiterentwickelt. So kann das kartesische Produkt in folgender diagrammatischer Darstellung betrachtet werden (ebenda, S. 1):

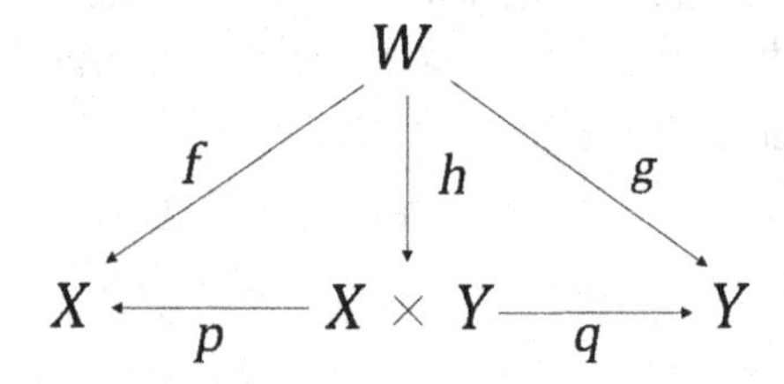

In anderen Kategorien, etwa topologischen Räumen, Gruppen oder Aussagen, lässt sich dieses Diagramm ebenfalls lesen. Die Bezeichnungen der Mengen werden nun als Namen topologischer Räume, Gruppen oder Aussagen, die Abbildungen als stetige Funktionen, Homomorphismen oder Junktoren betrachtet. Damit sind kartesische Produkte topologischer Räume, Gruppen mit ihren topologischen bzw. algebraischen Strukturen oder die „und-Verknüpfung" logischer Aussagen beschrieben. Steht dieses Diagramm für beliebige Kategorien, indem man Mengen durch Objekte und Funktionen durch Morphismen ersetzt, spricht man allgemein vom kategoriellen Produkt.

Wesentlich an dieser Art der Darstellung oder, im Rheinberger'schen Verständnis, der Herstellung ist, dass das Produkt $X \times Z$ abschließend durch die Beziehungen definiert wird, die es zu den Objekten X und Z und darüber hinaus zu allen anderen Objekten W hat. Damit kann $X \times Z$ definiert werden, ohne dass auf die innere Beschaffenheit, die Elemente von X und Z, Bezug genommen wird. Diese Anforderung ist schon von Dedekind 1895 in seinem Aufsatz „Über die Begründung der Idealtheorie" formuliert worden, als er davon sprach, dass „durch die Einmischung der Funktionen von Variablen die Reinheit der Theorie ... getrübt wird" (Dedekind 1895, S. 55). Eigenschaften von Objekten, die auf diese Art bestimmt werden können, heißen universelle Eigenschaften. Mac Lane führte aus:

> Category theory starts with the observation that many properties of mathematical systems can be unified and simplifie by a presentation with diagrams of arrows. (Mac Lane 1971, S. 1)

Diese für die Kategorientheorie so charakteristische diagrammatische Technik der kategoriellen Modellierung wird seit dem Beginn kategoriellen Arbeitens, d. h. seit dem Papier von Eilenberg und Mac Lane aus dem Jahr 1942 verwendet (Eilenberg und Mac Lane 1942, S. 537).

Zwei weitere Aspekte kategoriellen Arbeitens werden durch dieses Beispiel illustriert: In der kategoriellen Verallgemeinerung einer mathematischen Konstruktion und seiner diagrammatischen Präsentation werden ihre universellen Eigenschaften sichtbar bzw. erst sichtbar gemacht. Mit dem Lesen des Diagramms in anderen Kategorien wie etwa Gruppen, Mengen oder logischen Aussagen wird erkennbar, dass es mehrere zunächst als verschieden erscheinende Konstruktionen geben kann, die alle die gleiche universelle Eigenschaft haben. Andersherum können Erkenntnisse vermittels universeller Eigenschaften von einer Kategorie in andere Kategorien übertragen werden. In beiden Perspektiven sind die Untersuchungen von den inneren Eigenschaften, etwa den Elementen einer Menge oder dem Wahrheitswert einer Aussage, losgelöst. Dieses Erfassen und Sichtbarmachen universeller Eigenschaften mathematischer Begriffe und die Möglichkeit ihrer *Übertragbarkeit* auf andere Bereiche ist ein weiteres kategorielles Prinzip.

Die durch das Diagramm verdeutlichte Struktur, allgemein als kategorielles Produkt bezeichnet, lässt sich in vielfacher Weise lesen. In diesem Leseprozess wird die Struktur auf andere Kategorien übertragen. Diese Vielzahl von Lesarten ermöglicht *Perspektivänderungen*, die ein abstraktes Objekt je nachdem als Menge, Aussage oder sonstigen mathematischen Gegenstand erscheinen lassen. In die Vorstellung, die durch die kategorielle Arbeit mit den universellen Eigenschaften entsteht, gehen alle Lesarten ein, jedoch ohne zu verschwinden. Sie werden zu einer Multiperspektivität, verändern die Sicht auf den Untersuchungsgegenstand und spiegeln sich in den Beweistechniken.

Eine weitere Art der Perspektivänderung ergibt sich durch die Betrachtung von Transformationen kategorieller Beschreibungen. Diese Transformationen sind dadurch angelegt, dass die Kategorien selbst in unterschiedlichen Zusammenhängen gesehen werden, sie wiederum als Objekte von Kategorien interpretiert werden, und so je nach Erfordernis etwa in der Argumentationsstruktur eines Beweises ein Perspektivwechsel zwischen der Kategorie als Struktur oder als Objekt erfolgen kann. Während die erste Art der Perspektivänderung auf einen gemeinsamen Oberbegriff, hier das kategorielle Produkt, zurückzuführen ist, beruht diese zweite Art auf Transformationen, die ohne allgemeinere Begriffe auskommen. So geht es in der Kategorientheorie nicht nur um größtmögliche Allgemeinheit oder Abstraktion, sondern ebenso um das Erfassen und Konstruieren von Strukturen und ihren Transformationen.

Zusammengefasst lassen sich die folgenden drei, die Kategorientheorie charakterisierenden, methodischen Prinzipien benennen: Erstens werden mathematische Objekte nicht isoliert, sondern in Beziehungen, d. h. als Strukturen, betrachtet und es wird der Bezug auf einen gemeinsamen Kontext und die Beziehungen untereinander hergestellt. Diese Sicht wird durch den formalen Ausdruck einer Kategorie repräsentiert und findet sich als Methode der *kategoriellen Modellierung* wieder. Das zweite Prinzip ist die *Übertragung* von Struktureigenschaften von einem Bereich auf einen anderen durch ihre formale Fassung als universelle Eigenschaften. Objekte werden in verschiedene Kontexte, d. h. Kategorien gesetzt bzw. ihre Beschreibungen verschieden gelesen. Als drittes kategorielles Prinzip ergibt sich aus der Zusammenführung der unterschiedlichen Lesarten sowie der Transformationen von kategoriellen Beschreibungen als ein spezielles methodisches Vorgehen die *Perspektivänderung* in den Facetten der Multiperspektivität und der Perspektivwechsel.

Kategorientheorie: Zur Formalisierung von Auffassungen und Methoden

Hatte Noether mit ihrem begrifflichen Verständnis mathematischen Arbeitens und ihrer sich aus dieser spezifischen Auffassung ableitenden Methodik die von Mac Lane und anderen entwickelten kategoriellen Techniken gedanklich und methodisch vorbereitet? Lässt sich die Kategorientheorie als Formalisierung begrifflicher Auffassungen und Methoden, wie sie vom Denkraum Noether-Schule vertreten wurden, bezeichnen? Haben wir hier eine Überführung von Wissensvorstellungen über Mathematik in den Wissenskorpus, d. h. in die mathematische Theorie selbst, wie Elkanas Konzept es anbietet?[46] Mac Lane selbst scheint sich in der Nachfolge Noethers zu sehen, wenn er schreibt:

> … the three basic notions [der Kategorientheorie]: category, functor and natural trans–formation. They were then systematically presented in the 1945 paper by Eilenberg/Mac Lane on the ‚General theory of natural equivalencies'. This paper made explicit reference (p. 266) to Noether's first and second isomorphism theorems. It has sometimes been said that Noether would have welcomed categories. (Mac Lane 1994, S. 129)

Doch kann es nicht darum gehen, gewissermaßen ahistorisch auf der Basis heutigen kategoriellen Wissens Noether als frühe Kategorientheoretikerin zu entdecken, sondern vielmehr sichtbar werden zu lassen, dass ihre Arbeiten und die durch den Denkraum Noether-Schule vertretenen begrifflichen Auffassungen die Kategorientheorie gedanklich vorbereiten. Von dem im zweiten Kapitel entwickelten Verständnis des mathematischen Arbeitens Noethers ausgehend werden die Beziehungen zwischen den oben skizzierten drei Prinzipien der Kategorientheorie und ihren begrifflichen Auffassungen und Arbeitsweisen aufgezeigt.

Der Titel „Idealtheorie in Ringbereichen" gibt, so die Ausführungen im Kap. 2.1, bereits einen Hinweis auf die Struktur eines mathematischen Bereichs als zentrale Fragestel-

[46] Corry diskutiert das Verhältnis von Kategorientheorie und Wissensvorstellungen in der Mathematik ausführlich in seinem Buch „Modern Algebra and the Rise of Mathematical Structures" (Corry 2004, S. 381 ff.).

lung Noethers. Idealtheorie in Ringbereichen als Gegenstand der Arbeit herauszustellen bedeutet, eine Struktur im oben diskutierten Sinne zu konstruieren: die Ringbereiche als Kontext und darin die Struktur der Ideale, gegeben durch die Teilbarkeits- bzw. Zerlegungsbeziehungen. Unter dem Stichwort „Über Strukturen schreiben" wurde im Kap. 2.5 entwickelt, wie Noether die mathematische Bezeichnung Struktur in ihren Veröffentlichungen, Gutachten und Briefen diskutierte. Hatte sie diesen mathematischen Ausdruck in ihren ersten Publikationen wie etwa in der „Idealtheorie in Ringbereichen" von 1921 noch nicht verwendet, so gestaltete doch ein strukturelles Verständnis ihren Umgang mit Begriffen. Elf Jahre später in ihrem Züricher Vortrag sind die Hinweise auf die Bedeutung einer strukturellen Perspektive explizit. Noethers zentrales Anliegen ist die Betrachtung von Strukturen und strukturerhaltenden Beziehungen; diese Begriffe mathematisch zu fassen war für sie nicht notwendig, befanden sie sich doch auf der Ebene von Auffassungen über Mathematik. In der Kategorientheorie findet ein Ebenenwechsel statt: Begriffliche Auffassungen werden über den formalen, mathematisch definierten Begriff der Kategorie zu technologischen Objekten und stehen nun in mathematischer Gestalt als Werkzeuge im Konstruktionsraum Mathematik zur Verfügung.

In der Einleitung der „Idealtheorie in Ringbereichen" gab Noether den Inhalt der Arbeit als „Übertragung von Zerlegungssätzen" an (Noether 1921, S. 25). Damit scheint ein weiteres, oben entwickeltes Prinzip von Noether explizit genannt zu sein. Meint „Übertragung" bei Noether das gleiche Konzept wie in der Kategorientheorie? Methodisch ging Noether so vor, dass sie zunächst Umformulierungen bekannter Sätze angab:

> Zum Verständnis dieser Übertragung seien vorerst für die rationalen Zahlen die Zerlegungssätze etwas abweichend von der üblichen Formulierung angegeben. (Ebenda, S. 25)

Dieses methodische Prinzip des „abweichend"-Formulierens wird hier wie in anderen Veröffentlichungen immer wieder als Mittel zur Übertragung genannt. So schrieb Noether: „Das Wesentliche der beiden Arbeiten ist der Übergang von der Darstellung als kleinstes gemeinsames Vielfaches zu …" (ebenda, S. 28) und meinte mit dem Wort Darstellung eine mathematische Formulierung, die Neues sichtbar werden lässt. Wenige Seiten weiter findet sich eine ähnlich lautende Äußerung, dass nämlich „die Endlichkeitsbedingung auch in dieser basisfreien Form hätte ausgesprochen werden können" (ebenda, S. 31). In dem Züricher Vortrag „Hyperkomplexe Systeme in ihren Beziehungen zur kommutativen Algebra und zur Zahlentheorie" wurde das Suchen nach Formulierungen von Noether ebenfalls als Methode direkt benannt (Noether 1932):

> Man sucht vermöge der Theorie der Algebren invariante und einfache Formulierungen für bekannte Tatsachen über quadratische Formen oder zyklische Körper zu gewinnen, d. h. solche Formulierungen, die nur von den Struktureigenschaften der Algebren abhängen. Hat man einmal diese invarianten Formulierungen bewiesen, … so ist damit von selbst eine Übertragung dieser Tatsachen auf beliebige galoissche Körper gewonnen. (Ebenda, S. 189)

Der zentrale methodische Ansatz in der Argumentation Noethers, das Finden „invarianter Formulierungen", entspricht der kategoriellen Definition universeller Eigenschaften. Dieser methodische Ansatz Noethers, Formulierungen beweisen zu wollen, deutet darauf hin, dass das mathematische Formulieren selbst über die Reflexion der Methode zum Gegenstand der Forschung geworden war. Kategorientheorie hat mit ihrer Begrifflichkeit von Kategorie und universeller Eigenschaft und der damit verbundenen Übertragbarkeit dieses Vorgehen formalisiert. Wenn Noether in dem Vortrag davon sprach, dass sie über „diese Bedeutung des Nichtkommutativen für das Kommutative" berichte, untersuchte sie die Nichtkommutativität als abstrakte Struktureigenschaft. Der mathematische Kontext war zunächst irrelevant, doch das Aufzeigen von Strukturengleichheit konnte in diesem Fall zur Klärung alter, auf Gauß zurückgehender Fragestellungen genutzt werden, indem das strukturell Wesentliche – vom Kontext abgelöst und für sich selbst betrachtet – auch den alten Kontext in neuer Perspektive zeigte. Hier sei noch einmal auf die Bedeutung hingewiesen, die Noether den Isomorphismen zuwies, wie in Kap. 2.2 diskutiert, und die die Übertragung von Struktureigenschaften sichern.

Auch das Konzept der Perspektivänderung ließ sich als zentrales Element begrifflichen Arbeitens aus der „Idealtheorie in Ringbereichen" herauskristallisieren. Anhand der Teilbarkeitsrelation sei Noethers Vorgehensweise noch einmal illustriert:

> Ist f Element von M, so drücken wir das wie üblich durch $f \equiv 0(M)$ aus; und sagen, *f ist durch* M *teilbar*. Ist jedes Element von N zugleich Element von M, also teilbar durch M, so sagen wir: N *ist durch* M *teilbar*, in Zeichen: N ≡ 0(M). (Noether 1921, S. 30) (Hervorhebung i. O.)

Doch bereits in der Definition finden sich Sprechweisen, die einen Perspektivwechsel im kategoriellen Sinne ankündigen. Ideale werden sowohl als Mengen – mit ihren Element- und Teilmengenbeziehungen – als auch als Objekte einer Teilbarkeitsstruktur eingeführt. In den Argumentationsfiguren des weiteren Textes zeigt sich, wie diese unterschiedlichen Perspektiven nicht getrennt sind und je nach Argumentationsbedarf gewechselt werden. Beginnt beispielsweise ein Beweis zunächst mit einer Argumentation über die Teilbarkeitsstruktur, so springt die Argumentation bereits innerhalb dieses Absatzes zur mengentheoretischen Ebene über, die gleichzeitig ringtheoretisch kommentiert wird (ebenda, S. 34 f.). Zusammen mit den impliziten Querverweisen in der Argumentation ergibt sich dadurch eine Überlagerung der Perspektiven, deren Verdichtung zu einer neuen, abstrakten Multiperspektivität führt. Die zweite Facette der Perspektivänderung, die Perspektivwechsel, in denen Noether nach einer ersten Fassung durch die Formulierung „in anderen Worten" die gleiche Aussage aus einer anderen Sicht präsentiert, wurde in Kap. 2.3 ausführlich diskutiert und als dialogisches Element der begrifflichen Methode charakterisiert. Zeigte es sich dort bereits als ein über ein rein didaktisch motiviertes Vorgehen hinausgehendes methodisches Konzept, so hatte diese „Arbeitsmethode" in der Kategorientheorie eine formalisierte Gestalt bekommen.

Zusammenfassend kann festgestellt werden, dass begriffliche Auffassungen und Methoden mit zentralen Prinzipien kategoriellen Arbeitens korrespondieren. Bedeutet begriffliche Mathematik, sich von der Substanz der mathematischen Gegenstände zu lösen, so findet dies seinen Niederschlag in Mac Lanes grundsätzlicher Bemerkung, das Thema der Kategorientheorie lasse sich auch als Behandlung des Problems auffassen, wie ohne Elemente auszukommen sei. Der Begriff der Kategorie lässt sich als formalisierter Ausdruck der Reflexion über Mathematik aus einer begrifflichen oder, mit einer heute noch aktuellen Benennung, aus einer strukturellen Sicht verstehen. Im kategoriellen Begriff der universellen Eigenschaft spiegelt sich das begriffliche Arbeiten der Herausformung charakteristischer Eigenschaften wider. Die Frage der Übertragbarkeit von Eigenschaften ist Noethers Forschungsanliegen ebenso wie das der Kategorientheorie, hier beschrieben als das verschiedene Lesen kategorieller Konstruktionen. Perspektivänderungen und die Herstellung einer Multiperspektivität, die sich bei Noether in der Formulierung von Sätzen wie Beweisfiguren als nicht reflektiertes und so auch nicht formalisiertes Instrument fanden, wurden in der Kategorientheorie zu einem formalen methodischen Vorgehen. Noethers 1921 in der „Idealtheorie in Ringbereichen" erstmals dargelegten begrifflichen „Auffassungs- und Arbeitsmethoden" sind über das Reflektieren dieser Methoden, wie etwa in ihrem Vortrag von 1932 erkennbar, in der 1942 Gestalt annehmenden Kategorientheorie zu technologischen Objekten, dem „Working Mathematician" zu Verfügung stehenden Werkzeugen geworden.

Der Kulturwandel hin zu einem Verständnis von Mathematik als Strukturwissenschaft war vollzogen, als Anfang der 1970er Jahre Carl-Friedrich von Weizsäcker vom Studium der „Strukturen in abstracto, unabhängig davon, welche Dinge diese Strukturen haben, ja ob es überhaupt solche Dinge gibt" (von Weizsäcker 1971, S. 22) schrieb und als Strukturwissenschaften nicht nur die Mathematik benannte, sondern auch das „Gebiet der Wissenschaften, die man mit Namen wie Systemanalyse, Informationstheorie, Kybernetik, Spieltheorie bezeichnet" (ebenda). Von Weizsäcker adaptierte die damals vorherrschende Auffassung in der Mathematik und formulierte eine neue Sicht auf die sich gerade im Entstehen befindliche Disziplin der Informatik. Ihr wichtigstes Hilfsmittel sei der Computer, dessen Theorie selbst eine der Strukturwissenschaften ist, führte er weiter aus (ebenda) und so fand Mac Lanes für die Mathematik entworfenes „größeres System der mathematischen Logik" (Promotionsakte Mac Lane), die Kategorientheorie, ihren disziplinären Ort in dieser Anfang der 1980er Jahre neu geschaffenen, sich zwischen Mathematik und Technik bewegenden Wissenschaft.

Resümee

Die Modernisierung der Algebra und die Algebraisierung der Mathematik waren die Intentionen einer kulturellen Bewegung, die Anfang der 1920er Jahre begann und zu einem Kulturwandel in den mathematischen Wissensvorstellungen und einem Verständnis von Mathematik als Strukturwissenschaft führte. Noether und die Noether-Schule waren Teil dieser Bewegung, mehr noch, sie gestalteten in ganz erheblicher Weise, was unter moderner Algebra als Forschungsfeld und Sichtweise auf die Mathematik zu verstehen sei. Der Geschichte dieser kulturellen Bewegung und des Wissensgebiets der modernen Algebra bin ich in fünf Kapiteln und mit unterschiedlichen Schwerpunktsetzungen und methodischen Zugängen gefolgt. In biografischen Annäherungen wurden die mit Ausgrenzung und Anerkennung zu charakterisierenden Rahmenbedingungen des Wirkens Noethers skizziert. Anhand ihrer Publikationen ließ sich die begriffliche Mathematik als eine spezifische Sichtweise und Methodik, mathematische Gegenstände in ihrem strukturellen Zusammenhang zu betrachten, herausarbeiten. Mathematisches Forschen als Bewegungen zwischen epistemischem Ding und technologischem Objekt zu erkennen, ist Ergebnis der Forschungen zum Hasse-Brauer-Noether-Theorem. Das Konzept der dichten Beschreibung nutzend wurden als Analysekategorien zur Annäherung an die Noether-Schule die Bedeutungsebenen der zeitgenössischen Beschreibung, der biografischen Konstruktion, der Wissenschaftsschule und ihrer personellen Bestimmung sowie des Denkraums und der kulturellen Bewegung entwickelt. Modernisierung und Algebraisierung waren die Stichworte der Untersuchungen des Übergangs der modernen Algebra von der Zeitschrift- zur Handbuchwissenschaft und der Rolle des Denkraums Noether-Schule in diesem Anerkennungs- und Etablierungsprozess.

Sind damit zentrale Ergebnisse der Kapitel benannt, so möchte ich im Resümee die Aufmerksamkeit auf Leselinien zwischen ihnen, verstanden als Verbindungen, an deren Herstellung auch die Lesenden beteiligt sind, richten. Damit wird Flecks in der Einleitung zitierte Anmerkung über das Schreiben der „Geschichte eines Wissensgebiets“ als fast nicht mögliche Beschreibung eines „erregten Gesprächs“, das aus „vielen sich überkreuzenden und wechselseitig sich beeinflussenden Entwicklungslinien der Gedanken“ besteht, wieder aufgenommen (Fleck 1935, S. 23). Spricht Fleck davon, dass die „zeitliche

M. Koreuber, *Emmy Noether, die Noether-Schule und die moderne Algebra*,
Mathematik im Kontext, DOI 10.1007/978-3-662-44150-3

Stetigkeit der beschriebenen Gedankenlinien" unterbrochen wird, um „andere Linien einzuführen, die Entwicklung aufgehalten, um Zusammenhänge" darzustellen (ebenda), so tragen Leselinien zu einer Vervollständigung des Bildes eines „erregten Gesprächs" durch eine Vervielfältigung der Perspektiven bei, ohne dass dabei Vollständigkeit beansprucht wird. Standen im Zentrum der Forschungen Fragen nach den Produktionsbedingungen mathematischen Wissens, war die Analyse auf die Mathematik als Ort kultureller Produktion und auf das Entstehen mathematischer Gegenstände gerichtet, seien nun einige „Gedankenlinien" hervorgehoben, die sich auf diesen Produktionsprozess beziehen und die ich mit *Gegen-den-Strich-Lesen, begriffliche Mathematik, Idealtheorie, Algebrentheorie* und *Leben und Werk* bezeichne. Sie halten die Erzählung in ihren einzelnen Kapiteln zusammen und bestimmen die Darstellungen des Werdens von Mathematik, der Veränderungen mathematischer Wissensvorstellungen sowie der Erweiterung und Umgestaltung des Wissenskorpus.

Zum Verstehen einer Wissenschaft sollten „nicht in erster Linie ihre Theorien oder Entdeckungen" betrachtet werden und „keinesfalls das, was ihre Apologeten über sie zu sagen haben, sondern das, was ihre Praktiker tun", schreibt Geertz (Geertz 1987, S. 9 f.) und formuliert damit auch eine Anforderung an mathematikhistorisches Forschen. Nun hat die Wissenschaft Mathematik in höchstem Maße den Anspruch, das, „was ihre Praktiker tun", in ihren offiziellen Verlautbarungen, den mathematischen Publikationen, verschwinden zu lassen. Wie dieses Tun also sichtbar machen, wie mathematische Texte *gegen den Strich lesen*? Hilfestellung leisteten der mathematische Kontext, die Korrespondenzen, Gutachten und Lebensläufe, die, kaum oder nur für eine kleine Öffentlichkeit gedacht, mathematische Erkenntnisse beschreibend und bewertend, Hinweise auf ihre Entstehung und Entwicklung gaben. Ähnliches ließ sich für Nachrufe, Vorträge und Rezensionen feststellen, die spezifische Arbeitsweisen, Methoden und Perspektiven für ein zwar mathematisch tätiges, aber dennoch nicht fachwissenschaftliches Publikum aufbereiteten. Hier sei an van der Waerdens Nachruf auf Noether (van der Waerden 1935) oder Hasses Vortrag zur modernen algebraischen Methode (Hasse 1930) erinnert. Je nach Textsorte oder -gattung sowie Untersuchungsperspektive wurden unterschiedliche Konzepte herangezogen, reichte mein methodisches Schweifen von den literaturwissenschaftlichen Überlegungen Bachtins zur Dialogizität von Texten, Cassirers philosophischen Betrachtungen und Flecks vergleichender Erkenntnislehre bis hin zu Rheinbergers epistemologischen Ansätzen über unterschiedliche Begriffsverständnisse.

Mit diesen mathematikhistorischen sowie erkenntnis- und wissenschaftstheoretischen Rahmungen konnten mathematische Texte neu gelesen werden. Besonderes Augenmerk galt ihren Einführungen, in denen eine Bewertung des mathematischen Gehalts und seiner Präsentation durch die Autor/inn/en selbst vorgenommen wurde. Aus diesem einordnenden Schreiben konnten Sichtweisen auf die Mathematik und Wege der Erkenntnisgewinnung destilliert werden. Auch Inhaltsverzeichnisse, Fußnoten oder Anhänge enthielten zahlreiche Hinweise auf das Tun der Mathematiker/innen, auf die mathematischen Forschungsprozesse, häufig daran erkennbar, dass sie in einer mathematischen Lesart des Textes als irrelevant erscheinen würden. Hier sei etwa an Fußnoten bei Noether (Noether

1921, S. 25) und Hurwitz (Hurwitz 1994, S. 193) erinnert. So entfaltet sich bei einem bewussten Wahrnehmen der unterschiedlichen Textsorten und -gattungen sowie einem Gegen-den-mathematischen-Strich-Lesen der Entstehungsprozess, das Werden von Mathematik, wie etwa am Beispiel des Hasse-Brauer-Noether-Theorems gezeigt. Das Tun der Mathematiker/innen, der mathematische Forschungsprozess, wird sichtbar und besteht nicht schlicht in einer Erweiterung des Wissenskorpus durch Produktion von Theoremen, sondern ebenso und insbesondere in der Veränderung von Wissensvorstellungen. Diese Beobachtung lag den Untersuchungen zur begrifflichen Mathematik und zu den durch diese Auffassung hervorgebrachten neuen mathematischen Disziplinen der Idealtheorie und der Algebrentheorie zugrunde.

Die Überlegungen zur *begrifflichen Mathematik* begannen mit der Feststellung, dass Noether selbst bereits ihre erste Habilitationsschrift (Noether 1915) in den Kontext begrifflichen Arbeitens stellte. Mit „rein begrifflich" bewertete sie einen der zentralen Beweise (Personalakte Noether); rein begrifflich wurde zum Credo ihres mathematischen Handelns. Noethers eigene Differenzierung in „Arbeits- und Auffassungsmethoden" (Noether an Hasse 12. 11. 1931) bot sich als Strukturierung der Analyse begrifflichen Arbeitens an. Begriffe als Konstruktionen zu verstehen, die mathematische Zusammenhänge erst herstellen und nicht durch Abstraktion von mathematischen Objekten gewinnen, beschreibt die begriffliche Auffassung, aus der sich spezifische Methoden und ihr diskursiver, auf den Dialog orientierter Charakter ableiteten. Einen allgemeinen Standpunkt einzunehmen, Fragestellungen vor einem breiten mathematischen Horizont zu diskutieren und strukturelle Zusammenhänge zu erkennen, charakterisiert diese „Kultur des abstrakten mathematischen Denkens" (Alexandroff, Hopf 1935, S. VIII). Doch hatten ihre Vertreter/innen den Nachweis zu erbringen, „dass sich mit diesem von Substanz sich gelösten „Formelspiel irgend ein Sinn verknüpfen" lasse (Weyl 1924, zitiert nach Mehrtens 1990, S. 294), dass begriffliche Methoden zur Lösung tiefliegender Fragestellungen führen und fruchtbar im Sinne einer Erweiterung des mathematischen Wissenskorpus werden.

Noethers Veröffentlichungen lassen sich als Streitschriften für begriffliches Arbeiten lesen, die Gutachten für ihre Doktorand/inn/en als Bewertungen der Umsetzung begrifflicher Methoden. Als charakteristisch für ihre Arbeitsweise und als konstitutiv für den Denkraum Noether-Schule zeigten sich die Dialogizität ihres Schreibens und der Dialog als Lehr- und Forschungskonzept. Begriffliche Mathematik erwies sich im weiteren Verlauf der Untersuchungen als adäquate Beschreibung der durch die Noether-Schule vertretenen Wissensvorstellungen, die mehr waren als der Denkstil eines Denkkollektivs. Sie formten den Raum, in dem Denkstile sich produktiv verbanden, wie exemplarisch an der Entstehung des Hasse-Brauer-Noether-Theorems entwickelt werden konnte. Sie waren eine Sichtweise auf die Mathematik, die mit der Bezeichnung ‚moderne Algebra' verbunden und als Grundlage und Werkzeug für die gesamte Mathematik verstanden wurde. ‚Modern' markierte die veränderten Auffassungen in der Algebra, ‚algebraisch' die neuen Grundlagen für klassische Disziplinen. Die zweibändige Monografie „Moderne Algebra" (van der Waerden 1930/31) erweist sich als Manifest der Noether-Schule, sie wurde zum Standardwerk in der Ausbildung Studierender und der Einführung in moderne algebraische Denkweisen für Mathematiker/innen. Durch die Publikationen Noethers und des Denkraums Noether-Schule wurde begriffliches Denken, das auch als ein Denken in Strukturen charakterisiert werden kann, etabliert. Den Begriff Struktur mathematisch zu fassen blieb Aufgabe nachfolgender Generationen. Hierzu gehörte die Entstehung der Kategorientheorie, deren Formalismus als Mathematisierung begrifflicher Methoden gelesen werden kann. Die Etablierung der modernen Algebra in begrifflicher Auffassung und mit begrifflichen Methoden war das Ergebnis und der Erfolg einer kulturellen Bewegung und führte zu einem Verständnis von Mathematik als Strukturwissenschaft, das sich in der „Neuen Mathematik“ der 1960er Jahre ebenso wie in von Weizsäckers 1971 formulierter begrifflicher Neuordnung der Wissenschaften niederschlug (von Weizsäcker 1971, S. 22).

Ein Produkt begrifflichen Forschens und des Denkraums Noether-Schule ist die *Idealtheorie*, verstanden als methodischer Ansatz und als neue algebraische Disziplin. In einer begriffsgeschichtlichen Betrachtung ließen sich ihre Anfänge auf Kummers „ganz abstruse Dinge“ (Kummer 1845, S. 67), die er als „ideale complexe Zahlen“ bezeichnete (Kummer 1847, S. 319), zurückführen. Seine Forschungen ebenso wie Dedekinds idealtheoretische Untersuchungen entsprangen zahlentheoretischen Bedürfnissen des 19. Jahrhunderts. Dedekinds Schaffung einer neuen algebraischen Begrifflichkeit jedoch war ein Schritt der Modernität, dem kaum jemand seiner Kollegen zu folgen vermochte und der erst um die Jahrhundertwende mit Hilberts Zahlbericht (Hilbert 1897) und den Arbeiten von Steinitz zur Theorie der Körper (Steinitz 1909) wieder aufgenommen wurde. Noether stellte sich mit ihren vielfachen Hinweisen auf seine idealtheoretischen Arbeiten in eine mathematische Genealogie zu Dedekind; ebenso wie er maß sie dem begrifflichen Arbeiten eine zentrale Rolle im mathematischen Handeln zu. Waren jedoch für Dedekind Begriffe Werkzeuge zur Beantwortung von Fragen etwa nach der Natur der Zahlen, so stand im Zentrum der Forschungen Noethers die präzise Bestimmung von Begriffen, wurden die Begriffe selbst zu Forschungsobjekten. Noethers 1921 veröffentlichte und als programmatisch zu bezeichnende „Idealtheorie in Ringbereichen“ war ein Lehrstück begrifflichen Arbeitens, präsentierte die zukünftig idealtheoretisch genannten Methoden und proklamierte die Idealtheorie als modernes algebraisches Forschungsfeld (Noether 1921).

Die Ende der 1920er Jahre „gut eingebürgerte idealtheoretische Ausdrucksweise“ ist das Ergebnis zahlreicher in der Noether-Schule entstandener Publikationen (Hasse 1927, S. 93). Noethers Doktorand/inn/en ebenso wie die zahlreichen Gastwissenschaftler/innen arbeiteten zu idealtheoretischen Fragestellungen oder nutzten idealtheoretische Methoden zur Lösung algebraischer Fragestellungen. Die Idealtheorie dieser Zeit befand sich im Stadium der Zeitschriftwissenschaft, noch im Umbruch, noch schwankend zwischen klassischen Auffassungen und modernen Zugängen, doch der Denkraum Noether-Schule beanspruchte die Definitionshoheit. Wurde die „Moderne Algebra“ mit Verweis auf die vielen nicht explizit genannten Autor/inn/en als „early Bourbaki“ bezeichnet (Dieudonné 1970: S. 139), so ließe sich Gleiches für die 1935 erschienene „Idealtheorie“ sagen (Krull 1935). Krull, der 1920 als Gastdoktorand Noethers das Entstehen ihrer Idealtheorie verfolgt hatte und zu einem engagierten Verfechter einer Algebra moderner Auffassung wurde, schrieb diesen Bericht als arrivierter Algebraiker und Nachfolger M. Noethers an der

Universität Erlangen. Die „Entwicklung der modernen Idealtheorie als selbständiger Disziplin" (Krull 1935, S. III) wurde behandelt und in ihre Notation, Problemstellungen und hauptsächlichen Entwicklungsrichtungen eingeführt. Damit wurde festgeschrieben, was zukünftig unter Idealtheorie zu verstehen sei, und zugleich ein Schlussstrich unter einen spannungsreichen, rund 90 Jahre dauernden mathematischen Diskurs gezogen. Die modernen Auffassungen hatten sich als durchsetzungsfähig erwiesen und erfolgreich nachweisen können, dass sie den innermathematischen Bewertungskriterien von fruchtbar und tiefliegend standhielten. Die Idealtheorie etablierte sich als Handbuchwissenschaft, ihre Geschichte ist die Geschichte eines Kulturwandels mathematischen Denkens und einer Entscheidung für die Moderne.

Auch die *Algebrentheorie* entstand durch die Forschungen des Denkraums Noether-Schule und erfuhr durch seine Publikationen den Wechsel von der Zeitschrift- zur Handbuchwissenschaft. Noethers intensive Beschäftigung mit Algebren, noch hyperkomplexe Größen genannt, begann Ende der 1920er Jahre mit der Vorlesung „Hyperkomplexe Größen und Gruppencharaktere" (Noether 1927/28) und ergänzte ihre idealtheoretischen Forschungen. Im gleichen Jahr veröffentlichte Hasse eine Besprechung (Hasse 1927) der deutschen Übersetzung des Buchs „Algebras and their Arithmetics" des amerikanischen Mathematikers Dickson (Dickson 1927); das Ringen um die Begrifflichkeiten und die Spannungen zwischen deutschen und US-amerikanischen Algebraiker/inne/n sowie der sich daraus entwickelnde transatlantische Konflikt deuteten sich in dieser Rezension bereits an. Hasse und Noether sind die beiden Protagonist/inn/en in der Geschichte um die Entstehung dieser neuen algebraischen Disziplin. Ihre intensive Zusammenarbeit, Labortagebüchern gleich in dem Briefwechsel Noether – Hasse dokumentiert, formte die Gestalt der Algebrentheorie, die in Deutschland mit einer gewissen Beharrungstendenz noch bis 1932 Theorie der hyperkomplexen Größen hieß. Es waren Überlegungen zur methodischen Nutzung hyperkomplexer Ansätze, den idealtheoretischen Arbeitsmethoden vergleichbar. Und nicht zuletzt mit Noethers Züricher Vortrag wurde die Bedeutung dieser Methode zur Lösung tiefliegender mathematischer Fragestellungen demonstriert (Noether 1932). Anfang der 1930er Jahre verbreiterte sich die Forschungsperspektive. Mit „Denkgebilde hyperkomplexe Klassenkörpertheorie" ist diese Übergangsphase benannt worden, deren Höhepunkt der Marburger „Schiefkongress" war (Noether an Hasse 8. 2. 1931). Der „Beweis eines Hauptsatzes in der Theorie der Algebren", von Hasse und Noether gemeinsam mit Brauer 1932 verfasst (Hasse, Brauer, Noether 1932), markiert nicht nur den Wechsel in der Begrifflichkeit: Ein neues Forschungsfeld wurde proklamiert.

Ein weiterer Protagonist dieser Erzählung zur Entstehung der Algebrentheorie war Noethers Doktorand Deuring, dem Anfang der 1930er Jahre offiziell die Rolle zugewiesen wurde, einen Bericht über diese neue algebraische Disziplin zu schreiben. Deuring war nicht der einzige Autor, Noether hatte die Rolle der ungenannten und anonym gebliebenen Koautorin inne. Für den Verlag war Noether der Garant für die Qualität des Buches, doch für sie ging es um die Bestimmung des Forschungsfeldes, die Festlegung relevanter Fragestellungen und geeigneter Methoden, denn „jedenfalls soll alles Neue mit hinein" (Noether an Hasse 8. 11. 1931). Algebrentheorie erhielt mit diesem Bericht ihre wissenschaftlichen Weihen und wurde von der Zeitschrift- zur Handbuchwissenschaft gehoben. Die Substitution des ursprünglichen Titels „Hyperkomplexe Größen“ durch die im amerikanischen Diskurs übliche Bezeichnung „Algebren“ (Deuring 1935) kann als abschließender Schlusspunkt der Modernisierung gelesen werden. Der amerikanische Algebraiker Albert hatte hier wie bereits bei der Entstehung des Hasse-Brauer-Noether-Theorems eine Nebenrolle. Sein zweifach scheiterndes Bemühen um Teilhabe am deutschen Diskurs zur Algebrentheorie steht für die Beanspruchung der Definitionshoheit des Denkraums Noether-Schule über eine neue algebraische Disziplin.

Die durch die Disziplin Mathematik betriebene Geschichtsschreibung beschränkt sich zumeist auf die Nennung von Lebensdaten und die Würdigung der Erweiterung des Wissenskorpus durch die Benennung mathematischer Gegenstände nach den Forschenden. Verbindungen zwischen *Leben und Werk* herzustellen, wird der Wissenschaftsgeschichte überlassen, die diese Aufgabe häufig genug nur durch die Auflistung von Publikationen, versehen mit Jahreszahlen, zu beantworten vermag. Die Schwierigkeit besteht darin, dass sich mathematische Veröffentlichungen mit ihrer geglätteten Oberfläche und ihrem entpersonalisierten Charakter der Herstellung von Beziehungen zunächst entziehen. Mehr noch, sie stiften erkenntnistheoretische Verwirrung, wenn Verbindungen zwischen einem mathematischem Gegenstand und seinem Entstehungsprozess hergestellt werden, der sich bei genauerem Hinsehen als nichtidentisch mit dem ursprünglich in den Publikationen Behaupteten erweist, wie die Analyse des Hasse-Brauer-Noether-Theorems zeigt. Verweist diese Beobachtung darauf, dass nicht der Beweis des Theorems die eigentliche Forschungshandlung ist, sondern der Prozess seiner gedanklichen Entstehung und der Neugestaltung seiner mathematischen Umgebung, so können an diesen beim Gegen-den-Strich-Lesen sichtbar werdenden Bruchstellen auch die Verbindungen zwischen Leben und Werk konkretisiert werden. Den Erkenntnisprozess zu kontextualisieren bedeutet also mehr als seine mathematische Rahmung zu benennen, die Auffassungen über Mathematik, die „sozial determinierten … zeit- und kulturgebundenen Wissensvorstellungen“ sind mit einzubeziehen (Elkana 1986: S. 44). Ein solches Verständnis des Kontextes ist die Aufforderung, Beziehungen zwischen Lebens- und Werksbiografie herzustellen, Vorstellungen über Mathematik und über geeignete methodische Zugänge mit persönlichen und beruflichen Knotenpunkten zu verbinden. In den biografischen Annäherungen an Noether wurden die Möglichkeiten und institutionellen Begrenzungen ihres Handelns aufgezeigt und damit der Rahmen für ihr mathematisches Tun entfaltet. Die Überschreitung tradierter Geschlechterrollen korrespondierte mit dem Überschreiten mathematischer Denkverbote; sich zwischen Anerkennung und Ausgrenzung zu befinden galt gleichermaßen für das Werk Noethers wie für ihre Lebenssituation.

Die aufgefundenen biografischen Muster, die Marginalisierung Noethers in beruflicher und fachlicher Hinsicht, in die Analyse zur begrifflichen Mathematik mit einbeziehend zeigte sich die Dialogizität ihrer Publikationen über ein didaktisches Instrument hinaus als Anerkennungs- und Etablierungsstrategie. Sie kristallisierte sich als zentrales Moment begrifflichen Forschens heraus und fand ihren Niederschlag in dem dialogischen Charakter begrifflicher Arbeitsweisen. Die Diskursivität der begrifflichen Mathematik, das

Denken und Bewegen mathematischer Begriffe im Dialog erwies sich als konstitutiv für den Denkraum Noether-Schule und als zentrales Erfolgsmoment in der Bewegung der modernen Algebra. Die Offenheit des Denkens, die Freiräume zur Entwicklung moderner Grundlagen klassischer Disziplinen zogen die jungen Mathematiker/innen an und verbanden sie in der Auflehnung gegen tradierte mathematische Pfade und in dem Wunsch, neue Wege des Denkens zu beschreiten. In ihren Gutachten würdigte Noether dieses Suchen ihrer Schüler/innen nach neuen Zugängen und begrifflicher Präzision; in van der Waerdens Nachruf auf Noether wird dieses „Streben nach begrifflicher Durchdringung … bis zur restlosen methodischen Klarheit“ als besondere Qualität der begrifflichen Auffassungen und Methoden hervorgehoben (van der Waerden 1935, S. 475). Mit der Präsentation von Erweiterungen des mathematischen Wissenskorpus, zunächst in Zeitschriftenartikeln und dann in Handbüchern, war die Beanspruchung von Definitionshoheit und Veränderung von Wissensvorstellungen durch die Noether-Schule verbunden. In der Verknüpfung lebens- und werksbiografischer Daten ließ sich die Breite der Wirkungsmöglichkeiten und der Wirkung ihrer Mitglieder entwickeln. Mit ihrem Anspruch, die Kultur mathematischen Denkens zu verändern und auf einen Wandel in den Wissensvorstellungen hinzuwirken, gestalteten die Mitglieder des Denkraums Noether-Schule die Bewegung der modernen Algebra.

Die skizzierten Leselinien sind als Anregung zu verstehen. Andere wie etwa die Bedeutung Dedekinds in der Entstehung modernen algebraischen Denkens, die fachlich-persönlichen Beziehung zwischen Noether und Hasse, die Diskriminierung der Wissenschaftlerin Noether sowohl auf fachlicher als auch auf beruflicher Ebene und noch in aktuellen mathematikhistorischen Arbeiten, die Rolle Weyls in der Rezeption der Arbeiten Noethers und der Wahrnehmung der Noether-Schule oder die hier nur angedeuteten kulturellen Differenzen in den algebraischen Diskursen in Deutschland und den USA könnten ebenfalls verfolgt werden. Manch weitere Linie entsteht erst vor dem je eigenen fachlichen Hintergrund der lesenden Person und kann zu weiteren Forschungen führen. Als „idealisierte Hauptlinie“ (Fleck 1935, S. 23) der Untersuchungen trat die Noether-Schule als eigenständig zu betrachtendes historisches Phänomen hervor, konturierten Fragen nach ihrer personellen Gestalt und inhaltlichen Prägung, ihrem inneren Gefüge und den konstituierenden Elementen, ihren Wirkungsmöglichkeiten und ihrer Wirkkraft die vorliegende Arbeit in ihren fünf Kapiteln. Im Zusammenspiel von Kapiteln und Leselinien vervielfältigen sich nun die Facetten, entfaltet sich, ganz der begrifflichen Mathematik entsprechend, eine Multiperspektivität auf die Noether-Schule als Denkraum und kulturelle Bewegung. Sprach Noether davon, dass ihre Methoden „Arbeits- und Auffassungsmethoden [sind] und daher anonym überall eingedrungen“ (Noether an Hasse 12. 11. 1931), so bietet dieses Zitat noch eine weitere Interpretation an, zeigt sich doch der Erfolg einer kulturellen Bewegung auch darin, dass sie als solche nicht mehr zu erkennen ist und sich die verfolgten Ziele im Alltagshandeln einer Gemeinschaft niedergeschlagen haben. Algebraische Methoden verstanden als „Arbeits- und Auffassungsmethoden“ sind „anonym überall“ enthalten. Über mathematische Gegenstände als Begriffe in strukturellen Zusammenhängen zu denken ist mathematische Praxis geworden und die Betonung der Modernität dieses Ansatzes ist seit den 1950er Jahren obsolet. Hier sei an die „Moderne Algebra“, das Manifest der Noether-

Schule, und der Wechsel zu dem Titel „Algebra" in ihrer vierten Auflage erinnert (van der Waerden 1955). Im Kontext dieser mathematikhistorisch-wissenschaftstheoretischen Untersuchungen bestand die Notwendigkeit der Entanonymisierung mathematischer Veröffentlichungen und konnte dieses Vorhaben durch ein Gegen-den-Strich-Lesen der Texte und die Verbindung von lebens- und werksbiografischen Knotenpunkten gelingen, offenbarte sich die Veränderung von mathematischen Wissensvorstellungen als Ergebnis eines Kulturwandels und als Erfolg einer kulturellen Bewegung.

Emmy Noether, die Noether-Schule und die moderne Algebra stehen im Zentrum meiner Forschungen, die einen Beitrag zur Geschichte einer kulturellen Bewegung leisten und – in ihrer Herstellung einer Multiperspektivität – auch als Versuch einer dichten Beschreibung gelesen werden kann. Ein solches Vorhaben bleibt allein aufgrund der notwendigerweise in den einzelnen Untersuchungen vorgenommenen zeitlichen, räumlichen und personellen Begrenzungen unvollständig und eröffnet eine Vielzahl neuer Blickwinkel und Forschungsrichtungen mathematikhistorischer, wissenschaftssoziologischer sowie wissenschafts- und erkenntnistheoretischer Natur. Einige Überlegungen seien im Folgenden angerissen: In der biografischen Analyse der Noether-Schule zeigte sich ein fein verzweigtes Netzwerk von Mitgliedern, von persönlichen und fachlichen Beziehungen, von miteinander verschlungenen Gedankengebäuden und aufeinander bezogenen Publikationen. Die vielfach nur skizzierten Verbindungen in biografischen Einzeluntersuchungen zu verfolgen, kann zu weiteren Erkenntnissen über die innere Struktur des Denkraums, seiner Wirkkraft und – möglicherweise – zu seiner personellen Erweiterung führen. Denkraum und kulturelle Bewegung erwiesen sich als adäquate Konzepte zur Analyse der Noether-Schule, ihre weitere Eignung zu einem tieferen Verständnis mathematischer Schulenbildung oder, allgemeiner, Wissenschaftsschulen ist zu diskutieren. Der wissenschafts- und erkenntnistheoretische Diskurs tut sich schwer mit der Mathematik, verharrt häufig genug in einer Art „religiöser Hochachtung" (Fleck 1935, S. 65), doch zeigen diese Analysen, dass die Mathematik trotz ihres nicht-empirischen und nicht-experimentellen Charakters in den wissenschaftstheoretischen Konzepten mitgedacht werden kann und sollte. Für Mathematiker/innen vermögen die Untersuchungen neue Perspektiven nicht nur auf die Geschichte der Mathematik, die Geschichtsschreibung der Disziplin Mathematik, sondern auch und insbesondere auf die mathematischen Texte selbst eröffnen: Mathematische Forschung könnte auch die Auseinandersetzung mit Wissensvorstellungen, mathematische Lehre ihre Reflexion und mathematische Qualifizierungsprozesse Fragestellungen zu ihrer soziokulturellen Determinierung beinhalten. Vielen Menschen ist die Mathematik fremd, doch hoffe ich, dass „in den Kontext ihrer eigenen Alltäglichkeiten gestellt … ihre Unverständlichkeit" schwindet (Geertz 1987, S. 21) und mit dieser Arbeit für all jene, die Mathematik als etwas Unverständliches und Unzugängliches betrachten, Brücken gebaut wurden, die den Archipel Mathematik zugänglicher und die Entstehungen und Veränderungen seiner Sprache und seiner Regeln durchsichtiger werden ließen.

Anhang

Mit diesem Anhang werden die biografisch zu nennenden Teile des Buchs ergänzt: Zu der Vorstellung einer Person in „biografischen Annäherungen“ gehört – auch gemäß den Erwartungen der Leserschaft – die visuelle Komponente. Dem wird durch den ersten Teil des Anhangs, der Präsentation einer Reihe von Fotografien Noethers in unterschiedlichen Kontexten, Folge geleistet werden. Die Biografie der Noether-Schule zu schreiben, die Schule personell zu fassen, war eine der im vierten Kapitel entwickelten Bedeutungsebenen. Mit den im zweiten Teil des Anhangs vorgestellten Kurzbiografien wird diese Ebene um die mathematisch-berufliche Komponente der Mitglieder des Denkraums Noether-Schule erweitert.

A.1 Fotografien von Emmy Noether

Auf der Grundlage unterschiedlicher Zeitdokumente wie Nachrufe, autobiografische Texte, Promotions- und Habilitationsakten sowie mathematischer Originalarbeiten habe ich im ersten Kapitel Noether vorgestellt. In diese Reihe gehören auch die Fotografien Noethers.[1] Sie ergänzen die biografischen Annäherungen um eine visuelle Komponente und nehmen den im Kap. 1.4.2 problematisierten Umgang mit Noethers äußerem Erscheinungsbild durch Zeitgenossen und in der historiografischen Forschung wieder auf. Wiederum zeigte sich Weyls Nachruf mit seiner biografischen Konstruktion einer genialen Mathematikerin mit wenig attraktivem Äußeren wirkungsvoll und ist vielfach rezipiert worden; erst in neueren Arbeiten zu Noether wird diese Darstellung kritisch diskutiert.[2] Mit der hier getroffenen Auswahl an Fotografien möchte ich Noether in mir typisch erscheinenden Situationen der Leserschaft vorstellen und sie einladen, sich ebenfalls ein Bild zu machen.

[1] Vgl. auch die Sammlungen Tollmien 2015, Oberwolfach Photo Collection 2015 und University of St Andrews 2015.

[2] Vgl. Weyl 1935: 219. Zur Rezeption vgl. etwa Dick 1970, S. 6; Kimberling: 25, Feyl 1981, S. 195. Zur kritischen Auseinandersetzung vgl. Tollmien 1990, S. 188, Siegmund-Schultze 2007, S. 224 und Koreuber 2010, S. 144.

M. Koreuber, *Emmy Noether, die Noether-Schule und die moderne Algebra*,
Mathematik im Kontext, DOI 10.1007/978-3-662-44150-3

Emmy Noether
um 1907
Erlangen
Abb. A.1

Emmy Noether
um 1920
Abb. A.2

Bartel L. van der Waerden,
Emmy Noether
1929
Göttingen
Abb. A.3

Emmy Noether
um 1929
Göttingen
fotografiert von Hanna Kunsch[3]
Abb. A.4

[3] Die Göttinger Fotografin Hanna Kunsch porträtierte Ende der 1920er Jahre zahlreiche Mitglieder der Göttinger Professorenschaft. In diese Serie gehört diese Fotografie Noethers.

Emmy Noether
September 1930
auf dem Weg von Swinemünde nach Königsberg zur Jahrestagung der Deutschen Mathematikervereinigung
fotografiert von Helmut Hasse
Abb. A.5

Emmy Noether
um 1930
Abb. A.6

Emmy Noether, Howard Engstrom, Stephan Pjetrowski, Hans Heilbronn, Kurt Mahler, Paul Dubreil, Helmut Ulm, Marie-Luise Dubreil-Jacotin, Max Zorn, u. a. unbekannte Personen
1931
vermutlich Göttingen
Abb. A.7

Emmy Noether, Helmut Hasse, unbekannte Personen
um 1931
Abb. A.8

Hans Heilbronn, Emmy Noether,
Marie-Luise Dubreil-Jacotin,
Paul Dubreil
1931
vermutlich Göttingen
Abb. A.9

Max Deuring, Emmy Noether, Gottfried Köthe,
Jacques Herbrand
Februar 1931
Marburg, während des „Schiefkongresses", der Vortragsreihe über hyperkomplexe Systeme
Abb. A.10

Gottfried Köthe, Emmy Noether, Emil Artin
um 1931
Göttingen, vor dem 1929 eröffneten Neubau des mathematischen Instituts
Abb. A.11

Ernst Witt, Paul Bernays, Helene Weyl, Hermann Weyl, Joachim Weyl, Emil Artin, Emmy Noether, Ernst Knauf, unbekannt (möglw. Natascha Artin), Chiungtze Tsen, Erna Bannow
1932
Göttingen, Ortsteil Nikolausberg
Abb. A.12

Emmy Noether
um 1932
Göttingen
Abb. A.13

Regine Noether,
Fritz Noether,
Emmy Noether,
Herbert Heisig
(ein Freund F.
Noethers), Lotte
Heisig
1933
auf Sylt
Abb. A.14

Emmy Noether
Oktober 1933
Göttingen, Hauptbahnhof, auf dem Weg nach Bryn Mawr
fotografiert von Otto Neugebauer
Abb. A.15

Emmy Noether
April 1935
Bryn Mawr
Abb. A.16

A.2 Kurzbiografien der Mitglieder des Denkraums Noether-Schule

Die Noether-Schule, verstanden als Teil einer kulturellen Bewegung, formte Wissensvorstellungen über Mathematik und veränderte ihren Wissenskorpus. Ziel dieses Anhangs ist es, in Kurzbiografien die mathematische und berufliche Entwicklung der Mitglieder des Denkraums Noether-Schule darzustellen und so ihre Gestaltungsmöglichkeiten aufzuzeigen. Es werden die Studienorte sowie die Gastaufenthalte in Göttingen, Frankfurt a. M., Bryn Mawr und Princeton genannt, da sich hieraus persönliche Beziehungen mit Noether und anderen Mitgliedern des Denkraums erschließen. Promotionsthemen, Gutachter/innen sowie Benotung und Publikationsort erlauben eine fachliche Einordnung und Bewertung. Hierzu gehören auch die von Noether verfassten, hier in ganzer Länge publizierten Gutachten. Unter dem Stichwort „berufliche Entwicklung" sind die mit Mathematik in Verbindung stehenden Berufstätigkeiten genannt. Eine Lebensgeschichte zu erzählen ist nicht das Ziel dieser Zusammenstellung, und so sind Brüche in den Biografien, etwa durch die Emigration, den Zweiten Weltkrieg oder die nach Kriegsende verfügten Entlassungen auch Brüche in den Darstellungen. Zahlreiche Publikationen sind aus dem Denkraum Noether-Schule hervorgegangen; von besonderem Interesse für diese Untersuchungen sind, ganz im Sinne des Übergangs von der Zeitschriftwissenschaft zur Handbuchwissenschaft, Monografien, und unter dem Stichwort „Lehrbuch" sind Bücher und Berichte genannt, deren gestaltender Einfluss im Sinne einer Modernisierung der Algebra und der Algebraisierung der Mathematik von großem Gewicht war.

Grundlage bildet die im Kap. 4.2 vorgenommene personelle Bestimmung der Noether-Schule. In der Zusammenstellung der Daten wird auf unterschiedliche Quellen zurückgegriffen. Hierzu gehören das zum Teil auf Selbsteintrag beruhende „Biographisch-literarische Handwörterbuch für Mathematik, Astronomie, Physik mit Geophysik, Chemie und verwandte Wissensgebiete" (Poggendorff 1958), das von Tobies herausgegebene „Biografische Lexikon in Mathematik promovierter Personen" (Tobies 2006), die Zusammenstellung der „Pioneering Women in American Mathematics" (Green, LaDuke 2009) sowie Promotions- und Habilitationsakten, biografische und autobiografische Publikationen. Hilfreich waren darüber hinaus das „Mathematics Genealogy Project" sowie die auf den Internetseiten verschiedener Universitäten zur Verfügung gestellten biografischen Daten, doch nicht alle Daten waren ermittelbar, worauf je verwiesen wird (n. e.). Bis auf die weiterführende Literatur werden die Quellen nicht im Einzelnen angegeben. In ihrer Zusammenstellung zeigen sie die Breite der beruflichen und wissenschaftlichen Gestaltungsmöglichkeiten der Mitglieder des Denkraums Noether-Schule.

Alexandroff, Pawel Samuel (1896–1982)

Studium	1913–1917 Moskau
Promotion	Thema unbekannt, 1921 Moskau
Begutachtung	Nikolai Luzin
Gastaufenthalte	1923–1932 Göttingen (jeweils im Sommer)
	1927–1928 Princeton
Berufliche Entwicklung	1928–1964 Professor Universität Moskau
Lehrbuch	„Topologie" (Alexandroff, Hopf 1935)
Literatur	Alexandroff 1979, 1980

Ames, Vera Adela, verh. Widder (1909–2004)

Studium	1928–1932 Saskatchewan
Promotion	„On systems of linear equations in Hilbert space with n parameters", 1938 Bryn Mawr
Begutachtung	Anna Johnson Pell Wheeler
Gastaufenthalt	1932–1934 Bryn Mawr
Berufliche Entwicklung	1942–1947 Instructor Cambridge Junior College
	1948–1949 Lecturer University of California Los Angeles
	1950–1951 Lecturer Tufts College Boston

Baer, Reinhold (1902–1979)

Studium	1920–1925 Hannover, Freiburg, Göttingen, Kiel
Promotion	„Zur Flächentopologie. Kurven und Abbildungstypen", 1925 Kiel
Publikationsort	Publiziert unter dem Titel „Kurventypen auf Flächen", Journal für reine und angewandte Mathematik (Baer 1927)
Begutachtung	Kneser, Courant
Bewertung	Arbeit: gut, Rigorosum: bestanden
Berufliche Entwicklung	1926–1928 Assistent Universität Freiburg
	1929–1933 Privatdozent Universität Halle
	1933–1935 Research Fellow Manchester
	1935–1937 Member Institute for Advanced Study, Princeton
	1937–1938 Assistant Professor University of North Carolina, Chapel Hill
	1938–1944 Associate Professor University of Illinois, Urbana
	1944–1956 Full Professor University of Illinois, Urbana
	1956–1967 o. Professor Universität Frankfurt

Bannow, Erna, verh. Witt (1911–2006)

Studium	1930–1934 Marburg, Bonn, Göttingen
	1938–1939 Hamburg
Promotion	„Die Automorphismengruppen der Cayley-Zahlen“, 1939 Hamburg
Publikationsort	Abhandlungen des Mathematischen Seminars der Hansischen Universität Hamburg (Bannow 1940)
Begutachtung	Erich Hecke, Witt
Bewertung	Rigorosum: sehr gut

Brauer, Richard (1901–1977)

Studium	1919–1925 Berlin, Freiburg, Berlin
Promotion	„Über die Darstellung der Drehungsgruppe durch Gruppen linearer Substitutionen“, 1926 Berlin
Publikationsort	nicht publiziert
Begutachtung	Schur
Bewertung	Arbeit: opus valde laudabile, Rigorosum: ausgezeichnet
Gastaufenthalte	1933–1935 Princeton
Berufliche Entwicklung	1926–1933 Assistent, Privatdozent Universität Königsberg
	1935–? Assistant Professor, Associate Professor University Toronto
	?–1941 Full Professor University Toronto
	1941–1942 Full Professor University Ann Arbor, Michigan
	1952–1971 Full Professor Harvard University, Cambridge
Literatur	Rohrbach 1981

Chow, Wei-Liang (1911–1995)

Studium	1928–1936 Lexington, Chicago, Göttingen, Leipzig, Hamburg
Promotion	„Die geometrische Theorie der algebraischen Funktionen für beliebige vollkommene Körper“, 1937 Leipzig
Publikationsort	Mathematische Annalen (Chow 1937)
Begutachtung	van der Waerden, Paul Koebe
Bewertung	Arbeit: sehr gut, Rigorosum: gut
Berufliche Entwicklung	1946–1947 Professor Universität Shanghai
	1947 Institute for Advanced Study, Princeton
	1948 – n. e. Associate Professor Johns Hopkins University, Baltimore
	n. e. – 1977 Full Professor Johns Hopkins University, Baltimore
Literatur	Roquette 2010

Derry, Douglas (1907–2001)

Studium	1925–1929 Toronto
	1931–1934 Göttingen
	1936 Cambridge
Promotion	„Über eine Klasse von Abelschen Gruppen“, 1938 Göttingen
Publikationsort	Proceedings of the London Mathematical Society (Derry 1937)
Begutachtung	Hasse, Theodor Kaluza
Bewertung	Arbeit: genügend, Rigorosum: genügend
Berufliche Entwicklung	1940–1947 Instructor und Assistant Professor University of Saskatoon, Saskatchewan, Kanada

Deuring, Max (1907–1984)

Studium	1926–1930 Göttingen, Rom, Göttingen
Promotion	„Zur arithmetischen Theorie der algebraischen Funktionen“, 1930 Göttingen
Publikationsort	Mathematische Annalen (Deuring 1932)
Begutachtung	Noether, Landau
Bewertung	Arbeit: mit Auszeichnung, Rigorosum: mit Auszeichnung
Berufliche Entwicklung	1931–1937 Assistent Universität Leipzig
	1932–1933 Sterling Research Fellow Yale University, New Haven
	1937–1943 Dozent Universität Jena
	1943–1945 a. o. Professor Universität Posen
	1947 o. Professor Universität Marburg
	1948 o. Professor Universität Hamburg
	1950–1976 o. Professor Universität Göttingen
Lehrbuch	„Algebren“ (Deuring 1935)

Gutachten Noether
Die vorliegende Abhandlung ist – weit über den Rahmen einer üblichen, selbst sehr guten Dissertation hinausgehend – eine grundlegende wissenschaftliche Arbeit, die neue Wege geht und neue Wege führt.

Die arithmetische Theorie der algebraischen Funktionen einer Veränderlichen war bis jetzt noch im wesentlichen auf dem Stand ihrer Begründung durch Dedekind und Weber (1882). Hier werden Klassenkörpertheorie, Analoga der Minkowski-Sätze, spezielle Reziprozitätsgesetze, Normenresttheorie entwickelt; und es wird so die Theorie mit einem Schlag fast bis zum heutigen Stand der Zahlkörpertheorie vorangetrieben. In gewissem Sinne darüber hinaus: Die Begründung ist rein arithmetisch, ohne jedes transzendente Hilfsmittel, was bei den entsprechenden Fragen der Zahlkörpertheorie bekanntlich noch nicht möglich ist. Und wenn auch beim Funktionenkörper manches einfacher ist – durch das gleichmäßige Verhalten der endlichen und unendlichen Stellen und durch die Existenz der Einheitswurzeln im Grundbereich – so steht doch zu hoffen, daß die neuen Methoden auch für den Zahlkörper neue Anregungen geben.

Der Aufbau der Klassenkörpertheorie ist grundsätzlich verschieden. Die Hauptidealforderung – hier handelt es sich um Divisoren – ist in den Vordergrund gerückt. Die allgemeine Klasseneinteilung ist durch Hinzuziehung der ambigen Klassen des Oberkörpers gewonnen. Aber auch ganz neue Probleme treten auf dadurch, daß die Klassengruppe nicht mehr endlich ist. Wie Verfasser erkannt hat existiert auch der zugehörige unendliche Klassenkörper, der im funktionentheoretischen Fall besteht aus der Gesamtheit der algebraischen Funktionen, die eindeutig auf der Überlagerungsfläche der Abelschen Integrale sind. Damit ist aus der unbestimmten Analogie, von der schon Hilbert sich in seinen ersten Klassenkörper-Überlegungen leiten ließ, ein gleichlaufender mathematischer Aufbau geworden, die Grundlage einer algebraischen Durchdringung funktionentheoretischer Methoden. Was Weyl vor kaum einem halben Jahre in einem Vortrag anlässlich der Einweihung des Göttinger Mathematischen Instituts – der abstrakten Algebra als fernes Ziel hingestellt hat, ist in den Grundzügen schon Wirklichkeit geworden.

Verfasser hat weiter gezeigt, – das hatte auch niemand vor ihm gesehen – wie aus dem Riemann-Rochschen Satz fast unmittelbar das Analogon zu den Minkowski-Sätzen folgt. Sehr weittragend scheinen schließlich auch die Untersuchungen zur Normenresttheorie zu sein, was den Gültigkeitsbereich und vor allem, was die Methode betrifft. Daß die kommutative Algebra in Verbindung mit der Gruppentheorie auf nichtkommutative Problemstellungen führt hatte die algebraische Entwicklung der letzten Jahre deutlich gezeigt; es war besonders scharf herausgearbeitet in einer Vorlesung, die Referentin diesen Winter hielt. Verfasser hat die Konsequenzen gezogen und ist mit nichtkommutativen Methoden zu neuen kommutativen Sätzen gelangt mit einfachsten begrifflichen Schlüssen.

Die Arbeit ist überhaupt ausgezeichnet durch eine Verschmelzung neuester algebraischer Methoden mit den in der Zahlentheorie üblichen; so sind beispielsweise – den unendlichen Klassenkörpern entsprechend – auch unendliche Funktionenkörper zugelassen, unter Heranziehung der eben erschienenen hier gültigen Krullschen Idealtheorie.

Noch manches wäre zu erwähnen; die volle Selbständigkeit in Wahl und Durchführung des Themas – die ‚Ratschläge und Verbesserungen' von Referentin beziehen sich nur auf kleine Beweiseinzelheiten –, die ausgereifte und klare Darstellung: das Gesagte wird genügen, die Arbeit als eine überragende Leistung erkennen zu lassen. Ich schlage das Prädikat ‚Mit Auszeichnung' vor. (Noether 27. 5. 1930, Promotionsakte Deuring)

Dörnte, Wilhelm (1899– n. e.)

Studium	1919–1924 Göttingen, Münster, Göttingen
Promotion	„Untersuchungen über einen verallgemeinerten Gruppenbegriff", 1927 Göttingen
Publikationsort	Mathematische Zeitschrift (Dörnte 1929)
Begutachtung	Noether, Landau
Bewertung	Arbeit: sehr gut, Rigorosum: sehr gut
Berufliche Entwicklung	1925–1926 Assistent Technische Hochschule Danzig
	1926– min. 1951 Höherer Schuldienst, u. a. Duisburg

Gutachten Noether
Es handelt sich um eine Verallgemeinerung des gewöhnlichen Gruppenbegriffs insofern als erst für n Elemente – n eine feste Zahl≥2– eine Verknüpfung ist. Das einfachste Beispiel einer solchen Gruppe bildet eine beliebige [unleserlich] nach einer ganzen Zahl, denn neben irgend drei Zahlen a, b, c gehört auch a – b der Restklasse an. Für solche Gruppen Abelscher Gruppen hat schon Prüfer – [unleserlich] nicht als Selbstzweck – eine Axiomatik aufgestellt, die den Anstoß zur vorliegenden Untersuchung gab; die allgemeine Fragestellung hat Verfasser vollständig selbständig aufgeworfen. Diese allgemeine Behandlung des Problems führt zu absolut durchsichtigen Resultaten; die Einordnung der Prüferschen Betrachtungen im letzten Teil zeigt die Überlegenheit der Methode.

Es bleibt im allgemeinen – bis auf ein teilweises Aufspalten in mehrere Begriffe – alles aus der gewöhnlichen Gruppentheorie erhalten, was von der Existenz des Einheitselementes unabhängig ist; denn es kann jetzt sowohl unendlich viele Elemente der Ordnung eins geben, als auch gar keines. Dadurch ist vom abstrakten Standpunkt aus auch für die gewöhnliche Gruppentheorie eine neue Einsicht gewonnen, indem Begriffe und Sätze, in die das Einheitselement nur [unleserlich] eingeht – und das ist sehr oft der Fall – unabhängig von der Existenz des Einheitselements bewiesen werden. Außerdem sind die nicht auf endliche Gruppen beschränkten Definitionen und Sätze auch gleich in voller Allgemeinheit ausgesprochen. Durch zahlreiche, einfache und geschickt gewählte Beispiele ist die Reichweite dieser Definitionen und Sätze abgegrenzt, insbesondere die Existenz endlicher und unendlicher ‚echter' n-Gruppen für jedes n nachgewiesen.

Die Arbeit muss für den Druck noch stark gekürzt werden, wodurch sich ein noch stärkeres Hervorheben der Begriffe und möglichstes Zurückdrängung aller Rechnung wird erreichen lassen. Sie zeigt aber so sicheren Blick für das Wesentliche und eine so durchaus selbständige Beherrschung des Stoffes, daß sie als sehr gut, fast ausgezeichnet bezeichnet werden kann. (Noether 20. 3. 1925, Promotionsakte Dörnte)

Dubreil, Paul (1904–1994)

Studium	1923–1930 Paris, Hamburg, Frankfurt, Göttingen, Rom, Paris
Promotion	„Recherches sur la valeur des exposants des composants primaires des idéaux de polynômes", 1930 Paris
Publikationsort	Journal de mathématiques pures et appliquées (Dubreil 1930)
Begutachtung	C. Émile Picard
Gastaufenthalt	1930 Frankfurt a. M.
	1930–1931 Göttingen
Berufliche Entwicklung	1946–1954 Mitglied Sorbonne, Paris
	1954 – n. e. Professor Sorbonne, Paris
Lehrbuch	Leçons d'Algèbre moderne (Dubreil, Dubreil-Jacotin 1961)

Engstrom, Howard (1902–1962)

Studium	n. e. – 1929 Yale
Promotion	„On the Common Index of Divisors of an Algebraic Field“, 1929 Yale
Publikationsort	Transactions of The American Mathematical Society (Engstrom 1930)
Begutachtung	Ore
Gastaufenthalt	1931–1932 Göttingen
Berufliche Entwicklung	1931–1941 Assistant Professor, Associated Professor Yale University, New Haven

Falckenberg, Hans (1885–1946)

Studium	1903–1911 Erlangen, München, Greifswald
Promotion	„Verzweigungen von Lösungen nichtlinearer Differentialgleichungen“, 1912 Erlangen
Publikationsort	B. G. Teubner
Begutachtung	Fischer
Bewertung	Rigorosum: magna cum laude
Berufliche Entwicklung	1914 Privatdozent Universität Braunschweig
	1919–1922 Privatdozent Universität Königsberg
	1922–1931 a. o. Professor Universität Gießen
	1931–1943 o. Professor Universität Gießen

Fitting, Hans (1906–1938)

Studium	1925–1931 Tübingen, Göttingen
Promotion	„Zur Theorie der Automorphismenringe Abelscher Gruppen und ihr Analogon bei nichtkommutativen Gruppen“, 1932 Göttingen
Publikationsort	Mathematische Annalen (Fitting 1933)
Begutachtung	Noether, Courant
Bewertung	Arbeit: ausgezeichnet, Rigorosum: sehr gut
Berufliche Entwicklung	1932–1934 Stipendiat der Notgemeinschaft der deutschen Wissenschaft Universitäten Göttingen und Leipzig
	1934–1937 Assistent Universität Königsberg

Gutachten Noether
Die Arbeit ergibt rein begrifflich den Aufbau des Automorphismenrings von Abelschen Gruppen mit Operatoren, was insbesondere eine von jeder Rechnung freie Begründung

der hyperkomplexen Systeme in sich schließt, wo die einzelnen Struktursätze ihre durchsichtige Deutung finden.

Die Grundidee eines solchen Aufbaus hat Referentin (Math. Zeitschrift 30) für den Fall des vollreduziblen Spezialfalls gegeben, ohne indes alles allein auf den Automorphismenring stützen zu können. Das konnte (für den obigen Spezialfall) erst Rabinowitsch-Moskau[3], dessen unveröffentlichte Ansätze dann in abstrakter Weiterbildung (wieder im Spezialfall) der Darstellung von van der Waerden Algebra II zugrundeliegen.

Die vorliegende Arbeit ist unabhängig von Rabinowitsch-Van der Waerden entstanden, deren Resultate sie als einfachste Spezialisierung in sich schließt. Von den Hauptresultaten, dem Aufbau des Radikals aus uneigentlichen Automorphismen, findet sich in der Literatur noch keine Andeutung. Verfasser hat sich die Fragestellung vollständig selbstständig gestellt – daß Referentin sie gelegentlich anderen vorgelegt, wusste er nicht.

Als Anwendung seiner allgemeinen Begriffsbildungen ist es Verf. gelungen, die Theorie der einseitigen Ideale in Ordnungen in den Grundzügen entsprechend der Theorie im kommutativen zu entwickeln – auch das eine von Referentin gelegentlich anderen gegenüber aufgeworfene Frage. Seine Begriffsbildungen ergeben gerade die hier bisher fehlenden Grunddefinitionen; sie ergeben auch fürs Kommutative neue Einsichten. Das Analogon zu den Eindeutigkeitssätzen entnimmt er dem Krull-Schmidtschen Satz, für den er vorher im Rahmen seiner Theorie einen neuen durchsichtigen Beweis erbracht hat.

Die Darstellung ist, dem Inhalt entsprechend völlig klar und ausgereift; wie stark alles durchdacht ist, zeigt deutlich die Einleitung. Weitere Anwendungen – z. B. eine Elementarteilertheorie in dem bisher ganz unzugänglichen Fall von mehreren Parametern – sind in den Grundzügen schon fertig und zeigen die Fruchtbarkeit der Methode.

Ich möchte die Arbeit als eine ausgezeichnete erklären. (Noether 10. 7. 1931, Promotionsakte Fitting) (Hervorhebung i. O.)

Grell, Heinrich (1903–1974)

Studium	1922–1926 Göttingen
Promotion	„Beziehungen zwischen den Idealen verschiedener Ringe", 1926 Göttingen
Publikationsort	Mathematische Annalen (Grell 1927)
Begutachtung	Noether, Landau
Bewertung	Arbeit: ausgezeichnet, Rigorosum: sehr gut

[3] Möglicherweise spielte Noether auf Arbeiten des sowjetischen, allerdings bereits 1922 in die USA emigrierten Mathematikers George Rainich an, der 1929 unter dem Pseudonym J. L. Rabinowitsch eine Arbeit publizierte (Rabinowitsch 1929), und verwendet den Annex Moskau in Abgrenzung zu dem zu dieser Zeit in Göttingen tätigen Physiker Eugen Rabinowitsch.

Berufliche Entwicklung	1928–1934 Assistent Universität Jena
	1934–1935 Privatdozent Universität Halle
	1946–1947 Assistent Universität Erlangen
	1947–1948 Lehrbeauftragter Hochschule Bamberg
	1948–1950 Oberassistent Humboldt-Universität zu Berlin
	1950–1968 Professor Humboldt-Universität zu Berlin

Gutachten Noether

Es handelt sich um eine grundlegende wissenschaftliche Arbeit, an die schon jetzt – wo sie im Manuskript vorliegt – angeknüpft worden ist und auf der sicher noch weiter aufgebaut werden wird. Das Thema ist vollständig selbständig gewählt und bearbeitet, die Darstellung ganz ausgereift.

Die Fragestellung knüpft vor allem an den Dedekindschen Ideenkreis an, verbindet diesen – mit den Hilfsmitteln der abstrakten Arithmetik – mit Fragen, die aus der Eliminationstheorie und der algebraischen Geometrie kommen. Über den Inhalt orientiert die Einleitung genau. Besonders hervorheben möchte ich die Einführung des Begriffes der Modul- und Idealkörper und der arithmetischen Isomorphie, Begriffe, die erst die vollständige präzise Fassung der Zuordnungssätze ermöglichen. Weiter hervorzuheben ist die Theorie des Grades und der Normen von Idealen in beliebigen Ordnungen, die – auf gruppentheoretischen Gedanken fußend – zu vollständig einfachen und durchsichtigen Resultaten gelangen, welche die bekannten Resultate (Hauptordnung) umfassen, aber weit darüber hinausgehen. Diese Resultate werden für die arithmetische Theorie der algebraischen Funktionen von mehr Veränderlichen von Bedeutung werden, wie sie jetzt schon Resultate der Eliminationstheorie präzisieren, die daran anschließenden Kompositionsreinsätze lassen sich als arithmetisches Äquivalent der geometrischen Auflösung der Singularität auffassen; auch hier trägt die arithmetische Fassung sehr viel weiter.

Ich schlage das Prädikat ‚mit Auszeichnung' vor. (Noether, 20. 5. 1926, Promotionsakte Grell) (Hervorhebung i. O.)

Gröbner, Wolfgang (1899–1980)

Studium	1919–1923 Graz
	1929–1932 Wien
Promotion	„Beitrag zum Problem der Minimalbasen", 1931 Wien
Publikationsort	Monatshefte der mathematischen Physik (Gröbner 1934a)
Begutachtung	Furtwängler
Gastaufenthalt	1932–1933 Göttingen
Berufliche Entwicklung	1936–1940 Mitarbeiter Universität Wien
	1941–1947 a. o. Professor Universität Wien
	1947–1970 o. Professor Innsbruck
Lehrbuch	„Algebraische Geometrie" (Gröbner 1969/70)
Literatur	Reitberger 2000

Hasse, Helmut (1898–1979)

Studium	1917–1921 Kiel, Göttingen, Marburg
Promotion	„Probleme der Theorie der quadratischen Formeln", 1921 Marburg
Publikationsort	Nicht publiziert
Begutachtung	Hensel
Berufliche Entwicklung	1922–1925 Privatdozent Universität Kiel
	1925–1930 o. Professor Universität Halle
	1930–1934 o. Professor Universität Marburg
	1934–1945 o. Professor Universität Göttingen
	1946–1949 Deutsche Akademie der Wissenschaften Berlin
	1949 o. Professor Humboldt-Universität zu Berlin
	1950–1966 o. Professor Universität Hamburg
Lehrbücher	„Bericht über neuere Untersuchungen und Probleme aus der Theorie der algebraischen Zahlkörper" (Hasse 1926/27)
	„Höhere Algebra" (Hasse 1927)
Literatur	Leopoldt, Roquette 1975a

Hazlett, Olive Clio (1890–1974)

Studium	1912–1915 Chicago
Promotion	„On the Classification and Invariantive Characterization of Nilpotent Algebras", 1915 Chicago
Publikationsort	American Journal of Mathematics (Hazlett 1916)
Begutachtung	Dickson, Moore
Bewertung	Arbeit: magna cum laude
Gastaufenthalt	1929 Göttingen
Berufliche Entwicklung	1916–1918 Associate Professor Bryn Mawr College
	1918–1925 Assistant Professor, Associate Professor Mount Holyoke College, South Hadley
	1926–1959 Assistant Professor, Associate Professor University of Illinois, Urbana

Hermann, Grete (1901–1984)

Studium	1921–1926 Göttingen, Freiburg, Göttingen
Promotion	„Die Frage der endlich vielen Schritte in der Theorie der Polynomideale. Unter Benutzung nachgelassener Sätze von Kurt Hentzelt", 1926 Göttingen
Publikationsort	Mathematische Annalen (Hermann 1925)

Begutachtung	Noether, Landau
Bewertung	Arbeit: sehr gut, Rigorosum: sehr gut
Berufliche Entwicklung	1926–1927 Privatassistentin bei Nelson, Göttingen
	1950–1966 o. Professorin für Mathematik Hochschule Bremen
Literatur	Kersting 1995

Gutachten Noether
Die vorliegende Arbeit enthält die vollständige Lösung des Problems, für ein – durch eine Basis – gegebenes Polynomideal alle diesem invariant zugeordneten Idealen und Funktionen in endlich vielen Schritten zu berechnen; sie gibt explizit eben Schranken für die jeweils nötige Schrittzahl an. Speziell ist dann auch die Frage der Eliminationstheorie enthalten, die Nullstellen eines Polynomideals, getrennt nach den Dimensionen, in endlich vielen Schritten zu berechnen. Der Wert einer solchen Fragestellung liegt neben dem theoretischen Interesse – den abstrakt bewiesenen Sätzen auch das konstruktive Verfahren an die Seite zu stellen – noch darin, daß erst durch ein solches Verfahren die Anwendbarkeit auf spezielle Probleme gewährleistet ist; es kommen hier [unleserlich] die algebraische Geometrie in Betracht, da das Polynomideal ja das abstrakte Äquivalent des algebraischen Gebilde darstellt.

Arbeit beruht ganz wesentlich auf Notizen des im Kriege gefallenen K. Hentzelt, die hier zum erstenmal aus dem Nachlaß publiziert wurden. Es handelt sich dabei um eine selbständige Bearbeitung; es ist Verf. gelungen, die unübersichtlichen Hentzeltschen Formeln in begrifflich durchsichtige Sätze zu verwandeln. Vor allem konnte sie den wertvollen ‚Hentzeltschen Nullstellensatz' im Beweis erheblich vereinfachen und [unleserlich] den Satz erweitern. Referentin weiß aus eigener Erfahrung – sie hat die Dissertation aus dem Nachlaß herausgegeben – wieviel Eigenes in einer solchen Bearbeitung notwendig erhalten ist. Auch die wirkliche Berechnung der oberen Schranken musste erst durchgeführt werden.

Hentzelt dachte bei seinen Sätzen nur an Fragen der Eliminationstheorie; daß diese Sätze die Grundlagen zur vollständigen Lösung des oben skizzierten Problems bilden konnten, zeigt ihre Tragweite. Die Lösung verlangt allerdings neben den Methoden der Idealtheorie und der Eliminationstheorie auch solche der Körpertheorie. Verfasserin konnte sie einfach und durchsichtig durchführen. Die Arbeit zeigt eine selbständige Beherrschung des gesamten Stoffes der abstrakten Arithmetik und kann als sehr gut bezeichnet werden. (Noether, 1. 2. 1925, Promotionsakte Hermann) (Hervorhebung i. O.)

Hentzelt, Kurt (1889–1914)

Studium	1908–1909 Berlin
	1909–1913 Erlangen
Promotion	„Zur Theorie der Polynomideale und Resultanten", 1914 Erlangen
Publikationsort	Mathematische Annalen (posthum, Noether 1923)
Begutachtung	Fischer
Bewertung	Gesamtnote: summa cum laude

Hölzer, Rudolf (1903–1927)

Promotion	„Zur Theorie der primären Ringe“
Publikationsort	Mathematische Annalen (Hölzer 1927)
	Vor Abschluss des Promotionsverfahrens an Tuberkulose verstorben

Hopf, Heinz (1894–1971)

Studium	1913–1914 Breslau
	1919–1925 Breslau, Heidelberg, Berlin
Promotion	„Über Zusammenhänge zwischen Topologie und Metrik von Mannigfaltigkeiten“, 1925 Berlin
Publikationsort	Jahrbuch der Dissertationen der philosophischen Fakultät der Universität Berlin (Auszug) (Hopf 1924/25)
Begutachtung	E. Schmidt, Bieberbach
Bewertung	Arbeit: opus eximium, Rigorosum: summa cum laude
Gastaufenthalte	1925 Göttingen
	1927–1928 Princeton
Berufliche Entwicklung	1926–1927 Privatdozent Universität Berlin
	1931–1965 o. Professor ETH Zürich
Lehrbuch	„Topologie“ (Alexandroff, Hopf 1935)
Literatur	Alexandroff 1976

Kapferer, Heinrich (1888–1984)

Studium	1908–1913 Freiburg, München, Freiburg
Promotion	„Über Funktionen von Binomialkoeffizienten“, 1914 Freiburg
Publikationsort	Archiv der Mathematik und Physik (Kapferer 1917)
Begutachtung	Ludwig Stickelberger
Bewertung	Arbeit: summa cum laude, Rigorosum: sehr gut
Gastaufenthalte	1922, 1927 Göttingen
Berufliche Entwicklung	1926–1932 Privatdozentenstipendium Universität Freiburg
	1932–1950 n. b. a. o. Professor Universität Freiburg
Literatur	Kapferer 1938

Köthe, Gottfried (1905–1989)

Studium	1923–1927 Graz
Promotion	„Beiträge zu Finslers Grundlegung der Mengenlehre“, 1927 Graz
Publikationsort	Unbekannt
Begutachtung	Rella, Robert Daublewsky von Sterneck
Gastaufenthalte	1928–1929 Göttingen
Berufliche Entwicklung	1929–1930 Assistent Universität Bonn
	1931–1936 Privatdozent Universität Münster
	1937–1941 a. o. Professor Universität Münster
	1941–1943 a. o. Professor Universität Gießen
	1943–1946 o. Professor Universität Gießen
	1964–1957 o. Professor Universität Mainz
	1957–1965 o. Professor Universität Heidelberg
	1965–1971 o. Professor Universität Frankfurt a. M.

Kurosch, Aleksander (1908–1971)

Studium	1924–1928 Smolensk
	1928 Moskau
Berufliche Entwicklung	1928 Assistent Universität Moskau
	1932–1937 Dozent Universität Moskau
	1937–1971 Professor Universität Moskau

Krull, Wolfgang (1899–1971)

Studium	1919–1921 Freiburg, Rostock, Göttingen
Promotion	„Über Begleitmatrizen und Elementarteilertheorie“, 1921 Freiburg
Publikationsort	Nicht publiziert
Begutachtung	Loewy
Berufliche Entwicklung	1922–1925 Privatdozent Universität Freiburg
	1925–1926 Vertretungsprofessur Universität Erlangen
	1926–1928 n. b. a. o. Professor Universität Freiburg
	1928–1929 o. Professor Universität Erlangen
	1938–1967 o. Professor Universität Bonn
Lehrbuch	„Idealtheorie“ (Krull 1935)
Literatur	Schöneborn 1980

Lehr, Marguerite (1898–1987)

Studium	1919–1925 Bryn Mawr, Rom, Bryn Mawr
Promotion	„The plane quintic with five cusps“, 1926 Bryn Mawr
Publikationsort	American Journal of Mathematics (Lehr 1927)
Begutachtung	Charlotte Angas Scott
Berufliche Entwicklung	1924–1955 Instructor, Associate Professor Bryn Mawr
	1955–1967 Professor Bryn Mawr

Levitzki, Jakob (1904–1956)

Studium	1922–1928 Tel Aviv, Göttingen, Köln, Göttingen
Promotion	„Über vollständig reduzible Ringe und Unterringe“, 1931 Göttingen
Publikationsort	Mathematische Zeitschrift (Levitzki 1931)
Begutachtung	Noether, Landau
Bewertung	Arbeit: mit Auszeichnung, Rigorosum: sehr gut
Berufliche Entwicklung	1928–1929 Hilfsassistent Universität Kiel
	1929–1930 Sterling-Stipendium Yale University, New Haven
	1948 – n. e. Hebrew University

Gutachten Noether

Die Abhandlung ist im Anschluß an eine Vorlesung von Ref. über hyperkomplexe Größen und Darstellungstheorie (Wintersem. 1927/28) entstanden. Dort wurde diese von Frobenius herrührende Theorie rein arithmetisch begründet, und die Frage aufgeworfen, auch die weiteren Resultate von Frobenius – Relationen zwischen den Charakteren von Gruppen und denen ihrer Untergruppen – arithmetisch zu begründen.

Die Abhandlung geht weit über die aufgeworfene Frage und über die Frobeniusschen Resultate hinaus. Zuerst wird gezeigt, daß diese Frobeniusschen Resultate nicht auf endliche Gruppen beschränkt sind, auch nicht auf hyperkomplexe Systeme, sobald man nur die Beziehung zwischen den Charakteren durch die ganz äquivalenten zwischen den Darstellungen, bzw. den die Darstellung erzeugenden Idealen ersetzt. Es handelt sich ganz allgemein um Beziehungen zwischen vollständig irreduziblen Ringen und ihren vollständig irreduziblen Unterringen.

Aber weit mehr; die daraus folgenden Zahlenrelationen werden nicht nur – wie bei Frobenius – als notwendig abgeleitet, es wird gezeigt, daß sie charakteristisch für die einzelnen Unterringklassen sind insofern als zu jedem Lösungssystem eine und nur eine solche Klasse gehört. Und zwar handelt es sich sukzessive um allgemeine Unterringe, Darstellungsunterringe, normale Unterringe, wobei die beiden letzten Typen das Analogon zum Gruppenfall bilden. Damit ist die eigentliche Bedeutung der Frobeniusschen Relationen – im weitesten Sinne gewonnen – aufgedeckt.

Die Arbeit gibt also ganz neue und in gewissem Sinne abschließende Struktursätze für vollst. red. Ringe; sie führt zugleich zu neuen Fragestellungen (Faktorring eines normalen Unterrings u. s. w.), mit deren Bearbeitung Verfasser schon begonnen hat. Ich möchte diese ganz selbständige Leistung als ausgezeichnet bezeichnen. (Noether, 6. 6. 1928, Promotionsakte Levitzki) (Hervorhebung i. O.)

Mac Lane, Saunders (1909–2005)

Studium	1926–1934 Yale, Chicago, Göttingen
Promotion	„Abgekürzte Beweise im Logikkalkül", 1934 Göttingen
Publikationsort	Nicht publiziert
Begutachtung	Bernays, Weyl
Bewertung	Arbeit: genügend, Rigorosum: ausgezeichnet
Berufliche Entwicklung	1938–1946 Assistant Professor, Associate Professor Harvard University, Cambridge
	1946–1947 Full Professor Harvard University, Cambridge
	1947–1982 Full Professor Chicago
Lehrbuch	„Categories for the Working Mathematician" (Mac Lane 1971)
Literatur	McLarty 2008

Ore, Øystein (1899–1968)

Studium	n. e.–1924 Oslo, Göttingen, Oslo
Promotion	„Zur Theorie algebraischen Körper", 1924 Oslo
Publikationsort	Unbekannt
Begutachtung	Thoralf Skolem
Gastaufenthalt	1924–1926 Göttingen
Berufliche Entwicklung	1927–1929 Assistant Professor, Associate Professor Yale University, New Haven
	1931–1968 Full Professor Yale University, New Haven

Pontrajagin, Lew (1908–1988)

Studium	n. e. –1929 Universität Moskau
Berufliche Entwicklung	1935 – n. e. Professor Universität Moskau
Literatur	Pontrajagin 1988

Schilling, Otto (1911–1973)

Studium	1930–1934 Jena, Göttingen, Marburg
Promotion	„Über gewisse Beziehungen zwischen der Arithmetik hyperkomplexer Zahlsysteme und algebraischer Zahlkörper", 1935 Marburg
Publikationsort	Mathematische Annalen (Schilling 1935)
Begutachtung	Hasse
Bewertung	Arbeit: sehr gut, Rigorosum: sehr gut
Gastaufenthalt	1935 Princeton
Berufliche Entwicklung	1939–1958 Instructor, Assistant Professor, Associate Professor Chicago University
	1958–1961 Full Professor Chicago University
	1961–1973 Full Professor Perdue University, West Lafayette, Indiana

Schmeidler, Werner (1890–1969)

Studium	1910–1914 Göttingen
Promotion	„Über homogene kommutative Gruppen hyperkomplexer Größen und ihre Zerlegung in unzerlegbare Faktoren", 1917 Göttingen
Publikationsort	nicht publiziert
Begutachtung	Landau, Toeplitz
Bewertung	Arbeit: gut, Rigorosum: sehr gut
Berufliche Entwicklung	1921–1939 o. Professor Technische Hochschule Breslau
	1939–1945 o. Professor Technische Hochschule Berlin
	1951–1958 o. Professor Technische Universität Berlin

Schmidt, Friedrich Karl (1901–1977)

Studium	1920–1925 Freiburg, Marburg
Promotion	„Allgemeine Körper im Gebiet der höheren Kongruenzen", 1926 Freiburg
Publikationsort	Nicht publiziert
Begutachtung	Loewy
Berufliche Entwicklung	1927–1933 Assistent Universität Erlangen
	1933 apl. Professor Universität Erlangen
	1933–1934 Vertretungsprofessor Universität Göttingen
	1934–1941, 1945–1946 o. Professor Universität Jena
	1946–1952 o. Professor Universität Münster
	1952–1966 o. Professor Universität Heidelberg

Schmidt, Otto (1891–1956)

Studium	1909–1913 Kiew
Gastaufenthalte	1927 Göttingen
Berufliche Entwicklung	1916–1923 Privatdozent Universität Moskau
	1923–1956 Professor Universität Moskau

Scholz, Arnold (1904–1942)

Studium	1923–1928 Berlin, Wien, Berlin
Promotion	„Über die Bildung algebraischer Zahlkörper mit auflösbarer Galoisscher Gruppe", 1929 Berlin
Publikationsort	Mathematische Zeitschrift (Scholz 1929)
Begutachtung	Schur, E. Schmidt
Bewertung	Arbeit: opus valde laudabile, Rigorosum: magna cum laude
Berufliche Entwicklung	1930–1934 Assistent Freiburg
	1934–1940 Dozent Kiel
	1940–1942 Lehrer Marineschule Mürwick bei Flensburg

Schwarz, Ludwig (1908– n. e.)

Studium	1928–1933 Darmstadt, München, Göttingen, Hamburg, Bonn, Göttingen
Promotion	„Zur Theorie des nichtkommutativen Polynombereichs und Quotientenrings", 1944 Göttingen
Publikationsort	Mathematische Annalen (Schwarz 1948)
Begutachtung	Hasse, Herglotz, Weyl
	Laut eines Briefs Noethers an Hasse vom 27. 6. 1933 hatte sie die Arbeit begutachtet, ein Gutachten ist jedoch nicht in der Akte vorhanden.
Bewertung	Arbeit: ausgezeichnet, Rigorosum: sehr gut
Berufliche Entwicklung	1933–1938 Assistent Universität Halle
	1938–1945 Aerodynamische Versuchsanstalt Göttingen

Seidelmann, Fritz (1890– n. e.)

Studium	1909–1913 München
	1915–1916 Erlangen (Gasthörer)
Promotion	„Die Gesamtheit der kubischen und biquadratischen Gleichungen mit Affekt bei beliebigem Rationalitätsbereich“, 1916 Erlangen
Publikationsort	Nicht publiziert
Begutachtung	M. Noether
Bewertung	Rigorosum: summa cum laude
Berufliche Entwicklung	1931 – n. e. Studienprofessor Oberrealschule Ansbach

Shoda, Kenjiro (1902–1977)

Studium	n. e. – 1925 Tokio
	1925–1929 Berlin, Göttingen
Promotion	„Über direkt zerlegbare Gruppen“, 1931 Tokio
Publikationsort	Unbekannt
Begutachtung	Takagi
Berufliche Entwicklung	1933 – n. e. Professor Imperial University Osaka
	1964 – n. e. First Chairman of Mathematical Society of Japan
Lehrbuch	„Abstract Algebra“ (Shoda 1932)

Shover, Grace, verh. Quinn (1906–1998)

Studium	1922–1929 Ohio State University, Columbus
Promotion	„On the Class Number and Ideal Multiplication in a Rational Linear Associative Algebra“, 1931 Columbus
Publikationsort	Unbekannt
Begutachtung	MacDuffee
Berufliche Entwicklung	1934–1935 Emmy Noether Fellowship, Bryn Mawr
	1936–1937 Instructor New York College
	1937–1942 Instructor Carleton College
	1956–1963 Assistant Professor, Associate Professor American University, Washington
	1963–1970 Professor American University, Washington

Stauffer, Ruth, verh. McKee (1910–1993)

Studium	1931–1933 Bryn Mawr
Promotion	„The Construction of a Normal Basis in a Separable Extension Normal Field“, 1935 Bryn Mawr
Publikationsort	American Journal of Mathematics (Stauffer 1936)
Begutachtung	Noether, Brauer
Gastaufenthalt	1934–1935 Bryn Mawr
Berufliche Entwicklung	1935–1936 Post-Doc Johns Hopkins University, Baltimore
	1938–1939 Instructor Bryn Mawr
	1953–1980 Analyst, Joint State Government Commission, Harrisburg

Suetuna, Zyoiti (1898–1970)

Studium	1919–1922 Tokio
Gastaufenthalte	1927–1929 u. a. Göttingen
Berufliche Entwicklung	1923–1924 Assistant Professor Kyushu University
	1924–1935 Assistant Professor Tokyo University
	1935–1970 Professor Tokyo University

Taussky, Olga, verh. Taussky-Todd (1906–1995)

Studium	1925–1930 Wien
Promotion	„Über eine Verschärfung des Hauptidealsatzes“, 1930 Wien
Publikationsort	Unbekannt
Begutachtung	Furtwängler
Gastaufenthalte	1931–1934 Göttingen
Berufliche Entwicklung	1931–1934 Assistentin Göttingen
	1934–1935 Foreign Scholarship Bryn Mawr
	1935–1937 Science Fellowship Girton College
	1938–1944 Assistant Professor London University
	1944–1957 University of California Los Angeles, Institute for Advanced Study Princeton, Courant Institute New York, National Bureau of Standards New York
	1957–1971 Research Associate California Institute of Technology, Los Angeles
	1971–1977 Full Professor California Institute of Technology, Los Angeles
Literatur	Taussky 1983, Luchins 1987

Teichmüller, Oswald (1913–1943)

Studium	1931–1935 Göttingen
Promotion	„Operationen im Wachsschen Raum", 1935 Göttingen
Publikationsort	Journal für reine und angewandte Mathematik (Teichmüller 1936)
Begutachtung	Hasse
Bewertung	Arbeit: mit Auszeichnung, Rigorosum: mit Auszeichnung
Berufliche Entwicklung	1935 Assistent Universität Göttingen
	1938–1939 Assistent Universität Berlin
Literatur	Segal 2003

Tsen, Chiungtze C. (1898–1940)

Studium	1922–1926 Wuchang
	1929–1933 Göttingen
Promotion	„Algebren über Funktionenkörpern", 1934 Göttingen
Publikationsort	Nicht publiziert
Begutachtung	Noether, F. K. Schmidt
Bewertung	Arbeit: sehr gut, Rigorosum: sehr gut
Berufliche Entwicklung	1935–1937 Assoziierter Professor Universität Zhejang, Hangzhou
	1937–1939 Professor Beijang Institute of Technology, Tienjin
	1939–1940 Professor National Xikang Institute of Technology, Provinz Xikang
Literatur	Lorenz 1999

Gutachten Noether

Es handelt sich um eine interessante und wichtige Arbeit, an die seitdem (durch E. Witt) schon weiter angeknüpft worden ist. Es wird gezeigt, daß es über algebraischen Funktionenkörpern (einer Veränderlichen) als Zentrum keine Schiefkörper gibt, wenn der Konstantenkörper algebraisch abgeschlossen ist, nur solche vom Quarternionentyp, bei reell abgeschlossenem Konstantenbereich. Das ist das Analogon zu dem bekannten Frobeniusschen Satze über die Einzigkeit der gewöhnlichen Quarternionen; zugleich ergibt sich so die Grundlage zur Untersuchung bei beliebigem Konstantenkörper vermöge normierter Darstellung durch konstante Zerfällungskörper. Für den Spezialfall rationaler Funktionen mit reellen Koeffizienten wird die Theorie der Zerfällungskörper noch im einzelnen verfolgt; insbesondere wird so der wichtige Normensatz gewonnen.

Der erste Teil – algebraisch abgeschlossener Konstantenkörper – ist unter starker Anregung meinerseits entstanden; Verfasser ist aber in verschiedenen Punkten darüber hinausgegangen. So hat er den Satz, dass unter den gegebenen Voraussetzungen jedes Element des Grundbereichs Norm ist – auf dem alles Folgende beruht – gleich in Bezug auf Schiefkörper (nicht nur kommutative Körper) bewiesen, und dadurch zwei neue Beweise, von E. Artin und mir, ermöglicht. Auch hatte ich ursprünglich die Existenz von Schiefkörpern vermutet, und erst durch seine Beispiele kam ich auf die richtige Vermutung. Der zweite Teil – reeller Konstantenkörper – ist in der Einzeluntersuchung über Zerfällungskörper völlig unabhängig von mir entstanden, sowohl in Fragestellung wie Methode. Verfasser zeigt zugleich, daß er sich in die modernen algebraischen Fragestellungen ganz hineingedacht hat. Ich möchte die Arbeit als eine sehr gute bezeichneten. (Noether 27. 10. 1933, Promotionsakte Tsen) (Hervorhebung i. O.)

Ulm, Helmut (1908–1975)

Studium	1926–1933 Göttingen, Jena, Bonn
Promotion	„Zur Theorie der abzählbar-unendlichen Abelschen Gruppen“, 1933 Bonn
Publikationsort	Mathematische Annalen (Ulm 1933)
Begutachtung	Toeplitz, Heinz Prüfer
Bewertung	Arbeit: ausgezeichnet, Rigorosum: sehr gut
Berufliche Entwicklung	1935–1937 Assistent Universität Münster
	1937–1947 n. b. a. o. Professor Universität Münster
	1947–1974 pl. a. o. Professor Universität Münster

Van der Waerden, Bartel Leendert (1903–1996)

Studium	1919–1926 Amsterdam, Göttingen
Promotion	„De algebraiese grondslagen der meetkunde van het aantal“, 1926 Amsterdam
Begutachtung	de Vries, Brouwer
Berufliche Entwicklung	1926–1927 Assistent Universität Hamburg
	1927–1928 Privatdozent Universität Göttingen
	1928–1931 o. Professor Universität Groningen
	1931–1945 o. Professor Universität Leipzig
	1947–1948 Gastprofessur Johns Hopkins University, Baltimore
	1948–1951 o. Professor Universität Amsterdam
	1951–1972 o. Professor Universität Zürich
Lehrbuch	„Moderne Algebra“ (van der Waerden 1930/31)
Literatur	van der Waerden 1979, 1994

Vorbeck, Werner (1909– n. e.)

Studium	1927–1929 Freiburg, Wien, München
	1929–1936 Göttingen
Promotion	„Nichtgaloissche Zerfällungskörper einfacher hyperkomplexer Systeme", 1936 Göttingen
Publikationsort	Nicht publiziert
Begutachtung	Noether, F. K. Schmidt
Bewertung	Arbeit: gut, Rigorosum: gut
Berufliche Entwicklung	1945 – n. e. Studienrat

Gutachten Noether

In dieser Arbeit wird das Analogon der verschränkten Produktdarstellung bei nichtgaloisschen Zerfällungskörpern gegeben. Dieses Problem war in irrationaler Fassung von R. Brauer gelöst (Math. Zeitschr. 30); damals hatte Referentin das rationale Resultat (Hauptsatz in § 3) vermutet. Den Beweisansatz hatte sie in einer demnächst im Herbrand-Gedächtnisband erscheinenden Note skizziert (§ I, 2 u. 3 von ‚Zerfallende verschränkte Produkte und ihre Maximalordnungen').

Die Einzeldurchführung rührt aber nach diesen und einigen weiteren Richtlinien ganz von Verfasser her; sie verlangt ein starkes Eindringen in den Stoff und neuartige Rechenmethoden. Insbesondere bemerkt Verfasser daß die Umkehrung (§ 4) sich direkt, in Analogie zum galoisschen Fall, beweisen lasse, ohne die in § 3 nötige Einbettung in den galoisschen Oberkörper. Einige noch vorhandene Lücken sind leicht auszufüllen.

Ich möchte die Arbeit mit gut, fast als sehr gut, bezeichnen. (Noether 10. 4. 1934, Promotionsakte Vorbeck) (Hervorhebung i. O.)

Weber, Werner (1906–1975)

Studium	1924–1925 Hamburg
	1925–1929 Göttingen
Promotion	„Idealtheoretische Deutung der Darstellbarkeit beliebiger natürlicher Zahlen durch quadratische Formen", 1930 Göttingen
Publikationsort	Mathematische Annalen (Weber 1930)
Bewertung	Arbeit: mit Auszeichnung, Rigorosum: mit Auszeichnung
Berufliche Entwicklung	1931–1935 Assistent Universität Göttingen
	1935 Dozent Universität Berlin
	1935–1937 Vertretungsprofessur Universität Heidelberg
	1938 n. b. a. o. Professor Universität Berlin
	1939–1945 apl. Professor Universität Berlin

Gutachten Noether

In der Arbeit wird zum ersten Mal die idealtheoretische Deutung der Darstellbarkeit natürlicher Zahlen, durch quadratische Formeln vorgegebener Klasse, in voller Allgemeinheit behandelt. In der Literatur findet sich immer nur der ‚teilerfremde' Fall – teilerfremd zum Führer der zugehörigen Ordnung –, mit Ausnahme eines auf Modulklassen bezüglichen ersten Ansatzes von Dedekind. Das Problem wird vollständig gelöst, in einfacher durchsichtiger Form, die auch für den teilerfremden Fall befriedigender ist als das bisher bekannte, da alle sonst üblichen Normierungen vermieden sind – im allgemeinen Fall versagen solche Normierungen.

Die Lösung gelingt durch Beschränkung auf eine wohlbestimmte Teilmenge der Ideale der Ordnung, nämlich auf solche Ideale, die keine umfassendere Ordnung als Multiplikatorenbereich gestatten; die teilerfremden sind dabei als Untermenge enthalten. Der Formenklasse ist bei dieser Beschränkung eineindeutig eine Idealklasse zugeordnet; die durch die Formenklasse darstellbaren natürlichen Zahlen sind alle und nur solche, die Norm – in Dedekindscher Definition – mindestens eines Ideals der Klasse sind. Die verschiedenen Darstellungen, die demselben Ideal zugeordnet sind, entsprechen eineindeutig den Einheiten positiver Norm in der Ordnung.

Es gelten also auch hier genau die im Spezialfall bekannten Resultate. Neues tritt beim Übergang zur Hauptordnung auf; hier zeigt sich, daß die wesentlich neuen Verhältnisse nur bedingt sind durch diejenigen Primfaktoren des Führers, die im Körper weiter zerfallen. Diese letzten Sätze gehören zu Struktur-Untersuchungen – die mit von Grell entwickelten Begriffen arbeiten – die der Verfasser weiter verfolgt hat, deren Resultate aber noch nicht vollständig abgeschlossen sind, und die daher nicht aufgenommen wurden.

Die Arbeit ist klar und scharf geschrieben. Daß die Resultate – so einfach sie sind – nicht auf der Hand liegen, zeigt eine Bemerkung von H. Hasse, einem der besten Kenner des Gebietes, der noch im vergangenen Herbst äußerte, daß man hier gar keine Ansätze habe, und daß die Frage, wenn überhaupt, sich nur mit ganz neuen Methoden behandeln lasse. Ich möchte daher das Prädikat ‚mit Auszeichnung' vorschlagen. (Noether 16. 4. 1929, Promotionsakte Weber) (Hervorhebung i. O.)

Weiss, Marie Johanna (1903–1952)

Studium	1921–1928 Stanford, Radcliff, Stanford
Promotion	„Primitive groups with contain substitutions of prime order *p* and of degree *6p* or *7p*", 1928 Stanford
Publikationsort	Transaction of the American Mathematical Society (1930)
Begutachtung	Manning
Gastaufenthalt	1934–1935 Bryn Mawr (Emmy Noether Fellowship)
Berufliche Entwicklung	1928–1930 National Research Council Fellowship
	1930–1936 Assistant Professor H.-Sophie-Newcomb-College, Tulane-University
	1936–1938 Professor Vassar College, New York
	1938–1952 Professor H.-Sophie-Newcomb-College, Tulane-University
Lehrbuch	„Higher Algebra for the Undergraduate" (Weiss 1949)

Wichmann, Wolfgang (1912–1944)

Studium	1929–1934 Zürich, Berlin, Göttingen
Promotion	„Anwendungen der p-adischen Theorie im Nichtkommutativen", 1936 Göttingen
Publikationsort	Monatshefte für Mathematik und Physik (Wichmann 1936)
Begutachtung	F. K. Schmidt
Bewertung	Arbeit: sehr gut, Rigorosum: sehr gut

Gutachten Noether
Die vorliegende Arbeit ist in Wahl und Durchführung des Themas vollständig selbständig; sie zeigt daß Verfasser die modernen arithmetischen, hyperkomplexen und analytischen Methoden ganz beherrscht.

Im ersten Teil zeigt er wie die Hilbertsche Theorie der Trägheits- und Verzweigungskörper vermöge der von Referentin entwickelten galoisschen Theorie im Nichtkommutativen sich auch hier fassen läßt. Die bekannten p-adischen Struktursätze (Hasse, Math. Ann. 104) ergeben so die Tatsache daß keine höheren Verzweigungsgruppen existieren, was eine Deutung des Brandschen Zerlegungsgesetzes bedeutet.

Der zweite Teil gibt analytische Tatsachen: Nach Zurückführung der ζ-Funktion eines Matrizenrings auf die ζ-Funktion des zugehörigen Schiefkörpers eine Weiterführung eines Ansatzes von Zorn: Abbildung der Funktionalgleichung einmal direkt, einmal vermöge des Zusammenhangs mit der ζ-Funktion des Zentrums. Dadurch kommt auch für Schiefkörper vom Grad 2^{ν} die Tatsache daß die Anzahl der verzweigten Primstellen gerade ist. Das bedeutet allerdings nur in dem von Zorn behandelten Fall, Grad zwei, das Reziprozitätsgesetz.

Schließlich als wesentlich nun der Beweis daß der asymmetrische Ausdruck für die Anzahl der Primideale mit $N(y) \leq x$ symmetrisch gilt für die einseitigen Primideale in Schiefkörpern.

Zuletzt bemerkt er, daß auch der symptomatische Ausdruck für die Anzahl der Ideale a einer Klasse mit $N(a) \leq x$ sich genau wie im kommutativen beweist, was im Spezialfall der Quaternionen eine Gitterpunktabschätzung ergibt.

Also eine Reihe von Resultaten, wenn auch die Beweise sich im wesentlichen aus den bekannten übertragen lassen.

Ich möchte die Arbeit mit sehr gut bezeichnen. (Noether 17. 7. 1934, Promotionsakte Wichmann) (Hervorhebungen i. O.)

Witt, Ernst (1911–1991)

Studium	1929–1935 Freiburg, Göttingen
Promotion	„Riemann-Rochscher Satz und Zeta-Funktion im Hyperkomplexen", 1934 Göttingen
Publikationsort	Mathematische Annalen (Witt 1935)
Begutachtung	Noether, Herglotz
Bewertung	Arbeit: ausgezeichnet, Rigorosum: gut
Berufliche Entwicklung	1934–1938 Assistent, Privatdozent Universität Göttingen
	1938–1939 Vertretungsprofessur Universität Hamburg
	1939–1940 pl. a. o. Professor Universität Hamburg
	1954–1957 pers. o. Professor Universität Hamburg
	1957–1979 Professor Universität Hamburg
Literatur	Kersten 2000

Gutachten Noether

Die vorliegende Arbeit überträgt den Riemann-Rochschen Satz auf alle Divisionsalgebren über einem algebraischen Funktionenkörper einer Unbestimmten, mit vollkommenem Koeffizientenkörper. Das Resultat ist überraschend einfach, genau die im Kommutativen bekannte Formel; nur daß jetzt das, wieder invariant definierte, Geschlecht des Schiefkörpers eintritt, und daß es sich um einseitige statt zweiseitige Divisoren handelt. Die Einführung des Gruppoids der einseitigen Divisoren ist ein prinzipiell neuer Schritt; bisher wurde nur das Gruppoid der einseitigen Ideale betrachtet. Hat man die Divisoren einmal, so sind die Überlegungen einer Übertragung der bekannten auf Dedekind-Weber und Hensel-Landsberg zurückgehenden, in der Form, wie sie F. K. Schmidt für abstrakte Grundkörper gegeben hat. Diese Form hat Verfasser durch stärkere Heranziehung des Bewertungsbegriffes noch wesentlich vereinfacht, und damit die Übertragung ermöglicht.

Der zweite Teil leitet daraus für den Spezialfall daß der Koeffizientenkörper ein Galoisfeld die Funktionalgleichung der Z-Funktion des Schiefkörpers her, wieder als Übertragung von Resultaten von F. K. Schmidt, und wieder mit erheblicher Vereinfachung. Schon aus speziellen Eigenschaften der Z-Funktion ergibt sich der Satz über die zerfallenden Algebren, ähnlich wie dies Zorn im Zahlkörperfall gezeigt; aber schärfer als bei Zorn mit der Aussage daß mindestens zwei Verzweigungsstellen existieren.

Um von hier aus die Verbindung zur Klassenkörpertheorie, insbesondere zum Reziprozitätsgesetz, zu gewinnen, wird die explizite Konstruktion von Algebren mit vorgegebenen Invarianten (der Summen Null) angegeben. Das geschieht mit prinzipiell neuen Methoden, nämlich vermöge eines aus Konstanten bestehenden Zerfällungskörpers, aufgrund eben in Göttingen von anderer Seite (Tsen) erreichter Resultate. Verfasser hatte direkt bemerkt, das dieser ein weitreichendes Hilfsmittel bietet.

Unterzeichnende hatte ursprünglich vorgeschlagen, auf dem Weg über die Z-Funktion den Riemann-Rochschen Satz zu gewinnen, ohne sich über die Formulierung des Satzes klar zu sein – die Möglichkeit einer Gewinnung schien ihr nach den vorliegenden zahlentheoretischen Resultaten aus Analogiegründen gesichert. Ob sie wirklich auf dem vorgeschlagenen Weg möglich war ist zweifelhaft. Der hier gegebene direkte Weg löst die Aufgabe in einfachster Form, zugleich viel weittragender als sie ursprünglich gestellt war, da beliebige Koeffizientenkörper, statt Galoisfelder, zugelassen sind. Es handelt sich um eine ausgezeichnete Leistung. (Noether Juli 1933, Promotionsakte Witt) (Hervorhebung i. O.)

Zariski, Oscar (1899–1986)

Studium	1918–1925 Kiew, Rom
Promotion	Thema unbekannt, 1925 Rom
Begutachtung	Guido Castelnuovo
Gastaufenthalte	1934–1935 Princeton
Berufliche Entwicklung	1929–1937 Assistant Professor Johns Hopkins University, Baltimore
	1937–1947 Full Professor Johns Hopkins University, Baltimore
	1947–1969 Full Professor Harvard University, Cambridge
Literatur	Parikh 1991

Archivmaterialien

Abbildungsnachweise

Abb. 1.1 Noether, Emmy (19. 4. 1933): Beantwortung des „Fragebogen zur Durchführung des Gesetzes zur Wiederherstellung des Berufsbeamtentums". GStA PK, I. HA Rep. 76, Va, Nr.10081, Bl. 11 VS, RS.
Abb. 1.2 Noether, Emmy an Hasse, Helmut (6. 3. 1934): SUB, Cod. Ms Hasse, H. Hasse 1:1203 A u. 1:1203 A, Beil, Cod. Ms. 1991.11, Acc. Mss. 1991.11, H. Hasse 33:3, Bl. 72/1 VS, RS.
Abb. 2.1 Noether, Emmy an Hasse, Helmut (12. 11. 1931) SUB, Cod. Ms Hasse, H. Hasse 1:1203 A u. 1:1203 A, Beil, Cod. Ms. 1991.11, Acc. Mss. 1991.11, H. Hasse 33:3, Bl. 35.
Abb. 2.2 Gutachten Noether, Emmy: Promotionsakte Fitting UAG.Math.Nat.Prom. 0011. (Promotion 1932)
Abb. 4.1 Van der Waerden, Bartel L. (8. 6. 1933): GStA PK, I. HA Rep. 76, Va, Nr.10081, Bl.37f.
Abb. 4.2 Weyl, Hermann (12. 7. 1933): GStA PK, I. HA Rep. 76, Va, Nr.10081, Bl. 39.
Abb. 5.1 Moderne Algebra I, Titelblatt: Van der Waerden, Bartel L. (1930): Moderne Algebra I. Springer, Berlin.
Abb. 5.2 Leitfaden: Van der Waerden, Bartel L. (1930): Moderne Algebra I. Springer, Berlin: VIII.
Abb. 5.3 Algebraische Arbeiten (quantitative Auswertung), benannt in der „Idealtheorie" (Krull 1935), eigene Berechnung.
Abb. A.1 Sammlung Ilse Sponsel (vormals Privatbesitz Herbert Heisig), übergeben an Cordula Tollmien, www.tollmien.com/noether (21. 4. 2014).
Abb. A.2 Verlagsarchiv Springer.
Abb. A.3 Verlagsarchiv Birkhäuser.
Abb. A.4 Verlagsarchiv Birkhäuser.
Abb. A.5 Privatbesitz Roquette.
Abb. A.6 Oberwolfach Photo Collection, Archiv Peter Roquette, Photo ID 9245.
Abb. A.7 Oberwolfach Photo Collection, Sammlung Konrad Jakobs, Photo ID 3097.
Abb. A.8 Verlagsarchiv Birkhäuser.
Abb. A.9 Oberwolfach Photo Collection, Sammlung Konrad Jacobs, Photo ID 3094.
Abb. A.10 Verlagsarchiv Birkhäuser.
Abb. A.11 Oberwolfach Photo Collection, Archiv Peter Roquette, Photo ID 9266, Copyright: Natascha Artin.

M. Koreuber, *Emmy Noether, die Noether-Schule und die moderne Algebra*,
Mathematik im Kontext, DOI 10.1007/978-3-662-44150-3

Abb. A.12 Oberwolfach Photo Collection, Archiv Peter Roquette, Photo ID 9265, Copyright: Natascha Artin.
Abb. A.13 Oberwolfach Photo Collection, Archiv Peter Roquette, Photo ID 9267, Copyright: Universitätsarchiv Göttingen.
Abb. A.14 Oberwolfach Photo Collection, Sammlung Konrad Jacobs, Photo ID 3113.
Abb. A.15: Oberwolfach Photo Collection, Archiv Peter Roquette, Photo ID 9268 (vormals Privatbesitz Otto Neugebauer).
Abb. A.16 Verlagsarchiv Birkhäuser.

Abkürzungsverzeichnis der Archive

GStAPK: Geheimes Staatsarchiv Preußischer Kulturbesitz, Berlin.
MITL: Massachusetts Institute for Technology: Libraries, Institute Archives and Special Collections.
RAC: Rockefeller Archive Center, Sleepy Hollow.
SUB: Niedersächsische Staats- und Universitätsbibliothek Georg-August-Universität Göttingen, Abteilung Handschriften, Autographen, Nachlässe, Sonderbestände.
UAG: Universitätsarchiv der Georg-August-Universität Göttingen
UAB: Universitäts- und Landesbibliothek Bonn, Abteilung Handschriften und Rara.
UAE: Universitätsarchiv der Friedrich-Alexander-Universität Erlangen-Nürnberg, Bestand A.
UAF: Universitätsarchiv der Albert-Ludwigs-Universität Freiburg.
VAS: Verlagsarchiv Springer Heidelberg, seit 2009 Landesbibliothek Berlin.

Briefwechsel

Albert, Adrian A. an Hasse, Helmut (11.5.1931, 6.11.1931, 25.11.1931, 9.12.1931, 1.4.1932, 6.2.1934): SUB, Cod. Ms Hasse, 7: H. Hasse 1:25 u. 1:25, Beil.
Deuring, Max an die Verlagsbuchhandlung Julius Springer (27.5.1934, 26.6.1934, 19.10.1934): VAS, Signatur: B:D, 31.
Einstein, Albert an Hilbert, David (12.11.1915): In: The Collected Papers of Albert Einstein, 8. The Berlin Years 1914–1918. Correspondence, Part A: 1914–1917. Princeton University Press 1998, Princeton: Document 139.
Einstein, Albert an Ehrenfest, Paul (24.5.1916): In: The Collected Papers of Albert Einstein, 8. The Berlin Years 1914–1918. Correspondence, Part A: 1914–1917. Princeton University Press 1998, Princeton: Document 220.
Einstein, Albert an Hilbert, David (24.5.1918) In: The Collected Papers of Albert Einstein, 8. The Berlin Years 1914–1918. Correspondence, Part B: 1914–1917. Princeton University Press (1998), Princeton: Document 548.
Einstein, Albert an Klein, Felix (15.12.1917) In: The Collected Papers of Albert Einstein, 8. The Berlin Years 1914–1918. Correspondence, Part A: 1914–1917. Princeton University Press (1998), Princeton: Document 408.

Einstein, Albert an Weyl, Hermann (23.11.1916) In: The Collected Papers of Albert Einstein, 8. The Berlin Years 1914–1918. Correspondence, Part A: 1914–1917. Princeton University Press (1998), Princeton: Document 278.

Fraenkel, Abraham an Hasse, Helmut (8.10.1928, 10.10.1928): SUB, Cod. Ms Hasse, 7: H. Hasse 33:2 (Bl. 415–423).

Hasse, Helmut an Deuring, Max (15.4.1935): SUB, Cod. Ms Hasse 7, H. Hasse 1:352.

Hasse, Helmut an Kapferer, Heinrich (15.2.1935): SUB, Cod. Ms Hasse, 7: H. Hasse 1:817 u. 1:817, Beil.

Hasse, Helmut an Noether, Emmy (19.11.1934): SUB, Cod. Ms Hasse, 7: H. Hasse 1:1203 A u. 1:1203 A, Beil.

Hasse, Helmut an Toeplitz, Otto (18.4.1935): SUB, Cod. Ms Hasse, 7: H. Hasse 1:731.

Hasse, Helmut an Valentiner, Justus Theodor (31.7.1933): SUB, Cod. Ms Hasse, 7: H. Hasse 25:1 (Bl. 280–293).

Hilbert, David an Einstein, Albert (13.11.1915): In: The Collected Papers of Albert Einstein, 8. The Berlin Years 1914–1918. Correspondence, Part A: 1914–1917. Princeton University Press 1998, Princeton: Document 140.

Hilbert, David an Einstein, Albert (27.5.1916) In: The Collected Papers of Albert Einstein, 8. The Berlin Years 1914–1918. Correspondence, Part A: 1914–1917. Princeton University Press (1998), Princeton: Document 222.

Hilbert, David an Einstein, Albert (27.12.1918) In: The Collected Papers of Albert Einstein, 8. The Berlin Years 1914–1918. Correspondence, Part B: 1918. Princeton University Press (1998), Princeton: Document 677.

Kapferer, Heinrich an Hasse, Helmut (1.2.1935): SUB, Cod. Ms Hasse, 7: H. Hasse 1:817 u. 1:817, Beil.

Krull, Wolfgang an Hasse, Helmut (16.5.1935): SUB, Cod. Ms Hasse, 7: H. Hasse 33:3 (Bl. 154–164) 1:817, Beil.

Mac Lane, Saunders an Siefkes, Dirk (4.12.1989, 16.1.1997): Privatbesitz D. Siefkes.

Neugebauer, Otto an die Verlagsbuchhandlung Julius Springer (5.1.1934, 9.7.1934, 12.11.1934): VAS, Signatur: B:D, 31.

Noether, Emmy an Hasse, Helmut (79 Briefe und Postkarten im Zeitraum vom 19.1.1925 bis 7.4.1935): SUB, Cod. Ms Hasse, H. Hasse 1:1203 A u. 1:1203 A, Beil, Cod. Ms. 1991.11, Acc. Mss. 1991.11, H. Hasse 33:3.

Noether, Emmy an Hilbert, David (4.5.1914): SUB, Cod. Ms Hilbert, Cod. Ms. D. Hilbert 284.

Noether, Gottfried an Billikopf, Jacob (19.6.1949): MITL MC 22 (Norbert Wiener Collection), Box 7, Folder 104.

Wiener, Norbert an Billikopf, Jacob (2.1.1935): MITL, MC 22 (Norbert Wiener Collection), Box 3, Folder 104).

Study, Eduard an Toeplitz, Otto (1.7.1920): UAB, Teilnachlass Otto Toeplitz, [101].

Gutachten

Bohr, Harald; Hardy, Godfrey Harold (August 1933): GStA PK. I. HA Rep. 76 Kultusministerium, Nr.10081, Bl. 36.

Furtwängler, Philipp (29.6.1933) GStA PK, I. HA Rep. 76, Va, Nr.10081, Bl. 21–23.

Hasse, Helmut (31.7.1933): GStA PK, I. HA Rep. 76, Va, Nr.10081, Bl. 18–20.

Lefschetz, Solomon (31.12.1934): Faksimile, www.rzuser.uni-heidelberg.de/~ci3/gutachten/Lefschetz-org.html (21.4.2014).
Perron, Oskar (1933, undatiert): GStA PK, I. HA Rep. 76, Va, Nr.10081, Bl. 24.
Rella, Tonio (9.7.1933): GStA PK, I. HA Rep. 76, Va, Nr.10081, Bl. 25.
Schouten, Jan Arnoldus (276.1933): GStA PK, I. HA Rep. 76, Va, Nr.10081, Bl. 26, 27 VS, RS.
Shoda, Kenjiro (16.7.1933): GStA PK, I. HA Rep. 76, Va, Nr.10081, Bl. 31.
Speiser, Andreas (1.7.1933): GStA PK, I. HA Rep. 76, Va, Nr.10081, Bl. 34.
Takagi, Teji (12.7.1933): GStA PK, I. HA Rep. 76, Va, Nr.10081, Bl. 35.
Van der Waerden, Bartel L. (8.6.1933): GStA PK, I. HA Rep. 76, Va, Nr.10081, Bl. 37 f.
Weyl, Hermann (12.7.1933): GStA PK, I. HA Rep. 76, Va, Nr.10081, Bl. 39.

Habilitationsakten

Krull: UAF, B15/538.
Schmeidler: UAG, Kur. 6336
Van der Waerden: UAG.Math.Nat.Pers.8.1, UAG.Math.Nat.Pers.8.2.

Personalakten

Deuring: UAG, Kur PA Max Deuring.
Noether: UAG, Kur. 4134, UAG.Math.Nat.Pers.9

Promotionsakten

Deuring: UAG.Math.Nat.Prom. 0008 (Promotion 1930)
Dörnte: UAG.Math.Nat.Prom. 0007 (Promotion 1927)
Falckenberg: UAE C4/3b, Nr. 3393 (Promotion 1912)
Fitting: UAG.Math.Nat.Prom. 0011 (Promotion 1932)
Grell: UAG.Math.Nat.Prom. 0012 (Promotion 1926)
Hentzelt: UAE C4/3b, Nr. 3589 (Promotion 1914)
Hermann: UAG.Math.Nat.Prom. 0015 (Promotion 1926)
Levitzki: UAG.Math.Nat.Prom. 0022 (Promotion 1931)
Mac Lane: UAG Math.Nat.Prom. 0025 (Promotion 1934)
Noether: UAE C4/3b, Nr. 2988 (Promotion 1907)
Schwarz: UAG Math.Nat.Prom. 0608. (Promotion 1944, Abgabe der Schrift bereits 1933)
Tsen: UAG.Math.Nat.Prom. 0039 (Promotion 1934)
Vorbeck: UAG. Math.Nat.Prom. 0649 (Promotion 1936)
Weber: UAG.Math.Nat.Prom. 0043 (Promotion 1930)
Wichmann: UAG. Math.Nat.Prom. 0863 (Promotion 1936)
Witt: UAG, Math.Nat.Prom 0044 (Promotion 1934)

Weiteres

Bannow, Erna; Knauf, Ernst; Tsen, Chiungtse;Vorbeck, Werner; Dechamps, G.; Wichmann, Wolfgang; Davenport, Harold; Ulm, Helmut; Schwarz, Ludwig; Brandt, Walter; Derry; Douglas; Chow; Wei-Liang (1933): Die Petition der Studenten. GStA PK, I. HA Rep. 76, Va, Nr.10081, Bl. 13, 14.

Brauer, Wilfried (1997): Im Interview mit Peter Eulenhöfer und Mechthild Koreuber am 27. 1. 1997 in Berlin.

Noether, Emmy (19. 4. 1933): Beantwortung des „Fragebogen zur Durchführung des Gesetzes zur Wiederherstellung des Berufsbeamtentums“, GStA PK, I. HA Rep. 76, Va, Nr.10081, Bl. 9, 10 VS, RS, 11 VS, RS, 12.

Oberwolfach Photo Collection: owpdb.mfo.de/person_detail?id=3091. Zugegriffen am 28. März 2015.

Siefkes, Elisabeth (1995): Im Interview mit Barbara Kettnacker und Mechthild Koreuber am 4. 3. 1995 in Kiel.

Tollmien, Cordula: www.tollmien.com/noether. Zugegriffen am 28. März 2015.

Vertrag Deuring, Max – Verlagsbuchhandlung Julius Springer, (undatiert 1931): VAS, Signatur: B:D, 31.

University of St Andrews: www-history.mcs.st-and.ac.uk/Biographies/Noether_Emmy. Zugegriffen am 28. März 2015.

Van der Waerden, Bartel L.; van der Waerden, Camilla (1995): Im Interview mit Mechthild Koreuber am 27. 9. 1995 in Zürich.

Vorlesungsverzeichnisse der Universität Göttingen Wintersemester 1916/17 bis Sommersemester 1933: SUB.

Weaver, Warren (27. 4. 1934): RAC, Series Warren Weaver Diaries, Subseries 1934, Box P61.

Literaturverzeichnis

Ahlemeyer, Heinrich W. 1989. Was ist eine soziale Bewegung? Zur Distinktion und Einheit eines sozialen Phänomens. *Zeitschrift für Soziologie* 18 (3):175–191.

Albert, A. Adrian. 1937. *Modern higher algebra*. Chicago: The University of Chicago Press.

Albert, A. Adrian und Helmut Hasse. 1932. A determination of all normal division algebras over an algebraic number field. *Transactions of the American Mathematical Society* 34:722–726.

Alexandroff, Pawel S. 1927. Über stetige Abbildungen kompakter Räume. *Mathematische Annalen* 96:555–571.

Alexandroff, Pawel S. 1932. *Einfachste Grundbegriffe der Topologie*. Berlin: Spinger.

Alexandroff, Pawel S. 1936. Pamjati Emmi Neter [Andenken an Emmy Noether]. *Uspechi matematiceskich nauk* [Fortschritte der mathematischen Wissenschaften] 1936 (2):255–265.

Alexandroff, Pawel S. 1936a. In memory of Emmy Noether. In Brewer, Smith (1981): 99–111.

Alexandroff, Pawel S. 1936b. In memory of Emmy Noether. In Dick (1981):155–179.

Alexandroff, Pawel S. 1976. Einige Erinnerungen an Heinz Hopf. *Jahresbericht der DMV* 78:13–146.

Alexandroff, Pawel S. 1979. Pages from an Autobiography I. *Russian Mathematical Surveys* 34 (6): 267–302.

Alexandroff, Pawel S. 1980. Pages from an Autobiography II. *Russian Mathematical Surveys* 35 (3):315–358.

Alexandroff, Pawel S. und Heinz Hopf. 1935. *Topologie I*. (Die Grundlehren der mathematischen Wissenschaften in Einzeldarstellungen mit besonderer Berücksichtigung der Anwendungsgebiete 45). Berlin: Spinger.

Alten, Heinz-Wilhelm, Aliereza Diafari Naini, Menso Folkerts, Hartmut Schlosser, Karl-Heinz Schlote und Hans Wußing. 2003. *4000 Jahre Algebra*. Berlin: Springer.

Arnold, Heinz Ludwig und Heinrich Detering, Hrsg. 1996. *Grundzüge der Literaturwissenschaft*. München: dtv.

Bachtin, Michail M. 1934/35. Das Wort im Roman. In Bachtin (1979):154–301.

Bachtin, Michail M. 1979. *Die Ästhetik des Wortes*, hrsg. von Rainer Grübel. Frankfurt a. M.: Suhrkamp.

Baer, Reinhold. 1927. Kurventypen auf Flächen. *Journal für reine und angewandte Mathematik* 156:231–246.

Bannow, Erna. 1940. Die Automorphismengruppe der Cayley- Zahlen. *Abhandlungen des mathematischen Seminars der Hansischen Universität* 13:240–256.

M. Koreuber, *Emmy Noether, die Noether-Schule und die moderne Algebra*,
Mathematik im Kontext, DOI 10.1007/978-3-662-44150-3

Barinaga, J. 1935. Necologia Emmy Nöther. *Revista Matematica Hispano-Americana* 1935:162–163.

Beaulieu, Liliane. 1994. Dispelling a myth. Questions and answers about Bourbaki's work, 1934–1944. In Chikara, Mitsuo, Dauben (1994):241–251.

Becker, Heinrich, Hans-Joachim Dahms, Cornelia Wegeler, Hrsg. 1998. *Die Universität Göttingen unter dem Nationalsozialismus* (2., erweiterte Ausgabe). München: K. A. Saur.

Begehr, Heinrich, Hrsg. 1988. *Mathematics in Berlin*. Berlin: Birkhäuser.

Berra, Alberto Sagastume. 1935. In Publicaciones de la Faculdad de ciencias físicomatématicas de la Universidad nacional de La Plata 104:95–96.

Berliner Mathematische Gesellschaft, Hrsg. 1910. *Festschrift zur Feier des 100. Geburtstages Eduard Kummers*. Leipzig: Teubner.

Birkhoff, Garrett und Saunders Mac Lane. 1941. *Survey of modern algebra*. New York: Macmillan.

Bohn, Marcia. 2005. *Emmy Noether, a Women of Greatness,* illustrated by Jamie Patton. AuthorHouse, Bloomington, Indiana.

Bourbaki, Nicolas. 1939–98. *Eléments de Mathématique*. Zehnbändig. Paris: Hermann.

Bourbaki, Nicolas. 1949. Foundations of mathematics for the working mathematician. *Journal of Symbolic Logic* 14 (1):1–8.

Bourdieu, Pierre. 1990. Die biographische Illusion. *BIOS. Zeitschrift für Biographieforschung und Oral History* 1/1990:75–81.

Brandt, Heinrich. 1952. B. L. van der Waerden, Moderne Algebra I. Rezension. *Jahresbericht der DMV* 55:47–48.

Brauer, Richard. 1926. *Über die Darstellung der Drehungsgruppe durch Gruppen linearer Substitutionen*. Doktorarbeit. Friedrich-Wilhelms-Universität, Berlin.

Brauer, Richard. 1929. Über Systeme hyperkomplexer Zahlen. *Mathematische Zeitschrift* 30:79–107.

Brauer, Richard und Emmy Noether. 1927. Über minimale Zerfällungskörper irreduzibler Darstellungen. *Sitzungsberichte der Preußischen Akademie der Wissenschaften* 1927:221–228.

Brewer, James W., Martha K. Smith, Hrsg. 1981. *Emmy Noether. A tribute to her life and work*. New York: Marcel Dekker.

Brüning, Jochen, Dirk Ferus und Reinhard Siegmund-Schultze. 1998. *Terror and Exile. Persecution and Expulsion of Mathematicians from Berlin between 1933 and 1945. An Exhibition on the Occasion of the International Congress of Mathematicians, August 19 to 27, 1998* (Ausstellungskatalog).

Büchi, J. Richard. 1990. *Collected Papers of J. Richard Büchi,* hrsg. von Saunders Mac Lane und Dirk Siefkes. New York: Spinger.

Byers, Nina. 1994. The life and times of Emmy Noether. Contributions of Emmy Noether to Particle Physics. In *Proceedings of the International Conference on the History of Original Ideas and Basic Discoveries in Particle Physics,* Erice, Italy, 29.7.–4.8.1994.

Cassirer, Ernst. 1910. *Substanzbegriff und Funktionsbegriff*. Berlin: Verlag Bruno Cassirer.

Cavaillès, Jean. 1937. Avertissement. In Noether, Cavaillès (1937):3–9.

Chikara, Sasaki, Sugiura Mitsuo, und Joseph W. Dauben, Hrsg. 1994. *The intersection of history and mathematics*. Basel: Birkhäuser.

Chow, Wei-Liang. 1937. Die geometrische Theorie der algebraischen Funktionen für beliebige, vollkommene Körper. *Mathematische Annalen* 114:655–699.

Corry, Leo. 1996. *Modern Algebra and the Rise of Mathematical Structures*. Basel: Vieweg.

Corry, Leo. 2004. *Modern Algebra and the Rise of Mathematical Structures*. Second revised edition. Basel: Birkhäuser.

Costas, Ilse. 2000. Professionalisierungsprozesse akademischer Berufe und Geschlecht – ein internationaler Vergleich. In Dickmann, Schöck-Quinteros (2000):13–32.

Daniel, Ute. 2001. *Kompendium Kulturgeschichte. Theorien, Praxis, Schlüsselwörter*. Frankfurt a. M.: Suhrkamp.

Davis, Jerome L. 1995. The Research School of Marie Curie in the Paris Faculty, 1907–14. *Annals of Science* 52:321–355.

Dedekind, Richard. 1854. Über die Einführung neuer Funktionen in der Mathematik. In Dedekind (1930–32), Bd. 3:428–438.

Dedekind, Richard. 1863. Anzeige der ersten Auflage von Dirichlets Vorlesung über Zahlentheorie. In Dedekind (1930–32), Bd. 3:394–395.

Dedekind, Richard. 1871. Über die Komposition der binären quadratischen Formen. In Dedekind (1930–32), Bd. 3:223–261.

Dedekind, Richard. 1878. Über den Zusammenhang zwischen der Theorie der Ideale und der Theorie der höheren Kongruenzen. In Dedekind (1930–32), Bd. 1:202–232.

Dedekind, Richard. 1888. Was sind und was sollen die Zahlen? In Dedekind (1930–32), Bd. 3: 335–341.

Dedekind, Richard. 1893. Vorwort zur vierten Auflage von Dirichlets Vorlesung über Zahlentheorie. In Dedekind (1930–32), Bd. 3:426–427.

Dedekind, Richard. 1894. Über die Theorie der ganzen algebraischen Zahlen. Supplement XI von Dirichlets Vorlesung über Zahlentheorie. In Dedekind (1930–32), Bd. 3:1–313.

Dedekind, Richard. 1894a. Zur Theorie der Ideale. In Dedekind (1930–32), Bd. 2:43–49.

Dedekind, Richard. 1895. Über die Begründung der Idealtheorie. *Nachrichten von der Königlichen Gesellschaft der Wissenschaften zu Göttingen, Mathematisch-physikalische Klasse*: 50–58.

Dedekind, Richard. 1930–32. *Gesammelte mathematische Abhandlungen,* 3 Bände, hrsg. von Robert Fricke, Emmy Noether und Øystein Ore. Braunschweig: Vieweg.

Dedekind, Richard. 1964. *Über die Theorie der ganzen algebraischen Zahlen.* Nachdruck. Braunschweig: Vieweg.

Dedekind, Richard und Heinrich Weber. 1882. Theorie der algebraischen Functionen einer Veränderlichen. *Journal für reine und angewandte Mathematik* 92:181–290.

Der große Brockhaus. 1934. Hrsg. von Friedrich Arnold Brockhaus. Leipzig: Brockhaus Verlag.

Derry, Douglas. 1937. Über eine Klasse von Abelschen Gruppen. *Proceedings of the London Mathematical Society* 2:490–506.

Deuring, Max. 1931. Zur Theorie der Normen relativzyklischer Körper. *Nachrichten von der Gesellschaft der Wissenschaften zu Göttingen* 107:199–200.

Deuring, Max. 1932. Zur arithmetischen Theorie der algebraischen Funktionen. *Mathematische Annalen* 106:77–102.

Deuring, Max. 1935. *Algebren.* (Ergebnisse der Mathematik und ihrer Grenzgebiete 4/1). Berlin: Spinger.

Dick, Auguste. 1970. *Emmy Noether 1882–1935. Beiheft No. 13 zur Zeitschrift „Elemente der Mathematik".* Basel: Birkhäuser.

Dick, Auguste. 1981. *Emmy Noether 1882–1935.* Boston: Birkhäuser.

Dick, Jutta und Marina Sassenberg. 1993. *Jüdische Frauen im 19. und 20. Jahrhundert. Lexikon zu Leben und Werk.* Berlin: Rowohlt.

Dickmann, Elisabeth und Eva Schöck-Quinteros, Hrsg. 2000. *Barrieren und Karrieren.* (Schriftenreihe des Hedwig-Hintze-Instituts 5). Berlin: Trafo Verlag.

Dickson, Leonard Eugen. 1923. *Algebras and their arithmetics.* The University of Chicago Press.

Dickson, Leonard Eugen. 1927. *Algebren und ihre Zahlentheorie.* Zürich: Orell Füßli.

Dieudonné, Jean. 1970. The work of Nicolas Bourbaki. *American Mathematical Monthly* 77:134–145.

Dieudonné, Jean. 1984. Emmy Noether and algebraic topology. *Journal of Pure and Applied Algebra* 31:5–6.

Dold-Samplonius, Yvonne. 1994. Van der Waerden im Interview mit Yvonne Dold-Samplonius. *NTM – Internationale Zeitschrift für Geschichte und Ethik der Naturwissenschaften, Technik und Medizin, N. S.* 2:129–147.

Dörnte, Wilhelm. 1929. Untersuchungen über einen verallgemeinerten Gruppenbegriff. *Mathematische Zeitschrift* 29:1–19.

Dubreil, Paul. 1930. Recherches sur la valeur des exposants des composants primaires des idéaux de polynômes. *Journal de mathématiques pures et appliquées* 9/9: 231–310.

Dubreil, Paul und Marie-Louise Dubreil-Jacotin. 1961. *Leçons d'Algèbre moderne*. Paris: Dunod.

Eckert, Michael. 1993. *Die Atomphysiker. Eine Geschichte der theoretischen Physik am Beispiel der Sommerfeldschule*. Braunschweig: Vieweg.

Edwards, Harold M. 1980. The genesis of Ideal Theory. *Archive for History of Exact Science* 23:321–378.

Eilenberg, Samuel und Saunders Mac Lane. 1942. Natural isomorphisms in Group Theory. *Proceedings of the National Academy of Sciences* 28 (12):537–543.

Eilenberg, Samuel und Saunders Mac Lane. 1945. General theory of natural equivalences. *Transactions of The American Mathematical Society* 58:231–294.

Einstein, Albert. 1915. Die Feldgleichungen der Gravitation. *Sitzungsberichte der königlich-preußischen Akademie der Wissenschaften* 1915: 844–847.

Einstein, Albert. 1935. The late Emmy Noether. *New York Times,* 4.5.1935.

Elkana, Yehuda. 1986. *Anthropologie der Erkenntnis*. Frankfurt a. M.: Suhrkamp.

Engler, Steffani. 2001. *„In Einsamkeit und Freiheit"? Zur Konstruktion der wissenschaftlichen Persönlichkeit auf dem Weg zur Professur*. Konstanz: UvK Verlag.

Engstrom, Howard. 1930. On the common index of divisors of an algebraic field. *Transactions of the American Mathematical Society* 32 (2):223–237.

Enzensberger, Hans Magnus. 1997. *Der Zahlenteufel*. München: Carl Hanser Verlag.

Enzensberger, Hans Magnus. 1998. Zugbrücke außer Betrieb. Die Mathematik im Jenseits der Kultur. Eine Außenansicht. *Frankfurter Allgemeine Zeitung,* 29. 8. 1998.

Fachlexikon ABC Mathematik. 1978. Hrsg. von Walter Gellert, Herbert Kästner und Siegfried Neuber. Thun: Verlag Harri Deutsch.

Falckenberg, Hans. 1912. *Verzweigungen von Lösungen nichtlinearer Differentialgleichungen*. Leipzig: B. G. Teubner.

Fauvel, John. 1994. Women and mathematics. In Grattan-Guinness (1994):1526–1532.

Fellmeth, Ulrich. 1998. Margarete von Wrangell – die erste Ordinaria in Deutschland. In Fellmeth, Winkel (1998):3–26.

Fellmeth, Ulrich und H. Winkel. 1998. *Hohenheimer Themen. Zeitschrift für kulturwissenschaftliche Themen, Jg. 7, Sonderband*. Hohenheim: Sripta Mercaturae Verlag St. Katharinen.

Fenster, Della Dumbaugh. 1997. Role modeling in mathematics: The case of Leonard Eugene Dichson (1874–1954). *Historia Mathematica* 24:7–24.

Fenster, Della Dumbaugh. 2007. Research in algebra at the University of Chicago: Leonard Eugene Dickson and A. Adrian Albert. In Gray, Parshall (2007):179–197.

Fenster, Della Dumbaugh und Joachim Schwermer. 2007. A Delicate Collaboration: A. Adrian Albert and Helmut Hasse and the Principal Theorem in division algebras in the early 1930's. *Archive for History of Exact Sciences* 59 (4):349–379.

Ferreirós, José und Jeremy Gray, Hrsg. 2006. *The Architecture of modern mathematics*. Oxford University Press: Essays in History and Philosophy.

Feyl, Renate. 1981. *Der lautlose Aufbruch*. Berlin: Verlag Neues Leben.

Fischer, Ernst. 1899. *Zur Theorie der Determinanten*. Doktorarbeit, Veröffentlichungsort unbekannt.

Fitting, Hans. 1933. Zur Theorie der Automorphismenringe Abelscher Gruppen und ihr Analogon bei nichtkommutativen Gruppen. *Mathematische Annalen* 107:514–542.

Fleck, Ludwik. 1935. *Entstehung und Entwicklung einer wissenschaftlichen Tatsache,* hrsg. von Lothar Schäfer und Thomas Schnelle (1980). Frankfurt a. M.: Suhrkamp.

Fleck, Ludwik. 1960. Krise in der Wissenschaft. Zu einer freien und menschlicheren Naturwissenschaft. In: Fleck (1983):175–181.

Fleck, Ludwik. 1983. *Erfahrung und Tatsache. Gesammelte Aufsätze,* hrsg. von Lothar Schäfer und Thomas Schnelle. Frankfurt a. M.: Suhrkamp.

Fraenkel, Adolf. 1912. Axiomatische Begründung von Hensels *p*-adischen Zahlen. *Journal für reine und angewandte Mathematik* 141:43–76.

Fraenkel, Adolf. 1916. *Über gewisse Teilbereiche und Erweiterungen von Ringen.* Leipzig: Teubner.

Frege, Gottlob. 1879. *Begriffsschrift. Eine der arithmetischen nachgebildete Formensprache des reinen Denkens.* Nachdruck, hrsg. von Ignacio Angelelli (1964). Hildesheim: Olms.

Frei, Günther. 2003. Johann Jakob Burckhardt zum 100. Geburtstag am 13. Juli 2003. *Elemente der Mathematik* 58:134–139.

Frei, Günther, Peter Roquette und Franz Lemmermeyer, Hrsg. 2008. *Emil Artin and Helmut Hasse – The Correspondence 1923–1958.* Göttingen: Universitätsverlag Göttingen.

Fricke, Robert, Hermann Vermeil und Erich Bessel-Hagen, Hrsg. 1923. Vorwort. In Klein (1923).

Friedrichs, K. O. 1948. *Studies and essays. Presented to R. Courant on his 60th birthday.* New York: Interscience Publishers.

Geertz, Clifford. 1973. *The interpretation of cultures. Selected essays.* New York: Basic Books.

Geertz, Clifford. 1973a. Thick description. Toward an Interpretive Theory of culture. In Geertz (1973a) 3–30.

Geertz, Clifford. 1987. *Dichte Beschreibung – Beiträge zum Verstehen kultureller Systeme.* Frankfurt a. M.: Suhrkamp.

Geison, Gerald L. 1981. Scientific change, emerging specialities and research schools. *History of Science* 43:20–40.

Geison, Gerald L. 1993. Research schools and new directions in the historiography of science. In Geison, Holmes (1993):227–238.

Geison, Gerald L. und Frederic L. Holmes, Hrsg. 1993. Research Schools. *Historical reappraisals. Osiris second series 8.* Chicago: University of Chicago Press.

Goguen, Joseph. 1991. A categorical manifesto. Mathematical structures. *Computer Science* 1:49–67.

Götschel, Helene und Hans Daduna, Hrsg. 2001. *Perspektivenwechsel – Frauen- und Geschlechterforschung zu Mathematik und Naturwissenschaften.* Mössingen-Talheim: talheimer.

Grattan-Guinness, Ian. 1994. *Companion encyclopedia of the history and philosophy of the mathematical sciences 2.* London: Routledge.

Grauert, Hans. 1994. Gauß und die Göttinger Mathematik. *Naturwissenschaftliche Rundschau* 47 (6):211–219.

Graumann, Günter. 2002. *Mathematikunterricht in der Schule.* Bad Heilbronn: Verlag Julius Klinkhardt.

Gray, Jeremy, Hrsg. 1999. *Symbolic universe.* Oxford: Oxford University Press.

Gray, Jeremy, Hans Kaiser und Erhard Scholz. 1990. *Ausblick auf Entwicklungen im 20. Jahrhundert.* In Scholz (1990):399–448.

Gray, Jeremy und Karen Hunger Parshall, Hrsg. 2007. *Episodes in the History of Modern Algebra (1800–1950).* Providence, London: The American Mathematical Society and the London Mathematical Society.

Green, Judy und Jeanne LaDuke. 2009. *Pioneering women in American mathematics. The Pre-1940 PhD's.* Providence: The American Mathematical Society.

Grell, Heinrich. 1927. Beziehungen zwischen den Idealen verschiedener Ringe. *Mathematische Annalen* 97:490–538.

Grell, Heinrich. 1937. Grell, Friedrich August Heinrich. Lexikoneintrag. In Poggendorf 1958: 950.

Grinstein, Luise S. und Paul J. Campbell, Hrsg. 1987. *Women of mathematics – a bibliographic sourcebook.* New York: Greenwood Press.

Gröbner, Wolfgang 1934. Minimalbasis der Quaternionengruppe. *Monatshefte der mathematischen Physik* 41:78–84.

Gröbner, Wolfgang. 1934a. Über irreduzible Ideale in kommutativen Ringen. *Mathematische Annalen* 110:197–222.

Gröbner, Wolfgang. 1938. Über eine neue idealtheoretische Grundlegung der algebraischen Theorie. *Mathematische Annalen* 115:333–358.

Gröbner, Wolfgang. 1949. *Moderne algebraische Geometrie. Die idealtheoretischen Grundlagen.* Berlin: Spinger.

Gröbner, Wolfgang. 1969/70. *Algebraische Geometrie. 2 Bände.* Mannheim: Bibliographisches Institut.

Grunwald, Wilhelm. 1932. Charakterisierung des Normenrestsymbols durch die p-Stetigkeit, den vorderen Zerlegungssatz und die Produktformel. *Mathematische Annalen* 207:145–164.

Hahn, Hans und Olga Taussky. 1932. B. L. van der Waerden, Moderne Algebra. Rezension. *Monatshefte für Mathematik und Physik* 39 (1932/1):11–12.

Halmos, Paul. 1985. *I want to be a mathematician. An Automathography.* Heidelberg: Spinger.

Hasse, Helmut. 1923. Über die Darstellbarkeit von Zahlen durch quadratische Formen im Körper der rationalen Zahlen. *Journal für reine und angewandte Mathematik* 152:129–148.

Hasse, Helmut. 1926. Bericht über neuere Untersuchungen und Probleme aus der Theorie der algebraischen Zahlkörper. I Klassenkörpertheorie. *Jahresbericht der DMV* 35:1–55.

Hasse, Helmut. 1927. *Höhere Algebra.* Berlin: Göschen.

Hasse, Helmut. 1927a. L. E. Dickson, Algebren und ihre Zahlentheorie. Rezension. *Jahresbericht der DMV* 37:90–97.

Hasse, Helmut. 1930. Bericht über neuere Untersuchungen und Probleme aus der Theorie der algebraischen Zahlkörper. II Reziprozitätsgesetz. *Jahresbericht der DMV 6, Ergänzungsband.*

Hasse, Helmut. 1930a. Die moderne algebraische Methode. *Jahresbericht der DMV* 39:22–34.

Hasse, Helmut. 1931. Über p-adische Schiefkörper und ihre Bedeutung für die Arithmetik hyperkomplexer Zahlsysteme. *Mathematische Annalen* 104:495–534.

Hasse, Helmut. 1932. Theory of cyclic Algebras over an Algebraic Number Field. *Transaction of the American Mathematical Society* 34:171–214.

Hasse, Helmut. 1932a. Richard Dedekind. Gesammelte mathematische Werke Bd. 1, herausgegeben von Robert Fricke, Emmy Noether und Øystein Ore. Rezension. *Jahresbericht der DMV* 41 (I/4): 17–18.

Hasse, Helmut. 1933. Die Struktur der R. Brauerschen Algebrenklassengruppe über einem algebraischen Zahlkörper. *Mathematische Annalen* 107:731–760.

Hasse, Helmut. 1934. Gröbner, W. Über irreduzible Ideale in kommutativen Ringen. Rezension. *Zentralblatt für Mathematik* 7:1.

Hasse, Helmut. 1949. Invariante Kennzeichnung galoisscher Körper mit vorgegebener Galoisgruppe. *Journal für die reine und angewandte Mathematik* 187:14–43.

Hasse, Helmut. 1950. Zum Existenzsatz von Grunwald in der Klassenkörpertheorie. *Journal für die reine und angewandte Mathematik* 188:40–64.

Hasse, Helmut, Richard Brauer und Emmy Noether. 1932. Beweis eines Hauptsatzes in der Theorie der Algebren. *Journal für die reine und angewandte Mathematik* 167:399–404.

Haubrich, Ralf. 1992. *Zur Entstehung der algebraischen Zahlentheorie Richard Dedekinds.* Göttingen: Edition Notes.

Haubrich, Ralf. 1998. Frobenius, Schur, and the Berlin Algebraic Tradition. In Begehr (1988): 83–96.

Haupt, Otto. 1929. *Einführung in die Algebra.* Leipzig: Akademische Verlagsgesellschaft.

Hausdorff, Felix. 2008. *Gesammelte Werke, Bd. III.* Berlin: Spinger.

Hausen, Karin. 1986. Warum Männer Frauen zur Wissenschaft nicht zulassen wollten. In Hausen, Nowotny (1986):31–42.

Hausen, Karin und Helga Nowotny, Hrsg. 1986. *Wie männlich ist die Wissenschaft?* Frankfurt a. M.: Suhrkamp.

Hawkins, Thomas. 2013. *The mathematics of frobenius in context. A Journey through 18th to 20th Century Mathematics*. New York: Spinger.

Hazlett, Olive Clio. 1916. On the classification and invariantive characterization of Nilpotent algebras. *American Journal of Mathematics* 38:109–138.

Heintz, Bettina. 2000. *Die Innenwelt der Mathematik. Zur Kultur und Praxis einer beweisenden Disziplin*. Wien: Spinger.

Henschel, Klaus. 1992. *Der Einstein-Turm. Erwin F. Freundlich und die Relativitätstheorie – Ansätze zu einer „dichten Beschreibung" von institutionellen, biographischen und theoriegeschichtlichen Aspekten*. Heidelberg: Spektrum Akademischer Verlag.

Hensel, Kurt. 1908. *Theore der algebraischen Zahlen*. Leipzig: Teubner.

Hensel, Kurt. 1913. *Zahlentheorie*. Berlin: Göschen.

Hepp, Corona. 1987. *Avantgarde. Moderne Kunst, Kulturkritik und Reformbewegungen nach der Jahrhundertwende*. München: dtv.

Hermann, Grete. 1925. Die Frage der endlich vielen Schritte in der Theorie der Polynomideale. Unter Benutzung nachgelassener Sätze von Kurt Hentzelt. *Mathematische Annalen* 95:736–788.

Hilbert, David. 1890. Über die Theorie der algebraischen Formen. *Mathematische Annalen* 36:473–534.

Hilbert, David. 1893. Über die vollen Invariantensysteme. *Mathematische Annalen* 42:313–373.

Hilbert, David. 1897. Die Theorie der algebraischen Zahlkörper. *Jahresbericht der DMV* 4:175–546.

Hilbert, David. 1899. *Grundlagen der Geometrie*. Leipzig: Teubner.

Hilbert, David. 1915. Die Grundlagen der Physik (Erste Mitteilung). *Nachrichten der Königlichen Gesellschaft der Wissenschaften zu Göttingen, Mathematisch-physikalische Klasse*, 1915:395–407.

Hilbert, David. 1917. Die Grundlagen der Physik (Zweite Mitteilung). *Nachrichten der Königlichen Gesellschaft der Wissenschaften zu Göttingen, Mathematisch-physikalische Klasse*, 1917: 53–76.

Hilbert, David. 1918. II. Aus der Antwort von D. Hilbert. In Klein (1917):477–481.

Hilbert, David. 1932. Geleitwort. In Alexandroff (1932): I.

Hilbert, David. 1933. *Gesammelte Abhandlungen, Bd. 2*. Nachdruck. Berlin: Spinger.

Hilbert, David, und Stephan Cohn-Vossen. 1932. *Anschauliche Geometrie*. Berlin: Spinger.

Hildebrandt, Dieter. 1979. *Lessing. Biografie einer Emanzipation*. München: dtv.

Hirzebruch, Friedrich. 1998. Interview. In Pier (2000):1230.

Hirzebruch, Friedrich. 1999. Emmy Noether and Topology. In Teicher (1999).

Hoagland, Mahlon. 1990. *Toward the habit of truth*. New York: W. W. Norton & Co.

Hoffmann, Dieter und Mark Walker. 2011. *„Fremde" Wissenschaftler im Dritten Reich. Die Debye-Affäre im Kontext*. Göttingen: Wallstein Verlag.

Hofstadter, Douglas. 1985. *Gödel, Escher, Bach. Ein endloses geflochtenes Band*. Stuttgart: Klett-Cotta.

Holmes, Frederic L. 1993. Preface. In Geison, Holmes (1993):VII–VIII.

Hölzer, Rudolf. 1927. Zur Theorie der primären Ringe. *Mathematische Annalen* 96:719–735.

Hopf, Heinz. 1924/25. Über Zusammenhänge zwischen Topologie und Metrik von Mannigfaltigkeiten (Auszug). *Jahrbuch der Dissertationen der philosophischen Fakultät der Universität Berlin* 1.

Hopf, Heinz. 1928. Eine Verallgemeinerung der Euler-Poincaréschen Formel. *Nachrichten der Königlichen Gesellschaft der Wissenschaften zu Göttingen, Mathematisch-physikalische Klasse*, 1928:127–136.

Hradil, Stefan. 1985. *Sozialstruktur im Umbruch*. Leverkusen: Leske und Budrich.

Huerkamp, Claudia. 1996. *Bildungsbürgerinnen: Frauen im Studium und in akademischen Berufen 1900–1945*. Göttingen: Vandenhoeck & Ruprecht.

Hurwitz, Adolf. 1894. Über die Theorie der Ideale. *Nachrichten von der Königlichen Gesellschaft der Wissenschaften zu Göttingen, Mathematisch-physikalische Klasse*, 1894:291–298.

Jacobson, Nathan. 1983. Introduction. In Noether (1983):12–26.

Jansen, Christian. 1981. „Der Fall Gumbel" und die Heidelberger Universiät 1924–1932. *Heidelberger Texte zur Mathematikgeschichte*. Digitale Ausgabe, erstellt von Gabriele Dörflinger (2012), Heidelberg: Universitätsbibliothek Heidelberg.

Jentsch, Werner. 1986. Auszüge aus einer unveröffentlichten Korrespondenz von Emmy Noether und Hermann Weyl mit Heinrich Brandt. *Historia Mathematica* 13:5–12. San Diego: Academic Press.

Kant, Horst, Hrsg. 1996. *Fixpunkte. Wissenschaft in der Stadt und der Region*. Berlin: Verlag für Wissenschafts- und Regionalgeschichte.

Kapferer, Heinrich. 1917. Über Funktionen von Binomialkoeffizienten. *Archiv der Mathematik und Physik*.

Kapferer, Heinrich. 1938. *Kurven in meinem Leben. Eine biographisch-mathematische Skizze des Verfassers zu seinem 50. Geburtstag*. Unveröffentlichtes Manuskript. Freiburg: Universitätbibliothek der Universität Freiburg.

Kapferer, Heinrich und Emmy Noether. 1927. Notwendige und hinreichende Multiplizitätsbedingungen zum Noetherschen Fundamentalsatz der algebraischen Funktionen (Mit einem Zusatz, gemeinsam mit Emmy Noether). *Mathematische Annalen* 97:559–567.

Kaplan, Marion. 1997. *Jüdisches Bürgertum. Frau, Familie und Identität im Kaiserreich*. Hamburg: Verlag Dölling und Galitz.

Kerbs, Diethart und Jürgen Reulecke, Hrsg. 1998. *Handbuch der deutschen Reformbewegung. 1880–1933*. Wuppertal: Peter Hammer Verlag.

Kersten, Ina. 2000. Biography of Ernst Witt (1911–1991). *Contemporary Mathematics* 272:155–171.

Kersting, Friederike. 1995. *Die Mathematikerin, Physikerin und Philosophin Grete Henry-Hermann (1901–1984)*. Unveröffentlichte Magisterarbeit im Studiengang Geschichte. Bremen: Universität Bremen.

Kimberling, Clark. 1981. Emmy Noether and her Influence. In Brewer, Smith (1981):3–61.

Klein, Christian. 2009. *Handbuch Biografie. Methoden, Traditionen, Theorien*. Stuttgart: Verlag J. B. Metzler.

Klein, Felix. 1893. Vergleichende Betrachtungen über neuere geometrische Forschungen. Wiederabdruck mit dem Obertitel „Das Erlanger Programm" und versehen mit Anmerkungen durch Felix Klein. In Klein, Felix (1921/22/23), Bd. 1:460–497.

Klein, Felix. 1918. Zu Hilberts erster Note über die Grundlagen der Physik. *Nachrichten der Königlichen Gesellschaft der Wissenschaften zu Göttingen, Mathematisch-Physikalische Klasse,* 1917: 469–482.

Klein, Felix. 1921/22/23. *Gesammelte mathematische Abhandlungen* 3 Bände. Berlin: Springer.

Klein, Felix.1926/27. *Vorlesungen über die Entwicklung der Mathematik im 19. Jahrhundert*. New York: Nachdruck bei Chelsea Publishing Company.

Kleiner, Israel. 1992. Emmy Noether. Highlights in her Life and Work. *L'Enseignement Mathématique* 38:103–124.

Knopp, Konrad. 1927. *Mathematik und Kultur. Wie ein hohes unwegsames Gebirge*. Berlin: Nachdruck bei Walter de Gruyter Verlag.

Knorr Cetina, Karin. 2002. *Wissenskulturen. Ein Vergleich naturwissenschaftlicher Wissensformen*. Frankfurt a. M.: Suhrkamp

Kolb, Felix. 2002. *Soziale Bewegungen und politischer Wandel*. Lüneburg: Deutscher Naturschutzring e. V. – Kurs ZukunftsPiloten c/o Universität Lüneburg.

Königsdorf, Helga. 1990. Der unangemessene Aufstand des Zahlographen Karl-Egon Kuller. In Königsdorf (1990a):71–86.

Königsdorf, Helga. 1990a. *Ein sehr exakter Schein*. Frankfurt a. M.: Luchterhand.

Koreuber, Mechthild. 2001. Emmy Noether, die Noether-Schule und die ‚Moderne Algebra'. Vom begrifflichen Denken zur strukturellen Mathematik. In Götschel, Daduna (2001):54–74.

Koreuber, Mechthild. 2004. Amalie Emmy Noether. Essay. In Lexikon der bedeutenden Naturwissenschaftler (2004):83–88.

Koreuber, Mechthild. 2010. Biographien über Emmy Noether – Konstruktionen zu Leben und Werk. In Koreuber (2010a):133–153.

Koreuber, Mechthild, Hrsg. 2010a. *Geschlechterforschung in Mathematik und Informatik. Eine (inter)disziplinäre Herausforderung*. Baden-Baden: Nomos.

Koreuber, Mechthild und Martin Große-Rhode. 1998. Vom Begriff zur Kategorie. Ein Beitrag zur Bedeutung Emmy Noethers für die Informatik. In Siefkes, Eulenhöfer, Stach, Städler (1998): 151–173.

Koreuber, Mechthild und Henning Krause. 2003. Möglichkeiten und Grenzen der Kategorie Geschlecht in der Mathematik. Zur Dialogizität in den mathematischen Texten Emmy Noethers. In Von Braunmühl (2003):247–269.

Koreuber, Mechthild, und Renate Tobies. 2002. Emmy Noether. Begründerin einer mathematischen Schule. *Mitteilungen der DMV* 3/2002:8–21.

Koreuber, Mechthild und Renate Tobies. 2008. Emmy Noether – erste Forscherin mit wissenschaftlicher Schule. In Tobies (2008):149–176.

Kořínek, Vladimir. 1935. Emmy Noetherová. *Časopis pro pěestování matematiky a fysiky* 65:D1–D5.

Kosmann-Schwarzbach, Yvette. 2011. *The Noether Theorems. Invariance and conservation laws in the twentieth century*. New York: Spinger.

Kostrikin, Aleksei und Igor Shafarevich. 1986. *Algebra I*. Berlin: Spinger.

Kowalsky, Hans-Joachim und Gerhard Michler. 2003. *Lineare Algebra*. New York: De Gruyter.

Krömer, Ralf. 2007. *Tool and object: A history and philosophy of category theory*. Basel: Birkhäuser.

Krull, Wolfgang. 1923. Algebraische Theorie der Ringe. *Mathematische Annalen* 88:82–122.

Krull, Wolfgang. 1930. Über die ästhetische Betrachtungsweise in der Mathematik. *Erlanger Sitzungsberichte*.

Krull, Wolfgang. 1935. *Idealtheorie*. (Ergebnisse der Mathematik und ihrer Grenzgebiete 4/3). Berlin: Spinger.

Kummer, Eduard. 1845. Brief an Leopold Kronecker. In *Festschrift zur Feier des 100. Geburtstages Eduard Kummers. Mit Briefen an seine Mutter und an Leopold Kronecker*, Hrsg. Vorstand der Berliner Mathematischen Gesellschaft (1910):64–68. Leipzig: Teubner.

Kummer, Eduard. 1847. Zur Therorie der complexen Zahlen. *Journal für die reine und angewandte Mathematik* 35:319–326.

Kuypers, Friedhelm. 2008. *Klassische Mechanik*. Weinheim: Wiley-VCH.

Ledermann, Walter. 1983. Issai Schur and his School in Berlin. *Bulletin of the London Mathematical Society* 15:97–106.

Lehr, Marguerite. 1927. The plane quintic with five cusps. *American Journal of Mathematics* 49/2:197–214.

Lehr, Marguerite. 1935. Emmy Noether in Bryn Mawr. In Srinivasan, Sally (1983):144–145.

Lemmermeyer, Franz, und Peter Roquette, Hrsg. 2006. *Helmut Hasse und Emmy Noether. Die Korrespondenz 1925–1935*. Göttingen: Universitätsverlag Göttingen.

Leopoldt, Wolfgang. 1973. Zum wissenschaftlichen Werk von Helmut Hasse. In *Jubiläumsband zum 75. Geburtstag Helmut Hasses. Journal für Mathematik* 262/263:1–17.

Leopoldt, Wolfgang und Peter Roquette. 1975. Einführung. In Leopoldt, Roquette (1975a): I–XV.

Leopoldt, Wolfgang und Peter Roquette, Hrsg. 1975a. *H. Hasse. Mathematische Abhandlungen* Bd. 1. Berlin: De Gruyter.

Levitzki, Jakob. 1931. Über vollständig reduzible Ringe und Unterringe. *Mathematische Zeitschrift* 33:663–991.

Lewis, Albert C. 2004. The Beginnings of the R. L. Moore School of Topology. *Historia Mathematica* 31:279–295.

Lexikon bedeutender Mathematiker, hrsg. 1990 von Siegfried Gottwald, Hans-Joachim Ilgauds und Karl-Heinz Schlote, Leipzig, Frankfurt a.M.: Verlag Hans Deutsch.

Lexikon der bedeutenden Naturwissenschaftler, hrsg. 2004. von Dieter Hoffmann, Hubert Laitko und Steffan Müller-Wille. Heidelberg: Spektrum Akademischer Verlag.

List, Elisabeth. 2007. *Vom Darstellen zum Herstellen. Eine Kulturgeschichte der Naturwissenschaften.* Weilerswist: Velbrück Wissenschaft.

Lorenz, Falko. 1999. Nachrichten von Büchern und Menschen. Chiungtze C. Tsen. *Sitzungsberichte der Akademie der Wissenschaften zu Erfurt, Mathematisch-Naturwissenschaftliche Klasse* 9:97–120.

Lorenz, Falko und Peter Roquette. 2003. The Theorem of Grunwald-Wang in the Setting of Valuation theory. *Fields Institute Communications* 35:175–212.

Luchins, Edith H. 1987. Olga Taussky-Todd (1906–). In Grinstein, Campbell (1987):225–235.

Lünenborg, Margreth und Jutta Röser. 2012. *Ungleich mächtig: Das Gendering von Führungspersonen aus Politik und Wissenschaft in der Medienkommunikation.* Bielefeld: transkript.

Mac Lane, Saunders. 1934. General Properties of Algebraic Systems. Abstract. *Duke Mathematical Journal* 4:455–468.

Mac Lane, Saunders. 1971. *Categories for the Working Mathematician.* New York: Spinger.

Mac Lane, Saunders. 1972. *Kategorien. Begriffssprache und mathematische Theorie*. Berlin: Spinger.

Mac Lane, Saunders. 1981. History of Abstract Algebra: Origin, Rise and Decline of a Movement. In Tarwater, White, Hall, Moore (1981):3–35.

Mac Lane, Saunders.1981a. Mathematics at the University of Göttingen 1931–1933. In Brewer, Smith (1981):65–76.

Mac Lane, Saunders. 1986. Topology becomes algebraic with Vietoris and Noether. *Journal of Pure and Applied Algebra* 39:305–307.

Mac Lane, Saunders. 1988. Concepts and Categories in Perspective. *A Century of Mathematics in America, Part I, American Mathematical Society, History of Mathematics* 1:323–365.

Mac Lane, Saunders. 1994. The development and prospect for category theory. *Applied Categorical Structures* 4:129–136.

Mac Lane, Saunders. 1996. Die Mathematik in Göttingen unter den Nazis. *Mitteilungen der DMV* 2/1996:13–18.

Maltsev, Anatoly. 1972. On the History of Algebra in the USSR during her first twenty-five Years. *Algebra and Logic* 10:68–75.

Mannheim, Karl. 1929. *Ideologie und Utopie*. Bonn: Friedrich-Cohen-Verlag.

Martínez, Matías. 1996. Dialogizität, Intertextualität, Gedächtnis. In Arnold, Detering (1996):430–445.

Martini, Laura. 2004. Algebraic Research Schools in Italy at the Turn of the Twentieth Century. The Cases of Rome, Palermo and Pisa. *Historia Mathematica* 31:296–309.

McKee, Ruth S. 1983. Emmy Noether in Bryn Mawr. In Srinivasan, Sally (1983): 142–144.

McLarty, Colin. 2006. Emmy Noether's „Set Theoretic" Topology. From Dedekind to the Rise of Functors. In Ferreirós, Gray (2006):211–235.

McLarty, Colin. 2008. Mac Lane, Saunders. *New Dictionary of Scientific Biography* 5:1–5.

Mehrtens, Herbert. 1979. Das Skelett der modernen Algebra. Zur Bildung mathematischer Begriffe bei Richard Dedekind. In Scriba (1979):25–43.

Mehrtens, Herbert. 1979a. *Die Entstehung der Verbandstheorie*. Hildesheim: Gerstenberg Verlag.

Mehrtens, Herbert. 1987. Ludwig Bieberbach and „Deutsche Mathematik". In Phillips (1987):195–241.

Mehrtens, Herbert. 1990. *Moderne – Sprache – Mathematik. Eine Geschichte des Streits um die Grundlagen der Disziplin und des Subjekts formaler Systeme*. Frankfurt a. M.: Suhrkamp.

Merzbach, Uta C. 1983. Emmy Noether. Historical Contexts. In Srinivasan, Sally (1983):161–171.

Meyberg, Kurt. 1974. *Algebra*. München: Hanser.

Mikulinskij, Semen, Michail Jarosevskij, Gunter Kröber und Helmut Steiner, Hrsg. 1977. *Wissenschaftliche Schulen*. Berlin: Akademie-Verlag.

Molien, Theodor. 1893. Über Systeme höherer complexer Zahlen. *Mathematische Annalen* 41:18–93.

Morrell, J. B. 1972. The Chemist Breeders: The Research Schools of Liebig and Thomas Thomson. *Ambix. The Journal of the Society for the Study of Alchemy and Early Chemistry* XIX/I:1–46.

Morrell, J. B. 1993. W. H. Perkin, Jr., at Manchester and Oxford. From Irwell to Isis. In Geison, Holmes (1993):104–127.

Nagao, Hirosi. 1978. Kenjiro Shoda 1902–1977. *Osaka Journal of Mathematics* 15/1:I–V.

Neidhardt, Friedhelm. 1985. Einige Ideen zu einer allgemeinen Theorie sozialer Bewegungen. In Hradil (1985):193–204.

Neuenschwandner, Dwight E. 2011. *Emmy Noether's Wonderful Theorem*. Baltimore: The Johns Hopkins University Press.

Neugebauer, Otto. 1930. Das mathematische Institut der Universität Göttingen. *Die Naturwissenschaften* 1:1–4.

Neukirch, Jürgen. 1993. Geleitwort. In Van der Waerden (1993):I–II.

Noether, Emmy. 1908. Über die Bildung des Formensystems der ternären biquadratischen Form. *Journal für reine und angewandte Mathematik* 134:23–90.

Noether, Emmy. 1913. Rationale Funktionenkörper. *Jahresbericht der DMV* 22:316–319.

Noether, Emmy. 1915. Körper und Systeme rationaler Funktionen. *Mathematische Annalen* 76:161–191.

Noether, Emmy. 1916. Ganze rationale Darstellung von Invarianten eines Systems von beliebig vielen Grundformen. *Mathematische Annalen* 77:93–102.

Noether, Emmy. 1918. Invarianten beliebiger Differentialausdrücke. *Nachrichten von der Königlichen Gesellschaft der Wissenschaften zu Göttingen, mathematisch-physikalische Klasse*, 1918: 37–44.

Noether, Emmy. 1918a. Invariante Variationsprobleme. *Nachrichten von der Königlichen Gesellschaft der Wissenschaften zu Göttingen, mathematisch-physikalische Klasse,* 1918: 235–257.

Noether, Emmy. 1918b. Gleichungen mit vorgeschriebener Gruppe. *Mathematische Annalen* 78:221–229.

Noether, Emmy. 1919. Die arithmetische Theorie der algebraischen Funktionen einer Veränderlichen, in ihrer Beziehung zu den übrigen Theorien und zu der Zahlkörpertheorie. *Jahresbericht der DMV* 30:182–203.

Noether, Emmy. 1921. Idealtheorie in Ringbereichen. *Mathematische Annalen* 83:24–66.

Noether, Emmy. 1923. Bearbeitung von K. Hentzelt: Zur Theorie der Polynomideale und Resultanten. *Mathematische Annalen* 88:53–79.

Noether, Emmy. 1925. Gruppencharaktere und Idealtheorie. *Jahresbericht der DMV* 34:144.

Noether, Emmy. 1926. Ableitung der Elementarteilertheorie aus der Gruppentheorie. *Jahresbericht der DMV* 35:104.

Noether, Emmy. 1926a. Der Endlichkeitssatz der Invarianten endlicher linearer Gruppen der Charakteristik p. *Nachrichten von der Königlichen Gesellschaft der Wissenschaften zu Göttingen, mathematisch-physikalische Klasse,* 1926:28–35.

Noether, Emmy. 1927. Abstrakter Aufbau der Idealtheorie in algebraischen Zahl- und Funktionskörpern. *Mathematische Annalen* 96:26–61.

Noether, Emmy. 1927/28. *Hyperkomplexe Größen und Gruppencharaktere*. Vorlesung. Ausarbeitung Bartel L. van der Waerden. Göttingen: Mathematische Bibliothek der Universität Göttingen.

Noether, Emmy. 1929. Hyperkomplexe Größen und Darstellungstheorie. *Mathematische Zeitschrift* 30:641–692.

Noether, Emmy. 1929a. *Nichtkommutative Algebra.* Vorlesung. Ausarbeitung Gottfried Köthe. Göttingen: Mathematische Bibliothek der Universität Göttingen.

Noether, Emmy. 1929/30. *Algebra der hyperkomplexen Größen.* Vorlesung. Göttingen: Mathematische Bibliothek der Universität Göttingen.

Noether, Emmy. 1930/31. *Allgemeine Idealtheorie.* Vorlesung. Göttingen: Mathematische Bibliothek der Universität Göttingen.

Noether, Emmy. 1931. Erläuterungen zur vorstehenden Abhandlung. In Dedekind (1930–32), Bd. 2:58.

Noether, Emmy. 1932. Hyperkomplexe Systeme in ihren Beziehungen zur kommutativen Algebra und zur Zahlentheorie. In *Verhandlungen des Internationalen Mathematiker-Kongresses Zürich:* 189–194.

Noether, Emmy. 1932a. Erläuterungen zu den vorstehenden Abhandlungen XLVI bis XLIX. In Dedekind (1930–32), Bd. 3:313–314.

Noether, Emmy 1932b. Erläuterungen zu der vorstehenden Abhandlung. In Dedekind (1930–32), Bd. 2:58.

Noether, Emmy. 1932/33. *Nichtkommutative Arithmetik.* Vorlesung. Göttingen: Mathematische Bibliothek der Universität Göttingen.

Noether, Emmy. 1934. Zerfallende verschränkte Produkte und ihre Maximalordnungen. *Actualités Scientifiques et Industrielles* 148:15–23.

Noether, Emmy. 1950. Idealdifferentiation und Differente. *Journal für die reine und angewandte Mathematik* 188:1–21.

Noether, Emmy. 1983. *Gesammelte Abhandlungen – Collected Papers,* hrsg. von Nathan Jacobson. Berlin: Spinger.

Noether, Emmy und Jean Cavaillès, Hrsg. 1937. Briefwechsel Cantor – Dedekind. *Actualités Scientifiques et Industrielles* 518.

Noether, Emmy und Max Deuring. 1930. *Algebra der hyperkomplexen Größen.* Vorlesung. Ausarbeitung von Max Deuring. Noether (1983):711–764.

Noether, Emmy und Øystein Ore. 1932. *Nachwort der Herausgeber.* In Dedekind (1930–32), Bd. 3: III.

Noether, Emmy und Werner Schmeidler. 1920. Moduln in nicht-kommutativen Bereichen, insbesondere aus Differenzenausdrücken. *Mathematische Zeitschrift* 8:1–35.

Noether, Gottfried E. und Emiliana P. Noether. 1983. Emmy Noether in Erlangen und Göttingen. In Srinivasan, Sally (1983):133–137.

Noether, Max. 1914. Paul Gordan. *Mathematische Annalen* 75:1–41.

Nye, Mary Jo, Hrsg. 2003. The modern physical and mathematical science. In *The Cambridge History of Science* 5. Cambridge: Cambridge University Press.

Olesko, Kathryn M. 1993. Tacit Knowledge and School Formation. In Geison, Holmes (1993): 16–29.

Osen, Lynn M. 1974. *Women in mathematics.* Cambridge: The MIT Press.

Parikh, Carol. 1991. *The unreal life of Oscar Zariski.* New York: Spinger.

Parshall, Karen Hunger. 2004. Defining a mathematical research school. The case of Algebra at the University of Chicago, 1892–1945. *Historia Mathematica* 32:236–278.

Phillips, Ester R., Hrsg. 1987. Studies in the History of Mathematics. In *Studies in Mathematics* 26. Washington: The Mathematical Association of America.

Pier, Jean-Paul. 2000. *The development of mathematics 1950–2000.* Basel: Birkhäuser.

Poggendorff, Johann Christian, Hrsg. 1958. *J. C. Poggendorffs biographisch-literarisches Handwörterbuch für Mathematik, Astronomie, Physik mit Geophysik, Chemie und verwandten Wissensgebiete, Berichtsjahre 1932–1953.* Berlin: Verlag Chemie.

Pontrajagin, Lev S. 1988. Kratkoe žizneopisanie L. S. Pontrjagina, sostavlennoe im samim (roždenie 1908 g., Moskva) [Kurzer Lebenslauf von L. S. Pontrajagin, von ihm selbst verfasst (1908 in Moskau geboren)]. In Pontrajagin (1988a):183–206.

Pontrajagin, Lev S. 1988a. *Znakomstvo s vysšej matematikoj. Differencial'nye uravnenija i ih priloženija* [Bekanntschaft mit der höheren Mathematik. Differentialgleichungen und ihre Ableitungen]. Moskau: Nauka.

Rabinowitsch, J. L. 1929. Zum Hilbertschen Nullstellensatz. *Mathematische Annalen* 102:520.

Reid, Constance. 1979. *Richard Courant (1888–1972) – Der Mathematiker als Zeitgenosse*. Berlin: Spinger.

Reidemeister, Kurt. 1932. *Knotentheorie*. (Ergebnisse der Mathematik und ihrer Grenzgebiete 1/1). Berlin: Spinger.

Reitberger, Heinrich. 2000. Wolfgang Gröbner (11.2.1899–20.8.1980) zum 20. Todestag. *Internationale Mathematische Nachrichten* 184:1–28.

Remmert, Volker. 1995. Zur Mathematikgeschichte in Freiburg. Alfred Loewy (1873–1935). Jähes Ende späten Glanzes. *Freiburger Universitätsblätter* 129:81–102.

Remmert, Volker und Ute Schneider. 2010. *Eine Disziplin und ihre Verleger. Disziplinenkultur und Publikationswesen der Mathematik in Deutschland, 1871–1949*. Bielefeld: transcript.

Rheinberger, Hans-Jörg. 1992. *Experiment, Differenz, Schrift. Zur Geschichte epistemischer Dinge*. Marburg: Basilisken-Presse.

Rohrbach, Hans. 1981. Richard Brauer zum Gedächtnis. *Jahresbericht der DMV* 83:125–134.

Roquette, Peter. 2005. The Brauer-Hasse-Noether Theorem in Historical Perspective. In *Heidelberger Akademie der Wissenschaften, Mathematisch-Naturwissenschaftliche Klasse 15*. Berlin: Spinger.

Roquette, Peter. 2007. Zu Emmy Noethers Geburtstag. Einige neue Noetheriana. *Mitteilungen der DMV* 15:15–21.

Roquette, Peter. 2008. Emmy Noeter. Die Gutachten. Einige neue Noetheriana. www.rzuser. uni-heidelberg.de/~ci3/gutachten/NOETHERGUTACHTEN.htm. Zugegriffen am 28. März 2015.

Roquette, Peter. 2010. Betr. Fotos Emmy Noether. www.rzuser.uni-heidelberg.de/~ci3/manu. html#betrFoto. Zugegriffen am 28. März 2015.

Roth, Roland und Dieter Rucht, Hrsg. 2008. *Die sozialen Bewegungen in Deutschland seit 1945. Ein Handbuch*. Frankfurt a. M.: Campus.

Rowe, David E. 1989. Interview with Dirk Struik. *The Mathematical Intelligencer* 11/1:14–26.

Rowe, David E. 1999. The Göttingen response to general relativity and Emmy Noether's Theorems. In Gray (1999):189–234.

Rowe, David E. 2003. Mathematical schools, communities, and networks. In Nye (2003):113–132.

Rowe, David E. 2004. Making Mathematics in an oral culture: Göttingen in the Era of Klein and Hilbert. *Science in Context* 17 (1/2): 85–129.

Runge, Anita. 2009. Literarische Biographik. In Klein (2009): 103–112.

Runge, Anita. 2009a. Wissenschaftliche Biographik. In Klein (2009): 113–121.

Sassenberg, Marina. 1993. Noether, Amalie Emmy – Mathematikerin. In Dick, Sassenberg (1993): 297–299.

Schappacher, Norbert. 1998. Das Mathematische Institut der Universität Göttingen 1929–1950. In Becker, Dahms, Wegeler (1998):523–551.

Schappacher, Norbert. 2007. A historical sketch of B. L. van der Waerden's work in algebraic geometry: 1926–1946. In Gray, Parshall (2013).

Scharlau, Winfried. 1989. *Mathematische Institute in Deutschland. Dokumente zur Geschichte der Mathematik 5*. Braunschweig: Vieweg.

Scheuer, Helmut. 2001. „Nimm doch Gestalt an". Probleme einer modernen Schriftsteller/innen-Biografik. In von der Lühe, Runge (2001):19–30.

Schilling, Otto. 1935. Über gewisse Beziehungen zwischen der Arithmetik hyperkomplexer Zahlsysteme und algebraischer Zahlkörper. *Mathematische Annalen* 111:372–398.

Schlote, Karl-Heinz. 1987. *Die Entwicklung der Algebrentheorie bis zu ihrer Formierung als abstrakte algebraische Theorie*. Dissertation B. Leipzig: Universität Leipzig.

Schlote, Karl-Heinz. 1991. Fritz Noether – Opfer zweier Diktaturen. *NTM – Schriftenreihe für Geschichte der Naturwissenschaften, Technik und Medizin* 28/1:33–41.

Schlünder, Martina. 2007. *Reproduktionen. Experimentalisierungen in der Geburtshilfe zwischen 1900 und. 1930. Eine Dichte Beschreibung*. Mikrofiche-Veröffentlichung. Berlin: Charité-Universitätsmedizin Berlin.

Schmeidler, Werner. 1919. Über Moduln und Gruppen hyperkomplexer Größen. *Mathematische Zeitschrift* 3:29–42.

Schneider, Martina R. 2011. *Zwischen den Welten. B. L. van der Waerden und die Entwicklung der Quantenmechanik*. Berlin: Springer.

Scholz, Arnold. 1929. Über die Bildung algebraischer Zahlkörper mit auflösbarer Galoisscher Gruppe. *Mathematische Zeitschrift* 30:332–356.

Scholz, Erhard, Hrsg. 1990. *Geschichte der Algebra. Eine Einführung*. Mannheim: BI Wissenschaftsverlag.

Scholz, Erhard. 2008. Hausdorffs Blick auf die entstehende algebraische Topologie. In Hausdorff (2008):865–892.

Schöneborn, Heinz. 1980. In Memoriam Wolfgang Krull. *Jahresbericht der DMV* 82:51–62.

Schriftleitung des Zentralblattes der Mathematik. 1932. Vorwort des Herausgebers. In Reidemeister (1932): III–IV.

Schwarz, Ludwig. 1948. Zur Theorie des nichtkommutativen Polynombereichs und Quotientenrings. *Mathematische Annalen* 120:275–296.

Scriba, Christoph, Hrsg. 1979. *Zur Entstehung neuer Denk- und Arbeitsrichtungen in der Naturwissenschaft. Festschrift zum 90. Geburtstag von Hans Schimank*. Göttingen: Vandenhoeck & Ruprecht.

Segal, Sanford L. 2003. Oswald Teichmüller. In Segal (2003a):442–490.

Segal, Sanford L. 2003a. *Mathematicians under the Nazis*. Princeton: Princeton University Press.

Seidelmann, Fritz. 1916. *Algebraische Gleichungen mit vorgeschriebener Gruppe*. Unpublizierte Doktorarbeit.

Shoda, Kenjiro. 1929. Über die mit einer Matrix vertauschbaren Matrizen. *Mathematische Zeitschrift* 29:696–712.

Shoda, Kenjiro. 1932. *Abstract Algebra*. Tokio: Iwanami.

Seifert, Herbert und William Threlfall. 1934. *Lehrbuch der Topologie*.Leipzig: Teubner.

Siefkes, Dirk, Peter Eulenhöfer, Heike Stach und Klaus Städtler, Hrsg. 1998. *Sozialgeschichte der Informatik: Kulturelle Praktiken und Orientierungen. Studien zur Wissenschafts- und Technikforschung*. Wiesbaden: VS Verlag für Sozialwissenschaften.

Siegmund-Schultze, Reinhard. 1998. Mathematiker auf der Flucht vor Hitler. Quellen und Studien zur Emigration einer Wissenschaft. In *Dokumente zur Geschichte der Mathematik* 10. Braunschweig: Vieweg.

Siegmund-Schultze, Reinhard. 2001. Rockefeller and the Internationalization of Mathematics between the Two World Wars. Documents and Studies for the Social History of Mathematics in the 20th Century. In *Historical Studies, Science Networks* 25. Basel: Birkhäuser.

Siegmund-Schultze, Reinhard. 2007. Einsteins Nachruf auf Emmy Noether in der New York Times. 1935. *Mitteilungen der DMV* 15:221–227.

Siegmund-Schultze, Reinhard. 2011. Bartel Lennart van der Waerden (1903–1996) im Dritten Reich: Moderne Algebra im Dienste des Anti-Modernismus? In Hoffmann, Walker (2011):201–229.

Sigurðsson, Skúli. 1991. *Hermann Weyl, Mathematics and Physics, 1900–1927*. PhD Thesis. Cambridge: Harvard University.

Singh, Simon. 2000. *Fermats letzter Satz. Die abenteuerliche Geschichte eines mathematischen Rätsels*. München: dtv.

Slembeck, Silke. 2013. On the arithmetrization of algebraic geometry. In Gray, Parshall (2013): 285–300.

Speiser, Arnold. 1927. Vorwort. In Dickson (1927):3–4.

Srinivasan, Bhama und Judith D. Sally, Hrsg. 1983. *Emmy Noether in Bryn Mawr – Proceedings of a Symposium, sponsored by the Association for Women in Mathematics in Honor of Emmy Noether's 100th Birthday*. Berlin: Springer.

Stauffer, Ruth. 1936. The construction of a normal basis in a separable normal extension field. *American Journal of Mathematics* 58:585–597.

Steinitz, Ernst. 1909. Algebraische Theorie der Körper. *Journal für die reine und angewandte Mathematik* 137:167–308.

Tarwater, J. Dalton, John T. White, Carl Hall und Marion E. Moore, Hrsg. 1981. American Mathematical Heritage: Algebra and Applied Mathematics. *Mathematics Series* 13. El Paso: Texas Tech University.

Taussky, Olga. 1932. B. L. van der Waerden, Moderne Algebra Bd. II. Rezension. *Monatshefte für Mathematik und Physik* 40 (1933/1):3–4.

Taussky, Olga. 1981. My personal recollections of Emmy Noether. In Brewer, Smith (1981):79–92.

Taussky, Olga. 1983. Emmy Noether in Bryn Mawr. In Srinivasan, Sally (1983):145–146.

Teicher, Mina, Hrsg. 1999. The Heritage of Emmy Noether. In *Israel Mathematical Conference Proceedings* 12. Ramat Gan: Bar-Ilan University.

Teichmüller, Oswald. 1936. Operatoren im Wachsschen Raum. *Journal für reine und angewandte Mathematik* 174:73–124.

Tent, Margeret B. W. 2008. *Emmy Noether. The mother of modern algebra*. Wellesly, Massachusetts: A K Peters.

Tobies, Renate. 1986. *Die gesellschaftliche Stellung deutscher mathematischer Organisationen und ihre Funktion bei der Veränderung der gesellschaftlichen Wirksamkeit der Mathematik (1871–1933)*. Habilitationsschrift. Manuskriptdruck. Leipzig: Universität Leipzig.

Tobies, Renate 1991/92. Zum Beginn des mathematischen Frauenstudiums in Preußen. *NTM – Schriftenreihe für Geschichte der Naturwissenschaften, Technik und Medizin* 28:151–172.

Tobies, Renate. 1994. Albert Einstein und Felix Klein. *Naturwissenschaftliche Rundschau* 9: 345–352.

Tobies, Renate. 1997. *Aller Männerkultur zum Trotz. Frauen in Mathematik und Naturwissenschaften*. Frankfurt a. M.: Campus.

Tobies, Renate. 1999. Felix Klein und David Hilbert als Förderer von Frauen in der Mathematik. *Prague Studies in the History of Science and Technology*:69–101.

Tobies, Renate. 2003. Briefe Emmy Noethers an P. S. Alexandroff. *NTM – Schriftenreihe für Geschichte der Naturwissenschaften, Technik und Medizin* 11:100–115.

Tobies, Renate. 2006. *Biographisches Lexikon in Mathematik promovierter Personen*. Augsburg: Dr. Erwin Rauner Verlag.

Tobies, Renate, Hrsg. 2008. *Aller Männerkultur zum Trotz. Frauen in Mathematik, Naturwissenschaften und Technik. Erneuerte und erweiterte Auflage der Erstveröffentlichung 1997*. Frankfurt a. M: Campus.

Tobies, Renate. 2010. „In jeder Hinsicht gleichwertig!"? – Frauen und Männer in der Mathematik. In Koreuber (2010):119–132.

Toepell, Michael. 1991. *Mitgliederverzeichnis der DMV 1890–1990*. München: DMV.

Tollmien, Cordula. 1990. „Sind wir doch der Meinung, daß ein weiblicher Kopf nur ganz ausnahmsweise in der Mathematik schöpferisch tätig sein kann ..." Emmy Noether 1882–1935. *Göttinger Jahrbuch* 38:153–219.

Trettin, Käthe. 1991. *Die Logik und das Schweigen. Zur antiken und modernen Epistemotechnik.* Weinheim: VCH Acta Humaniora.

Ulm, Helmut. 1933. Zur Theorie der abzählbar-unendlichen Abelschen Gruppen. *Mathematische Annalen* 107:774–803.

Van der Waerden Bartel L. 1930. *Moderne Algebra I.* Berlin: Springer.

Van der Waerden, Bartel L. 1930/31. *Moderne Algebra.* 2 Bände. Berlin: Springer.

Van der Waerden Bartel L. 1931. *Moderne Algebra II.* Berlin: Springer.

Van der Waerden Bartel L. 1933. Zur algebraischen Geometrie. *Mathematische Annalen* 108:113–125.

Van der Waerden Bartel L. 1933a. Nachwort zu Hilberts algebraischen Arbeiten. In Hilbert (1933): 26–28.

Van der Waerden Bartel L. 1935.: Gruppen von linearen Transformationen. *Ergebnisse der Mathematik und ihrer Grenzgebiete* 4/2. Berlin: Springer.

Van der Waerden Bartel L. 1935a. Nachruf auf Emmy Noether. *Mathematische Annalen* 111:469–476.

Van der Waerden Bartel L. 1948. The foundation of algebraic geometry. A very incomplete historical survey. In Friedrichs (1948):437–449.

Van der Waerden, Bartel L. 1949/50. *Modern Algebra*, translated from the second revised German edition by Fred Blum; with revisions and additions by the author. New York: F. Ungar Pub. Co.

Van der Waerden Bartel L. 1955. *Algebra.* 2 Bände, 4. Aufl. Berlin: Springer.

Van der Waerden Bartel L. 1964. Geleitwort. In Dedekind (1964):III–V.

Van der Waerden Bartel L. 1966. *Algebra.* 2 Bände. 7. Aufl. Berlin: Springer.

Van der Waerden Bartel L. 1975. On the Sources of my Book „Moderne Algebra“. *Historia Mathematica 2.* San Diego: Academic Press.

Van der Waerden Bartel L. 1979. Meine Göttinger Lehrjahre. *Mitteilungen der DMV* 2/1997: 20–27.

Van der Waerden Bartel L. 1983. The school of Hilbert and Emmy Noether. *Bulletin of the London Mathematical Society* 15 (1):1–7.

Van der Waerden Bartel L. 1985. *A history of algebra: From al-Khwarizmi to Emmy Noether.* Berlin: Springer.

Van der Waerden Bartel L. 1993. *Algebra.* 2 Bände. 9. Aufl. Berlin: Springer.

Van der Waerden Bartel L. 1994. Im Interview mit Yvonne Dold-Samplonius (1994). In Dold-Samplonius (1994):145–158.

Vogt, Annette. 1996. Grell und Schröter in Ost-Berlin – ein falsches Leben? In Kant (1996):301–317.

Volkert, Klaus. 2000. Die Beiträge von Seifert und Threlfall zur dreidimensionalen Topologie. D. Puppe zum siebzigsten Geburtstag gewidmet, www2.math.uni-wuppertal.de/~volkert. Zugegriffen am 28. März 2015.

Von Braunmühl, Claudia, Hrsg. 2003. *Etablierte Wissenschaft und feministische Theorie im Dialog.* Berlin: Berliner Wissenschaftsverlag.

Von der Lühe, Irmela und Anita Runge. 2001. *Biografisches Erzählen. Querelles – Jahrbuch für Frauenforschung.* Stuttgart: Metzler.

Von Kleist, Heinrich. ca. 1805. Über die allmähliche Verfertigung der Gedanken beim Reden. In *Nord und Süd* 1878 (4):3–7.

Von Weizsäcker, Carl-Friedrich. 1971. *Die Einheit der Natur.* München: Hanser.

Wang, Shinghao. 1950. On Grundwald's Theorem. *Annals of Mathematics* 51:471–484.

Weber, Heinrich. 1896. *Lehrbuch der Algebra II.* Nachdruck. New York: Chelsea Publishing Company.

Weber, Werner. 1930. Idealtheoretische Deutung der Darstellbarkeit beliebiger natürlicher Zahlen durch quadratische Formen. *Mathematische Annalen* 102:740–767.

Weber, Werner. 1931. Umkehrbare Ideale. *Mathematische Zeitschrift* 34:131–157.

Wegner, Udo. 1932. B. L. van der Waerden, Moderne Algebra. Rezension. *Zeitschrift für mathematischen und naturwissenschaftlichen Unterricht aller Schulgattungen* 63:249–250.

Weil, André. 1993. *Lehr- und Wanderjahre eines Mathematikers*. Basel: Birkhäuser.

Weiss, Marie Johanna. 1930. Primitive groups with contain substitutions of prime order *p* and of degree *6p* or *7p*. *Transaction of The American Mathematical Society* 30:333–359.

Weiss, Marie Johanna. 1949. *Higher Algebra for the Undergraduate*. New York: Wiley.

Weyl, Hermann. 1918. *Raum. Zeit. Materie. Vorlesungen über die allgemeine Relativitätstheorie*. Berlin: Springer.

Weyl, Hermann. 1919. *Raum. Zeit. Materie. Vorlesungen über die allgemeine Relativitätstheorie*. 3. umgearbeitete Auflage. Berlin: Springer.

Weyl, Hermann. 1922. *Space. Time. Matter*. New York: Dover.

Weyl, Hermann. 1923. *Raum. Zeit. Materie. Vorlesungen über die allgemeine Relativitätstheorie*. 5. umgearbeitete Auflage. Berlin: Springer.

Weyl, Hermann 1928. *The theory of groups and quantum mechanics*. New York: Dover.

Weyl, Hermann. 1928a. *Gruppentheorie und Quantenmechanik*. Leipzig: S. Hirzel.

Weyl, Hermann. 1932. Topologie und abstrakte Algebra als zwei wegen mathematischen Verständnisses. In Weyl (1968):348–358.

Weyl, Hermann. 1935. Nachruf auf Emmy Noether. *Scripta Mathematica* 3:201–222.

Weyl, Hermann. 1968. *Gesammelte Abhandlungen*. Bd. III. Hrsg. K. Chandrasekharan. Berlin: Springer.

Wichmann, Wolfgang. 1936. Anwendungen der p-adischen Theorie im Nichtkommutativen. *Monatshefte für Mathematik und Physik* 44:203–224.

Witt, Ernst. 1935. Riemann-Rochscher Satz und Zeta-Funktion im Hyperkomplexen. *Mathematische Annalen* 110:12–38.

Wobbe, Theresa. 1991. Ein Streit um die akademische Gelehrsamkeit: Die Berufung Mathilde Vaertings im politischen Konfliktfeld der Weimarer Republik. In *Berliner Wissenschaftlerinnen stellen sich vor* 8, hrsg. von der Zentraleinrichtung zur Förderung von Frauenstudien und Frauenforschung. Berlin: Freie Universität Berlin.

Wußing, Hans. 1969. *Die Genesis des abstrakten Gruppenbegriffs*. Berlin: Deutscher Verlag der Wissenschaften.

Wußing, Hans. 1974. Zur Entstehungsgeschichte des Erlanger Programms. In *Oswalds Klassiker der exakten Wissenschaften 253: Das Erlanger Programm. Vergleichende Betrachtung über neuere geometrische Forschungen von Felix Klein*, Hrsg. Heinz Wußing, 12–28. Frankfurt a. M.: Verlag Harri Deutsch.

Wußing, Hans, Arnold, Wolfgang (Hrsg.) 1989. *Biografien bedeutender Mathematiker*. 4. ergänzte und bearbeitete Auflage. Berlin: Volk und Wissen.

Zelinsky, Daniel. 1973. A. A. Albert. *American Mathematical Monthly* 80:661–665.

Personenregister

Bei lebenden Personen wird auf die Nennung des Geburtsjahres verzichtet. Einige Daten waren nicht ermittelbar (n. e.).

A

Ackermann-Teubner, Alfred (1857–1941) 54, 55
Ahlemeyer, Heinrich W. 216
Akizuki, Yasuo (1902–1984) 193
Albert, A. Adrian (1905–1972) 65, 114, 119, 120, 126, 128, 132–134, 136, 137, 183, 184, 217, 222, 255–258, 298
Alexandroff, Pawel (1896–1982) XIV, 2–7, 27, 43, 44, 46, 47, 53, 54, 56, 58, 60, 64, 67, 68, 71, 72, 96, 110, 143, 148, 149, 153, 155, 164, 169, 171, 172, 181, 193, 194, 200, 202–205, 207, 208, 210–212, 217, 226, 238, 245, 252, 266, 270–281, 295, 311, 321
al-Khwarizmi, Muhammad ibn Mūsā (ca. 780–850) 153
Alten, Heinz-Wilhelm 156
Ames, Vera (1909–2004) 182, 193, 311
Archibald, Ralph (1901–n. e.) 126
Arnold, Wolfgang 61, 103, 151, 152
Artin, Emil (1898–1962) 9, 52, 54, 55, 102, 138, 142, 149, 150, 153, 155, 164, 179, 180, 184, 221, 222, 232, 234–237, 244, 255, 267, 282, 307, 329
Artin, Natascha (1909–2003) 307

B

Bachtin, Michail (1895–1975) XI, 43, 86, 92, 93–95, 97, 204, 294
Baer, Reinhold (1902–1979) 163, 193, 311
Bannow, Erna (1911–2006) 59, 67, 71, 145, 174, 178, 179, 181, 192, 194, 200, 307, 312
Barinaga, José (1890–1950) 4
Beaulieu, Liane 41, 54, 202
Bernays, Paul (1888–1977) 52, 169, 282, 284, 307, 324
Bernstein, Felix (1878–1956) 169
Berra, Alberto Sagastume 4
Bessel-Hagen, Erich (1898–1946) 41
Bieberbach, Ludwig (1886–1982) 40, 321
Billikopf, Jacob (1882–1950) 12, 147
Birkhoff, Garrett (1911–1996) 236
Birkhoff, George D. (1884–1944) 171
Blaschke, Wilhelm (1885–1962) 54, 60, 221, 227, 234
Blichfeldt, Hans F. (1873–1945) 62
Blumenthal, Otto (1876–1944) 14, 20
Bohn, Marcia 1
Bohr, Harald (1887–1951) 58, 144
Bourbaki, Nicolas (siehe auch Chevalley, Dieudonné, Dubreil, Grothendieck, Weil) 41, 54, 102, 107, 160, 168, 169, 174, 202, 236, 237, 244, 282, 296
Bourdieu, Piere (1930–2002) 1
Brandi, Karl (1868–1946) 26, 29
Brandt, Heinrich (1886–1954) 46, 47, 207, 243, 244
Brandt, Walter (n. e.) 59, 179
Brauer, Richard (1901–1977) XIII, 47, 50, 60, 62, 65, 106, 111, 114, 118, 119, 126, 127,

M. Koreuber, *Emmy Noether, die Noether-Schule und die moderne Algebra,*
Mathematik im Kontext, DOI 10.1007/978-3-662-44150-3

129, 130, 133, 136, 137, 157, 163, 182–184, 191, 207, 219, 221, 222, 245, 252, 255, 257, 312, 328, 331
Brauer, Wilfried (1937–2014) 163
Brewer, James W. (1942–2006) 1, 2, 284
Brinkmann, Heinrich (1899–1989) 183
Brouwer, Luitzen Egbertus Jan (1881–1996) 167, 210, 232, 234, 272, 273, 330
Brüning, Jochen 155
Büchi, Julius Richard (1924–1984) 285
Bulle, Heinrich (1867–1945) 14
Burckhardt, Johann Jakob (1903–2006) 120, 169
Byers, Nina (1930–2014) 38

C

Cantor, Georg (1845–1918) 52, 244, 285
Caratheodory, Constantin (1873–1950) 25
Cassirer, Ernst (1874–1945) XI, 73, 75–80, 83, 85, 89, 98, 212, 245, 263, 275, 277, 294
Castelnuovo, Guido (1865–1952) 335
Cavaillès, Jean (1903–1944) 52
Čech, Eduard (1893–1960) 280
Châtelet, Albert (1883–1960) 169
Chevalley, Claude (1909–1984) 107, 169, 221, 253, 255
Chow, Wei-Liang (1911–1995) 59, 178, 179, 181, 192–194, 312
Cohn-Vossen, Stephan (1902–1936) 169
Corry, Leo 41, 103, 104, 107–110, 116, 117, 154, 160, 202, 261, 283, 285, 288
Costas, Ilse 10
Courant, Richard (1888–1972) 34, 49, 56, 57, 151, 155, 165, 167, 169, 174, 175, 182, 194, 201, 205, 206, 226, 228, 235, 271, 311, 316
Curie, Marie (1867–1934) 187
Curie, Pierre (1859–1906) 187

D

Daniel, Ute 140
Daublewsky von Sterneck, Robert (1871–1928) 322
Davenport, Harold (1907–1969) 59, 60, 179
Davis, Jerome L. 187
Dechamps, G. (n. e.) 59, 179
Dedekind, Richard (1831–1916) 42, 50–52, 73–78, 86, 87, 91, 92, 103, 107, 110, 116, 117, 122, 124, 142, 164, 173, 176, 184, 221, 239, 244, 258–264, 266–270, 274, 287, 296, 299, 313, 318, 332, 334
Defant, Albert (1884–1974) 54
Derry, Douglas (1907–2001) 59, 178, 179, 192–194, 313
Deuring, Max (1907–1984) XIV, 49, 56, 99, 114, 123, 127, 130, 134, 136–138, 149, 150, 156, 168, 170, 171, 181, 182, 191, 193, 194, 218–220, 226, 246–258, 284, 297, 298, 306, 313, 314
de Vries, Hendrik (1867–1954) 167, 192, 232, 234, 330
Dick, Auguste (1910–1993) 1, 2, 4, 7, 16, 46, 85, 151, 154, 301
Dickson, Leonhard E. (1874–1954) 62, 65, 119–121, 123, 132–134, 142, 169, 199, 250, 251, 255, 297, 319
Dieudonné, Jean (1906–1992) 236, 237, 296
Dirichlet, Peter Gustav Lejeune (1805–1859) 42, 51, 173, 260, 261, 266
Dörnte, Wilhelm (1899– n. e.) 166, 191, 194, 314–316
Dresden, Arnold (1882–1954) 147
Dubreil-Jacotin, Marie-Louise (1905–1972) 174, 175, 305, 306, 315
Dubreil, Paul (1904–1994) 54, 107, 174, 175, 193, 202, 268, 305, 306, 315, 316

E

Eckert, Michael 185, 188, 189
Edwards, Harold M. 259
Egorov, Dmitri (1869–1931) 266
Ehrenfest, Paul (1880–1933) 32
Eilenberg, Samuel (1913–1998) 282, 284, 286–288
Einstein, Albert (1879–1955) 3, 8, 18, 19, 21, 28, 30–35, 37, 38, 47, 48, 91, 147, 148, 210
Elkana, Yehuda (1934–2012) XI, 107, 108, 140, 141, 160, 174, 213, 215, 245, 288, 298
Engler, Steffani 53
Engstrom, Howard (1902–1962) 175, 193, 305, 316
Enzensberger, Hans Magnus 135, 213, 214
Eulenhöfer, Peter 341
Euler, Leonhard (1707–1783) 244

F
Falckenberg, Hans (1885–1946) 15, 21, 44, 149, 150, 161, 162, 191, 193, 194, 316
Fauvel, John (1947–2001) 153
Fellmeth, Ulrich 40
Fenster, Della Dumbaugh 119, 120, 126, 133, 134
Fester, Richard (1860–1945) 14
Feyl, Renate 1, 152, 301
Finsler, Paul (1894–1970) 322
Fischer, Ernst (1875–1954) 8, 14–17, 20–22, 44, 51, 161, 191, 316, 320
Fitting, Hans (1906–1938) 99, 106, 168, 170, 179, 181, 191, 193, 194, 218, 219, 316, 317
Fleck, Ludwik (1896–1961) IX, XI, XIV, 90, 107, 113–115, 117–119, 121, 123, 127, 130, 135, 136, 138, 141, 148, 151, 171, 186, 197, 198, 199, 203, 206–208, 214, 220, 222–224, 226–229, 237, 240, 251, 255, 267, 278, 293, 294, 299, 300
Flexner, Abraham (1866–1959) 48, 57, 59
Fokker, Adriaan (1887–1972) 36
Fraenkel, Abraham Adolf (1891–1965) 52, 53, 79, 110, 116
Frege, Gottlob (1848–1925) 75, 240
Frei, Günther 164, 169
Fricke, Robert (1861–1930) 41, 50, 164
Frobenius, Georg (1849–1917) 100, 117, 118, 122, 123, 323
Furtwängler, Philipp (1869–1940) 58, 145, 175, 318, 328

G
Gauß, Carl Friedrich (1777–1855) 55, 101, 244, 290
Geertz, Clifford (1926–2006) XI, 139, 140, 196, 211, 213, 228, 294, 300
Gegenbauer, Leopold (1849–1903) 16
Geison, Gerald (1943–2001) 187, 188, 190, 195, 196
Gernet, Marie (1865–1924) 10, 13
Gödel, Kurt (1906–1978) 96
Goguen, Joseph (1941–2006) 282
Gordan, Paul (1837–1912) 5, 8, 11, 13–17, 19, 20, 21, 42, 44, 51, 161, 264
Grandjot, Karl (1900–1979) 169
Grauert, Hans (1930–2011) 244
Graumann, Günter 135, 214
Gray, Jeremy 103, 156
Green, Judy 310
Grell, Heinrich (1903–1974) 99, 151, 156, 166–169, 191, 193, 194, 202, 218, 268, 284, 317, 318, 332
Gröbner, Wolfgang (1899–1980) 175, 176, 179, 193, 202, 220, 223, 318
Große-Rhode, Martin 285
Grothendieck, Alexander (1928–2014) 102, 282
Grunwald, Wilhelm (1909–1989) 137
Gumbel, Emil Julius (1892–1966) 11

H
Hahn, Hans (1879–1934) 242
Halmos, Paul (1916–2006) 185, 232
Hamburger, Hans (1889–1956) 40
Hamel, Georg (1877–1954) 36
Hardy, Godfrey Harold (1877–1947) 58, 144
Hartmann, Johannes (1865–1936) 26
Hasse, Helmut (1898–1979) XIII, XIV, 7, 8, 39, 41, 46, 47, 49, 50, 52, 53, 55–69, 71, 72, 89, 91, 100–102, 104, 106, 111, 114, 117, 118, 120, 121, 123–134, 136–139, 141–145, 147, 149–151, 155, 157, 158, 163, 164, 169–171, 173, 176–179, 181–183, 192, 193, 200, 205, 207, 218, 219, 221, 222, 224, 226, 229–231, 234–236, 240, 242, 244, 245, 247–253, 255–257, 264, 273, 274, 278, 284, 293, 294–297, 299, 304, 305, 313, 319, 325, 326, 329, 332, 333
Haubrich, Ralf 117, 118, 259, 261
Haupt, Otto (1887–1988) 232, 238, 239, 240, 283
Hausdorff, Felix (1868–1942) 40, 278, 280
Hausen, Karin XV, 25
Hawkins, Thomas 117
Hazlett, Olive (1890–1974) 169, 185, 193, 232, 319
Hecke, Erich (1887–1947) 6, 54, 312
Heffter, Lothar (1892–1962) 263
Heilbronn, Hans (1908–1975) 163, 175, 305, 306
Heintz, Bettina 41, 92, 96
Heisenberg, Werner (1901–1976) 168
Heisig, Herbert (1904–1989) 308
Heisig, Lotte (n. e.) 308
Hensel, Kurt (1861–1941) 116–118, 130, 132, 157, 158, 199, 319, 334
Hentschel, Klaus 140

Hentzelt, Kurt (1889–1914) 15, 98, 99, 162, 192, 265, 319, 320
Hepp, Corona 216
Herbrand, Jacques (1908–1931) 64, 169, 306
Herglotz, Gustav (1881–1953) 36, 169, 180, 181, 326, 334
Hermann, Grete (1901–1984) 11, 29, 39, 58, 99, 164–168, 191, 193, 194, 269, 319, 320
Hilbert, David (1862–1943) 3, 5, 6, 8, 9, 10, 13, 14, 16–22, 25, 27–37, 39, 41, 44, 46, 47, 51, 75, 91, 97, 109, 110, 123, 143, 148, 153, 155, 169, 174, 175, 207, 210, 212, 239, 240, 274, 275, 277, 281, 296, 314
Hirzebruch, Friedrich (1927–2012) 1, 155, 156, 208, 210, 272, 274
Hoagland, Mahlon (1921–2009) 135
Hofstadter, Douglas R. 96, 135
Holmes, Frederic L. (1932–2003) 188, 190
Hölzer, Rudolf (1903–1927) 163, 168, 192, 321
Hopf, Heinz (1894–1971) XIV, 54, 169, 171, 193, 202, 208, 211, 212, 217, 226, 238, 270–273, 277–281, 295, 311, 321
Huerkamp, Claudia (1952–1999) 12
Hurwitz, Adolf (1859–1919) 51, 52, 259, 262, 263, 268, 295
Husserl, Edmund (1859–1938) 26

J

Jacobson, Nathan (1910–1999) 4, 7, 65, 153, 183, 184
Jansen, Christian 11
Jarnik, Vojtěch (1897–1970) 169
Jentsch, Werner 46, 207, 243
Jordan, Pascual (1902–1980) 54

K

Kaiser, Hans 103
Kaluza, Theodor (1885–1954) 313
Kapferer, Heinrich (1888–1984) 66, 67, 145, 151, 163, 193, 220, 249, 268, 321
Kaplan, Marion 12
Kaufmann, Ida (1882–1935) (siehe auch Noether, Ida) 8, 12, 14
Kerbs, Diethard (1937–2013) 216
Kersten, Ina 334
Kersting, Friederike 11, 39, 165, 166, 168, 320
Kettnacker, Barbara 341
Kimberling, Clark 4, 46, 68, 85, 152, 154, 301
Kirchhoff, Arthur (n. e.) 25
Klein, Felix (1849–1925) 8, 9, 11, 13, 14, 17–19, 21, 22, 25, 27–30, 32–38, 40, 41, 44, 46, 51, 54, 97, 185, 207, 228
Kleiner, Israel 153
Knauf, Ernst (n. e.) 59, 174, 179, 307
Kneser, Hellmuth (1898–1974) 311
Knopp, Konrad (1882–1957) 214
Knorr Cetina, Karin 140
Koebe, Paul (1882–1945) 54, 312
Koenigsberger, Leo (1837–1921) 13
Kohlschütter, Ernst (1870–1942) 54
Kolb, Felix 216
Kolmogoroff, Andrei (1903–1987) 56
Königsdorf, Helga (1938–2014) 96
Koreuber, Mechthild XII, 1, 7, 75, 156, 201, 232, 285, 301
Kořínek, Vladimir (1899–1981) 4
Kosmann-Schwarzbach, Yvette 1, 4, 30, 37, 38
Kostrikin, Alexei (1929–2000) 138
Köthe, Gottfried (1905–1989) 49, 169, 219, 306, 307, 322
Kowalewskaja, Sonja (1850–1891) 13, 48
Krause, Henning 75
Krömer, Ralf 282
Kronecker, Leopold (1823–1891) 116, 117, 142, 225, 259, 261, 262, 266, 268
Krull, Wolfgang (1899–1971) XIV, 52, 53, 89, 93, 149, 150, 156, 163, 164, 166, 171, 172, 180, 184, 192–194, 220, 222, 226, 239, 246, 252, 258, 263–270, 284, 296, 297, 322
Kummer, Ernst Eduard (1810–1893) 259, 260, 261, 262, 296
Kunsch, Hanna (n. e.) 303
Kurosch, Alexander (1908–1971) 172, 193, 274, 322
Kuypers, Friedhelm 30

L

LaDuke, Jeanne 310
Lagrange, Joseph-Louis (1736–1813) 244
Landau, Edmund (1877–1938) 21, 22, 25, 29, 47, 52, 162, 163, 165, 166, 169, 173, 180, 313, 314, 317, 320, 323, 325
Landsberg, Georg (1865–1912) 334
Lasker, Emanuel (1868–1941) 84, 266, 268

Ledermann, Walter (1911–2009) 118
Lefschetz, Solomon (1884–1972) 6, 147, 169, 206, 207, 222, 273, 274
Lehr, Marguerite (1898–1987) 61, 62, 182, 183, 193, 323
Lemmermeyer, Franz 1, 46, 64, 158, 164, 250, 252, 258
Leopoldt, Heinrich-Wolfgang (1927–2011) 123, 178, 319
Levitzki, Jakob (1904–1956) 104, 105, 168, 170, 171, 191, 193, 194, 323, 324
Lewis, Albert C. 189, 197
Lewy, Hans (1904–1988) 169, 247
Lie, Sophus (1842–1899) 21, 35, 36
List, Elisabeth 140
Loewy, Alfred (1873–1935) 163, 192, 263, 322, 325
Lorentz, Hendrik Antoon (1853–1928) 36
Lorenz, Falko 138, 180, 232, 329
Luchins, Edith H. (1921–2002) 328
Lünenborg, Margreth 48
Luzin, Nikolai (1883–1950) 311

M
Macaulay, Francis (1862–1937) 84, 220, 266, 268
MacDuffee, Cyrus (1895–1961) 119, 123, 133, 169, 182, 256, 327
Mac Lane, Saunders (1909–2005) XIV, 7, 95, 102, 107 139, 160, 175, 179, 193, 202, 211, 215, 217, 226, 228, 232, 240, 271, 281–288, 290, 291, 324
Mahler, Kurt (1903–1988) 168, 305
Maisano, G. (n. e.) 15
Maltsev, Anatoly (1909–1967) 172
Mannheim, Karl (1893–1947) 113
Manning, William A. (1876–1972) 62, 182, 332
Martínez, Matías 92, 94
Martini, Laura 10
McKee, Ruth (1910–1993) (siehe auch Stauffer) 62, 182, 328
McLarty, Collin 85, 274, 324
Mehrtens, Herbert XV, 17, 33, 42, 73, 74, 91, 95, 96, 117, 141, 145, 167, 185, 212, 213, 230, 234, 239, 240, 249, 259, 261, 270, 295
Merzbach, Uta 7, 54
Meyer, Walther (1887–1948) 280
Mie, Gustav (1868–1957) 32, 54
Mikulinskij, Semen R. 186
Minkowski, Hermann (1864–1909) 14, 20
Molien, Theodor (1861–1941) 122, 123
Moore, Robert L. (1882–1974) 189, 319
Mori, Shinziro (n. e.) 193
Morrell, Jack B. 186–188, 190, 195
Murrow, Edward R. (1908–1965) 2, 206

N
Nagao, Hisao 169
Naumann, Otto (1852–1925) 27, 28
Neidhardt, Friedhelm 216, 217, 220, 221
Nelson, Leonard (1882–1927) 11, 166, 320
Neuenschwander, Dwight 30
Neugebauer, Otto (1899–1990) 56, 137, 169, 174, 206, 227, 235, 246, 253, 254, 256, 258, 309
Noether, Alfred (1883–1918) 12
Noether, Emiliana P. (n. e.) 12
Noether, Fritz (1884–1941) 12, 15, 57, 68, 274, 308
Noether, Gottfried E. (1915–1991) 12
Noether, Hermann (n. e.) 12
Noether, Ida (1882–1935) 8, 12, 14
Noether, Max (1844–1921) 8, 11–15, 17, 19, 20, 22, 44, 116, 118, 163, 191, 199, 264, 296, 327
Noether, Regine (n. e.) 12, 308
Noether, Robert (1889–1928) 12

O
Olesko, Kathryn M. 188
Ore, Øystein (1899–1968) 50, 107, 164, 171, 175, 193, 232, 240, 248, 273, 283, 284, 316, 324
Osen, Lynn M. 153
Ostrowski, Alexander (1893–1986) 163, 247

P
Parikh, Carol 66, 221, 335
Park, Marion Edwards (1875–1960) 61, 68
Parshall, Karen Hunger 119, 156, 189, 190
Pascal, Ernesto (1865–1940) 15
Peano, Guiseppe (1858–1932) 76
Pell Wheeler, Anna (1883–1966) 62, 311
Perron, Oskar (1880–1975) 58, 144, 145, 222
Petri, Karl (n. e.) 100

Picard, C. Émile (1856–1941) 315
Pirson, Julius (1870–1959) 14
Pjetrowski, Stephan (n. e.) 305
Poggendorff, Johann Christian (1796–1877) 310
Pohlenz, Max (1872–1962) 25
Pohl, Richard (1884–1976) 181
Poincaré, Jules Henri (1854–1912) 88, 174, 277, 279
Pontrajagin, Lew (1908–1988) 171, 172, 193, 324
Prandtl, Ludwig (1875–1953) 54
Prüfer, Heinz (1896–1934) 315, 330

Q

Quinn, Grace (1906–1998) (siehe auch Shover) 327

R

Rabinowitsch, Eugen (1901–1973) 317
Rabinowitsch, J. L. (1886–1968) (siehe auch Rainich) 317
Rademacher, Hans (1892–1969) 60, 183
Rainich, George Yuri (1886–1968) 317
Reetsman (n. e.) 178
Reid, Constance (1918–2010) 175, 201
Reiger, Rudolf (1877–1943) 14
Reitberger, Heinrich 176, 318
Reitzenstein, Richard (1861–1931) 25
Rella, Tonio (1888–1945) 58, 200, 201, 322
Rellich, Franz (1906–1955) 56
Remmert, Volker 163, 226, 256
Reulecke, Jürgen 216
Rheinberger, Hans-Jörg XI, XII, 81, 82, 87, 107, 113–115, 117, 121, 125, 135, 136, 294
Riemann, Bernhard (1826–1866) 244
Rohrbach, Hans (1903–1993) 126, 312
Roquette, Peter 1, 3, 46, 48, 58, 64, 114, 123, 126, 133, 138, 158, 164, 178, 250, 252, 258, 312, 319
Rosenthal, Arthur (1887–1959) 40
Röser, Jutta 48
Roth, Roland 216
Rowe, David E. XV, 1, 31, 35, 37, 41, 45, 189, 207, 228
Rucht, Dieter 216
Russell, Bertrand (1872–1970) 75, 284

S

Sassenberg, Marina 1
Schappacher, Norbert 156, 174, 223
Scharlau, Winfried 185
Scheuer, Helmut 159
Schilling, Otto (1911–1973) 179, 181, 192, 193, 194, 217, 325
Schlote, Karl-Heinz 12, 120, 156
Schlünder, Martina 140
Schmeidler, Werner (1890–1969) 21, 29, 41, 44, 73, 87, 88, 104, 149, 150, 162, 163, 193, 268, 325
Schmidt, Erhard (1876–1959) 8, 16, 20, 21, 22, 321, 326
Schmidt, Friedrich Karl (1901–1977) 163, 172, 180–182, 192–194, 227, 239, 264, 325, 329, 331, 333, 334
Schmidt, Otto (1891–1956) 169, 172, 193, 326
Schmidt, Robert (1898–1964) 52
Schneider, Martina R. 168
Schneider, Ute 226, 256
Scholz, Arnold (1904–1942) 163, 193, 326
Scholz, Erhard 103, 154, 278, 280
Schöneborn, Heinz (n. e.–1991) 163, 264, 322
Schouten, Jan Arnoldus (1883–1971) 58, 59, 145, 178
Schreier, Otto (1901–1929) 221, 234, 244
Schubarth, Emil (1902–1978) 120
Schur, Issai (1875–1941) 116–120, 155, 184, 199, 221, 243, 312, 326
Schwarz, Ludwig (1908– n. e.) 59, 150, 174, 178–180, 192, 193, 194, 326
Schwarzschild, Karl (1873–1916) 14
Schwermer, Joachim 133, 134
Scorza, Gaetano (1876–1939) 169
Scott, Charlotte Angas (1858–1931) 10, 323
Segal, Sanford L. (1937–2010) 145, 329
Segre, Beniamino (1903–1977) 58
Seidelmann, Fritz (1890– n. e.) 15, 20, 151, 161, 162, 191, 194, 327
Seifert, Herbert (1907–1996) 280
Shafarevich, Igor 138
Shoda, Kenjiro (1902–1977) 58, 145, 168, 169, 193, 202, 232, 327
Shover, Grace (1906–1998) 9, 62, 182, 327
Siefkes, Dirk 285
Siefkes, Elisabeth (1905–2002) (siehe auch Spieker) 49, 164, 165, 205
Siegel, Carl Ludwig (1896–1981) 6, 9, 54, 58, 244

Siegmund-Schultze, Reinhard 2, 3, 6, 47, 48, 59, 64, 120, 155, 171, 174, 183, 184, 206, 243, 249, 301
Sigurðsson, Skúli 3, 30
Simeonov, Emil 172
Singh, Simon 96
Skolem, Thoralf (1887–1963) 324
Slembeck, Silke 66, 184
Smith, Martha K. 1, 2, 284
Sommerfeld, Arnold (1868–1951) 189
Speiser, Andreas (1885–1970) 52, 58, 120, 121, 144, 169, 179, 200, 222, 255
Spieker, Elisabeth (1905–2002) 49, 164, 165, 205
Spieker, Luise (1900–1987) 164
Springer, Ferdinand (1881–1965) 252
Springer, Julius (1817–1877) 252
Stauffer, Ruth (1910–1993) 62, 182, 185, 191, 193, 194, 205, 206, 328
Steinitz, Ernst (1871–1928) 17, 40, 52, 75, 102, 142, 160, 230, 296
Stepanov, Vyacheslaw, (1889–1950) 169
Stickelberger, Ludwig (1850–1936) 321
Struik, Dirk (1894–2000) 45
Study, Eduard (1862–1930) 39, 40, 153
Suetuna, Zyoiti (1898–1970) 169, 193, 328

T

Takagi, Teiji (1875–1960) 58, 144, 145, 168, 220, 327
Taussky, Olga (1906–1995) 2, 3, 51, 61, 62, 65, 151, 175, 179, 182, 183, 193, 242, 243, 246, 253, 266, 267, 328
Teichmüller, Oswald (1913–1943) 58, 174, 178, 179, 192–194, 329
ten Bruggencate, Paul (1901–1961) 54
Tent, Martha B. W. 1
Thomson, Thomas (1773–1852) 186
Threlfall, William (1888–1949) 280
Tobies, Renate 1, 7, 10, 13, 28, 30, 46, 54, 56, 60, 64, 67, 68, 151, 156, 164, 172, 181, 192, 194, 207, 271, 310
Toeplitz, Otto (1881–1940) 39, 40, 52, 149, 179, 182, 192, 249, 325, 330
Tollmien, Cordula 1, 4, 7, 10, 13, 19, 25, 26, 27, 35, 45, 48, 60, 85, 154, 301
Tornier, Erhard (1894–1982) 182, 249, 250
Trefftz, Erich (1888–1937) 54
Trettin, Käthe 240
Tropfke, Johannes (1866–1939) 54
Tschebotarow, Nikolai (1894–1947) 169
Tsen, Chiungtze (1898–1940) 59, 67, 169, 170, 178–180, 192–194, 232, 307, 329, 330, 334

U

Ulm, Helmut (1908–1975) 59, 174, 178, 179, 192–194, 305, 330
Urysohn, Pawel (1898–1924) 149, 164, 270, 271

V

Vaerting, Mathilde (1884–1977) 40
Valentiner, Justus Theodor (1869–1952) 58
van der Waerden, Bartel L. (1903–1996) XII, XIV, 3–7, 11, 39, 42–44, 47, 49, 50, 52, 57, 58, 61, 62, 65, 69, 85, 96, 97, 100, 102, 107, 109, 110, 122, 143, 145, 146, 148, 153–156, 159, 160, 165–169, 171, 173, 176, 178, 179, 181, 183–185, 192–194, 202, 206, 207, 217, 219–224, 226, 227, 229, 232, 234–248, 254, 257, 267–270, 274, 277, 280, 282–284, 286, 294, 295, 299, 300, 303, 312, 317, 330
van der Waerden, Camilla (1905–1998) 39, 167, 235
Vandiver, Harry Schultz (1882–1973) 65, 169, 183
Veblen, Oswald (1880–1960) 53, 54, 57, 60, 169
Vermeil, Hermann (1898–1959) 41
Vessiot, Ernest (1865–1952) 174
Vietoris, Leopold (1891–2002) 280
Vogt, Anette 166
Voigt, Woldemar (1850–1919) 27
Volkert, Klaus XV, 274, 280
von Brill, Alexander Wilhelm (1842–1935) 358
von Kleist, Heinrich (1777–1811) 207
von Liebig, Justus (1803–1873) 186
von Neumann, John (1903–1957) 46, 169, 183, 184, 202, 274
von Weizsäcker, Carl-Friedrich (1912–2007) 291, 296
von Wrangell, Margarete (1877–1932) 40
Vorbeck, Werner (1909–n. e.) 59, 174, 178–180, 192, 194, 331

W

Wahlin, G. E. (1880–1948) 169
Wahrig, Bettina XV
Walther, Alwin (1898–1967) 169
Wang, Shianghao (1915–1993) 138
Ward, Morgan (1901–1963) 66, 183
Weaver, Warren (1894–1978) 46, 68, 69
Weber, Heinrich (1842–1913) 87, 110, 124, 313, 334
Weber, Werner (1906–1975) 58, 168–170, 172, 173, 179, 191, 193, 194, 218, 236, 331, 332
Wedderburn, Joseph (1882–1948) 119, 133, 169
Wegner, Udo (1902–1989) 243
Wehnelt, Arthur (1871–1944) 14
Weierstraß, Karl (1815–1897) 13, 117
Weil, André (1906–1998) 107, 168, 169, 193, 202, 219, 220, 244, 274
Weiss, Marie (1903–1952) 9, 62, 182, 191, 193, 257, 332
Weyl, Helene (1893–1948) 307
Weyl, Hermann (1885–1955) 3–7, 10, 27, 30, 32, 36, 38, 39, 43, 45–48, 51, 55–58, 60, 62, 64, 65, 71, 85, 96, 110, 142, 143, 148, 152, 153, 155–157, 174, 175, 179, 180, 182, 192, 201, 205, 206, 208, 209, 212, 230, 273, 283, 284, 295, 299, 301, 307, 314, 324, 326
Weyl, Joachim (1915–1977) 307
Wichmann, Wolfgang (1912–1944) 59, 68, 150, 174, 178, 179, 181, 192, 194, 333
Widder, Vera (1909–2004) (siehe auch Ames) 182, 311
Wiedemann, Eilhard (1852–1928) 14
Wiener, Norbert (1894–1964) 147, 169, 184, 202
Wintner, Aurel (1903–1958) 40
Witt, Ernst (1911–1991) 58, 67, 174, 178, 179, 180, 191–194, 307, 312, 329, 334, 335
Wobbe, Theresa 40
Wußing, Hans (1927–2011) 33, 61, 87, 103, 151, 152

Z

Zariski, Oscar (1899–1986) 66, 183, 184, 193, 221–223, 335
Zelinsky, Daniel 133
Zermelo, Ernst (1871–1953) 21, 54
Zorn, Max (1906–1993) 305, 333, 334

Printed in the United States
By Bookmasters